U0929779

2018
中国海洋年鉴
CHINA OCEAN YEARBOOK

《中国海洋年鉴》编纂委员会 编

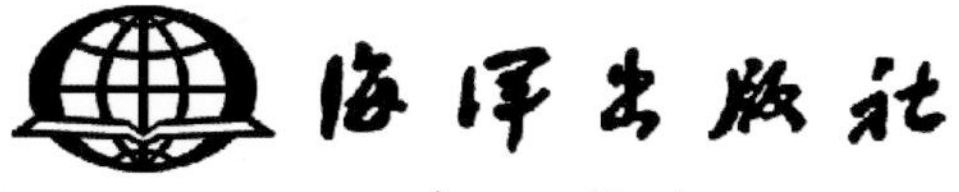

2019 年・北京

2017年11月3日，以“积极参与全球海洋治理，共同推进蓝色经济发展”为主题的2017厦门国际海洋周在福建厦门正式拉开帷幕。国家海洋局局长王宏致辞

2017年9月21日，以“蓝色经济·生态海岛”为主题的中国—小岛屿国家海洋部长圆桌会议在福建平潭召开。国家海洋局局长王宏宣读贺信、致辞、作主旨报告，并主持会议

2017年11月2—3日，国家海洋局局长王宏在福建厦门调研海洋科技、海洋生态环境

2017年12月8—9日，国家海洋局局长王宏在深圳调研海洋经济

2017年12月20日，国家海洋局和浙江省政府在北京举行“合作共建浙江省海洋科学院”签约仪式

海洋战略规划与经济

2017年5月19日，全国海洋信息化工作第一次会议在北京召开

2017年10月，国家海洋局与广东省人民政府联合印发广东省海岸带保护与利用总体规划

海洋战略规划与经济

2017 年6月26日，佛得角共和国开展圣文森特岛海洋经济特区规划，参加规划编制组的中方专家在圣文森特岛市政府与市政府官员进行座谈

2017年12月14日，2017中国海洋经济博览会在广东省湛江市开幕

2017年9月5日，《2017中国海洋发展指数报告》召开专家评审会

海洋科学与技术

2017年2月19日，国内首个大功率海上风电试验风场进入主体施工

2017年5月18日，我国南海神狐海域天然气水合物（可燃冰）试采成功，取得天然气水合物试开采的历史性突破，获得中共中央、国务院贺电嘉奖

海洋科学与技术

2017年6月23日，搭载我国蛟龙号载人潜水器的“向阳红09”试验母船，完成中国大洋38航次科学考察任务返航

2017年6月下旬，我国在南海马尼拉海沟平行线上，首次同时布放两套海啸浮标，形成海啸监测“双保险”。这标志着我国南海海啸浮标监测网的建成

海洋科学与技术

2017年11月28日，我国首次环球海洋综合科考暨中国大洋46航次的“向阳红01”船，在南大西洋作业海区执行第三航段科考任务。科考队员将我国自主研制的深海光学拖体布放至2600多米深的南大西洋海底，对大洋中脊开展近底调查作业。

12月1日，中国第34次南极考察队乘“雪龙”号船到达西风带南大洋海域。队员展开科考作业，先后投放了Argo浮标、抛弃式温盐深仪等仪器

2017年10月31日，“2016年度海洋科学技术奖”颁奖仪式在青岛举行

海洋国际交流与合作

2017年 3月25日，国家海洋局局长王宏出席博鳌亚洲论坛2017年年会并致辞

2017年5月11日，中国大洋矿产资源研究开发协会秘书长刘峰和国际海底管理局秘书长迈克·劳治分别代表双方签署了《国际海底多金属结核矿区勘探合同延期协议》

极地考察

2017年1月8日，中国首架极地固定翼飞机“雪鹰601”号首次成功降落南极冰盖之巅——中国南极昆仑站。
图为考察队员合影纪念

“雪鹰12”号直升机在南极现场执行物资吊运任务

2017年5月25日，国家海洋局极地领域双边合作谅解备忘录签署仪式在京举行。国家海洋局极地考察办公室分别与美国、俄罗斯、德国、挪威、智利和阿根廷有关部门签署了极地领域双边合作谅解备忘录。图为备忘录签署现场

极地考察

考察队员在北冰洋楚科奇海布放潜标

考察队员在北极考察现场安装自动气象站

2017年11月8日，中国第34次南极考察队穿越赤道执行考察任务

海洋船舶工业

2017年2月13日，中集集团烟台中集来福士海洋工程有限公司建造的全球最先进超深水双钻塔半潜式钻井平台“蓝鲸1号”在烟台命名交付。这是中国船厂在海洋工程超深水领域的首个“交钥匙”工程，具有里程碑意义，交付即可进行海洋能源勘探

2017年2月14日，南通中远船务为英国某石油公司设计建造的圆筒型浮式生产储卸油平台总包项目“希望6”号完工开航。“希望6”号是一座“海上石油、天然气加工厂”，集油气生产、存储及外输功能于一身。这是我国海洋工程装备制造企业从国外获得的首个总包一站式交钥匙工程，从设计、采购、建造、调试到运输的全过程，均自主完成

海洋船舶工业

中船重工中国船舶科学研究中心为主研制的“深海勇士”号载人潜器交付

中船重工武船集团建造的全球首座大型半潜式智能渔场交付

《2018 中国海洋年鉴》编纂委员会

（按姓氏笔画排序）

顾　　问：王　宏　苏纪兰　管华诗

主　　编：张占海

编　　委（按姓氏笔画排序）：

于成璞　于志刚　王中丙　邓小明　白廷辉　刘志刚　汤建鸣
孙建国　李向民　李志平　李喻春　李　赟　吴建义　邱章泉
宋继宝　张维亮　陈远景　陈　琪　郑　松　赵恩海　谢　俊
雷朝滋

特约编辑（按姓氏笔画排序）：

于贺新　王光睿　王建军　方康保　孔一颖　石显耀　叶晓东
任洁江　刘　飞　刘　蓉　刘　颖　许金练　寻胜邦　孙友庆
孙凯峰　李冬梅　李　冰　李利冬　李昊姝　李建筑　杨　鸣
杨淑梅　杨　景　吴园涛　邹　晖　冷疏影　张　呈　周浩玮
房宽明　钱林峰　钱洪宝　徐　婧　康相武　阎　芸　曾辉材
谭乃芬　魏　玉

联 系 人（按姓氏笔画排序）：

于春艳　马宝强　吴亚楠　王君策　邓　红　邓　炜　石　秀
冯　伽　刘　颖　刘志旭　安　淼　孙　晓　李　敏　李　瑛
李　博　李　想　王　硕　余　坚　李正光　孙雨希　张继承
陈松山　龙邹霞　邵　明　罗　茜　郑　颖　姜美洁　贺　靓
梁丽玲　彭海龙　葛文荟　管毓堂　刘建辉

《中国海洋年鉴》编辑部

主　　任：何广顺
副 主 任：刘　岩　魏国旗　段晓峰
成　　员：郭　越　李巧稚　郑　艳　杨　洋　王　悦　赵龙飞　蔡大浩
郑　莉　黄　超　朱　凌　胡　洁　于　平　赵　鹏　李琳琳
张玉洁　李明昕　林香红　徐丛春　付瑞全　张潇娴　王　涛
徐莹莹　丁仕伟　李先杰　彭星（国家海洋信息中心）
冀渺一　赵　昂　桑新春　张晓浩（自然资源部海洋战略规划与经济司）

执行编辑：李巧稚

编辑说明

《中国海洋年鉴》是我国海洋界唯一的综合性、资料性、史册性工具书，于1982年首次出版,到2018年已连续出版了25卷。本年鉴旨在客观记载、全面反映我国海洋事业发展状况以及国家涉海各部门、各行业、各地区每年度的最新进展和主要成就，可为国内外全面了解我国海洋事业的发展提供翔实的史料。本年鉴由国家海洋局主办，国务院涉海各部、委、局与沿海省、自治区、市协办，《中国海洋年鉴》编辑部编辑，海洋出版社出版。

《2018中国海洋年鉴》所刊载的内容，主要是2017年度我国海洋事业的进展情况，少数资料由于事件的连续性而在时间上有所跨越。有关领导职务按原职务或时任职务表述。

《2018中国海洋年鉴》分设九大部分：①综合信息；②海洋经济；③海洋管理；④沿海海洋管理和海洋经济；⑤海洋公益服务；⑥海洋科技、教育与文化；⑦极地与大洋事务；⑧海洋国际交流与合作；⑨附录。

《2018中国海洋年鉴》所刊载的内容分别由国家涉海和沿海地区海洋主管部门和单位提供。资料未包括香港特别行政区、澳门特别行政区和台湾省。《中国海洋年鉴》的编辑出版得到了国家涉海各部门、各行业、各地区的大力支持和热情帮助，得到了海洋界众多领导和专家的指导和鼓励。在此，我们对所有为本年鉴编辑出版工作做出贡献的单位和个人表示衷心感谢。

本年鉴刊载的内容涉及国家涉海有关部门、行业和地区，如在框架安排、资料搜集和处理等方面有疏漏或不妥之处，恳请各位领导、各界专家和广大读者批评指正并提出宝贵建议。

《中国海洋年鉴》编辑部

2018年12月

目 次

2017 年海洋工作综述

综合信息

特 载

2017 年大事记

海洋经济

海洋经济概况

海洋渔业

海洋油气业

海洋矿业

海洋盐业

海洋化工业

海洋生物医药业

海水利用业

海洋船舶工业

海洋工程建筑业

海洋交通运输业

海洋旅游业

海洋管理

海洋规划与法治建设

海洋信息化建设

海域使用管理

海岛管理

海洋环境保护

海洋观测预报和防灾减灾

海洋权益维护与执法监察

海洋交通管理

沿海海洋管理和海洋经济

辽宁省

大连市

河北省

天津市

山东省

青岛市

江苏省

上海市

浙江省

福建省

厦门市

广东省

深圳市

广西壮族自治区

海南省

海洋公益服务

海洋环境监测

海洋灾害与海洋环境预报服务

海洋信息管理与服务

海洋卫星与海洋卫星应用服务

海洋标准计量和质量监督

海洋咨询服务

海上救助打捞

海洋科技、教育与文化

海洋科学研究

海洋技术

海洋教育

海洋文化

海洋宣传

海洋体育

海洋军事

极地与大洋事务

极地工作

大洋工作

海洋国际交流与合作

海洋国际交流与合作

附录

2017 年海洋工作综述

2017 年是海洋工作承前启后的重要一年，海洋系统全体干部职工在建设海洋强国目标的指引下，深入推进“履职尽责年”活动，主动作为，勇于担当，许多重要领域和关键环节工作取得了积极进展。

一、多项重大海洋战略和深改任务全面实施

中共中央总书记、国家主席、中央军委主席习近平主持审议并通过了《海域、无居民海岛有偿使用的意见》，落实海岸线保护、围填海管控等一系列配套制度密集出台。《关于完善主体功能区战略和制度的若干意见》由党中央国务院印发，进一步明确了坚持统筹陆海、以海定陆的战略取向。

二、首次海洋督察如期完成

按照国务院批准的海洋督察方案，组织 600 多人次、分两批完成对 11 个沿海省（区、市）的围填海专项督察和河北、福建、广东 3 省例行督察。通过查摆和解决海洋资源环境方面的突出问题，进一步夯实地方党委政府海洋生态文明主体责任。

三、以问题为导向的八个重点领域调整改革工作稳步推进

生态环保工作变革、极地大洋工作重塑、宣教出版工作重心调整以及“一站多能”“一中心多基地”建设等取得初步成效，其他领域的调整改革也得以积极推动。

四、海洋生态环境保护措施进一步强化

印发“渤海八条”，施行渤海“四个暂停”。暂停下达 2017 年地方围填海计划指标，暂停受理和审批区域用海规划。启动“湾长制”试点，全面完成入海排污口清查。国家海洋局与广东省政府联合印发全国首个省级海岸带综合保护与利用总体规划，探索海陆统筹、以海定陆的海岸带空间用途管制新模式。

五、海洋经济工作成效进一步显现

编制发布《全国海洋经济发展“十三五”规划》，国家海洋局与人民银行、发改委、财政部、工信部、银监会、证监会、保监会等 7 个部门联合制定《关于改进和加强海洋经济发展金融服务的指导意见》，引导开发性、政策性金融向海洋领域投放贷款累计近 1700 亿元，沿海各省（区、市）共设立各类海洋产业基金 3200 亿元。海洋经济运行指数和主要指标不断丰富细化，季度运行情况专报 3 次被采编列入国务院《昨日要情》。据初步核算，2017 年海洋生产总值达到 7.8 万亿元。

六、构建蓝色伙伴关系迈出坚实步伐

国家海洋局代表中国政府首次在联合国海洋大会上提出构建“蓝色伙伴关系”倡议，圆满完成中欧蓝色年系列活动，与葡萄牙签署全球首个“蓝色伙伴关系”协议，中国全球海洋治理理念在国际海洋双边多边合作中的影响力逐步彰显。举办首届中国小岛屿国家海洋部长圆桌会议，通过并发布了《平潭宣言》。牵头编制的《“一带一路”建设海上合作设想》纳入“一带一路”国际合作高峰论坛成果清单。圆满完成了西非佛得角圣文森特岛海洋经济特区规划编制工作，贡献了发展蓝色经济的中国方案。

七、在极地深海等新疆域实现了诸多“首次”

首次发布《中国的南极事业》白皮书。首次穿越北冰洋中央航道、西北航道。首次获取航道精密勘测数据。“雪鹰”号飞机首

次成功降落南极冰盖最高点。首次在南北极考察中，实施业务化全球海洋环境热点问题调查。首次开展环球海洋综合科学考察，为期 5 年的蛟龙号试验性应用航次圆满收官。南海海底地名（10 个）首次获得国际组织审议通过，中国管辖海域共有 300 多个海底地理实体获得新命名。

八、重大工程建设取得新进展

“智慧海洋”工程建设方案获国务院批准。“雪龙探极”“蛟龙探海”已完成论证并报请审批，海洋防灾减灾能力建设、全球变化与海气相互作用等项目取得阶段性成果，南沙海洋综合管理的支点和平台基本确立，永暑、渚碧、美济三大岛（礁）观监测实现业务化，并首次发布海洋环境预报。海洋信息化工作取得实质性进展，海洋信息通信主干网实现多网合一。

综合信息

特　载

增强全民海洋意识 提升海洋强国软实力

国家海洋局党组书记、局长王宏

（2017年6月8日）

中国是海洋大国，拥有漫长的海岸线、广袤的管辖海域和丰富的海洋资源，海洋关系民族生存发展，关乎国家兴衰安危。习近平总书记指出："建设海洋强国是中国特色社会主义事业的重要组成部分。""要进一步关心海洋、认识海洋、经略海洋，推动中国海洋强国建设不断取得新成就。"只有以此为根本指引，增强全民海洋意识并激发自觉行动，才能为海洋强国建设提供强有力的社会共识、舆论环境、思想基础和精神动力。

增强全民海洋意识意义重大

海洋是人类社会生存和可持续发展的重要物质基础，走向海洋是世界大国崛起的必然选择和发展途径。中华民族是最早利用海洋的民族之一。千百年来，我们的先民深耕大海、扬帆远航，创造了延绵不息的中华海洋文明。发端中国、连接东西方的古代海上丝绸之路，把灿烂的中华文化传播到世界各地；郑和七下西洋，开创了人类航海史上的伟大壮举；妈祖海洋文化在千年航海通商史中不断传承升华，成为连接海内外炎黄子孙的精神纽带……

遗憾的是，历史上中国农耕文明繁荣，却掩盖不了国家和民众海洋意识的薄弱，长期以来，仅只是从"兴渔盐之利、仗舟楫之便"的视角来看待海洋，重陆轻海，缺乏从战略高度认识海洋，致使中华民族错失了两次海洋意识觉醒、海洋大发展的机遇。一是错失了走向海洋意识的觉醒，15世纪大航海时代，多个欧洲国家向海发展，通过拓展海洋空间、利用海洋资源先后崛起，成为世界强国，而同期随着明朝政府最后一次大规模远洋航行——郑和第七次下西洋的结束，封建统治者实施大规模海禁锁国政策并延续至近代，唐宋时期一度兴盛的海上贸易一去不复返，中国与海洋强国失之交臂。二是错失了海权意识的觉醒，在18世纪第一次工业革命背景下，马汉"海权论"掀起了现代海军建设思潮，西方国家纷纷通过发展海上力量，控制海洋运输和贸易通道，走上了现代化发展道路，同期中国却处于有海无疆、有海无防、有海无军、有海无权的落后状态，桎梏于近百年遭受西方列强海上入侵和蹂躏的屈辱历史。

历史的经验告诉我们，向海则兴、背海则衰。新中国成立后，在党中央的领导下，中国积极主动迎接新的海洋思潮觉醒，特别是改革开放30多年来，中国抓住了经济全球化的浪潮，大力发展海洋经济，补齐了工业革命和市场经济两个发展短板。当前，海洋已成为中国连接世界的蓝色桥梁和重要门户，中国经济形态和开放格局呈现出前所未有的“依海”特征：一是中国经济已是高度依赖海洋的开放型经济，随着经济社会的发展，这种经济形态将长期存在并不断深化；二是改革开放以来，中国利用两个市场、两种资源，形成了大进大出、两头在海的经济格局。党的十八大报告提出了建设海洋强国的战略部署，以习近平同志为核心的党中央提出了建设21世纪海上丝绸之路的宏伟蓝图，海洋事业迎来了前所未有的发展机遇。

思想是行动的先导，只有认识到位，方向才会准确，行动才会自觉。建设海洋强国不仅需要强大的海洋经济、军事、科技等硬实力的保障，更离不开海洋意识、海洋文明等软实力的支撑。中国海洋意识提升历经坎坷，随着海洋战略地位的不断提高，民众日益关心海洋、爱护海洋，海权意识明显提升。但与其他海洋强国相比，中国仍然普遍存在公众海洋观念落后、海洋知识匮乏和海洋实践单薄等诸多问题，已成为海洋强国建设和海洋事业发展的瓶颈。我们要用更先进的理念，更有力的行动，更优秀的作品，营造有利于增强全民海洋意识的环境和氛围，为海洋事业发展凝聚强大的精神力量，奏响建设海洋强国的时代强音。

把握中国特色的海洋意识导向

中华民族的海洋意识，启于历史悠久的耕海牧渔和扬帆远航，承于近代艰苦卓绝的海洋开发实践，也必然兴于中国特色海洋强国建设进程中。发展中国特色的全民海洋意识，要全面贯彻党的十八大和十八届三中、四中、五中、六中全会精神，深入学习领会习近平总书记系列重要讲话精神和治国理政新理念新思想新战略，着力提升海洋国土意识、海洋经济意识、海洋环保意识、海洋权益意识和海洋合作意识，为海洋强国建设和21世纪海上丝绸之路发展提供思想舆论基础和精神文化支撑。

一是树立陆海统筹的海洋国土意识。深刻认识和领会海洋在国家经济发展全局中的重要战略地位，从狭隘的陆域国土空间思想转变为海陆一体空间思想，树立陆海统筹理念，从根本上转变以陆看海、以陆定海的传统观念，使海洋国土观念深植于全体公民尤其是各级决策者的意识之中。

二是树立依海富国的海洋经济意识。充分认识到海洋经济是国民经济最具活力的关键领域之一，从单一的海洋产业发展思路转变为开放多元的大海洋经济思维，确立多层次、大空间、海陆资源综合利用的现代海洋经济发展意识，不断提高海洋及相关产业、临海（港）经济对国民经济和社会发展的贡献率，努力使海洋经济成为推动国民经济发展的重要引擎。

三是树立与海为善的海洋环保意识。坚持生态优先，落实绿色发展，把海洋生态文明摆在更加突出的位置，营造全民共同参与海洋环境保护的氛围，使“像保护眼睛一样保护海洋生态环境，像对待生命一样对待海洋生态环境”的海洋环保意识深入人心。

四是树立守海有责的海洋权益意识。既要清醒地认识到中国海洋安全环境和维权形势的复杂性和严峻性，矢志不渝地坚定维护国家海洋权益，又要统筹维权和维稳两个大局，注重促进和扩大和平解决争端的共识。

五是树立和谐包容的海洋合作意识。传承和发扬“和平合作、开放包容、互学互鉴、互利共赢”为核心的丝路精神，坚持亲、诚、惠、容的包容性发展理念，树立大国责任意识，共享海洋发展成果，强调打造甘苦与共、命运相连的海洋发展共同体意识，推动全人类海洋事业的持续发展。

多重并举提升全民海洋意识

增强全民族海洋意识是一个系统工程，需要政府和社会各方坚持高站位、多层次、宽视野，共同不断努力。

一是要深入挖掘中华民族的海洋历史和传统海洋文化。中国利用海洋的历史源远流长，优秀传统海洋文化是中华民族的瑰宝，加强中国海洋历史和传统海洋文化研究、宣传，并转化为国民教育和海洋文化资源，培养国民热爱海洋的感情，让全民感受到中国不仅是一个有悠久农耕文明的陆地国家，也是一个有悠久海洋文明的海洋国家。

二是要积极倡导中国和平、合作、共赢的海洋发展理念。以中国特色海洋意识为导向，创新海洋新闻媒体工作、做好海洋意识舆论引导，围绕海洋强国和21世纪海上丝绸之路建设，推动中国“和平、合作、共赢”海洋发展理念的国内外传播，提升全民族投身海洋建设的积极性和凝聚力，扩大和增强中国海洋发展理念的国际认同度和吸引力。

三是要建立健全增强全民海洋意识的工作机制。把增强全民海洋意识作为一项长期坚持的重点工作，纳入中央和地方的宣传思想教育工作体系和精神文明建设体系，健全相关规章制度和统筹协调机制，完善海洋宣传教育机构。依托涉海机构、各级各类媒体，健全海洋意识公众参与机制，提升公众亲海活动服务品质，形成亲海、爱海、强海的社会氛围。

四是要创新完善海洋精神文明的活动平台。以社会主义精神文明建设为导向，继续巩固6·8世界海洋日暨全国海洋宣传日、海洋知识“进教材，进课堂，进校园”等重要的海洋宣传活动和全国性的海洋赛事等品牌项目，打造高品质海洋周、海洋节、开渔节、艺术节等海洋特色文化节庆活动，不断推陈出新，积极创作海洋文艺精品，结合海洋休闲旅游产业发展，不断满足人民群众日益增长的海洋精神文化需求。

新形势下，我们要着力增强全民海洋意识，提升海洋强国软实力，为海洋强国建设和21世纪海上丝绸之路发展夯实文化根基和价值支撑，以优异的成绩迎接党的十九大胜利召开！

2017年大事记

1月3日　国家海洋局在北京组织召开了国家海洋局信息化工作领导小组第一次会议。国家海洋局局长、局信息化工作领导小组组长王宏出席会议并发表讲话，会议由国家海洋局副局长、局信息化工作领导小组副组长房建孟主持，国家海洋局信息化工作领导小组成员、局信息化办公室有关人员共20余人参加了会议。

1月4日　国家海洋局和国家统计局在北京召开促进海洋经济可持续发展战略合作座谈会。国家海洋局局长王宏，国家统计局局长宁吉喆出席并签署了《国家海洋局 国家统计局促进海洋经济可持续发展战略合作协议》。

同日　国家发展改革委、国家海洋局印发《全国海水利用“十三五”规划》的通知。

1月6日至7日　全国海洋工作会议在北京召开。会议传达了中共中央政治局常委、国务院总理李克强、副总理张高丽的重要批示。国土资源部部长姜大明出席会议并讲话。国家海洋局局长王宏作海洋工作报告，副局长房建孟主持会议，副局长孙书贤、石青峰、林山青，局总工程师吕彩霞出席会议。

1月13日　国家海洋局印发中国首个海洋能发展专项规划——《海洋可再生能源发展“十三五”规划》。

1月20日　国家海洋局印发《全国海岛保护工作“十三五”规划》。

1月22日　国家海洋局在北京召开新闻发布会，公布国务院同意印发实施《海洋督察方案》，授权国家海洋局代表国务院对沿海省、自治区、直辖市人民政府及其海洋主管部门和海洋执法机构进行监督检查，可下沉至设区的市级人民政府。国家海洋局副局长房建孟出席发布会。

1月23日　主要应用于海洋领域的中国首颗1米分辨率C频段多极化合成孔径雷达卫星高分三号正式投入使用。

2月6日　由国家深海基地管理中心组织实施的2017年试验性应用航次（中国大洋38航次）起航，向阳红09船搭载“蛟龙”号载人潜水艇向西北印度洋进发。

3月2日至3日　应欧盟环境、海洋事务与渔业委员卡梅努·维拉的邀请，国家海洋局局长王宏率团出席中国—欧盟海洋综合管理第三次高层对话，并访问欧洲海洋委员会、欧洲海洋观测与数据网络组织等机构。

3月16日　国家海洋局在北京召开新闻发布会，发布《2016年中国海洋经济统计公报》。

3月22日　国家海洋局在北京召开新闻发布会，发布《2016年中国海洋灾害公报》《2016年中国海平面公报》《2016年中国海洋环境状况公报》。国家海洋局副局长孙书贤出席发布会，介绍有关情况，并回答记者提问。

3月29日至30日　国家海洋局局长王宏陪同国务院副总理汪洋出席在俄罗斯阿尔汉格尔斯克市举行的第四届“北极—对话区域”国际北极论坛。

4月11日　中国第33次南极考察队完成考察任务，乘“雪龙”号科考船返回上海。国家海洋局副局长林山青和上海市政府领导等到码头迎接。

5月5日　第一次全国海洋经济调查领导小组第二次会议暨部署视频会在北京召开。“调查”领导小组组长、国土资源部部长姜大明，“调查”领导小组副组长、国家海洋局局长王宏出席会议并讲话，国家发展改革委、民政部、国家工商总局、国家统计局等“调查”领导小组成员单位、全国调查办和承担调查任务有关单位以及11个沿海地区省级和部分市县级调查机构通过视频会议全程参加此次会议。会议由“调查”领导小组副组长、全国调查办主任、国家海洋局副局长房建孟主持。

5月8日 科技部、国土资源部和国家海洋局联合印发《“十三五”海洋领域科技创新专项规划》。

5月10日 国家发展改革委、国家海洋局联合印发《全国海洋经济发展“十三五”规划》。

5月13日 在国家主席习近平与来华出席“一带一路”国际合作高峰论坛的智利共和国总统巴切莱特的共同见证下，国家海洋局局长王宏与智利外交部部长赫拉尔多·穆诺兹在人民大会堂签署《中华人民共和国政府与智利共和国政府关于南极合作的谅解备忘录》。

5月18日 中共中央、国务院对由中国地质调查局组织实施的中国首次海域天然气水合物试采成功发来贺电。

5月22日 国家海洋局召开新闻发布会，公开发布《中国的南极事业》。这是中国政府首次发布白皮书性质的南极事业发展报告。国家海洋局局长王宏、副局长林山青出席发布会并答记者问，外交部副部长刘振民出席发布会。

5月25日 国家海洋局极地领域双边合作谅解备忘录签署仪式在北京举行。国家海洋局极地考察办公室分别与阿根廷国家南极局、智利外交部南极研究所、德国亥姆霍兹极地与海洋研究中心阿尔弗雷德·魏格纳研究所、挪威气候与环境部极地研究所、俄罗斯水文气象与环境监测署南北极研究所、美国国家科学基金会极地项目办公室签署极地领域双边合作谅解备忘录。国家海洋局局长王宏、副局长林山青以及六国驻华使节见证备忘录的签署。

同日 国家海洋局印发《南极考察活动环境影响评估管理规定》，要求中国公民、法人或其他组织拟组织开展南极考察活动的，应当在申请开展南极考察活动之前进行环境影响评估。

同日 第六届中国海洋可再生能源发展年会暨论坛在广东珠海举行，年会以“创新与超越、中国海洋能发展新机遇”为主题，并设立潮汐能潮流能开发利用、波浪能温差能开发利用、海洋能与“一带一路”建设三个专题版块。

6月2日 国家海洋局修订并印发《海洋工程环境影响评价管理规定》，从贯彻落实海洋生态文明和“放管服”改革等要求出发，从多个方面进一步加强和改进海洋工程环境影响评价管理。

6月5日 国家海洋局制定出台《建设项目用海面积控制指标（试行）》，旨在从严控制建设项目用海填海规模和占用岸线长度，提高海域开发利用效率，实现以最小的海域空间资源消耗服务海洋经济社会可持续发展，促进海域海岸线资源节约集约利用。

6月8日 2017年世界海洋日暨全国海洋宣传日开幕式以及2016年度海洋人物颁奖仪式在江苏南京举行，这是中国举办的第十届全国海洋宣传日活动，活动主题为“扬波大海，走向深蓝”。全国政协副主席罗富和出席开幕式及颁奖仪式。

6月13日 国家海洋局和财政部批复秦皇岛、上海（浦东新区）、宁波、威海、深圳、北海、海口等7个城市为第二批海洋经济创新发展示范城市，重点推动海洋生物、海洋高端装备、海水淡化等产业创新和集聚发展。

6月23日 搭载中国“蛟龙”号载人潜水器的“向阳红09”试验母船完成中国大洋

38 航次科学考察任务返航。国家海洋局副局长孙书贤、青岛市政府有关代表、国家海洋局机关及局属单位有关负责人参加现场总结活动。中国大洋 38 航次任务历时 138 天，航行 18302 海里，到达西北印度洋、中国南海、西北太平洋。“蛟龙”号累计下潜 30 次，常规调查 75 个站位，作业地形涵盖海山、热液、海沟等典型海底地形区域，取得了丰硕的科学成果，获得大量的生物、岩石、沉积物、结壳结核等珍贵样品与数据。至此，为期 5 年的蛟龙号试验性应用航次圆满收官。

7 月 12 日　国家海洋局在北京召开第一次全国海洋经济调查海区机构座谈会，国家海洋局副局长房建孟出席座谈会并讲话。

7 月 20 日　中国第 8 次北极考察队乘“雪龙”号科考船从上海出发，前往北极执行北极考察任务。

8 月 1 日　国家海洋局发布通知，进一步规范海底电缆管道路由调查勘测、铺设施工审批和国家海洋局批复的项目用海填海竣工海域使用验收审批涉及的中介服务，贯彻落实国务院关于深化行政审批制度改革要求。

8 月 21 日　由国务委员杨洁篪和印尼政治法律安全统筹部长维兰托共同主持的中国和印尼副总理级对话机制第六次会议在北京举行，国家海洋局局长王宏出席会议。

8 月 22 日　按照国务院批准同意的《海洋督察方案》，国家海洋局组建第一批国家海洋督察组，进驻辽宁、海南，开展以围填海专项督察为重点的海洋督察，重点查摆、解决围填海管理方面存在的“失序、失度、失衡”等问题。

8 月 24 日　国土资源部、广东省人民政府、中国石油天然气集团公司共同签署《推进南海神狐海域天然气水合物勘查开采先导试验区建设合作协议》。

8 月 28 日　“向阳红 01”船从位于山东青岛的国家深海基地中心码头起航，开始执行为期 260 天的中国首次环球海洋综合科学考察。国家海洋局副局长林山青为航次授旗并在起航大会上讲话，中国大洋矿产资源开发协会办公室、国家海洋局极地考察办公室等参航单位有关领导以及科考队员家属前往码头送行。

8 月 31 日　国家海洋局完成中国首次沿海大规模警戒潮位核定。该项工作历时 5 年，对全国沿海 11 个省（自治区、直辖市）的 259 个警戒潮位值进行核定，沿海各地政府已相继公布新的四色警戒潮位值。

9 月 19 日至 22 日　由中科院学部主办、厦门大学承办、北京市政府协办的首届“雁栖湖会议”在北京召开。会议以“陆海统筹论碳汇”为主题，国家海洋局局长王宏出席开幕式并致辞。

9 月 21 日　以“蓝色经济·生态海岛”为主题的中国—小岛屿国家海洋部长圆桌会议在福建平潭召开。国家海洋局局长王宏宣读贺信、致辞、作主旨报告并主持会议。

9 月 22 日　2017 平潭国际海岛论坛在福建平潭举办。国家海洋局副局长林山青、福建省人民政府副省长李德金等出席开幕式并致辞，萨摩亚副总理兼自然资源与环境部部长菲娅梅·内奥米·马塔阿法以及其他参加中国—小岛屿国家海洋部长圆桌会议的小岛屿国家部长出席开幕式。中国工程院院士李家彪、加拿大爱德华王子岛大学教授兰登分别作主旨报告。

10 月 10 日　中国第 8 次北极考察队圆满完成任务，乘“雪龙”号科考船返回上海。国家海洋局副局长林山青及上海市政府领导等到码头迎接。

10 月 12 日至 14 日　应“北极圈大会”主席、冰岛前总统格里姆松邀请，国家海洋局副局长林山青出席“北极圈大会”并做主题演讲。

10 月 13 日　国家海洋局印发贯彻落实

《海岸线保护与利用管理办法》的指导意见和实施方案，提出沿海各地要认真落实保护优先、节约优先、合理利用、绿色发展的总体方针，严格实施海岸线分类保护与利用，坚守自然岸线保护目标，优化海岸线保护与利用格局，维护海岸功能、改善海岸景观、提升海岸价值，构建绿色生态、洁净美丽、人海和谐的海岸带。确保实现自然岸线保有率目标，构建科学合理的海岸线保护与利用格局。

10 月 31 日　中国海洋学会主办的 2017 年学术年会暨青岛国际海洋技术与工程设备展览会在青岛开幕，主题为“创新驱动发展战略引领下的中国海洋科技”，国家海洋局副局长林山青出席开幕式并致辞，中国海洋学会理事长陈连增出席会议。

11 月 3 日　以“积极参与全球海洋治理，共同推进蓝色经济发展”为主题的 2017 厦门国际海洋周在福建厦门召开。国家海洋局局长王宏，葡萄牙海洋部长安娜·保拉·维托里诺致辞，国家海洋局副局长林山青及来自 29 个国家 10 多位海洋部长和 129 名官员学者出席开幕式。

同日　第十届全国大学生海洋知识竞赛总决赛在厦门举办,国家海洋局副局长林山青为获得南极奖的选手颁奖。本次大赛决出了 10 名一等奖、20 名二等奖和 30 名三等奖。来自厦门大学的林玮、厦门大学的肖淑洁、海军工程大学的刘金宇三名同学获得南极奖、北极奖和大洋奖。

同日　国务院批准同意将天然气水合物列为新矿种，成为我国第 173 个矿种。

11 月 4 日　以“蓝碳发展：科技与责任”为主题的 2017 蓝碳国际论坛在厦门召开。国家海洋局副局长林山青出席论坛并致辞。

11 月 8 日　中国第 34 次南极考察队乘“雪龙”号船离开上海，前往南极执行考察任务。国家海洋局副局长林山青向考察队授旗并下达起航令。

11 月 27 日　中国工程院公布了 2017 年新当选的 67 名院士名单。国家卫星海洋应用中心主任蒋兴伟荣列其中。这是国家海洋局系统自 2015 年以来再次入选的院士。

11 月 27 日　国务院印发《关于取消一批行政许可事项的决定》（国发 [2017] 46 号）。根据该决定，国家海洋局承担的“海洋石油勘探开发化学消油剂使用核准”和“海洋工程拆除或改作他用的审批”两项行政审批项目予以取消。

12 月 8 日　“中国—欧盟蓝色年”闭幕式在深圳举行。国家海洋局局长王宏和欧盟委员会环境、海洋事务与渔业委员卡尔梅努·韦拉共同出席了闭幕式活动，为 2017“中国—欧盟蓝色年”纪念邮票和首日封揭幕，并共同见证了中欧双方企业代表签署合作意向书和合作备忘录。

12 月 8 日至 9 日　首届中欧蓝色产业合作论坛在深圳举办。国家海洋局局长王宏，欧盟环境、海洋事务与渔业委员卡尔梅努·韦拉，广东省副省长邓海光、深圳市市长陈如桂出席开幕式并致辞，深圳市委书记王伟中、欧盟驻华代表团大使史伟、国家海洋局副局长林山青等出席开幕式。开幕式由中国海洋发展基金会理事长孙志辉主持，共有来自十多个国家的近 300 名企业家代表和专家学者参加了本次论坛。

12 月 14 日　中国海洋经济发展高端论坛在广东湛江举办。论坛发布的《2017 中国海洋经济发展指数》显示，2010—2016 年，中国海洋经济发展指数年均增速 3.7%，总体运行放缓。

12 月 18 日　国家海洋局和国家国防科技工业局联合印发《海洋卫星业务发展“十三五”规划》。

12 月 26 日　国家发展改革委、国家海洋局联合发布《中国海洋经济发展报告 2017》。

12 月 28 日　中国极地科学技术委员会成立大会在北京召开。国家海洋局局长王宏出席成立大会并讲话。委员会由徐冠华院士等41 位自然科学、社会科学和工程技术领域国内外著名专家、学者组成。丁仲礼院士担任名誉主任，徐冠华院士担任主任委员，陈大可院士、金东寒院士和国家海洋局副局长林山青担任副主任委员。

海洋经济

海洋经济概况

【海洋经济总体运行情况】 据初步核算，2017年全国海洋生产总值77611亿元，比上年增长6.9%，海洋生产总值占国内生产总值的9.4%。其中，海洋第一产业增加值3600亿元，第二产业增加值30092亿元，第三产业增加值43919亿元，海洋第一、第二、第三产业增加值占海洋生产总值的比重分别为4.6%、38.8%和56.6%。据测算，2017年全国涉海就业人员3657万人。

【主要海洋产业发展情况】 2017年，中国海洋产业保持稳步增长。其中，主要海洋产业增加值31735亿元，比上年增长8.5%；海洋科研教育管理服务业增加值16499亿元，比上年增长11.1%。

海洋渔业 海洋渔业生产结构加快调整，海水养殖产量稳步增长。海洋渔业全年实现增加值4676亿元，比上年下降3.3%。

海洋油气业 受国内外市场需求和海洋油气业生产结构调整的影响，海洋原油产量4886万吨，比上年下降5.3%，海洋天然气产量140亿立方米，比上年增长8.3%。海洋油气业全年实现增加值1126亿元，比上年下降2.1%。

海洋矿业 受市场需求和近岸海砂资源管控力度加大的影响，海洋矿业全年实现增加值66亿元，比上年下降5.7%。

海洋盐业 受市场需求下降影响，海洋盐业全年实现增加值40亿元，比上年下降12.7%。

海洋化工业 受去库存影响，烧碱、乙烯等海洋化工产品产量增速回落。海洋化工业全年实现增加值1044亿元，比上年下降0.8%。

海洋生物医药业 海洋生物医药业快速增长，产业集聚逐渐形成。海洋生物医药业全年实现增加值385亿元，比上年增长11.1%。

海洋电力业 海洋电力业继续保持良好的发展势头，海上风电项目加快推进，新增装机容量近1200兆瓦。海洋电力业全年实现增加值138亿元，比上年增长8.4%。

海水利用业 海水利用业稳步增长，应用规模逐渐扩大。海水利用业全年实现增加值14亿元，比上年增长3.6%。

海洋船舶工业 海洋船舶工业受国内外市场需求影响，手持订单下降，船企开工不足。全年实现增加值1455亿元，比上年下降4.4%。

海洋工程建筑业 受国家宏观经济影响，海洋工程项目投资放缓，固定资产投资增速回落，海洋工程建筑业增长下行压力显现。全年实现增加值1841亿元，比上年增长0.9%。

海洋交通运输业 国内外航运市场逐步复苏，沿海规模以上港口生产保持良好增长态势，预计货物吞吐量同比增长6.4%，集装箱吞吐量同比增长7.7%。海洋交通运输业全年实现增加值6312亿元，比上年增长9.5%。

滨海旅游业 滨海旅游发展规模持续扩大，海洋旅游新业态潜能进一步释放。滨海旅游业全年实现增加值 14636 亿元，比上年增长 16.5%。

【区域海洋经济发展情况】 2017 年，环渤海地区海洋生产总值 24638 亿元，占全国海洋生产总值的比重为 31.7%，比上年回落了 0.8 个百分点；长江三角洲地区海洋生产总值 22952 亿元，占全国海洋生产总值的比重为 29.6%，比上年回落了 0.1 个百分点；珠江三角洲地区海洋生产总值 18156 亿元，占全国海洋生产总值的比重为 23.4%，比上年提高了 0.5 个百分点。

海 洋 渔 业

【综述】 2017年，海洋渔业发展稳中向好，近海捕捞有所控制，海水养殖稳步增长，远洋渔业蓬勃发展。全国渔业系统认真贯彻落实新发展理念，瞄准提高渔业发展质量效益，积极推进渔业供给侧结构性改革，着力加快渔业转方式调结构，1月，农业部发布《关于进一步加强国内渔船管控 实施海洋渔业资源总量管理的通知》，2017年捕捞“减量”成果明显，“双控”成效初见。9月，农业部办公厅印发《国家级海洋牧场示范区管理工作规范（试行）》，各地海洋牧场建设有序推进，科技含量不断提高。同月，农业部批准发布《渔业船舶法定检验规则（船长大于或等于12米国内海洋渔业船舶2017）》《渔业船舶法定检验规则（船长大于或等于12米内河渔业船舶2017）》，海洋渔政效率不断提高，法律法规继续完善，执法力度不断加强。远洋渔业政策支持持续推进，《远洋渔业海外基地建设项目实施管理细则（试行）》《“十三五”全国远洋渔业发展规划》相继发布。海洋保险机制不断深化，新险种试点顺利开展。2017年，海洋渔业实现增加值4676亿元，比上年增长1.3%。

【海洋渔业生产】 2017年，全国水产品总产量6445.33万吨，比上年增长1.03%。其中：养殖产量4905.99万吨，同比增长2.35%，捕捞产量1539.34万吨，同比下降2.96%，养殖产品与捕捞产品的产量比例为76:24；海水产品产量3321.74万吨，同比增长0.62%，淡水产品产量3123.59万吨，同比增长1.47%，海水产品与淡水产品的产量比例为52∶48。

【海水养殖】 2017年，全国海水养殖产量2000.70万吨，占海水产品产量的60.23%，比上年增加85.39万吨、增长4.46%。其中，鱼类产量141.94万吨，比上年增长8.44%；甲壳类产量163.12万吨，比上年增长8.44%；贝类产量1437.13万吨，比上年增长3.44%；藻类产量222.78万吨，比上年增长5.73%。

2017年，全国水产养殖面积7449.03千公顷，比上年增长0.05%。其中，海水养殖面积2084.08千公顷，比上年降低0.67%；淡水养殖面积5364.96千公顷，比上年增长0.33%；海水养殖与淡水养殖的面积比例为28∶72。

【海洋捕捞】 2017年，国内海洋捕捞产量1112.42万吨，占海水产品产量的33.49%，比上年降低6.30%。其中，鱼类产量765.22万吨，比上年降低6.78%；甲壳类产量207.60万吨，比上年降低4.85%；贝类产量44.29万吨，比上年降低4.24%；藻类产量2.00万吨，比上年降低13.65%；头足类产量61.66万吨，比上年降低4.9%。

【远洋渔业】 2017年，远洋渔业产量208.62万吨，比上年增加4.97%，占海水产品产量的6.28%。

【渔民人均纯收入】 据对全国1万户渔民家庭当年收支情况抽样调查，2017年，全国渔民人均纯收入18452.78元，比上年增加1548.58元、增长9.16%。

【水产品人均占有量】 2017年，全国水产品人均占有量46.37千克（人口139008万人），比上年减少0.23千克、降低0.50%。

【渔船拥有量】 2017年末渔船总数94.62万艘、总吨位1082.36万吨。其中，机动渔船59.93万艘、总吨位1038.63万吨、总功率2108.90万千瓦；非机动渔船34.68万艘、总吨位为43.73万吨。机动渔船中，生产渔船57.53万艘、总吨位927.23万吨、总功率

1879.56 万千瓦。机动渔船中，海洋渔业机动渔船 24.47 万艘、总吨位 898.67 万吨、总功率 1680.66 万千瓦。

【水产品进出口】　据海关统计，2017 年中国水产品进出口总量 923.65 万吨、进出口总额 324.96 亿美元，同比分别增长 11.56%和 7.92%。其中，出口量 433.94 万吨、出口额 211.50 亿美元，同比分别增长 2.40%和 1.99%；进口量 489.71 万吨、进口额 113.46 亿美元，同比分别增长 21.17%和 21.03%。

【渔业从业人员】　2017 年，渔业人口 1931.85 万人，比上年减少 41.56 万人、降低 2.11%。渔业人口中传统渔民为 652.14 万人，比上年减少 8.97 万人、降低 1.36%。渔业从业人员 1359.39 万人，比上年减少 22.30 万人、降低 1.61%。

【渔业灾情】　2017 年，由于渔业灾情造成水产品产量损失 95.69 万吨，受灾养殖面积 719.60 千公顷，沉船 164 艘，死亡、失踪和重伤人数 58 人，直接经济损失 173.56 亿元。

海 洋 油 气 业

重点海洋油气企业情况

【中国海洋石油总公司】 中国海洋石油集团有限公司（以下简称中国海油或公司）是国务院国有资产监督管理委员会直属的特大型国有企业，是中国最大的海上油气生产运营商，公司成立于1982年，总部设在北京。经过30多年的改革与发展，中国海油已发展成为主业突出、产业链完整、业务遍及40多个国家和地区的国际能源公司，形成了油气勘探开发、工程技术与服务、炼化与销售、天然气及发电、金融服务等五大业务板块，可持续发展能力显著提升。2017年，公司全年生产原油7551万吨，天然气259亿立方米；加工原油3592万吨，进口LNG 2046万吨，天然气发电213亿千瓦时，油品贸易量9250万吨。全年实现营业收入5507.06亿元，利润总额481.63亿元，净利润341.03亿元，缴纳利税费959.4亿元。资产总额达到11292.35亿元，净资产6722.30亿元。2017年，公司在《财富》杂志“世界500强企业”排名中位列第115位；在《石油情报周刊》杂志“世界最大50家石油公司”排名中位列第31位。截至2017年底，公司的穆迪评级为A1，标普评级为A+，展望均为稳定。连续13年获评国务院国资委经营业绩考核A级。

（中国海洋石油集团有限公司）

【中国石油天然气集团公司】 中国石油天然气集团有限公司（以下简称中国石油集团）是国有重要骨干企业和中国主要的油气生产商和供应商之一，是集油气勘探开发、炼油化工、销售贸易、管道储运、工程技术、工程建设、装备制造、金融服务于一体的综合性国际能源公司。在国内油气勘探开发中居主导地位，在全球38个国家和地区开展95个油气合作项目，在全球76个国家和地区提供石油工程技术和工程建设服务。2017年中国石油集团在《美国石油情报周刊》公布的世界50家大石油公司综合排名中位居第三，在《财富》杂志公布的全球500家大公司排名中位居第四。

中国石油集团海上矿区包括环渤海浅海矿区和南海深海矿区两部分。浅海矿区主要位于辽河、冀东、大港油田的滩浅海区域，自然条件恶劣且环境敏感程度高，如水浅、流急、潮差大、河流入海口密布、冬季冰情严重、工程地质复杂、附近渔业和海上航运发达、毗邻多个自然保护区等，已形成滩浅海油田年生产原油200多万吨的产能规模。

（中国石油天然气集团公司）

【中国石油化工集团公司】 中国石化集团公司是上下游、内外贸、产销一体化的特大型石油石化企业集团，主要业务包括油气勘探开发、石油炼制、成品油营销及分销、化工产品生产及销售、国际化经营等，在2017年《财富》全球500强企业中排名第3位。中国石化在国内海洋油气勘探开发业务主要集中在胜利油田浅海区块和上海海洋油气分公司海域区块。其中，胜利油田的浅海区块位于山东省北部渤海湾南部的极浅海海域，探区西起四女寺河口，东至潍河口，海岸线长414千米，有利勘探面积4000平方千米。上海海洋油气分公司是中国专业从事海洋油气勘探开发的油田企业，拥有海域勘查区块34个，面积10.03万平方千米。其中，自营勘探区块14个，面积6.25万平方千米，分布在东海陆架盆地和南海琼东南盆地、北部湾盆地以及南黄海南部盆地；与中海油共同持有勘查区块 12 个，开采区块 8 个，面积 3.78 万平方千米，分布在东海陆架盆地西湖凹陷。

（中国石油化工集团公司）

海洋油气资源

【近海海洋油气资源】　中国近海油气资源丰富。根据最新的研究成果，近海 11 个盆地石油地质资源量为 239 亿吨，天然气地质资源量为 21 万亿立方米。石油地质资源量主要集中于渤海、珠江口和北部湾三大盆地，累计 206 亿吨，占近海的 86%。天然气地质资源量主要分布于东海、珠江口、琼东南、莺歌海和渤海五大盆地，累计 20 万亿立方米，占近海的 96%。截至 2017 年底，中国海油共有净证实可采储量约 48.4 亿桶油当量（含权益法核算的可采储量约 3.7 亿桶油当量），其中约 54%的净证实储量位于中国海域。2017 年国内储量替代率 164%，公司储量替代率 305%。

【环渤海海洋油气资源】　截至 2017 年底，中国石油集团环渤海辽河、冀东和大港三个滩浅海油田登记矿权面积 8471 平方千米，累计探明石油地质储量 8.07 亿吨，探明天然气地质储量 113.82 亿立方米。

【浅海探区海洋油气资源】　截至 2017 年底，中国石油化工集团胜利油田分公司已发现明化镇、馆陶组、东营组、沙河街组、中生界、古生界、太古界七套含油层系，累计探明含油面积 205.3 平方千米（含合作区），探明石油地质储量 4.73 亿吨（含合作区），其中，自营区探明含油面积 183.58 平方千米，探明石油地质储量 4.18 亿吨。上海海洋油气分公司自营探区拥有石油总资源量 4.47 亿吨，天然气总资源量 5.31 万亿立方米。合作探区拥有石油天然气三级地质储量 10320.5 亿立方米气当量，其中探明储量 3714.9 亿立方米气当量。

海洋油气勘探

2017 年，中国海油在中国海域勘探工作量持续饱满并稳中有升，完成探井 116 口，采集二维地震资料 4447 千米，采集三维地震资料 14321 平方千米。获得 19 个商业发现，预探井勘探成功率达 47%，保持较高水准。成功评价 14 个含油气构造，尤其是高效完成渤中 36–1、垦利 6–4/5/6、蓬莱 7–6 和乌石 16–1 西/乌石 23–5 四个重点构造（带）的油田评价，夯实了年度储量基础。钻探渤中 19–6 构造取得重大发现，渤海深层天然气勘探获领域性突破，展现良好勘探前景。钻探乐东 10–1–3 井获得成功，高温超高压天然气勘探领域突破出气关，将成为莺歌海盆地扩大储量规模的重点领域。继续推动富洼古近系差异勘探，在陆丰 13 洼钻探古近系再获成功，新增 1 个中型商业发现，获得经济有效储量。持续推进勘探开发一体化进程，滚动勘探成效显著，为公司增储上产提供了有效支撑和保障。

截至 2017 年底，中国石油集团完成二维地震 14760 千米，三维地震 10171 平方千米；完钻各类探井和评价井 528 口，获工业油气流井 274 口。2017 年南堡滩海南堡 1—68 井完井试油，获高产油气流，南堡凹陷岩性油气藏勘探取得重要新发现。

2017 年，中国石油化工集团胜利油田在浅海探区部署评价井 15 口，完钻 9 口，钻遇油层井 6 口，钻井成功率 66.7%。新增探明储量 948.04 万吨，新增控制储量 1808.4 万吨、新增预测储量 937.94 万吨。桩海地区完钻探井 2 口，CB376 井、ZH111 井在馆上段分获日产 57.5 吨、73.4 吨的高产工业油流，扩大了桩海地区的含油气范围。CBX393 井在埕岛东斜坡东营组获日产 235.2 吨的高产工业油流，向西扩大了 CB324 井区东营组含油气范围。CB313 井位于埕岛潜山 CB30 潜山构造带东部，在下古生界中途测试，日产油 325 吨、日产气 10823 立方米，拓宽了埕岛潜山的勘探空间。

上海海洋油气分公司涠西自营勘探取得新进展。南海北部湾涠西探区完成三维地震资料重处理以及涠 6-2 井 2 层测试，提交控制加预测石油储量 858.85 万吨，并落实一批扩储上产的有利目标。西湖合作项目进入新阶段，深层勘探取得新突破。

海洋油气开发工程

2017 年，中国海油公司承接国内上游在建项目 14 个，其中 2 个项目年内投产，即涠洲12-2 油田二期开发工程项目和蓬莱 19-9 综合调整项目。涠洲 12-2 油田位于中国南海北部湾海域，水深约 36 米，其二期开发选择独立平台方案，主要工程设施包括新建一座井口平台、一条混输海底管道、一条注水海底管道和一条海底电缆。蓬莱 19-9 综合调整项目位于渤海海域，水深 27.6 米，主要工程设施包括新建一座 8 腿井口平台、100 人生活楼，铺设一条油气水混输海底管道和一条注水海底管道，铺设 2 条海底电缆。

2017 年，中国石油集团在中国南海、渤海及波斯湾等多个海域开展海洋石油钻井、完井、固井、试油试采、井下作业、海洋工程设计和施工等海洋工程技术服务，共动用海上钻井及作业平台 6 座，完成海上钻井进尺 1.85 万米；动用各类船舶 20 艘，全年累计航程 122756 海里。截至 2017 年底，环渤海滩浅海矿区共建设人工岛（井场）22 座、固定钢平台 10 座、海底管道 92.1 千米、海底电（光）缆 120.06 千米。

2017 年 5—7 月，中国地质调查局在南海北部神狐海域组织实施中国首次海域天然气水合物试采工程，联合中国石油集团、北京大学等国内优势力量，攻克了极复杂地质条件和深水浅层工程条件下天然气水合物试采的世界性难题，成功实现连续试采 60 天，累计产气 30.9 万立方米，创造了持续产气时间最长、产气总量最大的试采世界纪录，是世界上泥质粉砂储层类型天然气水合物首次成功试采。

2017 年，中国石油化工集团胜利油田浅海区块老区调整为埕岛西北区，新区为埕岛西北部新区。全年完钻新井 39 口，投产新井 31 口，新建产能 18.1 万吨，方案符合率达到 100%。按照一体化方案优化原则，优化钻井轨迹，CB248A、SH201、CB4D、CB4E 共四个井组累计减少钻井进尺 804 米，节省钻井投资 270 多万元；SH201A-3、-6 井均设计为双目标定向井、且井斜均超过 80 度，优化采用“直-增-稳-增-稳”五段制轨迹设计，为提高油井机采寿命提供了前提条件。钻井质量合格率 100%，其中固井质量优质率达 50%；钻井过程油层保护效果良好，阵列感应测井解释评价钻井液最大侵入深度为 48.62 厘米、平均侵入深度 25.68 厘米，与 2016 年相比分别下降 32%、11%，西北老区 8 口零散井完钻投产后效果良好，均达到地质设计方案要求。

平湖油气田是上海海洋油气分公司（前身为上海海洋石油局）于 1983 年在中国东海发现的第一个油气田，由中石化、中海油和上海申能按照 3:3:4 的股比合资开发。开发区块面积 240 平方千米，1998 年 11 月建成投产，1999 年向上海市供气。开发工程设施主要包括钻采综合平台 1 座、井口平台 1 座、海底外输管线 2 条、内部集输管线 2 条、陆上终端 2 座和生产指挥中心办公楼 1 座。综合平台天然气最高日处理能力为 160 万立方米、原油为 3100 立方米。目前，平湖油气田开发已进入中后期，油气藏采出程度均已超过 40%，油藏平均含水率达到 97%以上。

海洋油气生产

2017 年，中国海油圆满完成生产任务，油气产量超出年初目标，其中，国内生产原油 4278 万吨，天然气 143 亿立方米（其中，煤层气 11.5 亿立方米）。通过持续改进的精细化管理夯实油田生产根基，确保基础产量贡献。精细调整油田产液结构、优化注水工作，深挖低产井生产潜能，积极推动调整井实施，减缓油田产量递减。在设备设施数量不断增加和老化的双重压力下，设备设施完整性管理持续落实完善，通过自检自修、资源整合、技术革新、库存优化等措施降低检修费用，缓解生产成本上涨压力，确保油田生产时率稳高。

2017 年中国石油集团滩浅海油田生产原油 208.98 万吨、天然气 4.776 亿立方米，其中冀东南堡滩浅海油田生产原油 80.5 万吨、天然气 3.2 亿立方米，大港滩浅海油田生产原油 72.93 万吨、天然气 1.39 亿立方米，辽河滩浅海油田生产原油 55.95 万吨、天然气 1822 万立方米。

2017 年，中国石油化工集团胜利油田浅海区块生产原油 321.23 万吨、天然气 10309 亿立方米；油田注水 1610.1 万立方米。油井躺井率控制在 0.70%以内，电泵井平均检泵周期突破 5 年;实现了安全无事故、环境无污染目标；大局保持了和谐稳定。2017 年，上海海洋油气分公司平湖油气田在三家股东方的共同努力下，全年完成商品原油 2.45 万吨、商品天然气 1.20 亿立方米。

海洋油气科技

2017 年，中国海油聚焦稠油高效开发、深水油气田勘探开发等领域关键核心技术攻关，科技创新成果大幅增加。全年科技投入 72.7 亿元，实施各级科研课题 1681 个，形成了“海上天然气水合物固态流化方法试采”“渤海西部海域断裂体系与控藏研究”“莺琼盆地高温高压天然气富集规律与勘探开发关键技术”等近 20 多项阶段标志性成果。依托国家重点研发计划“海洋天然气水合物试采技术和工艺”和国家 863 计划项目“南海北部天然气水合物钻探取样关键技术”，中国海油海上天然气水合物固态流化方法试采获得成功，使中国成为继美国、日本之后第三个独立掌握海洋水合物自主取样全套技术的国家。取得省部级以上获奖成果 48 项，其中“南海高温高压钻完井关键技术及工业化应用”荣获国家科技进步一等奖。共获得授权专利 840 件，其中发明专利 508 项。组织完成制修订标准项目 128 项，复审标准 44 项，宣贯标准 59 项，整合标准 17 项，中国海油牵头起草的首部国际标准 ISO18647《石油与天然气工业——海上固定平台模块钻机规范》正式发布实施。积极组织参加国际国内科技交流 22 项，累计参会交流 3100 人次。申报“天然气水合物国家重点实验室”获批建设，海洋石油高效开发国家重点实验室通过验收；与中国工程院共同成立“中国海洋资源发展战略研究中心”，与中国石油大学（北京）联合组建“海洋能源工程技术联合研究院”，逐步构建起以重点实验室为核心，工程技术中心为主体，所属单位技术中心为依托，国内外知名院所和协作企业为联合的产学研用一体化技术创新平台，为公司自主创新提供基础条件保障，科研实力大幅提升。

2017 年，中国石油化工集团胜利油田地质勘探上，通过“新北油田构造圈闭刻画及断层封堵性研究”“CB30 潜山带构造与储层表征研究”，提出有利目标 11 个，增加了控制储量；油藏开发上，通过“埕岛油田中二区流线法数模应用研究”，项目方案预测增油 13.1 万吨，提高采收率 0.24%；注采工艺上，在海上油田推广应用长寿命分注工艺，水驱储量增加 653 万吨，年均增油 3 万吨；地面工程上，在 CB4E 平台成功开发应用了电泵井自适应诊断控制系统，提升了电泵井管理效率。通过对滩海地区新近系河道砂岩发育规律与油气成藏分析，深化区域河流相发育演化、砂体叠置、地震响应及描述方法、油气成藏控制因素与运聚机理研究，落实区带勘探潜力。应用返排、泡沫暂堵、两步法防砂配套技术，破解 CB6A 倒伏区低压油层低产关。

上海海洋油气分公司科技研究取得新成果。完成《东海西湖凹陷深层油气勘探潜力与目标评价》项目，建立了“多期充注、三元控藏、晚期富集”的西湖凹陷深层油气勘探成藏模式，形成了深层优质储层预测技术系列等成果；涠西项目群技术攻关取得成效，指明了有利目标储层展布特征和有利含油气区，为区带与勘探目标评价提供了基础资料。

海洋油气国际合作

2017 年，中国海油顺利完成海上区块招商推介工作，签署 13 个石油合同及协议，主要包括：与韩国 SK 公司签署中国南海 17/08 合同区石油合同、与台湾中油和道达尔公司签署南海台阳合同区石油合同、与哈斯基公司签署南海 16/25 合同区石油合同、与盛业能源和新加坡石油公司签订曹妃甸油田群综合调整项目开发补充协议等。截至 2017 年底，公司共与 21 个国家和地区的 81 家公司签订 217 个石油合同和协议；外国公司在中国近海累计采集二维地震约 37 万千米、三维地震约 6.6 万平方千米，钻井 503 口，分别占中国海油海上勘探总工作量的 37%、28% 和 25%；累计吸引外方直接勘探投资约 435 亿元，占中国海油海上总勘探投入的 30%；通过对外合作共发现 45 个油气田，探明石油地质储量 17.7 亿吨，占近海总探明石油地质储量的 36%，探明天然气地质储量 4400 亿立方米，占近海总探明天然气地质储量的 30%；合作油田累计生产油气总产量 4.48 亿吨，占近海油气田累计产量的 53%。

2017 年中国石油集团以“一带一路”合作为契机推动海外油气合作，海外主要勘探区域取得一批重要油气发现，多个重点建设项目陆续投产，国际化经营水平持续提升。巴西里贝拉项目深水勘探落实世界级整装大油田，西北区油藏整体落实地质储量 15.6 亿吨，可采储量 5 亿吨，2017 年 11 月通过延长测试井组成功实现首油，进入边投资边回收滚动发展的新阶段。中国石油集团与巴西国家石油公司、英国 BP 公司组成联合体，成功中标巴西深海盐下佩罗巴勘探区块项目，成为继里贝拉项目之后获取的又一个勘探潜力巨大的深海勘探区块。莫桑比克超深水天然气勘探开发及 LNG 一体化项目——鲁伍马盆地 4 区块科洛尔气田开工。深海业务船队成为全球最大的 2D 拖缆业务主承包商，占据全球市场份额的 51%。海上钻井服务开启与伊朗国家石油公司的首次合作。

中国石油化工集团胜利海上油田埕岛西合作 A 区块，目前由中国石化集团公司与云顶埕岛西新加坡私人有限公司（简称云顶公司）合作开发。该区块位于渤海湾南部极浅海海域的胜利埕岛油田西部，水深 7~8 米，目前 A 区块面积 29 平方千米，深度范围 0~2000 米。现已建成多功能综合性平台一座和井口生产平台二座、海底输油管线 9 千米，陆地输油终端一座。

（中国海洋石油集团有限公司
中国石油天然气集团公司
中国石油化工集团公司）

海　洋　矿　业

【综述】　2017 年，沿海地区海洋管理部门继续强化执法，严厉打击非法采砂；深海采矿取得突破性成果。海洋矿业生产经营受市场需求和近岸海砂资源管理管控力度加大的影响，海洋矿业全年实现增加值 66 亿元，比上年下降 5.7%。

【海域采砂用海管理】　2017 年 1 月，在中国海监北海市支队指导下，北海市铁山港区政府、海监、海警、海洋、边防公安等多部门联合组成执法队，对广西壮族自治区北海市铁山港区营盘镇白龙社区两个非法采砂场开展清理整治行动；同月，中国海监广东省总队直属二支队、南沙大队执法人员从南沙码头出发，在横门水道查获 1 艘涉嫌非法开采海砂的船舶，执法人员表明身份、登船检查，收集现场音像等证据材料，按照执法程序制作了现场笔录。对于非法采砂的查处有力的遏制了采砂船的出现，保护了当地的海洋生态系统。

【信息服务】　2017 年 9 月 24 日，在 2017 中国国际矿业大会中国地质调查新进展论坛上，中国地质调查局发布了公开版 1∶5 万区域地质图、海洋地质调查数据、全国重要地质钻孔数据等七大类地质资料信息，并面向社会提供公益服务。

【科技创新】　中国正在建造的世界首艘深海采矿船已经完成船体部分安装，目前正在安装船载设备，将于 2018 年年底完工并交付加拿大鹦鹉螺矿业公司（其为全球首家运营该型船舶进行深海采矿的企业）。该船最大设计作业水深达 2500 米，载重排水量 4.5 万吨，能在海上连续作业逾 5 年。

【地质发现】　山东黄金集团有限公司三山岛金矿位于山东省莱州湾，是全球首座安全高效开采海底金属资源的矿山，是全国惟一一个海底采矿的金矿。三山岛金矿是国家黄金工业“七五”期间重点建设项目，是中国 100 家最大有色金属矿采选业企业之一，也是目前全国机械化程度最高的地下开采黄金矿山。

【学术交流】　2017 年 12 月，“海洋地质、矿产资源与环境”学术研讨会在广州举行。研讨会由中国地质调查局广州海洋局、中国地质学会海洋地质专业委员会、中国海洋学会海洋地质分会、国土资源部海底矿产资源重点实验室、广东地质学会海洋石油地质专业委员会、中国地质调查局天然气水合物工程技术中心和中国地质调查局海洋石油天然气地质研究中心等共同主办，旨在密切跟踪“深海进入、深海探测、深海开发”的发展动向和研究前沿，广泛交流和总结海洋矿产资源、地质环境领域的最新调查研究成果，推动中国海洋地质事业的发展。

海 洋 盐 业

【综述】 中国原盐资源丰富，分布广，盐种多，有东部海盐、中部及西南部井矿盐和西北部湖盐，原盐生产能力超过1亿吨/年，是世界第一大原盐生产国。2017年，中国原盐累计产量达6266.6万吨，较上年有所下滑。海洋盐业受市需求下降影响，全年实现增加值40亿元，比上年下降12.7%。

【政策方案】 **盐业改革食盐新体制2017年1月实施** 根据国务院《盐业体制改革方案》的要求，盐业管理体制改革于2017年1月1日开始实施。根据盐改方案，中国将放开所有盐产品价格，取消食盐准运证，允许现有食盐定点生产企业进入流通销售领域，食盐批发企业可开展跨区域经营。盐改政策的落地，直接利好食盐生产企业进入获利丰厚的流通环节，食盐价格的放开打开行业盈利空间，实力强劲的盐业公司成为寡头，率先分享盐改释放的政策红利。

随着盐改体制的落实，相关的资源能够实现有效配置，这其实最大的优势就在于食盐可实现产销一体，不可以实现更多品牌的供消费者选择，而且在价格也存在不同的选择，让更多的企业加入销售市场当中，食盐流通领域的垄断将被打破。相关的管理条件对食盐的生产过程进行监督，环节的规定，让整个生产过程更具安全性，使得食盐管理相关办法和食品安全法能够较好地衔接。这对食盐企业来说是长期的利好。

国家发改委批复31个省（自治区、直辖市）盐改方案 发改委、工信部批复北京等31省（自治区、直辖市）盐业体制改革实施方案。批复指出，盐业主管机构或食盐安全监管机构的行政职能与盐业公司未分离的，2017年6月30日前要编制完成省级盐业监管体制改革方案，2017年12月31日前要实现分离。边远贫困地区及经济欠发达的边疆民族地区的食盐供应可以指定由省级食盐批发企业负责兜底，但不得限制其他食盐定点生产企业和批发企业在这些地区销售。

【产业链发展】 2017盐业配送及配套设施（上海）展 2017年4月7日国家发改委和工业信息部进一步联合出台“关于进一步落实盐业体制改革有关工作的通知”明确了食盐行业储存和运输的相关政策法规，盐企可通过自建物流系统或与第三方物流企业签订配送合同并委托其将食盐配送食盐终端用户手中。给盐业配送行业带来一片前景广阔的市场、机遇、以及前所未有的竞争力。2017盐业配送及配套设施主题展，打造业界规模最大、层次最高、影响力最强的盐业全产业链的交易盛会。

海 洋 化 工 业

【综述】 2017年，受去库存影响，烧碱、乙烯等海洋化工产品产量增速回落。海洋化工业全年实现增加值1044亿元，比上年下降0.8%。

【海盐化工】 在原盐消费结构中，70%以上为以盐化工为主的工业用盐。盐化工以氯化钠（固体盐或卤水）为原料，主要产品包括烧碱、氯气（统称氯碱产品）、纯碱以及聚氯乙烯、环氧氯丙烷、氯酸钠、漂粉精、盐酸和氯化异氰尿酸等，是国民经济的基础行业。由于进入门槛低、投资见效快，近年来中国盐化工行业发展迅速，其中主要产品为纯碱、烧碱和液氯三种。2017年，中国纯碱产能为3,035万吨，同比上升2.2%；同期国内纯碱产量为2,715万吨，产能利用率为89%。经过多年的发展，目前国内纯碱市场形成以三友化工、山东海化、金三化工、中源化学、五彩碱业为主的龙头企业，5家企业产能占比达到31%。

2017年，山东海化通过内部资源整合、装备改造升级等方式，专注发展优势产业，突出发展盐化主业，提升核心竞争力。全年共生产纯碱272.1万吨、原盐190.4万吨、烧碱28.2万吨、液氯23.2万吨、溴素6002吨、氯化钙18.3万吨、两钠12.8万吨、小苏打6.9万吨。创建厂30年来最好成绩，5项单耗创历史最好水平。溴素提取率提高27%，年增产溴素10%左右。优化循环经济新链条，形成了以碱系列、溴系列、苦卤化工系列为主的三大动脉产业链条，建立起上下游产品接续成链、关联产品复合成龙、资源循环综合利用为特色的海洋化工生态工业体系。围绕提升盐化板块成本竞争能力，推进系列技改项目，创效明显。加大环保治理投入。2017年投入资金1.15亿元，先后实施热电分公司炉外脱硫与除尘、三电厂脱硫除尘扩建、纯碱厂废液pH值调节等项目。全年二氧化硫减排1607吨，氮氧化物减排1382吨，COD和氨氮实现零排放。

【石油化工】 2017年，中海炼化坚持炼化产业整体价值最大化原则，持续优化生产经营，优化整体资源配置，增加高附加值产品生产，提升炼厂盈利能力，充分发挥产销一体化优势，着力提质增效，提升核心竞争力。全年加工原油3592万吨；生产成品油878万吨、乙烯108万吨、纯碱272万吨、沥青694万吨、润滑油108万吨。同时，大力实施“碧水蓝天”质量升级专项行动，持续投资约230亿元，加速油品质量升级步伐，全面提升炼化能力达国VI水平。

【技术创新】 中国是氯碱生产大国，经过多年发展，行业无论是规模还是生产技术均走在世界前列，其中零极距节能改造已完成大约60%，在全球率先开展了氧阴极、氢燃料电站及相关商业化装置建设。氯碱行业发展模式呈现出新变化，智能工厂、智能物流、企业区块链、氢能利用以及期货交易期现互动等正越来越为业内企业所重视，行业发展正由外延式快速发展进入调结构、转方式为主的高质量增长阶段。

【产业园区】 2017年3月16日，中化国际与连云港市人民政府签署合作框架协议。中化国际拟在连云港市合作建设中化精细化工循环经济产业园，提升双方的产业合作水平，加快推进中化国际的发展战略，为未来发展提供总体支撑。在连云港石化产业基地优先规划布局中化精细化工循环经济产业园，重点发展新材料及精细化工系列产品；研究推动整体煤气化联合循环及多联产示范项目的合作;进一步加强在液体化工码头及其配套化工和能源仓储设施领域的投资合作;以及研究推进在连云港规划建设产业园配套所需的管理、研发及人才中心等。

2017 年 9 月 30 日，中国海油惠州炼化二期炼油项目实现一次投产成功，刷新国内千万吨规模炼油工程开工最快纪录。持续深化改革创新，大力推进地区一体化管理整合。加快推进油品终端网络建设，全面推行“互联网+”应用及微信营销，探索炼化产品电商平台销售，盐化工产品和包装润滑油成功上线运营。

海　洋　生　物　医　药　业

【综述】　国家对于海洋药物和生物制品业发展日益重视，逐步加大对该产业的政策扶持和投入力度。2017 年，海洋药物和生物制品业较快增长，全年实现增加值 385 亿元，比上年增长 12.8%。

【上海彩虹鱼海洋科技股份有限公司建设的深渊生物、微生物样品大数据中心在上海临港落成投入使用】　公司未来将开展对全球 6500 米以下深渊海域的系统性生物普查工作，不断充实样品库的内容，目标是建成涵盖全球 46 条深渊海沟，包括深渊海水、深渊沉积物、深渊生物及微生物等在内的深渊科学样品库。

【宁波大学海洋生物医药创新引智基地正式启动】　基地将依托全球领先的海洋药物研究机构美国加州大学圣地亚哥分校 Scripps 海洋研究所开展研究，入选了国家外国专家局和教育部联合实施的“高等学校学科创新引智计划”（简称“111 计划”）。

【福建省水产研究所牵头在厦门重点建设闽台重要海洋生物资源高值化开发技术公共服务平台】　福建省海洋与渔业厅整合和优化配置海洋生物科技创新服务资源，由福建省水产研究所牵头在厦门重点建设闽台重要海洋生物资源高值化开发技术公共服务平台，与海洋三所建设的海洋生物产业化中试技术研发公共服务平台形成互补，将建设闽台重要海洋经济生物种质资源库、海洋生物精深加工产业化开发技术工程中心、产品综合评价及标准化研究中心、科研成果展示及信息服务中心。

【中国生物材料学会海洋生物材料分会成立】　近年来，在国家科技部的规划下，中国已奠定了海洋生物医用材料研究开发基础，进入了成果产业化和产业积累阶段。以甲壳素、壳聚糖、海藻酸为代表的海洋生物功能多糖，结合国际第三代生物医用材料前沿技术，是可吸收功能性生物医用材料研究开发的热点，其技术创新和成果创新备受关注，显示出巨大的市场前景。5 月 21 日，由中国生物材料学会主办，青岛博益特生物材料股份有限公司承办的中国生物材料学会海洋生物材料分会成立大会暨海洋生物材料高层论坛在青岛举行。

【海洋先导物成药性研究开放工作室通过专家论证】　海洋先导物成药性研究开放工作室于 11 月 21 日通过专家论证。海洋先导物成药性研究开放工作室是青岛海洋科学与技术国家实验室在“海洋生命过程与资源利用”重点研究方向上布局建设的第一个开放工作室，汇聚了以陈凯先院士为首席科学家，国家杰出青年基金获得者郭跃伟研究员等 9 位骨干科学家领军的顶尖创新团队。该开放工作室围绕严重危害中国人民生命与健康的重大疾病，瞄准国际生命科学发展的前沿领域和药物研究的重要科学问题和关键技术问题，从事以海洋药物研发为主导的海洋药物先导化合物发现与成药性优化方向的应用基础与高技术研究，致力成为中国海洋药物先导化合物发现与成药性优化研究领域具有自主创新实力、特色显著的重要成果发源地，成为国家海洋药物及相关产业的技术和产品的辐射源。

【中国海洋药物开发战略高峰论坛 5 月 6 日在青岛举行】　本次论坛总结了全球海洋生物医药发展趋势、海洋药用生物资源开发关键技术、海洋药物研究开发和产业化等研究进展，从全球新药研发高度着眼，基于国家新药研究的现状、重点任务和总体战略布局，为海洋新药创制提供思想启迪和战略依据，进一步凝聚了海洋药物的发展方向。本次论坛为“中国蓝色药库开发计划”的顺利实施以及未来海洋药物发展指明了方向。

【第二届国际海藻酸与海洋生物材料大会 9 月 21 日在青岛西海岸新区明月海藻国际学术交流中心召开】 此次会议旨在贯彻落实国家建设海洋强国和发展健康产业的战略部署，开辟展示全球海洋生物材料领域前沿成果的窗口，打造海洋生物材料行业交流平台，探讨全球海洋生物材料领域的发展趋势。

【首届海洋活性物质营养与健康学术研讨会 11 月 26 日在青岛召开】 本次会议以“开启海洋活性物质全营养时代”为主题，围绕海洋生物活性物质的功能活性、海洋生物活性物质在营养与健康方面的研究进展、海洋生物活性物质与健康食品、海洋功能食品与国民健康等方面展开详细探讨，为开启海洋活性物质全营养时代打下良好铺垫。

【中国海洋大学取得基因组学关键技术研发成果】 中国海洋大学海洋生物遗传学与育种教育部重点实验室包振民教授团队在国际权威杂志《自然》子刊 Nature Protocols 上发表了高通量基因组分析技术领域最新研究成果。成功研发了串联标签测序技术，在一个测序片段（reads）上能对多达 5 个标签同时分析，解决了 2b-RAD 技术无法应用于双末端测序平台的局限，使得简并基因组分析成本大大降低，该技术还首次实现了全基因组 SNP 分型和 DNA 甲基化的同步联合分析。该新技术为低成本、大规模开展非模式生物特别是海洋生物基因组学及分子育种学研究提供了关键技术手段，也可应用于农作物、畜牧和模式动物等，具有广阔的应用前景。

【中国将建红树林基因库】 “红树林生物资源调查与重要种类 DNA 条形码库构建”意在摸清中国红树林生物资源和重要种类基因资源“家底”，为中国的红树林研究、保护与管理以及资源可持续发展提供科学依据和基础数据。

【中科院青岛能源所海洋微藻项目进入产业化开发】 中科院青岛生物能源与过程研究所围绕海洋微藻生物能源与资源化利用等领域，逐步形成了从基础研究、技术示范到产业化开发的完整的研发链条，该所创立了基于单细胞技术的微藻种质资源高通量筛选与定向遗传改造平台，在国际上首次揭示了微藻产油的遗传与调控机制，为获得适于工业化放大的优质藻种资源奠定基础；发展了高效的微藻生物膜贴壁培养新技术并建成中试系统，培养产率高达每年 6~8 吨/亩，微藻光合效率平均达到了 10%以上，为目前国际报道最高水平。科研人员还形成了多组分综合利用的微藻生物液体燃料技术的系统解决方案，与波音公司对微藻航空煤油技术进行联合攻关，开发了微藻 DHA、ARA、EPA、ω-7、虾青素等高值化学品综合利用生产技术，与青岛琅琊台集团合作建成了国内最大的 1000 吨/年微藻 DHA 产业化系统，年产值达 5 亿元。

【中国科学家从深海放线菌中发现了具有抗结核杆菌系列活性物质】 通过生物合成技术优化改造获得低细胞活性、强抗结核杆菌活性的化合物怡莱霉素 E，相关成果已发表在国际著名期刊《自然·通讯》上。怡莱霉素 E 的发现为新型抗结核药物的开发奠定了坚实的抗结核杆菌活性物质基础。

【国家海洋局第三海洋研究所曾润颖团队攻克了提取龙须菜琼胶寡糖的所有技术难关】 2013 年，团队获得了国家发明专利《一种龙须菜琼胶寡糖及其制备方法与应用》授权；2016 年，通过对龙须菜琼胶寡糖促进作物生长的机理研究，团队又获得了国家发明专利《一种海藻寡糖生物肥的制备方法及应用》授权。重庆市酉阳土家族苗族自治县花田乡何家岩村村民何锋种的水稻中有 3 亩地因施用了由海洋三所提供的海藻寡糖生物肥，亩产由 500 斤增至 600 斤，然而有 6 亩地没有用这种肥，加之得了稻瘟病，每亩减产 200 斤。

【《青岛西海岸新区（黄岛区）海洋生物产业发展规划》印发】 青岛西海岸新区管委办公室、青岛市黄岛区人民政府办公室下发文件，印发实施《青岛西海岸新区（黄岛区）海洋生物产业发展规划》，规划期为 2016—2020 年。

【"中国蓝色药库"开发计划正式启动】 9 月中旬，青岛海洋科学与技术国家实验室鳌山科技创新计划"'中国蓝色药库'开发计划"通过了国家新药重大专项技术副总师、中国科学院院士陈凯先领衔的 14 位国内新药创制领域知名专家组成的专家组论证，标志着"中国蓝色药库"开发计划正式启动。"蓝色药库"喻指海洋中孕育的药用资源。"中国蓝色药库"开发计划，由海洋国家实验室组织发起，是一项以创制海洋新药产品为导向，旨在对海洋药用资源进行全面、有序、系统开发,是一个具有引领性的海洋生物资源开发计划。

海 水 利 用 业

【综述】 2017年，海水利用工作持续得到推进。国家发展改革委和国家海洋局联合出台《海岛海水淡化工程实施方案》（发改环资[2017] 2115号）。该《实施方案》提出，要以海水淡化民生需求及产业发展为导向，将海水淡化与海岛生态岛礁建设相结合，强化海水淡化水对常规水资源的补充和替代，因岛制宜、加强规划、合理布局、创建样板，加快打造一批海岛海水淡化工程。在辽宁、山东、青岛、浙江、福建、海南等沿海省市，通过3~5年重点推进100个左右海岛的海水淡化工程建设和升级改造，初步规划总规模达到60万吨/日左右，有效缓解海岛居民用水问题，改善人居环境。

天津、青岛、广西、海南等沿海省市将海水利用纳入当地"十三五"海洋经济、水安全保障、城市发展、能源发展等规划，包括：《天津市建设海洋强市行动计划(2016—2020年)》（津政办发[2017] 4号）、《青岛市"十三五"城市管理发展规划》（青政字[2017] 1号）、《山东省水安全保障总体规划》（鲁政字[2017] 224号）、《惠州市能源发展"十三五"规划》（惠府函[2017] 149号）、《广西海洋经济可持续发展"十三五"规划》（桂政办发[2017] 40号）、《海南省水务发展"十三五"规划》（琼府办[2017] 77号）等。

《"十三五"海洋经济创新发展示范城市工作方案》确定了秦皇岛、上海（浦东新区）、宁波、威海、深圳、北海、海口等7个城市为第二批海洋经济创新发展示范城市，海水淡化与海洋生物、海洋高端装备产业一起被列为示范城市重点支持的三大产业。

沿海各地深入开展海水利用的科技创新与成果转化，探索新的发展模式，一批国家重点研发计划专项和海洋经济创新发展区域示范项目相继立项。国家海洋局天津临港海水淡化与综合利用示范基地一期中试实验区主体工程开工，国家海水利用工程技术研究（海南）中心在海口成立。2017年，海水利用业全年实现增加值14亿元，比上年增长3.6%。

【海水直接利用】 海水直接利用主要包括海水直流冷却、海水循环冷却和大生活用海水等，应用上以海水直流冷却为主。

2017年，随着沿海经济的快速发展，沿海火电、核电、钢铁、石化等行业海水冷却用水量稳步增长。截至2017年底，年利用海水作为冷却水量1344.85亿吨，辽宁、天津、河北、山东、江苏、上海、浙江、福建、广东、广西壮族自治区、海南11个沿海省区市均有海水冷却工程分布。

国内海水直流冷却技术成熟，主要应用于沿海火电、核电及石化、钢铁等行业。海水循环冷却技术在沿海电力行业逐步得到应用，截至2017年底，中国已建成海水循环冷却工程20个，总循环量为167.88万吨/小时。2017年，中国新增海水循环冷却循环量43.40万吨/小时，主要分布在天津、河北、山东、浙江和广东。

【海水淡化】 截至2017年底，全国已建成海水淡化工程规模118.91万吨/日。全国海水淡化工程在沿海辽宁、天津、河北、山东、江苏、浙江、福建、广东、海南9个省市分布，主要是在水资源严重短缺的沿海城市和海岛。北方以大规模的工业用海水淡化工程为主，主要集中在天津、山东、河北等地的电力、钢铁等高耗水行业；南方以民用海岛海水淡化工程居多，主要分布在浙江等地，以百吨级和千吨级工程为主。

【海水化学资源利用】　2017 年，除海水制盐外，海水化学资源利用产品主要包括溴素、氯化钾、氯化镁、硫酸镁、硫酸钾，主要生产企业分布于天津、河北、山东、福建和海南等地。

（国家海洋局天津海水淡化与综合利用研究所）

海洋船舶工业

船舶工业发展情况

【概述】 2017年,《船舶工业深化结构调整加快转型升级行动计划（2016—2020年)》和《海洋工程装备制造业持续健康发展行动计划(2017—2020年)》正式发布。《行动计划》明确了“十三五”期间船舶工业深化结构调整加快转型升级的总体要求、重点任务和保障措施，引导船舶企业健康平稳发展，同时2017年也是国际船舶市场经过长时间调整后的回升之年。中国船舶工业紧密围绕产业政策，抓住市场回暖的有利时机，在全行业的艰苦努力下，取得了三大造船指标继续领先、产品结构不断优化、产业结构更加合理、产融结合更加深入、船配产业质量升级、国际地位不断提升的良好业绩。但受国际船舶市场深度调整的影响，“融资难”“交付难”“盈利难”等深层次问题依然存在，船舶工业面临形势仍然严峻。

【船舶工业基本情况】 2017年，全国规模以上船舶工业企业共1410家。其中，船舶制造企业650家，船舶配套设备制造企业479家，船舶改装及拆除企业67家，船舶修理企业132家，海洋工程专用设备制造企业72家，其他企业10家。

截至2017年底，中国已投产的1万吨以上的船坞（台）共计550座，其中，造船用船坞（台）496座，修船用船坞54座。大型造船船坞（台）中，50万吨级船坞6座，30万吨级船坞32座，10万~25万吨级船坞（台）25座。大型修船设施中，万吨级以上修船干船坞19座，其中30万吨级7座，10万~25万吨级10座；万吨级以上修船浮船坞35座，最大举力达8.5万吨。

【生产经营情况】 主要造船指标 2017年，全国造船完工量4019.3万载重吨，比上年下降5.7%；新承接船舶订单量3683.5万载重吨，比上年增长45.8%；年末手持船舶订单量9357.4万载重吨，比上年下降16.3%。据英国克拉克松公司统计数据，按载重吨计，中国造船完工量、新接订单量和手持订单量分别占世界市场份额的40.4%、46.1%和45.4%。

【经济规模与效益】 2017年，全国规模以上船舶工业企业实现主营业收入6194.2亿元，比上年下降18.4%。其中：船舶制造业实现主营业务收入4382.9亿元，比上年下降10.1%；船舶配套业实现主营业务收入835.1亿元，比上年下降37.9%；船舶修理业实现主营业务收入219.3亿元，比上年增长2.8%；船舶改装与拆船业实现主营业务收入319.2亿元，比上年下降15.4%；海洋工程专业装备制造业实现主营业务收入430.8亿元，比上年下降44.8%。

全国规模以上船舶工业企业实现利润总额146.8亿元，比上年下降19.4%。其中：船舶制造业利润总额53.8亿元，比上年下降64.2%；船舶配套业实现利润总额54.2亿元，比上年下降14%；船舶修理业利润总额7.7亿元，实现扭亏为盈；船舶改装与拆船业实现利润总额21亿元，比上年下降11.8%；海洋工程专业装备制造业利润总额9.4亿元，实现扭亏为盈。

【经济运行情况】 2017年，国际航运市场触底反弹，新船市场保持活跃。中国船企紧抓市场回暖的有利时机，积极开拓市场。船舶行业产业集中度进一步提高，全国前10家企业造船完工量占全国61.7%，比2016年提高13.7个百分点。新接订单向优势企业集中趋势明显，前 10 家企业新接订单量占全国 68.6%；中国骨干船企优势明显，产业核心竞争力不断提升，有 5 家企业进入全球完工量前 10 强，有 4 家企业进入全球新接订单量前 10 强。

【船舶进出口情况】 2017 年，全国完工出口船 3663.7 万载重吨，比上年下降 6.3%；承接出口船订单 3100.1 万载重吨，比上年增长 50.9%；年末手持出口船订单 8296.7 万载重吨，比上年下降 16.5%。出口船舶分别占中国造船完工量、新接订单量和手持订单量的 91.2%、84.2%和 88.7%。

2017 年，中国船舶产品进出口总额 242.5 亿美元，比上年增长 1.4%。其中，出口船舶产品总额 227.3 亿美元，比上年增长 2.6%；进口船舶产品总额 15.2 亿美元，比上年下降 13.1%。

海洋工程装备制造业

【概述】 2017 年在全球油价持续回升的影响下，全球海工市场开始止跌回升，成交金额自 2012 年来首次出现回弹，全球共成交海工装备约 120 亿美元，成交数量 86 座(艘)，降幅明显收窄。但由于运营市场过剩局面严峻，船厂手持海工订单仍面临交付难题，船厂抢单竞争日趋激烈。中国海洋工程装备制造企业持续推动转型升级，在行业低谷时加强技术研发，积极开拓细分市场，为企业发展积蓄力量，静待行业复苏。

【行业基本情况】 中国海洋工程装备产业布局上形成了依托大型造修船基地和新建专业海洋工程装备产业基地共同发展的局面。企业主要分布在辽宁、天津、山东、江苏、浙江、上海和广东。形成了渤海湾地区、长三角地区和珠三角地区三大产业集聚区。

【生产经营情况】 2017 年，中国海洋工程装备制造业仍然面临艰难的形势，接单金额和数量均出现下滑，但降幅有所减缓。中国海洋工程装备制造业新承接订单金额约 25 亿美元，完工交付金额 71 亿美元，截至 2017 年底，手持订单金额 392 亿美元。中国海洋工程装备制造业积极开拓细分市场，并通过多种措施推进在建装备交付，企业面临的压力得到一定程度缓解。

【完工交付情况】 2017 年，中国完工交付 94 艘（座）各类海工装备。其中，自升式钻井平台 6 座，钻井驳船 2 艘；科考和调查船 4 艘；多功能支持装、起重运输装备、风电安装平台/船、风电运维船、生活居住平台/船等建造支持类装备 34 座（艘）；浮式生产储油装置（FPSO）、浮式天然气液化和存储驳船设施（FLNG）等生产装备 4 座（艘）；平台供应船、三用工作船和维修船等支援类船舶 40 艘。

山东烟台中集来福士海洋工程有限公司（简称“中集来福士”）建造的半潜式钻井平台“蓝鲸 1”号命名交付，并承担了中国首次海域天然气水合物试采任务，该平台是目前全球作业水深、钻井深度最深的半潜式钻井平台。适用于全球深海作业的国内首座海上移动式试采平台“海洋石油 162”在烟台交付，该平台国产化比例超过 98%，有力提升了国内海洋油气开发装备关键系统和设备配套国产化能力。惠生海工成功完成全球首个浮式天然气液化和存储驳船设施（Caribbean FLNG）的交付，该 FLNG 年液化天然气生产能力为 50 万吨，在全球首次成功实现了浮式设施上的天然气液化生产。此外，惠生海工还成功交付世界首个驳船型浮式储存及再气化装置（FSRU）。

【新接订单情况】 2017 年，中国海洋工程装备接单数量 22 艘（座）。从具体装备类型来看，钻井装备依然零成交；生产装备仅有 1 艘 FPSO 船体订单成交；科考调查类船舶成交 2 艘；建造支持类船舶成交 19 艘（座），主要包括风电安装船和自升式辅助平台等；海工支持类船舶共成交 1 艘。

上海外高桥造船海洋工程有限公司获得了一艘 FPSO 船体总包合同，是该公司自

2007年开工建厂以来签订的最大金额的海洋工程订单。招商局工业集团与荷兰船东OOS International签署了新一代“OOS Zeelandia”号基本设计和建造的谅解备忘录，将建造全球最大的半潜式起重船。

【科技开发与技术进步】 2017年，新产品研发与建造持续推进。沪东中华造船（集团）有限公司顺利获得2艘17.4万立方米浮式液化天然气储存及再气化装置（LNG-FSRU），打破了韩国在LNG-FSRU领域的垄断。烟台中集来福士海洋工程有限公司自主开发的50兆瓦燃气轮机浮式电站、100兆瓦燃气轮机浮式电站和2.4万立方米浮式液化天然气储存及再气化装置（LNG—FSRU）通过了美国船级社（ABS）设计原则性认可审核并获得原则性认可（AIP）证书。

技术引进与技术合作不断涌现。惠生海洋工程与法国GTT正式签署战略合作协议，引入GTT薄膜式储罐的浮式液化天然气（LNG）设施应用于液化天然气（LNG）船、浮式储存及再气化装置（FSRU）和浮式液化天然气生产储卸装置（FLNG）等领域。烟台中集海洋工程研究院有限公司与俄罗斯克雷洛夫中央科学研究院签订北极钻探综合体项目合作协议，标志着中俄合作北极钻探综合体项目正式启动。上海船舶设备研究所与ARGUS公司合作，开拓遥控无人潜水器（ROV）市场。

产业转型升级稳步进行。国内海工企业发挥在海洋油气装备的建造优势，积极拓展非油气类产品，进军深海养殖装备和海上可再生能源开发装备等领域。招商局重工（深圳）2017年首次进入海洋可再生能源和深水养殖领域，建造了中国首座大型兆瓦级波浪能发电平台；烟台中集来福士海洋工程有限公司在海洋渔业、海洋旅游业和清洁能源等方向取得了突破。武昌船舶重工集团有限公司积极拓展大型智能渔场装备市场，成功交付了世界首台大型现代化深远海渔业养殖装备。 （中国船舶工业行业协会）

中国船舶重工集团有限公司

【集团基本情况】 中国船舶重工集团有限公司（简称中船重工，CSIC）成立于1999年7月1日，是在原中国船舶工业总公司所属部分企事业单位基础上形成的中央直属特大型国有企业，是国家授权投资的机构和资产经营主体。2017年，中船重工获得国资委对中央企业业绩考核A级企业，连续第七次进入世界500强，位居233位，名次提升48位，一举超越现代重工，跃居世界船舶企业首位，综合实力和国际影响力跨上新台阶。

截至2017年，中船重工拥有上市平台公司5家，新三板挂牌企业1家，境外企业11家；二级成员单位82家（其中：企业52家，事业单位30家），成员单位分布在辽宁、重庆、湖北、陕西和山西等20个省、市。2017年资产总额4962亿元，拥有员工16万人，其中，5万余名是科技活动人员。2017年，中船重工成为国家级双创示范基地，拥有国家工程实验室3个、国家地方联合工程研究中心1个、研发中心3个、工程技术研究中心2个、国家重点实验室1个、科技重点实验室9个、创新中心2个和国家级企业技术中心12个，具有较强的自主创新能力。

【主要产品及市场】 中船重工着力发展四大专业领域和十大军民融合产业，拥有中国目前最大的造修船基地，集中了中国舰船研究、设计的主体力量，具有较强的自主创新和产品开发能力。中船重工目前拥有7个大型造修船基地，11座30万吨级以上造船大坞，年造船能力超过1000万载重吨。能够设计建造国防需要的各类海洋防务装备，能够按照世界知名船级社的规范和各种国际公约，设计、建造和坞修各种类型的船舶和海洋工程装备，并出口到世界五大洲的60多个国家和地区。

中船重工拥有国内最齐全的船舶配套能力，形成了各种系列的舰船主机、辅机和仪表等设备综合配套能力；具有较强的大型成套装备和高科技产品的研发制造能力，自主开发生产了上百种非船舶类产品，形成了能源装备、交通运输、电子信息、特种装备等特色板块，一批品牌产品居行业领先地位。

【企业重组整合】 中船重工完成了大船重工与山船重工、武船重工与北船重工军民融合式整合。重庆长江与重庆长平、重庆衡山与重庆远风以及重庆红江与重庆跃进整合融合，优化资源配置、压减低端产能，取得“1+1>2”的效果。

中电广通完成重组上市并更名为中国船舶重工集团海洋防务与信息对抗股份有限公司，成为信息电子板块军民融合重组整合与资本运作平台。

完成 3 家低速机企业重组整合，设立中国船舶重工集团柴油机有限公司，搭建低速柴油机业务“一总部三基地”管理框架。

【生产经营情况】 2017 年，中船重工实现营业收入 3002 亿元，利润总额 66 亿元，营业收入、利润总额、承接合同和增加值等主要指标保持增长。成功开发海洋核动力平台、新型船舶和光热电站等一批具有较好市场发展前景的新产品、新产业，产业结构进一步优化。

2017 年，中船重工瞄准油耗和 EEDI 等性能指标国内领先的节能环保船型和深远海智能养殖装备，加强市场开发的策划组织，主动对重点航运船东开展直接营销，批量承接了 VLCC、苏伊士型油船、40 万吨以及 32.5 万吨矿砂船等优势船型和 700 客/2000 米车道客滚船等高附加值船型订单。2017 年，中船重工船舶制造、船舶配套产品和船舶修理及拆船产值约 296 亿元，造船完工量 86 艘/616 万吨，吨位全球占比 6%，全年签订民船与海工装备合同 122 艘/747 万吨，吨位全球占比超过 10%，年末手持订单 238 艘/1663 万吨，吨位全球占比超过 8%。

海洋核动力平台示范工程项目积极推进，签订了建造框架协议及燃料组件订货合同，长周期关键配套件的同步落实，关键设备招标准备工作正式启动。全球首套满足 TierⅢ排放要求的主机 6S35MEB+LPSCR 完成交验；国内首台 6S40ME-B9.5 电控型船用低速柴油机项目通过成果鉴定。

在清洁能源等领域持续发力，5MW 风电机组实现批量装机，持续优化改进并定型；全球风轮直径最大的 H171-5MW 研制成功，在华能如东风场发电量比 151 机组提升 20%以上，运行稳定，获得业主好评;福建兴化湾一类风区 5MW 海上风电机组并网发电，并从供给侧为客户量身打造海上整体解决方案，为进一步获取海上订单打下基础。风电产业新增风资源储备超过 400 万千瓦，新签风机订单 226 万千瓦，手持订单 392 万千瓦，创历史新高。光热产业通过与西班牙 IT 公司联合承担 EPC 总包工程和并购中核龙腾乌拉特中旗 100 兆瓦槽式光热电站项目，实现了光热产业示范项目从无到有的突破。重质能源轻质化项目完成了工程化技术先导性试验，向工程化、产业化迈出实质性步伐。成功研制的中国首条铝合金罐式特种车智能生产线在江苏实现批产。

中船重工大力发展生产性现代服务业，稳步扩大钢材、有色金属和橡胶等大宗物资及机电设备进出口业务，积极开拓设计、咨询、文化和金融等产业。2017 年生产性现代服务业销售收入同比增长 20.58%。

【产品开发与技术进步】 中船重工不断加大科技创新投入，聚焦重点前沿技术，创新优化支持方式，持续增强集团公司自主创新能力。

2017 年，中船重工制定了《技术基础科研“十三五”规划》《技术基础科研工作“十三五”指导意见》《装备预研船舶重工联合基金重大基金项目管理要求》等制度，新增科研项目 329 项，发布国际、国家及行业标准 244 项，同比增长 37.8%，申请专利4205 项，其中发明专利 2612 项，获得专利授权 2456 项，其中发明专利 1480 项。

中船重工不断完善科技创新制度环境，建立科技人才中长期激励机制，重点培育科技创新文化和人才队伍，连续 4 个任期荣获国务院国资委“科技创新优秀企业”称号。

中船重工“智·海”创新平台用 6 种语言向全球发布各类技术需求 380 项，收到来自美国等 5 个国家的解决方案 532 个、解决技术难题 65 项，支付科研、加工、咨询和采购等合作经费 3480 万元，“互联网+”创新平台作用进一步发挥。

“深海勇士”号载人作业潜器研制成功并交付用户，标志着中国大深度载人深潜技术和装备制造取得突破性进展，为深海高端装备实现中国制造探索一条切实可行的道路。海洋核动力平台项目获批立项，示范工程建设开展技术设计收尾与核准申报。在南京、大连等地的智慧海洋示范工程建设形成系统构架下的海洋信息数据感知–通信–融合–处理–服务展示能力。中船重工总部科技创新与研发项目首次立项 23 项，经费 8.76 亿元，重点支持海洋装备、动力机电、电子信息、新能源与新材料等技术与装备研发。

继续开展国家海上风力发电工程技术研究中心工作，10MW 级海上风电机组立项批准并获得经费支持；新建三个实验平台，增强产品开发和验证的手段；新建的 5MW 变桨系统可靠性试验平台，已重现风场的多项运行故障，为解决问题提供了有力支撑；完成主控和 SCADA 的在环仿真平台建设，使用半实物模拟现场环境，为故障分析提供了参考依据。

2017 年，中船重工科技投入 222.89 亿元，获得包括国家技术发明奖二等奖 1 项、国家科技进步奖 3 项（其中一等奖 1 项、二等奖 2 项）等在内的多项国家级和部委级表彰。2 人入选国家百千万人才工程，荣获“有突出贡献专家”称号；2 人荣获全国创新争先奖章；黄旭华院士获得 2017 年度“何梁何利基金”科学与技术成就奖。截至 2017 年底，集团公司拥有院士 12 名，入选国家千人计划 5 人，入选国家百千万人才工程 31 人。

【对外贸易与合作交流】 2017 年，中船重工围绕国家“一带一路”倡议布局，不断巩固船舶、海工市场，推动装备出口和国际工程承包业务，拓展海外业务领域，海外业务盈利能力大幅提升。

2017 年 11 月 30 日，中国驻乌兹别克斯坦大使馆举行颁奖仪式，孙立杰大使代表中国政府向中船重工援乌挖泥船项目组颁发了中乌友谊杰出贡献奖证书和奖杯。厄立特里亚 2×23MW 柴油机电站项目首台机成功并网发电。厄立特里亚电站项目实现中国多个第一，其发电所用的低速柴油机和低速发电机均由中国首次设计制造，也是首次用于海外陆用电站。中船重工积极拓展海外市场，在美国、德国、日本、希腊、南非、俄罗斯、缅甸、新加坡、厄立特里亚和孟加拉等 17 个国家和地区设立 49 个代表处和分支机构，产品出口全球 60 多个国家和地区，出口产品规模不断扩大。

【资本运作】 创新商业模式，实施国内首例市场化债转股，增加中国重工资本金 218.68 亿元，可减少年利息支出 8.48 亿元，同时也降低了中船重工资产负债率 4 个百分点，杠杆率高、财务负担重等问题得到有效缓解。

发行首期“3+2”年期公司债券 20 亿元，节约融资成本 1000 万元。成功发行票面利率 0.5%的可转债 30 亿元，有效降低了银行融资利息。取得进出口银行、国家开发银行等政策性银行优惠贷款 380 亿元，获得 12 家商业银行授信 5023 亿元，同比增加 1700 亿元。

（中国船舶重工集团有限公司）

中国船舶工业集团公司

【集团基本情况】 中国船舶工业集团有限公司（简称“中船集团”）组建于 1999 年 7 月 1 日，是在原中国船舶工业总公司所属部分企事业单位基础上组建的由中央直接管理的特大型国有企业，是中国第一、世界第二造船集团，连续两年入选世界500强。

中船集团旗下拥有一批历史悠久的成员单位，包括创建于1865年洋务运动时期的江南造船（集团）有限责任公司（原江南机器制造总局），发源于1861年外国在远东建造的第一座石船坞的中船黄埔文冲船舶有限公司（原柯拜船坞），创办于1928年的沪东中华造船（集团）有限公司（原马勒机器造船厂）等等。150多年来，中船集团旗下单位经久不衰，创造了无数个第一，不仅有中国第一炉钢、第一门钢炮、第一艘铁甲兵轮、第一台万吨水压机，更有第一艘潜艇、第一艘护卫舰、第一艘万吨级导弹驱逐舰、第一座海洋石油钻井平台、第一艘液化天然气（LNG）船以及全球首艘智能船舶。

截至2017年，中船集团拥有上市平台公司3家，二级成员单位56家，在中国香港及美国、俄罗斯、泰国等8个国家和地区设有驻外机构，员工13.3万人。

【主要产品及市场】 在军船领域，能够研制具有世界先进水平的导弹驱逐舰、导弹护卫舰、潜艇、近海巡逻舰、导弹快艇、两栖战舰艇、综合补给船、水雷战舰艇、医院船和海警舰船等各型防务舰船，形成了海军装备研发设计与建造并重、水上水下并进，同时对陆军、空军、航天事业提供产品和技术支持的军工科研生产格局。多年来，中国海军在执行亚丁湾、索马里海域护航任务的29批编队中，90%以上的舰船由中船集团研制建造交付。

在民船领域，中船集团能够自主设计、建造符合世界上任何一家船级社规范、满足国际通用技术标准和安全公约要求、适航于任一海区的现代船舶，以及具有国际先进水平的大型海洋工程装备产品，产品种类从普通油船、散货船到具有当代国际先进水平的超大型油船（VLCC）、液化天然气（LNG）船、超大型集装箱船、液化石油气（LPG）船、液化乙烯（LEG）运输船、自卸船、化学品船、客滚船及超深水半潜式钻井平台、自升式钻井平台、大型海上浮式生产储油船（FPSO）、多缆物探船、深水工程勘察船、大型半潜船等，形成了多品种、多档次的产品系列，产品已出口到150多个国家和地区。

在船舶配套领域，中船集团拥有较为完备的船舶配套能力，形成了船用主机、动力系统及装置、甲板机械和舱室机械等各类船舶配套产品的研发生产服务能力。船用低速机全球市场份额23.1%，中速机国内市场占有率第一，集研发、制造、服务于一体的中船集团海洋动力装备产业链体系初具规模。

在多元产业领域，中船集团立足自身优势，围绕民船主业，积极发展相关业务，已经形成了成套物流、国际贸易、工程总包、金融服务和高端咨询等服务业齐头并进，陆用电站、工程机械、盾构机和节能环保设备等非船装备多点开花的格局。

【生产经营情况】 2017年，中船集团实现经济总量2237亿元，营业收入2006亿元，继续跻身世界500强；实现利润总额25.7亿元，同比增长30.2%；承接合同金额2455亿元，同比增长11.4%，实现了持续增长、持续盈利的目标。

2017年，中船集团产品产业结构进一步优化。船海领域，经营接单稳步回升。中船集团成功承接一批引领国际市场的高端船型订单，22000箱集装箱船、双燃料动力LNG船、FSRU、FPSO、VLGC，新接民船订单修载比提升至0.37；造船完工量，以修正总吨计，创历史新高。中船集团扎实推进“建模2.0”，不断加大关键共性技术攻关和先进制造技术应用；强力推进信息化重塑工程，加快先进设计软件在“六厂二所”应用。配套领域，船用低速机、中速机产量稳居国内第一，Win GD低速机全球份额大幅提升，中船服务开业运营，集研发、制造、服务于一体的海洋动力装备产业链初具规模；船用起重机产量保持国内领先，压载水处理系统、船舶电气自动化系统向高端拓展。非船装备领域，地下空间工程装备、环保工程装备、能源装备、医疗电子、钢结构等产业，经营稳步增长，“中船制造”竞争力不断增强。现代服务业领域，业务布局继续优化，玖隆物流园区“三纵三横”格局基本完成，5 座海上浮舱完成布局；重点城镇化项目深入推进，进一步打开了未来的成长空间。2017 年，中船集团科技产业化发展不断加快，智能制造、节能装备、风电设备等项目取得实质性突破。

2017 年，中船集团全面启动广船国际荔湾厂区产能搬迁，调整中船钦州基地、中船澄西扬州基地造修船设施设备转产。中船集团积极推动“资本驱动”战略，持续优化股权投资；签署市场化债转股投资协议，完成专项债转股基金组建和首期 75 亿元资金投放；启动两家上市公司债转股资产重组；中船租赁境外上市，九江精达新三板挂牌稳步推进。

【产品开发与技术进步】 2017 年，中船集团科技成果不断涌现，共获国家科技进步奖 1 项、国防科技进步奖 8 项，主导编制国际标准 2 项、国家标准 24 项、行业标准 29 项，累计有效专利 4703 件，其中发明专利1100件，分别增长 38%和 31%。中船集团承担的多个重大科技专项取得突破，“智慧海洋”工程应急通信专项获批立项；全球首艘智能船舶建成交付并成功入选“中国智能制造十大科技进展”，中国智能船舶创新联盟成立；大型邮轮创新工程（一期）通过中咨公司评审，大型邮轮技术引进工作完成；21000 箱集装箱船顺利出坞；17.4 万立方米 LNG-FSRU 完成开发；自主品牌大型 LNG 船液货围护系统模拟舱完成样舱制造。低速机创新工程完成原理样机概念设计，一批自主品牌配套产品研发实现多点突破。研发机构建设进一步加强，创新体系更加完善。“双创”工作深入推进，创新创业蓬勃开展。2017 年，中船集团更加注重协同发展，不断推动与大型跨国集团的密切合作；巩固与高校、科研院所、船级社的合作关系，形成了多方共举、共同发展的协同创新格局。

（中国船舶工业集团公司）

海洋工程建筑业

【综述】　2017 年，受国家宏观经济影响，海洋工程项目投资放缓，固定资产投资增速回落，海洋工程建筑业增长下行压力显现。全年实现增加值 1841 亿元，比上年增长 0.9%。

【跨海大桥工程】　**港珠澳大桥主体工程全面贯通**　2017 年 6 月 5 日，港珠澳大桥海底隧道北车道钢封门拆除完成，标志着港珠澳大桥海底隧道实现了单向贯通；7 月 7 日，港珠澳大桥海底隧道段的连接工作顺利完成，大桥主体工程全面实现贯通，年底基本具备通车条件。港珠澳大桥是东连香港、西接珠海和澳门，全长 55 千米，包括海中桥隧主体工程、三地连接线及口岸，是迄今世界上总体跨度最长、钢结构桥体最长、桥面铺装面积最大的跨海大桥，被誉为桥梁界的“珠穆朗玛峰”“现代世界七大奇迹之一”。

铺前大桥首榀钢箱梁吊装顺利完成　铺前跨海大桥是连接海南省文昌市铺前镇和海口市演丰镇的大桥。2017 年 12 月 29 日，大桥主桥首榀钢箱梁吊装成功，本次吊装的梁段为主桥钢箱梁 0~2# 段，单节梁段长为 37.3 米，宽为 8.8 米，高为 3.3 米，重量达到，本次吊装完成标志着大桥主体施工正式进入了上钩箱梁、斜拉索安装阶段，为大桥的贯通奠定基础。

【海底隧道工程】　**大连湾海底隧道进入实质建设阶段**　大连湾海底隧道项目是大连市第一条大型跨海隧道项目。该工程全长 5.1 千米，包括新建海底沉管隧道工程、陆域段隧道工程和道路工程等。2017 年 8 月 1 日，该工程中的前期工程——干坞工程正式开工建设，标志着作为中国北方海域的第一条大型沉管隧道工程已经进入到了实质建设阶段。

厦门翔安新机场地下综合管廊贯通　2017 年底，中国目前最长、直径最大的地下跨海管廊——厦门翔安新机场地下综合管廊顺利贯通。该项目采用非开挖顶管施工工艺，由翔安陆地始发至大蹬岛陆地接收，跨越海域总长度 968 米。

海洋交通运输业

综　述

2017年，中国经济好于预期，全国水路货运量、客运量和客运周转量加快增长，货运周转量增速放缓，港口生产稳中向好，港口货物吞吐量中高速增长。

2017年，水运供给侧结构性改革持续推进，运输船舶艘数和吨位“双下降”，船舶大型化、节能化和专业化趋势明显。截至2017年底，全国拥有水上运输船舶14.49万艘，比2016年底下降9.5%；净载重量25651.63万吨，比2016年底下降3.6%；平均净载重量1770.30吨，比2016年底增长6.5%；载客量96.75万客位，比2016年底下降3.5%；集装箱箱位216.30万标准箱，比2016年底增长13.2%。远洋运输船舶2306艘，净载重量5457.50万吨，分别比2016年底下降4.3%和16.3%；沿海运输船舶10318艘，净载重量7044.41万吨，分别比2016年底下降1.9%和增长4.5%；内河运输船舶13.23万艘，净载重量13149.73万吨，分别比2016年底下降10.1%和1.6%。

2017年，全国完成水路货运量66.78亿吨，货物周转量98611.25亿吨千米，分别比2016年增长4.6%和1.3%。其中，内河运输完成货运量37.05亿吨，货物周转量14948.68亿吨千米；沿海运输完成货运量22.13亿吨，货物周转量28578.71亿吨千米；远洋运输完成货运量7.60亿吨，货物周转量55083.86亿吨千米。全国完成水路客运量2.83亿人次，旅客周转量77.66亿人千米，分别比2016年增长3.9%和7.4%。沿海客运量完成10658万人次，内河客运量完成16537万人次，远洋客运量完成1106万人次。

海洋交通运输

【外贸运输】 2017年，中国外贸货物进出口总值27.79万亿元，比2016年增长14.2%（按美元计算，中国外贸货物进出口总值41045.04亿美元，比2016年增长11.4%）。机电产品、纺织品（包括纱线、织物及制品）、服装及衣着附件、家具等传统劳动密集型产品仍为出口主力；铁矿石、原油、煤炭等大宗商品进口量增长幅度较大。

外贸集装箱运输市场先扬后抑。2017年，全球经济加快复苏，贸易活动加强，运输需求大幅回升。中国外贸集装箱运输需求回暖，规模以上港口完成国际航线集装箱吞吐量12004.57万标准箱，比2016年增长7.8%，增速较2016年增加5.6个百分点。2017年，全球集装箱运力增速较2016年有所加快，下半年班轮公司加大运力投入,市场行情疲软，中国出口集装箱航线运价先扬后抑。上海航运交易所发布的中国出口集装箱综合运价指数（CCFI）年均值为820.08点，比2016年上涨15.4%。

外贸干散货运输市场强劲回升。2017年，中国外贸干散货运输需求平稳回升。规模以上港口接卸进口金属矿石12.64亿吨，比2016年增长6.0%；接卸进口煤炭及制品2.23亿吨，与2016年基本持平；接卸进口粮食1.20亿吨，比2016年增长12.6%，且增速由负转正。

2017年，全球干散货运力继续保持低速增长，干散货海运量增幅好于预期，且高于运力增幅，市场供需有所改善。受需求回升和运力低速增长等因素影响，中国进口干散货运输市场各航线运价、船舶租金强劲反弹。

12月29日，上海航运交易所发布的中国进口干散货运价指数（CDFI）为780.05点，比2016年底上涨29.2%；年均值750.73点，比2016年上涨54.4%。

外贸油轮运输市场低位小幅震荡。2017年，中国原油需求和消费稳步增长，石油储备规模扩张，原油加工能力增加，国内原油产量连续两年下降，中国原油进口量继续保持大幅增长，规模以上港口接卸进口原油3.80亿吨，比2016年增长9.5%。2017年，全球油轮运力增长4.8%，较2016年略有放缓，但仍大于需求增速。运输市场行情疲软，进口原油油轮各航线运价低位小幅震荡。2017年，上海航运交易所发布的中国进口原油综合运价指数（CTFI）年均值为691.67点，比2016年下降23.1%。

【内贸运输】 内贸运输增速继续加快。2017年，全国沿海规模以上港口内贸货物吞吐量完成50.66亿吨，比2016年增长7.4%，增速较2016年增加4.7个百分点；内河规模以上港口内贸货物吞吐量完成35.82亿吨，比2016年增长5.9%，增速较2016年增加2.0个百分点。

沿海内贸散货运输市场大幅回升。2017年，尽管中国沿海运力规模比2016年有所增加，但沿海散货运输需求旺盛，运价呈现震荡上扬走势。2017年，上海航运交易所发布的中国沿海（散货）综合运价指数（CBFI）年均值为1148.02点，比2016年增长25.1%。

外贸内支线运输需求加速增长。2017年，规模以上港口内支线集装箱吞吐量完成2471.27万标准箱，比2016年增长8.6%，增速较2016年增加2.6个百分点。其中，沿海港口完成1658.37万标准箱，比2016年增长4.7%，增速较2016年增加2.6个百分点；内河港口完成812.90万标准箱，比2016年增长17.7%，增速较2016年增加11.9个百分点。

内贸集装箱运输较快增长。2017年,规模以上港口内贸集装箱吞吐量完成9218.30万标准箱，比2016年增长9.0%,增速较2016年增加2.5个百分点。其中，沿海港口完成7767.15万标准箱，比2016年增长8.4%，增速较2016年增加2.7个百分点；内河港口完成1451.15万标准箱，比2016年增长12.6%，增速较2016年增加3.9个百分点。

【海峡两岸航运】 截至2017年底，海峡两岸直航的航运企业129家，直航船舶263艘、净载重量322万吨，集装箱箱位4.8万TEU，载客量6637客位。2017年两岸海上运输完成货运量4992万吨，比2016年下降10.6%。其中，普通散杂货、液体化学品、液化气和油品运量分别为1446万吨、514万吨、82万吨和3.4万吨，分别比2016年下降27.8%、持平、上升3.8%和下降80.0%。2017年两岸完成集装箱运输量225万标准箱，比2016年下降14.7%。2017年两岸完成客运量197.1万人次，比2016年增长3.2%。大陆至台湾本岛客运量完成15.5万人次，比2016年增长34.8%；福建至台湾金门、马祖、澎湖客运量完成181.6万人次，比2016年增长1.2%。

沿海港口建设与生产

【港口建设】 2017年中国完成水运建设投资1238.88亿元，其中，沿海建设完成投资669.49亿元，沿海港口新建及改（扩）建码头泊位107个，新增通过能力19581万吨，万吨级及以上泊位新增通过能力18153万吨。2017年底全国港口拥有生产用码头泊位27578个，比2016年底减少2810个，其中万吨级及以上泊位2366个，比2016年底增加49个；沿海港口生产用码头泊位5830个，比2016年底减少57个，沿海港口万吨级及以上泊位1948个，比2016年底增加54个，港口结构优化持续推进。

港口码头泊位专业化程度稳步提高。截至2017年底，全国万吨级及以上泊位中，专业化泊位1254个，通用散货泊位513个，通用件杂货泊位388个，分别比2016年底增加

31个、7个和7个。专业化泊位中，集装箱泊位328个，煤炭泊位246个，金属矿石泊位84个，原油泊位77个，成品油泊位140个，液体化工泊位205个，散装粮食泊位41个。

沿海港口大型码头泊位建设成效明显。截至2017年底，全国沿海港口拥有生产用码头泊位5830个，比2016年底减少57个，其中沿海港口万吨级及以上生产用泊位1948个，比2016年底增加54个。港口自动化码头建设成效显著，青岛港前湾全自动化集装箱码头投入使用，上海国际航运中心洋山深水港区四期全自动化集装箱码头交工验收并投入试运行。

津冀港口功能优化及错位发展步伐加快。部省联合印发《加快推进津冀港口协同发展工作方案（2017—2020年）》；京唐港区25万吨级航道工程完成初步设计并开工建设；天津港大港港区深水航道疏浚工程主要部分、华能唐山港曹妃甸港区煤码头主体工程相继完工。

国家重点水运工程建设项目设计审批管理工作扎实推进。福建省莆田港区罗屿作业区9-10泊位工程重大设计变更、广东省惠州港荃湾港区煤炭码头一期工程重大设计变更、深圳液化天然气应急调峰站配套码头工程、连云港30万吨级航道二期工程等项目完成初步设计审批。

【港口生产】 港口生产稳中向好，主要生产指标较快增长。2017年，全国港口完成货物吞吐量140.07亿吨，比2016年增长6.1%，增速较2016年增加2.6个百分点。其中，沿海港口完成90.57亿吨，内河港口完成49.50亿吨，分别比2016年增长7.1%和4.3%。全国港口完成旅客吞吐量1.85亿人次，比2016年增长0.2%。其中，沿海港口完成0.87亿人次，比2016年增长5.7%。2017年，全国港口共接待国际邮轮旅客243万人，比2016年增长11.6%。全球前20大港口中，中国大陆港口占有13席。宁波—舟山港继续保持第一大港地位，南京港首次跻身前20大港口。

主要货类吞吐量增速提升。2017年，全国港口完成干散货吞吐量79.58亿吨，比2016年增长4.9%，增速较2016年增加1.8个百分点；集装箱吞吐量（按重量计算）28.11亿吨，比2016年增长8.7%，增速较2016年增加3.4个百分点；件杂货吞吐量12.61亿吨，比2016年增长4.4%，增速由负转正；液体散货吞吐量12.72亿吨，比2016年增长8.0%；滚装汽车吞吐量（按重量计算）7.05亿吨，比2016年增长10.2%，增速较2016年增加5.5个百分点。全国规模以上港口完成的煤炭及制品吞吐量23.34亿吨，金属矿石吞吐量20.28亿吨，石油、天然气及制品吞吐量10.02亿吨，分别比2016年增长8.5%、6.0%和7.7%。

外贸货物吞吐量稳步增长。2017年，全国港口完成外贸货物吞吐量40.93亿吨，比2016年增长6.3%，增速较2016年增加1.2个百分点。其中，沿海港口完成36.55亿吨，比2016年增长5.8%，增速较2016年增加1.2个百分点；内河港口完成4.38亿吨，比2016年增长10.0%。

集装箱吞吐量加速增长。2017年，全国港口完成集装箱吞吐量2.38亿标准箱，比2016年增长8.3%，增速较2016年增加4.3个百分点。其中，沿海港口完成2.11亿标准箱，内河港口完成2739万标准箱，分别比2016年增长7.7%和13.4%，增速分别较2016年增加4.1个百分点和6.0个百分点。

海洋交通科技

2017年，海洋交通科技领域围绕基础设施建设与灾害防治技术、海运污染防治与安全应急、深远海救助打捞保障技术等稳步推进重大项目研发、基地建设与国际交流合作，有力支撑保障了海洋交通运输业的发展。

【重大项目研发】 大连海事大学承担的海洋环境安全保障重点专项项目“中国近海外来

生物入侵灾害风险防控技术和装备研发”交通运输部上海打捞局承担的深海关键技术与装备专项项目“深水协同应急处置技术及专用工具系统研究”获科技部国家重点研发计划立项实施。同时，圆碟形水下滑翔机关键技术研究、饱和潜水系统自航式高压逃生艇和外循式环控设备研究、船舶排放控制区大气污染物在线监测与实时监管技术等“十三五”在研项目按计划稳步推进。“十二五”国家科技支撑计划项目“深海遇险目标搜寻定位与应急处置关键技术开发与应用”取得多项进展，项目研究以应用需求为导向，以国家专业救助机构为依托，围绕深远海搜救所面临的难点和重点，在航空器跟踪定位、海上遇险目标漂移溯源跟踪和深远海遇险目标海面及水下搜寻和打捞等方面，对深远海涉及的各项技术开展了全面系统的研究，显著提升了中国救捞队伍的深远海保障能力。

【基地及平台建设】　由交通运输部天津水运工程科学研究所与印尼万隆理工大学等合作建设的交通运输行业首个国家间联合研究中心“中国—印尼港口建设与灾害防治联合研究中心”正式启动建设，2017年11月27日，在印度尼西亚首都雅加达举办的“中国—印度尼西亚科技创新合作论坛”上，国务院副总理刘延东和印尼领导人出席了联合研究中心揭牌仪式。将会为促进中国水运工程技术及成果走出去、进一步深化开展“一带一路”海洋交通科技交流合作发挥重要作用。此外，交通运输部水运科学研究所申报的“水路运输污染防治与重特大事故应急技术”示范型国际科技合作基地获得科技部批复认定。

【海洋交通科技国际交流合作】　交通运输部天津水运工程科学研究所承担的战略性国际科技创新合作专项项目“国际化绿色港口枢纽及多式联运关键支撑系统合作研发”获科技部立项实施，项目研究将为推动“一带一路”建设和交通设施联通提供技术支撑。2017年6月，科技部发展中国家技术培训班项目“人文海洋法律国际研修班”在大连海事大学成功举办，围绕中国海洋海事相关政策法规等内容对来自东盟等发展中国家的17名学员进行了培训。　（交通运输部）

海 洋 旅 游 业

综 述

海洋旅游是中国旅游业的重要组成部分。在中国旅游消费环境日趋完善，旅游基础设施建设进一步加快，旅游消费市场秩序不断优化的背景下，旅游发展呈现差异化、联动化发展。在海洋旅游业方面，滨海旅游产业依托海洋海岛旅游资源，聚集区建设进一步加快，按照“滨海景区化、景区公园化”理念，持续推动旅游业态创新，打造精品滨海旅游业，滨海旅游产品不断拓展，滨海旅游业拉动消费成效明显，邮轮旅游消费规模稳步扩大，成为带动海洋经济的重要增长点。

【中国海洋旅游业发展现状】 海洋主题公园发展迅速。随着旅游通达条件的进一步完善，滨海旅游景区景点等设施建设的也随之加快。新兴滨海旅游带的拓展，滨海旅游新项目的开发、旅游服务质量的提升，以及海洋保护区、海洋公园建设带来的滨海环境的改善，使海洋旅游业继续保持较快发展。2017 年，滨海旅游业增加值 14636 亿元，比上年增长 16.5%，占全国海洋生产总值的 18.9%，中国海洋主题公园行业发展迅速，截至 2017 年中国主题海洋公园大约有 106 家，布局已覆盖 20 多个省、直辖市、自治区，中国海洋主题公园旅游人次达到 6250 万人次，收入规模为 74.07 亿元。

邮轮旅游发展经历转型 中国邮轮产业随着市场竞争越来越激烈，中国邮轮产业正经历新的拐点，已逐渐由“高速发展”向“平稳发展”转变，邮轮的转型发展也是中国邮轮旅游市场逐渐由成长期向成熟期转变的显著性标志。国际邮轮对中国邮轮市场发展潜力充满信心，纷纷将最新的豪华邮轮投放中国市场，提升中国邮轮市场规模。

2017 年，中国 11 大邮轮港共接待邮轮 1181 艘次，共接待游客 495.4 万人次，通过市场调整，中国邮轮规模增速近几年来短暂放缓，中国的邮轮发展呈现出以下特征：一是市场规模快速扩大，中国沿海港口共接待邮轮与邮轮旅客运输量快速增长；二是邮轮港口布局初步形成；三是国际知名邮轮公司已全面进入中国市场，国际大型豪华邮轮布局中国沿海港口开辟始发出境游航线；四是形成了以东亚、东北亚为主要目的地的较成熟邮轮航线。

规划推动海洋旅游多元化发展 2017 年 5 月，国家发改委、国家海洋局发布《全国海洋经济发展“十三五”规划》提出拓展提升海洋服务业，海洋旅游业要适应消费需求升级趋势，发展观光、度假、休闲、娱乐和海上运动为一体的海洋旅游。推进以生态观光、度假养生、海洋科普为主的滨海生态旅游。利用滨海优质海岸、海湾、海岛，加强滨海景观环境建设，规划建设一批海岛旅游目的地、休闲度假养生基地。统筹规划邮轮码头建设，对国际海员、国际邮轮游客实行免签或落地签证，推进上海、天津、深圳和青岛建设“中国邮轮旅游发展实验区”。发展邮轮经济，拓展邮轮航线。在滨海城市加快发展游艇经济，推进游艇码头建设，创新游艇出入境管理模式。支持沿海地区开发建设各具特色的海洋主题公园。在有条件的滨海城市建设综合性海洋体育中心和海上运动产业基地，发展海上竞技和休闲运动项目。同时在重点海洋产业集群培育方面，要求推进上海、天津、深圳、青岛建设“中国邮轮旅游发展实验区”，大力发展邮轮产业。构建中国—东盟海洋旅游合作圈。

滨 海 旅 游

滨海旅游在中国旅游业发展中占有重要的地位，随着旅游通达条件的进一步完善，滨海旅游景区等设施建设的进一步加快，海洋旅游业继续保持较快发展。2017年中国海洋旅游新业态与新模式的产生与涌现，以及海洋保护区和海洋公园建设带来的滨海环境改善，促使滨海旅游不断升温。

【环渤海滨海旅游带】 地处环渤海滨海旅游带的山东省积极挖掘滨海生态旅游资源价值。大乳山位于威海乳山市海阳所镇的西端，乳山口东岸，海拔216.6米，主峰呈圆锥形，山势浑圆丰满，顶峰挺拔突起，形态优美，如出水明珠绽放在齐鲁黄金海岸线上，山翠绿、海清朗、海蔚蓝，大乳山滨海旅游度假区成为生态修复的绿色样本。2017年12月，山东省旅游发展对外公示10家4A级旅游景区，其中包括青岛西海岸生态观光园和潍坊欢乐海沙滩景区。

【“长三角”滨海旅游带】 地处“长三角”滨海旅游带的江苏省支持大众旅游，大力促进“旅游+”发展。2017年江苏省连云港滨海大道获评“首批江苏省旅游风景道”，滨海大道旅游风景道（徐圩新区—连云新城）将跨海大桥、连云老街、海上云台山、林洪湿地、连岛海滨旅游度假区、海州湾度假区、秦皇岛等独居特色的港城美景连成一线，全程29.4千米，以路引景，为景串线，自然景观丰富，旅游功能配套，环境协调相融，让游客“人在景中走，如在画中游”。

【“珠三角”滨海旅游带】 地处“珠三角”滨海旅游带的广东省规划海岸带空间结构，积极推进全域旅游发展。2017年4月，广东省出台《惠州市海岸带保护与利用规划》，根据规划惠州“蓝色引擎”环大亚湾新区将形成“一轴、一带、四湾、多岛”的海岸带空间结构。广东省川岛镇五年来迅速发展全域旅游，川岛旅游收获良好口碑，上川岛、下川岛获评广东“十大美丽海岛”，下川王府洲入选“广东十大美丽海岸”，上川岛猕猴省级自然保护区入选“广东十大最美森林”，同时，全域旅游建设使基础设施显著改善，民生保障更加优先，社会管理深入推进。

【海峡西岸滨海旅游带】 地处海峡西岸滨海旅游带的福建省以生态保护为主导，有效保护、合理开发滨海旅游资源。《长乐市滨海沙滩保护与利用规划（2017—2025)》对福建省长乐市沙滩的未来利用做了总体规划，提出福州新区与滨海新城建设的战略机遇，以长乐市滨海沙滩资源生态保护为主导方向，兼顾沙滩开发利用，为滨海沙滩资源的有效保护和合理开发提供依据和指导。规划提出长乐市滨海沙滩利用与修复重点工程下沙滨海旅游度假区、滨海新城核心观光带、长乐国家级海洋公园和南澳沙滩礁石公园共4项。

【海南滨海旅游带】 地处海南滨海旅游带的三亚被定位为世界级滨海旅游城市。2017年4月，海南省第七次党代会对三亚布置了任务：“三亚要对标国际化标准，不断提升国际化水平，加快建设世界级滨海旅游城市。”目前，三亚通过打造亚特兰蒂斯、梦幻不夜城等项目，打造具有国际水准的旅游产业项目；加快推进标准化、全域旅游，提升自身国际化水平，从硬件建设到软件服务，都对标国际发展较成熟的旅游地区。2017年8月召开的三亚市委常委会初步制定《三亚市建设世界级滨海旅游城市行动方案》，十大行动聚焦城市国际化水平提升、旅游产业提升、千亿产业园区建设、“双修”升级版行动、“十镇百村”建设、智慧城市建设、幸福民生行动、人才“海绵城市”建设、强区扩权行动和强基固本行动等。

海 岛 旅 游

2017海岛旅游投资大会暨旅游上市公司高峰论坛在舟山成功举办。大会由舟山市人民政府支持，舟山普陀区人民政府和新旅界共同主办。论坛围绕海岛旅游、产业投资、上市公司、消费升级和旅游创新5大主题，正式对外发布了《旅游产业一二级市场分析报告》和《旅游新三板企业成长性报告》两份报告，颁发了“2017最具成长性旅游上市公司”，“2017最具成长性旅游新三板企业”，“2017最具成长性旅游创新企业”，“2017最佳旅游投资机构”，“2017最具战略眼光旅游集团”5大奖项。

【广东省】 三门岛面积约5平方千米，海岸线长13千米，是大亚湾面积最大的海岛，同时也是中国目前保存最完好的自然生态海岛之一。《大亚湾三门岛旅游发展专项规划》认为三门岛具有发展生态旅游、滨海（海岛）旅游和军事文化旅游的良好资源基础。规划范围覆盖整个三门岛区域，包含大三门岛、小三门岛和横洲岛，面积约6平方千米，打造中国特色慢岛旅游目的地，旅游特色包括渔家风情运动休闲。

东升岛由东升岛（主岛）、内圆洲、猫洲、刀石洲和蛇仔洲等5个岛屿组成，陆地面积约2平方千米《大亚湾东升岛旅游发展专项规划》拟将三门岛建设成为中国海岛休闲度假旅游胜地以及珠三角一流的旅游目的地，将东升岛打造成拥有较完整海洋旅游产业链的国家5A级景区、独具特色的海岛休闲旅游度假区、中国示范性海岛旅游目的地。

【辽宁省】 长海县是中国最北部的海岛边境县。2017年辽宁省长海县已凭借独特的区位优势和资源优势先后举办了獐子岛渔业互保杯等3场大型海钓比赛，制定出台了《长海渔家品质提升支持措施》，从土地供给、建设标准、宣传促销、基础设施配套、低息贷款等方面鼓励长海渔家向标准化、精品化、主题化发展，加速提升长海渔家旅游品质，塑造海岛旅游新形象。

【浙江省】 海岛旅游是浙江旅游的亮点，也是浙江旅游创新发展的主要着力点之一。浙江省第十四次党代会报告中明确提出，要继续大力推进海岛旅游发展，舟山结合自身特点，创新推出全省首批海岛旅游警察、大力发展海岛旅游的行动，将有效推动浙江旅游“1+3”综合体制改革和浙江全域旅游的全面发展。2017年，舟山市海岛旅游警察新标识启用仪式在舟山普陀朱家尖南沙景区举行，这标志着浙江省首批海岛旅游警察专业队伍正式登场，并投入到工作之中。

海 洋 管 理

海洋规划与法治建设

海 洋 规 划

【《全国海洋经济发展“十三五”规划》发布】 2017年5月，国家发展改革委和国家海洋局联合发布《全国海洋经济发展“十三五”规划》(发改地区〔2017〕861号)，规划明确了中国“十三五”期间海洋经济发展的指导思想、基本原则和发展目标，并明确优化海洋经济发展布局，推进海洋产业优化升级，促进海洋经济创新发展，加强海洋生态文明，加快海洋经济合作发展，深化海洋经济体制改革和有关保障措施等。

【《海洋卫星业务发展“十三五”规划》印发】 为了服务海洋强国建设、拓展蓝色经济空间、维护国家海洋权益、推进海洋高新技术发展，依据《空基规划》《陆海观测卫星业务发展规划(2011—2020年)》《全国海洋经济发展“十三五”规划》《“十三五”航天发展规划》等制定本规划，国家海洋局与科工局联合印发，指导“十三五”海洋卫星业务发展。

【《广东省海岸带综合保护与利用总体规划》】 2017年10月27日，广东省人民政府和国家海洋局联合印发《广东省海岸带综合保护与利用总体规划》(粤府〔2017〕120号)，规划坚持陆海统筹，重视以海定陆，构建海陆一体、功能清晰的海岸带空间治理格局；坚持节约优先、保护优先、自然恢复为主的方针，强化湿地保护和恢复；坚持集约利用、绿色发展，精细化管控海岸线，建立区域集约用海新模式；坚持改革创新、综合管控，以推进空间治理制度体系建设为突破口，建立海岸带地区协调发展新模式和综合管理新机制；坚持依法行政、常态督查，推进省级海岸带管理立法工作，用最严密的法制保障海岸带可持续发展。 (国家海洋局战略规划与经济司)

海 洋 法 治 建 设

【《海洋观测站点管理办法》和《海洋观测资料管理办法》发布施行】 2017年6月7日，国土资源部颁发第73号、74号部令，分别发布施行《海洋观测站点管理办法》和《海洋观测资料管理办法》，进一步细化落实《海洋观测预报管理条例》，以保障国家基本海洋观测活动的有序开展。

《海洋观测站点管理办法》对统一规划、设立和调整国家、地方基本海洋观测站点作出相应制度安排，明确了海洋观测站点保护范围内工程建设的禁止性和约束性条款，保证海洋观测工作正常运行；明确其他单位和个人设立海洋观测站点的行政许可程序，保护国家海洋信息安全。

《海洋观测资料管理办法》明确了海洋观测资料统一汇交制度和共享制度；细化了保管、公开措施，要求建立和维护海洋观测资料公开服务平台，发布公开目录范围内的资料，供公众无偿下载；同时规定，单位或个人未经批准不得将涉外涉密海洋观测资料提供给国际组织、外国的组织或者个人。

【《海洋倾废管理条例实施办法》修订，《委

托签发废弃物海洋倾倒许可证管理办法》和《海洋标准化管理规定》废止】 2017年12月27日，国土资源部第4次部务会议通过《国土资源部关于修改和废止部分规章的决定》，将《中华人民共和国海洋倾废管理条例实施办法》（国家海洋局令第2号）第三条修改为："国家海洋局及其派出机构（以下简称海区主管部门）是实施本办法的主管部门。"第十二条修改为："申请倾倒许可证应填报倾倒废弃物申请书。"第十六条修改为："检验工作由海区主管部门委托检验机构依照有关评价规范开展。"

废止《委托签发废弃物海洋倾倒许可证管理办法》（国土资源部令第25号）。废止《海洋标准化管理规定》（国家海洋局令第4号）。（国家海洋局政策法制与岛屿权益司）

【国家海洋局办公室印发《法治海洋建设任务细化表》】 为贯彻落实《中共国家海洋局党组关于全面推进依法行政加快建设法治海洋的决定》，2017年3月17日，国家海洋局办公室印发《2017年法治海洋建设任务计划表》，明确了各单位（部门）的年度工作计划。通过季度通报的方式，督促各有关单位（部门）落实工作任务，推动法治海洋建设部署落到实处，2017年共完成126项具体成果。印发国家海洋局落实"谁执法谁普法"普法责任制的实施意见以及国家海洋局普法责任清单，进一步厘清了各单位（部门）的普法责任。

【国家海洋局办公室印发《国家海洋局规范性文件合法性审查工作细则》】 按照《国家海洋局规范性文件制定程序管理规定》相关要求，2017年2月7日，国家海洋局办公室印发《国家海洋局规范性文件合法性审查工作细则》，进一步细化了提起合法性审查必须履行的程序、提交材料、形式审查结果反馈和合法性审查意见异议处理等工作要求。

【国家海洋局印发《国家海洋局行政许可内部监督管理办法》】 根据党中央、国务院相关文件精神和《行政许可法》有关规定，以及《国务院审改办 国家标准委关于推进行政许可标准化的通知》（审改办发［2016］4号）对开展行政许可标准化监督检查的要求，2017年12月1日，国家海洋局印发《国家海洋局行政许可内部监督管理办法》，健全行政许可内部监督制度。

【国家海洋局印发《国家海洋局海洋立法工作程序规定》】 为全面推进法治海洋建设，进一步完善国家海洋局立法工作程序，对《国家海洋局海洋法规制定程序规定》进行修订，2017年12月1日，国家海洋局印发《国家海洋局海洋立法工作程序规定》。

按照中办国办《关于推行法律顾问制度和公职律师公司律师制度的意见》，2017年开展国家海洋局法律顾问队伍建设工作。聘任8位局法律顾问，充分发挥法律顾问在制定重大行政决策、推进依法行政中的作用。

2017年累计完成《海洋工程环境影响评价管理规定》等约30件次规范性文件合法性审查工作。合法性审查通过的文件以"国海规范"发文字号发布实施，规范性文件"三统一"管理制度进一步得到落实。

根据《国务院办公厅关于进一步做好"放管服"改革涉及的规章、规范性文件清理工作的通知》（国办发［2017］40号）相关要求，2017年组织开展了国家海洋局规范性文件清理工作，并将清理结果主动向社会公开。

2017年6月14日，国家海洋局公布《国家海洋局2016年法治海洋建设情况报告》，从海洋管理制度体系建设取得重要进展、行政权力运行进一步规范、行政权力运行监督进一步加强、组织领导机制不断完善四个方面对国家海洋局2016年法治海洋建设情况进行了系统总结。

2017年6月21—23日，国家海洋局在北京举办了全国海洋法制培训班，来自局机关、局属有关部门和单位，沿海各省（自治区、直辖市）以及计划单列市、地级市海洋厅

(局）的100余名工作人员参加了培训，进一步提升工作人员运用法治思维、法治方式的能力。（国家海洋局政策法制与岛屿权益司）

【《国家海洋调查船队管理办法》修订印发】 2017年8月，国家海洋局办公室印发了《国家海洋调查船队管理办法》（海办发［2017］35号），《办法》在原《国家海洋调查船队管理办法（试行)》的基础上进行了修订，具有更强的操作性，《办法》结合国家海洋调查船队五年来的运行经验，进一步明确了国家海洋调查船队宗旨、海洋调查船的内涵；修订完善了船队协调委员会、办公室、船舶单位的主要职责；细化了船舶的入队条件及船队各方的权利义务。

【《海洋标准化管理办法实施细则》印发】 2017年7月，国家海洋局印发《海洋标准化管理办法实施细则》（国海规范［2017］10号）。《细则》在归纳总结海洋标准化工作实践经验的基础上，明确了海洋标准在立项、编制、审批发布、实施与监督检查过程中的工作程序，完善了海洋标准化管理制度，为实现海洋标准化工作的规范管理、保证海洋标准有效供给提供了制度保障。

【《贯彻落实〈加强海洋质量管理的指导意见(2017—2020年)〉三年行动计划》印发】 2017年10月，国家海洋局办公室印发《贯彻落实〈加强海洋质量管理的指导意见(2017—2020年)〉三年行动计划》(海办发［2017］38号)。在海洋公共服务和综合管理中涉及的数据、资料、信息与服务的有关业务活动（含重大专项和海洋业务工作）中开展质量行动计划。组织海洋工作单位建立质量管理体系、落实质量管理组织机构和人员队伍，实施海洋业务活动的全过程质量管理。

【《海洋标准体系印发》】 2017年12月，国家海洋局与国家标准化管理委员会联合印发《海洋标准体系》（国海发［2017］23号）。《海洋标准体系》以拓展蓝色经济空间为主线，以满足海洋五大工作体系的重大需求为导向，涵盖了海洋综合管理、海洋经济和资源开发利用、海洋公共服务、极地大洋事务4个方面21个领域，共下设308个子框架，涉及1459项标准，包括已颁标准352项、在编标准448项和“十三五”海洋标准制修订计划拟编标准687项。更加全面系统地布局海洋标准，增强“十三五”海洋标准制修订工作的计划性、科学性和协调性。

（国家海洋局科学技术司）

海洋督察

《海洋督察方案》经国务院同意印发后，国家海洋局积极推进国家海洋督察制度落实。完善海洋督察组织架构，成立全国海洋督察委员会和海区海洋督察委员会，明确工作职责；加强海洋督察队伍建设，选调专业技术人员及船舶、飞机等技术装备，形成海区督察工作专业技术保障力量；制定海洋督察工作流程、海洋督察文书格式和举报受理工作规范等，实现海洋督察工作的规范化。

2017年8月下旬至9月下旬，开展第一批对辽宁、河北、江苏、福建、广西、海南6省（区）的围填海专项督察，同步对河北、福建两省开展例行督察，并于2018年1月向6省（区）反馈督察意见。2017年11月中旬至12月中旬，开展第二批对天津、山东、上海、浙江、广东5省（市）的围填海专项督察，同步对广东省开展了例行督察。督察进驻阶段，督察组通过听取汇报、受理举报、调阅资料、当面沟通、外业核查等方式，分省级层面督察、下沉地市督察和梳理分析归档三个阶段开展工作。同时，加强舆论宣传，营造良好的社会氛围。

（国家海洋局政策法制与岛屿权益司）

海洋信息化建设

综述

2017年，根据国家信息化发展总体要求和海洋事业发展需要，充分利用大数据、云计算、“互联网+”等先进技术与理念，依据海洋信息化顶层设计，在编制海洋信息化建设规划和管理规章制度的基础上，国家海洋局加强海洋通信网络、数据资源、应用系统和政务服务的整合改造和优化升级，建设国家海洋信息通信“一张网”、国家海洋信息资源“一朵云”，搭建海洋政务服务“一个大厅”，打造海洋管理决策“一片海”，稳步推进海洋信息化工作“一盘棋”。

管理制度与标准体系建设

【推动信息化管理制度建设】 为进一步规范海洋信息化管理工作，2017年5月18日国家海洋局制定出台《国家海洋局关于进一步加强海洋信息化工作的若干意见》（国海发[2017] 8号），要求建立完善统筹协调、权责明晰、协同高效的海洋信息化工作体制机制。完善海洋信息化管理制度体系，制定海洋信息化建设项目管理、海洋应用系统组织实施管理、海洋信息通信网建设与运行管理等相关规章制度。

【多项信息化标准正式纳入海洋标准体系】 由国家海洋信息中心编制的《海洋信息化标准体系》《海洋应用系统集成接口标准》和《海洋应用系统身份认证技术规范》等3项信息化标准，《海洋大数据标准体系框架》《海洋水文数据整编技术规范》《海洋气象数据整编技术规范》和《海洋环境综合数据库分类与命名规范》等4项数据整编标准，获海标委立项，正式纳入海洋标准体系。行标《中国海洋观测站（点）代码》（报批稿）编制完成，海洋信息化标准体系建设工作逐步推进。

综合业务专网整合建设

【开展相关方案编制】 先后组织召开4次专题工作会议，实地开展网络现状调研。编写完成《国家海洋信息通信网建设地面网整合工作方案》《国家海洋局业务专网地面网整合总体设计方案》《国家海洋局业务专网地面网整合总体迁移方案》《国家海洋局业务专网地面网整合实施方案》，为专网整合工作顺利开展提供技术指导。发布《关于规范无线网卡使用的通知》，为专网无线网卡规范化使用管理提供指导。

【国家海洋局业务专网地面网整合完成】 国家海洋局业务专网地面网整合工作全面完成，实现全局“一张网”，统一全网技术体制，节省网络建设运行经费投资，网络应用更加便捷，为各项业务一通到底提供了网络环境。

国家海洋云整合建设

【开展国家级节点建设】 国家海洋云建设包括国家级节点（国家海洋信息中心）和海区节点（东海、南海、北海三个分局）四个节点,国家级节点的建设以计算资源和存储资源为核心，完成了虚拟化平台建设，现部署虚拟机119台，分配存储资源约340TB。完成云计算系统网络资源地址的规划设计和改造工作，建立云桌面资源区，满足节点外人员对中心内数据进行使用、处理、计算等需求。建立数据敏感区，通过网闸与现有网络进行隔离，实现对敏感数据的存储、处理和加工。从业务、硬件、资源三个维度开展监控平台升级改造工作。

【完成业务系统迁移部署】 面向各类海洋业务，提供数据库环境、计算能力、传输交换、服务总线、任务调度、授权认证、应用开发、资源接口等基础功能服务。目前，已完成海岛监视监测系统、海域动态监视管理系统、海洋文献管理系统及综合办公系统等37 个业务系统的迁移部署工作。

数据资源管理体系建设

【海洋数据资源整合管理顶层设计愈加完善】 编制《国家海洋局海洋数据资源整合工作方案》和《沿海地方海洋数据资源整合共享工作方案》。完成《海洋资料汇交管理办法》《海洋资料使用申请审批管理办法》修订草案，明确全国海洋数据资源汇交与申请使用管理机制。编制《海洋观测资料管理办法》，国土资源部第 74 号令印发。完成《中国人民共和国深海海底区域资源勘探开发法》配套管理制度《国际海底区域资源探勘开发资料管理办法》编制。完成《中国极地科考数据管理办法》和《海洋调查资料管理条例》(送审稿）编制。编制海洋数据资源规范性文件《海洋数据管理体系总体设计》和《海洋数据和信息目录清单格式》。

【国家海洋数据资源整合管理扎实推进】 启动全国海洋数据资源整合工作。按计划开展国家海洋局局系统和沿海地方海洋数据资源摸底调查。全面开展海洋环境数据、海洋地理信息产品和海洋专题成果的集中统一管理工作，形成覆盖多领域、多学科的海洋数据资源管理体系 219TB、资料目录清单 7.8 万条。编制完成《国家海洋信息资源管理报告》《分类分级海洋资料目录清单》和《国家重大历史专项资料情况分析报告》。

【海洋综合数据库建设初具规模】 海洋综合数据库一期工程建设进展顺利，完成了海洋数据文件系统和基础数据库搭建，基本完成分布式 MPP 和 Hadoop 海洋环境综合数据库建设，开展测试运行。同时，基本完成海洋基础数据处理系统功能设计和海洋大数据处理系统需求调研工作，推动现有各类数据库集成研究，启动海洋地理和海洋专题数据库整合集成研究。

【海洋基础资料业务扎实开展】 全年新增各类海洋数据 43.5TB，形成各类标准数据集 1.5TB。制作更新全球温盐、气象、生物、化学、底质、地球物理整合数据集近 4.8 亿站次。制作完成中国新一代国内用户版海洋环境数据集。面向局属单位、科研院所、军方等 16 家单位完成 57 次资料咨询与服务，服务数据总量 17.9TB。

海洋应用系统整合建设

【开展海洋综合监管平台建设】 编制《海洋综合监管平台建设方案》，开展海洋综合监管平台功能开发，初步建成海洋应用系统集成门户、海洋地图服务、海洋应用资源管理与服务、单点登录系统、运维监控系统等功能模块。在中心内部开展应用系统整合示范，集成对接应用系统 15 个，完成示范应用系统的服务资源整合与登录认证方式改造。

【开展海洋决策支持系统建设】 开展海洋决策支持系统设计与研发，编制《海洋决策支持系统建设方案》，以海洋环境信息可视计算和海洋管理业务综合分析为研发重点，实现了海底地形任意拉伸与可视分析，海面风场、海流、海温等环境信息动态绘制，对海域海岛等综合管理信息进行了关联分析和信息抽取，初步实现基于海洋一张图的业务信息统计和综合展示。

【开展国家海洋科学数据共享服务平台建设】 联合 8 家相关涉海单位、科研院所和高校，建成并发布国家海洋科学数据共享服务平台，形成“主中心+分中心+数据节点”的共建模式，平台采用互联网、海洋专网和离线方式，提供海洋实测数据、预报分析数据和专题信息产品的共享服务，服务功能包括公开下载、在线使用、定制化推送、实时分发、点对点共享、离线资料申请等。面向社会公众、科研人员和涉海部门，提供全面、权威、多元化的海洋数据共享服务。自 2018 年 5 月正式上线以来，平台访问量达 9 万余次，累计服务量 628 万余次，注册用户数达 1000 余人。

海洋政务信息整合共享

【贯彻落实国家政务信息系统整合共享工作要求】 根据发改委加快推进落实政务信息系统整合共享工作的有关要求，2017 年 11 月，国家海洋局正式印发了《国家海洋局推进落实〈政务信息系统整合共享实施方案〉工作方案》（国海办字［2017］520 号），明确了“自查、编目、清理、整合、接入、共享、协同”等各项任务和时间节点。

【开展海洋政务信息资源编目】 积极开展海洋政务信息资源摸底调查，2017 年 9 月和 12 月面向国家海洋局机关各部门开展了两轮数据征集、补充整理和汇总处理工作，按照政务信息资源编目指南要求，建立了海洋经济、海岛管理、海域管理、预报减灾、海洋环境、生态环保、海洋遥感与基础地理等细目的海洋政务信息资源编目，目前累计上线目录条数超 2000 条。

【初步完成海洋政务信息服务平台建设】 开展国家海洋政务信息服务平台建设，按照国家政务信息资源目录体系要求，完成了海洋专网内政务系统资源编目和整合集成，构建海洋政务信息镜像数据库，研发数据共享交换中间件及与相关系统集成的数据接口，实现海洋政务信息资源的自动抽取与管理，并接入国家数据共享交换平台（政务外网），最终实现与海洋应用系统集成门户的有机集成。

（国家海洋信息中心）

海 域 使 用 管 理

综 述

2017 年国家海洋局认真落实中央关于生态文明建设的战略部署和总体要求，牢固树立和践行“绿水青山就是金山银山”的发展理念，以新时期海域综合管理面临的问题为导向，以重点改革任务的落实与实施为抓手，坚持依法治海、生态管海，全面实施基于生态系统的海域综合管理。

海域使用权管理

2017 年，全国通过海域使用权申请审批和招标、拍卖、挂牌等市场化出让方式，新增审批用海项目 1673 个，新增审批宗海 1831 宗，同比减少 46%；新增审批海域面积 168111.57 公顷，同比减少 42%。

【海域有偿使用】 2017 年，全国共征收海域使用金 64.85 亿元，同比减少 1%，其中新增项目 56.67 亿元、原有项目 8.18 亿元。全国共减免海域使用金 7.09 亿元，同比增加 29%。

【海底电缆管道】 2017 年，国家海洋局批准了亚非欧-1 国际海底光缆系统（AAE-1）中国南海段、新跨太平洋（NCP）国际海底光缆工程上海崇明（S1.1）段项目用海和海底电缆管道铺设施工，用海期限均为 25 年，用海面积共 211.2 公顷，长度约 2600 千米。批准了太平洋光缆（PLCN）中国段路由调查勘测，长度约 800 千米。

国家海洋局北海分局、东海分局和南海分局共批准海底电缆管道路由调查 479.61 千米、批准海底电缆管道铺设施工 59.96 千米，维修、改造国际通信电缆 42 次、油气管道 4次，铺设完工注册备案 17 条，共计 367.66 千米。

海域使用权管理政策措施

国家海洋局会同国家发改委、国土资源部联合印发《围填海管控办法》，以及其指导意见和实施方案，进一步强化机制体制、监管措施等方面的硬要求、硬约束、硬措施。印发《建设项目用海面积控制指标（试行）》《围填海工程生态建设技术指南（试行）》，进一步提高项目用海的准入门槛和生态门槛，建立健全生态管海制度体系。

在渤海海域内，暂停受理和审批一切涉及围填海建设项目，加强渤海生态环境保护。

按照国务院同意的《2017 年围填海专项督察总体方案》，2017 年 8 月下旬至 9 月下旬，国家海洋局组织开展第一批对辽宁、河北、江苏、福建、广西、海南 6 省（区）的围填海专项督察。

国家海洋局印发《海岸线保护与利用管理办法》及其指导意见和实施方案，把生态文明理念贯穿于管理的全过程，加大自然海岸线保护力度，提高海岸线集约节约利用水平。出台《全国海岸线调查统计工作方案》《海岸线调查统计技术规程（试行）》，规定了海岸线调查统计的原则、内容、要求，明确自然岸线的认定方法。统一部署沿海各省海岸线资源调查、自然岸线认定和保有率统计工作。

国家海洋局会同财政部制定《海域、无居民海岛有偿使用的意见》，经中央全面深化改革领导小组审议通过。以生态保护优先和资源合理利用为导向，对需要严格保护的海域、无居民海岛，严禁开发利用，对可开发利用的海域、无居民海岛，通过市场化方式提高用海用岛的生态门槛。

国家海洋局印发《关于铺设海底电缆管

道管理有关事项的通知》，由分局承担本海区内水、领海范围内的海底电缆管道路由调查勘测、铺设施工的审批；印发《关于进一步规范海底电缆管道路由调查勘测、铺设施工审批和填海项目竣工海域使用验收审批涉及中介服务事项的通知》《关于进一步明确局属单位开展海域使用论证报告编制工作有关问题的通知》，进一步清理规范海域使用审批中介服务事项；会同工业和信息化部联合印发《关于加强党的十九大期间海底光缆保护的通知》《关于加强 2017 年“一带一路”高峰论坛期间海底光缆保护的通知》《关于加强 2017 年金砖国家领导人第九次会晤期间海底光缆保护的通知》，保障会议期间海底光缆安全畅通；印发《关于海域使用论证报告信息公开有关问题的通知》，加强海域使用论证报告评审监管。

根据国务院关于投资项目审批制度改革要求和国家发展改革委项目核准权限下放情况，相应下放了煤炭、矿石、油气专用泊位等项目用海审核权。2017 年，对于《国务院关于发布政府核准的投资项目目录（2016 年本）的通知》明确项目核准权限下放至地方政府的用海项目，相应的下放了 15 个项目用海审核权。规范审批行为，与各部委及沿海地方建立完善重大建设项目协调推进机制；建立评审专家评价、淘汰和黑名单机制，严格海域使用论证评审专家库管理。

海域使用动态监视监测

海域动态监管能力不断提升，全面开展遥感监测与现场监测工作，完成 4 次全国低分辨率卫星遥感监测、1 次全国高分辨率卫星遥感监测，监测面积约 82 万平方千米。获取处理卫星遥感影像 3400 景，累计面积 823 万平方千米。对重点海域开展无人机遥感监测，监测面积 2700 平方千米。组织省级、市级海域动态监管中心对全国 1368 个重点用海项目进行了 2601 次现场监测，累计监测面积 4.4万公顷，出具监测报告 1396 份。在重点岸段累计设置视频监控点 506 个，监控覆盖岸线长度 5060 千米。（国家海洋局海域综合管理司）

各海区海域使用管理

【北海区海域使用管理】 **海域使用监督管理** 国家海洋局北海分局下发《关于加快推进危化品用海问题整改的通知》，督促北海区三省一市和中海油天津分公司完成 31 个涉海危化品项目的整改。制定《北海区海岸线调查统计工作方案》，组织召开海岸线调查统计工作部署及培训会，向原国家海洋局报送《北海分局关于贯彻落实〈全国海岸线调查统计工作方案〉情况的报告》和相关工作月报等内容。组织开展了烟台港西港区等 4 个项目的竣工海域使用验收工作。完成对中海油《2017 年 59 口探井临时用海技术材料》和中石油秦皇岛区块临时勘探项目临时用海技术审查工作，办理了 65 项海上油气勘探作业的临时用海备案。根据国务院批准的《海洋督察方案》及原国家海洋局部署，派员参与北海区三省一市围填海专项督察，参与梳理线索、编制方案、培训人员和编写报告工作，牵头开展围填海专项督察海域业务组相关工作。

海底电缆管道管理 国家海洋局北海分局编写《海底电缆管道管理程序及其与海域使用管理程序的衔接办法》和审批服务指南等文件，完善海底电缆管道管理制度设计。批复 3 个项目的海底电缆管道路由调查申请和 1 个项目的海底电缆铺设施工申请。组织北海区海上油气平台和海底电缆管道数据收集、整理和录入工作，参与推动海上构筑物信息系统建设工作。（国家海洋局北海分局）

【东海区海域使用管理】 **东海区海岸线调查统计** 东海区成立海岸线调查统计工作领导小组、工作组和专家技术组。下发《2017 年东海区海岸线调查统计工作方案》，组织召开由东海区三省一市海洋管理部门和技术单位共 70 余人参加的技术研讨会议，并在全国率先完成对浙江省海岸线调查统计成果的技术审查和成果上报。

用海项目事中事后管理　组织海区分局开展国管项目事中事后监管。开展国投湄洲湾煤炭码头一期工程、福建莆田港罗屿港区 9#~10# 泊位工程、宁德核电一期工程、西蟹峙码头、油库工程、浙能舟山六横电厂工程、黄泽山石油中转储运工程、浙江嘉兴独山煤炭中转码头等 7 个填海项目的海域使用验收。

对国家海洋局 2017 年新批复的浙江省温州瓯江北口大桥、福州至平潭铁路平潭海峡公铁两用大桥、宁波至东莞国家高速公路福建省沙埕湾跨海公路通道工程项目沙埕湾跨海大桥等 3 个国管项目，及时向用海单位下发监管文件，提出具体管理要求，实现与国家海洋局管理环节的有效衔接。

组织开展“温州市瓯飞淤涨型高涂围垦养殖用海规划”一期工程海洋环境影响后评价报告的技术审查。瓯飞区域用海规划一期围海面积 4429.13 公顷，是目前全国最大的围填海工程。在区域用海规划海洋环境影响后评价相关技术要求尚未明确，相关经验缺乏的情况下，对瓯飞区域用海规划一期工程评估审查做探索和尝试。

完成温州市龙湾区海域使用权属核查工作。形成 156 宗海域使用项目的权属核查成果，并对 48 宗问题项目提出权属处理建议。核查成果经分局自验收后上报国家海洋局。组织核查技术承担单位温州中心站积极开展核查成果的应用跟踪。开展龙湾区海域使用权属核查问题宗海解决机制的课题研究。对到期未续期、改变用海方式等多个问题的用海项目，通过重新进行海域使用论证、环评、出让海域价格评估等前期工作，以招拍挂的方式成功确权续期。为后续问题宗海的解决机制研究提供成功的案例和经验。

为落实对海区今后新批准的重大围填海项目生态监测站点建设运营的指导、监管职责，提出“按照分区分级管理思路，建立由分局总体负责，东海监测中心为技术支撑牵头单位，各中心站负责辖区内生态监测站点建设和运营的具体指导、现场检查”的工作体系。

涉海危化品项目用海监督　继续加强对海区涉海危化品项目用海排查整改工作的监督。根据 2016 年排查结果，对东海区 90 余个没有完成整改的项目，发文要求海区各省局（厅）加快整改进度，提高整改时效，定期上报整改成果。　（国家海洋局东海分局）

【南海区海域使用管理】　**履行监督管理职责**　2017 年 4—7 月，国家海洋局南海分局印发《关于调整海洋督察委员会组成及职责的通知》《国家海洋局南海分局海洋督察工作机制》，明确成员部门、办公室及督查组的组成和职责，建立海洋督查机制，以船舶、飞机、无人机、卫星遥感、实验室、信息化分析系统等为主要技术支撑平台，建立能覆盖海区管辖海域的专业技术支撑保障队伍。制定海洋督察工作方案，开展南海区海洋督察业务培训，收集整理南海区海洋管理有关数据信息，实施 6 批次的海洋督察问题线索调研，摸查核实形成 7 类 21 份专题核查报告。

根据国务院批准的《海洋督查方案》，国家海洋督查组于 2017 年 8 月和 11 月分别进驻广西区、海南省和广东省，对地方政府 2012 年以来特别是党的十八大以来的围填海管理及执法等情况开展专项督察，对广东省 2017 年 1 月 1 日至 6 月 30 日期间海域海岛资源开发利用、海洋生态环境保护、海洋防灾减灾等海洋行政管理和执法工作情况进行例行督察。督察组进驻期间，南海分局共派出督察人员和技术支撑人员 198 人次，累计调阅审核广西、海南和广东三省（区）资料 18825 份，开展个别谈话 427 人次，其中省级领导 52 人次；受理来电来信举报 937 件，其中有效举报 668 件，分批分类向省政府进行转办；发布简讯 91 期、专报 39 期、中央媒体文章33篇；对广西、海南和广东31个沿海市（海南省管县）开展下沉督察，并运用飞机、船舶、无人机、车辆和遥感卫星等手段，对349个项目开展外业核查。督察结束后，南海分局及时将发现的问题进行梳理汇总，研究形成分省督察意见书和问题清单及时上报国家海洋局。

就澳门特区政府相关用海事项提出意见 澳门特区政府用海事宜事关珠澳两地，且当前澳门海岸线尚未划定，情况敏感复杂，相关用海需慎重处理。分局组织相关技术单位，先后就澳门特区政府拟扩建澳门国际机场事宜、澳门内港海旁区防洪（潮）排捞规划总体方案等事宜提出意见与建议，为国家海洋局妥善周全的处理澳门特区政府用海事宜提供充分依据和准确合理的处理措施。

完成涉海危化品排查整改的收尾工作 在2016年南海区涉海危化品排查的基础上，进一步梳理南海三省（区）涉海危化品整改情况，对尚未完成整改的项目正式发函地方海洋行政主管部门，勒令限期整改、排除隐患，确保在涉海危化品管理方面不留死角。

组织开展南海区海岸线调查统计工作 先后印发《南海区海岸线调查统计工作方案》，成立领导小组和专家技术组；2017年7月组织召开南海区海岸线调查统计工作交流暨技术培训会；始终与南海三省（区）海洋厅（局）保持密切沟通，按月汇报工作情况，南海三省（区）均已完成初步成果。

增加海域动态专网用户账号及管理权限 国家海洋局南海分局向国家海洋局申请开通系统专用账户及查询权限，将分局相关处室和技术单位、支队纳入新增海域动态监视监测专网系统用户，2017年共计获批海域动态监视监测专网账号共计11个，均已分配至各相关单位，该批账号的使用，对分局海洋督察和海域使用综合管理起到有效的技术支撑作用。

严格按照海底电缆管道审批程序组织开展海底电缆管道日常管理工作 2017年6月，按照《国家海洋局关于铺设海底电缆管道管理有关事项的通知》要求，原由地方海洋行政主管部门履行的海底电缆管道路由调查勘测和铺设施工审批权，均交由分局负责履行。为依法履行行政许可职能，分局先后成立海底电缆管道行政许可事项审核委员会；确立以南海信息中心作为支撑单位，负责受理并组织审查路由选择依据等具体程序性事务；印发海底电缆管道路由调查勘测、铺设施工审批程序、用户指南等规范性文件，并通过分局网站等方式进行公示。

2017年全年，共计22宗海底电缆管道项目先后向分局提交路由桌面报告（送审稿），并提出请分局主持路由协调的请求，召开专家审查暨路由协调会17次，按照审批程序，已正式向粤电阳江沙扒海上风电项目海底电缆、三峡新能源阳江沙扒海上风电项目海底电缆、中广核阳江南鹏岛海上风电项目海底电缆、中节能阳江南鹏岛海上风电项目海底电缆共计4宗项目作出路由调查勘测行政许可。

配合国家海洋局2017年重点工作任务，组织开展南海区海上油气平台和海底电缆管道数据收集整理工作，已完成分局填报信息的录入，并对南海三（省）区地方填报的信息进行审核。

2017年，在海上石油平台间海底电缆管道备案管理工作中，分局共受理4条海底电缆、5条海底管道的铺设施工申请；2条海底电缆、1条海底管道的铺设完工申请。各条海底电缆管道按照管理程序进行注册备案，相关数据已录入海底电缆管道管理系统。2017年，分局共受理15条海底电缆维修维护施工申请，均已按照程序进行审批，并要求业主做好公示、作业报备等相关工作。

完成国管填海项目竣工海域使用验收工作 先后组织完成深圳机场二跑道项目等5

个国管填海项目的现场测量和报告审查验收工作，并编制验收工作情况报告上报国家海洋局。通过全程把关、严格审查，全面有效地掌控项目竣工验收的全过程，确保验收结论准确客观。　　（国家海洋局南海分局）

海 岛 管 理

综 述

【积极参与全球海洋治理】 2017年9月21—22日，国家海洋局和福建省人民政府在平潭成功举办了中国—小岛屿国家海洋部长圆桌会议。时任中共中央政治局常委、国务院副总理张高丽为会议召开发来贺信。国家海洋局局长王宏宣读贺信、致辞、作主旨报告，并主持会议。福建省省长于伟国、萨摩亚副总理兼自然资源与环境部部长菲娅梅·内奥米·马塔阿法分别致辞。共有来自亚洲、非洲、大洋洲、拉丁美洲的斯里兰卡、马尔代夫、佛得角、几内亚比绍、巴布亚新几内亚、圣多美和普林西比、斐济、萨摩亚、纽埃、瓦努阿图、格林纳达、安提瓜和巴布达等12个岛屿国家、中外130名代表参会。会议取得积极成果，推动落实联合国《2030年可持续发展议程》目标14，通过并发布了《平潭宣言》，进一步扩大了“21世纪海上丝绸之路”倡议的影响力，搭建了海洋领域主场外交新平台，达到了预期目的。

【海岛生态保护】 组织开展了“生态岛礁”工程项目库建设，对已批复项目进行了监督检查和实施效果评估。编制了《2017年无居民海岛资源环境承载能力监测预警工作方案》，对长江经济带邻近海域内的无居民海岛开展资源环境承载能力监测预警试评价。启动了海岛保护名录制度建设工作。开展了海岛生态指数和发展指数两个指标体系研究，对40个海岛进行试评价并发布评价结果。组织开展物种登记工作，完成浙江海岛主要植被型及植被群系的构成区系分析。积极履行领海基点所在海岛管理职责，组织沿海地方开展了领海基点海岛整治修复工作，完成浙江7个领海基点保护范围选划。全国共完成38个领海基点保护范围选划。

【海岛监视监测】 完成《海岛保护法》实施以来全国无居民海岛自然生态状况和开发强度的监测评估，海岛监视监测业务化程度不断提高，监测评价成果为海岛管理、海洋督察、海洋执法提供有效保障。

开展南海珊瑚礁生态系统监测评估，评估了生态现状、年度变化和潜在风险，有效支撑了海岛资源生态的保护管理工作。同时，积极推进在线监测等新技术新方法的研究与示范，不断增强对生态规律的认知和把握能力。中央领导同志对该项工作作出重要批示，相关成果在中国—小岛屿国家海洋部长圆桌会议上进行了展示，得到与会海洋部长的高度评价。

【海岛名称管理】 在前期组织开展全国海域海岛地名普查和2014年报国务院批准的《中国海域海岛标准名录》的基础上，2017年8月，国家海洋局印发了《无居民海岛名称管理办法》，进一步规范海岛名称管理工作。

【无居民海岛开发利用规范化管理】 国家海洋局会同财政部制定《海域、无居民海岛有偿使用的意见》，经中央全面深化改革领导小组审议通过。该意见以有偿使用为切入点，对海岛保护与利用进行顶层设计，提出了建立健全海岛开发利用约束机制、完善市场化配置制度、建立使用金征收标准动态调整机制、加强使用金征收管理和有偿使用监管等措施，确保通过有偿使用达到尽可能少用海岛的目的。2017年，全国共批准无居民海岛开发利用项目用岛9个。

对现有无居民海岛开发利用管理相关的规范性文件进行全面清理，修订印发无居民海岛开发利用审理、评审、论证等 5 项制度，废止《国家海洋局关于印发〈无居民海岛使用权登记办法〉的通知》等 2 个规范性文件。开展《海岛统计报表制度》修订工作，对外发布《2016 年海岛统计调查公报》。

（国家海洋局政策法制与岛屿权益司）

各海区海岛管理

【北海区海岛管理】

无居民海岛保护管理　国家海洋局北海分局　组织编制《2017 年北海分局海岛管理工作实施方案》，提升海洋（中心）站海岛监视监测能力。组织完成北海区海岛统计工作。完成北海区 8 个领海基点所在海岛的保护管理工作。

无居民海岛四项基本要素监视监测　国家海洋局北海分局完成北海区 1155 个无居民海岛四项基本要素监视监测工作，对发现存在开发利用的海岛进行现场核查。组织北海区三省一市海洋主管部门开展疑点疑区海岛联合现场核查，编写核查报告及确认单并上报原国家海洋局。

中央财政支持海岛保护类项目监督检查　国家海洋局北海分局完成北海区 42 个中央财政支持的海岛保护类项目（2010—2015 年）的监督检查工作，涉及项目资金 13.17 亿元，形成单个项目监督检查意见，编写北海区中央财政支持海岛保护类项目实施情况评估和监督检查报告并上报国家海洋局。

（国家海洋局北海分局）

【东海区海岛管理】海岛监督检查　组织开展海岛整治与修复项目监督检查，采用书面检查和现场检查相结合的方式，对东海区2010—2015 年批准实施的海岛整治修复项目（含海岛保护专项资金项目）进行全覆盖的监督检查，完成项目检查意见 46 份、各省市实施情况报告 4 份和东海区海岛整治修复项目监督检查报告 1 份。

首次组织开展对东海区江苏、上海、浙江、福建三省一市新增开发利用海岛的跟踪监测及生态本底调查情况检查，以书面检查为主，通过对各省市的书面材料进行检查，完成东海区新增开发利用海岛跟踪监测及生态本地调查情况检查报告。

海岛四项基本要素海岛监视监测　完成 2016 年度东海区 6484 个无居民海岛（占全国无居民海岛的 50%以上）遥感影像数据的处理、分析和比对，对其中 256 个疑点疑区海岛进行了现场核查，编制 2016 年度东海区无居民海岛四项基本要素监视监测的数据集和报告。首次为东海区全部无居民海岛建立一岛一表的档案。

完成 2017 年度东海区无居民海岛影像资料的获取和分发，完成相关技术人员的培训，编制 2017 年度东海区无居民海岛遥感监视监测实施方案。

海岛监视监测能力建设与技术研究　将福鼎海洋站作为“一站多能”东海区海岛监视监测能力升级改造的示范站，通过配置相应仪器设备，提升开展海岛监视监测硬件实力，加强技术培训，打造海岛监视监测人才队伍，以“一人多能”来保障“一站多能”目标的实现。2017 年底，福鼎站已基本完成海岛监视监测基础海洋站的升级改造建设目标。

宁德中心站开展厚壳贻贝典型生态系统海岛——西台山岛监视监测，通过资料收集、登岛踏勘、水下摄影和现场采样分析等方式，开展人为活动监视、邻近海域生态环境监测和典型物种监视监测，掌握其所在海岛基本状况，典型物种种群数量、分布、生存状况变化及其生境特征，已完成监测报告。

2017 年，海岛物种资源控制因子调查评估与区划示范项目完成浙江海岛植被乔木层种—多度格局及其气候因素分析、海岛环境控制因子分析、海岛植被现状委托调查验证、成果集成等。

根据国家海洋局领导的指示和政策法制

岛屿权益司的要求，国家海洋局东海分局和国家海洋局第二海洋研究所共同组织开展国家海岛保护方面的重大课题——“苏北辐射沙洲群生态岛礁工程建设”项目实施方案编制，经过十多轮的调研和专家咨询，编制完成形成方案初稿。

智能水下监视监测系统已完成招标和设计研发，无人艇通过定型评审会和施工方案评审会。智能遥感监视监测系统已完成无人机、机载设备及配套软件选型，公开招投标和合同签订，17 台无人机及其机载设备、配套软件已通过现场飞行性能测试、测绘监测性能测试和专家验收。

完善海岛监视监测体制机制　针对海域、海岛、环保、防灾减灾等工作的观测监测系统共性，研究建立各观测监测体系的衔接机制，以达到资源共享、分工协作、提高海洋管理工作效率的目的。编制海区内海岛与其他监测体系的衔接机制（初稿）。

开展 2017 年国家海洋局东海分局海岛调查统计工作（2016 年的国家海洋局东海分局和闽浙争议的海岛统计资料），已完成 2017 年东海区海岛调查统计资料的收集和审核工作，对相关统计报表存在的漏填、误填等问题进行反馈纠正，编制东海区海岛统计报表以国家海岛监视监测系统填报的形式提交至国家海洋局政策法制与岛屿权益司，并通过国家的审核。收集海区各省市统计资料后，完成 2016 年东海区海岛统计公报（草拟稿）的编制工作。

完成东海区海岛信息管理系统的升级完善，并通过验收。完善海岛监视监测数据填报、审核以及相关质量控制的功能，实现监视监测从数据填报到最终展示的流程化管理；完善基于角色的用户权限控制模块，实现对相关用户的细粒度权限控制；为方便后续与其他单位的数据共享，系统中预留相关的信息对接接口，建立与其他系统的衔接机制。2017 年 9 月完成该系统的培训工作，正式上线试运行。　　　（国家海洋局东海分局）

【南海区海岛管理】　组织开展南海区海岛四项基本要素监视监测工作。国家海洋局南海分局组织分局各单位，在 2016 年南海区海岛四项基本要素监视监测成果的基础上，提出疑似灭失海岛名录，并开展现场核查工作。在全面掌握南海区海岛数量、开发利用、岸线变化和植被覆盖等情况的前提下，按照局海岛司最新的大纲要求，编制完成了南海区和南海分省海岛四项基本要素监视监测报告。

开展中央财政资金支持海岛项目监督检查工作　国家海洋局南海分局开展南海区“中央财政资金支持海岛项目监督检查”工作。先后对广西区、广东省、海南省所有中央财政资金支持海岛项目进行了实地监督检查，检查内容包括资金配套情况、预算执行情况、工作方案实施情况以及存在的问题等，根据检查情况分别完成单个项目检查意见和省（区）整体检查意见，并反馈给被检查单位要求整改。　　　（国家海洋局南海分局）

海洋环境保护

各海区海洋环境保护

【北海区海洋环境保护】 **石油勘探开发监管** 国家海洋局北海分局依法加强海洋石油勘探开发监管，落实简政放权、清理中介服务、放管结合等政策要求，修订了《国家海洋局北海分局海洋石油勘探开发含油钻井泥浆和钻屑向海中排放审批事项服务指南》。积极推进各石油勘探开发企业历史遗留的环保审批问题的整改落实，监督指导有关石油企业做好未批先建项目清理整顿工作，完成37个项目的资料核实上报；组织开展海上石油平台生活污水排放在线监测试点和大气排放监测调研工作，为排污税的实施提供有效的技术支撑；在含油生产污水在线监测试点的基础上进一步完善排海污染物在线监测；监督石油企业完成28个平台的生活污水处理装置升级改造；继续开展环境风险排查整治，及时发现整治环境风险。加强各种排海污染物检验、抽检等工作力度，确保达标排放。全年完成3份环评报告书公示，5个溢油应急计划的备案，4个新作业钻井平台的环保设施现场检查，6个工程环保设施竣工验收，批准泥浆钻屑排放申请111份，批准排放泥浆17896立方米，钻屑50036立方米。

海洋工程环境监管 国家海洋局北海分局完成黄骅港散货港区原油码头一期工程填海工程环评听证工作；加强事中事后监管，于3月2日组织恒力石化（大连）炼化有限公司及有关单位召开了恒力石化2000万吨/年炼化一体化项目生态用海工作协调会，引导和鼓励项目建设单位落实环评报告及批复中环境保护主体责任，加强对重大涉海工程建设项目监测能力建设的指导，促进海洋生态环境监测网络总体布局的拓展深化和整体能力的全面提升，继续督促天津渤化化工“两化”搬迁改造填海工程等项目以企业为主体落实生态环保措施要求，有序推进海洋工程生态环境行政管理信息系统的建设调试工作。

海洋倾废管理 国家海洋局北海分局依法加强海洋倾废监管，落实简政放权、清理中介服务、放管结合等政策要求，修订了《国家海洋局北海分局废弃物海洋倾倒许可证核发事项服务指南》，积极做好取消委托地方核发废弃物海洋倾倒许可证后，该项行政审批工作的衔接。开发运行倾废监管手机APP，依托新型倾废记录仪和“海洋倾废监督与管理子系统”的业务化运行，海洋倾废管理信息化程度不断提高，倾废管理更加科学与规范。组织海洋倾倒区选划，新批准设立临时性海洋倾倒区5个，截至年底，批准使用的海洋倾倒区17个。全年新批准许可证51份、批准疏浚物倾倒量4302.39万立方米，骨灰6800盒。

海洋环境监测管理 根据海洋生态文明需要，国家海洋局北海分局加强近岸海域监测，实现国控站点全覆盖。落实国务院“水污染防治行动计划”近岸海域水质考核工作，开展北海区考核站点水质监测工作。推行监测业务全程质控信息系统运行，建立“四个一致”质量管理体系。定期组织对分局属监测机构开展质量监督检查。组织开展了海洋站监测能力建设。率先完成陆源入海污染源排查工作。积极落实渤海入海排污口（河）在线监测系统建设工作，率先布局“一湾一区”，实现北海区19套已建在线监测站的互联互通，形成北海区在线监控“一张网”雏形。认真做好北戴河海域环境保护专项工作。

海洋生态保护管理 国家海洋局北海分局编制完成《北海分局海洋生态环境保护“十三五“规划》，为今后生态环境保护工作提供了指南。落实渤海生态环境保护工作新要求。认真贯彻《国家海洋局关于进一步加强渤海生态环境保护工作的意见》，编制了《北海分局加强渤海生态环境保护工作方案》，将任务分解到有关部门和单位，推动工作落实。利用新技术新手段，加强对生态红线区和国家级海洋保护区的监管。利用卫星遥感和无人机对生态红线区和国家级海洋保护区开发活动开展监视监测，并开发监管信息系统。开展国家级海洋保护区违法违规开发利用活动专项检查和规范化建设监督例行检查。圆满完成蓬莱 19–3 油田溢油事故生态修复工作，完成分局承担任务的总结验收，并继续履行指导办公室职责，督促地方尽快完成相关工作。对北海区蓝色海湾整治行动项目组织实施两次现场检查，掌握项目进展情况。

海洋应急管理 国家海洋局北海分局利用卫星、飞机、船舶、海洋站建立了立体化、全天候的绿潮监测预警体系，全面监控浒苔绿潮发生、发展，开展漂移预测并及时通报信息。推广应用海洋突发事件应急管理子系统，及时向国家海洋局及沿海地方海洋行政主管部门发布北海区绿潮通报 13 期。4 月 8 日，卫星遥感在长江口以南附近海域发现大型藻类漂浮，后经核实主要为马尾藻。5 月 12 日，中国海警船在黄海海域发现浒苔与马尾藻相间分布。5 月 14 日，卫星遥感在黄海海域发现大型藻类，覆盖面积约 9.8 平方千米，分布面积约 16670 平方千米。5 月 20 日，大型藻类进入北海区海域。5 月 22 日，分局启动绿潮灾害应急执行预案。6 月 14 日，分局启动绿潮灾害三级应急响应。6 月 19 日，黄海海域浒苔绿潮分布面积和覆盖面积达到最大，分别约 29522 平方千米和 281 平方千米。北海区海域浒苔绿潮分布面积约 25526 平方千米，覆盖面积约 270 平方千米。6 月 20 日，分局启动绿潮二级应急响应。7 月 3 日分局将绿潮灾害应急响应等级由二级调整为三级。7 月 10 日分局终止绿潮灾害三级应急响应。7 月 20 日终止绿潮灾害应急响应，结束浒苔绿潮监视监测和预警预报工作。8 月 2 日，大连长山群岛和星海湾附近海域出现浒苔，长山群岛附近海域分布面积约 6000 平方米，8 月 12 日消亡；星海湾附近海域分布面积约 1000 平方米，8 月 3 日星海湾附近海域浒苔被打捞后未再产生新的浒苔。绿潮种类经鉴定为浒苔，与黄海浒苔为同一种源。

国家海洋局北海分局修订《国家海洋局北海分局海洋石油勘探开发溢油应急预案》，进一步明确责任分工，优化工作程序，提高工作效率。与中海油天津分公司在曹妃甸油田群联合开展了渤海海洋石油勘探开发溢油应急演习，检验北海分局与国家海洋局生态环境保护司、中海油天津分公司信息互联互通工作成效，实现溢油应急信息的互联互通和共享、溢油应急信息集成、指挥决策“一张图”，使得渤海溢油应急联动协作得到进一步强化。继续推进与北海区石油企业和相关部门的互联互通和信息共享。

全面落实黄海跨区域浒苔绿潮联防联控工作部署，修订《北海分局绿潮灾害应急执行预案》，“全国海洋突发事件应急管理子系统”成功应用于浒苔联防联控。及时开展赤潮应急监视监测，指导地方政府做好防灾减灾。2017 年北海区共发现赤潮 14 起，其中渤海共发现 12 次赤潮、面积约 342 平方千米，黄海中北部共发现 2 次赤潮、面积约 920 平方米。

技术交流与培训 国家海洋局北海分局开展海洋环境监测与评价技术培训，着力提高省级监测机构和分局中心站监测技术水平。开展绿潮现场信息采集公众平台和全国海洋突发事件应急管理子系统培训，提高绿潮应急处置效率。 （国家海洋局北海分局）

【东海区海洋环境保护】　海洋生态治理与修复　通过海洋生态红线划定及实施监管、蓝色海湾整治项目现场检查等等工作，监督海区省市海洋生态治理与修复情况。在生态红线方面：东海区三省一市海洋生态红线基本划定，江苏、浙江省政府印发海洋生态红线方案，拟定的各项控制指标和管控措施正式确立，海洋生态红线制度实施步入实质管控轨道。在蓝色海湾项目方面：组织开展 2 次东海区 2016 年中央海岛和海域保护资金蓝色海湾整治行动（蓝湾项目）现场检查。尤其是 5 月份的中期检查，在时间紧、任务重且对海区蓝湾项目前期工作不了解的情况下，紧急制定检查方案，边熟悉项目基本情况边检查。通过现场检查和评估，为下阶段问题整改、项目实施过程中的监管提供决策依据，推进整治行动取得实效。

海洋工程与海洋倾废管理　根据《国务院关于第三批取消中央指定地方实施行政许可事项的决定》和国家海洋局环保司有关要求，编制印发《东海分局办理废弃物海洋倾倒许可证暂行办法》，形成由预受理窗口单位预审，分局行政事务中心审查，分局审定的许可证核准程序。2017 年度，受理海洋倾废申请 250 份，批准倾倒疏浚物约 9818.3 万立方米，核缴倾倒费约 1967.8 万元。组织开展《东海区海洋倾倒区规划》编制工作，开展 3 个临时性倾倒区的选划或延期论证工作，对 41 个倾倒区开展跟踪监测。开展东海区海洋石油平台环保监督检查;收缴石油勘探开发排污费 12.5 万元;实施了平湖、天外天和丽水 3 个油气区监测；督促并核查中海油上海分公司对丽水 36-1 气田开发项目环保设施整改情况。

海洋保护区管理　开展国家级海洋保护区监督检查，制定《东海分局 2017 年国家级海洋保护区专线检查工作方案》，结合海洋督察工作对东海区 21 个国家级海洋保护区的专项检查；组织开展了海洋保护区管理和技术培训，选派业务骨干参加七部委联合组织的全国国家级保护区巡查活动，培养和锻炼海洋保护区管理人才。

海洋环境监测评价　根据国家海洋局有关工作要求，2017 年初下发《关于做好 2017 年第一季度海洋环境监视监测工作的通知》，召开“2017 年海洋环境监测工作会议”部署分局海洋生态环境监测工作，印发《2017 年东海分局海洋生态环境监测工作方案》，下达 2017 年海洋环境保护工作任务书，确保各单位切实履行有关海洋环境保护监管职责。目前已完成东海区 2、5、8、10 月份 4 个航次近岸海域 351 个海水站位（含 313 个水质考核点）、3 个航次 135 个环保水质考核站位监测，开展 6 次长江入海通量监测、6 个重点排污口每月一次监督性监测，24 个海洋站对 72 个海水重点站开展每月一次加密监测。同时，加大监测质量控制，对 9 家监测机构开展实验室全过程质量监督检查，对 38 家监测机构开展海水外控样考核，对 12 家监测机构开展生物外控样考核，开展东海区水质考核监测质量比测工作。

在能力建设方面，结合“一站多能”建设，在往年基础上继续开展第三批海洋（中心）站能力建设，印发《2017 年东海分局海洋（中心）站监测能力建设方案》，围绕实验室改造、仪器设备购置、人才队伍、质量体系四个方面开展舟山工作站升级中心站、8 个海洋站监测能力建设。在污染源在线监测系统建设方面取得突破性进展，2017 年完成 4 套污染源岸基站在线监测系统建设，4 套岸基和浮标在线系统已完成招投标，正在积极建设之中；同时，通过充分调研，梳理和掌握海区各省市在线监测系统建设情况，并采用互联网光闸导入和专网对接两种方式完成浙江省、宁波市局 29 套及分局所属 5 套在线监测设备联网工作。三是对沿海省市海洋生态建设和管理的监督迈入实质性阶段。2017 年首次对海区省市全面开展以海洋生态红线划定及实施监管、国家级海洋保护区监督检查、蓝色海湾整治项目现场检查等工作，切实履行海区生态监管职能；同时会同海区苏浙沪编制上报了《长江口海域生态环境保护方案》，做好与《长江经济带生态环境保护规划》的衔接，积极推进长三角区域海洋生态环境保护工作。

海洋环境灾害预警与风险管理 积极参与黄海跨区域浒苔绿潮灾害联防联控相关工作；组织各单位开展了卫星遥感监测、海上应急监测、绿潮藻繁殖体监测、岸滩堤坝附着绿潮藻监测等绿潮（浒苔、马尾藻）海洋环境风险管理工作。在卫星遥感监测方面，共编制完成56期简报和33期快报，解译得到单日最大浒苔绿潮覆盖面积为464.1平方千米，最大浒苔绿潮分布面积27631平方千米。在海上应急监测方面，共进行陆上和海上监视监测45次，出动110人次；开展了3次繁殖体、岸滩堤坝监测，共出动人员69人次，共获得水质样品482瓶，沉积物样品69份，绿藻样品81份。

赤潮高发期间，及时部署并下发《关于进一步做好东海区赤潮监视监测工作的通知》，要求各单位按照分局海洋环境应急预案，加强赤潮等海洋环境灾害监视监测和预警工作。组织协调省市及分局各单位积极应对赤潮灾害，全年东海区共发现赤潮46起，累积面积约2180平方千米，编制4—10月份赤潮月报。特别是针对今年福建、浙江先后发生有毒赤潮情况，分局有关中心站、海洋站累计出动应急监测人员近400人次，开展95次应急监测，及时向地方政府和海洋部门提供赤潮应急监测通报。

海洋放射性监测预警工作有所突破。东海区放化实验室已建成正式投入运行，独立进行东海区放射性监测样品分析；完成2个航次西太放射性监测预警监测及4个核电站邻近海域监测。

陆源入海污染源排查 根据国家海洋局的统一部署和要求，8月份组织开展东海区陆源入海污染源排查工作，在做好调研、培训、建群、专题研究等充分准备基础上，编制印发《2017年东海区陆源入海污染源排查工作方案》，8月下旬至9月初按照“存在即排查”的原则，共派出排查小组33个，历时16天，对7300多千米大陆岸线进行逐一排查，获取各类污染源3908个，排查成效得到国家海洋局高度认可。根据国家局10月18日陆源入海污染源排查工作专题会的精神，组织编制了《2017年东海区陆源入海污染源补充排查工作方案》，于10月下旬对50余个海岛开展第二阶段陆源排查工作，补充获取各类污染源400余个。11月16日召开海区陆源入海污染源补充调查方案研讨会，对海区各中心站及地方省市提交的陆源排查资料进行归并整理，梳理汇总东海区排查出各类污染源4562个，其中不合理排污口739个（针对直排口和排污河）；向海区三省一市印发了《东海区陆源入海污染源补充调查方案》。

（国家海洋局东海分局）

【南海区海洋环境保护】 海洋倾废监督管理 国家海洋局南海分局按照海洋倾废管理相关法律法规以及年度工作任务，积极开展海洋倾废管理工作。严把倾废许可证审批关，强化申请材料审查，年度共签发废弃物海洋倾倒许可证55份，批准倾倒量约5964万立方米，实际倾倒量4054万立方米；做好临时性海洋倾倒区选划和增量论证，加强与相关部门的沟通和协调，确保选划的倾倒区更加“科学、合理、安全、经济”，年度共受理临时性海洋倾倒区选划和增量申请8项，应用倾废记录仪管理系统以及倾废监管信息系统对倾废活动进行监管，加强与执法部门合作，及时通报许可证签发以及违法违规信息。

全面收集南海三省区海洋行政主管部门倾倒需求的基础上，结合海区海洋环境、经济发展和港口航道规划，对南海区倾倒需求进行预测，在征求海军、海事和渔业部门意见后，进一步优化倾倒区规划布局。

海洋工程监管 国家海洋局南海分局全年共审批海洋石油勘探开发钻井泥浆和钻屑排放许可 322 项，组织开展海洋石油勘探开发工程环保设施现场检查 2 项，备案登记溢油应急计划 7 项。

采集更新 2017 年南海区海洋石油平台典型原油样品入库，研发并计划年底投入使用油指纹数字化鉴定信息系统和石油平台信息管理系统，提升溢油应急监管技术手段；推动与石油公司的互联互通，与中海油湛江分公司联合开展了海上溢油应急演习。

生态保护监督情况 国家海洋局南海分局加强与海南省海洋与渔业厅以及地方政府的沟通联系，严格依据生态红线划定技术标准，对三沙海域进行全面分析和研究，编制完成三沙海域生态红线划定方案。

编制形成南海区国家级海洋保护区监督检查工作方案，将年度监督检查和督查问题线索摸查核实工作合二为一，对南海区 17 个国家级海洋保护区建设和运维情况进行全面的摸查核实，并对照国家级海洋保护区遥感监测重点问题清单开展专项检查。成立检查组，先后二次开展南海区五个蓝色海湾整治项目的监督检查。通过查阅文件、提取报告、实地踏勘，细致检查资金使用进度、项目进展、组织管理等方面工作落实情况，推动各地蓝色海湾整治项目有效推进。

开展南海区入海污染源排查 国家海洋局南海分局按照“存在即排查”原则，编制工作方案，组织下属监测中心和各中心站，先后派出 28 个排查小组，全面开展南海区入海污染源排查，排查里程达 9766 千米。通过排查，全面查清南海区入海污染源现状，为近岸污染源监控、海洋督查和在线监测提供有力的技术支撑。 （国家海洋局南海分局）

海洋观测预报和防灾减灾

综 述

2017 年，在国家海洋局党组的坚强领导和沿海各地海洋部门和局属各有关单位、机关各部门的大力支持下，海洋观测预报和防灾减灾工作战线上的全体同志们团结协作，奋力拼搏，全面履行海洋观测预报和防灾减灾职责，创新思路、团结协作、扎实工作、攻坚克难，各项工作都取得显著成效。

海洋观测预报

【“一站多能”改革】 全面推进“一站多能”建设，完成东港、日照、舟山、湛江 4 个海洋站升级为中心站的建设，同时开展了 17 个新建海洋站的建设和 17 个海洋站环境监测能力升级工作。

【“一中心多基地”改革】 形成关于离岸业务体系“一中心多基地”建设总体思路。根据三个海区的实际情况，在南海分局先行启动“国家海洋局南海调查中心”组建试点。

【全球海洋立体观测网建设】 组织中科院、教育部、气象局等有关参与部门及局属有关单位深入调研、协同攻关，积极探索与央企合作开展海外观测设施建设机制，充分考虑各方需求，与国内外有关海洋观测计划主动对接，确定了包括国家海洋立体观（监）测系统、全球海洋观（监）测能力建设、数据应用服务能力建设、业务运行与管理能力建设四部分的全球海洋立体观测网体系架构。完成《全球海洋立体观测网重大工程可行性研究报告》编制工作。根据国家发展改革委要求和局统一部署，完成与“蛟龙探海”“雪龙探极”充分衔接的总体建设方案。

【海洋观测能力】 印发部门规章《海洋观测站点管理办法》，海-地-空-天一体化的海洋综合观测业务化工作扎实开展，全国海洋观测网稳定运行，海洋站（点）实时观测数据传输到报率超过 98%，浮标数据到报率达到 96%。完成全年四个季度航次 22 个标准海洋断面调查工作。印发《南海中南部断面调查工作方案》，在南海中南部新增 7 条常规标准海洋断面，自 2018 年起开展常态化海洋观测监测工作。开展大洋航次业务化观测，推进志愿船观测与国际志愿船观测计划接轨。持续开展在印度洋的浮潜标业务化观测，启动极地海冰业务化观测工作方案的编制，拓展极地和大洋的业务化观测领域。

【海洋观测资料质量和服务效能】 印发部门规章《海洋观测资料管理办法》，组织开展海洋观测资料质量控制调研和培训工作，着力提高全国海洋观测网的数据质控水平和数据质量。大力推进海洋观测数据共享，积极落实国务院《促进大数据发展行动纲要》，与地震局和水利部实现数据共享，编制《海洋预报减灾体系观测资料共享实施方案》。

【海洋预警报公益服务】 海洋预报产品精细化水平进一步提升，研发细化至县级海域的近岸基础预报产品；针对沿海核电、石化企业、重要港口等 200 多个重点目标开展精细化海洋预报，建立 2017—2019 年精细化预报保障目标库。海洋预报产品发布更加及时广泛，各级预报机构着力解决“最后一公里问题”，建立由电视、广播、网站、微博、微信等媒体组成的多层次、多渠道、全覆盖的宣传网络，第一时间广泛发布预警信息。

【海洋预报业务】 积极推进“全球高分辨率海洋动力环境数值预报系统研制”“海洋重大灾害预报技术研究与示范应用”等科技部

重大专项研发，推动自主海洋数值模式研发应用，国家海洋环境预报中心新一代全球高分辨率海洋环流数值预报模式完成试运行，分辨率从 1/4 度提高到 1/12 度。海洋预报信息化水平进一步加强，全国海洋预报门户网站进入试运行，国家海洋环境预报中心购置了 259 万亿次高性能计算机，计算能力大幅提升。海洋预报人机交互平台完成建设方案设计工作。印发《海洋灾害预警标识符》《海水浴场海洋预报技术导则》《滨海旅游区海洋预报技术导则》。

【海洋专题服务领域】 优化“海上丝绸之路”海洋环境专题保障服务平台，制作发布海上丝绸之路沿线 15 个重要战略支点港口海洋环境预报产品，为南海航行安全保障、“一带一路”建设保驾护航。国家海上搜救服务保障平台推广应用，为沿海各级搜救部门等 20 余家单位提供“交互式、自动化、高效率”的海上搜救漂移预测和海洋环境信息查询服务近 600 次。渔业生产环境保障服务更加精细化，每日制作发布 53 个渔场和 1449 个渔区的预警报产品。江苏试点开展渔业服务产品北斗终端一键式发布，有效解决 4000 余艘渔船的信息服务“最后一公里”问题。服务国家海上重大工程，圆满完成港珠澳大桥海底隧道建设和南海神狐海域可燃冰试采作业环境保障服务。

【突发事件应急保障】 提供海上目标漂移预测和搜救环境保障服务 70 余起。为渔民遇险、船只沉没和集装箱落水等多次海上突发事件提供应急保障服务，支持遇险渔民生命救助、航行船只避险等工作的顺利开展。

海洋防灾减灾

【海洋防灾减灾领域立法工作研究】 组织开展《海洋灾害防御条例》立法研究和条文拟定工作，翻译美国、日本等国家灾害防御相关法律，完成立法说明和条文初稿。

【海洋防灾减灾管理制度】 印发《关于开展海洋灾害重点防御区划定和管理工作的指意见》，指导全国开展海洋灾害重点防御区划定，完善海洋灾害风险防范的业务化工作体系。

【海洋防灾减灾标准体系】 印发《重点防御区划定技术导则：风暴潮部分》，编制《产业园区、重大工程海洋灾害风险评估技术规程》《沿海大型工程海洋灾害风险排查技术规程》《警戒潮位标志物设置规范》等标准规范。

【海洋灾害风险防范能力】 在广东、海南继续开展县级海洋灾害风险评估和区划工作。海洋灾害风险评估和区划成果纳入部分省份的海洋灾害应急辅助决策支撑平台和海洋发展规划。完成首批 4 个国家级海洋减灾综合示范区的建设和验收，在 2017 年汛期应急中显示了工作成效。全面完成中国沿海 259 个重点岸段的警戒潮位核定，为涉海工程建设、近海生产作业、沿海经济社会发展规划提供重要参考。启动裂流灾害风险排查和警示相关工作。海洋减灾信息化能力建设和基层减灾工作取得阶段性进展。

【海洋灾害调查评估和灾情统计体系】 加强与国家统计部门沟通协调，推动建立海洋灾害情况统计制度。海洋灾害调查评估业务初步形成标准流程，形成灾情“快报”制度，提升信息报送时效性。开展“天鸽”重大海洋灾害专题调查。完成 1949 年以来 400 余场海洋灾害信息的指标化工作。

【海洋灾害应急工作】 组织沿海各省（区、市）海洋部门，全面落实责任制，严格执行应急预案，认真开展汛前检查，及时广泛发布预警，准确收集灾情信息，及时组织应急疏散，最大限度减轻海洋灾害损失。圆满完成 2016、2017 年度海冰灾害、18 次风暴潮和 30 次海浪灾害的应对工作，为党的十九大胜利召开和沿海经济社会平稳健康发展提供有力保障。

【海洋防灾减灾宣传教育】 周密部署 2016/2017 海冰灾害应急和宣传工作，中央电视台、新华社等媒体进行连续报道，有效提升社会公众对海冰监视监测和预警预报工作的认知度。成功举办“5·12”海洋防灾减灾主场活动，展示海洋防灾减灾知识和工作成果，营造良好的社会氛围和海洋减灾文化，成功开展汛期阶段历次海洋灾害过程的媒体宣传报道。进一步建设运营微信公众号、微博等新媒体平台，通过海洋防灾减灾公益动漫、互动网页等形式贴近公众需求，形成具有海洋特色的宣传教育工作体系。

【应对海洋领域气候变化】 发布2016年中国海洋灾害公报和海平面公报，牵头组织编制《第一次海洋与气候变化国家评估报告》。每季度向社会公众发布厄尔尼诺预测结果，11月赤道中东太平洋进入拉尼娜状态后，及时上报海洋专报并通过新闻媒体广泛宣传。

【海洋领域全球治理】 南中国海海啸预警系统建设取得突破性进展，2017年6月，经联合国政府间海洋学委员会第29次全体成员国大会批准，南中国海区域海啸预警中心自2018年初开展业务化试运行。积极参与热带太平洋观测2020计划顶层设计，提升中国在业务化海洋学领域的全球治理能力。积极拓展与东南亚及其他“一带一路”沿线国家海洋领域应对气候变化及防灾减灾领域的合作。

（国家海洋局预报减灾司）

海洋权益维护与执法监察

综　述

2017 年，中国海警局认真贯彻落实中央的各项决策部署，以党的十九大精神、习近平新时代中国特色社会主义思想和习近平总书记涉海战略思想为指导，坚持维护国家主权、安全、发展利益相统一，主动服务海洋强国和平安中国建设，不断加强和巩固重点岛礁、重点海域的巡航值守管控，加大渔业、海域、海岛、资源环境执法检查和海岛保护力度，海上维权执法工作取得新进展。

海洋权益维护

2017 年，中国海警继续开展重点海域执勤值守和中国管辖海域定期维权巡航执法工作，重点加强对包括钓鱼岛、黄岩岛及南沙重点岛礁海域的监管。全年共出动海警舰艇 346 航次、1419 艘次，航程 70 余万海里；出动飞机 32 架次，航程 3.7 万千米。钓鱼岛海域，共组织 24 个编队位钓鱼岛毗连区常态化维权巡航 178 天，主动进入领海内巡航 29 次，最近距离钓鱼岛主岛约 7.7 海里；及时调集舰艇，妥善处置大规模聚集钓鱼岛海域作业的渔船 130 余艘。黄岩岛等重点值守岛礁海域，共出动海警舰艇 71 艘次，全天候保持海警舰艇值守，发现并监视外籍船只 483 艘次、飞机 14 架次，劝离国内非法捕捞船舶 92 艘次，协助海事部门成功清除黄岩岛搁浅渔船，进一步巩固了我方管控优势，挫败了外方侵权图谋。组织定期维权巡航执法 43 航次，飞机 32 架次，发现并监视外籍军舰 14 艘次、外籍飞机 21 架次，对南海我管辖海域和 50 个无人岛礁（含滩、暗沙）、29 个外占岛礁及外方非法油气平台进行抵近观察和影像取证，及时发现并处置各类海洋侵权行为，确保及时掌握我主张管辖海域基本情况。

（中国海警局）

各海区海洋权益维护

【南海区海洋权益维护】　2017 年，南海分局共派出中国海监船舶执行专项维权任务 82次，累计出海 2116 天，总航程 176666 海里；海监飞机飞行 8 架次，39 小时，航程 9750 千米。

维权执法任务完成情况　2017 年在中国管辖海域圆满完成了各项维权执法任务，主要包括：黄岩岛维权执法行动、仁爱礁维权执法行动、南康暗沙维权执法行动。坚持常年派出 1 艘海警船执行南沙西南渔场护渔任务。

涉外海洋科研和海底电缆管道监管　为进一步加强对涉外海洋科研和海底电缆管道的监管，共组织对南海大洋钻探、南海北部天然气水合物试采工程 2 个涉外海洋科研项目进行监管和海上巡查，对 20 多项海底电缆铺设审查、施工、海上维修作业项目进行监管。组织了“一带一路”高峰论坛、2017 年金砖国家领导人会议、“七一香港回归 20 周年纪念”“十九大”“2017 财富论坛”等多个海底光缆巡航管护专项执法行动。

（国家海洋局南海分局）

海洋执法监察

【海域执法】　2017 年，中国海警围绕建设海洋强国战略目标，聚焦海域使用全程监督管理，紧抓“三边工程”等突出违法用海问题，坚持多措并举、综合施策，严格管控各类用海活动，依法查处违法用海行为，切实维护海域使用秩序，有效保障海域国家所有权和海域使用权人的合法权益。全年，全国各级海洋行政执法机构共检查各类用海项目20616个，检查次数76324次，发现违法行为1041起，做出处罚决定444件，决定罚款143.24亿元，收缴罚款95.01亿元。同时，以贯彻落实党中央、国务院关于加强海岸线保护与利用和围填海管控的政策精神、进一步促进海域资源节约集约利用为指导思想，连续第15年组织开展“海盾”专项行动，分阶段重点打击非法围填海造地和构筑物用海行为，为规范海域使用秩序、推动重大涉海项目实施、保障沿海地区经济社会发展发挥了重要作用。全年共立案139起，做出处罚决定131件，结案43起（含往年），决定罚款80.05亿元，收缴罚款34.58亿元（含往年）。立案数量、大案、要案数量和决定罚款总额均创历史新高，案值超千万的57起，其中过亿案件12起。个案最高决定罚款额达19.8亿元，是《海域法》实施以来案值最高的案件。

【海岛保护执法】 2017年，各海警机构和沿海省（市、区）各级海监机构在日常海岛定期巡航执法工作的基础上，继续开展无居民海岛专项执法行动，同时利用卫星、航空等遥感技术，及时发现、制止并查处违法行为，有效保护中国海岛及其周边海域生态环境。全年，共派出海岛执法人员27249人次；船舶4108航次、航程138327海里；飞机177架次、航程38351千米；车辆行程242459千米。全年共检查海岛11175个(次)，检查海岛15695次,检查项目1790个。共发现违法行为63起，立案38件，做出行政处罚决定28件，收缴罚款1.8亿余元。违法行为主要为未经批准在无居民海岛非法生产建设，约占55%；其他违法行为包括违法改变海岛岸线、违法改变海岛地形地貌、非法利用无居民海岛、非法排放污染物以及非法采伐林木等。

【海洋环境保护执法】 2017年，沿海省（市、区）各级海监机构和各海警机构以遏制重大违法、促进规范执法和改善环境质量为目标，在海洋资源环境执法领域稳步推进“一个定巡、两个示范、三个专项”，取得显著成效。全年，共开展海洋环境保护日常执法检查49282次，共检查环境项目9589个，查处违法案件639起，收缴罚款4471.57万元。通过合理部署日常巡查和专项执法，不断加大执法力度，在沿海各省组织各海洋分局、海警分局、地方海监总队、海警总队开展“碧海2017”专项执法行动，共查处“碧海”案件571起，收缴罚款4349.08万元；在北戴河及其邻近海域组织海洋北海分局、海警北海分局、河北省海监总队、河北海警总队开展北戴河海洋环境保护专项执法工作，共派出执法船艇1093艘次（海上航程31877海里），派出执法车辆976台次（陆岸行程44984千米），立案查处违法案件5起；在渤海、东海、南海海域，组织各海洋分局开展石油勘探开发定期巡航执法检查，定巡海上航程16397海里、航时1483小时，派出执法飞机空中巡航30小时，空中航程7240千米，巡航监视海上油田矿区128个次、石油勘探开发设施1637个次，登检石油平台、浮式储油船、人工岛和陆岸终端333座次；在市、县级海监机构中，选取19个单位开展海洋保护区和海洋工程环境保护执法示范工作，以建章立制为工作基础，全面建立和完善海洋工程项目档案，基本建立部门协调工作机制和动态监控系统，探索创新数字化、信息化执法平台建设，进一步规范队伍建设和执法工作；组织各海警分局、海警总队开展野生动物保护专项执法行动，共查获涉野生动物案件9起，抓获涉案人员120人，查扣涉案船舶6艘、车辆2台、砗磲109吨、苏眉鱼319条、海龟11只、鳄鱼皮1609张、蟒蛇肉675.3千克、穿山甲34只、盔犀鸟头骨138个、苏卡达陆龟24只，玳瑁及砗磲制品一批。

【海洋渔业执法】 2017年，海上渔业执法工作以海洋伏季休渔执法监管为重点，以协定水域常态化巡航和渤海湾非法捕捞整治为突破，围绕重点时段和重点海域，不断加大近海渔业执法监管力度，先后组织开展了“全国海洋伏季休渔同步执法行动”和“闽粤交界海域”“北纬 35 度线海域”“北部湾海域”等重点海域专项执法行动，同时深入开展渔船碰撞事故调查和渔业纠纷调处工作，有效维护了海上渔业生产秩序的平稳有序，保护了渔民的合法权益。全年，各级海警队伍共登临检查渔船 15811 艘次，查处各类违规渔船 3011 艘，收缴罚款、罚金约 3.65 亿元，没收渔获物 80.8 万千克、渔具 842 顶/个；查扣涉渔“三无”船舶 365 艘；侦办各类涉渔刑事案件 128 起，刑事处罚 209 人；组织开展和参与各类渔事纠纷调处 365 起、渔船事故调查 29 起。（中国海警局）

各海区海洋执法监察

【南海区海洋执法监察】　加强海洋行政执法力度，丰富执法手段，提高执法监管成效　2017 年，南海分局以“海盾”“碧海”和海岛定期巡查等专项执法工作为重点，加大对海洋违法案件的查处力度。采用海陆空相结合的方式，以常态化定期巡查监管为主导，专项执法检查为重心，对国管重大项目采取全程监管，全面提升依法用海监管水平。2017 年，共出动海监飞机 23 架次，航时 87 小时，航程 19000 千米；出动海监船舶 120 航次，巡航 1545 小时，航程 16062 海里；开展陆上巡查 149 次，派出执法人员 4504 人次，派出执法车辆 334 车次，陆地行程 120426 千米；开展南海石油开发定巡 9 航次，现场检查 12 次；开展海底电缆管道项目执法检查 9 次；检查海域和海环等涉海项目 425 个；巡航监视倾废区 20 个，检查海洋自然保护区和生态监控区 17 个；登检废弃物倾倒船 73 艘次，登检台山惰性物料监管点倾废船 2765 艘次；航空巡查（含无人机）海岛近 3000 个，派出船舶和陆地检查海岛 198 个，其中登岛检查 78 个。立案查处海洋违法案件 20 件，收缴罚款 800 多万元。

落实海洋工程项目全程监管　积极开展国管海洋工程建设项目全程监管工作，依照“事前介入，紧密跟踪，严格监督”的原则，对国家海洋局核准的填海工程建设项目环境保护设施是否执行三同时制度、是否落实海域使用动态监测和海洋环境监测以及是否及时申请竣工验收进行监督检查。

开展海岛保护定期巡航和专项执法　采取飞机空中巡视，船舶绕岛观察、抵近监视和人员登岛检查相结合的方式，选定了 78 个重点岛屿，开展海岛保护执法检查工作，完善一岛一档的建档工作；联合开展西沙海域海岛保护联合执法行动，查清了西沙海域所有领海基点方位碑的数量和状况，全面掌握了西沙群岛重要岛礁的开发和生态保护情况。

开展海洋石油勘探开发活动监管　开展石油勘探开发定巡工作，重点加强对南海区海上石油平台、海底管道和有关沿岸设施的监督检查，完善南海区石油勘探开发活动本底资料，建立健全了突发事件的应急处理机制。

开展海洋自然保护区和生态监控区执法　以海上巡航和陆地检查相结合的方式，积极开展海洋自然保护区和生态监控区执法，重点对珠江口生态监控区、珠江口白海豚保护区、淇澳岛红树林保护区、廉江高桥红树林、大亚湾生态保护区、三亚国家级珊瑚礁自然保护区等进行巡航监视执法检查，重点检查珠江口生态监控区内围填海、海砂开采和海洋倾废等行为。

有效打击非法采砂行为　为打击非法采砂，维护海砂开采管理秩序，保护海洋生态环境，南海分局所属各支队采取专项行动和日常监管的方式，加强了对海砂开采行为的监管，重点对北海铁山港湾、钦州茅尾海、防城港东湾、文昌西南浅滩海、三亚东锣岛和西鼓岛附近海域等重点采砂区域进行了监管，集中打击非法采砂行为。

开展海洋行政执法双随机抽查工作　为

贯彻党中央、国务院推广随即抽查规范事中事后监管的决策部署，南海分局成立了随机抽查工作领导小组和随机抽取工作小组，制定海洋行政执法随机抽查工作实施方案，分别开展了两批随机抽查对象和执法人员的抽取工作，并组织对抽查对象开展执法检查，切实履行管理职责。

组织开展南海区案卷评查工作 为提高海洋行政执法水平，规范案件查办程序和文书制作标准，南海总队会同广东、广西、海南省（区）总队组织南海区“碧海 2017”案卷评查工作。案卷评查采用推荐和抽取相结合的方式，在各海监机构上报的 186 宗碧海案卷中抽取了 25 宗进行评查，有效推动了南海区各级海监机构案件查办规范化水平的提高。

举办海洋执法监察员上岗资格面授培训 南海总队在广东湛江市分别举办了两期新任海监执法人员上岗资格面授培训班，采取整体讲座和分组执法实操面授的方式，对南海区共 152 名通过中国海监远程教育网培训并考试合格的新任执法人员进行了面授培训，经评定全部合格。 （国家海洋局南海分局）

海　洋　交　通　管　理

海洋交通政策和法规

【概况】　2017 年，交通运输部加强法规制修订工作，进一步完善海洋交通法规体系，有效保障海上交通安全和海洋环境。深入开展涉及海洋交通法规的清理工作，根据“放管服”改革要求和上位法的修订情况，对海洋交通法规进行全面梳理，对发现的与上位法、中央精神及发展形势不相符的条款及时进行修订。

【水运法律法规和标准规范】　交通运输部继续推进《港口法》《国际海运条例》修订研究工作，推进开展《国内水路旅客运输管理规定》《港口工程建设管理规定》《航道工程建设管理规定》《通航建筑物运行管理办法》等部门规章制修订。贯彻环境保护、节能减排新要求，推进水运新技术应用，完善《航道法》配套标准，修订完善水运工程标准体系，发布《水运工程标准体系》《水运工程建设项目环境影响评价规范》《拦河闸坝工程航道通航条件影响评价报告编制规定》等水运工程国家标准、行业标准。加快水运工程应用 BIM 技术相关标准规范编制。

加快水路运输标准体系建设，组织开展水运工程重要建设技术标准项目编制工作，研究修订《水运工程标准体系》《水运工程绿色发展标准体系》等一批标准。研究制定《码头船舶岸电设施工程技术规范》《船舶液化天然气加注站设计规范》等 2 项国家标准。发布《码头油气回收设施建设技术规范》《海上沉船清除打捞工程计价办法及其配套定额》《水运工程地基基础施工规范》等 11 项行业标准。发布《交通运输部关于在互联网上公开水运工程行业标准的公告》，明确现行的 150 项水运工程行业标准向社会公开全部内容，并提供 PDF 格式文本免费下载服务。组织完成《航道工程设计规范》等 14 本水运工程标准外文版翻译工作，持续推动中国水运行业标准“走出去”。

加速水运工程技术创新成果转化，开展 BIM 技术在水运工程建设领域应用的标准研究工作，组织编制《水运工程设计信息模型应用标准》《水运工程施工信息模型应用标准》《水运工程信息模型应用统一标准》，依托标准编制促进水运行业重大技术应用。积极鼓励水运工程建设技术创新，提高水运工程施工技术水平，组织完成 2017 年度水运工程工法评审和发布工作，共发布水运工程一级工法 16 项、二级工法 8 项。

不断健全水路运输服务相关标准体系，研究制定《危险货物集装箱港口作业安全规程》《客运码头安全管理基本要求》《防阵风防台风安全规程》等港口生产作业安全管理相关标准，完成《琼州海峡客滚运输服务质量规范》等运输服务标准编制，研究制定《长江水系过闸运输船舶标准船型主尺度系列》等 5 项船型标准化国家标准。

【海事立法】　2017 年，《海上交通安全法》修订立法工作取得实质性进展，国务院法制办公室基本完成修订审核改稿工作。完成《船舶安全监督规则》《高速客船安全监督管理规则》《海上滚装船舶安全监督管理规定》等 9 部规章的制修订工作。

更新规范性文件目录清单；实施现行有效船检技术规范清单式管理，印发《关于公布现行有效船舶法定检验技术规范清单的公告》，首次向社会公布船检技术规范有效性清单；废止 24 件船舶检验管理的规范性文件；

对1978年以来以交通运输部名义发布的政策性文件进行清理，集中废止政策性文件4件。截至2017年底，中国海事局发布的现行有效规范性文件共396件。

【执法监督】　出台《海事行政检查规定》《海事现场执法工作规范》，印发《海事行政执法全过程记录管理办法》《海事行政执法结果信息公开管理办法》，推进海事行政执法全过程留痕和可回溯管理；印发《海事执法协查管理规定》，规范海事管理机构执法协查行为；印发《海事管理机构移送违法案件程序规定》，规范海事管理机构执法案件移送行为；启动《海事执法业务流程（2018）》《海事政务服务指南（2018）》《海事违法行为行政处罚裁量基准》《海事执法视觉形象建设标准（2018）》修订工作。

组织开展2017年直属海事系统行政执法评议考核，编制海事履职标准和直属海事系统权责清单，指导开展行政执法公示制度、执法全过程记录制度、重大执法决定法制审核制度试点工作，推进"双随机一公开"工作，向社会公开海事系统23项"双随机"抽查事项清单，梳理制定直属海事系统行政处罚、行政检查、涉企收费清单，开展直属海事系统行政处罚、行政检查、涉企收费排查整治活动与重点督查工作。

【船舶检验技术规范和行业标准】　印发《船舶法定检验技术规范制定程序规定》，发布《特定航线江海直达船舶法定检验暂行规则》《青海湖载客船舶检验技术规则》《特定航线江海直达船舶法定检验暂行规则（2017年修改通报）》《集装箱法定检验技术规则（2017）》《珠江水域至香港特别行政区高速客船检验规则（2017）》5部船检技术法规。开展标准制修订工作。2017年共下达标准制修订计划6项，其中国家标准1项，行业标准5项；完成9项国家标准制修订计划申报工作，组织对4项行业标准开展初审，完成4项2016年报批的行业标准反馈修改工作。

海上交通安全管理

【水上交通事故情况】　2017年，全国共发生等级以上水上交通事故196起、死亡失踪190人、沉船80艘、直接经济损失2.8亿元，同比2016年比较变化不大，水上交通安全形势总体保持稳定。

2017年，共发生0.1吨以上船舶污染事故14起（全部17起），总泄漏量1159.09吨，其中溢油事故11起，总泄漏量95吨，100吨以上溢油事故0起；化学品泄漏事故1起，总泄漏量约48吨。船舶污染事故主要发生在渤海、珠江口等水域。

【事故调查和处理】　2017年，中国海事局成立事故调查组，组织开展了对青岛"2·6""新日6"轮与"鲁胶渔60968"碰撞事故及威海"9·19""天宇2"轮与"辽绥渔66528"轮碰撞事故行政调查；组织开展了上海"4·6""翔舟"轮与"VAN MANILA"轮碰撞事故、越南"5·22""乐业"轮工伤事故安全调查。

【海事调查官管理】　举办了1次高级海事调查官知识更新和3次中级海事调查官知识更新培训班，共50名高级海事调查官和150名中级海事调查官参加了培训；举办1次中级海事调查官（非涉外）适任培训班和3期涉外助理海事调查官适任培训，2期非涉外助理海事调查官适任培训，新增中级/助理调查官396人；选派2名海事调查官赴韩国进行交流培训工作。

【海事调查国际合作】　赴新西兰参加第26届国际海事调查官论坛会议；赴印尼参加第20届亚洲海事调查官论坛会议；赴韩国参加海上事故或事件安全调查国际研讨会；开展中韩海事调查官交流工作；在上海组织召开中丹海事调查合作会谈。

【航运公司安全与防污染管理概况】　修订并印制出版《安全管理体系审核指南》（2017版），组织开展《水上交通安全约谈管理规定》《安全管理体系审核发证机构监督管理办法》《涉外航运公司安全管理体系委托审核发证管理规定》等规定的修订工作；印发《关于明确连云港海事局审核发证机构代号的通知》《关于进一步做好航运公司安全监管工作的通知》《关于全面加强航运公司全员安全生产责任制工作的通知》等文件。

组织开展了直属海事系统航运公司安全监管工作专项督查；在福州对来自全国各地的 100 余名福建平潭籍船东进行了集体约谈。加强对航运公司的安全诚信管理，组织开展安全诚信公司评选工作，2017 年共评选 6 家航运公司为新的“安全诚信公司”、取消 8 家航运公司“安全诚信公司”资格，加大了重点跟踪航运公司列入力度，全年共将 2 家航运公司列为重点跟踪航运公司，截至 2017 年 12 月 31 日，全国共有 47 家“安全诚信公司”，5 家重点跟踪航运公司。

【航运公司、船舶审核发证情况】　2017 年，全国海事管理机构共实施公司审核 1478 次，调用审核员 5151 人次；船舶审核 3952 次，调用审核员 8108 人次。截至 2017 年 12 月 31日，全国持有效“符合证明”的国际航运公司 86 家、国际国内兼营公司 118 家、国内航运公司 1066 家；持有效“安全管理证书”的国际航行船舶 1200 艘、国内航行船舶6946 艘。

【审核员队伍建设情况】　2017 年，共举办 2 期审核员知识更新培训班和 1 期审核员初任培训班，组织直属海事系统 20 人赴法国开展了为期两周的安全管理体系审核发证培训。截至 2017 年 12 月 31 日，全国共有审核员 1801 人，其中主任审核员 496 人，普通审核员 1305 人。

【组织开展水上交通安全检查情况】　加强“元旦”“春节”“两会”“五一”“十一”等重点时段水上交通安全监管工作。直属海事系统开展水上交通安全生产督查，从安全生产监管责任和企业安全生产主体责任入手，全面查找存在的突出问题和薄弱环节。

【推进海事系统“结对子”工作】　印发《海事系统“结对子”工作指导意见》，拓展“结对子”的形式，丰富和深化“结对子”工作的内涵和外延。印发《关于持续开展隐患排查治理攻坚行动的通知》，督促直属海事局辖区内水运企业落实安全生产主体责任。建立与农业部渔业局的会商机制，加强防范商渔船碰撞工作。

【开展典型海事案例“双进”活动】　印发《交通运输部海事局典型事故案例进航运公司、进船员教育培训机构活动方案》，在全国组织开展了 2017 年典型事故案例进航运公司、进船员教育培训机构的“双进”活动，走访 1757 家航运公司和 68 家航海院校及船员教育培训机构，对 5335 名公司管理人员开展案例教育培训，受众人群数万人。

【开展平安交通建设】　深入推进“平安交通”创建，组织开展为期一年的创建平安船舶专项行动。专项行动期间，现场检查船舶 73.2 万艘次，纠正各类违法违规行为 5.63 万项。针对“四类重点船舶”开展安全检查2.78 万艘次，查处纠正缺陷 14.78 万项；联合执法 1498 次，将 475 艘砂石船列入违法违规名录，对客运船舶、危化品船舶、流态化固体散装货物运输船舶、砂石船在内的四类重点船舶和水上重点问题进行了有效治理。开展船舶与港口污染防治、船舶载运危险货物、国际航行大型散货船、船舶自动识别系统治理等专项行动。

【开展水上交通安全知识进校园活动】　连续第五年在全国组织开展水上交通安全知识进校园活动，与中国教育协会深化合作，将有关水上交通安全教育知识内容加入暑期防溺水宣传教育基础素材，继续推动水上交通安全教育纳入全国中小学安全教育体系。组织开展第二届全国小学生水上交通安全暨防溺水知识网络竞赛，截至 2017 年 12 月 31 日，参赛学校达 2.6 万所，参与总人数 680 余万人。

【航标管理】　2017 年，中国沿海设置各类航标 1.56 万座，较 2016 年增加 670 座。中国海事局负责管理维护的公用航标 8466 座，较 2016 年增加 516 座。其中，船舶自动识别系统（AIS）岸台 564 座，无线电指向标-差分全球定位系统（RBN-DGPS）台站 22 座。全年，巡检维护航标 211.08 万座次，共发布一类航标动态 1287 期，二类航标动态 477 期。航标正常率 99.95%，航标维护正常率99.99%，DGPS 信号可利用率 99.60%。继续开展地方航标接收工作，完成青岛港、厦门港等处航标的接收，全年，共接收地方标 124 座。

【海道测量与编绘】 2017 年，完成海域测量面积 3.12 万平方千米，编绘、更新出版各种比例尺港口航道纸海图 392 幅，制作电子海图 195 幅，覆盖中国沿海 45 个港口；共印制纸海图 1.9 万张，累计发行纸海图1.85 万张，电子海图发行 52.5 万幅次，制作各类专题图 234 幅，发布中、英文《改正通告》各 52 期。出版发行《2017 年中国沿海港口航道图目录》《中国海区助航标志表（北方海区/东海海区/南海海区）2017—2018》《中国沿海潮汐表（上海港、杭州湾）2018》《台湾海峡西侧水域航标助航指南》等航海图书。

出版发行《南中国海至马六甲海峡航行指南》《京津冀协同发展航运地图集》；开展《南海航行图目录》规划编制工作。组织开展海事测绘生产和产品质量检查，对 2016 年测绘成果中的 37 项外业测量工程、39 幅纸海图和电子海图进行了质量抽检。

【水上安全通信管理】 2017 年，共发布航行警告 32.36 万次，播发安全信息 55.37 万条，播发中英文气象预报 11.82 万次，公益通信总量达 138.53 万次，公众通信总量达 14.7 万份/次。安全信息播发准确率达 100%，通信事故、无线电报和无线电话差错率为零，机线完好率和设备维护率分别为 99.37%、99.42%。

北海航海保障中心 10 月 1 日开通 NAVTEX4209.5 安全信息播发业务，将天津海岸电台 AVTEX 安全信息覆盖距离由 150 海里扩展至 400 海里；东海航海保障中心海上无线电气象传真系统工程通过验收，气象传真 APP 正式上线，方便了近海航行船舶接收气象航行信息；南海航海保障中心启用盲区短信通信服务功能，免费为航运企业提供“语音转短信”通信业务服务。

【拓展公众助航信息服务】 深化 NAVDAT、VDES、北斗、无人机等新技术研究应用，拓展北斗海事应用，推进北斗国际化进程；跟踪国际 e-航海和相关科技发展，统筹推进各海区 e-航海示范系统建设、测试和应用；积极开展航标遥测遥控建设工作，截至2017 年 12 月 31 日，全国沿海公用航标遥测遥控终端新增 1373 座，总数达 8258 座；保障港珠澳大桥建设等国家重大水上交通工程和重大活动，提升航海保障应急反应能力和服务质量。推广北斗卫星导航系统在海事领域的应用，推动沿海北斗 CORS 高精度定位系统建设，2017 年，完成一期 30 个北斗 CORS 站点、3 个海区数据处理服务中心和 1 个全海区数据监测中心的建设竣工验收，并基本完成二期工程建设。通过单边带无线电话（SSB）、甚高频无线电话（VHF）和窄带印刷电报（FEC）三种方式播发海况预报信息，开展相关水域测量工作。 （交通运输部）

沿海海洋管理和海洋经济

辽 宁 省

综 述

2017 年，辽宁省海洋与渔业部门以习近平新时代中国特色社会主义思想为指导，全面落实从严治党要求，认真贯彻新发展理念、“四个着力”和“三个推进”，按照国家海洋局、农业部和辽宁省委、省政府决策部署，坚持目标和问题导向，稳中求进，真抓实干，辽宁省海洋与渔业总体上保持了持续健康的发展态势。

海洋经济与海洋资源开发

【培育海洋优势产业】 2017 年 9 月，辽宁省海洋与渔业厅印发《辽宁省培育海洋优势产业指导意见》，先后与中国农业发展银行、中国邮政储蓄银行 2 家银行签订了战略合作框架协议，为 6 大领域 36 类项目提供政策性金融保障，联合省发改委向国家申报营口市、庄河市为海洋经济发展示范区。

【海洋经济调查】 组织开展辽宁省第一次全国海洋经济调查，探索建立了辽宁省市级海洋经济统计核算机制，制定并组织实施市级海洋生产总值核算工作方案，按时完成月报、季报、半年报工作。逐步扩大涉海企业直报节点覆盖面，全年完成 1200 家节点布设。2017 年已完成调查主体工作，在机构组建、方案编制、配套制度和调查宣传等方面走在全国前列。

【海洋产业发展情况】 2017 年，辽宁省海洋渔业生产结构加快调整，海洋水产品产量与上年持平。受国内外市场需求和海洋油气业生产结构调整的影响，海洋油气业与上年基本持平。受市场需求下降影响，海洋盐业与上年持平。受 2016 年库存影响，烧碱等海洋化工产品产量增速回落，海洋化工业增速放缓。海洋生物医药市场需求逐渐增加，海洋生物医药业快速增长。由于海水淡化成本高、投入大，也无相关配套政策，影响企业积极性，海水产业化的链条尚未形成，海水利用业成下滑趋势。海洋船舶工业受国内外市场需求影响，手持订单下降，船企开工不足。受国家围填海管控的影响，海洋工程项目审批大幅缩减，海洋工程建筑业呈大幅下滑趋势。国内外航运市场逐步复苏，港口生产保持稳定增长态势，货物吞吐量比上年增长 3.2%，集装箱吞吐量比上年增长 3.7%。滨海旅游发展规模持续扩大，海洋旅游新业态潜能进一步释放。

海洋立法与规划

【法治海洋建设】 不断优化海洋与渔业经济发展法治环境，印发《2017 年依法行政工作要点》，对 29 项涉法行政工作进行全面规范。编制 2017 年度行政执法检查计划 30 项，开展行政执法资格培训及考试，组织 4 期，共计 400 人法制培训，杜绝无证执法现象的发生。调整法治建设领导机构。对 17 个海洋环境项目环境影响报告书进行了听证。

【规范性文件管理】 印发《关于全面彻底清理规范性文件的通知》，对辽宁省海洋与渔业厅现应用的规范性文件进行全面的统计和清理。先后对16件规范性文件进行合法性审查，并备案。积极协助有关执法单位及时将重大行政处罚案件报送辽宁省政府法制办备案。

海域使用管理

【节约集约用海】 编制申报辽宁省2017年度围填海计划，对列入中发7号、国发28号文件和辽宁省新增200个重点项目中的21个重大涉海建设项目建立“服务清单”。恒力石化（大连）2000万吨/年炼化一体化、兵器工业集团精细化工及原料工程项目用海获国家批复，长海机场、大连新机场项目用海持续推进。严格执行国家海洋局“渤海八条”文件，全面暂停受理审核渤海围填海。黄海海域，除国家重大建设项目、公共基础设施及国防建设用海外，其他围填海项目一律暂停审核。保障港口用海，开展了锦州港建设项目用海论证，支持营口港锚地用海，得到企业好评。完成辽宁省围填海和海域使用金征缴核查。

【围填海核查】 强化事中事后监管，成立了围填海核查工作领导小组和现场核查小组，印发《关于开展围填海核查工作的通知》，确定核查工作的内容、分工、时间节点和工作要求，组织召开辽宁省围填海核查工作部署及技术培训会议。至2017年7月底，核查工作全部结束，共完成2016年12月底前辽宁省政府批复的756宗确权用海现状核查。

【海岸线调查统计】 成立“辽宁省海岸线调查统计工作领导小组”，深入贯彻落实《海岸线保护与利用管理办法》，研究制定《海岸线调查统计工作方案》，提出“五个坚持”，摸查“四种空间”，划分“三类岸线”的具体方法步骤。完成大陆岸线调查统计，制定了严格保护、限制开发、优化利用三类岸线划分方案。

【规范项目用海审批】 印发《报请辽宁省政府审批海域使用权审核管理规定》、《关于人工鱼礁海域使用管理工作的通知》，公布辽宁省省级海域和海岛使用项目评审专家库，规范论证管理。积极推进海域不动产统一登记。辽宁省省级登记的海域和无居民海岛使用权登记资料顺利完成移交。

海岛管理

【规范海岛管理】 研究制定《2017年海岛管理工作要点实施方案》，对2017年海岛工作任务进行了细化分解。编制“海岛管理台帐”，将辽宁省海岛基本情况、海岛开发利用、海岛权属、海岛保护整治修复等情况纳入台帐，为海岛管理工作提供有力支撑。完成《辽宁省无居民海岛开发利用审批办法》，对无居民海岛开发利用进行规范。

【无居民海岛监测】 对四个无居民海岛（鸳鸯坨子、东鸳鸯坨子岛、月牙岛、双面岛）、一个有居民海岛（大长山岛）开展了试点监测，运用无人机、监测车等新技术，采取立体化、精细化海岛监测模式，对大连三个疑似灭失无居民海岛进行了核查，全国海岛监测报告显示辽宁省海岛保护较好无灭失情况。

【海岛整治修复】 2017年10月下旬，配合国家海洋局北海分局开展了海岛保护类项目实施情况评估和监督检查工作。督促检查葫芦岛、丹东市加快推进海岛整治修复项目，批复了杨家山岛整治修复项目4个工程初设方案。配合国家海洋局制定历史遗留用岛调查方案，确定辽宁省大连市为全国三个历史遗留用岛调查试点之一，争取补助资金15万元。

海洋生态文明

【海洋生态环境整治修复】 完成兴城河口湿地与红海滩综合整治工程项目验收工作。项目修建滨海栈道7300米，海岸防护带3101.6米；翅碱蓬种植与底质改良修复滨海湿地170公顷。疏通潮沟总长度4872米；完成120座取水井管网改造。

【“蓝色海湾”综合整治与修复项目】　印发《关于加强组织实施“蓝色海湾”整治修复项目管理工作的通知》，分 4 次对盘锦、锦州市承担的“蓝色海湾”整治修复项目进行阶段性检查。先后印发 4 期《“蓝色海湾”整治修复项目专项检查通报》。2017 年 5 月和 11 月，接受国家海洋局北海分局对辽宁“蓝色海湾”项目实施情况专项检查。完成第三批“蓝色海湾”项目入库工作。编制完成《辽宁省 2017—2020 年海洋生态修复项目计划》。

【海洋保护区管理】　印发《关于加强国家级海洋特别保护区建设管理的通知》。开展辽宁省 10 个海洋特别保护区检查，配合国家海洋局开展了海洋保护区专项检查。对 2017 年海洋督察中辽宁团山国家级海洋公园的违规用海行为，督促营口市进行整改，违规建设部分已按要求整改恢复原状。组织开展大连仙浴湾、星海湾国家级海洋公园总体规划报批工作。为加强并优化辽宁省国家级海洋特别保护区管理方式，整理辽宁省 10 个国家级海洋特别保护区矢量数据，推进国家级海洋特别保护区“一张图”建设，为海洋工程建设项目用海核准提供审核保障。组织辽宁省海洋特别保护区参加“中国最美国家级海洋保护区评选活动”。

海洋环境预报与防灾减灾

【海洋观测预报基础设施建设】　完成丹东、锦州、营口、盘锦、葫芦岛 5 个海洋岸基观测站和黄海北部、辽东湾 2 个海洋观测浮标站位的选址、论证和建设工作。完成了精细化预报和城市预报系统建设，辽宁省海洋预报门户网建设，风暴潮、海浪、海冰数值预报系统建设工作。标准化海洋预报站建议取得成效，海洋自主预报基础进一步打牢。

【海洋灾害应急保障】　印发《关于进一步加强海洋观测预报与防灾减灾管理工作的通知》，按辽宁省突发海洋自然灾害应急预案要求，共发布海洋灾害警报 4 期，警报短信 6000 多条，警报传真 200 余份，为沿海各级海洋部门做好应急保障工作，为涉海企业、渔民安全生产提供有力保障。圆满完成了冬季海冰灾害和汛期海洋灾害应急保障工作。组织实施海平面变化影响调查评估基础数据统计，公布辽宁省沿海 19 个岸段警戒潮位核定值。

【海洋环境监测与评价】　印发《2017 年辽宁省海洋环境监测工作方案》《2017 年海洋生态环境监测质量保证工作方案》，安排部署 7 大类 22 项监测任务，增加海洋环境在线监测、海洋生态红线区监测、近岸沉积物监测和无人机应急监测。开展丹东、营口、盘锦、葫芦岛市海洋环境监测工作阶段性检查。水质监测站位由 96 个增加到 110 个，实现管辖海域全覆盖。完成营口大辽河、锦州小凌河岸基在线监测基础建设和设备调试工作；辽宁红沿河核电站在线监测浮标于 6 月 9 日正式投入使用。完成“辽宁省海洋生态环境监督管理系统”网络平台建设。发布《2016 年海洋环境状况公报》，向沿海各市印发 7 期海洋环境监测通报，为各级政府治理海洋环境提供了决策依据。

海洋执法监察

【海洋行政执法概况】　2017 年，坚持把查处违法围填海和海洋环境保护工作放在突出位置，依据“四项制度”，全面推进辽宁省各项海洋行政执法工作。2017 年，共派出执法人员 2.72 万人次，执法车辆 4985 车次，行程 34.08 亿千米，出动执法船（艇）1026 艘次，累计航程5.97 万海里。共处理案件 52 起，收缴罚款3.20 亿元，海洋行政执法工作取得显著成效。

【“海盾”“碧海”专项执法行动】　组织开展“海盾 2017”专项执法行动，加大岸线日常巡查力度，对辽宁省海域进行规范化管理，发现违法用海行为及时汇报，依法查处。对辽宁省 87 个疑点疑区进行现场核查，全年

“海盾”行动立案23起，实际收缴罚款3.19亿元。开展“碧海2017”专项执法行动，对海洋工程、海洋保护区、海砂开采、重点排污口等领域的海洋环境违法行为进行专项执法检查。全年“碧海”行动立案25起，结案22起，实际收缴罚款97.34万元，有效遏制了海洋环境恶化的态势。

【打击非法占用海域采挖海砂行动】 结合辽宁省海域实际，划定重点执法区域，下达区域执法制定管辖任务书，要求辖区内海监机构进行昼夜值守，派遣执法人员交叉执法等方式，严厉打击非法占用海域采挖海砂行为。积极协调辽宁省国土资源厅、海警总队、海事局、公安厅环保总队、环保厅等部门，建立执法联动机制，采取联合执法，对违法采砂行为形成闭环打击，有效保护辽宁省海洋矿产资源和海洋生态环境。

【无居民海岛保护】 印发《2017年无居民海岛保护专项执法行动通知》，建立了重点检查海岛名录。全年共出动执法人员3065人次、出动执法船舶285航次、航程约2.12万海里；检查无居民海岛555个，登岛检查178个；共检查无居民海岛711次，登岛检查257次；获取照片2688张，影像资料291分钟。发现违法行为4起并全部依法进行立案查处。

【海底光缆保护】 在北京“一带一路”高峰论坛、福建厦门金砖国家领导人第九次会晤、党的十九大期间，为确保辽宁省海域海底光缆的通信畅通，组织开展辽宁省海底光缆巡护专项执法行动。2017年共开展海底光缆巡护专项执法行动3次，派出执法船舶7艘次，行驶5820余海里，出动执法人员570人次，劝离进入保护区作业船只684艘。出动执法快艇48艘次，航程732海里，顺利完成会议期间保障海底光缆通信畅通的任务。

【维权巡航】 组织开展黄海北部暨鸭绿江口附近海域维权巡航执法工作。印发《辽宁省海监渔政局2017年毗邻海域维权巡航执法实施方案》及《鸭绿江口附近海域维权巡航执法行动应急预案》，成立维权执法工作领导小组。2017年辽宁省开展中朝边境维权巡航执法45航次，航程3500海里，派出执法人员500余人次，制止侵犯中国海洋权益行为1起，驱逐入侵中国海域外籍渔船8艘，拍摄照片120余张，视频资料60分钟，增强海上维权能力，强化对辖区海域的管控。

海洋行政审批

【营商环境建设】 深入贯彻落实《辽宁省优化营商环境条例》精神，实行政务服务“四个当日”新举措，即“审批业务咨询当日答复指导，网上申请材料当日审查反馈，纸质申请材料当日受理流转，办结审批事项当日发放证照”，不断深化创新实践，积极推进审批提速、便民增效。制定《辽宁省海洋与渔业厅开展“办事难”专项治理实施方案》，进一步提高辽宁省海洋与渔业厅行政审批效率，组织有关部门单位对行政审批事项承诺时限进行再精减、再压缩。辽宁省海洋与渔业厅共有行政审批事项共30项，原承诺时限总时长650工作日，对12个行政审批事项承诺时限再压缩67个工作日，压缩10.3%。

【互联网+政务服务】 制定《辽宁省海洋与渔业厅加快推进“互联网+政务服务”实施方案》。从工作目标、标准化建设、信息资源共享、支撑体系建设、组织保障等六个方面明确各部门的工作任务，为深入推进辽宁省海洋与渔业“放管服”改革，提高政务服务质量与实效，激发市场活力，增添发展新动能，加快构建“互联网+政务服务”综合服务体系提出明确时间表和路线图。

【编制政务服务事项目录】 认真梳理并规范编制进驻辽宁省政务服务中心行政许可事项服务指南，对“职权名称、职权类型、适用范围、事项审查类型、审批依据”等23项要素进行梳理和规范。辽宁省海洋与渔业厅驻省政务服务中心办公窗口办理的所有行政审批事项均已按要求在辽宁政务服务网公开公示。编制政务服务事项目录。规范辽宁省省市县三级涉海政务服务事项 16 项，其中行政许可事项 14 项，行政征收 2 项。

【海洋行政审批情况】　2017 年，辽宁省海洋与渔业厅驻省政务服务大厅窗口共受理海洋行政审批事项 28 件，办结 41 件（含 2016 年未办结事项），超时办结 0 件，接待亲访 17 人，及时回复网上及电话咨询 200 余人次，其中海域审批事项受理 19 件，办结 18 件；海洋生态环保审批事项受理 9 件，办结 23 件（含 2016 年未办结事项）；群众满意度100%。

海洋科技与教育

【科研项目】　2017 年，为推动辽宁省海洋与渔业科技发展，辽宁省海洋与渔业厅立足于解决产业发展瓶颈问题，围绕海水综合利用、海洋可再生能源等方面，开展科技需求调查，共征集 38 个厅级科研项目。完成国家海洋局海洋公益性、可再生能源、辽宁省科技厅和厅本级等10 多个科研项目的验收。辽宁省海洋与渔业厅向辽宁省科技厅推荐 2017 年重点科研计划项目 5 项、辽宁省自然科学基金项目 3 项、辽宁省博士科研启动基金项目 3 项；向国家海洋局推荐海洋经济创新发展示范城市项目 1 项。

【海洋渔业标准化建设】　2017 年 3 月，在大连市正式成立水产标准化技术委员会（辽宁），对辽宁省海洋渔业标准体系建设发挥重要的推动作用。摸清海洋渔业地方标准底数，编制海洋渔业地方标准台帐。组织梳理 2010 年以来的海洋渔业地方标准，编制《2010—2016 年省海洋与渔业厅地方行业台帐》。积极申报评审标准化项目，组织向辽宁省质监局报送的 30 个地方级标准制修订项目，全部获批立项；上报国家海洋局 5 个省级海洋标准制修订项目待批；会同辽宁省质监局联合评审通过辽宁省海科院 8 个海洋渔业地方标准项目。

【科技贡献】　召开辽宁省 2017 年度海洋与渔业科技贡献奖评审会，组织辽宁省海洋水产科学研究院、辽宁省水产技术推广总站等单位申报国家海洋局科学技术贡献奖 1 项、省科技进步奖 2 项。2017 年辽宁省共获得 2016 年度国家技术发明二等奖 1 项，国家海洋技术奖一等奖、二等奖各 1 项，国家海洋工程科学技术奖一等奖 1 项、二等奖 3 项，辽宁省科技进步奖一等奖 1 项、二等奖 3 项、三等奖 1 项。

海　洋　文　化

【6·8 全国海洋宣传日】　为推动辽宁省海洋强省建设不断取得新成就，引导社会公众牢固树立“人海和谐”的理念，切实提升全民海洋意识，2017 年 6 月 8 日，辽宁省围绕“奋进新时代、扬帆新海洋”主题开展 2017 年世界海洋日暨全国海洋宣传日活动。活动期间，发放海洋主题书籍 500 册和斑海豹毛绒玩具及环保袋 100 套，发放海洋知识宣传册若干。辽宁省海洋与渔业厅联合共青团省委开展海洋知识进校园活动，组织专家为小学生讲授海洋科普知识。同时，还组织大连、锦州等地有关单位开展海洋执法基地和海监船开放活动，面向社会开放标本馆、养殖实验室、展示厅等场所，接受社会公众参观。2017 年辽宁省海洋日活动将海岸线保护与围填海管控作为重点，宣传国家和省强化围填海管控、严禁占用自然岸线的政策要求，展示宣传各地区具有代表性、典型性的美丽海岸。积极回应社会关切，努力营造依法治海、生态管海的舆论氛围。充分利用新媒体传播优势，通过网络、微信、微博等官方平台广泛传播海洋知识、文化和理念。

【5·12 防灾减灾宣传周】　2017 年 5 月 12 日，根据国家海洋局和辽宁省减灾委的要求，辽宁省海洋与渔业厅组织辽宁省预报减灾系统开展海洋领域防灾减灾宣传活动。印发《关于做好 2017 年防灾减灾日有关工作的通知》。活动期间，组织辽宁省海洋环境预报与

防灾减灾中心和沿海各市开展隐患排查，对海洋预报警报重点环节进行安全检查。宣传活动采取省、市、县、乡（镇）、村联动，参与宣传人员近千人，宣传活动遍布沿海及内陆 80 多个社区、渔村，悬挂宣传条幅 80 多条，张贴宣传标语 1000 多张，发放各类海洋防灾减灾宣传品、宣传册（单）15000 余份，展出专题展板 300 余块。广大民众海洋防灾减灾意识大大增强，对海洋灾害有了更进一步的认识，海洋防灾减灾技能得到普遍提高。

【5·15 政务公开日】　2017 年 5 月 15 日，辽宁省海洋与渔业厅积极参与辽宁省政务服务中心集中开展的“5·15 政务公开日”活动，紧紧围绕“解决群众‘办事难’，打造营商环境最优省”这一主题，开展多种形式的政务公开宣传活动。活动期间，专门设立服务台热情细心地为前来问询的群众解答涉海涉渔政务服务事项审批工作，宣传辽宁省为解决群众“办事难”，优化营商环境，保障审批工作优质、高效、便民、利企所做的各项工作。活动现场共向群众发放《辽宁省海洋与渔业厅驻省政务服务中心审批事项服务指南》《辽宁省海洋与渔业行政审批有关法律法规摘要汇编》《窗口便民审批“四个当日”服务承诺》等服务材料 200 余份。发放回收《辽宁省海洋与渔业厅驻省政务服务中心办公窗口群众满意度问卷调查表》40 份，使广大群众进一步了解辽宁省不断深化“放管服”改革，优化营商环境，推进“互联网+政务服务”等工作的相关情况和取得成效。

（辽宁省海洋与渔业厅）

大 连 市

综 述

2017 年，大连市海岸线长 2211 千米，其中大陆岸线 1371 千米，海岛岸线 840 千米；海域管辖面积 2.9 万平方千米，其中滩涂面积约 1100 平方千米，0~20 米等深线海域面积 6000 平方千米，20 米等深线以上海域面积 2.19 万平方千米；海岛 538 个，其中有居民海岛 40 个，无居民海岛 498 个；海湾 39 处；深水岸线 300 千米；海洋自然景观 100 余处，天然海水浴场 83 处。全市海洋经济主要产业实现总产值 3997.1 亿元，比上年增长 46.3%；海洋经济主要产业增加值 1481.47 亿元，比上年增长 27.6%。加强海洋功能区划编制和海岛保护，“生态岛礁”项目进展顺利，发布《大连市海岛保护工作“十三五”规划》和《大连市生态岛礁工程“十三五”规划》，划定黄渤海生态红线，依法加强监管。加强海域管理，全市获批用海项目 231 个，确权用海面积 7.71 万公顷，征收海域使用金 3.9 亿元。加强海洋生态环境保护与修复。汇编印制《环保部东北督查中心督察调研反馈问题整改情况报告》和《大连市海洋环境保护汇编》，制定《中央第三环境保护督察组反馈的意见整改工作方案》，确保督察问题整改工作全面完成；推进凌水湾整治修复项目；配合辽宁省海洋与渔业厅开展黄海海域海洋生态红线区的调整工作。提高海洋预报减灾能力。修订突发海洋自然灾害应急预案，以大连市政府办公厅名义印发《大连市突发海洋自然灾害应急预案》；提升大连市海洋预警报能力与海岸观测能力；开展海洋灾害应急演练 5 次，提高大连市海洋灾害应急反应能力；发布海浪等海洋灾害预警报 21 次。加强海洋行政执法监管。推进海洋捕捞渔船结构性改革，制定印发《大连市捕捞渔船结构性改革实施方案》《大连市海洋捕捞渔船减船转产项目操作管理暂行办法（试行）》；继续加强涉海施工监管和海洋倾倒废弃物执法检查，确保倾废船依法作业；加强伏季休渔管理，查处违法违规渔船 1000 余艘，打掉作案团伙 1 个，破获越界收购案 1 起；清理取缔涉渔“三无”渔船 496 艘，拆解、处置 432 艘，查获违规渔具 4.5 万个；加强海砂开采执法管理，严格实施海砂装卸上报制度；开展南部海域清理整顿专项执法行动，规范护海人员行为。

海洋经济与海洋资源开发

【海洋牧场管理】　2017 年，大连市海洋与渔业局推进海洋环境保护工作，扶强做大现代海洋牧场。继续推进《大连现代海洋牧场建设总体规划（2016—2025)》，明确大连市海洋牧场建设总体思路，布局重点任务和保障措施。建立现代管理体系、金融服务体系、智力平台体系、科技支撑体系和风险防范体系，助推大连现代海洋牧场健康持续发展。获批农业部第三批国家级海洋牧场示范区 4 个，分别是大连市王家岛海域富谷国家级海洋牧场示范区、大连市石城岛海域上品堂国家级海洋牧场示范区、大连市海洋岛海域益得国家级海洋牧场示范区、大连市平岛海域鑫玉龙国家级海洋牧场示范区。至此，大连市有国家级海洋牧场示范区 10 个（全国已公布国家级海洋牧场示范区 64 个）。其中，第一批獐子岛海域、海洋岛海域 2 处示范区项目招标完成，因受冬季海面风力影响暂缓建设，待 2018 年适合开工条件后全部投放至指定海域；第二批财神岛海域、蚂蚁岛海域、大长山岛海域金茂、小长山岛海域经典4处示范区编制项目实施方案中；第三批4处示范区完成人工鱼礁建设方案申报工作。

【捕捞渔船管理】 推进海洋捕捞渔船结构性改革，制定印发《大连市捕捞渔船结构性改革实施方案》和《大连市海洋捕捞渔船减船转产项目操作管理暂行办法（试行）》，计划到2019年全市压减海洋捕捞渔船2266艘，总功率9.47万千瓦。其中，2017年计划压减海洋捕捞渔船1694艘，总功率6.04万千瓦。

海域使用管理

【用海情况】 2017年，大连市获批用海项目231个，确权用海面积7.71万公顷。其中，国家批准大连地区用海项目2个，批准围填海面积486公顷；辽宁省人民政府批准大连地区用海项目7个，批准围填海面积142公顷；市县两级批准用海项目222个，批准用海面积7.65万公顷。全年征收海域使用金3.9亿元，其中市级财政入库8100万元。

【用海项目】 推进重大建设用海项目，加快用海手续办理工作。国务院批准恒力石化（大连）炼化有限公司2000万吨/年炼化一体化用海项目，至2017年年末，该项目通过验收。华能大连第二热电厂新建工程、大连港长兴岛30万吨级原油码头工程等建设用海项目经省政府批准实施。大连新机场、大连湾海底隧道、大连湾跨海交通工程等重点项目用海审批工作取得阶段性进展。继续拓展市民亲海玩海空间，新增东港商务区、星海湾浴场、星海公园3处亲海岸段。至此，大连市区南部有亲海岸段6处，分别是小傅家庄、黑石礁、石槽海域、东港商务区、星海湾浴场、星海公园。

【海域动态监管】 县级动态监管系统建设基本完成，13辆应急监测车辆完成系统安装调试并投入使用，相关系统集成及设备采购工作接近尾声，项目总体完成率90%以上，全市海域动态监管能力得到大幅提升。加强远程视频监控建设，海域使用动态监管中心3处远程视频监控站点纳入国家远程视频监控系统；根据县级能力建设项目核心系统建设要求，完成远程视频监控新建站位11处，覆盖长海县、庄河市、长兴岛经济区、旅顺口区、普兰店区、金州区、高新园区7个区市县（开放先导区）。全力配合中央环境保护督察工作，完成国务院海洋专项督察工作，整理上报调阅资料2960件。会同市海监支队、县级海洋部门共同完成全市建设项目用海情况摸底排查工作，全面掌握填海造地总体情况。

大连市海域使用动态监管中心全年现场监测用海项目47次，完成动态监测报告47份；开展动态监管意向分析工作41宗次，为海域管理部门提供意向分析报告41份；开展海域使用项目意向分析12宗次，为海域管理部门提供意向分析报告及各种图件12份；根据辽宁省海洋与渔业厅下达配号审核工作要求，建立配号审核标准化流程，审核各区市县用海项目配号129宗，发现问题数据、重复录入数据14宗，并修改、注销；配合省海洋与渔业厅开展全省围填海核查工作，全面调查大连地区379宗已批准填海项目实施情况；根据辽宁省海洋与渔业厅下达未确权填海核查工作要求，配合大连市海洋与渔业局海域处及市海监支队全面核查大连180个疑点疑区和4个区域建设用海情况。

海岛管理

2017年，大连市海洋与渔业局印发2017年海岛管理工作要点，加大“生态岛礁”建设力度，保证市、县两级海岛管理工作的针对性和有效性。完成《大连市海岛保护“十三五”规划》和《大连市“生态岛礁”工程“十三五”规划》编制工作。督导推进在建“生态岛礁”项目工程。至2017年年末，完成长山群岛生态整治修复工程（二期）、广鹿岛生态整治修复工程（二期）、王家岛整治修复项目（一期）、圆岛项目验收工作。獐子岛及马坨子保护与开发利用示范项目有序开展，其中马坨子段工程完成80%、东獐子段工程完成施工招标并开始护岸基槽开挖。广鹿岛生态岛礁项目初步设计报告于8月23日通过市海洋与渔业局批复，并发布工程监理、拦沙坝工程、岸滩整治陆域回填工程、东段沙滩整治工程、西段沙滩整治工程招标公告，陆域动迁工作完成75%。完成全国“生态岛礁”工程项目库大连项目的申报工作，确定第1批项目8个。组织开展海岛业务培训工作，聘请辽宁省海洋水产科学研究院专家，培训各区市县（先导区）海洋行政主管部门海岛工作管理人员。完成2016年度大连市海岛统计工作，获取海岛基础信息资料，相关报表上报辽宁省海洋与渔业厅。配合国家海洋局北海分局检查组监督检查2010—2015年9个海岛修复项目，检查报告上报国家海洋局。

海洋生态文明

2017年，大连市海洋与渔业局组织大连市海洋与渔业环境监测中心等监测单位完成海水水质、生物多样性、陆源入海排污口、海水增养殖区、金石滩旅游度假区、獐子岛赤潮监控区、长海重点海水养殖区等15项监测工作，并按时间节点要求，通过专网将监测数据报送辽宁省海洋与渔业厅。编制完成2016年海洋环境状况公报。“6·8”海洋日前，在大连市海洋与渔业局网站公开2016年海水水质、重点陆源入海排污口及其邻近海域环境质量和海水浴场等监测信息。2017年，大连市海洋与渔业局加大海洋环境监管力度。开展“碧海行动”海洋环境专项整治，联合中国海监大连市支队及区市县海洋渔业部门，对海洋工程建设项目、陆源入海排污口等进行专项环境执法检查；开展大连市海洋工程建设项目进展情况调查，排查摸底各区市县及先导区在建项目情况，整理汇总后报国家海洋局；梳理大连市海洋环境保护工作，按照环境保护部东北督查中心提出的问题清单进行排查，提交自查报告。

全年组织市级海洋工程项目海洋环境影响评价听证2个，配合辽宁省海洋与渔业厅举行用海项目海洋环境影响评价听证5个。利用动态监测网络视频监控系统，加强对重点海域、重点岸线、重点区域的实时动态监管，岸线检查覆盖率100%。

海洋环境预报与防灾减灾

2017年，大连市海洋与渔业局继续加强全市海洋灾害应急管理体系建设，完成突发海洋自然灾害应急预案修订工作，并以大连市人民政府办公厅名义印发《大连市突发海洋自然灾害应急预案》。提升全市海洋预警报能力与海岸观测能力。全年开展海洋灾害应急演练5次，其中开展海洋自然灾害（风暴潮和海浪灾害）综合应急演练2次、组织督导区市县开展海洋灾害应急演练3次，参演人数200多人，动用各类船只20余艘，提高全市海洋灾害应急反应能力。全年发布海浪等海洋灾害预警报21次。

海洋执法监察

2017年，大连市各级海洋与渔业执法部门加强部门联动，强化行政执法责任制，加大文明执法工作力度。开展全市海岛执法检查，重点检查填海连岛、无居民海岛开展旅游，无居民海岛周边围海养殖业户的登记备案，全年未发现违法违规使用海岛行为。加强海砂开采执法管理，常态化检查全市各大港口、装卸海砂码头，严格实施海砂装卸上报制度。开展南部海域清理整顿专项执法行动，出动执法车400余台次，执法人员3500余人次，广泛开展宣传教育，规范护海人员行为，现场解决各类纠纷30余起，拆除非法养殖浮排等14处。继续加强涉海施工监管和海洋倾倒废弃物执法检查，确保倾废船依法作业。加强伏季休渔管理，全市出动检查人员 2 余万人次，出动执法船艇 4000 航次，航程 11 万海里，出动执法车辆 2000 余台次，行程 7 万余千米，登临检查渔船 2 万余艘次，查处违法违规渔船 1000 余艘，收缴罚款 600 余万元，打掉作案团伙 1 个，没收渔获物 6 万千克，破获越界收购案 1 起，没收渔获物 10 万千克。大连市发放清理整治“三无”渔船和违禁渔具宣传材料 4.05 万份，出动执法检查 4000 余次，清理取缔涉渔“三无”渔船 496 艘，拆解、处置 432 艘，查获违规渔具 4.5 万个，其中销毁 3.92 万个，超额完成全年清理整治目标任务。

（大连市海洋与渔业局）

河 北 省

综 述

河北省地处环渤海核心地带，沿海地区毗邻京津、连接三北（西北、华北、东北），海洋区位条件独特，现有 3 个沿海市和 11 个沿海县（市、区）、7 个经济开发区。河北省管辖海域 7200 多平方千米；大陆海岸线长 487 千米，占全国的 3%。沿海分布有菩提岛、龙岛等砂质无居民海岛，海岛陆域面积 36 平方千米。河北省海洋生物、港口、原盐、石油、旅游等海洋资源丰富，气候环境适宜，海洋灾害少，是发展海水养殖、盐和盐化工、港口运输、滨海旅游等产业的优良地带，适合进行各种形式的综合开发，具有发展海洋经济的巨大潜力。目前主要海洋产业有滨海旅游业、海洋交通运输业、海洋渔业、海洋化工业以及海洋盐业等。

海洋经济与海洋资源开发

【海洋经济运行监测】 扎实开展海洋经济运行与监测工作，按时完成海洋经济统计数据年报、季报和重点涉海企业月度直报。根据国家海洋局开展市级海洋生产总值核算的要求，印发了《河北省市级海洋生产总值核算工作方案》，确定了核算范围、采取基础数据、确定核算方法，形成了初步核算成果。根据国家发改委、国家海洋局《关于促进海洋经济发展示范区建设发展的指导意见》和《关于开展海洋经济发展示范区建设有关工作的通知》要求，选定沧州临港经济技术开发区、唐山南堡经济开发区和秦皇岛北戴河新区 3 家，向国家递交了申报材料。根据国务院安排部署，扎实开展河北省第一次全国海洋经济调查工作，2017 年 3 月 20 日，经河北省政府同意印发《河北省第一次全国海洋经济调查实施方案》；4 月中旬，集中开展了海洋经济调查人员业务培训；5 月 5 日，召开了河北省海洋经济调查动员部署视频会；5 月 19 日，国家海洋局对河北省和廊坊市、三河市海洋经济调查工作进行督导检查，给予了充分肯定；12 月，河北省国土资源厅致函 11 个设区市主管市长通报工作进度。《中国海洋报》《河北日报》、河北新闻网、河北电视台新闻媒体等对河北省第一次全国海洋经济调查工作进行了宣传报道。

海域使用管理

【围填海和海岸线管理】 全面贯彻落实中央深改组审议通过的《围填海管控办法》《海域无居民海岛有偿使用意见》和《海岸线保护与利用管理办法》，严格控制围填海规模，切实抑制各地围填海行动。参与制定了《河北省政府关于全民所有自然资源资产有偿使用制度改革的实施意见》，研究起草了《关于〈海岸线保护与利用管理办法〉的实施意见》。在国家海洋局 2017 年 5 月 18 日下发《关于进一步加强渤海生态环境保护工作的意见》之前，共批准曹妃甸工业区大型钢管钢构件等 11 个项目，面积 133.48 公顷；填海造地竣工验收项目 25 个，面积 287.08 公顷。

根据国家海洋局统一部署，2017 年 5 月份，组织开展了未确权填海造地历史遗留问题数据核查、海底电缆管道数据收集。对海域使用疑点疑区进行了回头看、再核查。开展海域海岸线动态监视监测工作，海域动态监管能力不断提升。对 4 个涉及危化品的用海项目进行了督导检查，全部整改到位。开展了海岸线调查统计工作，印发了《河北省海岸线调查统计工作实施方案》，2017年年底前完成外业调查和报告编写，调查成果通过了专家评审。

【海域海岸带整治修复】 围绕建设“美丽海洋”总目标，加快推进蓝色海湾项目和石河南岛项目实施，协调曹妃甸龙岛西段保护与开发利用示范项目、河北省石河南岛生态保护与修复项目调整实施方案，对北戴河近岸海域环境综合整治部分项目进行验收，蓝色海湾行动取得较好成效，得到了中央领导的充分肯定。

海岛管理

为加强海岛管理，2017年10月20日，按照国家海洋局要求，国家海洋局北海分局和河北省、唐山市、乐亭县海洋部门组成联合查验组，对8个疑似灭失海岛开展了现场查验，经现场拍照、测量及遥感图分析，查验报告提交国家海洋局审核。2017年11月6日，国家海洋局在上海召开专家审查会，确认河北省5个海岛为自然灭失，3个海岛岛体形态发生变化，海岛属性仍然存在。

海洋环境保护

【海洋督察】 2017年8月23日国家海洋督察组进驻河北。河北省政府高度重视国家对河北省开展的海洋督察，许勤省长作了动员讲话，袁桐利常务副省长代表河北省政府向海洋督察组做了工作汇报。督察组先后开展与河北省政府领导和河北省直属各部门谈话、督察下沉等工作。督察期间，积极做好沟通配合和现场巡察工作，河北省共向督察组提供相关文件、会议纪要、各类规划等档案材料4200多份，海域使用审批、海洋执法等卷宗200多份。许勤省长2017年9月21日亲赴国家海洋局和石青峰副局长进行了会谈，多次就海洋督察工作做出重要批示。针对督察组指出的8个方面问题，2017年10月11日至16日、11月21日至23日，对河北省沿海三市进行了两次督导，做到了立行立改。2017年10月30日、11月24日，分别向国家海洋局、国家海洋局北海分局汇报了河北省海洋督察问题整改情况，就有关问题进行了说明。国家海洋督察组第二组常务副组长、国家海洋局北海分局局长郭明克及有关领导听取了汇报，对河北省整改工作给予了充分肯定。

【暑期海洋环境保护】 圆满完成暑期秦皇岛海洋环境保护工作。一是加强组织领导，加强工作督导。河北省海洋局领导高度重视暑期工作，多次召开专题会议进行研究部署。暑期期间，孙大起专职副局长进驻北戴河，深入一线现场办公，督导工作。二是完善工作方案，落实责任分工。编制印发了《2017年暑期秦皇岛海洋环境保护工作方案》，与国家海洋局北海分局联合编制了《北戴河海域海洋生态环境实时在线监控系统试点建设工作方案》和《2017年北戴河及邻近海域海洋环境保护专项工作方案》，为全面做好暑期秦皇岛海洋环境保护工作奠定了基础。三是加强巡视检查，防患于未然。定期对秦皇岛重点浴场、港口码头、重要入海河口、环境敏感区、灾害易发区等区域进行大检查、大排查，查找各环节中存在的问题和隐患，对发现的问题，督导相关部门限期整改。四是完善制度，压实责任。首次制定《河北省暑期秦皇岛海洋环境保护工作任务分工方案》《2017年暑期重点工作责任落实分解表》和《北戴河海域环境保护执法力量配置图》，编印15条暑期政治纪律和规矩小册子，参暑人员每人一册，严格执行。建立暑期工作日志、交接班、应急快报、浴场日（周）报等制度，实行主要领导负责制和24小时值班制度，船舶、车辆和有关执法装备随时处于待命状态，确保各项工作安全落实。五是多措并举，提升海洋环境监测预警能力。积极推进秦皇岛海洋生态环境在线监控系统全国试点示范建设，实现浮标、河口岸基在线监测信息互联互通和资源共享，提高综合研判能力，在北戴河及附近海域已逐步建立起由陆到海、由大环境的全面监测到重点区域的高频率、多手段相结合的立体动态监测体系，得到王宏局长、孙书贤副局长充分肯定和好评。暑期期间，共获取浮标、河口岸基在线监测数据29万多组，编制赤潮遥感监测通报60期，浴场监视监测快报62期，获取实验室监测数据1万多组。六是关口前移，做好海洋灾害应急响应工作。建设了北戴河海洋环境应急监测工作站，关口前移，工作下沉，2017年7月份，国家海洋局王宏局长，河北省委常委、政法委书记、省暑期工作领导小组组长董仚生同志分别视察工作站，对相关工作十分满意，给予了充分肯定和表扬。七是加强协作，形成合力。加强与海监、海警、边防以及与辽宁省等海上执法机制联勤联动，开展海洋环境保护联合执法，资源共享。建设指挥调度中心和执法业务平台，实现指挥调度中心与一线执法力量无缝、可视精准对接和执法力量调动指挥信息化，实时动态监管海洋环境。八是北戴河海洋环境持续改善。监测显示，北戴河重点浴场海水水质好于去年，重点浴场海水符合一类水质标准的天数比去年同期平均提高了11.5个百分点，海水透明度明显提升，赤潮发生次数较去年同期减少2次，北戴河重点海域未发生溢油事件，得到中央领导和广大旅客一致好评。河北省暑办专门发来感谢信，对海洋部门支持暑期工作表示感谢，有两名同志被评为2017年暑期工作先进个人。

【海洋环境监视监测】 一是组织制定工作方案。制定《2017年河北省海洋生态环境监测工作实施方案》，与国家海洋局北海分局联合下发《2017年北戴河及邻近海域海洋环境保护专项工作方案》，建立技术保障体系。二是取得丰富的监测数据资料。开展包括海洋环境监测、海洋环境风险监测、海洋环境监管监测、公益服务监测等4大类共17项监测工作，获取数据2.5万个。三是及时发布海洋环境信息。编制并发布《2016年河北省海洋环境状况公报》和《河北省2017年上半年海洋环境状况通报》。河北省沿海各市发布本地区海洋环境状况公报。四是开展开放式培训。对河北省沿海市、县海洋环境监测单位实施开放式实验室带训和技术培训，夯实从业人员基础技术，解决存在的问题，全面提升监测工作整体水平。

【陆源入海污染源排查】 按照国家海洋局统一部署，组织河北省沿海市县海洋部门对河北省陆源入海污染源进行了全面排查，经反复核查比对，基本摸清了河北省陆源入海河流、排污口数量和排污情况，为有效控制污染、保护海洋环境奠定了良好基础。排查成果按时提交国家海洋局。

海洋生态文明

【海洋生态环境保护】 一是开展海洋自然保护区监测和日常巡护管理工作，多次开展陆域沙丘动态变化监测、海域生态环境监测和陆域海域巡护。二是认真开展“绿盾2017”专项行动。配合地方政府对昌黎自然保护区存在的7个方面制定了整改台账和整改方案，明确责任单位、责任人和整改时限，做到该清退的清退，该拆除的全部拆除。三是加强保护区管护能力建设。对保护区科普馆、标本馆、生态室、远程视频监控系统、执法车船等设备设施进行维护更新，监管能力进一步提升。四是加强宣传，提高海洋环境保护意识。五是北戴河国家级海洋公园获得国家海洋局批准，为河北省首个海洋公园，填补了河北省没有海洋特别保护区的空白。

【溢油事故生态修复】 全力抓好蓬莱19-3溢油事故生态修复工作，加快项目收尾，积极做好项目验收工作。按照关于做好蓬莱19-3油田溢油事故生态修复项目验收工作的通知，联合河北省财政厅和审计厅对已完工的生态修复项目进行了验收。

海洋环境预报与防灾减灾

一是做好应急预警报工作。汛期应急期间，严格实行主要领导负责制和值班制度，应急值班电话24小时值守。遇有突发事件或紧急情况，第一时间向地方政府和有关部门发布海洋预警报信息，同时连续滚动发布灾害变化趋势和有关防范措施等信息，为地方政府和有关部门防灾减灾提供了技术支撑。二是开展海洋灾害预警和决策服务工作。严格执行《风暴潮、海浪、海啸、海冰灾害应急执行预案》，灾害应急期间，通过电话、传真、邮件、短信等各种形式向沿海各级政府值班室、应急办和安监局、海事局等有关部门发布预警报信息，得到各级政府和有关部门的肯定。三是开展专项调查工作。开展海洋灾害承灾体调查与评价工作，完成河北省海平面变化影响调查评估工作和秦皇岛海岸侵蚀灾害监测调查和损失评估外业调查工作。

海洋执法监察

严厉打击各类违法用海行为。协调各级海监部门配合完成国家海洋督察工作，严密组织“海盾2017”专项执法行动，核查违法线索131个，立案查处海洋违法案件18宗，罚款6.87亿元。全面开展“碧海2017”“北戴河海域海洋环境专项执法”和暑期办公等执法行动。开展两次河北省海域巡航，打击海上倾废、盗采海砂等海洋违法行为。

海洋行政审批

一是提高工作效率。进一步缩短海洋工程环境影响评价核准时间，报告书核准时间由30个工作日缩短为10个工作日。二是建立海洋环境影响报告书公示制度。根据新修订的海洋环境保护法要求，在核准报告书之前，在厅政务网站上公示五个工作日，广泛征求公众意见，扩大公众的知情权。三是严把环境审批门槛。认真落实海洋生态红线制度，严格按照《河北省海洋生态红线》管控措施审批海洋工程，严格环境准入，严控开发强度，对不符合要求的海洋工程一律不予核准。

（河北省国土资源厅）

天　津　市

综　述

2017 年，天津市坚持以习近平新时代中国特色社会主义思想为指导，深入学习贯彻党的十九大精神，牢固树立和贯彻落实新发展理念，主动适应经济新常态，牢牢把握天津发展的历史性窗口期，紧紧围绕京津冀协同发展等重大国家战略，认真贯彻落实中央关于海洋工作的部署要求，自觉履职尽责，积极主动作为，推动各项海洋管理工作取得重要进展和明显成效，努力为天津市经济社会发展做好服务保障，为“十三五”规划的圆满完成奠定了坚实的基础。

海洋经济与海洋资源开发

【海洋经济总体运行平稳】　2017 年，天津市深入学习贯彻党的十九大精神，全面落实中央和市委决策部署，牢固树立新发展理念，坚持稳中求进工作总基调，深化供给侧结构性改革，推动新旧动能转换，天津市海洋经济在新常态下，总体保持平稳发展。

【主要海洋产业发展情况】　2017 年，天津市海洋产业总体保持平稳。海洋交通运输行业受到外部环境影响，航运市场持续低迷，运输需求不足，航运企业经营状况不佳，且 2017 年 4 月起天津港禁止汽运煤炭集港运输，导致煤炭下水量供应不足，港口货物吞吐量 5 亿吨，集装箱吞吐量 1506.9 万标准箱。海洋旅游公共服务水平进一步提高，完成一批重点海洋旅游项目建设，形成丰富的海洋旅游产品，积极推动国际邮轮发展，以滨海新区设立“中国邮轮旅游发展实验区”为契机，吸引国际知名邮轮公司增加停靠邮轮班次并在津设立分公司。

【海洋经济管理取得成效】　编制出台“天津市海洋经济科学发展示范区建设 2017 年工作要点”。筛选塘沽海洋科技园、临港经济区北部片区申报国家海洋经济示范区。完成全市“十二五”时期启动的 42 个海洋创新发展区域示范项目总体自验收。推进滨海新区建设海洋经济创新发展示范城市，编制示范项目管理办法、开展项目立项评审、补助资金测算等相关工作，完成 24 个项目立项工作，累计发放财政补助资金 1.71 亿元。编制天津市海洋经济调查配套方案和制度，成立工作组织体系，召开全市调查工作部署会，对全市“两员”选聘和 500 名调查指导员的培训，确定海洋专题调查任务承担单位，开展 6 个区的清查质控工作和 15 个区的清查工作，向全国调查办上报了区级清查报告和清查数据。启动产业调查和专题调查工作，完成天津市海洋相关产业底册抽样，并完成了入户调查。完成天津市海洋经济运行监测与评估系统建设。

海洋立法与规划

【法治机关建设有序推进】　研究出台《天津市海洋局关于贯彻落实〈中共天津市委 天津市人民政府关于贯彻落实《法治政府建设实施纲要（2015—2020 年）》的实施意见〉的实施方案》，明确 7 个方面 38 项任务举措，为推进法治海洋建设指明方向。制定出台《天津市海洋局行政复议办理工作规定》《天津市海洋局法律顾问遴选聘任规则》《天津市海洋局法律顾问工作规则》《天津市海洋局参加行政复议工作规则》《天津市海洋局行政规范性文件管理规定》《天津市海洋局法律顾问工作程序》6 项规范性文件和管理制度；修订完成《天津市海洋听证工作规则》《天津市海洋局关于规范行政处罚自由裁量权的若干规定》《天津市海洋局重大行政处罚决定法制审核办法》3项制度。建立了海洋系统法律顾问队伍，自天津市政府法制智库中遴选行政法、环境资源法、民商法、经济法等领域具有较高知名度、影响力以及个人良好职业操守的专家学者和执业律师各1人担任兼职法律顾问，并签订了聘任合同。

【出台海洋主体功能区规划】 2017年3月13日，天津市人民政府印发《天津市人民政府关于印发天津市海洋主体功能区规划的通知》(津政发［2017］8号)，颁布实施《天津市海洋主体功能区规划》，在全国率先完成省级海洋主体功能区规划编制报批工作。《天津市海洋主体功能区规划》共分6章：天津市海洋空间开发的基础、总体要求、优化开发区域、禁止开发区域、区域政策、规划实施与绩效评价，分析了自然状况、发展优势、问题和挑战，提出了指导思想、基本原则、主要目标、主体功能分区，确定了优化开发区域的区域范围、功能定位、重点任务及禁止开发区域的区域范围、功能定位、空间管制原则，为天津形成可持续的海洋空间开发格局奠定了基础。

海域使用管理

【稳步推进海岸线调查统计和修测】 形成海岸线修测和海岸线调查统计成果，通过专家论证，成果已报自然资源部审查。

【海域动态监视监测系统升级改造进展顺利】 做好网络整合，调试安装塘沽、汉沽、大港海洋管理处动态监控设备，完成指挥车改装和基站建设施工。

海 岛 管 理

为防止破坏性使用无居民海岛活动发生，依法维护无居民海岛合理开发秩序，天津市海监机构全年对唯一海岛三河岛开展执法巡查62次，三河岛的面积、岸线、地貌无明显改变，岸上历史遗址保存完好，未发现违法开发利用三河岛的行为。

海洋环境保护

【完成海洋环境监测常规任务】 完成海水、海洋生态、陆源入海污染源等16项海洋生态环境监视监测任务，获取各类监测数据1.63万组。开展赤潮应急监视监测23次，编制发布《天津近岸海域赤潮监视监测通报》20期，《天津近岸海域赤潮监控预测简报》9期。发布《2016年天津市海洋环境状况公报》。组织开展两次涉海环境突发事件应急监测，累计开展应急监测5天次，妥善处置妈祖文化园附近海域岸滩发现的油污。

【自然保护区管理和修复得到加强】 制定《涉及天津古海岸与湿地国家级自然保护区行政许可事项内部管理流程》，进一步强化事前审批和事后监管，全年办理行政许可事项3项。配合宁河区加快推进七里海湿地公园违法违规行为整改落实，七里海湿地公园内的人工设施已经全部迁移或拆除，整改任务基本完成。编制《七里海湿地资源保护修复工作实施方案》，报中央环保督察组。《七里海湿地生态保护修复规划（2017—2025年）》，得到天津市委市政府批复。编制完成《天津大港滨海湿地海洋特别保护区申报书》《天津大港滨海湿地海洋特别保护区论证报告》《天津大港滨海湿地海洋特别保护区总体规划》和《天津古海岸与湿地国家级自然保护区总体规划（2016—2025）》(初稿)。

海洋生态文明

【落实水污染防治工作】 按时完成海域岸线使用管理及执法监查、海洋生态红线监管、围填海活动调查、环境准入政策研究、海上排污监管等多个领域预期目标。强化海洋生态红线区监管，落实《天津市海洋生态红线区管理规定》，建立长效沟通机制。完成红线区专项监测，获得数据3500余组。严控围填海管理，自2017年5月全面暂停围填海审批。强化海域、岸线及海洋生态红线区执法巡查和清理整顿非法围填海项目，累计出动执法巡查力量2109人次，车辆550辆次，船舶62航次，陆域巡查里程累计4.22万千米，海上执法巡查里程1552.6海里。实施差别化环境准入政策，海洋资源环境承载力监测预警方法体系研究进入报告编制阶段。

【加强渤海生态环境保护】 贯彻落实《国家海洋局关于进一步加强渤海生态环境保护工作的意见》，结合天津实际研究制定落实分工方案，进一步强化海洋生态环境保护工作。组织入海排污口、入海河流等污染源排查。积极组织临港经济区生态廊道修复整治工程纳入国家“蓝色海湾”项目库。研究制定《天津市海洋局健全生态保护补偿机制的实施方案》。

海洋环境预报与防灾减灾

【夯实灾害应急管理基础】 修订《天津市海洋局海洋灾害应急保障工作方案》和《天津市海洋灾害应急预案》赤潮应急内容，提高了海洋环境灾害应急管理精细化程度。制定实施贯彻落实《国家海洋局贯彻落实〈中共中央国务院关于推进防灾减灾救灾体制机制改革的意见〉工作方案》的实施方案。

【开展常规海洋观测预报】 2017年海洋环境常规预报在天津电视台发布海洋环境预报365期；在塘沽电视台发布常规海洋环境预报104期；在广播电台发布海洋环境预报365期；在天津市海洋局官方网站发布海洋环境预报365期；在微博、微信共发布海洋预报1095期；发布海冰预报13期。针对2017年6月2日的增水过程，发布风暴潮IV级警报（蓝色）；针对2017年8月13日和10月1日的增水过程，分别发布风暴潮消息；针对2017年10月9日的大风增水过程，发布风暴潮III级警报（黄色）和海浪IV级警报（蓝色）。共发布警报传真550份，电子邮件230封，短信7150条，通过网站发布警报信息10条，微博发布警报信息20条，及时启动应急响应，全年未因海洋灾害造成损失。同时，实现了天津市海洋环境预报中心海洋预警信息发布与天津预警发布中心系统的信息共享。

【做好重点保障目标预报服务】 为临港经济区、滨海旅游区、东疆海水浴场、中心渔港、南港工业区五个重点保障目标提供海洋环境精细化预报服务，共发布预报1825期。编制临港经济区重点保障目标精细化预报检验评估报告。

【加强海洋观测预报能力建设】 完成天津市海洋局海洋灾害预警报视频会商系统建设，已具备联网投入使用条件；天津市防汛办接入天津海洋局的会商系统已联网调试；开展塘沽、汉沽、大港三个海洋环境观测系统建设工作，并与国家海洋局北海分局达成合作共建协议，进一步增强了天津海域海洋综合观测预警能力。

海洋执法监察

【海域使用执法】 开展“海盾2017”“养殖用海”等专项执法行动，严格按照海域巡查工作计划，坚持每周进行至少2次岸线巡查，每月进行至少2次海上巡查，检查项目397个，检查次数2.07万次，发现并处理海域违法案件5宗，对辖区海域做到了全覆盖巡查巡视，对辖区海域存在的问题做到及时发现、及时制止、及时处理。

【海洋环境保护执法】 开展“碧海2017”专项执法行动，制定专项执法行动实施方案，成立领导小组和实施小组，各海监机构严格按照海洋环境保护巡查工作计划，每周进行至少2次岸线巡查，每月进行至少2次海上巡查，检查各类海洋工程项目136个，登检倾废船只30余次，随船检查2次，开展海上联合执法2次，执结案件5宗，罚款42万元。

【保护区执法】 全面加强日常巡护，重新规划了6条日常巡护路线，巡护范围覆盖至保护区全部区域，累计派出执法车辆436车次，出动执法人员1018人次。执法里程数达到5.28万千米，比去年同期增长360%。对日常巡护和排查中发现的违规行为，第一时间责令当事人停止违法行为，并将有关情况及时向属地政府及其有关部门通报。对核心区及破坏主要保护对象的违规行为，坚决予以查处。全年，对违规行为下达检查通知30份、责停72次，立案查处5起，依法处罚4起，申请法院强制执行1起，拆除违规设施2处。首次对4个畜牧养殖案件进行了移交，进一步明确了监管责任。加强共建共管，与属地街镇政府签订《共建共管天津古海岸与湿地国家级自然保护区协议书》14份。开展天津市“绿盾2017”国家级自然保护区监督检查专项行动，对违法违规线索进行了全面梳理，对334个涉嫌违规点位建立了分类台账。

【联合执法】 中国海监天津市总队与大沽口海事局、滨海新区公安边防支队签订全面战略合作框架协议，从建立海上联合执法巡航长效机制、海洋环境保护合作、海上应急搜救、信息共享共用合作等方面加强全面合作，实现联合执法规范化和常态化。

【治理临时卸砂点】 制定《开展治理非法卸砂点百日专项行动陆上分组工作方案》，派遣中国海监3011、3012船参加专项治理行动，共动用海监船舶10个航次，任务历时19天，海上航程150海里，协助边防支队和海事公安驱离运沙船舶2艘，查扣运沙船舶4艘，没收营业执照2艘。

【维权执法】 2017年9月23日至11月30日中国海监3015船完成为期两个月的赴朝韩海域执行海域管控任务，中国海监3015被中国海警局评为先进集体，有8名同志被中国海警局评为先进个人。

海洋行政审批

【深化行政审批改革】 减少行政许可事项1项，组织梳理简化现有行政许可事项的操作规程，进一步提高审批效率，2017年共办结行政审批事项31件，批准用海面积共1402.95公顷，收缴海域使用金3.88亿元。

【加强用海项目管理】 严格落实《国家海洋局印发〈国家海洋局关于进一步加强渤海生态环境保护工作的意见〉的通知》要求，暂停受理、审核天津市的填海项目。渤西管线切改项目取得突破性进展，为该项目天津段办理了临时用海手续。

海 洋 科 技

【国家海洋公益性项目】 组织完成对所有项目2016年度执行情况的总结，组织召开2012年度立项项目的自验收会，组织对2015年度立项项目开展中期自查。加大海洋科技成果转化和产业化力度，共收集转化成果113项，探索海洋科技成果转化的新机制和新模式，全力帮扶科技小巨人企业。

【科技兴海项目】 推动实施《天津市科技兴海行动计划（2016—2020年）》，积极推进“天津临港海洋高端装备产业示范基地”“国家海洋高技术产业基地”等国家级科技兴海产业基地建设。加强科技兴海项目管理，严格规范履行项目验收程序，组织完成全部140个项目的结题验收。

海洋宣传教育

【加大海洋工作宣传力度】 以“5·12”防灾减灾日、“6·8”世界海洋日暨全国海洋宣传日为平台，以第一次全国海洋经济调查开展海洋系统“青年文明号开放周”活动等为重点，探索新型互联网宣传与传统宣传方式的结合，不断提升社会公众对海洋工作的关注度。积极与中国海洋报、天津电视台、天津日报等媒体沟通，全年共刊发各类消息、通讯等十余篇，取得了较好的反响。

海 洋 文 化

【国家海洋博物馆建设】 国家海洋博物馆主体结构工程建设全部完成。紧抓施工质量和现场安全、严督施工进度，主体结构工程全部完成并验收合格，获得国家金奖，全年未发生安全责任事故。馆外展场及配套建设同步推进。10KVA变电站施工完成，内外檐装饰装修工程完成率达到80%以上，南湾开挖、路网建设、给排水工程、通讯工程等配套建设，确保与博物馆工程同步建设、同期投入使用。展陈设计和招标工作基本完成。完成“远古海洋”“今日海洋”“中华海洋文明”基本陈列、海上丝绸之路及儿童教育专题展区和全景沉浸式影院布展施工招标。聘请专家对海洋人文、远古海洋等内容设计进行审查。年中布展基础施工进场施工，已基本完成约5000平方米施工区域的地面机电线管敷设及浇筑、养护。2017年，新征集藏品2686件，其中海洋人文展藏品1136件，海洋自然展藏品1550件。

（天津市海洋局）

山　东　省

综　述

山东省濒临渤海和黄海。大陆海岸线北起冀、鲁交界处的漳卫新河河口，南至鲁、苏交界处的绣针河河口，海岸线长达 3345 千米，占全国海岸线 1/6。相对应的海洋面积达 15.96 万平方千米，与山东省陆地面积相当；全省共有海岛 456 个，海岛总面积约 111.22 平方千米，海岛岸线长约 561.44 千米；1 平方千米以上的海湾 49 个，海湾面积 8139 平方千米；潮间带滩涂面积 4395 平方千米，负 20 米浅海面积 29731 平方千米。

海洋经济与海洋资源开发

2017 年，山东省海洋经济发展速度优于全省经济，也高于全国海洋经济增速，海洋经济总产值继续位居全国第 2 位。其中海洋渔业、海洋盐业、海洋生物医药业、海洋交通运输业位居全国首位，海洋油气、海洋矿业、海洋化工、海洋工程建筑、滨海旅游等产业也均居全国前列。

【海洋渔业】　全省海水产品总产量 737.2 万吨，同比下降 2.3%。其中，因近海资源持续衰退，海洋捕捞 175.0 万吨，同比下降 7.2%；海水养殖 519.1 万吨，增长 1.2%。远洋渔业产量 43.1 万吨，同比下降 18.6%。

【海洋油气业】　2017 年受国际油价上涨影响，海洋油气业主要指标回暖向好，产量产值同步增长。

【海洋盐业】　受近年来低钠盐、不含碘盐等新品种盐的需求增加，2017 年山东省受海洋盐业整体低迷，盐价整体较低，盐田面积不断减少影响，盐业发展仍然压力较大。

【海洋船舶工业】　受国际经济大形势低迷影响，2017 年来山东省海洋船舶制造业持续低迷，新接修造船订单大幅减少，交船难度加大。

【滨海旅游业】　2017 年山东省滨海旅游业高速发展，发展质量不断提高。海岛旅游、休闲渔业、邮轮旅游等海洋旅游新业态规模迅速扩大，带动滨海旅游业持续快速增长。

海洋立法与规划

山东省组织开展岸线现状调查统计工作，基本摸清山东省海岸线现状，完成《山东省海岸线保护规划》（初稿）的撰写工作。2017 年 8 月 25 日山东省政府印发《山东省海洋主体功能区规划》，科学划定四类区域，合理布局山东省生产、生活、生态三大功能空间，构建山东省海洋开发、海洋水产品供给和“三区一带”生态安全三大战略格局。

海域使用管理

山东省海洋与渔业厅认真落实国家海洋局《关于进一步加强渤海生态环境保护工作的意见》（国海发 [2017] 7 号）和海办管字 [2017] 438 号文件精神，对渤海内围填海项目，停止受理、审核；对黄海内的围填海项目，按照要求，采取“一事一报”方式，严格筛选，从严控制。

认真落实围填海管控办法、海岸线保护与利用办法、海域无居民海岛有偿使用意见等。组织开展了岸线现状调查统计工作，基本摸清了全省海岸线现状，完成了《山东省海岸线保护规划》（初稿）的撰写工作。2017 年 8 月 25 日省政府印发了《山东省海洋主体功能区规划》，科学划定四类区域，合理布局山东省生产、生活、生态三大功能空间，构建了山东省海洋开发、海洋水产品供给和

"三区一带"生态安全三大战略格局。把莱州湾特定区域开放式养殖用海市场化出让作为全省海域资源出让方式改革的突破口，结合养殖用海特点，编制了工作实施方案，组织了海域使用论证、海洋环境影响评价、海域价值评估等出让前期工作，确定了技术承担单位。

【海域动态监管】 2017 年，印发《山东省海域动态监视监测工作规范（试行）》，明确海域动态监视监测工作的内容、业务流程、监测技术要求。下达了 2017 年海域动态监管工作任务，把围填海项目全部纳入管控范围，重点突破沙质海岸线、潟湖及重点海湾等空间资源监视监测。完成了 670 千米砂质岸线、12 个海湾、3 个河口、8 个区域用海、4 处生态敏感海域、125 个省批用海项目、8 个领海基点及周边海域的监测。全省共投入人力 2700 余人次，使用三维全景数据采集系统、单波束测深仪、侧扫声呐、无人机、RTK 等监测设备 150 余套，车辆行程 20 余万千米，形成监测报告 498 份。

海洋环境保护

【海洋环保突出问题整改落实】 实施海洋环保突出问题整改攻坚行动。认真组织开展全省陆源入海污染源排查工作，会同省环保厅开展了渤海陆源入海污染源核查工作，确认山东省渤海陆源入海污染源 294 个，其中入海排污口 30 个、入海河流 39 条、其他类型入海排水口 225 个。加大海洋自然保护区突出问题整改，印发《关于做好海洋保护区内经济活动排查工作的通知》。参与山东省组织的大检查活动 3 次，自行组织专项检查活动 2 次，重点对山东省海洋与渔业厅主管的 5 个省级以上自然保护区存在的突出问题进行了全面摸排清理和督促整改。

【海洋环境监测体系建设】 目前，山东省共建成 36 家海洋环境监测机构，通过计量认证 19 家，全省海洋环境监测机构实验室总面积 18820 平方米，海洋环境监测人员 355 人，仪器设备总投入达 1.5 亿元。形成了以省监测中心、沿海 7 市海洋监测中心（站）和 28 家县（区）及监测机构组成的三级海洋环境监测业务体系。加强质量控制，举办了全省海洋环境监测技术培训班和全省海洋环境监测工作及质量控制专家讲堂活动，强化数据质量考核和现场质量监督。提升监测服务水平，2017 年共编制山东省海洋生态环境季报、半年报、年报、简报、专报等各类信息产品 75 期，发表内部刊物《山东海洋生态环境》4 期，通过"山东省海洋生态环境监测信息网"、微信公众号"山东海洋环境"、青荣高铁站、公交站牌等媒体向社会公众发布全省 15 个重点海水浴场、3 个滨海旅游度假区和 15 个海水养殖区环境质量状况 106 期。2017 年重点加快推进在线监测系统建设，提高海洋环境监测效率。印发《实施山东省海洋环境实时在线监测管理办法》《山东省海洋环境实时在线监测技术规程》，加快了在线监测标准化体系建设。与中科院烟台海岸带研究所签订了《海洋环境实时在线监测数据共享合作机制框架协议》，建立了自动监测数据共享机制。目前全省海域内共有实时在线监测站 47 个，有 35 套纳入省海洋环境实时在线监测系统。

海洋生态文明

2017 年 6 月和 9 月，分别举行了主题为"仙境海岸、蔚蓝烟台、生态海洋、自在长岛"的烟台长岛行和"海陆统筹 湾河共治"的青岛行活动。活动邀请了山东省内外有关海洋生态文明、生态环保、社会人文发展和政策研究等方面的知名专家学者，充分发挥"专家库"的引领、示范和辐射作用，为山东海洋生态文明发展、助力献策。

【海洋生态文明宣传】 2017 年 5 月 12 日，山东省海洋与渔业厅组织开展山东省第九个防灾减灾日宣传活动，讲解和介绍风暴潮、海浪、海冰、海啸和赤潮等海洋灾害的防灾减灾常识及山东省海洋预报减灾体系建设取得的成绩，发放了《海洋灾害科普宣传手册》、

《海洋灾害防御知识手册》，增强广大人民群众海洋保护意识和对各类海洋灾害的认识，提升公众对海洋灾害的主动避险能力及自救能力。2017 年 6 月 5 日至 8 日，山东省海洋与渔业厅组织一系列以“扬波大海，走向深蓝”为主题的“世界海洋日暨全国海洋宣传日”活动，活动形式包括“海洋知识进校园”“海洋监测实验室公众开放日”“关注海洋，我们一起行动”“海洋生物资源增殖放流公益活动”等，增强了公众热爱海洋、善待海洋、保护海洋的意识和责任，对形成全民关心海洋、认识海洋、经略海洋的良好社会氛围起到了积极的推动作用。

海洋防灾减灾

2017 年，《山东省海洋预报减灾体系建设方案（2015—2017 年）》的主要任务基本完成。山东省海洋预报减灾中心正式运行。青岛、东营、烟台、潍坊、威海和滨州市成立了海洋预报减灾机构；长岛、文登、沾化、垦利、寿光等 5 个试点县落实编制并挂牌办公，东营区、河口区、利津、莱州、招远、烟台经济技术开发区、海阳、蓬莱、昌邑、荣成、无棣等 11 个非试点县成立了业务机构并开展了海洋预报减灾工作。

建设完成山东省本级海洋观测网（15 处岸基观测站、12 艘志愿观测船、6 套综合观测浮标、5 处现有观测站点升级改造、数据传输网建设及集成）、全省高分辨率海洋数值预报系统、典型岸段风暴潮漫堤预警系统和重点保障目标的精细化预报系统，并升级改造了全省海洋减灾决策服务系统；国家级寿光海洋减灾综合示范区通过验收；完成数据处理和产品制作分发系统、视频会商系统、产品发布系统升级改造。

海 洋 科 技

【新认定 28 家海洋工程技术协同创新中心】 山东省 44 家海洋工程技术协同创新中心带动 70 家省内外科研教学单位、100 余家上下游企业，在海水健康养殖、海洋牧场、远洋渔业、海洋生物医药、海洋工程装备、海洋环境监测以及海洋信息化等领域开展技术协同创新，累计转化技术成果 80 余项，开发新产品、新技术和新应用 150 余项。

【国家级科技兴海产业示范基地建设进展顺利】 潍坊基地新设立滨海产业园专业海洋基地，入驻成长型企业 50 家，创办院士工作站等协同创新平台 5 家，引进院士等产业领军人才 20 余名，转化技术成果 5 项。

【启动了省级科技兴海产业示范基地建设】 认定了烟台开发区、潍坊滨海开发区、威海南海新区、日照经济技术开发区 4 处综合型基地，山东汇洋、好当家两处专业型基地。各地市积极推进示范基地建设，在土地、人才、资金等方面出台配套政策。

【东亚海洋合作平台】 在青岛西海岸新区召开以“东亚联通、丝路共赢”为主题的 2017 东亚海洋合作平台黄岛论坛，邀请国内外 23 位知名专家学者畅谈海洋经济发展，吸引了中日韩、东盟、欧美以及中东等 20 多个国家和地区的 362 家企业机构参会参展。

海洋执法监察

组织开展“海盾 2017”“碧海 2017”“蓝剑 2017”、无居民海岛专项执法及“护航蓝区建设”等专项执法行动，严厉查处重大海域使用、破坏海洋生态环境及无居民海岛违法行为。借力中央环保督察、国家海洋督察，对辖区用海项目进行最大力度的排查，对违法用海行为坚决依法查处。首次将辖区内违法围填海案件的发生和查处工作纳入 2017 年度各市经济社会发展综合考核工作中。2017 年山东省海监机构查处海洋违法案件 66 起，实际收缴罚款 3.96 亿元。

（山东省海洋与渔业厅）

青 岛 市

综 述

青岛市地处山东半岛南部，位于东经119°30′—121°00′、北纬35°35′—37°09′，东、南濒临黄海。东北与烟台市毗邻，西与潍坊市相连，西南与日照市接壤。全市总面积为11293平方千米。海域面积约1.22万平方千米，海岸线（含所属海岛岸线）总长为905.2千米，其中大陆岸线782.3千米，大陆岸线占山东省岸线的1/4。面积大于0.5平方千米的海湾49个。根据2013年10月全国海岛地名普查结果、2013年12月《山东省海岛保护规划》、2016年5月《青岛市海岛保护规划》公布的海岛数量，青岛市海岛总数为120个，其中有居民海岛7个，无居民海岛113个。海岛总面积15.04平方千米，其中有居民海岛10.97平方千米，无居民海岛4.07平方千米。海岛岸线总长约122.9千米。青岛属正规半日潮港，每个太阴日（24小时48分）有两次高潮和两次低潮。平均潮差为2.8米左右，大潮差发生于朔或望（上弦或下弦）日后2~3天。8月份潮位比1月份潮位一般高出0.5米。中国以青岛验潮站观测的平均潮位作为“黄海平均海水面”，其高度在青岛观象山国家水准原点下72.289米。中国自1957年起，大陆国土的地物高程即以此为零点起算。

2017年全市坚持新发展理念和稳中求进工作总基调，以供给侧结构性改革为主线，推动新旧动能转换重大工程，经济运行保持在合理区间，发展质量进一步提升。全市实现生产总值11037.28亿元，按可比价格计算，比上年增长7.5%。

海洋经济与海洋资源开发

【概况】 2017年，青岛市通过定期调度、实地调研、召开座谈会等方式做好海洋经济预测运行分析，按季度编发蓝色经济运行手册，提升海洋经济运行和分析评估水平。青岛市海洋经济总量再创新高度，完成海洋生产总值2909亿元，比上年增长15.7%，拉动全市GDP3.9个百分点。其中，海洋第一产业增加值106.2亿元，增长1.1%；海洋第二产业增加值1512.6亿元，增长17.6%；海洋第三产业增加值1289.9亿元，增长14.8%。海洋三次产业比例为3.7:52:44.3。全市海洋生产总值占GDP比重为26.4%，增长1.3个百分点。

【海洋经济创新】 2017年，青岛市推进海洋经济创新发展示范城市建设，支持总投资29.3亿元的海洋生物、海洋装备等44个示范项目，参与企业主体达100家。举办“2017年东亚海洋合作平台黄岛论坛”，成为深度融入“一带一路”倡议的重要载体。青岛市政府、青岛海洋科学与技术试点国家实验室、国家海洋局北海分局等三方签署协议，共建绿潮防治实验室和海湾生态环境保护与整治实验室。青岛市海洋与渔业局、青岛市统计局、青岛市蓝色经济发展办公室等三方建立海洋经济发展监测合作机制，开展第一次全国海洋经济调查，提升海洋经济运行和分析评估水平。

【海洋渔业】 2017年，青岛市海洋渔业持续健康发展，完成生产总值93.8亿元，增长0.7%；水产品加工业完成生产总值178.7亿元，增长19.4%。远洋渔业发展再创佳绩。实施产业精准招商，成功引进山东中鲁远洋渔业公司总部落户青岛，成为青岛渔业企业中唯一的上市企业。积极推进远洋渔业开发合作，10家企业与12个国家建立合作项目。目前，青岛市注册远洋渔业公司31家，发展远洋渔船163艘、作业渔船109艘，2017年完成远洋捕捞量14.1万吨、产值15.2亿元，是五年前的45倍。投资超过百亿元的中国国际（北方）水产品交易中心和冷链物流基地项目建设顺利推进。海洋牧场建设持续推进。青岛市建成10处休闲型海洋牧场和山东省首个公益型海洋牧场，其中6处获批国家级海洋牧场示范区。大力实施渔业资源修复，共安排各级资金2400多万元，放流苗种16.6亿单位，再创历史新高，放流综合投入产出比达到1∶5。水产健康养殖稳步发展。稳定发展陆基工厂化养殖，积极发展深远海抗风浪网箱养殖，引导养殖设施设备和池塘标准化升级改造，加快推广生态健康养殖模式和先进技术，全市建成工厂化养殖105万平方米、发展深水抗风浪网箱380个。加快良种良法示范推广，推荐“中海1号”条斑紫菜等3个水产品种参加国家新品种评定，指导500个渔户实施示范面积20万亩。休闲渔业品牌渐成亮点。积极推广“渔夫垂钓”海钓品牌，全市创建国家级休闲渔业示范基地11处，省级休闲海钓基地2处，省级休闲海钓场4处，面积近20万亩，新创2个国家级示范性渔业文化节庆，休闲海钓逐步成为岛城海上旅游产业“新名片”。全球第二大水产贸易展览会—中国国际渔业博览会连续四年在青岛市举办，吸引了全球100多个国家和地区展商来青参会。

【海洋工程装备制造业发展】 2017年，青岛市海洋设备制造业迈向高端，完成生产总值512.5亿元，增长19.7%；海洋船舶业完成生产总值21.5亿元，增长15.9%。青岛北海船舶重工有限责任公司、青岛海西重机有限责任公司等企业开拓国际市场，开展高技术船舶、高端海洋工程装备等关键技术和先进制造工艺的研发与应用，推动企业加快转型升级。

【滨海旅游业发展】 2017年，青岛市滨海旅游业完成生产总值546亿元，增长14.5%。全年接待游客8816.5万人次，增长9.1%；实现旅游消费总额1640.1亿元，增长14%。推进邮轮旅游发展，制定出台《青岛市建设中国邮轮旅游发展试验区实施方案》，举办第五届中国（青岛）国际邮轮峰会。全年累计接待93个邮轮航次，增长17.7%；接待邮轮旅客10.8万人次，增长37.3%。

【海洋交通运输业发展】 2017年，青岛市海洋交通运输业完成生产总值411.4亿元，增长15.1%。港航运营呈现平稳增长，全年全市完成港口吞吐量51314万吨，下降0.3%；完成集装箱吞吐量1831万标准箱，增长1.4%。截至2017年底，港口货物和集装箱吞吐量居全国沿海港口第五位。推进港航建设，青岛港全自动化码头投入使用。

【海洋生物医药产业发展】 2017年，青岛市海洋生物医药产业完成增加值51.1亿元，增长7.6%。推进新型海洋活性抗菌肽功能制剂生产项目、壳聚糖基生物传感器电极芯片研发及产业化项目等海洋生物医药领域产业项目，开展海洋生物领域产品的研发和生产，取得良好收益。

【“一谷两区”海洋经济】 青岛蓝谷，2017年完成海洋经济总产值52亿元，增长17.5%。“推进青岛蓝谷建设”列入《全国海洋经济发展“十三五”规划》，获批成为山东省首批省级区域创新中心建设试点区域和首批双创区域示范基地。引进北京航空航天大学、西北工业大学、武汉理工大学、解放军信息工程大学等7所高等院校在青岛蓝谷设立校区、研究院或研究生院。签约蓝谷海洋科技小镇项目、港台海洋科技园、新动能蓝色科技港等涉海领域产业化、产城融合项目。山东省科学院海洋仪器仪表研究所签约整建制迁入青岛蓝谷并筹建山东省科学院青岛分院。天然气水合物试采基地（青岛海洋地质研究所东部科研基地）等8个市级重点建设项目开工；中国海洋人才市场蓝谷分部、中国海洋人才创业中心蓝谷基地挂牌运营，引进“两院”院士、“千人计划”专家、“泰山学者”等各类人才 300 余人。

青岛西海岸新区，2017 年完成海洋经济生产总值 1019 亿元，增长 18%；海洋生产总值占生产总值比重 31.7%。全区储备在谈、签约待建、在建和 2017 年新竣工蓝色经济项目 170 个，总投资约 2683 亿元。规划建设十大海洋特色产业园区，已建成省级园区 3 个、市级园区 3 个。举办第二十七届青岛国际啤酒节，旅游市场扩大。发展航运物流产业，董家口港获批国家一类开放口岸，吞吐能力扩大，加快第四代国际港口建设。

青岛红岛经济区，2017 年完成海洋经济总产值 89.7 亿元。围绕建设“以蓝色经济引领转型升级的自主创新示范区”重点培育面向海洋科技创新的科技服务产业，累计引进建设“国字号”创新平台 16 个。加快“千万平方米”载体建设，孵化器投入运营 201.2 万平方米，国家级孵化器、众创空间达 15 家，高新技术企业 117 家。建设青岛蓝色人才港，依托中国青岛留学人员创业园、国家创新人才培养示范基地引才招智，累计引进高层次人才近 5000 人，其中“两院”院士 27 人、“千人计划”专家 55 人。

海洋立法与规划

2017 年，启动《青岛市加快建设国际海洋名城行动计划（2018—2021 年）》编制工作，提出青岛市重点发展涉海领域及海洋产业。加快推进海洋经济新旧动能转换，研究提出“船舶及相关装备制造业”“海洋装备工程制造业”“邮轮游艇旅游服务业”等海洋相关产业发展现状及未来方向，编入全市“一业一策”行动计划发布实施。编制完成《胶州湾保护利用总体规划》，积极开展“蓝色海湾”整治行动，推进“南红北柳”滨海湿地修复工程。山东省海洋功能区划青岛部分获国务院批复，加快修编《青岛市海洋功能区划（2013—2020 年）》，组织编制《青岛市海域资源综合利用总体规划》。推进海洋保护区规范化建设，《西海岸国家级海洋公园总体规划》《胶州湾国家级海洋公园总体规划》获国家海洋局批复，制定胶州湾国家级海洋公园和文昌鱼自然保护区管理办法。

海域使用管理

严格落实国家围填海管控办法、海岸线保护与利用管理办法，确保自然岸线保有率管控目标，对青岛市重点围填海项目进行现场核查，做好青连铁路、青岛地铁 8 号线、灵山湾影视文化产业区等重点项目用海服务，帮助企业办理海域使用权抵押贷款近 20 亿元。加强县级海域动态监管能力建设，沿海区市均成立海域动态监视监测中心，海域动态监管组织体系和运行效能进一步优化。

海　岛　管　理

2017 年，围绕“完善法规、强化管理、保护治理、有序开发”的总体思路，稳步推进海岛保护与开发管理工作，启动大公岛保护与开发利用示范项目，加大对海岛整治修复项目实施的推进力度，灵山岛二期生态修复与保护项目和竹岔岛二期生态修复与保护项目进展顺利，斋堂岛生态修复与保护项目建设基本完成。组织对 62 个海岛标志进行了修复，并组织灵山岛、斋堂岛、小管岛 3 个海岛申报了国家“十三五”生态岛礁建设项目，通过整治修复和生态岛礁建设，提升海岛景观质量，为海岛的长远发展提供良好支撑。目前，灵山岛、小青岛和小管岛已入选山东省首批十大“齐鲁美丽海岛”，有效促进了青岛市海岛生态文明建设和旅游业发展。

海洋环境保护

2017 年，青岛市近岸海域海水环境质量状况稳中向好，98.5%的海域符合第一、二类海水水质标准。继续开展近岸海域海水环境和生物多样性监测，共完成近岸海域411个站位的监测工作，获取各类海洋环境监测数据4.2万余组，系统地掌握了青岛市近岸海域环境现状及变化趋势。海洋保护区海水环境状况总体较好，各项监测指标基本符合第一类海水水质标准，生物多样性指数较高，群落结构稳定，生物栖息环境较好。重点海水浴场和滨海旅游度假区环境状况优良，适宜各类休闲、娱乐活动。重点海水增养殖区环境质量优良，适宜开展海水养殖。主要临海工业区邻近海域环境状况较好，未发现用海活动对周边海域环境质量产生明显影响。倾倒区及周边海域海水质量良好，沉积物质量状况良好，未发现倾倒活动对邻近海域环境敏感区及其他海上活动造成明显影响。污染较重的第四类和劣四类水质海域面积约占青岛市近岸海域面积的0.6%，主要分布在胶州湾东北部、北部湾顶和丁字湾，主要污染物为无机氮和活性磷酸盐。青岛市近岸海域富营养化程度较低。

海洋生态文明

2017年，青岛市开展国家级海洋生态文明示范区建设，实施基于生态保护的海洋综合管理。制定实施海洋生态红线制度贯彻意见，严守海洋生态红线。探索海洋环境治理和生态保护新模式，青岛市近岸海域98.5%的海水水质符合优良标准。胶州湾生态环境持续好转，水质优良比例稳步提高，海域优良水质面积达71.8%，比2012年前提升25.4%。创新海湾管理保护机制，青岛市委、青岛市政府发布实施《关于推行湾长制加强海湾管理保护的方案》，在全国率先推行湾长制。按照条块结合、属地管理原则，坚持陆海统筹、湾区统筹、河海共治，建立健全以党政领导负责制为核心的海湾管理保护责任体系，青岛市委、青岛市政府主要领导同志担任青岛市总湾长,各级党委、政府主要负责同志担任行政区域总湾长；各级相关负责同志担任行政区域内湾长，建立市、区（市）、镇（街道）三级湾长体系。明确了优化海湾资源科学配置和管理、加强海湾污染防治、加强海湾生态整治修复、加强海湾执法监管四个方面的23项具体任务，并按照部门职责细化分解到责任部门，共同推动海湾管护和治理。实施蓝色海湾整治工程，编制《胶州湾保护利用总体规划》，开展“蓝色海湾”整治行动，推进“南红北柳”滨海湿地修复工程，组织胶州湾西翼段、青岛红岛经济区南岸段、青岛西海岸新区红石崖段重点岸线整治修复，共整治岸线14千米，修复滨海湿地面积84万平方米，恢复生态廊道植被63万平方米。推进“智慧胶州湾”项目，建设胶州湾综合管理平台和大数据中心。完成胶州湾海洋环境容量及入海污染物总量控制研究，组织胶州湾多期遥感影像数据制作。举办以“海陆统筹、湾河共治”为主题的山东省海洋生态文明专家行（青岛行）活动，邀请国务院发展研究中心、同济大学等单位的专家为青岛市海洋生态文明工作建言献策。加强海湾保护宣传，启动胶州湾历史文化资源调查研究，青岛市海洋与渔业局与青岛市广播电视台联合制作《胶州湾纪事》广播专题纪录片，利用新传媒开展“最美海湾”主题享读活动。健全海陆统筹保护海洋环境工作机制，市海洋与渔业局与市环保局建立海洋生态环境保护沟通合作机制，整合优化胶州湾水质监测站位，发布《2016年青岛市海洋环境公报》。

海洋防灾减灾

【海洋防灾减灾体系】 根据国家海洋局《省级海洋预警报能力升级改造项目建设总体方案》的要求和国家海洋局对《青岛市海洋预警报能力升级改造项目实施方案》的批复，组织开展了青岛市海洋预警报能力升级改造项目建设工作，各子项目均已通过青岛市海洋与渔业局组织的自验收。该项目中央投资

652万元，地方配套515万元，包括海洋预报业务支撑系统升级改造和海洋预报精细化预警报能力升级两大升级改造，主要开展海洋预警信息系统升级改造、海洋预警基础能力升级、海洋环境岸基自动观测点建设、海洋灾情视频监控系统建设、海洋灾害LED预警报发布系统建设、海洋观测数据传输网改造，以及沿海警戒潮位核定与标识设立、海洋承灾体调查和海平面调查与评估等工作。青岛市在沿海各区市岸段风暴潮警戒潮位核定的基础上，选择宜受风暴潮影响且人流及船只量较大的青岛奥帆基地、青岛银海大世界和胶州市东营渔港，开展了风暴潮警戒潮位标识设置工作。该次风暴潮警戒潮位标示设置主要是在对所选港区实地调研、设计和高程基准数据测量的基础上，利用港区原有构筑物进行底面处理，根据不同警戒潮位范围涂刷“蓝、黄、橙、红”4条颜色而完成警戒潮位标识的设定。

【浒苔灾害处置】 2017年黄海浒苔绿潮再次发生并影响青岛市近岸海域。5月中旬在黄海南部海域发现漂浮浒苔，其后漂浮浒苔逐渐向北移动。6月2日浒苔绿潮开始进入青岛管辖海域，绿潮发生期间，漂浮浒苔最大分布面积9838平方千米，最大覆盖面积134平方千米。7月上旬浒苔绿潮进入消亡阶段，7月19日，绿潮应急监测结束。浒苔绿潮对青岛滨海旅游和城市形象造成一定负面影响，但未对海水环境造成明显影响，海水pH、溶解氧、化学需氧量、无机氮、活性磷酸盐等指标在绿潮爆发期间基本符合第一类海水水质标准。青岛市始终将浒苔灾害应对处置作为应急管理常态化工作抓紧抓实，健全“四位一体”（空、天、海、陆）的监视监测体系和“三道防线”（海上拦截线、海上打捞线、岸上清洁线）的应急处置体制，优化“2+X”（“海状元一号”“海状元二号”海上浒苔综合处置平台加多艘打捞渔船）海上浒苔打捞处置模式，严格区域网格化管理，实施精准高效打捞，清理海上浒苔9.2万吨，提升浒苔资源化利用水平。

【赤潮】 2017年，青岛市近岸海域共发现2次小型赤潮。3月11日，在栈桥附近发现赤潮，位于栈桥西侧近岸海域，海面呈砖红色，条带状分布，面积约为4米×20米，该处海域浮游生物优势种夜光藻（*Noctiluca scintillans*）的密度高达$18.2×10^4$个/L（10^4个/L为达到赤潮密度）。3月16日，在皇宫西侧近岸海面发现赤潮，呈砖红色，条带状分布，面积约为50米×5米，该处海域浮游生物优势种为夜光藻（*Noctiluca scintillans*），无毒，密度为$6.3×10^4$个/L。两次小规模赤潮均未对周边海域环境造成明显影响。

海洋执法监察

继续组织开展“海盾”“碧海”“护岛”“护渔”专项行动，突出“三湾一线”（胶州湾、崂山湾、灵山湾和市区前海一线）执法监管，强化源头、精准、综合治理，健全依法、长效、严管体制，全年查处违法用海案件15起、渔业违规案件582件，清理禁用渔具3.4万套。积极落实海洋渔业资源总量管理制度，针对伏季休渔政策调整，坚持“岸巡海查、重点防控、区域盯守”，从严从重打击渔船违规出海捕捞行为，休渔期间共查获违规渔船493艘、罚款387余万元，为上年两倍，联合执办了山东省史上首例非法捕捞水产品入刑案，伏休成效明显，渔业资源种群数量明显增多。严格落实捕捞渔船“双控”管理制度，争取国家渔船拆解经费3500万元，通过“禁、废、转、改”，推进渔船“小换大、旧换新、木换钢”，重点扶持150马力以上渔船更新改造和建设，拆解渔船114艘、报废功率2900千瓦，更新改造渔船84艘。

海洋行政审批

2017年，青岛市积极开展政务服务提速增效工作，实现行政审批“两集中、两到位"，行政审批事项、人员向行政审批处集中，行政审批处整建制向大厅集中，行政审批事项入驻市大厅到位，部门对市大厅充分授权到位。受理审批事项和其他权力事项1099项，其中海域使用4件、海洋环评核准4件、捕捞辅助船许可证核发44件、海洋渔业捕捞许可审核533件、水生野生保护动物经营利用许可审核37件、无公害基地认定13件、远洋渔业项目审核3件、海蜇专项捕捞许可审核245件，船网工具指标申请216件。组织海域使用论证、海洋环境影响评价专家评审会各5次。

海洋科技和教育

【概况】 截至2017年底，青岛市有涉海省属以上高校8家，科研院所18家；省部级以上涉海高端研发平台34家，其中国家级7家；有各类海洋科学考察船20余艘，其中千吨级以上大型科学考察船14艘。涉海科研人员5900人，其中涉海院士18人（全职）；全市海洋产业发明和实用新型专利申请量4777件，涉海技术合同成交额14.99亿元。2017年9月，青岛市海洋与渔业局所属的青岛市渔业技术推广站更名为青岛市海洋科技成果转化中心，该中心除承担原有的渔业技术推广、近岸海域海洋水文监测预报、海洋与渔业环境监测、水产品质量检测和青岛文昌鱼水生野生动物市级自然保护区建设管理相关职责外，增加了海洋科技成果推广转化职责，主要负责建立海洋科技成果推广应用机制，定期发布青岛市海洋科技成果目录和重点海洋科技成果转化项目指南，组织开展海洋科技成果推广和产学研合作。

【科技创新能力建设】 2017年，海洋试点国家试验室构建实验室"大平台、小法人"治理架构，建立理事会管理、学术委员会指导、主任委员会负责的"三会"组织架构。建成全球海洋科研领域最快的2000万亿次/秒高性能科学计算机与系统仿真平台、国家级深远海大型科考船队与基础条件共享平台、中国首个海洋数据共享平台和国际认可的海洋创新药物筛选与评价平台。实施"透明海洋"科技创新工程，建成全球最大的"两洋一海"定点观测网并持续运行。推进国家深海基地建设，"蛟龙号"载人潜水器、"海龙二号"无人有缆潜水器和"潜龙一号"无人无缆潜水器先后入驻国家深海基地。"海水稻"研发领域取得重大突破，2017年9月，中国第一批海水稻在青岛海水稻研发中心产出。

【海洋新兴产业】 2017年，青岛市依托涉海龙头企业建设58家国家、省级实验室和工程中心等创新平台、形成一批具有核心竞争力的海洋高科技骨干企业。实施"千帆计划"，加快建设科技孵化器，众创空间和公共研发平台，加快培育科技型中小企业群体。海洋新兴产业实现增加值340亿元，对海洋经济贡献率9.8%。规划建设海洋生物医药、深海与海工装备和蓝色粮仓等3个海洋科技创新中心。青岛海洋生物医药研究院建设海洋生物医药创新中心，实施海洋生物医药集聚开发计划，研发Ⅰ、Ⅱ类新药和生物功能制品30项。

海 洋 文 化

【海洋宣传】 2017年，青岛市围绕"减轻社区灾害风险，提升基层减灾能力"的主题，组织开展了形式多样的"5·12国家防灾减灾日"系列宣传活动。联合国家海洋局北海分局在城阳区的青岛民超海洋教育馆共同开展集中宣传活动；深入八大峡广场、金门路街道天山社区进行科普宣传，与社区居民一起宣读了"防灾减灾，从我做起"的倡议书，组织社区居民进行了签名征集活动。在海洋特色学校城阳区流亭街道的天河路小学举办了"阳光天河，阳光校园，防灾减灾主题教育活动"，为近300名三年级的小学生播放了海洋防灾减灾科普动画片，发放了海洋防灾减灾宣传册，采取现场互动的方式，解答了学生提出的问题。6月3日，2017年世界海洋日暨海洋生物资源增殖放流公益活动在青岛市奥帆中心举行，此次活动主题为“扬波大海 走向深蓝”。国家海洋局驻青单位、山东省海洋与渔业厅、青岛市人大、市政府、市政协及市直有关单位、驻青涉海涉渔科研院所等单位和岛城涉海涉渔企业、爱心团体、市民、中小学生等社会各界代表及媒体记者约400余人参加相关活动。与会代表，市民、游客及中小学学生代表参加了“人海和谐”万人签名征集、全市中小学生海洋主题画卷展示、海洋主题广场宣传、蓝丝带志愿者互动、中国海警1305船开放日、奥帆博物馆开放日等活动，并现场放流了150多万单位的中国对虾、日本对虾、褐牙鲆、三疣梭子蟹等优质苗种。通过系列宣传活动，进一步培植了海洋意识，形成全民关心海洋、保护海洋的良好社会舆论氛围。2017年7月，举办了以“关爱水生动物，共建和谐家园”为主题的第八届水生野生动物保护科普宣传月活动。宣传月期间，组织青岛水族馆和海洋极地世界等单位走进社区、学区、渔区和景区进行宣传，宣传水生野生动物保护知识和相关法律法规，重点对新修订的《野生动物保护法》进行了普法宣传，共发放宣传海报、宣传折页和宣传图扇、《科学放生手册》、公益宣传片光盘及宣传制品1万余份。

【海洋节庆会展】　2017年，青岛市制定《青岛市会议及展览服务业发展行动计划》，提出将青岛市建设成为辐射东北亚的国际会展中心城市的目标。青岛市获“中国十佳品牌国际会展城市”“最具品牌价值会将目的地”等称号。

中国国际航海博览会　2017年5月18—21日，第十五届中国国际航海博览会在青岛奥帆中心举行。展会分为水域和陆域两个展区，总展出面积1.8万平方米，水域面积8000平方米，包括游艇、帆船展示，船艇体验，帆船比赛等区域。

2017年东亚海洋合作平台黄岛论坛　2017年9月7日—8日，2017年东亚海洋合作平台黄岛论坛在青岛西海岸新区举行，由国家海洋局、山东省人民政府主办，青岛市人民政府承办，青岛西海岸新区管委执行。国内外院士10人，专家学者62人、企业高管30人发表100余个主题演讲和对话交流。论坛以“一主、两展、五会”为框架，举办主论坛、东亚文化艺术展、东亚商品展、东亚港口联盟大会、东亚海洋文化教育合作论坛和东亚海洋高峰论坛等8个板块活动，来自中、日、韩及东盟38个国家和地区的500余位嘉宾出席论坛。

2017年中国（青岛）国际海洋科技展览会　2017年9月12—14日，2017年中国（青岛）国际海洋科技展览会在青岛国际博览中心举行，由青岛蓝谷科学技术协会主办。以“科技经略海洋，创新实现梦想”为主题，按照“高端化、专业化、国际化”原则，突出“科技引领、成果展示、技术交易”特色。展会规模3万平方米，来自美国、德国、英国、日本等国家和地区的500余家企业参展，展示海洋科技新成果和新技术、海洋工程装备和仪器设备、海洋服务咨询、海水综合利用、海洋生物科技五大板块，涉海、用海8000余家专业采购商参会，吸引3万人次参观。

2017年青岛国际海洋技术与工程设备展览会　2017年11月1—3日，2017年青岛国际海洋技术与工程设备展览会，在青岛西海岸新区东亚会展中心举行。由励展博览集团主办，中国海洋学会海洋观测技术分会承办，中国海洋学会、国家海洋技术中心支持，黄岛发展集团协办。展会设364个国际标准展位，展出面积1万平方米。吸引包括中国、英国、美国、法国、荷兰、德国等21国家的206家海洋科技行业大牌企业参展，国外参展商及展品占比50%以上。

第九届青岛国际帆船周·海洋节　2017年8月11—20日，第九届青岛国际帆船周·海洋节在青岛奥帆中心举行。以“帆船之都助推城市蓝色跨越”为主题，突出国际性、开放性和市民参与性。推出包括“七赛两营”在内的六大板块30余项活动。举行俄罗斯“帕拉达号”大帆船欢迎起航仪式、文化体育交流、与帆船特色学校深度互动、市民及社会团体参观等系列活动。举办2017年“市长杯”国际帆船绕岛赛、2017年青岛国际帆船赛、2017年青岛国际OP帆船营暨帆船赛三大本土自主品牌赛事。举办2017年青岛国际大学生帆船训练营、2017年国际名校大学生帆船赛（中国青岛）等社会赛事及原创赛事。开展奥帆赛九周年专题纪念活动。

（青岛市海洋与渔业局）

江 苏 省

综 述

2017年，江苏省各级海洋部门按照国家海洋局和省委、省政府的各项决策部署要求，围绕海洋强省建设中心任务，强化海洋综合管理，加强海洋生态环境保护，提高海洋防灾减灾能力，加大海洋执法监察力度，全力配合完成国家海洋督察工作，推动海洋经济持续健康发展。

海洋经济与海洋资源开发

【海洋经济发展】 **海洋主导产业稳步增长** 全省造船完工量1412.4万载重吨，新承订单量为1393.4万载重吨，手持订单量为3662.3万载重吨，分别占全国的33.1%、41.3%和42.0%。实现海水养殖产量93.1万吨，同比增长3.0%，海洋捕捞产量53万吨，同比下降3.4%，远洋渔业产量2.88万吨，同比增长41.0%。首条万吨级专业南极磷虾捕捞加工船项目落户海门。沿海沿江货物吞吐量20.4亿吨，同比增长8.3%；集装箱吞吐量1698.8万标箱，同比增长5.5%。沿海三市接待国内游客1.1亿人次，同比增长12.6%，接待入境过夜旅游者27.65万人次，同比增长8.1%。

海洋战略性新兴产业快速发展 中国首个为国外石油公司完整建造的FPSO总包项目——“希望6”号圆筒型浮式生产储卸油平台正式交付启航，亚洲最大、最先进的绞吸挖泥船——“天鲲”号自航绞吸挖泥船成功下水，全球最大海上风电自升式施工平台、全球首型深海原油中转船（CTV）、中国首艘军民两用5万吨级半潜船相继建成下水。

海上风电装机容量162.45万千瓦，同比增长46.3%，年发电量32.61亿千瓦时，同比增长74.1%，位居全国首位。风力发电机、高速齿轮箱等风电设备关键部件产量约占全国一半。

盐城海洋生物产业园被认定为国家科技兴海产业示范基地。全省海洋药物及生物制品业增加值为42亿元，同比增长16.7%。

盐城新能源淡化海水示范园建成中国1万吨非并网风电淡化海水示范项目首条生产线，风光互补智能微电网海水淡化项目在西沙永兴岛安装投运。全省海水利用业增加值为1.5亿元，同比增长7.1%。

【沿海发展政策】 2017年9月，省政府常务会议审议通过《关于加快发展现代海洋经济推动沿海经济带建设的意见》，提出了未来5~10年江苏海洋经济发展的指导思想、基本原则、发展定位和主要目标，并阐述了优化现代海洋经济空间布局、构建现代海洋产业体系、加快推进港产城融合发展、健全海洋基础设施网络、构筑现代海洋经济科技人才高地、建立海洋生态文明新机制等六大重点任务和强化组织实施保障、产业政策支持、财税政策支持、金融支持、体制创新、考核机制等六项保障措施。

【信息化建设】 按照《国家海洋局信息化整合工作总体方案（2017—2019年）》要求，编制省级海洋网整合方案，对各节点网络情况进行配置，完成江苏范围内的海域、环境、数字海洋、海洋经济“四网合一”。成功接入省政府电子政务外网。

【江苏省第一次全国海洋经济调查】 根据全国第一次海洋经济调查实施方案，组织开展江苏海洋经济调查，完成方案印发、机构组建、经费筹集等工作。加强对海洋经济调查宣传，邀请海洋公益形象大使惠若琪拍摄公益宣传片，徐州市制作《海洋梦中国梦》主题曲。《江苏省第一次全国海洋经济调查涉海单位底册初筛方案》获批，印发《江苏省第一次全国海洋经济调查涉海单位清查工作若干问题处理意见》等。编制发布《2016年海洋统计公报》。编制《江苏省海洋经济发展指数研究》，形成6个方面15个指标进行量化评价和模型研究成果。完成《江苏省海工装备产业景气指数评价技术方案》，建立海工装备产业景气评价指标体系。

海洋立法与规划

【江苏省“十三五”海洋经济发展规划】 《江苏省“十三五”海洋经济发展规划》于2017年1月正式发布。《规划》在空间布局上提出了提升“一带”（“L”型海洋经济发展带）、培育“两轴”（沿东陇海线海洋经济成长轴、淮河生态经济带海洋经济成长轴）、做强“三核”（连云港市“一带一路”交汇点核心区、盐城市国家可持续发展实验区、南通市陆海统筹发展综合配套改革试验区）的新思路。《规划》目标到2020年，海洋生产总值年均增长9%左右，海洋生产总值力争达到1万亿元左右，占全省地区生产总值比重达10%；海洋服务业增加值占海洋生产总值比重达53%，海洋新兴产业增加值占主要海洋产业增加值达到20%左右；海洋科技对海洋经济的贡献率突破65%。

【江苏省海洋生态红线保护规划（2016—2020年）】 2017年3月，经省政府批复同意，印发实施《江苏省海洋生态红线保护规划（2016—2020年）》。明确到2020年江苏省海洋生态红线的控制指标共有4项：海洋生态红线区实际划定面积占比不低于27%。大陆自然岸线保有率占比不低于37%。海岛自然岸线保有率占比不低于35%。近岸海域水质优良（一、二类）比例不低于41%。以上4项主要控制指标划定有3项数值高于国家要求。该规划划定海洋生态红线区面积9676.07平方千米，占全省管辖海域面积的27.83%；划定大陆自然岸线335.63千米，占全省岸线的37.58%；划定海岛自然岸线49.69千米，占全省海岛岸线的35.28%。11月17日，省海洋与渔业局出台《江苏省海洋生态红线实施监督管理办法》。

【江苏省海洋经济促进条例】 经江苏省委批准，省十二届人大常委会将《江苏省海洋经济促进条例》列入五年立法规划，省十三届人大常委会列为2018年的正式立法项目。《条例》起草工作自2016年启动以来有序推进，已上报省政府法制办征求意见，将按期提交省人大审议。

【江苏省“十三五”海洋事业发展规划】 2017年8月，印发《江苏省“十三五”海洋事业发展规划》。为统筹推进江苏海洋事业发展，推动江苏从海洋大省迈向海洋强省奠定坚实基础。

海域海岛管理

【海域使用管理】 8月22日至9月24日，国家海洋督察组第三组进驻江苏省开展海洋督察。动员会在南京召开，国家海洋督察组第三组组长、国家海洋局党组成员、副局长林山青，江苏省委副书记、省长吴政隆作动员讲话。江苏省委常委、副省长杨岳主持动员会。出台贯彻落实《围填海管控办法》有关问题的通知，明确暂停受理、审批一般围填海项目。启动《江苏省项目用海控制指标》资料的收集工作，坚持集约节约用海，严格控制单体围填海项目的面积和占用岸线长度。全年审议用海项目250宗，新确权发证120宗，面积21216公顷，招标9宗，共征收海域使用金约3.88亿元。

【海岸线调查统计】 按照国家海洋局和国家海洋局东海分局的统一部署，组织拟订《2017年江苏省海岸线调查工作实施方案》，形成《2017年度江苏省海岸线调查统计报告》。针对围填海管控、岸线保护和利用，完成《江苏省海岸线保护和利用规划》送审稿，明确各类型海岸线的管理要求和保护方向，建立海岸线整治修复项目库，明确海岸线整治修复的年度计划。制定《关于贯彻落实〈海岸线保护与利用管理办法〉的指导意见》。

【海域不动产登记】 与省国土资源厅联合下发《江苏海域不动产登记工作方案》，建立不动产统一登记信息平台，完成 2005—2016 年省政府审批的纸质项目档案和存量数据的移交工作，实现江苏省不动产登记业务“由房地向海域的拓展。

【海域海岛海岸带整治修复保护】 完成羊山岛、秦山岛、兴隆沙等海岛整治修复工程。完成射阳县海岸带综合整治项目主体工程，通过自验收。完成临洪河口岸线整治修复项目工程。滨海县海岸带综合整治与修复项目按计划施工。

【海域动态监管】 编制“十二五”重大用海项目分析研究报告。“十二五”期间，江苏省共确权重大项目 408 个 (国务院批准 8 个)，区域用海规划 7 个，发放海域使用权证书 441 本。县级海域动态监管能力建设项目（核心系统）通过验收。在沿海县级和重点海域布置了 16 个海域无线基站和 16 个远程视频监控，实现对全省重点海域全覆盖。

海洋生态文明

【开展调查监测与评价】 开展了江苏管辖海域环境与生态状况、陆源入海排污及邻近海域环境状况、苏北浅滩生态监控区状况、海洋环境灾害等调查、监测与评价工作。

【海域环境与生态状况】 在江苏管辖海域共设监测站位 614 个，获得各类监测数据 80000 余个。结果显示：

海水环境质量 江苏管辖海域符合优良（一、二类）海水水质标准的面积为 18870 平方千米，占管辖海域面积的 54.28%；符合三类海水水质标准的面积为 7248 平方千米，占管辖海域面积的 20.85%；符合四类海水水质标准的面积为 6519 平方千米，占管辖海域面积的 18.75%；劣于四类海水水质标准的面积为 2129 平方千米，占管辖海域面积的 6.12%。海水中 pH、溶解氧、化学需氧量、石油类、重金属（铜、锌、铅、镉、铬、汞）和砷总体符合一类海水水质标准；主要超标物为无机氮、活性磷酸盐。

海洋生物多样性 生物种类数、平均生物密度、平均生物量基本保持稳定。

浮游植物 共监测到 130 种，优势种为中肋骨条藻和尖刺伪菱形藻，平均生物密度为 291.11×10^4 个/立方米。生物多样性指数全年平均为 2.42，物种丰富度较高，个体分布较均匀，多样性指数较高。

浮游动物 共监测到 83 种，优势种为拟长腹剑水蚤、小拟哲水蚤、近缘大眼剑水蚤、太平洋纺锤水蚤和洪氏纺锤水蚤等，平均生物密度为 4310.15 个/立方米，平均生物量为 334.60 毫克/立方米。生物多样性指数全年平均为 2.18，物种丰富度较高，个体分布较均匀，多样性指数较高。

鱼卵和仔稚鱼 共监测到鱼卵 30 种，优势种为斑鰶、焦氏舌鳎、黄鲫，平均密度为 1.20 个/立方米。监测到仔稚鱼 37 种，优势种为凤鲚、虾虎鱼科，平均密度为 0.11 个/立方米。鱼卵和仔稚鱼生物多样性指数分别为 1.30 和 0.69。鱼卵密度较高，仔稚鱼密度较低，鱼卵、仔稚鱼物种丰富度较低，个体分布均匀，多样性指数较低。

底栖生物 共监测到 182 种，优势种为伶鼬榧螺、缢蛏和棘刺锚参，平均生物密度为11.25 个/平方米，平均生物量为 11.26 克/平方米。生物多样性指数全年平均为 2.39，物种丰富度较高，个体分布较均匀，多样性指数较高。

潮间带生物 共监测到 98 种，优势种为褶牡蛎、文蛤、疣荔枝螺、单齿螺和中华近方蟹等，平均生物密度为 117.78 个/平方米，平均生物量为 169.40 克/平方米。生物多样性指数全年平均为1.98，物种丰富度较低，个体分布较均匀，多样性指数一般。

【陆源入海排污及邻近海域环境状况】 3月、5月、7月、8月、10月、11月对全省61条主要入海河流实施了水质监测，其中连云港21条、盐城27条、南通13条。监测结果表明，入海河流水质95.6%劣于地表水第Ⅲ类水质标准，主要污染物为COD_{Cr}、氨氮、总磷、石油类。

入海排污口排放状况 全省实施监测的入海排污口4个，其中重点排污口1个，为洋口化工园区排污口；一般排污口3个，分别为赣榆柘汪临港开发区排污口、赣榆污水处理厂排污口和射阳港电厂排污口。

3月、5月、7月、8月、10月和11月监测结果表明，洋口化工园区排污口、赣榆柘汪临港开发区排污口水质均劣于污水综合排放标准的水质要求，赣榆污水处理厂排污口、射阳港电厂排污口达标排放的比率分别为16.7%、50.0%，主要污染物为悬浮物、COD_{Cr}、BOD_5、总磷、挥发酚。

海洋垃圾 选择南通市如东洋口闸西海域、盐城市海水养殖示范园区外海域、连云港市连岛东海域、赣榆石桥镇大沙村沿海沙滩作为海洋垃圾监测区域。监测结果表明，较2016年相比，海面漂浮垃圾密度略有下降，海滩垃圾密度有所下降，海底垃圾密度有所上升，海洋垃圾数量总体处于较低水平。海洋垃圾密度较高区域主要分布在滨海旅游休闲娱乐区、农渔业区、港口航运区。

海面漂浮垃圾主要为木制品、塑料、竹制品、聚苯乙烯泡沫塑料和浮球等。海滩垃圾主要为塑料、木制品、聚苯乙烯泡沫塑料、玻璃、织物、橡胶、金属类和竹制品等。海底垃圾主要为塑料和竹制品等。海洋垃圾主要来源于陆地，少部分的来源于海上活动。

国家级海洋公园 江苏连云港海州湾国家级海洋公园 海水中pH、溶解氧、重金属（铜、锌、铅、镉、铬、汞）、砷均符合一类海水水质标准；无机氮、活性磷酸盐、石油类、化学需氧量站位达标率分别为0、66.7%、33.3%、33.3%。

江苏小洋口国家级海洋公园 海水中石油类、重金属（铜、锌、铅、镉、铬、汞）、砷均符合一类海水水质标准；无机氮、活性磷酸盐、溶解氧站位达标率分别为0、66.7%、33.3%。

江苏海门蛎岈山国家级海洋公园 海水中pH、溶解氧、石油类、重金属（铜、锌、镉、铬、汞）、砷均符合一类海水水质标准；无机氮、活性磷酸盐、铅站位达标率分别为60.0%、0、80.0%。

旅游休闲娱乐区 其中连岛海水浴场健康指数为80，等级为“优”。适宜和较适宜游泳的天数比例为61%，造成不适宜游泳的主要原因是天气不佳。

墟沟旅游度假区水质指数为3.2，环境质量“良好”。海面状况指数为3.8，状况“优良”，天气是影响海面状况的主要原因。度假区平均休闲（观光）活动指数为3.5，综合环境质量“优良”，很适宜开展海滨观光、海上观光、沙滩娱乐、海钓等多种休闲（观光）活动。

重点海水增养殖区 应用环境质量综合指数法（EQI）对海州湾、如东紫菜、启东贝类3个重点海水增养殖区的水质、沉积物等进行了综合评价，评价结果均为“优良”。

【苏北浅滩生态监控区】 8月对苏北浅滩生态监控区进行了监测。监测区域由盐城射阳至南通启东浅滩湿地及邻近海域（120°29′—122°10′E，31°41′—34°03′N），涉及南通、盐城市所属的启东、海门、通州、如东、海安、东台、大丰、射阳八县（市、区），面积15400平方千米。监测内容包括环境质量状况、生物多样性、滩涂植被和滨海湿地空间分布。监测结果表明：苏北浅滩生态监控区仍处于亚健康状态。

环境质量状况 水质符合一类、二类和三类水质标准的站位分别占 15.15%、66.67% 和 18.18%，较 2016 年明显好转，主要污染物为无机氮、活性磷酸盐，有轻度富营养化水体存在。沉积物质量状况总体良好，总有机碳、硫化物、石油类、重金属（铜、锌、铅、镉、铬、汞）、砷、六六六、滴滴涕、多氯联苯均符合一类海洋沉积物质量标准，综合潜在生态风险较低。

生物多样性　共鉴定浮游植物 93 种，中小型浮游动物 37 种，大型浮游动物 42 种，鱼卵 24 种，仔稚鱼 16 种，底栖生物 69 种，潮间带生物 42 种。苏北浅滩生态监控区浮游动植物资源丰富；底栖生物和潮间带底栖生物资源稳定；鱼卵和仔稚鱼生物密度较低。

滨海湿地空间分布　射阳河口以南滨海湿地面积为 3558 平方千米，其中自然湿地 2486 平方千米，人工湿地 1072 平方千米。与 2016 年相比，自然湿地和人工湿地面积基本保持稳定。

海洋环境预报与防灾减灾

【海洋防灾减灾】　全年制作发布风暴潮警报 4 份、海浪警报 27 份，发送传真 1054 份、邮件 341 封、短信 71997 人次、微博 31 条，在江苏卫视发布滚动字幕预警信息 31 条。为更好满足社会公众的服务需求，积极拓展预警报产品发布新渠道，自 2017 年 6 月 1 日起，与省气象部门联合制作发布全省海洋渔场的海洋和气象要素预报，并通过气象部门建设的沿海大功率电台进行播报，海洋和气象预报电台广播可覆盖江苏省全部管辖海域，有效解决了海洋预警报产品信息发布的“最后一千米”问题。

【海洋灾害情况】　全年海洋灾害造成直接经济损失 46258.86 万元，死亡（含失踪）7 人。与 2016 年比较，直接经济损失和死亡（含失踪）人数均有增加。

风暴潮　2017 年江苏省沿海发生风暴潮过程一次。受黄海气旋影响，8 月 13 日上午至 14 日凌晨，江苏沿岸出现了 30~90 厘米的风暴增水，本次过程未造成灾害损失。

灾害性海浪　2017 年江苏省海域共发生海浪灾害 2 次，灾害过程累计持续 4 天，其中一次为出海气旋和冷空气共同影响过程，一次为冷空气影响过程。受海浪灾害影响，江苏省水产养殖受灾面积 190.00 公顷，养殖设备和设施损失 11 套，损毁渔船 1 艘，死亡（含失踪）7 人，直接经济损失 875.00 万元。

海冰　2017 年江苏省海域未发生海冰灾害。

赤潮　5 月 17 日，连云港市排淡河口至埒子河口邻近海域发现链状裸甲藻（有毒）、中肋骨条藻（无毒）双相赤潮，面积 100.00 平方千米，最大细胞密度分别为 2.89×10^6 个/L、3.94×10^7 个/L。

浒苔绿潮　4—10 月开展浒苔绿潮卫星遥感监视监测工作。5 月 13 日首次在南通、盐城近岸海域发现浒苔绿潮，7 月 24 日最后一次在盐城近岸海域监测到零星漂浮浒苔，全年浒苔绿潮持续时间为 73 天，最大覆盖面积为 90.00 平方千米，发现于 6 月 14 日。6 月上中旬，盐城、连云港部分区域出现浒苔登滩现象。与 2016 年相比，浒苔绿潮爆发规模明显减小，持续时间明显缩短。

金潮　2017 年，江苏省海域爆发大规模马尾藻金潮灾害。卫星遥感监视监测显示，1—6 月、10—12 月江苏省局部海域均有马尾藻金潮分布，最大覆盖面积 240.00 平方千米，发现于 5 月 7 日。1—5 月，盐城东台市和南通大部海域条斑紫菜养殖生产受到漂浮马尾藻的袭击，受灾之处受损严重。根据沿海县（市）海洋与渔业行政主管部门上报灾情数据，东台、海安和如东三县（市）受灾面积 9184.59 公顷，占全省养殖面积的 28.2%，直接经济损失44790.86 万元。此外，根据江苏省紫菜协会统计，大丰、启东等区（市）也有不同程度的灾害损失。

【海平面变化】　1980 年以来，江苏省沿海海平面变化呈现波动上升趋势，平均上升速率为3.7毫米/年，高于同期全国平均水平。2017年江苏省沿海海平面处于1980年以来第六位，较2016年下降48毫米，但较常年上升30毫米。

2017年，江苏省沿海北部各月海平面变化较大，10月海平面较常年同期高105毫米，5—9月、11—12月海平面均低于常年同期，其中5月、11月和12月海平面较常年同期分别低66毫米、63毫米和98毫米；与2016年同期相比，2月海平面上升61毫米，4—7月、9—12月海平面均下降，其中11月和12月海平面降幅最大，分别为135毫米和151毫米。

2017年，江苏省沿海南部各月海平面波动较大，1月、3月和10月海平面较常年同期分别高115毫米、105毫米和208毫米，其中10月海平面为1980年以来同期最高；与2016年同期相比，2月海平面高64毫米，5月、11月和12月海平面分别低128毫米、165毫米和185毫米，其中5月和12月海平面均处于近十年低位。

【海岸侵蚀】 2017年江苏省受侵蚀海岸长度12.57千米，造成直接经济损失593.00万元。海岸侵蚀岸段主要集中在盐城市，其中：响水县三圩港岸线侵蚀长度为1.80千米；滨海县中山河口段、南八滩闸南港堤和灌溉总渠南侧侵蚀长度分别为1.71千米、2.46千米和2.54千米；射阳县扁担港南养殖区、双洋港北养殖区和射阳河南侧养殖区海岸侵蚀长度分别为1.76千米、1.37千米和0.93千米。

【海水入侵和土壤盐渍化】 2017年，连云港赣榆和盐城大丰沿岸部分地区海水入侵严重。赣榆海水入侵距岸2.68千米，大丰海水入侵距岸21.30千米，其中大丰个别断面海水入侵范围较去年明显增加。

海洋执法监察

【海洋监察】 全省海监机构共立案96宗，结案86宗（含往年5宗），处罚金额6039.13万元。制定下发“碧海2017”“海盾2017”和“无居民海岛”等3个专项执法行动方案，先后组织8次全省海域的“碧海”“海盾”“海岛”执法巡查活动。南通新港城产业投资服务有限公司环评未经核准实施新增光伏发电设施项目案，依法对业主处以罚款274.05万元。江苏通州湾港口发展有限公司未取得海域使用权证实施通州湾腰沙二期开发施工基地案，处罚金额达2亿多元。连云港市赣榆区大队会同当地公安、海事等部门开展联合执法行动，查获10余起非法采砂活动，3起案件由公安机关提起诉讼。

海洋科技与教育

【海洋科技】 组织涉海高校院所、龙头企业组建10个科技协同创新团队，围绕海涂围垦、海洋环境保护、观测探测以及海洋装备、海洋生物等产业领域开展公益性实用技术和产业关键技术创新、示范应用等。联合省财政厅下发加快推进南通示范城市建设工作通知，积极推进项目实施工作，2017年完成新增投资近8亿元，转化高新技术成果30余项。

联合省财政厅、科技厅及经信委组建江苏智慧海洋产业联盟，组织开展江苏首届智慧海洋创新创业大赛。支持“海洋装备”和“海洋生物”两个联盟开展海洋装备、滩涂贝类、耐盐植物等产业关键技术的攻关集成和成果转化，2017年，协同实施各类科技项目共计14项，开展行业调研、技术培训、主题讲座、展览推介等多种形式活动。

【海洋宣传】 2017年6月8日是第九个世界海洋日，也是第十个全国海洋宣传日。经江苏省政府同意，并经国家海洋局批准，2017年世界海洋日暨全国海洋宣传日主场活动在南京举办。活动由海洋日组织委员会、国家海洋局和江苏省人民政府主办，国家海洋局海洋日活动办公室、国家海洋局宣传教育中心、中共江苏省委宣传部、南京市人民政府和江苏省海洋与渔业局联合承办。活动主题为“扬波大海，走向深蓝”。活动得到各界领导和来宾的高度肯定，实现省政府提出的“办出国家水平、体现江苏特色、彰显南京魅力”的预期目标。江苏省围绕海洋日主场活动举办一系列海洋宣传活动，丰富多彩，形式多样，掀起“蓝色风暴”，有效地增强全社会的海洋意识。央视新闻联播和人民日报等主流媒体集中宣传报道本次活动和江苏海洋工作成就 110 余（篇）次。

（江苏省海洋与渔业局）

上 海 市

综 述

2017年，上海市海洋工作以“建设海洋强国”战略和习近平总书记关于海洋发展的重要论述为指引，围绕建设“五个中心”和卓越全球城市的目标，坚持创新驱动、转型升级，坚持陆海统筹、江海联动，坚持生态优先、绿色发展，各项工作取得较好发展。

海洋经济与海洋资源开发

【海洋船舶工业】 上海船舶海工产业总体保持平稳，2017年交付新船845万载重吨，比上年增长21.1%；新接订单639万载重吨，比上年增长4.1%。超大型船舶制造取得突破，20000标准箱以上规模超大型集装箱船、17.4万立方米液化天然气浮式存储再气化装置、17.4万立方米液化天然气船、世界最大舱容的3.75万立方米乙烯运输船等超大型船舶完成交付。船舶海工产品不断丰富，振华重工完工交付2艘6500马力油田守护供应船，亚洲最大吸扬式挖泥船、2000吨风电安装船、4500吨抢险打捞起重船等工程船先后下水。

【海洋交通运输业】 2017年，上海全港完成货物吞吐量7.5亿吨，内贸货物吞吐量扭转下降态势，比上年增长5.7%；外贸货物吞吐量突破4亿吨，比上年增长8.0%。集装箱吞吐量4023.3万标准箱，继续保持世界第一，水中转比例达46.7%，其中国际中转比例7.7%。12月，全球规模最大的自动化码头——洋山深水港四期正式开港投入试生产。

【滨海旅游业】 2017年，上海海洋旅游产业总收入4485亿元。其中，旅游外汇收入68.1亿美元，比上年增长4.3%；接待国内游客数3.18亿人次，比上年增长7.5%；接待入境游客数873万人次，比上年增长2.2%。邮轮旅游增速放缓，上海港接待邮轮靠泊512艘次，邮轮旅客吞吐量297.3万人次，比上年增长2.7%。其中，以上海为母港的邮轮482艘次。上海港成为亚洲第一、全球第四的国际邮轮母港，继续保持亚洲领先地位。

【海洋渔业】 2017年，上海远洋渔业基础设施逐步完善，横沙渔港建设稳步推进，初步形成集渔船避风、物资补给、鱼货交易、适度加工、冷藏收储、休闲旅游等多重渔港经济功能。全年靠泊船数3500艘次，卸港量突破2万吨，实现上海口岸鲜活远洋水产品海运进关零突破；建成投产2000吨级-60℃超低温冷库及全自动化三文鱼加工线。此外，上海培育大型海上渔业综合服务平台，基本形成高效捕捞装备、加工、监管与控制一整套技术体系。

【《关于共建上海海洋经济开发性金融综合服务平台的合作框架协议》签署】 6月8日，上海市海洋局与国家开发银行上海市分行、上海市临港地区开发建设管理委员会、浦东新区海洋局、上海科技创业投资（集团）有限公司、上海浦东科技融资担保有限公司签署《关于共建上海海洋经济开发性金融综合服务平台的合作框架协议》，建立工作机制，明确工作目标任务和重点支持领域，首次实现2个项目共700万元授信。

【海洋经济创新发展示范工作】 6月，根据《国家海洋局 财政部关于批复上海市浦东新区海洋经济创新发展示范工作实施方案的复函》，浦东新区成功申报海洋经济创新发展城市，获总额3亿元资金支持，实施周期三年。同月，财政部《关于下达2017年战略性新兴产业发展资金（第二批海洋经济创新发展示范城市启动资金）的通知》明确，拨付首批资金 6646 万元，重点推动海洋高端装备、海洋生物医药产业等海洋战略性新兴产业。

【推进上海市第一次全国海洋经济调查】 2017 年，上海市海洋局重点推进上海市第一次全国海洋经济调查，3 月 15 日印发《上海市第一次全国海洋经济调查上海市实施方案》。开展全方位、多维度的调查宣传；组织开展 17 批约 1600 人次的培训；加强进度管理，建立工作例会、工作简报和周报制度，开展现场督查和质量检查。2017 年基本完成涉海单位清查工作，启动海洋产业、海洋相关产业、海洋专题调查。

海洋立法与规划

【概述】 2017 年，上海市海洋局坚持依法依规管海，制定《上海市水务局 上海市海洋局行政处罚裁量基准》等 2 份行政规范性文件；落实简政放权、放管结合、优化服务，取消“废弃物海洋倾倒普通许可证签发”“海洋工程拆除或改作他用的审批”等 2 项海洋审批事项。重点推进《上海市海洋“十三五”规划》《上海市海洋主体功能区规划》等规划编制。

【《上海市水务局上海市海洋局行政处罚裁量基准》施行】 《上海市水务局 上海市海洋局行政处罚裁量基准》，该基准对 2014 年《上海市水务局 上海市海洋局行政处罚裁量基准》进行修订完善。严格规范水务、海洋行政处罚裁量权行使，提高行政处罚裁量基准科学合理化水平，依法合理适用行政处罚裁量权。

【选聘 3 位律师作为兼职法律顾问】 5 月，为加强依法管理能力，上海市海洋局首次选聘大成律师事务所杨春宝、华东政法大学孙剑明、律典咨询公司程彬 3 位律师作为兼职政府法律顾问。

【《进一步加强本市城市规划建设管理涉及水务、海洋工作的实施方案》印发】 为贯彻落实中央城市工作会议精神，细化上海市城市规划建设管理工作实施意见中水务、海洋相关工作，1 月 9 日上海市水务局 上海市海洋局印发《进一步加强本市城市规划建设管理涉及水务、海洋工作的实施方案》,要求加强海洋生态环境保护，实施海洋生态红线管控，健全海洋法律法规和管理体系。

【《上海市海洋“十三五”规划》报批】 根据 2017 年 5 月 4 日国家发展和改革委员会、国家海洋局联合发布的《全国海洋经济发展“十三五”规划》，上海市海洋局修改完善《上海市海洋“十三五”规划》《上海市海洋“十三五”规划主要目标和任务实施分工方案》。10 月，专报市领导同意；12 月，形成报批稿。

【完善《上海市海洋主体功能区规划》】 2017 年，根据国家发展和改革委员会、国家海洋局联合出具的规划衔接意见，以及江苏省、浙江省、上海市有关部门反馈意见，上海市海洋局修订完善《上海市海洋主体功能区规划》，10 月 11 日，市领导召开专题会议听取汇报。

【编制《水务、海洋精细化管理工作三年行动计划》】 为贯彻落实《中共上海市委、上海市人民政府关于加强本市城市管理精细化工作的实施意见》和市委办公厅、市政府办公厅印发的《贯彻落实〈中共上海市委、上海市人民政府关于加强本市城市管理精细化工作的实施意见〉三年行动计划（2018—2020 年）》的通知（沪委办发 [2018] 5 号），上海市水务局 上海市海洋局推进水务、海洋精细化管理工作，研究制订《水务、海洋精细化管理工作三年行动计划》，12 月形成审议稿。

海域海岛管理

【概述】 2017 年，上海市海洋局深入贯彻中央深改组“两办法一意见”精神，启动实施各项配套工作。开展海岸线调查统计，形成海岸线分类保护技术成果。完成无居民海岛基础调查年度任务，启动低潮高地及暗礁基础调查。完成大金山岛保护与利用示范项目，推进大金山岛非核心区生态整治工程。完成上海市海域动态监视监测管理系统建设项目，实现各区立体实时监控。

【海岸线调查统计】 6月，上海市海洋局实施上海市海岸线调查统计。根据上海市海岸线全线建有防汛海堤、人工化程度高等诸多特点，构建人工岸线生态化功能指标体系评价方法，以2015年上海市人民政府批准的上海市大陆海岸线修测成果为基准，形成由海岸线变化情况、海岸线开发利用现状、大陆自然岸线统计、海岸线分类保护等为主要内容的调查统计成果。

【上海市无居民海岛基础调查完成】 2017年，上海市海洋局完成无居民海岛基础调查。对黄瓜北沙、黄瓜四沙、鸡骨礁、鸡骨礁一岛、鸡骨礁二岛、鸡骨礁三岛6个无居民海岛开展周边水深和地形测量、海岛地形和地貌调查、海岛地层分布规律及工程地质特性等调查，形成数据集，建成上海市无居民海岛基础调查信息系统。

【上海市低潮高地及暗礁基础调查启动】 上海市海洋局启动低潮高地及暗礁基础调查，计划自2017—2019年，完成上海市低潮高地和暗礁的水下地形测量和地质勘查，同步开展低潮高地调查数据集成汇编及信息化展示工作。2017年，完成6个低潮高地基础调查。

【海岛整治修复】 9月，上海市海洋局完成大金山岛保护与开发利用示范项目建设。该项目为中央分成海域使用金项目，项目经费9000万元，工程内容主要包括对大金山岛海蚀破坏严重的岸段进行防护、新建防护堤、改造岛上道路、修缮码头等交通基础设施、布设海岛生态系统监视监测站。11月，上海市海洋局开工建设大金山岛非核心区生态整治工程。该项目为上海市财政海洋预算类工程项目，上海市海洋局批复工程总投资为2859.30万元，工程费用2312.68万元。主要工程内容包括山体沿线危岩处理、新建巡查道路、安装污水处理系统、智能采集分站和监控系统等。

【海域动态监管能力建设】 3月，上海市海域动态监视监测管理系统建设项目正式启动，目标是完成海域使用业务管理系统、海域巡查管理系统、海底管线登陆区安全监管系统、重点海域海岛视频监视系统四个地方系统建设，并实现与国家动管系统的数据对接。7月，上海市区县级海域动态监管能力建设项目在全国率先通过验收。项目完成常规监测能力、应急监测能力、信息处理能力、基础数据体系、专线传输网络、视频会商系统、运行保障环境和机构队伍建设等8个部分建设，将国家海域动态监视监测管理系统延伸到全市5个区级节点，建立健全国家、省（市）、区（县）三级业务体系，实现近岸海域立体实时监控。

海洋生态文明

【概述】 2017年海水水质状况较上年度有所改善，符合第一类和第二类海水水质标准的海域面积占总海域的22.5%，比上年增长5.3%，沉积物环境质量状况总体良好；生物多样性状况一般；长江口生态监控区处于亚健康状态。上海市海洋局注重海洋生态文明，重点完成上海市海洋生态红线划定方案、金山三岛海洋生态自然保护区功能区选划、陆源入海污染源排查、上海市海洋生态环境监督管理系统建设。

【发布《2016年上海市海洋环境质量公报》】 4月，发布《2016年上海市海洋环境质量公报》。根据2016年上海市海洋环境监测、监视和调查结果，上海市海洋局组织有关技术单位对2016年上海市海洋环境质量状况进行评价与综合分析。

【陆源入海污染源排查】 8月24日，上海市海洋局按照“存在即排查”的原则，采取“现场踏勘、资料收集和补充调查”相结合的手段，开展全市管辖海域范围内的入海直排口、污水海洋处置工程排放口、排涝泄洪口、入海河流等陆源污染源排查。通过此次排查，全面掌握全市陆源入海污染源的类型组成、位置分布以及主要污染物种类等基本情况。

【上海市海洋生态红线划定】　12 月，上海市海洋局编制完成《上海市海洋生态红线划定方案》，明确河口海洋保护区、特别保护海岛、重要湿地、重要渔业海域等四类海洋生态红线区类型，划定全市海洋生态红线区自然岸线范围，分区分类制定管控措施。该方案整体纳入《上海市生态保护红线划定方案》。

【金山三岛海洋生态自然保护区功能区划定】　12 月 7 日，上海市海洋局完成金山三岛海洋生态自然保护区功能区选划工作。保护区总面积为 10.488 平方千米，由核心区、缓冲区和实验区三部分功能区组成。核心区包括大金山岛北侧、小金山岛和小金山岛周边潮间带。缓冲区包括大金山岛南侧和浮山岛（不含登岛道路、构筑物及现有设施）。实验区包括大金山岛登岛道路、构筑物及现有设施和金山三岛周边海域。

【上海市海洋生态环境监督管理系统通过验收】　11 月 10 日，上海市海洋生态环境监督管理系统通过市海洋局验收。该系统围绕提升海洋综合管理能力，集成海洋环境监测与评价、海洋污染监控与防治、海洋环境监督与保护、海洋生态保护与建设等业务子系统，整合 2015—2017 年海洋监测数据和最新的海洋基础数据，实现海洋生态环境保护信息的采集、传输和管理的数字化、智能化、可视化，实现与国家海洋环境信息的同步共享。同时按照上海“陆海统筹”管理理念，整合水源地水质、沿海排污口及长江口船舶等实时数据资源，强化多部门和业务化在线协同，实现对海域生态环境全覆盖、立体化、常态化的监督管理，提升全市海洋生态环境监督管理的信息化、动态化、协调化水平。

海洋环境预报与防灾减灾

【概述】　2017 年，上海未发生重大海洋灾害。为加强海洋环境预报与防灾减灾能力，上海市海洋局重点推进潮位业务化预报、海洋灾害年度趋势预测，咸潮入侵试预报，组织完成上海市海洋预报减灾工作机制研究、金山区海洋灾害风险评估与区划、海平面影响调查评估、海洋灾情调查统计与评估等重点项目。

【海平面影响调查评估通过验收】　1 月，上海市海洋局完成 2016 年度全市海平面影响调查评估实地调查与信息采集，内容包括开展海岸侵蚀、海水入侵与土壤盐渍化、咸潮入侵、海浪、风暴潮等灾害信息收集和重点区域及典型事件实地调查。4 月，该项工作通过国家海洋信息中心验收。

【完成海洋灾害年度趋势预测】　3 月 22 日，完成 2017 年海洋灾害年度趋势预测工作：预计 2017 年，西北太生成热带气旋总个数为 25~27 个，其中，影响上海的热带气旋个数为 0 个；预计上海沿海将遭受 0 次灾害性风暴潮的侵袭。12 月底，完成预测评估：西北太平洋（南海）共生成 27 个热带气旋较往年平均（25.9 个）持平，其中影响上海的热带气旋个数为 0 个，全年未发风暴潮警报。

【汛期潮位业务化预报】　5 月 25 日，上海市海洋环境监测预报中心依托上海市潮位预报辅助系统，首次独立开展高桥、金山嘴两个海洋站的汛期潮位预报。

【开展咸潮入侵试预报】　12 月，上海市海洋环境监测预报中心联合上海市供水调度监测中心，开展长江口三大水库盐度中短期预报，每 5 天定期发布咸潮入侵预报简报，要素涉及入侵时间、咸潮强度、持续时长等。

【海洋灾情调查统计与评估】　上海市海洋局组织开展 2017 年海洋灾情调查评估，针对海洋灾害主要类别，开展海洋灾害统计、重大海洋灾害灾情调查工作和评估，编制《上海市海洋灾害通报》。

【海洋灾害风险评估和区划】 2017年，上海市海洋局启动海洋灾害风险评估和区划工作，目标是按照国家海洋局相关技术导则，在充分掌握全市海洋灾害承灾体的基础上，结合上海市海洋灾害特点，在考虑不同等级风暴潮及不同海啸源影响情况下，完成沿海五个区和全市海洋灾害风险评估，绘制危险等级图、脆弱等级图、风险等级图、应急疏散路径图等图集，分三年完成。11月，完成金山区风暴潮和海啸灾害风险评估和区划。

【上海市海洋预报减灾工作机制研究】 2017年，上海市海洋局完成上海市海洋预报减灾工作机制研究。该研究围绕海洋防灾减灾管理体系、业务体系和支撑体系3个方面，重点开展海洋灾害分类分级管理、应急响应协调联动、灾情信息数据共享、灾损救助分摊4项机制，以及观测预报、风险防范、应急处置、调查评估4项业务能力研究。

【贯彻落实防灾减灾救灾体制机制改革】 9月14日，上海市海洋局党组印发市海洋局贯彻落实《国家海洋局贯彻落实〈中共中央、国务院关于推进防灾减灾救灾体制机制改革的意见〉工作方案》的实施方案。

海洋执法监察

【概述】 2017年，中国海监上海市总队开展海洋执法检查415次，其中海上巡航141航次，举报受理2件,立案14件，作出行政处罚罚款48.9万元，执行罚款40.4万元，结案6件。定期巡航执法11航次15天，航时83.5小时，巡航里程950海里，派出执法人员57人次。行政许可批后监管96次，涉及许可项目64件。

【海域使用执法】 2017年，中国海监上海市总队对杭州湾北岸用海项目开启巡查，对已取得《海域使用权证书》的用海项目开展专项监督检查,指导用海单位规范用海行为。重点对金山城市沙滩西侧保滩工程、奉贤区碧海金沙、上海南港码头、金山车客渡码头、上海化学工业园区大件码头、芦潮港车客渡码头、金山龙泉港西侧区域建设等用海项目的海域使用情况进行现场检查。

【海洋环境保护执法】 2017年，中国海监上海市总队加大巡航和航迹监视力度，进一步提高专项执法的针对性、覆盖面和效率，加强海洋环境保护，重点查处未经批准向海洋倾废和非法采砂等违法行为，重点加强对沪苏交界水域、吴淞锚地等非法采砂高发区域的检查，多次开展夜间蹲守专项整治行动。落实公开听证，召开海洋违法倾倒建筑渣土案公开听证会，促进政府权力规范透明运行。

【海岛保护执法】 2017年，中国海监上海市总队对金山三岛及其附属岛屿等特殊用途海岛开展船舶巡航和登岛检查，对白茆沙等无居民海岛进行环岛巡查，共检查海岛23个，覆盖率100%，未发现违反无居民海岛保护的情况。

【入海排污口执法】 2017年，中国海监上海市总队对上海市杭州湾北岸海域重点入海排污口开展定期监视监测。重点对入海排污口的《海域使用权证》和《海洋环境影响报告》中所规定的事项进行核查，定期检查其排污报告，检查发现设有入海排污口的单位均按照环评要求运行。

【海底电缆管道保护执法】 在海底电缆管道保护方面，中国海监上海市总队坚持定期巡航，并在重大活动期间开展专项执法检查，对部分往来船只进行宣传和指导。

【查处侵害海底设施安全案】 9月4日，金砖会议期间，中国海监上海市总队在开展海底光电缆管道保护专项执法巡航过程中，发现无名船舶在TPE光缆S4段路由保护范围内抛锚，对违法船舶除以罚款人民币1500元的行政处罚。

海洋行政审批

【概述】 2017年，上海市海洋局共受理海洋行政审批申请事项45项，全部办结，其中，《废弃物海洋倾倒普通许可证》签发13项，海洋工程建设项目环境影响报告书核准8项，海域使用金减免审批6项，海域使用权审核13项，临时用海项目备案1项，在无居民海岛采集生物和非生物样本审批1项，海洋工程建设项目环境保护设施验收2项，防治海洋工程污染损害海洋环境应急预案备案1项。全年共计新增用海面积415.32公顷，注销用海面积3.82公顷；征收海域使用金3.15亿元（含浦东新区征收的159.09万元）。

【落实“放管服”改革】 2017年，上海市海洋局根据《国务院关于取消一批行政许可事项的决定》（国发［2017］46号）取消“海洋工程拆除或改作他用的审批”，根据《国家海洋局办公室关于废弃物海洋倾倒许可证核发有关问题的通知》（海办发［2017］2号）取消“废弃物海洋倾倒普通许可证签发”，根据《国家海洋局关于加强海洋生态环境保护领域取消下放审批事项事中事后监管的通知》（国海环字［2017］330号）取消“海洋工程建设项目试运行检查批准”。

【海洋行政审批办事指南修订】 2017年，上海市海洋局行政服务中心对照审批流程及审查要求，对16项海洋行政审批事项的《办事指南》进行全面修订，确保申请人可以通过《办事指南》知晓申请材料、审批条件、流程、时限等信息，提高审批效率。

【“水务海洋行政审批协同系统关键技术和示范应用”项目通过验收】 2017年4月7日，“水务海洋行政审批协同系统关键技术和示范应用”项目通过上海市海洋局验收。项目在完成水务海洋行政审批协同需求分析的基础上，完成行政审批业务流程梳理优化、数据资源共享的技术研究和电子监察指标体系研究，并结合市水务海洋行政审批数据特点，编制《水务海洋行政审批数据标准化指南》，为下阶段水务行政审批建设与管理提供基础支撑。

海洋科技与教育

【概述】 2017年，上海市海洋局聚集科技创新突破，组织完成国家海洋公益性专项项目“黄海绿潮业务化预测预警关键技术研究与应用”和国家海洋可再生能源专项资金项目“柔性直驱式浪轮发电装置研究与试验”研究工作；聚集“互联网+”政务服务能力，着力推进“‘数字海洋’上海示范区（地方配套）”“水之云”服务平台等信息化建设；聚集普及海洋知识、提升海洋意识，组织开展2017年上海市纪念世界海洋日暨全国海洋宣传日系列活动、“激发志趣、心系海洋”“携手看海去”等海洋科普教育活动。

【“黄海绿潮业务化预测预警关键技术研究与应用”项目通过验收】 3月1日，由上海市海洋局推荐，上海海洋大学牵头，国家海洋局北海预报中心等10家单位共同承担的“黄海绿潮业务化预测预警关键技术研究与应用”项目通过国家海洋局组织验收。项目成功建立绿潮形成期、快速生长期、平稳期、衰亡期4个阶段监测指标体系，在预测预警示范应用中准确率达到90%以上；开发黄海绿潮藻种群鉴定技术与黄海绿潮藻早期分子识别技术，把黄海绿潮早期预警精度误差降低到30%以下，最初漂浮聚集事件误差降低到3天以内，成功解决绿潮早期预警难题；黄海绿潮综合信息平台连续150天的业务化平稳运行，攻克绿潮信息实时监测、融合、采集、同化、发布等功能一体化的命题，应用于国家海洋局常规业务化预报中；超额成功研制1台浒苔食品加工机，实现年产25吨干重成品，产品符合食品质量要求。

【“柔性直驱式浪轮发电装置研究与试验”项目通过验收】 2017年11月10日，由上海海洋大学牵头，国家海洋局东海分局标准计量中心等单位承担的2013年海洋可再生能源专项资金项目“柔性直驱式浪轮发电装置研究与试验”通过上海市海洋局组织验收。项目研发5台基于浪轮机的不同规格的海洋发电装置实验室样机和1台海试工程样机；实现最大功率1.2千瓦，能源总转换效率达16%以上，形成《试验海域的波浪能资源分析报告》；海试样机在上海电气临港重型机械装备有限公司的码头、秦皇岛码头、青岛黄岛及浙江舟山等海域累计试验2234小时；获得授权发明专利8件，出版专著3部，达成转化协议2个，培养研究生21人。

【“数字海洋”上海示范区（地方配套）项目通过验收】 2017年，上海市海洋局重点在海洋网络与安全、海洋数据基础平台、“数字海洋”原型系统、海洋综合管理与服务、海洋生态环境监督管理等方面推进“数字海洋”建设。12月28日，“数字海洋”上海示范区（地方配套）项目通过合同工程完工验收。

【推进“水之云”服务平台建设】 2017年，水务海洋信息化建设管理中充分发挥云技术集聚作用，推进“水之云”服务平台建设和应用，加强信息资源融合共享，优化信息系统基础架构，建立数据管理和资源服务云模式。截至2017年底，平台管理虚拟计算资源超过600核，内存资源超过5TB，日常支撑400多个应用的虚拟化和容器化环境服务；水务海洋数据中心结构化存储超过600GB，非结构化存储超过73TB；实现与市级事中事后综合监管、法人库、基础地理信息库等市级平台数据的统一无缝对接。

【推进政府门户网站整合升级】 按照“互联网+政务服务”的理念，2017年持续推进网站建设工作，拓宽政民互动渠道，提升办事服务能力，强化宣传和舆论引导，推进政务公开、政府信息公开。加强编辑部能力建设，基本建立网站、微博、微信信息发布、保密审核和运维管理机制，形成网站和新媒体信息报送联络体系；推进网站集约化建设，将原有上海水务海洋综合版、防汛版、海洋版、水务版等网站进行全新设计、资源整合与功能升级，对局属单位网站、网页进行全面整合，实现多网合一、统一运维。2月，上海市海洋局获2016年上海市重点网站运行安全优秀工作单位荣誉；4月，“上海水务海洋”门户网站获全市政府“优秀网站”称号。

【2017年上海市纪念世界海洋日暨全国海洋宣传日系列活动】 6月8日—7月11日，为宣传海洋意识，弘扬海洋文化，上海市海洋局、浦东新区人民政府、上海市临港地区开发建设管理委员会共同主办以“拥抱海洋，走向未来”为主题的上海市纪念世界海洋日暨全国海洋宣传日、第三届“临港海洋节”暨2017·上海海洋论坛系列活动。上海市海洋局局长白廷辉、临港管委会党组书记陈杰、浦东新区副区长王靖等领导出席活动开幕式。举办以“创新驱动海洋经济，科技引领海洋未来”为主题的“2017·上海海洋论坛”，邀请专家进行多维度交流研讨。33天的活动中，上海市海洋局，浦东、宝山、金山、奉贤、崇明等沿海海洋局及临港管委会广泛开展公益净滩、海洋节庆、知识宣传、执法检查等具有浓厚海洋特色的系列活动。

【海洋科普教育】 3—9月，依托上海科技节和青少年科技创新大赛科普平台，上海市海洋局组织开展2017浦东新区“激发志趣、心系海洋”科普活动、“携手看海去”2017年海洋科普系列活动，引导海洋特色示范学校建设，培养海洋事业储备人才。

（上海市海洋局）

浙　江　省

综　述

2017 年，浙江省沿海各市、县（市、区）和省级各涉海部门围绕建设浙江海洋经济发展示范区等国家战略和“加快建设海洋强省”等省委、省政府作出的一系列决策部署，着力改善海洋资源、环境、服务等供给质量，促进海洋经济发展和海洋生态文明，推动海洋科技、教育和文化发展，取得重要的阶段性成果。

海洋经济与海洋资源开发

【海洋渔业】　2017 年，浙江省水产品总产量 597.1 万吨，同比增长 1.9%。其中，国内海洋捕捞产量 309.3 万吨，同比减少 6.7%；海水养殖产量 116.3 万吨，同比增长 19.7%；远洋渔业产量 49.5 万吨，同比增长 19.6%。2017 年全省渔业经济总产值 2071.4 亿元，同比增长 2.3%。其中渔业总产值 786 亿元，同比增长 5%。2017 年，全省水产品出口数量 34.6 万吨，同比减少 19.8%；水产品出口贸易额 14.6 亿美元，同比减少 14.6%。全省渔民人均纯收入达到 24852.6 元，同比增长 7.7%。

【海洋盐业】　2017 年，全省盐田总面积 846.07 公顷，其中盐田生产面积 769.23 公顷；制盐企业数 6 家，制盐企业从业人数 546 人；全省盐业企业 93 家，年末从业人数 1787 人，全省在编在岗职工 1169 人。全省出场盐产品 3.32 万吨，全年共产盐 5.52 万吨，销售各类盐产品 69.58 万吨，其中食用盐 54.34 万吨，工业用盐 13.03 万吨，年末全省盐产品库存总量 19.74 万吨。全省实现盐产品销售收入 17.21 亿元。盐民人均年纯收入 15313 元。全省盐政共查处盐业违法案件 142 件，办结案件 69 件，查获各类盐产品 2922 吨，没收各类盐产品 379 吨，罚没款共计 5.25 万元。

【海洋船舶工业】　2017 年，全省船舶工业完成工业总产值 426 亿元，同比下降 19.8%，其中，民用船舶制造产值 262.1 亿元，同比下降 14.2%；民用船舶配套产值 27.3 亿元，同比增长 10.7%；民用船舶修理产值 103.7 亿元，同比增长 45.3%；海洋工程装备产值 21.1 亿元，同比下降 37.4%。从生产情况看，全省船舶企业完工船舶 427.1 万载重吨，同比下降 8%；出口完工 364.4 万载重吨，同比下降 14.1%；新接订单 308.6 万载重吨，同比下降 25.9%。从手持订单看，全省船舶企业全年共取消订单 245.4 万载重吨，手持订单近五年首次跌破千万载重吨关口，减至 944.2 万载重吨，同比下降 29.4%。2017 年，首艘 3 万立方米双燃料 LNG 运输船顺利完成试航，国内最大 6000 吨超低温远洋冷藏船、批量万箱级集装箱船、28 米水上双体搜救艇完成交付，“海洋之梦”“海洋赞礼”“天海新世纪号”豪华邮轮完成修理，并承接国内首艘 2 万吨级江海联运船舶订单和启动 800 客位豪华邮轮研究。

【临港钢铁工业】　2017 年，全省临港钢铁工业实现主营业务收入 299.58 亿元，重点企业完成钢、铁、钢材产量分别为 578.02 万吨、423.3 万吨和 492.5 万吨，其中，不锈钢粗钢和不锈钢钢材产量分别为 58.6 万吨和 118.62 万吨。临港钢铁工业粗钢产量占到全省钢铁工业的 53%。与此同时，全省认真做好钢铁去产能及结构调整工作，加快淘汰落后与过剩产能，积极优化临港钢铁产业布局，临港钢铁企业利用废钢资源大力做好循环经济产业项目。受益于国家钢铁去产能政策效应，2017 年钢材价格持续上扬，全省钢铁企业生产经营均取得较好业绩，效益大幅回升，临港钢铁工业利用港口优势，较好地实现成本控制，全年实现利润24.32亿元。

【临港石化工业】 2017年，全省临港石化工业完成销售收入约2900亿元，同比增长30%，基本形成以炼油、乙烯为龙头，有机化工原料、合成材料及下游化学品制造业协调发展的石油化工产业体系，MDI、聚丙烯、ABS、合成纤维单体、染料等产品产量均居全国首位。全省着力推动宁波石化经济技术开发区等一批临港特色产业基地建设，重点园区发展态势良好。稳步推进舟山绿色石化基地建设，截至2017年底已完成投资165亿元。2017年主要化工园区产值占行业总产值近七成，宁波石化经济技术开发区（第2位）、宁波大榭开发区（第5位）、中国化工（新材料）嘉兴园区（第11位）被评为中国化工园区20强。此外，杭州大江东产业集聚区、嘉兴平湖独山港工业园、绍兴滨海工业园等临海临江地区也加快园区规划和建设，引进知名化工企业和特色产品，促进了全省石化产业布局的优化和产业集聚。

【海水利用业】 浙江省是国内最早开展反渗透海水淡化研究和应用的省份，也是中国海水淡化人才、技术、产业最集中的省份之一。全省民用海水淡化工程主要集中在舟山市的普陀区、岱山县、嵊泗县和温州市洞头区。截至2017年底，全省已建成的民用海水淡化厂17座，已建成海水淡化总生产能力100500吨/日。其中，温州市洞头海水淡化工程1项（鹿西乡海水淡化工程），规模1000吨/日，一期500吨/日已建成。舟山地区已建成海水淡化厂15座，海水淡化总生产能力10万吨/日，海水淡化利用量776万吨。作为舟山海岛地区居民生活用水的应急备用水源，海水淡化有效的缓解了用水矛盾，是当地解决居民生活、生产用水的重要水源。

【海洋交通运输业】 水运建设投资保持高位。2017年完成水运建设投资185亿元，超年度计划28.5%。沿海港口完成投资123.6亿元，连续7年超百亿元。港口生产保持两位数增长。全省港口完成货物吞吐量15.9亿吨、集装箱吞吐量2747.1万标箱，其中沿海货物吞吐量12.6亿吨、集装箱2687万标箱。宁波舟山港完成货物吞吐量10.1亿吨，成为全球首个货物吞吐量超10亿吨大港，连续9年居世界第一。水路运输量恢复正增长。完成水路货运量8.7亿吨，同比增长11.5%，货物周转量8069.2亿吨千米，同比增长1.5%，客运量4284万人，同比增长8.5%，旅客周转量63074万人千米，同比增长8.1%。全省海运累计完成货运量6.5亿吨，同比增长13.0%。其中，沿海货运量6.3亿吨，同比增长15.9%，远洋货运量0.2亿吨，同比下降47.2%。全省完成海运货物周转量为7735.5亿吨千米，同比增长1.0%。其中，沿海完成货物周转量7203.1亿吨千米，同比增长16.6%，远洋532.4亿吨千米，同比下降64.0%。

【滨海旅游业】 依托海洋经济示范区、舟山群岛新区等国家战略和国际海岛旅游大会等平台，2017年全省接待入境游客1211.7万人次，同比增长8.3%，实现国际旅游（外汇）收入82.76亿美元，同比增长10.54%；全省接待国内游客6.29亿人次，同比增长9.66%；实现国内旅游收入8763.89亿元，同比增长15.32%；实现旅游总收入9322.67亿元，同比增长15.14%。全省沿海县（市、区）滨海旅游接待人数4.70亿人次，同比增长21.76%，实现旅游总收入5777.8亿元，同比增长21.75%。各地还举办了2017国际海岛旅游大会、温州邮轮首航、2017中国（象山）长三角滨海旅游创新发展峰会、第四届长三角运动休闲体验季首站活动、全国沙滩（海岛）露营大会等重大旅游节庆活动。

【舟山群岛新区和舟山江海联运服务中心建设】 统筹推进新区重大平台和重大项目建设，2017年新区地区生产总值1219亿元，增幅居全省前列。推进实施中国（浙江）自由贸易试验区建设方案，积极探索以油品全产业链为核心内容的自由贸易试验区建设，2017 年保税燃料油加注量达 182.8 万吨，同比增长 71.8%。着力推动江海联运信息交易平台建设。国家交通运输公共信息平台江海联运信息中心成功获批，江海联运大数据中心基本建成。宁波江海联运物流服务平台于 5 月底通过验收评审并试运行。浙江海港大宗商品交易中心挂牌试运营。中国（浙江）大宗商品交易中心全年实现电子交易额超 5700 亿元、现货贸易额 630 亿元。大力推进长江经济带区域合作。加强与上海市政府、企业两个层面的对接合作，积极推进小洋山区域合作开发，与上海市政府签署《关于深化推进小洋山合作开发的备忘录》。2017 年完成江海联运货物吞吐量超 2.6 亿吨，比上年增长 15%；完成海铁联运集装箱吞吐量 40 万标箱，比上年增长 60%。

【海洋经济重大项目建设】　编印年度全省海洋经济重大项目计划并督促沿海各市滚动推进一批重大项目建设，安排年度重大项目 412 个、总投资 12534 亿元，2017 年新开工 115 个，完工 68 个，全年计划投资 1802 亿元，实际完成投资 2096 亿元，完成率 116.4%。组织海洋经济专项资金使用绩效考评，加大海洋经济发展专项资金的政策引导激励作用。鼠浪湖矿石中转码头实现常态化靠泊，北仑港区多用途码头改造工程、万向石油储运二期码头工程、大榭中油二期油品码头工程完成交工验收，黄泽山油品储运项目一期码头、舟山实华公司二期 45 万吨码头、舟山群岛新区兴海汽车滚装码头、外钓光汇油品项目码头主体基本建成，梅山港区 6#~10# 集装箱码头工程等在建项目进展顺利。舟山绿色石化基地、波音全球首个海外交付中心、黄泽山油品储运交易基地、中澳产业园、金海重工、万泰海洋工程、老塘山国际粮油产业园、杭州水处理中心、海力生海洋生物等重点海洋产业项目加快推进。

【深化海洋港口一体化改革】　省级有关单位和沿海有关市政府认真贯彻落实省委、省政府决策部署，落实新发展理念，协同推进海洋港口一体化发展，各项工作取得明显成效。一是不断推进整合融合，增强一体化体制保障功能。实施省海港集团、宁波舟山港集团深度整合，实现“两块牌子、一套班子”一体化运作，推动生产经营、制度管理、文化建设等全面融合。二是推进业务运营联动，促进港口协同发展。省海港集团成立南北两翼区域集团公司和内河开发公司，发挥宁波舟山港核心引领作用，带动其他沿海港口共同发展，区域港口从各自为政转变为良性互动。三是积极推动口岸监管一体化。研究提出 28 项口岸监管一体化重点举措，按照“同港同标准、多家如一家”要求，实现“关关”“检检”“关检”无缝对接。在浙各口岸查验单位紧密协作、简政放权，以实际行动支持浙江省海洋港口一体化发展。

海洋立法与规划

【《浙江省海洋环境保护条例》修改】　2017 年 9 月 30 日，经浙江省第十二届人民代表大会常务委员会第四十四次会议通过，浙江省人民代表大会常务委员会发布《关于修改〈浙江省水土保持条例〉等七件地方性法规的决定》，对《浙江省海洋环境保护条例》进行修改。

【《浙江省海域使用管理条例》修改】　2017 年 9 月 30 日，经浙江省第十二届人民代表大会常务委员会第四十四次会议通过，浙江省人民代表大会常务委员会发布《关于修改〈浙江省水土保持条例〉等七件地方性法规的决定》，对《浙江省海域使用管理条例》进行修改。

【《浙江省围填海计划差别化管理暂行办法》出台】　2017 年 2 月 27 日，根据国家发改委、国家海洋局联合印发的文件精神，浙江省海洋与渔业局联合省发展和改革委员会制定印发《浙江省围填海计划差别化管理暂行办法》，自2017年3月29日起施行。

【《用海审批目录》印发】 2017年3月7日，经省政府同意，省海洋与渔业局印发《用海审批目录》，自2017年4月7日起执行。《用海审批目录》采用条款形式，列明了国家机关用海，城市基础设施用海和公益事业用海，国家重点扶持的能源、交通、水利等基础设施用海、法律法规规定的其他用海，海洋与渔业基础设施用海，渔业养殖用海，农业填海造地用海，海底电缆管道用海，其他用海共九大类可通过审批取得海域使用权的用海目录，以进一步规范浙江省用海审批行为。

【《关于在全省沿海实施滩长制的若干意见》印发】 2017年7月10日，经浙江省委、省政府同意，省海洋与渔业局会同浙江渔场修复振兴暨“一打三整治”协调小组办公室联合印发《关于在全省沿海实施滩长制的若干意见》（以下简称《滩长制》），自2017年8月7日起执行。

【《关于加快建设海洋强省国际强港的若干意见》印发】 2017年11月24日，省政府印发实施《关于加快建设海洋强省国际强港的若干意见》，提出打造国际强港和浙江世界级港口集群，发展现代海洋产业，推进海洋生态、海洋科教、海洋管控等海洋事业发展，强化政策支持和机制保障等对策举措。

【《浙江省现代海洋产业发展规划》印发】 2017年9月15日，省海洋经济发展示范区工作领导小组办公室印发《浙江省现代海洋产业发展规划》，明确全省“一核两带三海多区”现代海洋产业空间格局及今后5年的发展目标。

【《打造浙江世界级港口集群行动纲要》等涉海涉港规划编制】 编制《打造浙江世界级港口集群行动纲要》，以“经过5年左右接近一流、10年左右建成一流、15年左右巩固并引领一流”为目标导向，加快建成在全球港口航运市场有重要影响力的世界级港口集群，推进实施《浙江省海洋港口发展“十三五”规划》，编制《提升宁波舟山港枢纽功能支撑宁波“一带一路”建设综合试验区行动计划》，启动《浙江省沿海港口布局规划》修编，加快推进《台州港总体规划》《嘉兴港总体规划》修编，组织开展温州港大小门岛港区、状元岙港区、瓯江港区灵昆作业区、苍南港区规划方案调整。

海域使用管理

【海域开发利用概况】 2017年，浙江省管辖海域新增确权登记用海面积3967.09公顷，核发海域使用权证书259本，其中：产业用海3631.56公顷，核发海域使用权证书256本；基础设施建设用海335.54公顷，核发海域使用权证书3本。办理注销海域使用权证书180本，面积9845.84公顷。办理海域使用权证书抵押登记69本，抵押金额54.82亿元。征收海域使用金97994.37万元；减免海域使用金17141.07万元。

【海洋功能区划管理】 推进省级海洋功能区划调整。为保障国家重大项目建设，组织开展省级海洋功能区划温州局部海域调整工作，相继完成调整方案的协调、国家部委意见征询、评审、完善等工作，调整方案已上报待批。完成市县级海洋功能区划编报。组织开展市县级海洋功能区划的审查、修改和报批。沿海市县海洋功能区划于2017年6月份全部获省政府批复，为当地政府加强海域管理和海洋环境保护提供法定依据。强化项目用海功能区划管控。切实发挥海洋功能区划的管控作用，开展用海项目审批前置审查，确保项目用海审批符合功能区划及国家产业导向。全年累计审核39个项目用海、68个海域使用出让方案。

【海域权属管理】 各级政府办理海域使用权初始登记、核发海域使用权证书259本，面积3967.09公顷。全省注销海域使用权证书180本，面积9845.84公顷。全省变更登记海域使用权证书 191 本，面积 3604.64 公顷。

【海域有偿使用管理】 全省征收海域使用金 97994.37 万元，其中年度新批项目征收海域使用金 82270.15 万元；原有项目征收海域使用金 15724.22 万元。全省依法减免海域使用金 17141.06 万元。其中：渔业用海 1985.53 万元；交通运输用海 3147.57 万元；电缆管道用海 1.68 万元；城镇建设填海造地用海 3769.49 万元；特殊用海 4570.80 万元；其他用海 3665.99 万元。

【围填海管理】 2017 年安排沿海各市围填海计划指标为零。核销围填海计划指标 1261.26 公顷，其中：建设用围填海计划指标 1039.96 公顷，农业用围填海计划指标 221.13 公顷。2017 年新增登记确权填海项目用海 122 个，面积 1261.26 公顷，核发海域使用权证书 122本。

海岛和海洋空间管理

【海岛保护与修复】 2016 年获批的“蓝色海湾”涉岛类项目—宁波象山花岙岛生态岛礁建设项目、温州市蓝色海湾整治行动项目(洞头)、舟山市蓝色海湾整治行动进展顺利，2017 年完成陆源入海污水截流工程 1.26 千米，恢复滨海湿地 2 公顷，海湾清淤疏浚 243.7 万立方米，修复沙滩 7.38 公顷。建立“十三五”期间省级蓝色海湾、南红北柳和生态岛礁重点项目库并报送国家海洋局，其中涉岛类项目 29 个（含宁波），总投资 47.9 亿元，申请中央资金补助 29.9 亿元。

【海岛和大陆海岸线调查】 2017 年，全面启动全省海岛海岸线调查，并督促沿海各市加快推进。至年底，沿海各县（市、区）全部完成政府采购程序，进入实质性外业调查阶段，温州、嘉兴和台州各县（市、区）完成外业调查。同时，组织开展海岛岸线调查技术培训，研究制定《海岛岸线调查项目质量检查与验收办法（试行)》，采取现场查验、听取汇报和委托第三方质量检验等方式，加强海岛岸线调查过程管理，确保调查成果符合技术要求。在海岛海岸线调查基础上，集成沿海县（市、区）大陆海岸线调查数据，编制形成全省大陆海岸线集成数据集、专题图、研究报告。在此基础上，浙江省大陆海岸线调查统计成果在沿海省份中率先通过国家技术审查，得到国家海洋局充分肯定。

【领海基点保护范围选划】 根据浙江省 7 个领海基点所在区域的调查成果，完成保护范围选划，明确禁止性管控要求，确保领海基点所在海岛得到有效保护。

【无居民海岛使用权审批】 2017 年，省政府批准台州市椒江区北一江山岛、舟山市定海区担峙岛两个无居民海岛开发利用申请，用岛面积合计 0.84 公顷。其中，北一江山岛开发利用面积 0.46 公顷，用于全国爱国主义教育基地建设；担峙岛批准用岛面积 0.38 公顷，用于新城大桥及其改建工程建设。

【《浙江省海洋主体功能区规划》印发实施】 完成《浙江省海洋主体功能区规划》意见征求、专家评审、国家综合协调和报批等环节，于 2017 年 4 月经省政府批准印发实施，是全国第二个经省级政府同意发布的海洋主体功能区规划，为浙江省海洋空间科学合理开发发挥基础性、约束性作用。

【《浙江省海岸线保护与利用规划》印发实施】 2017 年 10 月，经省政府同意，印发实施《浙江省海岸线保护与利用规划》，明确全省海岸线的功能类型，优化海岸线空间布局，规范海岸线利用行为。启动《浙江美丽黄金海岸线建设方案（2016—2020)》《浙江省海洋生态整治修复规划》和《浙江省海洋（六湾一区）生态整治修复规划（2017—2022年)》，编制《浙江省海岸线整治修复三年行动》，制定浙江省海岸线整治修复评价导则(试行)，完成岸线整治修复工程 20 千米。

海洋环境保护

【概述】 2017 年各级海洋环境监测业务机构在全省近岸海域共布设各类监测站位 2061

个，共获取各类海洋环境监测数据逾 14 万个。全省近岸海域夏、秋季海水水质状况优于春、冬季，符合第一、二类海水水质标准的面积占比分别为 26%和 28%，基本维持在多年均值水平。海洋沉积物质量总体良好，污染物超标状况较上年有所好转。海洋生物群落结构基本稳定，主要海湾生态环境状况维持稳定。农渔业区、旅游休闲娱乐区、海洋保护区、特殊利用区等海洋功能区环境质量总体良好，基本满足海域功能使用要求。江河及主要入海排污口携带入海的主要污染物量有所减少。海洋垃圾总体处于较低水平。滨海地区海水入侵和土壤盐渍化不明显。全省近岸海域水质富营养化状况依然明显，全年 17%以上的海域呈现重度富营养化状态。全省近岸海域共发现赤潮 33 次，累计面积约 2068.3 平方千米。杭州湾、乐清湾生态系统分别处于不健康和亚健康状态。

【海洋生态环境监测】 2017 年全省各级海洋部门认真组织开展各项监测任务，重点组织开展“三湾一港”生态环境质量监测及入海污染源监测；围绕“水十条”管控要求，梳理完成市县海域水质优良比例分布状况及变化趋势，做好“水十条”考核任务分解落实的前期准备；强化海洋环境监测数据质量管理，完善质量控制手段，做好监测数据审核、汇总和上报工作。全年共布设监测站位 2061 个，组织开展近岸海域环境监测 6 大类 13 项监测内容，总航次近千次，获取海洋环境监测数据 14 万余组。加强近岸海域浮标实时监测系统建设，完成 1 个专项浮标的投放和试运行。

【海洋工程建设项目监管】 2017 年，全省各级海洋部门加强海洋工程建设项目环境影响评价监管，保持海洋工程建设项目省级审批事项下放的许可效率，确保 10 个工作日的办理时限。根据“放管服”改革要求，全面下放省级海洋工程建设项目环评管理事项，同时，对海洋工程建设环评项目实施“双随机”抽查检查，针对发现的问题提出整改措施，加强事中事后监管。

【海洋生态修复】 完成《浙江省美丽黄金海岸线（带）建设方案（2016—2020 年）》《浙江省美丽黄金海岸带整治修复规划（2016—2020 年）》《浙江省海洋生态整治修复规划（2016—2020 年）》《浙江省海洋（六湾一区）生态整治修复规划（2017—2022 年）》等规划编制。推进海洋资源整治修复，积极探索海岸线整治修复标准制定。完成《浙江省海岸线整治修复评价导则》专家评审和意见征求，这是目前全国范围内首个在省级层面开展海岸线整治修复标准制订的尝试。全面谋划海岸线整治修复制度构建。将岸线整治修复任务纳入省委省政府组合拳“一打三整治”目标考核。编制《浙江省海岸线整治修复三年行动方案》，积极推动各地海岸线整治修复项目建设。积极争取国家资金支持浙江省海洋空间资源整治修复工作，开展蓝色海湾、生态岛礁整治修复项目，2016 年底至 2017 年已下达中央海岛和海域保护资金 97458 万元。建立“十三五”期间省级蓝色海湾、南红北柳和生态岛礁重点项目库并报送国家海洋局。

【海洋环保执法检查】 以“碧海 2017”专项执法行动以主要载体，加大海洋环境执法力度，严厉打击各类重大海洋环境违法行为。截至 12 月底，全省监视监测重点入海排污口 68 次，监测项目 109 个；检查海洋工程项目 236 个，查处海洋工程建设项目环境保护类案件 4 起（办结 4 起），收缴罚没款 63.6 万元；执法检查海洋倾废区共计 115 艘次，查处海洋倾废类案件 15 起（办结 14 起），收缴罚没款 102.7 万元；巡查各类保护区 162 次，查处违反保护区案件 5 起（办结 5 起），收缴罚没款 5.75 万元。截至 12 月底，全省累计查处各类海洋环保违法案件共计 34 起。其中，办结 29 起，收缴罚没款 243.17 元，案件涉及海洋工程、海洋采砂、海洋倾废等破坏海洋生态环境行为。

海洋生态文明

【海洋生态建设示范区创建】　《浙江省海洋生态建设示范区创建实施方案》由省政府常务会议讨论通过，并由省政府办公厅印发实施。

【海洋生态红线划定】　2017 年，浙江省初步建立海洋生态红线管控制度。依据《海洋生态红线划定技术指南》，制定完成《浙江省海洋生态红线划定方案》，经国家海洋局审查同意后，由省政府办公厅发布实施。划定全省海洋生态红线区面积为 14084.24 平方千米，占管理海域面积 31.72%；划入生态红线管理的全省大陆自然岸线总长约 748 千米，占全省大陆岸线总长的 35.03%；划入生态红线管理的全省海岛自然岸线总长 3509.16 千米，占全省海岛岸线总长的 78.05 %。重点是将海洋自然保护区、海洋特别保护区、特别保护海岛，以及重要河口生态系统、重要滨海湿地、重要渔业海域、沙源保护海域、重要滨海旅游区纳入生态红线区，进行重点保护。

【湾（滩）长制实施】　经省委、省政府同意，2017 年以来，浙江省在沿海地区全面启动实施“滩长制”，推进“河长制”向海延伸。在国家海洋局的支持指导下，作为全国唯一省级“湾长制”试点，浙江积极探索从滩面管理为主的“滩长制”向覆盖海洋综合管理的“湾（滩）长制”拓展提升。截至 2017 年底，全省已确定各级湾（滩）长近 2000 名，其中市级湾（滩）长 9 名、县级湾（滩）长 97 名、乡（镇）级滩长 553 名，村级滩长及护滩员 1309 名。沿海 5 市以湾长为龙头、滩长为骨干、部门配合、全面覆盖的湾（滩）长组织体系已初步建成。

【海洋保护区建设】　2017 年，浙江省开展台州三门国家级海洋公园的选划与论证，经省政府同意并上报国家海洋局，已通过国家海洋局评审。同时，温州市也开展瓯江口滨海湿地海洋特别保护区的选划工作。根据国家“绿盾 2017”自然保护区专项检查等部署，完成对全省海洋保护区的专项检查。布置开展自然保护区矢量化工作，多方争取经费，组织指导全省已建海洋保护区开展规范化建设、生态修复等工作。

【海洋牧场建设推进】　台州大陈及温州洞头两处海域获批成为第三批国家级海洋牧场示范区。嵊泗马鞍列岛和舟山中街山列岛两个国家级海洋牧场示范区建设进展顺利。全省已投入海洋牧场建设资金 20046 万元，投放各类礁体 66 万空方（其中纯公益性鱼礁 51万空方，兼顾生产性鱼礁 15 万空方），建设各类海藻场和海草床面积达到 100 公顷，放流各类海洋水生生物幼体（卵）5 亿单位以上。

海洋环境预报和防灾减灾

【海洋环境预报】　2017 年，全省新增 16 个岸基简易观测站，其中包含中国首个公益性无居民海岛海洋观测站——乐清沙港头海洋自动观测站建设项目；在领海基线外新建中国首个海洋综合观测平台——东瓯海洋综合观测平台；布放完成 9 个波浪浮标；建成省级—海区综合信息共享服务平台；升级海洋环境预报及灾害预报数值预报系统，建成浪潮流一体化耦合模型、风暴潮漫堤风险预警系统和河口区洪潮耦合风暴潮精细化预警系统；优化海洋灾害预警报方法，拓展目标精细化预警报业务，2017 年 5 月 12 日，5 市 28 县的城市近岸海域海洋预报电视节目正式播出；11 月 20 日正式开展温州市洞头列岛（霓屿岛）附近紫菜养殖基地邻近海域海洋环境预警服务；全年共发布浙江海域、浙江渔场海浪预报、滨海旅游区海洋环境预报、港口海浪、潮汐预报 730 期，海水浴场预报 105 期，浙江海域海温周预报 52 期，北太平洋鱿钓海域海洋环境预报 186 期。开展和发布宁波镇海炼化和温州洞头渔港两个重点保障目标附近海域潮汐、海浪预报 730 期。全年共完成 1709 号“纳沙”、1710 号“海棠”、1718

号"泰利"、1721号"兰恩"和1722号"苏拉"5次台风和8次冷空气过程的灾害预警报工作。全年共发布风暴潮警报12期，海浪警报76期，渔船安全保障预警短信67期，参与各级应急会商16次。利用公众微信号及时发布海浪、风暴潮预警信息18期。

【海洋灾害情况】 浙江省2017年海洋灾害概况为：全省海域发生风暴潮灾害3次，造成直接经济损失8709万元，无人员死亡（含失踪）；发生灾害性海浪天数37天，灾害性海浪引发事故5起，造成1艘船舶沉没，2搜船舶损坏，直接经济损失515万元，死亡（含失踪）4人；发现赤潮33次，其中有毒、有害赤潮12次，赤潮累计面积2068.30平方千米，未造成渔业直接经济损失；沿海海平面处于1980年以来第五高位；根据对重点岸段的监测，全省海岸岸线整体呈稳定——微侵蚀状态；浙江钱塘江9—11月份发生咸潮入侵4次，取水点盐度累计超标时间55.37小时，影响天数达14天。浙江省海洋灾害全年累计造成直接经济损失9224万元，人员死亡（含失踪）4人，均低于近10年平均值。

【海洋灾害防御】 出台浙江省海洋灾害应急防御三年行动方案，修订《浙江省海洋灾害应急预案》，实现全省海洋灾害应急指挥平台灾情分级报送和电子化值班功能，全面完成海洋灾害风险评估区划，开展中泰海洋减灾伙伴示范区建设。完成台风"纳沙"等5次台风和8次冷空气的防御应急工作，加强海洋观测网建设，及时发布渔船预警短信和海浪警报，实现全省沿海市县邻近海域环境预报全覆盖，24小时海浪警报准确率为88.35%，海洋防台预警信息发布到位率为100%。完成渔港建设投资约2.75亿元，建成标准渔港6个，完成5个中心渔港防台等级验收，制定推进渔港综合管理改革的若干意见（初稿），开展渔港标准化管理试点。

海洋行政执法

【概述】 2017年，浙江省共派出执法船艇1532艘次、航程57695.37海里，对渔业、交通、工矿、旅游、围填海等海域使用及海洋工程建设项目的环境保护、海洋倾废、海洋生态保护、无居民海岛及海底管线保护等共组织各类检2590次、参检人数11041人次，检查对象4124个，查处各类海洋违法案件128件，收缴罚款38866.11万元。

【海岸线和海岛巡查】 各级落实两项制度开展海岸线分段定期巡查和海岛定期巡查工作，全省共检查海域使用项目1683个，巡查海岛2568个，检查海洋环境项目729个（艘、次），其中：监管海洋工程236个次、巡查海洋生态保护区201个次、配合监视监察入海排污口68个次、检查海洋倾废船115艘次、检查采砂船109艘次。完成了中央环保督查和国家海洋督查对海洋环保与海域使用的全面督查。

【专项执法行动】 根据年度工作计划和部署，各地依托"海盾""碧海""护岛"三大行动，形成省、市、县（区）三级联动的海域检查体系，在海上按执法船艇吨位及设备情况分区域分任务进行；在陆上省总队借助卫星遥感图片与海域动态监视监测系统，再与无人机对27个区域用海项目进行比对甄别，并对重点区域的疑点疑区、涉海危化品项目、区域用海规划实施情况监督检查等一系列专项执法行动。特别是被中央环保督查与海洋督查有问题的项目作为重点整改对象，通过"省督办、市复核"的方式进行分类处理，立案查处一批海洋违法大案要案，全省共查处海域使用违法案件89起，收缴罚款38556.93万元；查处海洋环保违法案件34起，收缴罚没款243.17万元；查处海岛保护违法案件5起，收缴罚款66万元。

【海底管线巡护】 中美海底管线如同海底的"中枢大动脉"，它连接着中国与亚洲和北美洲的通信、油气等系统。根据国家和省里的统一部署，2017 年承担“一带一路”峰会、“金砖会议”“十九大”“第四届世界互联网大会”期间海底管线的巡护任务，累计投入执法船只 205 艘次，派出执法人员 2196 人次，航程 10053 海里，航时 890 小时，观察船数 1542 艘，劝离船数 216 艘，检查船数 113 艘，清理拆除网具 13 项，报送周报表 8 份、日报表 22 份。尤其在中共“十九大”期间，调集 17 艘执法船只，对重点保护目标涉及的 3000 多平方千米海域，组织开展连续 10 天不间断的高密度海上联合巡航，确保国家重大活动期间的海底管线通信畅通安全。

海 洋 科 技

【标准制修订】 2017 年立项标准 16 项，发布 15 项，在全国率先制订《海岸线调查统计技术规程（试行）》《灯光围网渔船集鱼灯最大总功率要求》《海洋渔捞日志规范》《刺网最小网目尺寸—小黄鱼》《重要淡水鱼类资源种类及可捕规格等捕捞技术规范》等标准。

【科技合作】 与中国水产科学研究院开展“1+7”战略合作，与国家海洋局开展“1+6”创新联盟建设，省政府与国家海洋局签订共建省海洋科学院协议，初步形成以省海科院为核心，以“1+6”和“1+7”创新平台为两翼，以直属单位等省内外科研院所为支撑的“一核两翼多点”的科技创新平台体系。

【科技研发】 2017 年，省海洋与渔业局下属“三所一站”（浙江省海洋水产研究所、浙江省淡水水产研究所、浙江省海洋水产养殖研究所）新增立项 205 项，新增经费 7274 万元，在研项目达到 301 项，总经费达到 9902 万元，发表（含已录用）论文 216 篇，获神农中华农业科技奖二等奖 1 项，省科技进步奖二等奖 1 项、三等奖 3 项，授权发明专利 89 项。舟山 LHD 模块化大型海洋潮流能发电首批 1 兆瓦发电机组自 2017 年 5 月 25 日投产以来，实现全天候稳定发电并网，成为目前世界上唯一一台实现全天候稳定发电并网的潮流能发电项目。大口黑鲈、小黄鱼、小黄鱼与大黄鱼杂交、曼氏无针乌贼等繁育技术达到国内先进。

【科技兴海项目投入】 2017 年，省科技厅在海洋科技领域共立项 17 项，包括现代渔业与航海安全的信息化装备技术与应用示范——基于大洋烽火台的商用海洋信息监测潜浮标系统、移动式海水淡化装置开发与示范、大型船舶建造关键技术开发及产业化——万箱级超大型集装箱船制造关键技术研究、海洋渔业资源船载高值化加工新技术及装备研发——海洋渔获物一线船载源头保鲜加工技术研究与装备研发、海洋生物提取物品质提升关键技术研究与产品及相关应用开发等省重点研发计划，投入省级财政科技经费资助 3990.00 万元，带动科研项目总投入 9161.00 万元。此外，还包括海底管道悬空机理与治理技术研究、船舶定线制警戒区水上交通冲突机理及交通组织优化研究等省公益类项目 7 项，投入省级财政科技经费资助 85.00 万元，鼓励高校、院所科研人员积极探索。

【科技服务】 助力浙江渔场修复振兴，在省海洋水产研究所成立浙江省海洋与渔业科学鉴定中心。在浙江海洋大学成立海洋渔业资源联合研究中心。开展农技推广，全省推广 18 个品种和 17 项主推模式与技术。累计扶持建立渔业科技示范户 4458 户、核心示范面积 43.1 万亩、推广总面积 168.5 万亩，实现产量 80.6 万吨，产值 178.7 亿元。开展节能减排试点，建立以池塘循环水、设施养殖尾水处理以及渔塘综合种养为主要模式的省级核心示范点 12 家。指导建设省级配合饲料核心示范点 72 个，推广池塘面积 4.1 万亩（其中海水蟹池塘 2.9 万亩）、海水标准小网箱（折合）2.8 万只以上，估算减少冰鲜饵料用量约 6.5 万吨。

海 洋 教 育

【概述】 2017年，省教育厅围绕浙江省建设海洋强省战略要求，积极推进涉海高等教育和中职教育发展，加强涉海类高校学科专业建设，不断提升内涵建设水平；不断加强职业院校建设水平，推进品牌建设，为浙江省海洋经济发展提供科技、人才、智力支撑。根据北京大学海洋研究院编制的《国民海洋意识发展指数（MAI）研究报告（2017）》，2017年浙江省国民海洋意识排名全国第5位，其中海洋专利指数排名全国第4位，显示浙江海洋意识水平在全国处于较高水平。

【涉海类省重点建设高校和一流学科建设继续推进】 推进浙江工业大学、宁波大学、杭州电子科技大学等涉海省重点高校建设，宁波大学入选国家“双一流”建设高校；推进涉海类学科学位点建设，在2017年学位授权中，推荐湖州师范学院申报新增硕士学位授予单位和水产一级学科硕士点，新增相关涉海类一级学科博士点4个，一级学科硕士点12个；通过学位点动态调整，增列涉海类一级学科博士点1个；在全国第四轮学科评估中，宁波大学水产学科进入全国绝对排名前五，浙江海洋大学海洋科学学科进入全国前30%。

【高校统筹整合优质资源服务海洋强省战略】 认定宁波大学“港口经济协同创新中心”为第五批浙江省“2011协同创新中心”；认定宁波大学“东海研究院”为第一批浙江省高校新型智库；认定宁波大学“东海区特色经济海藻产业链延伸创新团队”为浙江省高校高水平创新团队。

【涉海涉港高校相关专业发展提升】 确立浙江海洋大学的海洋资源与环境、轮机工程、湖州师范学院的水产养殖学专业、浙江交通职业技术学院的轮机工程技术专业、嘉兴南洋职业技术学院的船舶工程技术专业、浙江国际海运职业技术学院的轮机工程技术专业、港口与航运管理专业、国际邮轮乘务管理专业船舶工程技术专业、报关与国际货运专业等为“十三五”特色专业建设项目。

【涉海涉港相关开放课程立项建设】 围绕和服务于海洋强省发展战略，顺应信息技术与教育教学深度融合发展趋势，支持浙江海洋大学“浪尖上的海洋体育——海岛野外生存”等涉海涉港类课程立项为省级精品在线开放建设课程，推动提高海洋类专业课程建设质量，推动海洋文明的传播。

【浙江省大中学生海洋知识竞赛】 2017年，省海洋与渔业局、团省委、省教育厅、省学联联合举办了“学知识 爱海洋”为主题的第四届浙江省大中学生海洋知识竞赛，全省高校和中学两万余名大中学生踊跃参赛，普及海洋知识、传播海洋文化、提高青少年海洋意识，得到国家海洋局等部门的高度认可。大赛大学生组启用网络选拔和学校推荐两种参赛方式，经过半决赛后，举行了全省电视总决赛。来自浙江大学的陈灵乐和来自浙江海洋大学的刘晓倩、刘芳沁三位同学获得大赛一等奖。中学生组网络总决赛于10月12日至10月15日在官网进行，共决出一等奖10人，二等奖21人，三等奖30人。

【职业教育基础能力建设】 2017年，舟山航海学校校园一期改造工程于2017年秋季交付使用，建设资金累计投入5433万元；普陀区职教中心芦花校区迁建工程于2017年8月底交付使用。工程总建筑面积16327平方米，总投资8000余万元。

【涉海类中职名校建设】 由舟山职业技术学校推荐的许猛被评为省中职名师，镇海区职教中心推荐的宁波舟山港股份有限公司胡耀华、舟山航海学校推荐的沈小平被评为省中职大师。

【涉海类中职院校品牌专业建设】 2017年，舟山职业技术学校汽车运用与维修专业成功创建省级品牌专业；舟山职业技术学校与黎明汽车维修公司合作创建舟职—黎明省级校企合作共同体，舟山航海学校与舟山轮渡公司合作创建航海—轮渡移动平台省级校企合作共同体；舟山航海学校成功创建“以和育德、以正强志”为主题的省级中职德育品牌建设项目；舟山职业技术学校“海中洲创新创业教育实验室”成功创建省级中职创新创业教育实验室。

【成人教育品牌建设】 2017 年，普陀区六横镇成人文化技术学校、定海区金塘镇成人文化技术学校、嵊泗县嵊山镇成人文化技术学校等 3 所成人学校被认定为省级现代化成人学校，沈家门成校“育婴天使培训”、东沙镇成校“工业乡镇企业职工教育培训”、嵊泗县五龙乡成校“渔家宾馆服务水平提升培训”、北仑区梅山乡成校“海岛文化养老培训”、洞头区鹿西乡成校“渔业船员培训”等五个成人教育培训项目成为省级成人教育品牌项目。

海　洋　文　化

【概况】 浙江省海洋文化资源丰富，积淀深厚，是中国海洋文化的重要组成部分。2017 年，浙江在加快发展海洋经济的同时，高度重视海洋文化的发展，精品创作喜获丰收，成功举办多项文化节庆活动，重点文化设施稳步推进，文化遗产保护得到加强，文化产业发展取得突破，对外文化交流影响进一步提升，海洋文化建设取得了显著成效。

【多项文化节庆和演出活动成功举办】 成功承办第十四届中国合唱节、国家艺术基金“中国艺术新视界”巡展、宁波市青年戏曲演员大赛、“相约梨园”戏曲演员大赛、浙江省传统戏曲演出季、音乐宁波帮大会、宁波市音舞节、海洋文化节、东海音乐节、观音文化节等节庆品牌，重点做好“唱响定海”、普陀“欢乐海洋”“岱山百姓文化节”“嵊泗全民乐和节”等全民参与的品牌示范活动。

【精品创作和群文创作喜获丰收】 民族歌剧《呦呦鹿鸣》、民族舞剧《花木兰》、甬剧《甬港往事》、姚剧《王阳明》等精品剧目陆续在国家大剧院等各大剧院上演。舞剧《花木兰》赴乌镇亮相第四届世界互联网大会。完成甬剧历史上第一部电影《典妻》拍摄工作，原创甬剧《筑梦》获得第 31 届田汉戏剧奖剧本二等奖。舟山举办全市群众文艺创作作品展演，设立文艺作品单项奖。鼓励扶持舟山本土音乐、舟山渔民画、舟山锣鼓、海洋文学、书法、摄影等创作群体。举办第二届“三毛散文奖”征集、评选活动。

【重点海洋文化设施建设稳步推进】 继续抓好重大项目续建，宁波市图书馆新馆建设进入内部装修阶段。完成宁波博物馆文物科保中心基础设备升级、恒温恒湿设备改造项目研究立项工作。奉化区城市文化中心项目基本建成，余姚市公共文化中心动工建设，慈溪完成上林湖越窑博物馆建设并投入使用。宁海十里红妆特色小镇和潘天寿艺术中心建设，象山县图书馆、象山博物馆和中国海洋渔文化体验馆建设有序推进。舟山市海洋文化艺术中心二期、定海图书馆、东沙海产品（大黄鱼）加工作坊文化展示馆扩建工程、嵊泗县洋山镇钥匙路群众文化休闲广场等项目已在施工建设中。

【文化遗产保护工作扎实开展】 持续推进中国大运河（宁波段）保护和海丝申遗工作，开展“海丝活化石”的城市定位与宁波“一带一路”综合试验区建设的价值研究。大运河文化带建设工作全面展开，先后完成了宁波市《大运河文化遗存保护修复和文化价值传承研究》和《大运河文化带（宁波段）建设专题研究报告》等基础工作。“慈溪上林湖后司岙唐五代秘色瓷窑址”成功入选 2016 年度“全国十大考古新发现”，上林湖越窑遗址成功入选第三批国家考古遗址公园行列，国家考古遗址公园现场会成功召开。“宁波奉化下王渡遗址Ⅰ期发掘”项目和“宁波大榭史前制盐遗址Ⅱ期发掘”项目成功入选 2017 年度“浙江考古重要发现”。

【文化产业发展势头良好】 宁波市积极搭建

平台促进文化企业经贸合作，组织文化企业参加2017中国（义乌）文交会和2017中国（杭州）国际动漫节等展会，赴泰国参加2017中国浙江时尚创意精品展览会。2017中国（宁波）特色文化产业博览会参观人数达19.2万余人次，现场成交3.78亿元。10个项目列入文化部、国家新闻出版广电总局文化产业发展专项资金扶持重大项目；大丰文体创意及装备制造产业园等5个项目入选2017中国文化产业重点项目；11家企业被认定为2017—2018年度国家文化出口重点企业，17家企业、2个项目列入浙江省文化出口重点企业和重点项目。舟山定海伍玖文化创意产业园区项目竣工，双桥影视创作基地项目有序推进，定海中大街海洋文化一条街成功申报省文化创意街区，普陀海洋文化创意产业园区基本完成整体工程综合验收。

【对外文化交流水平有效提升】 创新对外文化交流机制，11月23日，宁波市政府与文化部合作共建的官方非营利文化机构——索非亚中国文化中心正式揭牌成立，在保加利亚首都索非亚举行民俗舞剧《十里红妆·女儿梦》以及揭幕典礼系列演出活动。2017年春节宁波分别赴英国、克罗地亚、捷克、泰国和新加坡参加“欢乐中国”演出，获各国政要及中国驻访问国大使的高度赞誉。

【中国海洋文化节暨休渔谢洋大典举行】 6月16日上午，2017年舟山群岛中国海洋文化节开幕式暨休渔谢洋大典在岱山举行，“休渔谢洋大典”是当地渔民感恩大海、祈福平安的一项民俗文化活动，大典的主题是“勇立潮头·汇通天下”。与往年相比，2017年的大典在充分挖掘文化底蕴外，又增加了不少新颖元素，在自贸区的大背景下，选择“船”这一更加契合主题的元素。

（浙江省海洋与渔业局）

福 建 省

综 述

2017年，福建省深入贯彻党的十九大精神，按照国家海洋局和省委省政府部署要求，坚持新发展理念和稳中求进工作总基调，围绕新福建目标，大力实施海洋强省战略，海洋经济保持平稳较快发展，生态保护、防灾减灾等工作取得明显成效，海洋事业发展再上新台阶。

海洋经济与产业发展

【海洋渔业】 2017年福建省渔业经济总产值2800亿元，水产品总产量744.57万吨，同比增长4.7%；海洋捕捞产量（含远洋）217.1万吨，同比减少0.05%；海水养殖产量445.3万吨，同比增长7.1%；淡水产品产量82.1万吨，同比增长5.4%；水产品出口创汇58.91亿美元，居全国第一；渔民人均纯收入19584元，同比增长9.7%。全省新建工厂化养殖基地项目63个，新增工厂化养殖车间34.3万平方米；完成建设标准化水产养殖池塘1200多亩；新增抗风浪深水养殖大网箱60口；建成全塑胶网箱3000多口。全年新增外派远洋渔船51艘，远洋渔业完成产量42.8万吨、实现产值32.7亿元，分别同比增长46.6%、28.3%。截至2017年12月，全省拥有水产品加工企业1182家，全年完成水产品加工产量367.8万吨，实现产值904.9亿元，分别同比增长4.7%、8.1%。

【海洋新兴产业】 漳州开发区豪氏威马项目成为荷兰豪氏威马集团全球最大生产基地，产品主要包括海上起重机、海底铺管系统、海上石油钻井系统等。海洋药物和生物制品业成为增长最快的海洋产业，形成以厦门海沧生物医药港、诏安金都海洋生物产业园、石狮市海洋生物科技园等产业聚集园区，培育了厦门蓝湾科技、石狮华宝、润科生物等现代海洋生物医药与制品企业80多家，开发了星鲨鱼油、微藻DHA、海洋抗菌肽等新产品。

【海洋服务业】 旅游经济保持较快增长，全年接待游客3.83亿人次，同比增长21.4%，实现旅游总收入5083.10亿元，同比增长29.2%。厦门邮轮母港实施供给侧结构性改革，在高、中、低产品供应实现全面覆盖，全年厦门邮轮母港旅客吞吐量约16.3万人次。截至2017年12月，全省拥有沿海港口生产用码头泊位502个，沿海港口拥有万吨级及以上泊位171个，拥有沿海运输船舶1074艘，集装箱箱位20.96万标准箱；全省拥有远洋运输船舶77艘，集装箱箱位9750标准箱。全省沿海港口完成旅客吞吐量890.30万人、货物吞吐量5.20亿吨、集装箱吞吐量1564.85万标准箱。

【产业环境】 中国人民银行、国家海洋局等九部委到福建开展金融支持海洋经济发展专题调研工作。福建省海洋与渔业厅同中国进出口银行福建省分行、中国农业发展银行福建省分行、上海浦东发展银行福州分行签订战略合作协议，支持福建海洋经济发展。中国银行福建省分行开展新一轮现代海洋中小企业助保贷业务，本期累计授信贷款约2.77亿元，福建海峡银行开展海洋经济创新发展区域示范项目助保贷款业务，累计授信贷款约1.55亿元。福建省海洋与渔业厅、福建省财政厅修订《福建省海洋经济发展补助资金管理办法》，每年安排1.2亿元专项资金，重点支持海洋生物医药及制品、海洋新材料、海洋工程装备、现代水产冷链物流等项目建设。福州市、厦门市开展国家海洋经济创新发展示范城市建设工作，福州市完成项目立项16个，厦门市完成项目立项18个。

【海洋经济调查】 印发《第一次全国海洋经济调查福建省实施方案》，完成海洋经济调查预算编制，福建省财政安排海洋经济调查经费1838万元，全省市、县（区）落实配套经费2000多万元。组织各级调查机构做好调查宣传，制作宣传动画、海报和宣传品，通过报纸、广播、电视、梯视、微博、微信、短信等开展形式多样的宣传活动，营造良好的舆论氛围。2017年召开海洋经济调查工作布置交流会2次，举办全省调查机构管理人员、系统管理人员、调查师资、调查指导员和调查员培训班8期，培训各类人员754人次。组织开展涉海单位清查、产业调查和专题调查，截至2017年12月，基本完成全省调查入户工作，入户调查对象共6万余家。

海洋立法和规划

【海洋立法】 制定《福建省海岸带保护与利用管理条例》《福建省水产品质量安全条例》，修改《福建省海洋环境保护条例》《福建省实施〈渔业法〉办法》《福建省实施〈野生动物保护法〉办法》《福建省渔港和渔业船舶管理条例》列入福建省2017年度立法计划。2017年9月30日，福建省第十二届人民代表大会常务委员会第三十一次会议公布《福建省海岸带保护与利用管理条例》，自2018年1月1日起施行，成为《福建省海洋环境保护条例》《福建省海域使用管理条例》出台后，福建省颁布的重大地方性涉海管理法规，是中国大陆沿海省份第一部规范海岸带保护与利用的地方性法规。

【海洋规划】 《平潭综合实验区海坛湾国家级海洋公园总体规划》《福建东山国家级海洋公园总体规划》通过国家海洋局评审。

海域使用管理

【项目用海保障】 2017年福建省政府共批准项目用海43宗，用海总面积2797公顷，其中填海项目38宗、用海面积938.86公顷，支持古雷炼化一体化、海上福州、海上风电、霞浦核电、宁德铜冶炼、港口交通、莆田石门澳化工新材料等一批重点项目以及渔港、陆岛码头、道路等民生工程建设。发挥福建省政府与国家海洋局建立的部省对接机制作用，推动国家重大项目建设用海报批，宁波至东莞国家高速公路沙埕湾跨海大桥工程用海获国家批复。保障民生项目用海，2017年批准渔港项目用海4个、陆岛交通码头建设用海2个，以及国省干线公路联十一线（莆田境）涵江江口至仙游枫亭段、联七线霞浦东冲至火车站段、连江县晓澳至道澳公路等道路建设用海。

【市场化配置】 推进海域资源市场化配置，批准招拍挂出让填海项目海域使用权12宗，面积483.2公顷，占批准填海项目用海总面积数的51.5%，溢价累计超过4919万元；批准出让海砂开采海域使用权1宗，面积414公顷，出让金1.24亿元。开展海域使用权出让网上公开试点，改革创新海域使用论证、海洋环境评价、海域价格评估等制度，制定出台适用于招拍挂出让的论证技术导则，建立评估机构诚信档案和黑名单制度；取消申请、初审、海洋环境评价、预审等与市场化出让不相适应的环节，收储成为净海后，直接开展海域使用论证，编制出让方案；研发“福建省海域使用权出让管理系统”，实现海域使用权出让全过程在线操作，全程留痕、永久追溯。成立“福建海洋产权交易服务平台”，先期开展海域使用权交易业务。

【海域使用监管】 制定出台《“十三五”福建省海岸线管控实施暂行方案》，建立自然岸线保有率的管控目标责任制，将岸线管控目标分解到设区市，并列入福建省政府环境保护年度目标责任制考核内容。开展全省海岸线调查统计工作，根据海岸线自然资源条件和开发程度，将全省海岸线划分为严格保护、限制开发和优化利用三种岸段，实施分类保护与开发。完成全省公共用海、涉海规划数据收集整理工作、全省历史用海坐标转换及权属核查工作、福建省海域使用审批管理系统升级改造、30 个县级动管机构视频会商调试。沿海市、县完成重点用海项目监视监测 31 个，编制报告 27 份；完成全省区域用海规划监视监测 5 次，编制报告 5 份；完成 2 宗疑点疑区用海项目、涉嫌海域权属纠纷等用海项目复测；2017 年完成 25 宗海域使用权统一配号。

【国家海洋督察】 2017 年 8 月 23 日—9 月 22 日，国家海洋督察组（第四组）代表国务院对福建省人民政府及沿海各级人民政府贯彻落实党中央、国务院海洋资源环境重大决策部署、海洋法律法规等情况进行监督检查。8 月 23 日下午，国家海洋督察组（第四组）督察福建省工作动员会在福州召开。督察期间，督察组共调阅福建省政府及有关部门和设区市政府相关资料案宗 2708 件（份），赴实地核查 47 次，约谈政府、部门、有关单位和群众 80 人次，听取专题汇报会 9 场，召开协调沟通会 6 场，收到并转办群众的各类信访、举报累计 212 件。

海岛管理

【海岛保护修复】 2017 年 9 月 21—22 日，由国家海洋局、福建省政府共同主办的中国—小岛屿国家海洋部长圆桌会议在平潭举行，会议主题为“蓝色经济，生态海岛”，中共中央政治局常委、国务院副总理张高丽向会议发来贺信，国家海洋局王宏局长作主旨报告，福建省政府于伟国省长到会致辞，来自四大洲 12 个岛屿国家的代表参加会议，会议通过了《平潭宣言》。会议期间还举办了 2017 平潭国际海岛论坛和中国—小岛屿国家蓝色经济合作专场宣介会，签约项目 11.85 亿美元。实施海岛整治修复，完成连江洋屿、厦门火烧屿和鼓浪屿等 3 个海岛的整治修复工程，以及牛山岛、兄弟屿等 2 个领海基点岛的立碑保护工作；开展厦门大兔屿整治修复工作，编制保护与开发利用概念性方案；平潭大屿生态示范岛项目完成一期主体工程，开展二期工程规划设计、合同签订等前期工作。实施“生态岛礁”工程，宁德三都岛、福清黄官岛、泉州惠屿岛等 3 个海岛申报国家“生态岛礁”工程第一批项目库。

【海岛开发利用】 落实国家海洋局新修订的《无居民海岛开发利用审批办法》，加强项目用岛生态审查，2017 年共批准开发利用长乐西洛岛、厦门火烧屿、大兔屿、莆田鸬鹚岛等无居民海岛 4 个，用岛面积 10 公顷，支持港区防波堤、海岛生态整治修复和海上风电项目建设。服务国家重大建设项目用岛，做好宁德核电、霞浦核电项目用岛审查工作。

海洋生态环境保护

【环保制度建设】 2017 年 12 月，福建省政府批复发布《福建省海洋生态保护红线划定成果》，全省共划定十种类型的海洋生态保护红线区 188 个，总面积 14303.20 平方千米，海洋生态保护红线区面积占全省管辖海域面积的 38%，大陆自然岸线保有率 37.45%，海岛自然岸线保有率不低于 75.27%，近岸海域水质优良（一、二类）比例不低于 81%。福建省海洋与渔业厅等 10 多个部门联合制定出台《福建省近岸海域污染防治实施方案》《福建省水污染防治行动计划实施情况考核办法（试行）》，将近岸海域水质、海洋保护区和海洋自然岸线保护等工作纳入党政领导生态环境保护考核体系。福建省政府批复实施《九龙江—厦门湾污染物排海总量控制试点工作方案（2017—2020 年）》，明确流域、海域污染防治的 10 项主要任务和 7 项保障措施；厦门、漳州、龙岩政府和省直有关部门制定试点工作实施方案，印发实施《海水养殖超规划问题整治工作方案》《九龙江—厦门湾总量控制试点海域监测工作方案》等，探索建立陆海统筹的污染防治和入海总量控制削减机制。

【海洋环境监测】 印发《2017年福建省海洋环境监测与评价工作方案》，在全省近岸海域、13个重点海湾、11条主要江河入海口、3个赤潮监控区、3个重点海水增养殖区、重点用海工程、重点陆源入海排污口、宁德、福清核电厂周边等海域布设1000多个站位，2017年获取数据8.5万余组，发布各类海洋环境信息、通报近200期。监测结果显示，2017年福建省近岸海域优良水质海域面积比例达88.9%。为厦门金砖会晤提供海洋环境信息服务保障，印发实施《护航金砖会晤海洋环境监测工作实施方案》，各级海洋环境监测机构在全省近岸海域开展海洋放射性、危化品、赤潮以及常规指标监视监测，共开展专项监视监测任务11次，实施外业110航次，编制《护航厦门会晤海洋环境监测报告》8期，厦门金砖会晤期间，海洋环境放射性核素浓度均处于天然放射性本底范围之内。对赤潮高发海域、养殖集中区开展监视监测，编制《福建省重点养殖海域专项应急监测方案》，2017年近岸海域共发现赤潮7起，其中泉州、漳州海域首次发生链状裸甲藻有毒赤潮，出现疑似食用污染水产品中毒事件。

【生态保护修复】 开展“百姓富、生态美”福建海洋生态·渔业资源保护十大行动，全省联动开展“6·6八闽放鱼日”常态化大型增殖放流活动，2017年利用各类资金2300余万元，在重点江河湖海开展水生生物增殖放流活动95场，累计投放各类经济、特色、珍稀水生物种28个共38.15亿单位，制定福建省地方标准《水生生物增殖放流技术规范》。厦门市成立海上环卫保洁机构，每天开展海上漂浮垃圾收集转运处理，泉州市开展全市海岸带环境卫生考评，福州市政府细化出台海漂垃圾整治考评方案，宁德市分段划定责任区开展海漂垃圾整治；漳州市建立海漂垃圾日常打捞、监督管理、应急打捞队伍，开展海域漂浮垃圾整治“百日攻坚战”。厦门、平潭实施“蓝色海湾”整治修复项目，福州、宁德、泉州等地实施“南红北柳”红树林种植及互花米草整治工程，2017年治理互花米草1700多亩，种植红树林1270亩。对全省143处沙滩进行航拍，全面梳理全省滨海沙滩分布情况、质量状况和存在问题，提出针对性保护措施，打造美丽“银色海滩”；平潭组织“碧海银滩生态行”大型清洁沙滩行动，石狮、惠安、厦门等地组织开展净滩活动20场，2017年参加沙滩清洁行动志愿者超过5000人。

海洋环境预报与防灾减灾

【海洋观测预报】 海洋观测业务运行稳定，新建3套大浮标、2套小浮标，升级改造3套小浮标、2个地波雷达站和14个潮位站。维护1套大浮标、3套小浮标和1套海床基，完成地波雷达站与监控系统升级改造，基于AIS航标的海洋水文气象观测系统投入试运行，出台福建省地方标准《海洋环境观测浮标运行维护技术规范》(DB35/T 1655-2017)。做好台风灾害预警报服务，制作发布9类预警报产品、“海峡号”航线等8个重点保障目标精细化海洋预警预报5000余份，通过短信、网站、APP等发出预警报信息近43万条。福建省地方标准《福建省海洋灾害预警信号图标技术标准》《台湾海峡海上航线乘船舒适度预报》通过专家评审；申报“一种台风风暴潮增水预测方法及系统”“一种多路径风暴潮快速预测方法及系统”2个专利。成立“福建省卫星海洋遥感与通讯工程研究中心”，完成海洋观测预报信息服务等4个业务平台升级改造软件项目，获得专利授权1项，软件著作权2项。

【海洋防灾减灾】 公布《2016年福建省海洋

灾害公报》;《福建连江海域海洋综合减灾示范区建设》项目完成验收;开展《福建省海洋渔船通导和安全装备建设项目》《福建省海洋预警报能力升级改造》《福建省海洋防灾减灾基础能力建设》等重点项目建设。参加2017年厦门海洋周暨海洋防灾减灾国际论坛、第二届世界妈祖文化论坛暨妈祖文化与海洋减灾主题论坛,共享海洋防灾减灾先进经验。开展防灾减灾日宣传活动,在东山县第二中学举行防灾减灾进校园现场活动;福建省海洋预报台、福建省渔业互保协会、漳州市海洋与渔业局、东山县海洋与渔业局、国家海洋局东海分局厦门中心站联合在东山县大澳中心渔港开展防灾减灾宣传活动。

【台风防御】 修订《福建省渔业防台风应急预案》;向社会公众公布《福建省避风渔港、避风锚地、海上养殖渔排集中区防台责任人名册》,开展全省渔船、渔排调查,重新进行登记造册;开展防台风桌面演练,以历史台风1601尼伯特和1614莫兰蒂等为例进行台风预警报演习。2017年全省共应对13个台风,其中9号"纳沙"、10号"海棠"2个台风先后在福建省福清市登陆,期间共转移和撤离海上渔船6.45万艘次、渔排上人员9.65万人次、渔船上人员7.58万人次,实现不死人、少损失的工作目标。

【应急处置】 2017年,共参与处置各类海洋渔业突发事件139件,组织渔船、公务船85艘次,救助遇险船舶49起(艘),成功救助遇险船员552人,挽回经济损失2.0亿元。修订《福建省海上渔业安全应急指挥系统管理办法》,升级改造海上渔业安全指挥系统,建设福建省海洋与渔业应急指挥决策支持系统,完成应急指挥管理系统、AIS系统、渔船信息管理系统、北斗卫星定位系统对接。福建省海事局、福建省海洋与渔业厅加强海上安全救助合作,修订《海上安全救助合作备忘录》,双方在定期交流会商、规划互相通气、船员共同管训、气象信息互通、信息资源共享、整合救助资源、联合执法、事故联查联报等方面加强合作。福建省渔业互保协会实行无理赔优惠制度,新增4个沿海渔船互助保险附加险,开展渔港基础设施互助保险业务、水产养殖互保试点,福建省水产养殖台风指数保险被农业部评为"2017年度金融支农服务创新"项目。2017年,共办理渔工互保8.11万人,办理渔船互保9126艘,完成渔业互保签单会费2.08亿元,提供风险保障金465亿元,共受理各类报案1135起,赔付金额7258.22万元。

海洋渔政执法监察

【"蓝剑"执法行动】 福建省围绕重要时间节点,突出重点海域和重点任务,在重点区域开展联合巡航,2017年组织开展福建海洋"蓝剑"联合执法行动11次,防范劝阻到敏感海域作业船舶347艘次,查获涉嫌违规船舶264艘。厦门金砖会晤期间,福建省海洋与渔业执法总队集中全省63艘海洋与渔业执法船艇参与海域管控安保工作,为会晤顺利进行提供海上保障力量,受到福建省委省政府表彰。在党的十九大召开期间,福建省海洋与渔业厅开展海底通信光缆和油气管道专项保护行动,会议期间未出现通信光缆、油气管道故障。

【海洋监察执法】 开展"海盾""碧海"和无居民海岛执法等专项行动,共立案查处"海盾"案件14宗,已全额收缴罚款8宗;立案查处"碧海"案件193宗,办结193宗;立案查处无居民海岛案件3宗,办结2宗。在《福建日报》进行渔船管控工作专版宣传,强化典型案例警示,制作发放专题宣传单等共计23万份,教育渔民群众不到敏感海域作业生产。开展全省"万人安全教育专项培训",举办渔业船员培训班249期,培训渔业船员1.15万人。厦门金砖会晤期间,派出7个督查组到沿海市县开展驻点督查,未发生渔船被抓扣事件,实现"不让一人一船到敏感海域作业生产”目标。2017年敏感海域渔船管控得到落实，打击非法采捕红珊瑚和渔船过界捕捞、清理整治涉渔“三无”船舶等工作取得成效。

【渔业渔政执法】 组织开展海洋伏季休渔执法，全省印发宣传材料25万份，检查港澳口2850个次，检查渔船14202艘次，查办案件474起，10起案件移送公安机关追究刑事责任。2017年，各级海洋与渔业执法机构救助、放流处置搁浅、误捕的国际重点保护水生野生动物40起，3起涉嫌非法宰杀水生野生动物案件移送公安机关追究刑事责任。开展水产养殖执法，2017年共检查养殖企业和个体经营者1952家（个），处罚5起，销毁药残超标苗种33.2万尾，销毁药残超标水产品1815千克，5起案件移交公安机关追究刑事责任。开展渔船标准船型评价和渔业船舶建造技术条件评价工作，公布第一批渔船标准船型62种、第一批船厂评价等级企业42家；开展渔船及船用产品检验质量监督抽查，建立健全“双随机、一公开”渔船及船用产品质量监督抽查机制，严厉打击船用产品假冒伪劣行为。

海洋行政审批

【行政审批改革】 推进行政审批“三集中”改革，经福建省委编办同意，在福建省海洋与渔业厅海域海岛管理处加挂行政审批处，集中办理海洋与渔业40个行政审批和公共服务事项，并全部进驻行政服务中心和福建省网上办事大厅。明确行政审批处与行政服务中心职责分工，建立“一个窗口受理、一站式审批、一条龙服务、一个窗口收费”的标准运作模式。出台《印章管理使用规定》《行政服务中心岗位职责》，将省级审批事项分为“即办件”和“承诺件”，其中即办件7项，授权行政服务中心当场办理。按照“五个规范”和“四个统一”要求，重新修订行政审批和公共服务事项办事指南并印发全省实施，公开权力事项、办理条件、办理流程、材料要求、办理时限等内容。2017年，网上审批系统累计收办件1099件。全面完成全省13个重点海湾海洋环境监测资料的调查和整合，建立了数据管理系统平台，制定出台《海洋环境和资源基础数据管理与使用规定》，2017年累计为117个用海项目环评、论证和13个规划、科研项目等提供海洋环境和资源基础数据资料。

【行政审批服务】 2017年共取消海洋与渔业行政权力和公共服务事项11项、增列7项、调整19项，公布行政审批中介服务事项6项。编制完成权责融合清单及减权、放权事项监管责任清单，福建省海洋与渔业厅与福建省委编办联合印发全省海洋与渔业系统纵向清单，为地市权力清单统一和规范提供参考。规范“双随机一公开”监管，出台《福建省海洋与渔业厅“双随机一公开”监管工作管理办法（试行）》，开展“双随机一公开”监管系统开发，建立涵盖福建省海洋与渔业厅的监管信息大数据。推进行政审批服务标准化建设，对已公布的权力和公共服务事项重新梳理绘制运行流程图，发布服务指南40项，全面梳理“一趟不用跑”和“最多跑一趟”办事清单目录，分三批公布38个事项（计52子项）。再造审批服务流程，统一整合为受理、审查、决定3个环节，除个别复杂事项外，承诺时限统一压缩到法定时限的50%以内。落实“减证便民”政策，对没有法律法规依据的证明材料一律取消；对办事确需的证明材料，能够通过内部调查核实的，予以取消；对可以通过系统内部渠道和通过福建省网上办事大厅获取和核验的证照和批文，不再要求申请人必须提交。除审核转报和年审类不用生成电子证照外，其余事项全部纳入电子证照库管理。出台《福建省海洋与渔业厅加快推进“互联网+政务服务”工作方案》，建立线上线下一体化的海洋与渔业网上政务服务平台。

海　洋　科　技

【科技创新平台】　福建省利用福州大学海洋科技发展优势，设立“福建海洋高新产业科技创新基地”。建设海洋工程装备研发中心暨“蛟龙”号科普基地，完成中心大楼主体工程，编制“蛟龙”号装备、科普基地布展方案。厦门南方海洋研究中心创业创新基地已入驻企业（团队）21 家，安排支持中小微企业“助保贷”资金 2620 万元。漳州科技兴海研发基地一期工程科研楼、科研附属楼，以及道路管网和文化长廊建设项目竣工。中国—东盟海洋合作中心实施第二批中国—东盟海上合作基金 4 个子项目，完成第三批基金项目推荐申报工作。福建省虚拟海洋研究院已征集入驻专家 1500 多名、入驻高校 20 家、科研院所 39 家，对接项目技术成果 290 余项，其中 80 余项获得财政资金立项支持，帮助对接成功项目提供融资服务 35 亿元。

【科技成果转化】　在第十五届“6·18”期间打造“海洋展示馆”，开展首届“青年海洋创新创意成果奖”评选，举办第四届福建海洋战略性新兴产业项目成果交易会暨海洋生物医药产业峰会，成功对接项目 155 项，总投资 270.87 亿元，同比增长 14.0%。举办第十二届中国（福州）国际渔业博览会·亚太水产养殖展，34 个国家和地区的 528 家协会、企业参展，现场签约海洋与渔业项目 16 个，签约金额 200 亿元。举办“走进福建省水产研究所”海洋科技成果转化对接会，9 个项目现场签订科技成果转化项目意向书。举办福建休闲渔业投资招商与旅游推介会，2 个项目对接签约，总投资 151.2 亿元。实施国家海洋公益专项、福建省海洋高新产业发展专项，1 项成果获国家技术发明二等奖，10 项成果获省科学技术奖，5 项成果和著作获国家海洋行业科技奖、优秀图书奖。

海　洋　文　化

【海洋主题活动】　2017 年，组织开展“公众开放日”活动 10 期，邀请学生、环保志愿者、市民代表及人大代表、政协委员等 300 多人参加。2017 年 6 月 8 日，福建省海洋与渔业厅举办“美丽福建·美丽海洋”6·8 世界海洋日大型音诗画文艺晚会，晚会分为“蓝之海”“魂之海”“恋之海”“美之海”四个篇章，展现福建海洋事业的传承、发展与成就。6 月 10—11 日，举办 2018 第五届“海洋杯”中国·平潭国际自行车公开赛，来自 26 个国家和地区的 2500 多名选手参赛，创历届之最。6 月 22—24 日，第三届平潭国际海洋旅游与休闲运动博览会召开，展会规模 14000 平方米，现场设置主题馆与产业馆两个部分，参展商 160 多家。国家海洋局和莆田市政府成立弘扬妈祖海洋文化联合工作组，开展“妈祖海洋文化”课题调研、“妈祖海洋文化”进高校大讲堂活动。

【海洋文化宣传】　拍摄《海上福建》纪录片，完成妈祖绕境、天心岛小学海洋意识教育、长泰天柱山海洋馆建设等 11 个故事的文本调研和实地调研。制作海洋系列宣传篇，完成《福建省海洋立体实时观测网》专题片、《福建连江海域海洋综合减灾示范区建设》专题片、《福建连江海域海洋综合减灾示范区建设》画册、《海上救援》动画微电影、《福建省“十三五”渔业发展专项规划》动漫宣传片、《战赤潮灾害 保海鲜安全》宣传片制作。2017 年，在《福建日报》发表《海洋通迅》76 篇，在《中国海洋报》刊登福建省相关稿件约 200 篇；“福建海洋云”微信每周发布五期，共推送海洋与渔业信息 996 条；制作播出“渔民之友”节目 284 期。

（福建海洋与渔业厅）

厦 门 市

综 述

【概况】 厦门市位于台湾海峡西侧、福建省南部、九龙江入海口，24°24′—24°55′N，117°53′—118°25′E，南北长13.7千米，东西宽12.5千米，陆地面积1573.16平方千米，海域面积约390平方千米，海岸线长度约239千米，有大小岛屿31个，户籍人口220.55万人，全市常住人口392万人。厦门市下辖思明、湖里、海沧、集美、同安、翔安6个区。厦门海岸地貌具有岸线曲折、湾中有湾、湾中有岛的特征。厦门属亚热带海洋性季风气候，湿热同季，日照充足，年平均气温20~22℃，年平均降水量900~2000毫米，年平均风速3.4米/秒,年平均水温21.3℃，每年平均有5~6次台风影响该区。厦门海域潮汐类型属于正规半日潮，平均高潮位5.68米，平均潮差3.98米。

厦门自然条件优越，海洋资源丰富，各类海洋生物近2000种，其中有经济价值的常见鱼类157种，软体动物89种，甲壳类动物127种，藻类139种，拥有国家一类保护动物中华白海豚和文昌鱼。厦门港口资源丰富，拥有深水岸线约27千米，可建40个万吨级以上的深水泊位。厦门滨海旅游资源丰富，拥有鼓浪屿—万石山国家级风景名胜区等一批自然景观和人文景观。厦门市海洋科技资源雄厚，海洋科技实力较强，为厦门发展海洋经济创造了良好的条件。

厦门海域地处东海至南海、东北亚至东南亚的海上交通要冲，区位优势十分明显。厦门所辖海域面积不大，但资源优势突出，港口资源、滨海旅游资源和海洋生物资源种类丰富。海洋资源的合理开发，为厦门发展海洋优势产业提供了有利的条件。近年来厦门市海洋经济取得了长足的发展，已形成以临海工业、港口航运业、滨海旅游业和海洋渔业四大产业为主体的海洋产业体系。2017年，厦门凭借海洋和海湾资源优势，以项目为抓手，大力发展临海工业、港口交通运输、滨海旅游和海洋高新技术产业等海洋产业，海洋经济对全市国民经济发展的贡献率逐步增大。

海洋经济与海洋资源开发

【概述】 2017年厦门海洋科技和海洋经济发展工作在市委、市政府的正确领导和上级主管部门的关心指导下，以创建海洋经济创新发展示范市和海洋经济发展示范区为契机，大力推进海洋经济发展提质增效，在整体经济增速放缓的局面下，海洋经济仍保持了快速的发展态势，对国民经济增长的贡献进一步加强。

【海洋经济】 2017年全市海洋经济平稳发展，总产值2281.59亿元，较去年同期增长10.0%；实现增加值600.16亿元，同比增长10.5%，占全市GDP的14.5%。海洋产业结构进一步优化，三次产业结构为0.37:30.44:69.19，继续保持以第三产业为主导、第二产业协同发展的格局。海洋工程建筑业、海洋交通运输业和滨海旅游业继续保持较快发展，增加值分别为85.03亿元、59.75亿元和140.22亿元，同比分别增长3.2%、12.0%和20.7%。海洋高新技术产业实现增加值194.88亿元，占全市海洋生产总值的32.47%，其中，海洋药物和生物制品业和海洋高端装备制造业增加值分别为23.36亿元和16.55亿元，同比分别增长16.2%和29.8%，对全市海洋经济的稳步增长起到积极的拉动作用。

【海洋经济项目的成果和亮点】 2017 年组织涉海企业及科研院所提交各类海洋经济项目申请 52 项，经专家评审及主管部门审批，10 项获得财政资金立项补助。2012 年以来，厦门市共实施海洋经济项目 147 项，项目总投资 47.55 亿元，实际完成投资 37.22 亿元，完成总投资比 78.3%。建成或改造生产线 81 条，新增研发投入约 12 亿元，其中建成企业研发中心、技术平台 27 个，新增配套设施 357 台（套），新增产品证书 13 个，新产品 91 种，实现成果转化 61 项，建成创新示范工程 15 项，形成标志性成果 32 项，新增品牌 14 个，申请制定标准 53 项，申请及获得专利 454 项；带动新增产值 68.7 亿元，新增利税 7.5 亿元，新增就业约 1700 人。“十二五”国家海洋经济创新发展区域示范项目连续 4 年在财政部、国家海洋局组织的年度考核中获评“优秀”。厦门市首批 18 个“十三五”国家海洋经济创新发展示范市项目建设在全国率先启动，并在国家示范工作培训会上做了典型发言介绍厦门经验模式。示范项目实施以来，亮点频现。其中，厦门蓝湾科技有限公司承担的“海洋多糖新技术开发研究及产业化应用”获得国家海洋局科学技术进步二等奖；汇盛公司承担的“海洋微藻 DHA 藻油的物理提取及其微胶囊粉产业化生产”项目获福建省技术发明奖二等奖、厦门市科技进步一等奖；集美大学承担的“海藻经济多糖改性专用酶的生产及应用技术开发”获得上海海洋科学技术奖的科技进步一等奖及福建省科学技术进步三等奖；厦船重工承担的“8500PTCT 汽车滚装船研制”项目获得 2017 年度厦门市科技进步二等奖。

【厦门市（区）海洋开发资料统计】 全力打造厦门海洋生物产业社区，获国家海洋经济创新发展示范资金支持；厦门生物医药港园区海洋生物企业集聚效应日益凸显，园区配套日趋完善，形成“创业苗圃—孵化器—加速器”培育体系。发展壮大港口经济，2017 年厦门港货物吞吐量完成 21116.25 万吨，同比增长 1.0%；集装箱吞吐量完成 1038.14 万标箱，位居全球第 14 位；完成水水中转箱 297.91 万标箱，同比增长 29.8%，高于同期全港集装箱增幅 21.8 个百分点，占全港比重达 28.7%。大力发展滨海旅游业，厦门港共接待国际邮轮 77 艘次，邮轮旅客吞吐量 16.29 万人次；依托厦门邮轮母港，加强与海上丝绸之路沿线国家的旅游合作，推出厦门至“海上丝绸之路”主要节点城市邮轮航线；探索推进“厦金游艇自由行”试点直航；邀请“海上丝绸之路”沿线国家和“一带一路”北、中、南线国家及地区来厦门参加海峡旅游博览会，参加国家数达 37 个，实现了厦门旅博会品牌的进一步提升，助推厦门旅游会展名城的知名度和影响力向全球扩展。加强海域环境保护，进一步落实和完善退养长效监督管理机制，做好海洋知识和海洋生态保护的宣传普及工作。厦门中澳游艇码头、厦门港主航道扩建四期等 13 个在建省级重大海洋经济项目完成 118.18 亿元投资，累计投资 337.03 亿元。思明区做好“新世遗·后金砖”旅游产品推广，开展“山海协作”主题自驾活动，成功举办“2017 年 UIM 世界 XCAT 摩托艇世界锦标赛中国系列赛厦门站”赛事。湖里区举办 2017“乐游湖里”第三届厦门帆船嘉年华，积极开展帆船培训、航海帆船体验及青少年 OP 帆船夏令营，整合五缘湾帆船、游艇、直升机等海洋文化等特色旅游元素，广泛开展海洋旅游系列主题活动。集美区加快推进杏林西海域历史遗留水产养殖的退出工作，加强对宝珠屿等无居民海岛的管控。海沧区积极推进国家“蓝色海湾”整治行动项目之一的海沧湾嵩屿码头至海沧大桥岸线整治工程，截至目前累计完成投资约 20000 万元；抓好嵩屿码头改造暨“蓝色海湾广场”项目实施。同安区规范有序发展远洋渔业，投资兴建 1.5 万吨深海鱼冷库，并于

2017年6月投入使用，实现远洋捕捞、冷冻和销售的一体化运营。翔安区以文化、度假、创意为特色创新产品体系，构建以“闽韵海岸、欢乐翔安”为主题、滨海民俗为特色的休闲旅游目的地，依托大嶝台贸小镇和新店澳头渔港小镇建设，实现翔安海洋旅游发展的全新突破。

海洋立法与规划

【概述】 2017年，厦门市海洋与渔业局围绕中央建设海洋强国、全面推进依法治国的战略决策，根据厦门市委、市政府工作部署，不断完善依法行政工作体制机制，深化审批制度改革，继续加大行政许可、执法监督力度，规范行政权力运行，落实法制宣传，大力推进依法行政，全面抓好海洋与渔业各项工作的落实，持续提升厦门市海洋与渔业局依法行政整体水平。

【海洋渔业政策法规】 与海事、边防等7部门联合行文，出台《关于严厉打击非法采运海砂河砂的通告》；组织制定《厦门市涉海旅游管理意见》；制定出台《厦门市海洋与渔业局2017年度依法行政工作要点》《厦门市海洋与渔业局落实“谁执法、谁普法”工作实施方案》及2017年法治学习计划、普法责任清单；制定出台了《厦门市水产品批发市场管理处行政处罚案件办理流程规范》《厦门市海洋与渔业局关于印发厦门市海洋与渔业局海洋与渔业案件管理办法的通知》《厦门市海洋与渔业行政处罚自由裁量权标准》《厦门市水产品批发市场管理规定行政处罚自由裁量权实施办法》《厦门市海洋与渔业局关于印发行政复议答复和行政诉讼应诉工作规程的通知》等10多部规范行政审批、行政处罚、事中事后监督检查的规范性文件；结合上级工作要求，对照有关生态文明和环境保护的上位法，继续开展《厦门市海洋环境保护若干规定》《厦门市海域使用管理规定》《厦门市无居民海岛保护与利用管理办法》的自查清理及修订工作。

【审批事项改革】 进一步简化审批流程。2017年全面清理厦门市海洋与渔业局办事指南、办理规程，推进全程网上审批。建立厦门市海洋与渔业局电子证照库，实现审批信息内部共享，全部行政审批事项办理时限压缩到法定时限的35%，真正做到审批提速65%。同时推行预约服务、下乡服务，为行政相对人提供更好地便民服务；加快推进相对集中行政许可权自贸区试点工作。2017年，厦门市海洋与渔业局先后承接福建省海洋与渔业厅下放厦门市海洋与渔业局行政审批事项6项，具体承办省海洋与渔业厅下放厦门自贸区事项11项，根据上级文件及时对应取消了3个行政许可事项。制定出台《厦门市海洋与渔业局办公室关于印发自贸区工程建设领域行政审批制度改革有关事项的通知》，对厦门市海洋与渔业局承办在自贸区实施的“非跨设区市行政区域海域使用的审核”“海洋工程建设项目海洋环境影响报告书核准”2个涉及工程建设项目的审批流程进行了优化、简化。建立了“非跨设区市行政区域海域使用的审核负面清单”“海洋工程建设项目海洋环境影响报告书核准负面清单”。出台“非跨设区市行政区域海域使用的审核事中事后监管方案”“海洋工程建设项目海洋环境影响报告书核准事中事后监管方案”，强化了行政审批事项事中事后的执法监管；健全完善“双随机一公开”事中事后监管制度。2017年，厦门市海洋与渔业局制定了《厦门市海洋与渔业局关于印发2017年省政府“立项挂牌办理”任务分工办理等文件的通知》《2017年度双随机工作计划》等规范性文件和工作计划，对“双随机”抽查的“一单两库一细则”实行动态调整，厦门市海洋与渔业局执法队伍严格执行随机抽查机制。2017年开展双随机抽查8次，涉及抽查事项12项，参加双有机抽查工作的执法人员26人，抽查对象32个；建立市场主体诚信档案、行业

“红黑名单”制度和市场退出机制。厦门市海洋与渔业局制定了《厦门市海洋与渔业局办公室关于印发社会信用体系建设 2017 年度工作计划等文件的通知》《厦门市海洋与渔业局社会信用体系建设示范单位创建工作方案》《厦门市海洋与渔业局失信被执行人联合信用惩戒工作细则》等文件，对厦门市海洋与渔业局有关社会信用体系建设工作进行了规范。积极落实“双公示”信用信息公示制度。按审改工作要求调整、确定厦门市海洋与渔业局行政许可和行政处罚社会信用信息目录。按行政许可和行政处罚社会信用信息公示要求，及时梳理、归集厦门市海洋与渔业局行政许可和行政处罚社会信用信息数据，在局门户网站进行公示，同时，推送至市信息管理工作平台进行发布，在信用厦门网站进行公示，2017 年，厦门市海洋与渔业局共向市信息管理工作平台推送 400 多条信用信息，推进了厦门市海洋与渔业局信用信息公示工作的开展和社会信用体系的建设。在管理实践中实施信用奖惩。

海域使用与海岛管理

【概述】　2017 年，厦门市海洋综合管理以生态用海理念为指引，以用海服务保障为重点，探索建立填海总量控制制度,加强海岛保护与利用，强化用海项目监管，完善海域权属制度，加快海域动态系统建设，迎接国家海洋督察，取得了较好成效。

【用海保障】　启动生态用海制度建设。组织编制 2020 年厦门市围填海总量控制制度实施方案，明确填海总量和年度目标，实行围填海总量和年度强度双控制度。组织编制 2020 年厦门市自然岸线保有率控制实施方案，明确自然岸线保有率目标，实行自然岸线占补平衡制度；推进海域生态修复工程。主动参与马銮湾片区海域生态修复工程，以改善马銮湾水质为重点，做好马銮湾水动力与岸线数模技术审查工作。开展沙滩稳定性观测与研究工作，了解厦门市沙滩变化趋势，掌握沙滩修复的成效，及时向市政府报告历年来沙滩修复的研究、建设、管理及评估情况；开展清淤统筹平衡工作。在市清淤办撤销后，负责全市海域清淤统筹平衡工作；做好 2017 年省、市重点项目用海保障工作。完成厦门市海沧港区 22#—24# 泊位工程用海、丙州公园、厦门港主航道扩建四期工程以及丙洲东北侧岸线整治工程用海。中澳游艇项目南护岸施工围堰、厦门国际航运中心海水源热泵供冷供热工程、厦门港东渡港区邮轮项目 0#—4# 泊位改建工程、翔安机场快速路大嶝岛段田墘互通 A 匝道工程及厦门海沧湾旅游码头工程等用海审批工作。全年共计保障用海项目 22 项，用海面积 1727 公顷。征收海域使用金人民币 2.23 亿元。

【用海监管】　加强用海项目审批监管工作。落实用海项目审批事中事后监管实施方案，约谈督促重点用海单位，对已批 30 多个用海项目（面积约为 15 平方千米）逐一排查，提出完善具体措施，实施用海项目全程监管；做好海底油气管道监督工作。定期组织海底油气管道检查，切实做好海底油气管道的保护工作。

【海域使用权市场化配置】　为减少政府对海域资源的直接配置，推动海域资源依据市场规则、市场价格、市场竞争实现效益最大化和效率最优化，结合厦门实际，推动出台《厦门市人民政府关于全面推进海域资源市场化配置的意见》（厦府 [2017] 96 号）。完成厦门湾口 201601、201701 海域海砂开采用海海域使用权公开拍卖工作，有力保障了厦门市新机场及其他重点项目建设用砂需求。

【海岛保护与利用】　加强无居民海岛海洋生态系统的修复工作。提出生态岛礁建设项目的重点、范围及主要修复内容。组织编制无居民海岛保护与利用规划。启动宝珠屿、大离亩屿、土屿等单岛规划的编制工作，为生态岛礁工程的实施提供规划条件。办理厦门市火烧屿及大兔屿保护与开发利用示范项目用岛手续，推进项目实施。

【海域动态系统建设】 抓好海域动态系统运行工作。督促落实年度海域动态系统业务化运行工作方案，做好海域使用权证配号过渡到海域使用管理配号衔接工作，完善海域动态系统自身建设；开展重点用海项目跟踪核查工作。充分利用各种科技手段，积极做好配合用海项目执法检查工作。

【国家海洋督察迎检】 2017 年 8 月 23 日—9 月 22 日，国家海洋督察组第四组对福建省开展为期一个月的海洋督察工作，并于 9 月 8 日—9 月 13 日下沉督查厦门市。厦门市高度重视海洋督察工作，成立厦门市配合国家海洋督察工作协调联络领导小组及办公室（市迎检办挂靠厦门市海洋与渔业局），市主要领导和分管领导分别召开厦门市迎接国家海洋督察工作动员会和专题协调会，协调部署海洋督察迎检工作。为做好海洋督察迎检工作，厦门市海洋与渔业局建立了 24 小时国家海洋督察应检值班制度。在各位局领导高度重视和各单位大力支持、共同努力下，共完成督察组转办调阅材料任务 44 件，均在规定时限内完成报送；在规定时限内办结 10 批次 14 件海洋督察信访举报转办件（其中立案处罚 3 件、罚款人民币 8 万元），较好完成了国家海洋督察迎检工作。

海洋环境保护

【概述】 2017 年厦门市海洋与渔业局圆满完成了金砖国家领导人厦门会晤海洋环境质量保障工作；落实了海洋生态文明体制改革重点任务；全力配合完成中央环保督察、国家海洋督察、福建省环保督察和省政府的每季度效能督察等专项督察工作，不折不扣落实各项整改任务；蓝色海湾生态修复治理和海洋垃圾防治工作得到国家海洋局的肯定。总结形成了海洋垃圾防治的“厦门模式”、红树林生态修复的“厦门样本”、蓝色海湾综合治理的“厦门示范”。

【海洋环境保护规划】 根据党中央、国务院和国家海洋局关于海洋生态环境保护要求，厦门市制定并印发了《厦门市海洋环境保护规划》（2016—2020 年）。该规划进一步明确了“十三五”期间厦门市海洋生态环境保护的目标、管控制度、重点建设项目、保障措施等，为厦门海洋生态资源环境保护的监督与管理提供了重要依据。

【海洋工程、海岸工程环境保护管理】 继续严把涉海工程海洋环评关，以保障轨道交通工程、马銮湾片区生态修复工程等省市项目为重点，2017 年共组织完成对 18 个海洋工程项目的环境影响评价核准。突出加强事中事后监管，精心筹备、严密组织，牵头开展了大嶝航空城用海项目海域使用和海洋环保措施落实的综合检查，取得很好的监管效果。在全国率先开展海洋工程环保监理试点，推动厦门湾口海砂开采工程海洋环保监理试点实施，建立了海洋环保监理制度，属全国首创。2017 年市海洋执法支队组织海域巡航 1127 次，岸线巡查 839 次，无居民海岛检查 71 次，检查海洋工程 53 个次。对在厦门海域从事倾废作业的船舶安装 GPS 定位和监控设备，实现全天候监管。

【中央环保督察基本情况、主要成效等】 中央环境保护第五督察组于 2017 年 4 月 24 日进驻福建省开展为期一个月的督察。在督察组进驻期间，成立配合督察协调联络领导小组及办公室，建立 24 小时迎检值班制度，及时提供相关材料，接受询问检查。督察意见反馈后，对照中央环保督察发现的问题，迅速制定整改方案，落实整改责任分工，立行立改、清单销号，不折不扣落实各项整改任务。

【海漂垃圾防治处置】 落实习近平主席2015年对美国进行国事访问的成果清单，实施《中美海洋垃圾防治厦门—旧金山“伙伴城市”实施方案》，按计划推动开展海洋垃圾监测、评估与防治技术业务化研究及示范应用项目研究。实现了海漂垃圾漂移路径和分布区域的预测预报，为海上保洁力量提供科学部署依据。制定并印发极端天气下厦门湾海漂垃圾应急处置预案，建立厦门海漂垃圾收集、转运、处置机制。开展了海洋垃圾防治示范工作，建立海沧区海上保洁队伍。2017年厦门国际海洋周期间召开了“APEC沿海城市海洋垃圾管理国际研讨会”，吸引了上百名来自国内外的嘉宾参加并在会上交流。开展了“无痕海洋”海洋垃圾防治宣传及净滩等宣传活动。2017年12月美国代表团访问厦门期间，赞扬厦门市在海洋垃圾防治工作方面取得的积极成效。通过政策引导、项目带动、多方配合，形成的海洋垃圾防治“厦门模式”，得到了国家海洋局王宏局长的肯定。

海洋生态文明

【海域海水污染防治理】　2017年，持续推进《厦门近岸海域水环境污染治理工作方案》，印发实施《厦门市落实九龙江—厦门湾污染物排海总量控制试点工作实施方案》。随着厦门市近岸海域污染防治方案各项措施的实施，陆海统筹、联动治理的局面逐渐形成，治理效果初显，2017年厦门湾入海污染物总量同比减少32.7%，厦门湾局部海域符合一、二类水质标准的面积占比达69.1%，超过当年目标值4.2%。

【厦门海洋公园的规划建设】　2017年，继续推进厦门国家级海洋公园基础设施建设，修改完善《厦门国家海洋公园总体规划》(2012—2020年)，上报国家海洋局批复。

【海洋生态文明示范区建设】　实施厦门国家级海洋生态文明示范区建设规划和实施方案，建立海洋生态文明考评机制，将海洋生态文明和海洋环境保护目标责任制落实纳入市委、市政府对各区委、区政府年度生态环保考核指标体系，为厦门市申报国家生态文明建设示范市作出积极贡献。全面推进“蓝色海湾”综合整治工作，开展海域生态环境整治提升行动。海沧湾生态修复工程被国家海洋局命名为“蓝色海湾国家示范工程”。开展海洋生态修复，建设下潭尾红树林湿地公园，红树林湿地修复“厦门样本”经验，得到央视《焦点访谈》栏目的宣传。“生态岛礁”修复工程和滨海沙滩岸线修复项目成效显现，完成长尾礁至五通段沙滩修复约18万平方米，环岛路沿线及鼓浪屿沙滩岸线修复工程完成补沙30万立方米，完成海堤纪念公园的景观改造提升。启动同安湾浪漫海岸线红树林绿化工程建设，提升环东海域沿线景观，深受市民欢迎。

海洋环境预报与防灾减灾

【概况】　2017年厦门市海洋与渔业局积极做好风暴潮、赤潮等海洋灾害的预警预报工作，组织开展赤潮应急监测演练和应急消除防控工作，完成厦门市海洋防灾减灾预警报能力升级改造项目，海洋预警报能力和海洋灾害防御能力得到提升。2017年厦门海域发生两次赤潮灾害，未造成经济损失。厦门沿海出现2次增水大于50厘米的风暴潮过程，均未出现超过警戒潮位的高潮位。

【赤潮预防与治理】　2017年，厦门市认真按照《厦门市海洋赤潮灾害应急预案》和《近岸海域生态环境质量保障方案》，利用海域水质自动在线监测系统，做好厦门海域赤潮等级预报和预警工作。厦门市海洋与渔业局在赤潮高发期共完成了厦门海域赤潮等级预报184期，组织开展赤潮应急监测演练和应急消除防控工作。

【赤潮监测】　2017年，厦门岛周边海域共发现两次赤潮过程，两次赤潮期间均未接到因赤潮造成损失的报告。赤潮发生期间，及时组织市海洋环境监测站和市海洋综合行政执法支队进行海上巡航监视监测。

【海洋风暴潮与应急管理】　2017年，厦门沿海出现2次增水大于50厘米的风暴潮过程，分别是1709号台风“纳沙”风暴潮过程最大增水110厘米、1713号强台风“天鸽”风暴潮过程最大增水77厘米。在两个台风影响期间，均未出现超过警戒潮位的高潮位。2017年，厦门市海洋防灾减灾水平进一步提升。完成《厦门海域风暴潮漫堤风险预警分析系统》建设，实现在每次台风过程自动对各岸段进行风暴潮漫堤风险预警分析；完成《厦门市海洋灾害风险评估和区划基础数据系统》建设，为厦门海洋防汛部门提供一个集观测、预报、预警、数值预报、灾害调查和承灾体等为一体的综合信息服务平台。

海洋执法与监察

【概述】 2017年，办理各类海洋与渔业案件261起，其中海洋案件41起、罚款约1.4亿元，渔业案件220起、罚款102万元；组织重大案件会审21起，涉案金额约20亿元；完成“110”警情处置340起；组织支队在编队员参加全国渔政执法资格考试并全部通过。

【专项执法】 一是“蓝剑”专项执法。为打击海上非法采砂、非法倾废、非法捕捞等违法行为，开展为期114天的“蓝剑”专项执法行动，共出动船艇590艘次，车辆147艘次，执法人员4571人次，累计巡查岸线2622千米，航程8929海里，航时459.5小时，登临检查378艘船次，巡查无居民海岛35个次，拆除240张非法捕捞网具、新增吊缯机平台1座，查获违法作业砂船12艘，运砂船1艘，查处违法作业涉渔船舶44艘；清理整治非法养殖300亩，宣传劝导渔民514人次，发放宣传材料2500余份；二是“碧海”专项执法。立案查处海洋环保类案件17起（采砂案件11起、倾废案件6起），实收罚款58.26万元。检查海洋工程项目264个次，针对海洋工程不规范施工行为，责令施工单位整改13次。查获非法采、运砂船48艘，其中对涉及违法采砂的11艘，均已立案查处。登检倾废船只221艘次，查处无证倾废船只6艘次；三是“护岛”专项执法。共组织执法人员330人次，海上巡航巡查66航次，登岛检查230次，航程约5055海里，获取海岛照片510张，发现并制止违法行为10余起，开展海岛清洁活动8次，更新海岛执法档案17个；四是“海盾2017”专项执法。坚持“双随机”执法检查机制，切实加强对辖区内用海项目的清查工作；严格按照《区域建设用海规划管理办法》要求，加强区域规划用海实施情况的监督；落实巡航巡查制度，加强海底电缆管道，海底、水面、海面其他构筑物的执法监管。累计组织海上巡航1554次，岸线巡查944次，出动执法人员12127人次，开展用海项目日常检查264次、双随机检查16次，开展海底电缆管道检查267次，成功制止各类非法用海行为45起，拆除杏滨路非法占海餐饮船14艘；五是清理整治违法渔具专项行动。坚持以《农业部关于禁止使用双船多囊拖网等十三种渔具的通告》规定的渔具为标准，通过细化部署、优化机制、强化落实，对不符合《农业部关于实施海洋捕捞准用和过渡渔具最小网目尺寸制度的通告》规定的渔具进行严厉打击。共计出动执法人员6210人次，组织开展行动1135次，检查渔船297艘，立案查处涉及违法渔具违法行为10起，罚款金额6.45万元，清除违规网具2000余件(套)。

【厦漳泉联合执法】 进一步完善厦漳泉金海上联合执法机制。召开厦漳泉海上执法联席会议2次、海峡两岸（厦漳泉莆金）海上执法座谈会1次。牵头厦漳泉3市6个部门联合印发《关于进一步完善厦漳泉海洋与渔业海上联合执法机制的意见》(厦海综支[2017]70号)，为厦漳泉海洋与渔业执法部门以及海警部门的联合执法奠定了基础；开展厦门湾海上联合执法。在春节前夕、伏季休渔期、金砖会晤筹备期等重要时间节点，牵头组织厦漳泉海上联合执法行动4次，共出动执法船艇43艘次，执法人员228人次，登临检查船舶65艘次，拆除违法捕捞网具161张，查获涉渔、涉砂非法船舶 6 艘次。开展厦金协同执法行动 9 次，接收金门移送过界生产作业船舶 8 艘次、19 人次，有力维护了厦金海域的和谐稳定。

【海域采砂】 以全面消化存量、严格控制增量为目标，全力以赴推动占海砂场整治。牵头开展海上非法采运砂船管控。沿澳头至五通设置海上封锁线，实行 24 小时海上屯兵值班执勤，联合海事、港航等涉海单位查扣非法采运砂船 48 艘次，全面有效遏制厦门海域非法采砂行为；联合各区取缔清退非法砂场。通过全面摸排、联合约谈、执法施压、强制拆除等措施，完成 96 家非法占海砂场洗砂设备、管理房的拆除取缔工作，按市委市政府要求圆满完成了砂场整治任务。

【伏季休渔】 2017 年厦门市伏季休渔渔船总数达 1048 艘，其中刺网作业渔船 822 艘、张网船 3 艘、灯光围网船 4 艘、拖网船 1 艘、其他杂渔具船 207 艘、辅助船 11 艘。先后巡查港口、码头 222 次，组织海上巡航 622 次，出动执法人员 3544 人次、执法车辆 486 辆次，发放宣传材料 7000 多份，张贴宣传页 120 张，悬挂宣传横幅 34 条，检查渔船 220 艘次，查处非法捕捞渔船 54 艘次，办结案件 41 起、罚款人民币 28.47 万元，拆解涉渔“三无”船舶 39 艘，拆除违规网具 98 余张。

【海洋渔业执法监察】 加强行政执法人员持证上岗和资格管理。按要求全面梳理了执法证持证情况并向市法制局报备，持证执法人员由市法制局网站向社会公布，2017 年厦门市海洋与渔业局共有 132 人持有厦门市行政执法证；完善办案流程规范自由裁量。厦门市海洋与渔业局制定出台了 10 多部规范行政审批、行政处罚、事中事后监督检查的规范性文件，全面规范海洋渔业法律、法规、规章所涉行政执法程序，细化、量化行政处罚自由裁量权；开展重大执法决定法制审核。对各类案件开展法制审核，落实法制员审核—执法单位案件会审会议—局重大案件会审会议的三级法制审核制度，确保所有案件都经过法制审核。2017 年，组织重大案件会审 9 起，确保重大行政执法决定法制审核有效实施；加强执法监督。组织开展了 2017 年度厦门市海洋与渔业局行政许可、行政处罚执法督察，开展执法案卷评查工作。同时，加强电子监督，厦门市海洋与渔业局所有行政处罚案件全部进入局 OA 办案系统且已并入市法制局行政处罚监控系统，及时向市法制局报备有关重大行政处理决定，2017 年，共报送 5 批次 15 个重大行政案件；加快落实两法衔接制度。与法院、检察院等司法部门联动，推动非诉行政处罚案件强制执行，推动“行刑衔接”。厦门市海洋与渔业局所有涉嫌刑事的行政处罚案件均已按照要求录入福建省检察院“行刑衔接”系统。2017 年 6 月，厦门市海洋与渔业局属市水产品批发市场管理处向市公安局移送 3 起水产品质量安全涉嫌犯罪案件，同时抄送市检察院。

海 洋 科 技

【海洋与渔业科技成果和论文】 2017 年完成了“厦门市海洋生态补偿管理办法”“厦门市“十三五”海洋与渔业安全生产规划”“厦门红树林湿地重建和恢复效益评估”“厦门市入海污染物总量控制指标及减排实施办法”“厦门东坑湾海陆统筹发展规划”等科技项目的立项；完成了“当前中国游艇产业发展瓶颈和对策研究”“厦门市滨海旅游规划（厦门岛东部）海域使用论证研究”“厦门对台渔业基地投融资模式研究”“厦门市水产品质量安全动态分析及监控对策(2015—2016)”“厦门红树林湿地重建和恢复效益评估”“河流污染物入海通量在线监测-后溪流域示范项目”“厦门市水产品批发市场建设规划”等科技项目的结题验收，形成相关研究报告与论文成果。

【“智慧海洋”与海洋信息化建设】 厦门“智慧海洋”信息化建设项目（一期）于 2017 年

7 月启动实施，搭建“一个基础平台，两个应用系统”，实现涉海数据的采集、存储、互联互通与开放共享，以“一张图”的形式综合展示涉海数据；继续推进海洋生态环境智慧化观测装备研发公共服务平台建设，通过国家海洋局海洋创新发展示范项目资金支持，建设集海洋生物观测装备试验内、外场与海洋生物观测装备全景分析为一体的厦门海洋生态环境智慧化观测装备研发公共服务平台，且已见雏形；厦门“互联网+海洋”协同创新公共服务平台正式上线使用，为海洋经济项目的申报、评审、管理、监理、监督、后评价等提供“一站式”的信息化服务，实现与现有海洋产业公共服务平台间数据交换；完成《中国—东盟海洋产业公共服务平台信息化实施方案（2016—2019）》编制；整合提升实现门户网站升级改造，围绕政府信息公开工作的要求，对局门户网站进行全面升级改造，切实保障公众的知情权和监督权。

【“科技兴海”投入与产出统计】 “十二五”实施创新示范项目 26 个，争取中央财政资金 3.65 亿元，带动投资 13.9 亿元，已全部完成结题验收。2017 年，共实施厦门市海洋经济发展专项资金项目 103 项。2017 年新增 10 项，拟补助资金 3131 万元，拨付启动资金 1480 万元。全市 13 个在建省级海洋经济重大项目完成投资总额 118.18 亿元，完成计划投资比 142.58%。

海洋国际合作与交流

【概述】 2017 年，厦门市海洋与渔业局积极开展海洋与渔业国际合作与交流工作。成功举办 2017 厦门国际海洋周，以“积极参与全球海洋治理共同推进蓝色经济发展”为主题，包括国际海洋论坛、海洋展览洽谈活动、海洋嘉年华活动及海洋科普文化活动等 42 项系列活动，来自 43 个国家和地区及 10 个国际组织代表莅会，参会嘉宾人数较去年翻番，超过 2000 人。2017 年还新增了海洋嘉年华活动，进一步带动厦门滨海旅游业发展；继续推动中国—东盟海洋合作中心建设。根据国家海洋局和福建省人民政府签订的共建协议，完成《中国—东盟海洋合作中心顶层设计与发展战略研究》报告结题，举办东盟国家绿色生态水产养殖官员研修班；做好 PNLG 秘书处工作，组织在三亚市召开 2017 年东亚海岸带可持续发展地方政府网络（PNLG）年会。

2017 年海洋与渔业国内外交流合作规划与项目情况表

序号	项目名称	时间
1	成功举办 2017 厦门国际海洋周	2017 年 11 月 3—9 日
2	举办东盟国家绿色生态水产养殖官员研修班	2017 年 11 月 2—8 日
3	组织在三亚市召开 2017 年 PNLG 年会	2017 年 12 月 4—7 日年会

【中国—东盟海洋交流合作成果】 2017 年，推进中国—东盟海上合作基金项目实施。结合 2017 厦门国际海洋周，制定《2017 年中国—东盟海洋合作中心活动方案》，来自印度尼西亚、新加坡、马来西亚、柬埔寨、泰国、菲律宾、越南等 7 个东盟国家的官员、学者等32 人参加了相关活动。同时，圆满完成东盟国家绿色生态水产养殖官员研修班的筹办工作，增进了厦门市海洋与渔业国与东盟相关国家海洋合作交流。

【厦门国际海洋周】 2017 厦门国际海洋周于 2017 年 11 月 3—9 日顺利在厦门召开。本届海洋周以积极参与全球海洋治理 共同推进蓝色经济发展为主题。国家海洋局局长王宏、葡萄牙海洋部部长安娜·保拉·维托里诺出席厦门国际海洋论坛（主论坛）开幕式并致辞。莅会的还有来自柬埔寨、毛里求斯、桑给巴尔、塞舌尔、马达加斯加、加纳等国家的官员及联合国开发计划署、联合国教科文组织政府间海洋学委员会西太分委会、保护国际基金会等国际组织的代表。共举办了国际海洋论坛 9 场、7 场重要双边会谈，配套海洋展洽活动 5 场；海洋科普文化活动 4 场以及系列海洋嘉年华活动共计 42 项主要活动。参加海洋周各活动人数超过 20 万人，有力推动了厦门市与海丝沿线国家在海洋产业、海洋科技、海洋环保的海洋合作和人文交流。

【东亚海岸带可持续发展地方政府网络（PNLG）】 2017 年，组织 PNLG 成员参加执委会、年会等会议，推进成员间的交流和经验共享。在三亚市举办的 2017 年 PNLG 年会上正式吸收东帝汶的帝力、马纳图托和利基卡为 PNLG 新成员，目前 PNLG 成员已扩展到 10 个国家 48 个城市，进一步扩大了 PNLG 在东南亚地区的影响力。

厦门金砖会务保障

【概述】 2017 年 9 月 3—5 日，金砖国家领导人第九次会晤在福建厦门举行，主题是：“深化金砖伙伴关系，开辟更加光明未来”。厦门市海洋与渔业局为切实保障厦门金砖国家领导人第九次会晤顺利召开，认真落实《2017 年厦门会晤安保维稳部厦门市工作总体实施方案》等上级工作部署和要求，全面开展保障厦门会晤各项工作。

【厦门金砖会务保障】 加强组织领导。成立工作领导小组，建立定期会议和联络工作机制，制订完善各类工作预案；多措并举加强渔船管控。加强海上执法，结合厦金航道安全保障、“蓝剑行动”“净海 1 号”“伏休监管”“厦金协同执法”、打击涉渔“三无”船舶、“打击非法盗采红珊瑚”“打击非法采捕花蛤苗船舶”“打非治违”等专项执法行动，加大对辖区渔船的登临检查力度。严格开展港船管理工作，认真部署会晤期间渔港渔船监管重点。积极开展渔港和渔船停泊点巡查检查，共派出 5 个工作组，对全市渔港进行了巡查检查；做好水产品安全保障工作。制定检测标准，完成市外省外基地的推荐和遴选工作，研究解决海捕无基地供应和鲜活水产品运输存在的问题，做好提前采购暂养水产品的监管、监测和入仓前的各项工作，做好市场应急采购前期准备工作；加强监测，防范赤潮，做好防范海漂垃圾工作；深入开展过海油气管线专项执法整治；开展沙滩修复、砂场整治、海上非法养殖清理与违建拆除，加强无居民海岛执法监管，全面提升海域景观；提高应急响应等级，加强指挥值守，全面开展包括防台风、敏感海域管控、赤潮应急处置、海漂垃圾应急处置等工作预案的演练。

（厦门市海洋与渔业厅）

广 东 省

综 述

【概况】 2017年，广东省委、省政府对海洋工作密集研究、多次部署。广东省第十二次党代会提出“建设海洋经济强省，打造沿海经济带，拓展蓝色经济空间”。7月24日，广东省省长马兴瑞主持召开省海洋工作领导小组第一次会议，研究推进海洋“放管服”改革、解决历史遗留用海等问题。省政府常务会议5次专门研究和审议海洋类规划。2017年，广东省委、省政府领导对海洋渔业工作批示超过140多次。

【召开广东省第一次海洋工作领导小组会议】 2017年7月24日，广东省省长马兴瑞主持召开2017省海洋工作领导小组工作会议，这是省海洋工作领导小组成立以来由省长亲自主持召开的第一次小组全体会议，会议对海岸带规划、海洋主体功能区规划等进行审议，研究部署下一阶段海洋工作。印发省海洋工作领导小组会议纪要。进一步充实了领导小组架构，将常务副省长、分管农村工作的省委常委首次增设为副组长，并将省外办、省港澳办、省海警总队、南海舰队、省军区等单位纳入领导小组架构，小组成员也均首次明确为各单位主要负责同志。

【首届中欧蓝色产业合作论坛】 2017年12月8—9日，首届中欧蓝色产业合作论坛在深圳开幕。作为2017“中国—欧盟蓝色年”系列活动的重要组成部分，论坛以“蓝色伙伴·合作共赢”为主题，致力于在海洋产业领域开展政策宣介、投融资服务、技术交流和项目对接，深化中欧海洋领域的产业、技术、投融资等系列交流与合作，倡议建立“国际蓝色产业联盟”，推动建设“中欧蓝色产业合作园”。

此次论坛由中国海洋发展基金会主办，深圳市海洋学会承办，来自中国国家海洋局、沿海各地政府海洋部门、欧盟委员会企业代表及相关领域的专家、学者共300余人出席论坛，来自国内外海洋领域的专家学者、企业家围绕蓝色产业发展政策与实践发表主旨演讲，并专设四个分论坛：海洋高端装备与电子信息发展、海洋传统产业转型升级、海洋资源可持续综合利用、“蓝色增长”与未来产业。另外，论坛还举办了中欧企业家高端对话、建立“国际蓝色产业联盟”并发表倡议书等活动。

海洋经济与海洋资源开发

【海洋经济调查工作收尾】 第一次全国海洋经济调查是国务院批准开展的一项重大的国情、海情调查。2017年3月27日，经广东省人民政府同意，广东省“调查”领导小组办公室印发了《第一次全国海洋经济调查（广东）实施方案（修订版）》；4月8日，省财厅下达2017年广东省第一次全国海洋经济调查工作经费（粤财农［2017］72号），共计500万元。

截至2017年12月20日，全省海洋经济调查清查阶段工作基本完成，从2017年12月初开始，产业调查和专题调查阶段工作相继启动并加速全面推进。

【2017年中国海洋经济博览会】 2017年12月14—17日，中国海洋经济博览会在湛江举行，大会吸引专业观众5.8万人次、普通观众36.3万人次，达成交易和合作意向约901亿元。

博览会设两馆五区，即国家馆、产业馆

和海展区、商会展区、滨海旅游区、商品展销区、互动体验区。国家馆展示中国海洋经济发展成就、发展前景、对外合作等成果，展出科考船、无人船、深潜器、可燃冰勘探开发等高精尖成果，吸引超过 10 万人次参观，来自全球 63 个国家和地区的 3200 多家企业前来参展。

【推动金融支持海洋经济发展】 在推动金融支持海洋经济发展方面，做好国家海洋局、中国人民银行、国家工信部、国家银监会、国家证监会、国家保监会等九部委在广东省开展的金融促进海洋经济发展调研工作，组织召开调研座谈会，赴广州南沙、深圳开展实地调研。在全省海洋综合管理市厅级干部高级研修班上，邀请国开行广东分行对金融支持广东省海洋产业发展有关政策进行宣讲，搭建融资平台。

【与驻粤科研单位签框架协议】 2017 年 7 月 21 日，广东省海洋与渔业厅分别与中国地质调查局广州海洋地质调查局、中国科学院南海海洋研究所签署战略合作协议。协议双方将围绕发挥各自政策优势和专业技术优势，积极开展交流合作，特别是加强广东在深海天然气水合物勘探、南海开发保护等领域合作，搭建互联互通平台，为海洋经济强省建设提供科技、人才支撑。

根据协议，广东省海洋与渔业厅与中国地质调查局广州海洋地质调查局战略合作主要内容包括：广州海洋地质调查局利用自身专业技术优势在天然气水合物调查与试采、深水油气勘探以及海洋环境地质与工程地质调查研究优势助力广东海洋综合开发试验区建设；加快广东选划海域海砂勘探工作进度；共建数据共享平台与技术优势助力海洋开发利用与生态保护工作。广东省海洋与渔业厅在基地建设方面给予支持。双方还可互派人员，进一步促进交流，加强合作。

广东省海洋与渔业厅同中国科学院南海海洋研究所将在共建海洋科技专家咨询互动平台，推动广东海岸带生态物联网示范工程、国家岛礁可持续发展科创中心和海洋牧场示范区建设，加强海洋领域重点实验室、海洋预报减灾科技示范中心建设等领域合作；在海洋信息资源共享、南海资源开发利用、海洋开发技术研发与战略研究、海洋科普教育、现代渔业产业发展、国际交流等方面开展全面合作。

主要海洋产业

【概况】 珠三角、粤东、粤西三大海洋经济主体区域全面发展。珠三角以海洋交通运输业、海洋油气业、海洋高端装备制造业、滨海旅游业和海洋服务业等为主导且集聚效应较强，粤港澳大湾区海洋经济合作不断深化；粤西以临海工业、海洋油气业、海洋渔业和滨海旅游业为主导，粤桂琼区域合作向海洋领域扩展，中国海洋经济博览会成为国际合作开放大平台；粤东以临海工业、海洋渔业和滨海旅游业为主导，粤闽合作持续推动区域海洋经济发展。

【滨海旅游业】 2017 年，广东省拟定有关海岛建设“一岛一规划、一岛一主题、一岛一特色”的要求，各沿海市结合海洋海岛资源禀赋，积极发展高端度假产业，开发一批具有国际视野的高端、特色、生态旅游项目。

12 月 9 日，海陵岛全国十大美丽海岛揭牌仪式、海陵大角湾海上丝绸之路 5A 级旅游景区揭牌仪式同步举行；12 月 26 日，中国政府网发布的《国务院关于印发“十三五”旅游业发展规划的通知》指出，广东海陵岛被纳入特色旅游目的地建设。

有“百岛之市”之称的珠海市则依托海洋海岛特色优势，通过横琴长隆国际海洋度假区、万山区东澳岛“玲玎海岸”等海岛旅游项目拉动，游客量已突破 700 万人次，海岛管理和旅游推广同步得到提升。

随着国家“一带一路”战略深入实施，广东沿海各市纷纷搭载“一带一路”快车，加强与海内外的旅游合作，联动开发利用海岛旅游资源。

【海洋药物和生物制品业】 根据2017年确定的五大海洋产业划分方式，海洋药物和生物制品业可以归类至海洋生物产业中，其对广东海洋经济转型升级、建设海洋经济强省具有重要意义。

7月24日，广东惠东海龟国家级自然保护区管理局突破绿海龟全人工繁殖技术瓶颈，成功实现绿海龟的全人工繁殖。该技术采集一定量的野生海龟卵，有计划地开展人工孵化、亲龟选育，建立起年龄结构较为完备、谱系清晰、规模数量较大的绿海龟人工种群（子一代），储备了基因型各异、生物多样性较为丰富的中国绿海龟优质种龟资源；建立起海龟卵孵化、稚龟培育、亲龟培育、人工繁殖、饲料营养及病害防治等技术标准和规范，利用芯片标识、卫星追踪、分子生物学、医学影像学及血液学等先进现代技术，开展中国南海绿海龟种群繁殖生物学研究。

【海洋渔业】 2017年，广东省坚持改革渔业体制，规范渔业管理，保护环境资源，推动渔业转型升级，提质增效，壮大渔业经济，增加渔民收入，保持渔区稳定。

【海工装备制造业】 海洋工程装备主要指海洋资源勘探、开采、加工、储运、管理和后勤服务等方面的大型工程装备和辅助装备，其囊括了统计数据中海洋工程建筑业及海洋船舶工业等，是2017年广东重点发展的五大海洋产业之一。

2017年4月，中集集团联合中海油、中石油、中兴通讯等十余家海洋和电子信息领域的龙头单位，打造创新主体，共同成立了深圳市智能海洋工程制造业创新中心，将通过智能化与高端装备的深度融合，服务于南海开发、大湾区建设和海工产业新一轮发展。

5月18日，华南首座风电安装平台在南沙交付，这座风电安装平台是由中船黄埔文冲船舶有限公司与广东精铟海洋工程股份有限公司合作建造，设备和技术基本实现了国产化，仅装载吊机就比依靠进口节省了一半成本。首座KOE01型自升式平台的3600吨液压插销式连续升降系统、变频电动锚绞车、800吨绕桩式主吊机等主要设备均为国产制造，打破了国外技术垄断。该平台可以单独完成海上风电打桩、安装等作业功能，可一次性运载3~5部风机。交付后将在近期启程前往江苏盐城，完成安装风机之后再回到广东揭阳的风场作业。同日，中国正式宣布世界首次海域天然气水合物试采成功。“蓝鲸一号”作为此次试采的最核心装备之一，表现出优良的作业能力，标志着中国超深水半潜式平台的建造能力达到世界一流水平。

6月28日，调查船舶设计与建造的最新成果、中国自主设计和建造的“海洋地质十号”综合地质调查船，在广东东莞中远船务工程有限公司顺利出坞下水。“海洋地质十号”是集海洋地质、地球物理、水文环境等多功能调查手段为一体的综合地质调查船。船总长75.8米，宽15.4米，深7.6米，结构吃水5.2米，排水量约3400吨，续航力8000海里，定员58人。调查船采用电力推进全回转舵桨、二级动力定位等世界先进航行及控制系统，可以实现在全球无限航区开展海洋地质调查工作。另外，还配置了中国首套自主研制的举升式海洋钻探系统，通过设计优化及技术创新，钻探能力可拓展一倍。

9月，深圳海斯比船艇科技股份有限公司与哈尔滨工程大学联合研制的全球最快无人艇“天行一号”顺利完成了总体集成和海上试验，并正式推出。

【海上风电业】 海上风电作为重要的可再生能源，对减少能源生产环节碳排放具有重要的意义。随着技术的成熟，海上风电市场迅速扩大，大规模、大功率、深海以及离岸化正成为主流。广东海上风电资源潜力巨大，浅水区5~30米水深海上风电估算可开发容量约1315万千瓦，近海深水区30~50米水深海上风电估算可开发容量约 7500 万千瓦。

2017 年 11 月 1 日，广东省政府常务会原则同意《广东省海上风电发展规划（2017—2030 年）》，规划提出到 2020 年底，全省开工建设海上风电装机容量 1200 万千瓦以上，其中建成投产 200 万千瓦以上，初步建成海上风电研发、装备制造和运营维护基地，设备研发、制造和服务水平达到国内领先水平；到 2030 年底，全省建成投产海上风电装机容量约 3000 万千瓦，形成整机制造、关键零部件生产、海工施工及相关服务业协调发展的海上风电产业体系，海上风电设备研发、制造和服务水平达到国际领先水平，海上风电产业成为国际竞争力强的优势产业之一。

2017 年 9 月 11 日，中广核广东阳江南鹏岛 40 万千瓦海上风电项目获得广东省发改委核准，成为广东省第二个核准的海上风电项目，也是国内迄今为止一次性核准的单体最大容量海上风电项目。该项目是中国广核集团继上海东海大桥、江苏如东、福建平潭后第四个投资建设的海上风电项目。

2017 年底开工的海上风电项目有：粤电湛江外罗 20 万千瓦海上风电项目、粤电阳江沙扒 30 万千瓦海上风电项目、三峡阳江沙扒 30 万千瓦海上风电项目、中节能阳江南鹏岛 30 万千瓦海上风电项目和中广核阳江南鹏岛 40 万千瓦海上风电项目。

【天然气水合物】 中国管辖海域和陆区蕴藏丰富的天然气水合物资源。据测算，海域天然气水合物资源量达几百亿吨油当量，其远景资源量与海域和陆地油气资源量相当。

2017 年 3 月 28 日，由中国地质调查局广州海洋地质调查局组织实施的国内首次海域天然气水合物试采正式开钻；5 月 10 日，降压点火成功；5 月 18 日，试采连续稳定产气 8 天，累计产气量超 12 万立方米，超额完成预定目标，国土资源部部长姜大明宣布试采成功。中共中央、国务院发贺电，盛赞水合物试采成功是在掌握深海进入、深海探测、深海开发等关键技术方面取得的重大成果，是中国人民勇攀世界科技高峰的又一标志性成就！截至 7 月 9 日，试采连续稳产 60 天，累计产气量超 30 万立方米，获取科学试验数据 647 万组，达到预期科学目标，主动实施关井，创造了连续产气时长和产气总量两项世界纪录。

海洋立法与规划

【《广东省海洋经济发展“十三五”规划》发布】 2017 年 4 月 19 日，经广东省政府同意，省海洋与渔业厅、省发展和改革委员会联合印发《广东省海洋经济发展“十三五”规划》，明确“十三五”期间，广东将着力优化海洋开发空间布局，构建具有国际竞争力的海洋产业新体系，加强海洋生态环境保护，提升海洋开发、控制、综合管理能力，全面实现建设海洋强省战略目标。

《规划》提出，广东力争到 2020 年，全省海洋生产总值超过 2.2 万亿元，年均增长 8%，占全省地区生产总值比重达到 20%。拥有超 100 亿元规模企业达 20 家，超 500 亿元产业集群达 10 个，海洋战略性新兴产业增加值年均增速 15%以上。建立海洋生态环境保护长效机制，实现近岸海域水质优良比例达到 85%，海洋功能区水质达标率达到 90%；新建和完善人工鱼礁区 10 个，升级维护人工鱼礁区 50 个，构建海洋牧场 10 个，完成 10 个以上海岛的生态修复。

【《广东省海岸带综合保护与利用总体规划》印发】 2017 年 10 月 27 日，《广东省海岸带综合保护与利用总体规划》（以下称《规划》）由广东省人民政府和国家海洋局联合印发实施，该规划是中国首个省级海岸带综合保护与利用总体规划。

《规划》涉及范围总面积 11.81 万平方千米，其中陆域 5.34 万平方千米，海域 6.47 万平方千米，海岛 1963 个，涉及地级以上市 15 个，人口约 7000 万。规划秉持陆海统筹、以海定陆的理念，按照“多规合一”的思路，实现用“一张图”管控海岸带。最大特点就是基于广东省海岸带的自然属性和发展需求，遵循“以海定陆，陆海统筹；生态优先，绿色发展；因地制宜，有序利用；以人为本，人海和谐”的原则，以海岸线为轴，提出了构建“一线管控、两域对接，三生协调、生态优先，多规融合、湾区发展”的海岸带功能管控总体格局。

“一线管控”是指以岸线功能为基础，按照《海岸线保护与利用管理办法》，将全省岸线划分为优化利用、限制开发、严格保护三种类型，实施分类分段精细化管控。“两域对接”是指以海岸线为轴，统筹规划岸线两侧功能和需求，把陆地主体功能区规划与海洋主体功能区规划有效衔接，整体推进海陆经济产业发展和示范，实现陆域和海域两域对接。“三生协调”指《规划》确定了海岸带“三区三线”基础空间格局，推动形成海陆协调的生态、生活、生产空间总体架构；“生态优先”就是要实施以生态系统为基础的海岸带综合管理，严格落实生态保护红线制度，推进环境治理、生态修复、美丽海湾和生态岛礁建设，加强海陆保护区建设，构建海岸带蓝色生态屏障，保障区域生态安全。“多规融合”就是充分发挥《规划》的总体性、基础性、约束性作用，做到“一张图”管控海岸带。“湾区发展”就是按照区位及资源环境承载能力和经济社会发展的需求，明确产业发展、城市建设和生态保障要求，从东到西分为柘林湾区、汕头湾区、神泉湾区、红海湾区、粤港澳大湾区、海陵湾区、水东湾区、湛江湾区共8个湾区，从而构建各具特色、功能互补的海岸带综合保护与利用新格局。

【《广东省沿海经济带综合发展规划（2017—2030年）》发布】 2017年12月4日，广东省政府举行新闻发布会公布，《广东省沿海经济带综合发展规划》经省委第十二届第14次常委会、省政府十二届113次常务会审议通过，由广东省政府印发实施。

《规划》期限为2017—2030年，是指导沿海经济带当前和今后相当长一段时期内发展建设的宏观性、战略性行动纲领，范围包括广东省沿海陆域涉及的15个县（市）和相关15个地级以上市的中心城区，以及广东省管辖海域，总面积约12.09万平方千米，广东其他地区为沿海经济带的联动区域。

《规划》分阶段提出发展目标：到2020年，推动沿海经济带形成科学有序的空间开发格局、国际化开放型创新体系、具有国际竞争力的现代产业体系、具有全球影响力的战略枢纽门户、极具魅力的世界级沿海都市带；到2030年，沿海经济带建成世界一流的科技产业创新中心、先进制造业基地和现代服务业中心，在全球范围内的综合竞争力和科技创新能力显著提升，建成陆海统筹的生态文明示范区，成为更具活力魅力的广东黄金海岸和国际先进、宜居宜业、开放包容、特色彰显的世界级沿海经济带。

【《广东省海洋主体功能区划》出台】 2017年11月9日，《广东省海洋主体功能区规划》获广东省政府批复同意。《规划》对于广东形成陆海统筹、区域协调、可持续发展的国土空间开发格局，加快转变发展方式，优化海洋经济结构，提升发展质量和效益具有重大意义。《规划》确定了广东省海洋主体功能区，包括优化开发、重点开发、限制开发和禁止开发4类，列明了各类区域的范围和面积，未经批准不得擅自调整或变更。

广东省政府批复指出，《规划》是广东省海洋空间开发的基础性和约束性规划，是广东省海洋主体功能区总体布局的基本依据，是落实全国海洋主体功能区规划的具体成果。

【发布《广东省海洋观测网建设规划》】 《广东省海洋观测网建设规划》于2017年10月18日经广东省政府批准印发实施，规划提出至2020年初步建成以岸基观测为主，浮标、卫星遥感、航空遥感和应急机动观测为辅，布局较合理、结构较完善、功能较齐备的海洋观测网。在沿海每 30~50 千米设置 1 个岸基海洋观测站，新增布设 11 个浮标观测站位和 39 个岸基海洋观测站（点），初步构建广东省沿海城市海洋灾害观测体系。

海域综合管理

【概况】 广东省海洋与渔业厅实施“放管服”改革，加快用岛审批效率；着力解决历史用海遗留问题；在台山、南澳、惠州等地开展养殖用海市场化出让试点；制定《广东省招标拍卖挂牌出让无居民海岛使用权管理办法》，以此提升服务意识，做好服务工作。

【实施“放管服”改革】 2017 年 10 月 15 日，广东省政府办公厅印发《关于推动我省海域和无居民海岛使用“放管服”改革工作的意见》（以下简称《意见》），提出“一个取消、两个下放、三个委托、四个服务、五项管理”等措施。

其中，“一个取消”是指今后广东省海域、无居民海岛使用将取消前期用海论证申请，由用海单位自行决定开展前期论证工作，海域、无居民海岛的使用将会缩短时限。

“两个下放”是指下放省管项目用海前期工作和海砂开采管理工作，省管项目用海由地级以上市海洋行政主管部门对海域使用论证报告进行审查，并就围填海、自然岸线总量控制指标和年度计划指标征得省海域行政主管部门同意出具用海预审意见。

“三个委托”即委托广东省海洋行政主管部门实施省级审核审批权（不含广州、深圳市管辖海域）、委托广州和深圳行使省级审核审批权、委托沿海地级以上市开展填海项目竣工验收。

“四个服务”指提高海域综合管理服务能力、简化优化用海服务流程、完善用海服务事项目录和办事指南、加快海域和无居民海岛不动产统一登记。

“五项管理”即加强海域海岛管理监督、严格控制围填海面积和岸线使用、加快推进海域和无居民海岛有偿使用改革、建立项目用海控制指标体系、开展海域海岛收储管理。

【7 项事项调整委托由广州深圳实施】 2017 年 7 月 13 日，广东省海洋与渔业厅同广州、深圳两市海洋与渔业主管部门签署省级行政职权事项调整委托协议，移交有关资料文件，将省管权限渔船渔业船网工具指标审批等 7 项涉及海洋与渔业的省级行政职权事项调整委托广州、深圳市实施，委托期限为一年。

委托的事项具体包括：省管权限渔船渔业船网工具指标审批；海洋大型拖网；围网作业的渔业捕捞许可证核发（不含涉外渔业）、填海 50 公顷以下、围海 100 公顷以下和关系重大公共利益的项目用海审批；原由省政府审查并转报国家海洋局审核的国管项目用海审核；远洋渔业船舶登记；无居民海岛开发利用项目省级审批权限；海域使用金征收。

【组织全省范围内的第一次开展海岸带功能研究】 根据广东省委重大课题调研工作安排，在省委政研室指导下，组织开展海岸带功能研究。通过广泛收集国内外海岸带研究文献，赴深圳、惠州等地开展专题调研，召开两次专家咨询会，将报告专门送张偲院士、金庆焕院士等专家及广州港集团、中集集团、珠海九州港集团等企业征求意见，形成《广东省海岸带功能研究报告》，经反复修改后将报告初稿提交省委。2017 年 5 月 4 日，广东省委召开会议听取海岸带功能研究情况的汇报。会议指出，《广东省海岸带功能研究报告》对广东省海岸带的基本情况、空间布局、功能定位、对策建议等做了深入研究，内容更丰富、数据详实，对全省“海情”特别是海岸带基本情况和基本功能分析比较到位，是未来开发和保护海岸带资源的重要参考，为进一步做好海洋工作提供了有力依据。

海洋环境保护与生态文明建设

【概况】 2017年，广东切实做好海洋生态文明制度建设、海洋与渔业资源环境监督管理、水域污染防治、生态保护与修复、海洋环境监测评价等工作。在制度建设方面，广东印发《广东省海洋生态红线》《广东省海洋观测网建设规划（2016—2020年）》以及《广东省海岸带综合保护与利用总体规划》；广东省海洋与渔业厅还印发了《广东省海洋生态环境保护规划（2017—2020年）》和《广东省沿海人工鱼礁建设规划（2017—2025年）》等海洋规划和制度。在生态保护与修复等方面，广东加快美丽海湾建设，推进在14个沿海市建设一批生态美、景观美、产业美、文化美，且宜居宜业、人海和谐的美丽海湾。

2017年，国家海洋督察组（第五组）进驻广东，重点督察党的十八大以来省政府贯彻落实国家海洋资源开发利用与生态环境保护方面的情况，并受理涉及海洋资源环境管理方面的举报。

2017年，广东省海洋与渔业保护区总数已达到110个，其中国家级自然保护区5个，省级自然保护区8个，市县级自然保护区75个，海洋公园6个，水产种质资源保护区16个，总面积51.48万公顷，广东省保护区经过多年的发展，已经初步形成了类型较为齐全、布局较为合理、管理较为规范、发展较为快速的保护区网络。

【《广东省海洋生态红线》印发】 2017年9月29日，《广东省海洋生态红线》获得广东省政府批复并正式对外印发。《广东省海洋生态红线》划定了13类、268个海洋生态红线区，确定了全省大陆自然岸线保有率、海岛自然岸线保有率、近岸海域水质优良（一、二类）比例等控制指标，是全省海洋生态安全的基本保障和底线，必须严守，不得突破。

【国家海洋督察进驻广东】 按照国务院批准的《海洋督察方案》，2017年11月20日，国家海洋督察组（第五组）进驻广东省开展海洋督察工作。督察时间一个月，重点督察党的十八大以来省政府贯彻落实国家海洋资源开发利用与生态环境保护决策部署、解决突出资源环境问题、落实主体责任等情况。紧盯中央高度重视、群众反映强烈、社会影响大的围填海问题及处理情况，重点检查地方政府及其有关部门不作为、乱作为的情况，重点督办人民群众反映的海洋资源环境问题的立行立改情况。同时，还对广东省2017年上半年海洋资源环境管理的总体情况进行例行督察。

截至12月19日督察结束，国家海洋督察组共向广东省移交举报件共322宗，主要涉及围填海、污水排放、岸滩垃圾、非法采砂等问题。督察组共进行个别谈话和走访192人，其中省级领导25人，调阅资料48批次、2818册，材料总重量超过6吨。

【惠州出台全省首部市级海岸带保护与利用规划】 2017年4月1日《惠州市海岸带保护与利用规划》出台实施。规划由中国城市规划设计研究院联合国家海洋局南海规划与环境研究院等单位历时两年多编制而成，是广东沿海地级市首部关于海岸带保护与利用的专项规划。

根据该规划，惠州“蓝色引擎”环大亚湾新区将形成“一轴、一带、四湾、多岛”的海岸带空间结构，建设绿色海岸、现代海岸、活力海岸，打造广东省现代化海洋产业基地、珠三角生态型滨海旅游度假区、惠州市绿色化现代山水城市示范区。同时，规划划定港口航运区、旅游休闲娱乐区、海洋保护区、保留区等7类海域基本功能区，并在海岸带生态保护、空间资源管制、景观系统管制、公共空间管制等方面作出详细规定和指引。

海洋科技与文化

【广东海洋创新联盟成立】 2017年9月25

日，由广东省海洋与渔业厅联合国家海洋局南海分局、中国地质调查局广州海洋地质调查局、中国科学院南海海洋研究所、中山大学、广东海洋大学、中集海洋工程有限公司、广船国际有限公司 8 个单位共同发起组建的“广东海洋创新联盟”在广州成立，这是中国海洋领域省级层面的第一个创新联盟。

广东海洋创新联盟将打造“科技公共管理信息服务平台”“科研联合攻关平台”“科技成果产业转化平台”和“人才交流合作平台”四大平台，有效整合各方资源，优势互补，信息互通，资源互用，以最低风险实现资源调配利用最大化，实现大数据共享、重点实验室共享、大型科研仪器设备共享、科考船共享。通过定期举办海洋联盟年会、专题报告会，发布年度海洋科技研发项目计划、年度海洋科技报告、海洋产业发展报告、海岸带经济发展报告等，形成较高的综合实力和影响力，对优化产业生态、提高创新能力具有无可替代的作用。（广东省海洋与渔业厅）

深　圳　市

综　述

2017年，深圳市认真贯彻落实习近平新时代中国特色社会主义思想、党的十九大精神和中央、广东省的决策部署，以建设全球海洋中心城市为统领，积极落实国家“海洋强国”战略，践行人海和谐共生理念，全面推动海洋规划、生态、经济、文化、法治和全球治理等各项工作取得新突破，在建设全球海洋中心城市新征程上迈出坚实步伐。2017年5月，国家发改委和国家海洋局联合印发《全国海洋经济发展“十三五”规划》，提出“推进深圳、上海建设全球海洋中心城市”。2017年11月3—5日，以“共同的海洋，共同的未来”为主题组织举办第六届世界海洋大会。2017年12月8—9日，中欧蓝色年闭幕式暨首届中欧蓝色产业合作论坛在深圳举办。

海洋经济与海洋资源开发

2017年，全面开展深圳市第一次全国海洋经济调查，完成了4万余家企业的清查和产业调查工作。根据深圳市第一次全国海洋经济调查成果及涉海单位直报系统数据，2017年深圳海洋经济增加值为2224.15亿元，同比增长10.6%，占全市生产总值的比重为9.9%，海洋经济继续呈现上升势头，海洋产业已成为深圳的支柱产业之一。

深圳海洋产业结构不断优化，海洋经济发展进入向质量效益型转变阶段，海洋三次产业结构为0.2∶30.5∶69.3。海洋交通运输业增加值占比24.7%，海洋旅游业增加值占比23.5%，海洋工程装备制造业增加值占比7.9%，海洋油气业增加值占比7.8%；海洋信息服务业、涉海金融服务业、海洋技术服务业、海洋药物和生物制品业增加值占比分别为7.0%、6.6%、4.5%、4.4%。

深圳海洋经济的发展动力在于海洋交通运输业、海洋油气业、海洋旅游业高度集聚，已形成招商局国际、中集集团、中海石油深圳分公司等一批年营业额超百亿的海洋核心龙头企业。同时，深圳海洋经济市场化程度高、中小企业活跃、行业组织发展迅速。深圳已建立了深圳市海洋产业协会、深圳市海洋石油服务企业协会、深圳市水产行业协会、深圳市邮轮游艇产业促进会和深圳市休闲船艇协会等一批行业协会组织，为促进海洋经济有序发展发挥了重要作用。

海洋立法与规划

按照全面依法治国的新要求，坚持以法治理念、法治思维和法治原则贯穿海洋管理全过程，起草《深圳经济特区海域管理条例》，推动建立深圳海域管理的基础性、纲领性行政法规。制定《深圳市海上工程建设审批管理办法》《深圳市海底天然气管道安全生产管理办法》等，将一系列审批、管理制度和实践通过规范性文件固化。开展《深圳市海域资源市场化配置机制及管理规定研究》《深圳市海洋生态保护红线划定与管理研究》等法治规范的探索研究工作。

聚焦建设全球海洋中心城市的新定位，系统梳理深圳市海洋事业发展“十三五”规划，明确深圳海洋事业发展的总目标和经济、科技、生态、文化等分项目标任务。强化陆海联动，将建设全球海洋中心城市战略定位纳入新一版城市总体规划。充分发挥深圳规划国土海洋一体化管理的优势，强化陆海空间匹配。开展《深圳市海洋功能区划》修编，为海洋空间布局提供法定规划依据。探索编制《深圳市海域利用规划》，作为海洋领域的详细规划，推动海域利用的精细化管理。创新开展《深圳市海岸带综合保护与利用规划》，强化陆海统筹和生态、生活、生产“三生空间”管理，打造世界级绿色活力海岸带。按照生态完整、底质完备原则开展岸线修测工作，修测成果通过国家海洋局审查后，按程序报广东省政府批准颁布实施。编制完成《深圳市海洋环境保护规划》，建立海洋环境容量倒逼机制，提出对“三湾一口”的分区规划指引。借鉴城市规划的编制思路与方法，加紧推进大铲岛利用规划、海洋新兴产业基地详细设计等一批用海项目规划。初步形成了宏观、微观，综合、专项相结合的海洋规划管理体系。

海域使用管理

有序推进《深圳市科学用海拓展海洋战略发展空间实施方案》确定的用海项目申报，保障重大项目的开发建设。全面完成深圳市海洋新兴产业基地项目用海申报，为城市提供了宝贵的大片集中开发的产业发展空间，力争将该项目打造成为科学用海、生态用海的典范。推动机场三跑道项目取得国家海洋局用海预审意见，待通过国家发改委立项核准后正式启动用海申报。积极承接广东省“放管服”工作，顺利完成了前海合作区桂湾综合开发、滨海休闲带一期和广深沿江高速二期等项目的用海审批工作。

2017 年总计征收海域使用金 9.73 亿元，国管项目和市管项目海域使用金征收工作全部完成。2017 年，深圳海域使用金支出计划 7782 万元，包括常规工作安排 1171 万元，一次性新增项目安排 3527 万元，应急费用 170 万元，续建项目 2912 万元，用于支持海洋生物资源普查、海洋环境监测、动态监管、海洋执法能力建设等。

海岛管理

以城市规划的编制思路与方法，结合海岛规划的规范标准，开展《深圳市大铲岛利用规划》编制，全面协调海岛保护、区域能源保障、城市发展等各方面诉求，制定切合实际的海岛保护和利用方案。开展《深圳市东部海域人工岛围填策略规划》编制，重点研究东部海域人工岛建设对国家和深圳发展的意义、功能定位、规划选址、围填初步方案、经济社会环境效益、城市安全及生态影响等内容。

海洋环境保护

编制完成《深圳市海洋环境保护规划(2018—2035年)》，确立了陆海统筹的海洋污染治理路径，建立“海域—流域—陆域”的环境容量倒逼机制，对接海洋管理单元，划分 5 大流域 14 个陆域控制单元，实施差异化的环境整治措施。

完成深圳市海洋生态红线划定，确定了大陆自然岸线保有率、海岛自然岸线保有率、近岸海域水质优良（一、二类）比例等控制指标，有关成果已纳入《广东省海洋生态红线》。

联合环保、水务、城管部门开展深圳湾污染治理战略研究，编制完成《深圳湾污染治理工作方案》，提出实施污染总量控制、污水系统完善、入海河流治理、生态环保清淤、海湾动力改善、生态环境提升等十大行动计划，推进深圳湾污染治理工作。

建立自然岸线控制管理制度，对重要海洋生态节点实施重点保护，加强对受损自然岸线、红树林湿地和珊瑚礁的修复，以红树林湿地保护为核心，重点开展深圳湾西段、凤塘河口前海湾段、坝光滨海湿地、东西涌、小铲岛等地区的生态恢复和保护工程，增强红树林树种多样性。开展深圳东部海域珊瑚礁资源现状调查，摸查珊瑚礁资源分布范围，分析筛选珊瑚礁资源重点分布区域，构建珊瑚礁资源现状及分布特征的地理空间数据库，绘制珊瑚礁资源空间分布图，为深圳东部海域珊瑚礁保护修复及可持续管理提供技术支撑。持续开展生态补偿活动，按照海洋工程建设管理有关规定，指导监督用海单位按照海洋工程环境影响评价报告有关要求开展增殖放流活动，2017年8月22日和9月12日分两批次在深圳机场货运码头实施人工增殖放流活动，放流尾黑鲷183万、长毛对虾6097万尾和华贵栉孔扇贝18290万只，对维持近海渔业资源和海洋生态平衡发挥积极作用。

推进陆源入海污染在线监测系统建设，完善海洋环境和水动力自动监测网。开展海洋监测体系规划前期研究，逐步完善辖区海域内由天基和空基、岸基和海基等组成的立体观测网，从不同维度实现对海洋水质、水文、气象、生态等多种海洋要素的立体、实时、原位的全覆盖在线监测。完成陆源入海排污口核查工作，配合开展入海排污口的清理整顿。

根据《2017年深圳市海洋环境监测工作方案》和国家海洋局《关于规范海洋环境公报（信息）工作的意见》的要求，发布《深圳市海洋环境状况公报》，向深圳市民介绍深圳市海洋环境状况，宣传海洋环境保护理念。

海洋生态文明

印发《深圳市海洋生态文明实施方案(2016—2020年)》，明确海洋生态文明的总体思路、实施机制和考核体系，为全市海洋生态文明提供全局性、方向性指引。全面推进大鹏新区国家级海洋生态文明示范区建设，印发《深圳市大鹏新区国家级海洋生态文明示范区实施方案（2017—2019年)》，在海洋生态环境保护、资源节约利用、海洋文化特色彰显等方面积极探索示范。

海洋环境预报与防灾减灾

深圳市完成珠江口矾石和大鹏湾大梅沙海域波浪浮标布放，并完成调试回传数据，初步建成包括波浪浮标、潮位仪和地波雷达的海洋观测网。完成海洋灾害易发地、人口密集地和重点保障目标沿岸10套警戒潮位标识物建设的现场踏勘和建设方案编制工作。

2017年4—10月，深圳市海洋局完成大梅沙、小梅沙海水浴场预报工作，每日通过网站、电视向社会及时发布海水浴场环境质量预报信息，为社会公众和滨海旅游业及时了解海洋环境状况提供信息窗口。每日对沿海盐田区、大鹏新区、宝安区、南山区、福田区等沿海区，以及蛇口渔港、盐田港、宝安机场等重点保障目标、杨梅坑滨海旅游区和深圳至香港航线开展预报工作。

台风期间，开展近岸海域海浪和风暴潮灾害预警预报，并通过深圳市应急信息发布平台向社会发布32期海洋灾害预警信息，其中风暴潮橙色预警信息2期，海浪红色预警2期。台风过后，开展海洋灾害损失调查工作，其中“天鸽”台风引起的海洋灾害对深圳的影响较重，造成多处海堤损毁和海水倒灌。

海洋执法监察

深圳市认真开展“海盾2017”行动，加强海域、岸线巡查，及时发现查处“未批先填”围填海项目，加大海底光缆巡护，保障海底通信安全。借助海域动态监视技术手段定期对海域、岸线进行全景式扫描，及时发现疑点疑区，逐一进行现场核查，有效减少“未批先填”用海现象，2017年共查获违规用海案件6宗，全部办结，共计罚款2924.66万元。

组织开展“碧海2017”行动，联合边防、海事等部门组织开展4次“靖海”行动和10次珠江口海砂开采专项行动，持续开展夜间突击巡查、蹲守伏击，强化对夜间违法行为的查处力度，2017年查获非法倾废案件6宗，共计罚款55万元；非法采砂案件13宗，共计罚款160万元，全部办结。

按照“一岛一档”要求，全面完善了 51 个海岛的巡查执法档案，全覆盖开展海岛巡查执法工作，着重开展内伶仃岛、小铲岛、赖氏洲岛等较大海岛进行定期巡查，对小铲岛实行专人常年驻岛管护，防止海岛资源非法利用。

2017 年 11 月 21 日—12 月 19 日，深圳市海洋局迎接国家海洋督查工作中，高质高效提供了督察组开出的 44 批共 129 项资料清单，及时按要求梳理了 2012 年以来的 133 宗海监案件卷宗、执法台账、信访举报件办理情况，重点整理了 10 宗围填海案件卷宗交付督察组审查，迅速完成了 9 个重点用海项目的外业调查。实施海洋督察信访值班制度，建立信访举报案件快速反应机制，即知即改、立行立改，按时完成了涉及深圳市的 11 宗信访件的交办、核实、处理、反馈和办理结果公开工作，办结率 100%。

中国海监深圳蛇口海监维权执法基地建设进展顺利，2000 吨和 600 吨码头主体工程及配套水电工程完成施工，水工工程已完工并交付使用，陆域工程建设正加快推进，蛇口海监基地将建设成为集海洋监察、海洋维权、海洋科普、海洋资源和环境保护、海洋防灾减灾等功能为一体的海洋综合管理基地。

2017 年 3 月，深圳湾执法快艇中国渔政 44102-3 艇建造完工交付使用；2017 年 9 月，300 吨渔政船建造项目和 1 艘搜救快艇项目招标完成并陆续开工建造；2017 年下半年开展了 5 艘海监执法船艇购置项目的招标工作。执法船艇的增加为开展海洋和渔业执法工作提供了可靠的装备保障，有力提升了深圳的海监渔政执法装备能力。

海洋行政审批

深圳市积极推进“一门式、一网式”政府模式改革，全面梳理了行政许可、行政裁决、行政确认、行政给付、行政指导等职权及服务事项，编写完成标准化办事指南和业务手册，并录入广东省权责清单管理系统。通过权责清单规范了海域及海岛使用、海洋生态环保，海域使用动态监视监测，以及海监行政处罚、海监行政检查、海监行政强制等行政事项。

海洋科技

深圳市在海洋科技发展规划方面，打造西部海洋科技走廊，以大空港海洋新城为核心，集聚全球海洋高科技企业总部，形成以海洋电子信息、海洋高端装备研发、海洋生态环保、海洋新能源为主的产业集群。依托前海深港现代服务业合作区，引入以海洋为特色的专业化金融、科技和高端海洋专业服务产业，打造海洋现代服务业集聚区。规划建设国家南方海洋科学城，打造集海洋基础研究、应用研究、产业化平台于一体的海洋科技创新高地，推动海洋类高校、创新型涉海科研机构落户。

在海洋科研载体方面，已建成海洋产业相关的国家、广东省级重点实验室（工程实验室、工程中心）5 个，市级重点实验室 6 个，市级工程实验室 14 个，工程中心 3 个以及公共技术服务平台 4 个，集聚了近千名海洋领域高级研究人员，为海洋新兴产业发展奠定了良好基础。哈尔滨工程大学在深圳筹备设立研究院，海洋信息获取与安全工业和信息化部重点实验室也将依托哈尔滨工程大学海洋信息技术的优势，吸纳全球人才。

在海洋人才引进方面，制定海洋领域人才专项政策，完善高层次专业人才认定过程中对海洋相关领域人才的认定标准，为人才提供全方位的基础保障。充分利用人才创新创业基金，研究建设海洋领域院士工作站、博士后流动站、博士后创新实践基地、博士工作站。

在海洋企业创新方面，利用中央战略性新兴产业专项资金，推动海洋高端智能装备和海洋生物医药产业链创新发展。鼓励深圳涉海企业积极申报“创新链+产业链”融合专项扶持计划，推动产业链协同创新。鼓励电子信息等优势科技领域向海延伸，支持深圳电子信息龙头企业从事海洋科技研发、海洋技术服务，促进海洋科技创新。支持国际生物谷大鹏海洋生物产业园等建设产业创新孵化基地，打造科技企业孵化器、加速器、众创空间，大力扶持中小微海洋企业发展。

海　洋　教　育

深圳市积极推动各大高校建设世界一流海洋学科，支持和推动高职院校加强海洋科技产业高技能人才培养，积极推动国际知名海洋大学与深圳合作办学，创办国际化综合性海洋高等院校。

海　洋　文　化

深圳市以重大海洋节事宣传活动及特色海洋活动为平台丰富海洋文化。2017 年 6 月 8 日，以“共建大湾区、共筑蓝色梦”为主题，在大梅沙公园举办 2017 年“6·8 世界海洋日暨全国海洋宣传日广东主会场”活动，并以此为平台举行了广东省海洋意识教育基地授牌、珊瑚种植、鱼苗放流等活动，国家海洋局南海分局、广东省海洋与渔业厅和香港、澳门海洋渔业管理部门，以及社会各界代表、市民共 200 余人参加活动。9 月 17 日，在 29 个海滩（海岸线）举行第十三届深圳国际海洋清洁日公益活动，宣传海洋环保理念，强化全民环保节约的生态意识，呼吁共同守护美丽的蓝色海岸线。11 月 3—5 日组织举办第六届世界海洋大会，以“共同的海洋，共同的未来”为主题，围绕深圳海洋产业发展、海洋能源、海洋工程、绿色港口管理及可持续航运、海洋环境与保护、海洋学及海洋生物技术等热点议题展开交流，共吸引来自 35 个国家和地区的近 500 位嘉宾参会，引起社会各界的广泛关注。12 月 8—9 日成功举办“中欧蓝色年闭幕式”和“首届中欧蓝色产业合作论坛”，提出建设“国际蓝色产业联盟”倡议，“中欧蓝色产业园”落户深圳并举行揭幕仪式，有效提升了全球海洋影响力。充分利用侨城湿地、潜爱大鹏等海洋教育基地，深入开展海洋知识进学校、进社区等活动，潜爱大鹏珊瑚保育站开办了海洋生态体验课程“潜爱课堂”，免费为全市 20 多所学校学生和家长进行授课。

（深圳市海洋局）

广西壮族自治区

海洋立法及规划

2017 年，广西高度重视海洋立法及规划工作，海洋规划立法体系不断完善，进一步推动了法治海洋建设。海洋立法方面，推进两个国家级海洋自然保护区管理办法的立法修订工作。广西壮族自治区海洋和渔业厅作为起草单位，积极配合自治区人民政府法制部门完成了两部政府规章《广西壮族自治区山口国家级红树林生态自然保护区管理办法》和《广西壮族自治区北仑河口国家级自然保护区管理办法》的立法修订。海洋规划方面，编制完成《广西海洋主体功能区规划》，报经国家海洋局审查通过，已上报自治区人民政府审批。编制完成《广西海洋生态红线划定方案》，通过国家海洋局审查，于 2017 年 12 月 6 日经自治区人民政府批复，由自治区海洋和渔业厅印发和组织实施。继续推进《广西壮族自治区海洋功能区划（2011—2020）》修改前期工作，完成中期评估报告并通过专家评审。

海洋行政审批

2017 年，广西壮族自治区本级审批新增用海项目 27 宗，涉海面积 993.12 公顷（其中填海面积 447.10 公顷）。其中，依申请方式审批用海项目 10 宗，涉海面积 485.66 公顷（其中填海面积 38.44 公顷）；上报自治区人民政府审批海域使用权挂牌出让方案 17 宗，涉海面积 507.47 公顷（其中填海面积 408.66 公顷）；审批用岛项目 2 宗（涉及使用 4 个无居民海岛），用岛面积 1.24 公顷。

海域使用管理

参与完成广西壮族自治区 2017 年全面深化改革工作任务（涉海部分）。《关于深化用海管理体制机制改革的意见》于 2017 年 10 月 18 日由自治区人民政府印发实施。《广西海域使用权招拍挂管理办法（报审稿）》获得政府常务会议通过。2017 年自治区本级审批新增用海项目 27 宗，涉海面积 993.12 公顷；依申请组织 5 批次共 11 宗工程建设项目海域使用论证。开展海域联合专项核查，现场核查共计确认并移交沿海三市海洋局疑点疑区 24 个、疑似闲置用海项目 27 个、疑似坐标系不统一造成项目图斑整体偏移 46 个。县级海域动态监管能力建设完成验收。广西海域海籍基础调查项目（三期）完成验收，完成了海域使用确权调查、公共用海调查、其他现状地类调查、岸线专项调查和海域海籍基础调查数据库建设，广西壮族自治区成为全国首个开展海域海籍全域全覆盖基础调查工作的省份。根据国家统一部署开展广西海岸线调查统计工作，上报了工作实施方案和技术方案，年底已完成现场核查及资料整理、调查统计表编写以及岸线类型分布图等图件的制作。继续开展防城港市西湾红沙环生态海堤整治修复示范工程，其中一期、二期建设工程都已完成项目验收和工程结算投资评审。

海　岛　管　理

审批用岛项目 2 宗，涉及使用 4 个无居民海岛，评审通过 2 宗无居民海岛使用论证及开发利用具体方案。积极向国家海洋局申报“生态岛礁”工程，根据国家海洋局的部署和要求，2017 年 1 月启动广西壮族自治区“生态岛礁”工程工作，制定工作计划，组织沿海三市海洋局申报“生态岛礁”工程项目，2 月底向国家海洋局申报了 6 个“生态岛礁”工程项目。

海洋环境保护

2017年，原广西壮族自治区海洋局对防城港、北海、钦州市入海排污口开展专项执法检查。根据检测结果形成报告上报国家海洋局和自治区人民政府。严格落实海洋环境保护“三同时”制度，控制围填海规模，加强对海洋工程项目的监管。《2017年广西海洋环境监视监测工作方案》年度海洋生态环境监测任务全部完成。根据广西壮族自治区2016年度海洋环境监测数据，发布《2016年广西海洋环境质量公报》。每月根据广西海洋浮标自动监测系统的监测数据，收集汇总海洋环境监测评价情况，并向沿海三市通报。继续强化保护区管理，督促山口、北仑河口保护区加快能力建设项目推进，加强日常管护巡查。按要求加紧推进中央第六环保督察组反馈意见整改落实，2017年4个问题已验收销号。2017年1—12月初共核准海洋工程环境影响报告书10宗，组织进行海洋工程建设项目环境影响报告书评审16次。

海洋生态文明

2017年，较好的完成了中央环保督查整改、国家海洋督查和广西壮族自治区领导资源环境保护责任审计的各项工作，率先在全区划出“第一道生态红线”——广西海洋生态红线划定方案经自治区人民政府同意印发实施，2017年8月《广西海洋环境保护规划》（2016—2025）获自治区人民政府批准实施。完成了《国家级海洋生态文明示范区实施方案》编制，并上报自治区人民政府。北海市作为国家级海洋生态文明示范区，开展了一系列海洋生态文明示范区建设项目，如廉州湾整治工程、涠洲岛珊瑚礁海洋公园建设、银滩岸线整治工程等。

海洋观测预报与防灾减灾

一是继续开展日常海洋观测预报工作，每日在广西卫星电视等媒体上发布常规海洋预报信息，并配合国家海洋局试点开展精细化预报服务。二是广西海洋观测预报能力升级改造建设工作基本完成，广西海洋预报台扩大海洋预警预报产品种类、提升精细化程度。三是组织完成《2017年广西海平面变化影响调查评估工作》验收工作，已通过专家验收并评为优秀。四是开展2017年度广西海洋灾害应急演练，提升汛期工作能力。

海　洋　科　技

一是推进海洋产业园区建设。2017年，北海海洋战略性新兴产业示范基地建设加快推进，平台建设日益完善，构建以重点发展海洋战略性新兴产业为核心，以转型升级传统海洋产业和培育壮大未来海洋产业为两翼的“一核两翼”产业布局模式。北海市获批为第二批“十三五”海洋经济创新发展示范城市，将探索海洋产业创新集聚发展与海洋生态环境良好并重的模式。二是开展海洋国际交流与合作。2017年5月，广西壮族自治区海洋局派出技术人员赴马来西亚与国家海洋局第三海洋研究所研究团队合作完成对停泊岛及周边岛屿珊瑚礁生态调查。2017年12月，应斯里兰卡国家海洋环境保护局邀请，自治区海洋和渔业厅派出人员出访斯里兰卡，开展海洋环境保护交流，建立了良好的业务联系。

海　洋　教　育

2017年，广西海洋科技教育支撑能力不断增强，科技创新体系不断完善。1月20日，中央编办批复设立国家海洋局第四海洋研究所，加挂“中国—东盟国家海洋科技联合研发中心”牌子，按照“边建设、边组建、边启动科研项目”原则，第四海洋研究所于7月12日正式挂牌办公，各项筹建工作有序开展。3月2日，广西壮族自治区人民政府下文调整钦州学院管理体制，将钦州学院由“区市（钦州市）共建、以市为主”调整为“自治区人民政府举办”，以建设海洋特色鲜明的高水平应用型大学——北部湾大学为目标，为服务广西壮族自治区向海经济建设、“一带一路”南向通道建设和海洋强区建设提供强有力的智力和人才支撑。

海洋行政执法

2017 年广西壮族自治区海监总队组织辖区沿海三市海监机构开展“海盾”“碧海”及“海岛保护”专项执法行动，重点以辖区海洋工程建设项目、海洋倾废、海洋生态保护区、已开发利用的无居民海岛及其周边海域生态系统保护为重心，依法查处破坏海洋生态环境及非法占用海域、海岛行为。2017 年，广西壮族自治区各级海监共出动执法船艇 764 航次，航时 2532 小时，航程 29445 海里；出动执法车辆 1610 车次，行程 67636 千米；派出执法人员 7464 人次；开展海上巡查 1604 次，陆地巡查 2622 次。有效制止违法行为 152 起，清理整顿海域 2815.5 公顷。2017 年，各级海监机构立案查处 39 起（其中违法填海或占用海域 7 起，海洋环境破坏 7 起，非法开采海砂 25 起）。办结案件 39 起，收缴罚款 710.30 万元。一是开展“碧海 2017”专项执法行动。2017 年，采取 24 小时值班、分片联合执法、蹲点驻守、海上巡查等方式，在管辖海域继续保持高压态势打击非法采砂。4 月底总队联合北海市海监支队在铁山港湾、大风江、廉州湾等海域开展了打击非法采砂联合执法行动。钦州市海监支队联合相关部门，采取“查车、运砂、扣船、立案”等措施，对茅尾海周边的 21 个违法砂场依法进行了取缔；防城港市海监支队调用 600 吨执法船联合中国海监第九支队等单位在茅尾海海域开展海上联合执法。有效驱离违规采砂船数十艘，立案查处非法采砂案件 25 起，收缴罚款 99.5 万元。积极参与陆源污染联合执法检查。联合自治区环保厅、住建厅、工信委等部门对钦州、北海、防城港市入海排污口开展联合执法检查。通过使用无人机航拍及执法人员现场查看等方式共检查 25 个（钦州 6 个，北海 9 个、防城港 10 个）入海排污口；同时委托广西海洋监测预报中心对 42 个（钦州 29 个，北海 13 个）入海排污口开展取样检测工作。沿海三市海监支队加强对管辖海域非法倾倒行为执法监管。防城港市海监支队在东湾海域开展海上倾废执法巡查，对空载抛锚的 7 艘泥驳船进行了登检，对船上工作人员进行了法制宣传。钦州市海监支队加强对钦州港海域的巡查，依法查处 1 起未取得倾倒废弃物许可证向海洋倾倒废弃物行为，收缴罚款 6 万元。通过采取陆域巡查、座谈会、检查执法台帐等方式，对辖区内的广西山口红树林国家级自然保护区、广西北仑河口红树林国家级自然保护区、广西合浦儒艮国家级自然保护区（环保厅管理）、广西茅尾海红树林自治区级保护区（林业厅管理）的 4 个海洋自然保护区开展了联合执法检查。山口、北仑河口红树林保护区采取分片负责和全面巡查方式，加强日常执法巡查，依法查处各类破坏海洋自然保护区行为。山口红树林国家级自然保护区及时移交案件线索，合浦县林业局依法查处破坏红树林案件 4 起（1 起刑事案件、3 起行政处罚案件）；北仑河口红树林国家级自然保护区及时发现和制止沿岸村民违法破坏保护区设施行为 1 起、违法占用保护区海域行为 2 起，依法查处非法捕捞案件 6 起，收缴罚款 0.55 万元。二是开展“海盾 2017”专项执法行动。认真核查海域使用疑点疑区，严肃查处违法违规用海行为，指导督促各市对涉及的 17 个海域使用疑点疑区开展调查核实工作，并对涉嫌违法围填海行为指导支队依法查办。采取现场实地查看项目、与项目业主单位相关负责人座谈和开展依法用海宣传等方式，对防城港市、钦州市及北海市的 18 个在建与待报批用海项目进行现场检查。对检查中发现涉嫌违法用海的项目及时通知辖区支队依法查办。在非法养殖用海的高发海域，会同当地政府、公安、边防武警等部门开展养殖用海、非法渔业设施用海及碍航物专项清理整治行动，对非法围占海域滩涂行为进行集中清理整治，强制拆除违法占用海域的养殖设施，整治清理整顿海域 2815.5 公顷。三是开展“2017 无居民海岛”执法行动。开展 3 次无居民海岛定期联合巡查行动，重点对已开发利用的无居民海岛开展执法检查，共检查70 个无居民海岛。对辖区 12 个疑似岛体形态发生变化的海岛开展实地调查，逐一登岛，核实海岛现状。根据南海分局提供的 2017 年预警海岛名录，及时组织辖区海监对 7 个预警海岛开展调查核实。

海洋维权执法

2017 年，根据中国海警局的统一部署，广西壮族自治区海监总队参与了国家南海维权巡航执法。“中国海监1118”（中国海警 3113）船前往南海某海域执行为期 25 天的维权巡航，共派出执法人员 29 人，航程 1995 海里，圆满完成了国家下达的维权巡航执法任务。2017 年，根据自身职责和广西海域特点，在沿海三市海监机构的配合下，开展北部湾（广西）海域定期维权巡航执法 2 次，主要对辖区内岛礁、海上石油平台及相关海域采取海上巡航和定点值守方式进行监视巡查。

（广西壮族自治区海洋局）

海　南　省

综　述

海南省管辖海域面积约 200 万平方千米，海南本岛海岸线总长 1944.35 千米（不含海岛岸线）。其中，自然岸线长度 1282.68 千米（含河口岸线 10.07 千米），占全省岸线总长的 65.97%；人工岸线总长 661.67 千米，占全省岸线总长的 34.03%。2017 年，海南省海洋与渔业厅加强海洋管理与保护，强化海洋经济规划引领，增强海洋经济发展示范带动，推动海洋渔业信息化系统整合，加强自然资源管控和生态环境保护，大力发展现代化海洋牧场。海南省海域海岛资源配置更趋优化，海洋生态保护管理机制更加完善，海洋综合管控能力进一步提高，海洋基础能力进一步提升，海洋公共服务能力得到改善。

海洋立法与规划

根据海南省人大常委会和海南省政府办公厅关于 2017 年立法工作计划的要求，组织修订《海南省实施〈中华人民共和国海域管理法〉办法》。配合海南省法制办开展《海南省海洋环境保护规定》（修正案草案）起草工作，经海南省人大常委会审议通过，自 2017 年 11 月 30 日起施行。推进海洋综合行政执法体制改革，根据《海南省人民政府印发〈关于深化行政执法体制改革推进市县综合行政执法的指导意见〉的通知》（琼府 [2017] 19 号）要求，及省编办《关于编制跨领域综合行政执法基本目录、海洋综合行政执法基本目录及其执法协作指导意见的通知》要求，编制海洋综合行政执法基本目录和海洋综合行政执法协作指导意见。推进法治政府建设工作，推进行政审批制度改革，集中清理行政许可事项，行政许可事项从原先的 17 大项调整为 11 大项，全部行政许可事项均纳入全流程互联网“不见面”审批。

海域使用管理

2017 年，海南省批准海域使用项目 19 个，确权海域面积 543.81 公顷，征收海域使用金 2.66 亿元。

【编制海域管理相关办法】　根据国家海洋局、国家发展和改革委员会、国土资源部《围填海管控办法》，海南省海洋与渔业厅组织编制了《海南省围填海管控实施办法》，已报省政府待批，待批准后实施。为贯彻落实海南省委《关于进一步加强生态文明建设谱写美丽中国海南篇章的决定》和国家海洋局《海岸线保护与利用管理办法》，实现自然岸线保有率管控目标，构建科学合理的自然岸线格局，起草编制《海南省海岸线保护与利用管理实施办法》，待审议后报海南省政府批准实施。

【推动海域资源市场化配置】　按照《海南省海域使用权招拍挂出让规程》（省法制办备案 QSF-2016-400001），继续推进海域资源市场化交易，推进经营性用海市场化配置。完成南海妈祖世界和平岛（一期）海域使用权招拍挂出让，针对三亚、昌江和陵水等市县养殖用海项目实行海域使用权挂牌出让。国务院批复《海南省总体规划》后，海南省海洋与渔业厅从海洋空间区域管控、海洋生态管控、海洋产业布局等方面指导各市县进一步完善修改了市县总体规划。服务保障国家战略和重点项目建设用海。按照“政府主导、规划引导、集约节约、保障重点、支持发展”的原则，积极参与“海澄文一体化”和“大三亚旅游圈”的规划编制和用海机制建设工作，并指导重要用海项目的规划布局。积极推进海口港马村港区和新海港区、三亚新机场等重大基础设施建设项目用海的各项工作。大力推进海域动态监管能力建设。2017 年 10 月 26 日，在全国率先完成县级海域动态能力建设项目全省总验收，并督导市县加强培训，拥有初步开展海域动态监管业务的能力。开展对全省依法使用海域的动态监视检查，为及时发现和查处违规用海活动奠定基础。

海 岛 管 理

2017 年，海南省继续推进海岛管理工作。2017 年，推动领海基点保护范围选划，完成全省所余 35 个领海基点保护范围选划项目报告的编制并通过专家评审。编制完成《海南省总体规划海洋功能区划和海岛保护专篇》海岛保护部分，经多次协调和修改已上报国家。完成《海南省无居民海岛保护与利用管理条例》立法前期工作，项目成果通过专家评审验收。在此基础上，组织编写《海南省无居民海岛开发利用审批办法》初稿，并进行调研、意见征询和修改。开展海岛开发利用情况的调查核实，完成《关于调查核对在〈中华人民共和国海岛保护法〉生效前我省已开发利用的无居民海岛的情况报告》。推进法前用岛规范和清理工作，开展法前用岛清理整治调研，制订《无居民海岛开发利用整治清理实施方案》。针对海岛管理的新形势、新问题，下发《关于进一步加强海岛巡查检查工作的通知》，对沿海各市县海岛巡查工作进行全面检查并进行海岛管理调研。组织沿海市县海洋与渔业局开展海岛调查统计，按时将 2017 年海岛统计报表上报国家海洋局。

海洋环境保护

【进行海洋环境监测，发布海洋环境信息】 在全省近岸海域、西沙群岛海域布设监测站位 434 个，获取监测数据 3 万余个，包括近岸海水水质、海洋生物多样性及生态监控区监测、重点港湾控制性监测、陆源入海排污口邻近海域环境质量监测、重点海洋工程建设项目环境监督监测等内容，全年发布海洋环境通报、专报 59 期，发布《2016 年海南省海洋环境质量状况公报》。

【加强海洋放射性监测和突发性环境事件应急监测】 完成海洋放射性监测实验室改装建设项目和赤潮（绿潮）应急监测航次 6 个。

【实施“绿盾 2017”国家自然保护区专项督察】 开展国家级海洋自然保护区人类活动自查整改，并根据省政府要求延伸到省级海洋自然保护区自查整改。实施三亚珊瑚礁、万宁大洲岛 2 个国家级海洋自然保护区，临高白碟贝、文昌琼海麒麟省级海洋自然保护区，昌江海尾、万宁老爷海国家级海洋公园，以及陵水海草床海洋特别保护区等保护区内人类活动情况的自查、核查、专项督查，梳理保护区建设管理突出问题，建立整改台账。

海洋生态文明

【推进“湾长制”】 指导海口市进行全国第一批“湾长制”试点，并在海口市试点经验基础上，编制完成《关于全面推进“湾长制”工作的意见》，在全省全面推进“湾长制”。

【推进海洋园区规划编制与选划申报】 海南省海洋与渔业厅督促指导万宁市、昌江黎族自治县完成万宁老爷海、昌江棋子湾 2 个国家级海洋公园总体规划的编制和报送，昌江棋子湾国家级海洋公园总体规划获国家海洋局批准。组织进行国家级海洋特别保护区（海洋公园）选划申报，海口、三沙完成选划论证并将成果报海南省政府审查。

【继续进行海岛保护】 以海岛保护规划、领海基点保护范围选划、海岛配套制度完善、海岛巡查检查等工作为抓手，推进海洋生态文明。省级海岛保护规划编制完成；领海基点保护范围选划基础工作全部完成并进入报批阶段；海岛配套制度建设前期工作项目获验收通过，并取得了实质性推进；法前用岛清理启动；海岛巡查检查有效实施；海岛统计调查按时有序完成。

【推进生态修复项目建设】　组织编制完成《海南省海洋生态整治修复规划（2017—2020年）》并报国家海洋局；组织起草《海南省“蓝色海湾”综合整治工程实施方案》，指导督促陵水、乐东“蓝色海湾”整治工程项目建设。

海洋预报与防灾减灾

2017年，海南省海洋预报台通过海南省电视台综合频道、新闻频道、新闻广播、交通广播、海南省海洋与渔业厅网站、海南省海洋监测预报中心网站、海南省海洋环境信息网、海口火车站LED屏，累计发布省管辖海域常规海洋环境预报3600余份，各项预报精度达到要求。2017年，影响南海的灾害性天气主要是冷空气、强对流天气和热带气旋，无热带气旋登陆海南岛，海洋灾害较往年少。全年仅1719号强台风“杜苏芮”在海南岛沿岸引发1次明显风暴潮过程，造成沿岸不同程度风暴增水，其中三亚验潮站、东方八所验潮站最高潮位超过当地警戒潮位。灾害天气期间，海南省海洋预报台向海南省海洋与渔业厅、海南省“三防办”、海南省应急办、海南省海上搜救中心、国家海洋局海口海洋环境监测中心站、海南省沿海市县人民政府及其海洋与渔业局等相关单位发布海浪消息10期、海浪蓝色警报13期、海浪黄色警报29期、海浪橙色警报9期、海浪红色警报9期、海浪解除通报11期，发布风暴潮蓝色警报17期、风暴潮解除通报4期；通过海南电视台新闻频道和综合频道发送海浪、风暴潮应急滚动消息各5条；发送短信1.54万条、传真8027份、邮件665份。2017年，海南省海洋预报台提供针对性服务，包括每天按时发布潭门渔港精细化预报信息，为三亚市海洋与渔业局、海口市海洋和渔业局等单位提供全省各浴场的浪高、水温、水质、高/低潮时、游泳适宜度等指标专项预报，为“更路簿杯”帆船赛提供海洋环境专项预报，为各级政府部门、涉海单位领导提供海滨专项预报手机短信服务等。继续推进海南省海洋预警预报能力升级改造项目和海洋观测站建设。

2017年，海南省海洋与渔业厅编制完成《2016年度海南省海洋灾害评估及2017年度海洋灾害预测报告》，并向有关政府部门和有关单位发送《海洋省海洋预报台关于2016年度海南省海洋灾害评估和2017年度海洋灾害趋势预测的通报》，为全省海洋防灾减灾提供决策依据。

海洋执法督察

2017年，海南省探索构建执法协同化、规范化、标准化“三位一体”的近海综合执法体系；通过移交线索跟踪指导、联合执法办案、单独出海办案等方式，推动省与市县专项行动的开展，以及专项整治与日常监督检查有机结合。全年办理海洋行政执法147件，缴纳罚款90件，执收罚款1.30亿元。其中，非法占用海域案40件，执收罚款1.27亿元；破坏海洋环境案106件，执收罚款295.40万元；海岛案1件，正在办理中。全省办理“海盾2017”案7件，缴纳罚款6件；“碧海2017”立案68件，全部缴纳罚款。开展海岛保护执法行动，检查无居民海岛（礁）27个（含领海基点海岛8个、国防用途海岛8个），其中登检海岛（礁）15个。获取海岛照片916张、视频资料150分钟，新建海岛档案6个，更新海岛执法档案21个。海南省海洋与渔业监察总队海洋执法处联合全省沿海12个市县海监执法机构，对各市县辖区海岛开展巡查，更新海岛执法档案53个。开展“护蓝打非”联合执法督导，打击非法盗采海砂行为和电拖网捕捞作业渔船；整治涉渔“三无”渔船；进行渔政渔港监督管理问责，实施“二十七个不放过”。

中央环保督察

2017 年 8 月 10 日—9 月 10 日，中央第四环境保护督察组对海南省实施环境保护督察。海南省海洋与渔业厅贯彻落实中央环境保护督察决策部署，制定《海南省海洋与渔业厅迎接中央环保督察工作协调联络组工作方案》，成立海南省海洋与渔业厅迎接中央环保督察工作协调联络组，配合中央第四环境保护督察组开展工作，对督察发现的问题立行立改，对交办的举报案件严肃查处。12 月 23 日，中央第四环境保护督察组向海南省反馈督察意见，指出海南存在违规填海造地破坏海洋生态环境、海水养殖造成局部海域水质下降、部分海洋类型自然保护区生境破坏严重等突出问题，海南省海洋与渔业厅针对问题逐项提出加大违规围填海案件查处力度、开展重大围填海项目环境影响后评价、组织编制养殖水域滩涂规划、开展海洋自然保护区资源调查等在内的系列整改措施，明确责任单位、整改期限和整改目标，部署开展整改落实工作。

国家海洋督察

根据国务院批准的《海洋督察方案》，国家海洋督察组第六组于 2017 年 8 月 22 日—9 月 21 日对海南省进行围填海专项督察。8 月 22 日，国家海洋督查组进驻后，海南省召开工作动员会。会后，全省有关行政单位根据“事不过夜”原则，对移交的投诉信访件连夜部署，明确责任，快速组织查处整改。至 9 月 25 日，办结案件 152 件，部分办结（限时办结）6 件，短期难以办结的 31 件则列出整改计划继续整改。全省各市县及海洋渔业管理系统建立了日常巡查制度，迅速高效办理群众投诉和国家海洋督察组交办案件。对各类信访举报件立行立改，并完善长效机制，引导全民参与，环境质量明显改善。

海洋行政审批

2017 年，海南省办理省级海洋行政许可事项 16 件。其中，受理 16 件，15 件结转下年度，16 件审核不予通过。行政许可事项主要涉及海洋工程建设项目影响报告书核准。根据《国务院关于第二批取消中央指定地方实施行政审批事项的决定》（国发［2017］7 号），取消委托废弃物海洋倾倒许可证的核发，并在海洋行政主管部门管理的地方级自然保护区的实验区开展参观、旅游活动审批。

海岸线修测

根据海南省“多规合一”试点工作要求，为更加科学、准确划定海南省陆域海域管理界线，实现“一张蓝图干到底”，经海南省人民政府同意，海南省海洋与渔业厅会同海南省测绘地理信息局等有关部门于 2015 年 10 月启动了新一轮海岸线修测工作。2016 年底海岸线修测工作已经全部完成，形成了 2016 年海南省海岸线修测成果，2017 年 12 月 26 日经省人民政府批准并公布实施。此次海岸线修测以 2008 年省政府批准的海岸线修测成果为基础，执行“平均大潮高潮线”的海岸线国家标准，严格按照有关技术规范实施，并充分考虑和兼顾海岸线的自然现状和社会经济发展诸要素及海岸带管理工作要求，如实反映了海南省 12 个沿海市县和洋浦区海岸线的实际情况，对促进海岸带资源的保护与管理、推动经济社会持续健康发展具有积极意义。

海岸带保护

2017 年，根据《（海南）省海岸带保护与开发专项检查工作领导小组办公室关于转发省领导有关海岸带整治工作重要批示的通知》等文件，海南省海洋与渔业厅继续做好全省海岸带保护与开发专项检查整治“回头看”，拆除占用海岸线违法建筑；开展海岸带专项调查等工作，并结合中央环保督察和国家海洋督察进行整改。保持海岸带专项检查和查处违法违规行为的高压态势，遏制违法违规行为反弹，指导、督促建立海岸带保护与开发长效机制。认真贯彻实施新的海岸线修测成果，根据国家海洋局部署组织开展全省海岸线调查统计工作，为全省海岸带区域的保护和开发管理提供指导和约束。

海 水 淡 化

2017 年，为加快推进海水淡化与综合利用产业发展，海南省海洋与渔业厅与国家海洋局天津海水淡化与综合利用研究所签订战略合作协议，助力海南省海水淡化产业；双方还共同组织开展海南省海水淡化产业专题调研，形成海水淡化产业研究报告，并据此制定海南省海水淡化产业发展行动计划。海南省有关部门、科研机构和企业基本形成共同推进海水淡化产业发展的共识，并建立工作联系。海南省海洋与渔业厅与国家海洋局天津海水淡化与综合利用研究所签署战略合作协议，提升技术支撑能力。推进海水淡化项目建设，三沙永兴岛太阳能 1000 吨/日海水淡化示范项目、赵述岛 1200 吨/日淡化工程建成投产，乐东太阳能光热海水淡化项目完成升级，羚羊礁 1000 吨/日淡化工程、东方市感城太阳能光热海水淡化供水惠民工程 PPP 项目、东方市太阳能光热海水淡化产业化基地建设项目、大洲岛自然保护区波浪能发电海水淡化项目加快推进，万宁深层海水利用等一批海水淡化与综合利用项目已列入“十三五”项目储备。海水淡化与综合利用企业招商引资在推进中。

海 洋 科 技

协调推进海口市申报国家海洋经济创新发展示范城市，6 月份国家批准海口市作为国家第二批海洋经济创新发展示范城市。为推进海口市海洋经济创新发展示范城市工作，国家批复 6645 万元启动资金，海口市也正积极对 31 个重点项目进行梳理、立项和核查工作，加快推进创新发展示范城市的实施工作。海南省海洋与渔业厅与海南省发展和改革委员会共同推进海南省东方市和陵水县申报国家海洋经济发展示范区申报工作。4 月份组织召开专题研讨会议，对东方市和陵水县的申报材料进行评审研究，申报材料已于 5 月份报送国家发展和改革委员会与国家海洋局，完成海南省申报工作。

海洋经济调查

第一次全国海洋经济调查是国务院确定开展的一项重大国情、海情调查，也是推进海洋经济可持续发展的重要基础性工作。海南省于 2017 年 2 月 23 日成立第一次全国海洋经济调查工作领导小组及其办公室，并于 2017 年 5 月 5 日启动全省海洋经济调查。省调查办赶赴全省 19 个市县，与市县海洋局及相关单位沟通协调，推进调查工作。2017 年，基本完成涉海单位清查任务，清查涉海单位 530 家，清查调查表已归档，清查数据已全部上报。

（海南省海洋与渔业厅）

海洋公益服务

海洋环境监测

综　述

【海水环境状况监测】　沿海各省、自治区、直辖市及计划单列市海洋厅（局）开展本行政区近岸海域海水监测，国家海洋局各分局负责所辖海区国控水质站位（包括海洋站高频监测国控站位）的水质监测和遥感监测。2017年中国管辖海域水温数据主要来源于国家海洋局各分局下属的海洋站观测、浮标观测、断面观测、志愿船观测等实测的海洋表层温度资料。目的是掌握中国管辖海域海水水温变化情况，了解各海域主要污染物质分布、污染程度及变化状况。

海水环境状况评价分析采用的数据中，夏季和秋季的站位基本覆盖了中国管辖海域，冬季和春季只开展了中国近岸海域海水质量监测。其中，冬季（1—3月）监测2057个站位；春季（4—6月）监测2359个站位；夏季（7—9月）监测2267个站位；秋季（10—12月）监测2338个站位。

【海洋沉积物监测】　沿海各省、自治区、直辖市及计划单列市海洋厅（局）开展本行政区近岸海域海洋沉积物监测，国家海洋局各分局负责所辖海区国控站位监测。目的是掌握中国管辖海域沉积物类型和现状，了解污染物质在海洋沉积物中的分布、污染程度及变化状况。

在中国管辖海域570个站位开展了海洋沉积物监测，其中近岸站位449个，近岸以外站位121个，监测指标包括石油类、重金属、砷、多氯联苯、硫化物和有机碳等。

【海洋放射性监测】　沿海各省、自治区、直辖市及计划单列市海洋厅（局）承担本行政区内核电站和核地址邻近海域放射性状况监测任务，在当地核应急协调委的组织下，负责近岸海域核泄漏海洋环境影响监测与评价。目的是了解沿海核电站周边海域放射环境基本状况及潜在风险，掌握核电开发活动对周边海域海洋环境的影响。监测站位分布在辽宁红沿河、山东海阳、江苏田湾、浙江秦山、福建宁德、福建福清、广东大亚湾、广东台山、广东阳江、广西防城港、海南昌江核电站邻近海域，以及葫芦岛和青岛沙子口核地址邻近海域。监测介质包括海水、海洋沉积物和海洋生物。

国家海洋局各分局、国家海洋局第三海洋研究所负责开展西太平洋海洋放射性监测预警工作，国家海洋局第三海洋研究所、国家海洋环境监测中心、国家海洋信息中心、国家海洋技术中心、国家海洋局第一海洋研究所负责相关技术支持工作。目的是掌握日本福岛核泄漏事故对西太平洋及中国管辖海域的影响。西太平洋海洋放射性水平监测区域为日本福岛以东的西太平洋公共海域，监测介质包括海洋大气、海水、海洋沉积物和海洋生物。

【海洋生物多样性监测】　沿海各省、自治区、直辖市及计划单列市海洋厅（局）负责本行政区近岸海域海洋生物多样性监测，国家海洋局各分局负责所辖海区国控海洋生物多样性站位的监测。目的是通过全面开展中国管辖海域海洋生物多样性监测，掌握中国管辖海域海洋生物种类、分布、数量及变化状况。

2017年，在中国管辖海域开展了海洋生物多样性监测。其中，近岸海域于春、夏季开展，近岸海域以外及重点监测海域于夏季开展，监测内容包括浮游生物、底栖生物、海草、红树植物、珊瑚等生物的种类组成和数量分布。重点监测海域涵盖了中国近岸典型生态系统，共15个区域，在渤海（长兴岛、锦州湾、滦河口—北戴河、渤海湾、黄河口、莱州湾、庙岛群岛）、黄海（胶州湾、苏北浅滩）、东海（长江口、杭州湾、乐清湾、闽东沿岸）、南海（大亚湾、珠江口）均有分布。

【海洋保护区监测】 由沿海各省、自治区、直辖市、计划单列市海洋厅（局）以及各国家级海洋保护区管理机构共同开展监测。目的是掌握海洋自然/特别保护区主要保护对象的现状、分布区域、变化及其主要影响因素。

2017年共有66个国家级海洋保护区开展监测，其中44个保护区对64个主要保护对象开展了监测，包括23个海洋生物物种类保护对象、17个海洋自然景观和遗迹类保护对象、24个海洋和海岸生态系统类保护对象。

【入海江河监测】 沿海各省、自治区、直辖市及计划单列市海洋厅（局）负责本行政区主要入海江河监测，国家海洋局北海分局、国家海洋局东海分局、国家海洋局南海分局分别负责黄河、长江、珠江监测。目的是掌握江河入海污染物的种类、入海量及变化趋势。

2017年于枯水期、丰水期和平水期对110条入海河流共334个站位开展了水质监测。监测要素包括盐度、石油类、化学需氧量（COD_{Cr}）、氨氮、总磷、硝酸盐氮、亚硝酸盐氮、砷、重金属等。

【陆源入海排污口及邻近海域监测】 沿海各省、自治区、直辖市及计划单列市海洋厅（局）负责本行政区入海排污口及邻近海域监测，国家海洋局各分局负责所辖海区入海排污口的监督性监测。目的是掌握中国陆源入海排污口入海排污状况以及对邻近海域海洋环境的变化和影响，为监督陆源污染物排海提供技术支撑。

2017年3月、5月、7月、8月、10月、11月对中国沿海371个入海排污口开展排污状况监测。5月、8月，分别监测了79个、80个重点陆源入海排污口邻近海域的环境状况。主要评估排污口是否超标排放，减排指标变化情况，入海污染物对邻近海域的生态环境造成的影响和危害。

【海洋大气污染物沉降状况监测】 国家海洋局各分局负责所辖海域大气监测站监测工作，国家海洋环境监测中心负责大连两个大气监测站点监测工作。目的是掌握中国重点海域大气污染物沉降状况，重点关注渤海大气污染物沉降通量的空间分布。

在中国15个大气监测站（其中渤海9个）开展2月（渤海为3月）、5月、8月和10月共4个月大气污染物沉降连续监测。监测内容除气象要素外，干沉降监测要素包括总悬浮颗粒物浓度、铜、铅、镉、锌、硝酸盐、亚硝酸盐、磷酸盐等；湿沉降监测要素包括铜、铅、镉、锌、硝酸盐、亚硝酸盐、氨盐、磷酸盐、降水电导率、降水量、pH等。

【海洋垃圾监测】 沿海各省、自治区、直辖市及计划单列市海洋厅（局）负责本行政区近岸海域海洋垃圾监测。目的是掌握中国管辖海域海岸带垃圾的种类、数量和来源以及垃圾对海洋生态环境的影响。

2017年，中国完成了49个站位海洋垃圾监测工作。其中，海滩垃圾监测站位41个，海面漂浮垃圾监测站位35个，海底垃圾监测站位14个。

【海洋微塑料监测】 国家海洋局各分局负责所辖海域近岸海洋微塑料监测。目的是掌握中国近岸海域海洋微塑料的分布现状，评价海洋微塑料对海洋生态环境的影响。

2017年，在中国35个站位开展海洋微塑料监视监测工作，对中国近岸海域海面漂浮微塑料和海滩微塑料进行评价，掌握了中国近岸海域海洋微塑料的密度、形状、粒径和组成等情况。

【海洋倾倒区监测】 国家海洋局各分局负责所辖海域海洋倾倒区的调查与监测，并汇总所辖海域本年度倾倒相关的管理数据。目的是掌握倾倒物组成成份及其在倾倒海域的迁移扩散过程，了解倾倒区及其邻近海域生态环境变化情况，评估倾倒活动的生态环境影响及潜在风险。

2017年对69个海洋倾倒区586个站位开展了水深、水质、沉积物质量、大型底栖生物、浮游植物、浮游动物和水文气象的监测，其中包括61个正在使用的和8个未使用的海洋倾倒区。

【海洋石油勘探开发区监测】 国家海洋局各分局负责所辖海域油气开发区的监测与调查，并汇总本年度油气区的相关管理数据。目的是掌握油气开发活动排海物质排放状况、油气区环境质量状况，评价油气开发活动的环境影响及其潜在风险影响。

2017年对21个油气区（群）开展了水质、沉积物质量、生物质量、大型底栖生物和水文气象的监测，其中渤、黄海15个，东海3个，南海3个，监测站位总计275个。

【海水增养殖区监测】 沿海各省、自治区、直辖市及计划单列市海洋厅（局）负责本行政区近岸海域增养殖区环境监测。目的是全面分析中国海水增养殖区环境质量现状和发展趋势，旨在保障中国海水增养殖区的可持续利用和为各级海洋管理部门对相关问题决策的制定提供科学依据和技术支撑。

2017年对46个海水增养殖区共524个站位开展水质、沉积物质量和生物质量监测。监测数据的时间段为3—10月；监测要素包括海水养殖状况，增养殖区海水、沉积物及底栖生物环境状况等。

【海水浴场和滨海旅游度假区监测】 沿海各省、自治区、直辖市及计划单列市海洋厅（局）负责本行政区近岸海域海水浴场和滨海旅游度假区海洋环境监测。目的是掌握海水浴场海洋环境状况，保障沿海社会公众娱乐休闲活动及人体安全健康。

在游泳季节对中国24个重点海水浴场和15个重点滨海旅游度假区开展每日监测，监测要素涉及水文、气象、水质、游泳人数和休闲人数等指标。

【赤潮（绿潮）监测】 沿海各省、自治区、直辖市及计划单列市海洋厅（局）负责本行政区近岸海域赤潮（绿潮）灾害监测、预警、应急应对工作，国家海洋局各分局负责所辖海区近岸海域以外赤潮（绿潮）灾害监视监测、预警和应急应对工作。目的是掌握中国管辖海域赤潮（绿潮）灾害发生状况和赤潮监控区赤潮灾害发生风险，及时发现赤潮（绿潮）灾害，为赤潮（绿潮）应急监测和灾害防治提供基本信息。

国家海洋局各分局及沿海各级海洋行政主管部门利用航空遥感、卫星遥感、船舶、海洋站、志愿者等多种手段，对所辖海域实施赤潮（绿潮）立体全方位的监视监测，及时发现赤潮（绿潮）灾害，进行动态监视、预警和应急应对工作，共对中国13个赤潮监控区进行了监测。

【海水入侵和土壤盐渍化状况监测】 沿海各省、自治区、直辖市及计划单列市海洋厅（局）负责辖区内海水入侵和土壤盐渍化监测工作。目的是掌握滨海地区海水入侵和土壤盐渍化现状、成因和环境风险。

于2017年4月开展了滨海地区海水入侵和土壤盐渍化监测，其中监测海水入侵区域28个，主要监测水样中的水位、氯度和矿化度等；监测土壤盐渍化区域20个，监测断面46条，主要监测土壤中的Cl^-含量、SO_4^{2-}含量、pH值和含盐量等。

【重点岸段海岸侵蚀状况监测】 国家海洋局

各分局负责所辖海区重点岸段海岸侵蚀监测工作，国家海洋环境监测中心负责辽宁省营口市盖州岸段和辽宁省葫芦岛市绥中岸段监测。目的是掌握中国沿海重点岸段海岸侵蚀现状、变化状况、成因和环境风险。

2017 年采用现场、航空遥感和卫星遥感等手段对中国具有代表性的 16 个岸段开展监测。监测要素主要包括监测岸线长度、海岸侵蚀长度、年平均侵蚀宽度、年最大侵蚀宽度、年侵蚀面积等。

【海洋二氧化碳源汇状况监测】 国家海洋局各分局负责所辖海域海-气二氧化碳交换通量岸岛基站、走航、浮标监测工作，国家海洋环境监测中心负责大连园岛岸岛基站以及渤海走航监测工作。目的是掌握中国管辖海域海气界面二氧化碳交换通量，了解海洋环境主要调控因子对二氧化碳分压的影响。

2017 年，在渤海、黄海、东海以及南海北部开展 5 月和 11 月 2 个航次的海-气二氧化碳交换通量的断面走航监测。监测要素包括海水二氧化碳分压、大气二氧化碳分压，水文气象要素以及总碱度、pH、溶解无机碳、溶解氧、浊度、叶绿素 a、亚硝酸盐、硝酸盐、磷酸盐、氨盐、硅酸盐等环境要素。

海洋环境状况

【海水质量】 2017 年，在近岸海域开展了冬、春、夏、秋四个季节的海水质量监测，在近岸海域以外开展了夏季和秋季的海水质量监测。海水中无机氮、活性磷酸盐、石油类和化学需氧量等要素的综合评价结果显示，中国海水环境质量总体有所改善。

冬季、春季、夏季和秋季，近岸海域劣于第四类海水水质的海域面积分别为 48140 平方千米、41140 平方千米、33560 平方千米和 46800 平方千米，各占近岸海域的 16%、14%、11%和 15%，四个季节劣于第四类海水水质的海域累计面积较 2016 年减少 3460 平方千米。污染海域主要分布在辽东湾、渤海湾、莱州湾、江苏沿岸、长江口、杭州湾、浙江沿岸、珠江口等近岸区域，超标要素主要为无机氮、活性磷酸盐和石油类。

夏季，符合第一类海水水质标准的海域面积占管辖海域的 96%，连续三年有所增加；劣于第四类海水水质的海域面积为 33720 平方千米，较 2016 年减少 3700 平方千米；秋季，符合第一类海水水质标准的海域面积占管辖海域的 94%，劣于第四类海水水质的海域面积为 47310 平方千米。

夏季和秋季无机氮含量未达到第一类海水水质标准的海域面积分别为 95850 和 149230 平方千米，其中劣于第四类海水水质的海域面积分别为 30730 平方千米和 44020 平方千米，主要分布在辽东湾、渤海湾、莱州湾、江苏沿岸、长江口、杭州湾、浙江沿岸、珠江口等近岸区域。夏季和秋季活性磷酸盐含量未达到第一类海水水质标准的海域面积分别为 82250 平方千米和 138240 平方千米，其中劣于第四类海水水质的海域面积分别为 13760 平方千米和 22800 平方千米，主要分布在长江口、杭州湾、浙江沿岸、珠江口等近岸区域。夏季和秋季石油类含量未达到第一、二类海水水质标准的海域面积分别为 10630 平方千米和 8280 平方千米，主要分布在珠江口邻近海域、雷州半岛等近岸区域。

【海水富营养化】 夏季和秋季，呈富营养化状态的海域面积分别为 60560 平方千米和 95210 平方千米，其中夏季轻度、中度和重度富营养化海域面积分别为 29960 平方千米、15470 平方千米和 15130 平方千米，秋季轻度、中度和重度富营养化海域面积分别为 43080 平方千米、27730 平方千米和 24400 平方千米。重度富营养化海域主要集中在辽东湾、渤海湾、长江口、杭州湾、珠江口等近岸海域。

2011—2017 年夏季，中国管辖海域富营养化面积总体呈下降趋势。

【海洋表层水温】 渤海、黄海月均海洋表层水温2月最低，8月最高；东海月均表层水温3月最低，8月最高；南海月均表层水温2月最低，6月最高。渤海和黄海的海洋表层水温季节变化最为明显，年内月温差最高可达25.9℃，东海次之，南海变化最小。

【海洋沉积物】 中国管辖海域沉积物质量“良好”的监测站位比例为97%。其中，渤海和黄海沉积物质量“良好”的站位比例为100%，东海和南海依次为97%和94%。2007—2017年，沉积物质量“良好”的监测站位比例呈上升趋势。

近岸海域沉积物中铜含量符合第一类海洋沉积物质量标准的站位比例为94%，其余监测要素含量符合第一类海洋沉积物质量标准的站位比例均在97%以上。近岸海域以外，渤海中部个别站位多氯联苯含量超第一类海洋沉积物质量标准，其他站位各监测要素均符合第一类海洋沉积物质量标准。

【海湾环境】 面积大于100平方千米的44个海湾中，20个海湾四季均出现劣于第四类海水水质，主要超标要素为无机氮和活性磷酸盐。43个海湾沉积物质量状况“良好”，泉州湾沉积物质量“一般”，超标要素为铅、锌和铜。

【海洋环境放射性水平】 中国管辖海域海水放射性水平和海洋大气γ辐射空气吸收剂量率未见异常。辽宁红沿河、江苏田湾、浙江秦山、福建宁德、福建福清、广东大亚湾、广东阳江、广西防城港、海南昌江核电站邻近海域海水、沉积物和海洋生物中放射性核素含量处于中国海洋环境放射性本底范围之内。在建的山东海阳、山东石岛湾、广东台山核电站邻近海域的放射性背景监测数据未见异常。

日本福岛以东及东南方向的西太平洋海域仍受到2011年日本福岛核泄漏事故的影响。该海域海水中铯-137活度明显超出核事故前背景水平，核事故特征核素铯-134仍可检出。海洋生物和沉积物放射性水平未见异常。

海洋生态状况

【海洋生物多样性】 海洋生物多样性监测内容包括浮游生物、底栖生物、海草、红树植物、珊瑚等生物的种类组成和数量分布。在监测区域内浮游植物鉴定755种，浮游动物鉴定724种，大型底栖生物鉴定1759种，海草鉴定6种，红树植物鉴定10种，造礁珊瑚鉴定83种。

渤海浮游植物160种，主要类群为硅藻和甲藻；浮游动物101种，主要类群为桡足类和水母类；大型底栖生物318种，主要类群为环节动物、软体动物和节肢动物。

黄海浮游植物264种，主要类群为硅藻和甲藻；浮游动物120种，主要类群为桡足类和水母类；大型底栖生物408种，主要类群为环节动物、节肢动物和软体动物。

东海浮游植物476种，主要类群为硅藻和甲藻；浮游动物464种，主要类群为桡足类和水母类；大型底栖生物701种，主要类群为软体动物、节肢动物和环节动物。

南海浮游植物477种，主要类群为硅藻和甲藻；浮游动物471种，主要类群为桡足类和水母类；大型底栖生物1196种，主要类群为软体动物、节肢动物和脊索动物；海草6种；红树植物10种；造礁珊瑚83种。

【典型海洋生态系统】 监测的河口、海湾、滩涂湿地、珊瑚礁、红树林和海草床等海洋生态系统中，4个海洋生态系统处于健康状态，14个处于亚健康状态，2个处于不健康状态。

监测的河口生态系统全部呈亚健康状态。部分河口生态系统海水呈富营养化状态；河口部分生物体内镉、铅残留水平较高；多数河口生态系统的浮游植物密度偏高；河口鱼卵仔鱼密度总体偏低，但呈现稳步上升趋势。

监测的海湾生态系统多数呈亚健康状态，锦州湾和杭州湾生态系统呈不健康状态。部分海湾生态系统海水呈富营养化状态，无机氮含量劣于第四类海水水质标准；海湾部分生物体内镉、铅和砷残留水平较高；多数海湾生态系统的浮游植物密度偏高；监测海湾的鱼卵仔鱼密度偏低，但总体呈上升趋势。

苏北浅滩滩涂湿地生态系统呈亚健康状态。互花米草、碱蓬和芦苇是苏北浅滩湿地的主要植被类型，现有滩涂植被226平方千米，与2016年相比基本持平。

广西北海珊瑚礁生态系统呈健康状态，海南东海岸和西沙珊瑚礁生态系统呈亚健康状态。广西涠洲岛硬珊瑚补充量达到1个/平方米；海南东海岸生态系统活珊瑚盖度仍处于近10年来的较低水平；西沙活珊瑚盖度较2016年有所增加。

广西北海和北仑河口红树林生态系统均呈健康状态。红树林面积与群落类型基本稳定，保持原有的种类多样性和生境完整性，大型底栖动物种类丰富，生物量较高，鸟类种数持续增长。

海南东海岸海草床生态系统呈健康状态，与2016年相比，海南东海岸海草床生态系统的海草盖度和密度均有所下降。广西北海海草床生态系统呈亚健康状态。

【海洋保护区】 在66个国家级海洋保护区开展了监测，其中44个保护区开展了保护对象监测。结果表明，大部分保护区的保护对象状况基本保持稳定。开展监测的保护对象中，沙滩、海岸、基岩海岛及历史遗迹基本保持稳定，红树密度有所上升，活珊瑚礁覆盖度有所下降，贝壳堤面积有所减少，出露滩面的古树桩仍多被侵蚀。

【滨海湿地】 2017年，在8处滨海湿地开展了鸟类或植被监测。其中，在辽宁大连庄河、辽宁双台子河口、山东滨州、广西山口和广西北仑河口滨海湿地监测到世界自然保护联盟（IUCN）受威胁鸟类物种共11种，包括2种极危物种、6种濒危物种、3种易危物种。

主要入海污染源状况

【主要入海河流污染物排放】 2017年，对110条入海河流实施了监测。其中，枯水期、丰水期和平水期，多年连续监测的55条河流入海断面水质劣于第Ⅴ类地表水水质标准的比例分别为44%、42%和36%。污染要素主要为化学需氧量（COD_{Cr}）、总磷、氨氮和石油类。

多年连续监测的55条河流入海的污染物量分别为：COD_{Cr} 1330万吨，氨氮（以氮计）15万吨，硝酸盐氮（以氮计）210万吨，亚硝酸盐氮（以氮计）5.0万吨，总磷（以磷计）23万吨，石油类5.0万吨，重金属1.0万吨（其中锌6974吨、铜2826吨、铅445吨、镉105吨、汞49吨），砷2761吨。

【入海排污口排污】 监测的371个陆源入海排污口中，工业排污口占29%，市政排污口占43%，排污河占24%，其他类排污口占4%。3月、5月、7月、8月、10月和11月监测的入海排污口达标排放比率分别为49%、52%、59%、59%、61%和62%，全年入海排污口达标排放次数占监测总次数的57%，比2016年提高2个百分点。119个入海排污口全年各次监测均达标，76个入海排污口全年各次监测均超标。入海排污口排放的主要污染物为总磷、COD_{Cr}、悬浮物和氨氮。

不同类型的入海排污口中，工业类排污口达标排放次数比率为68%，与2016年相同；市政和排污河类排污口达标排放次数比率分别为52%和53%，分别比2016年提高2个和9个百分点；其他类排污口达标排放次数比率为62%，比2016年降低3个百分点。

入海排污口排污状况综合等级评价结果显示，全年被评为A级、B级、C级、D级、E级的排污口比例分别为1%、11%、44%、37%和7%，其中，被评为A级的入海排污口全部为市政排污口。

【入海排污口邻近海域环境质量】 入海排污口邻近海域环境质量状况总体较差，90%以上无法满足所在海域海洋功能区的环境保护要求。

5月和8月，分别对79个和80个入海排污口邻近海域水质进行监测。5月，53个排污口邻近海域水质劣于第四类海水水质，占监测总数的67%；8月，56个排污口邻近海域水质劣于第四类海水水质，占监测总数的70%。排污口邻近海域水体中的主要污染要素为无机氮、活性磷酸盐、石油类和化学需氧量，个别排污口邻近海域水体中重金属、粪大肠菌群等含量超标。88%的排污口邻近海域的水质不能满足所在海洋功能区水质要求。

8月，对80个入海排污口邻近海域沉积物质量进行监测，其中31个排污口邻近海域沉积物质量不能满足所在海洋功能区沉积物质量要求，主要污染要素为石油类、铜、铬、汞和硫化物。

对入海排污口邻近海域贝类的监测结果表明，67%的排污口邻近海域贝类生物质量不能满足所在海洋功能区生物质量要求，主要污染要素为粪大肠菌群、镉、汞、锌和砷，个别排污口生物体中铜、铅和石油烃含量超标。

2013—2017年监测结果显示，历年均有75%以上的排污口邻近海域水质等级为第四类和劣于第四类，水体中的主要污染物是无机氮和活性磷酸盐；沉积物质量等级符合第一类的比例呈上升趋势。

【海洋大气气溶胶污染物含量】 在大连老虎滩、大连大黑石、营口、盘锦、葫芦岛、秦皇岛、塘沽、东营、蓬莱、北隍城、青岛小麦岛、连云港、舟山嵊山、福建北礵和珠海大万山共计15个监测站开展了海洋大气气溶胶污染物含量监测。气溶胶中硝酸盐–氮含量最高值出现在秦皇岛监测站，最低值出现在珠海大万山监测站，分别为6.3微克/立方米和0.9微克/立方米；氨–氮含量最高值出现在营口监测站，最低值出现在珠海大万山监测站，分别为6.0微克/立方米和1.4微克/立方米；气溶胶中铜含量最高值出现在葫芦岛监测站，最低值出现在北隍城监测站，分别为72.5纳克/立方米和6.5纳克/立方米；气溶胶中铅含量最高值出现在葫芦岛监测站，最低值出现在舟山嵊山监测站，分别为116.0纳克/立方米和11.5纳克/立方米。

【渤海大气污染物湿沉降】 在大连大黑石、营口仙人岛、盘锦、秦皇岛、塘沽、东营、蓬莱、北隍城监测站开展了大气污染物湿沉降通量监测。硝酸盐–氮和氨–氮湿沉降通量最高值均出现在大连大黑石监测站，分别为1.3吨/(平方千米·年) 和0.7吨/(平方千米·年)，硝酸盐–氮和氨–氮湿沉降通量最低值均出现在蓬莱监测站，分别为0.2吨/(平方千米·年) 和0.4吨/(平方千米·年)；铜湿沉降通量最高值出现在东营监测站，为3.7千克/(平方千米·年)，最低值出现在塘沽监测站，为0.7千克/(平方千米·年)；铅湿沉降通量最高值出现在北隍城监测站，为0.8千克/(平方千米·年)，最低值出现在东营监测站，为0.1千克/(平方千米·年)。

【海洋垃圾】 在49个区域开展了海洋垃圾监测，监测内容包括海面漂浮垃圾、海滩垃圾和海底垃圾的种类、数量。海洋垃圾密度较高的区域主要分布在旅游休闲娱乐区、农渔业区、港口航运区及邻近海域。

大块和特大块漂浮垃圾平均个数为20个/平方千米；中块和小块漂浮垃圾平均个数为2845个/平方千米，平均密度为22千克/平方千米。塑料类垃圾数量最多，占87%，其次为木制品类，占7%。塑料类垃圾主要为聚苯乙烯泡沫、塑料袋和塑料瓶等。

海滩垃圾平均个数为52123个/平方千米，平均密度为1420千克/平方千米。塑料类垃圾数量最多，占比76%，其次为玻璃类和金属类，各占5%。塑料类垃圾主要为聚苯乙烯泡沫、塑料袋、塑料瓶和香烟过滤嘴等。

海底垃圾平均个数为1434个/平方千米，平均密度为43千克/平方千米。塑料类垃圾数量最多，占74%，其次依次为玻璃类和木制品类，分别占13%和5%，主要为塑料袋、塑料瓶、玻璃瓶和木块等。

【海洋微塑料】 2017 年，在渤海、黄海、东海和南海北部海域开展了 6 个断面的海面漂浮微塑料和 6 个海滩的微塑料监测工作。

监测断面表层水体微塑料平均密度为 0.08 个/立方米，最高为 1.26 个/立方米。渤海、黄海、东海和南海海面漂浮微塑料平均密度分别为 0.04 个/立方米、0.33 个/立方米、0.07 个/立方米和 0.01 个/立方米。海面漂浮微塑料主要为颗粒、纤维和碎片状，成分主要为聚苯乙烯和聚丙烯。

监测区域海滩微塑料平均密度为 245 个/平方米，最高为 504 个/平方米。海滩微塑料主要为线状、颗粒和纤维状，成分主要为聚苯乙烯和聚丙烯。

部分海洋功能区环境状况

【海洋倾倒区】 2017 年，中国海洋倾倒量 15771 万立方米，与 2016 年基本持平。倾倒物质除少量惰性无机地质材料外，其余均为清洁疏浚物。倾倒区及其周边海域海水水质和沉积物质量基本满足海洋功能区环境保护要求。与 2016 年相比，倾倒区水深、海水水质和沉积物质量基本保持稳定，倾倒活动未对周边海域生态环境及其他海上活动产生明显影响。

【海洋油气区】 2017 年，中国海洋油气平台生产水、经过处理的生活污水、钻井泥浆排海量分别为 18918 万立方米、73 万立方米、34117 立方米，分别较 2016 年增加 2%、11%、17%，钻屑排海量为 44948 立方米，较 2016 年降低 5%。

海洋油气区及邻近海域水质和沉积物质量基本符合海洋功能区环境保护要求，环境质量状况较 2016 年有所改善。渤海油气区及邻近海域海水符合第一类海水水质标准的监测站位比例为 27%，比 2016 年增加 13 个百分点，东海、南海油气区及邻近海域海水均符合第一类海水水质标准。油气区沉积物质量基本符合第一类海洋沉积物质量标准。

【海水增养殖区】 监测的 46 个海水增养殖区环境质量状况满足增养殖活动要求。增养殖区综合环境质量等级为“优良”和“较好”的比例分别为 91%和 9%。影响海水增养殖区环境质量状况的主要因素是部分增养殖区水体呈富营养化状态以及沉积物中粪大肠菌群、铜和铬含量超标。

2013—2017 年，增养殖区环境综合质量等级为“优良”的比例呈增加趋势。

【旅游休闲娱乐区】 游泳季节和旅游时段，24 个海水浴场和 15 个滨海旅游度假区环境状况总体良好。

【海水浴场】 海水浴场水质为“优”和“良”的天数占 87%，水质为“差”的天数占 13%。葫芦岛绥中等 10 个海水浴场每日水质等级均为“优”或“良”，其中威海国际、阳江闸坡、三亚亚龙湾海水浴场每日水质等级均为“优”。山东部分海水浴场水质受到漂浮藻类的影响。

海水浴场健康指数为“优”和“良”的天数分别占 77%和 11%，健康指数为“差”的天数占 12%。个别海水浴场水体中粪大肠菌群含量偏高、出现漂浮藻类和垃圾等是影响海水浴场健康指数的主要因素；个别海水浴场水体出现少量水母，对游泳者健康存在潜在威胁。

海水浴场适宜和较适宜游泳的天数比例占 73%，不适宜游泳的天数比例占 27%。天气不佳、风浪较大是影响海水浴场游泳适宜度的主要原因。

【滨海旅游度假区】 滨海旅游度假区的平均水质指数为 4.1，水质为良好及以上的天数占 94%，水质为一般和较差的天数占 6%。舟山市嵊泗列岛和三亚亚龙湾旅游度假区水质极佳的天数比例达到 95%以上。

泉州崇武海域在旅游季节部分时段发生赤潮，对滨海旅游度假区水质产生影响；山东和江苏部分滨海旅游度假区出现漂浮藻类，影响海上观光、海滨观光和游泳活动等滨海旅游活动。

滨海旅游度假区的平均海面状况指数为3.9，海面状况优良。降雨导致的天气不佳是影响滨海旅游度假区海面状况的主要原因。

滨海旅游度假区平均休闲（观光）活动指数为3.9，很适宜开展休闲（观光）活动。三亚亚龙湾等12个滨海旅游度假区均能达到优良级别，很适宜开展海上观光、海滨观光和沙滩娱乐等多种休闲（观光）活动。

海洋环境灾害状况

【赤潮】 2017年中国管辖海域共发现赤潮68次，累计面积约3679平方千米。东海发现赤潮次数最多，为40次；累计面积最大，为2189平方千米。赤潮高发期主要集中在6月份。与2016年相比，赤潮发现次数相同，累计面积减少3805平方千米；与近5年平均值相比，赤潮发现次数增加13次，累计面积减少1387平方千米。

引发赤潮的优势生物共有34种。米氏凯伦藻作为第一优势生物引发的赤潮次数最多，为12次；其次是东海原甲藻，引发赤潮次数为10次；锥状施克里普藻、球形棕囊藻和红色中缢虫各6次，中肋骨条藻、底刺膝沟藻和夜光藻各4次，链状裸甲藻3次，旋链角毛藻、菱形藻属和叉角藻各2次，太平洋海链藻、圆海链藻、环胺藻属、多纹膝沟藻、春膝沟藻、伊姆裸甲藻和赤潮异弯藻各1次。

2017年4—5月，河北秦皇岛近岸海域的紫贻贝中检出麻痹性贝毒；2017年6月，福建南部近岸海域发现链状裸甲藻赤潮，相关海域中的翡翠贻贝和牡蛎体内检出麻痹性贝毒。

【绿潮】 2017年5—7月，黄海南部沿岸海域发生浒苔绿潮。5月，浒苔绿潮主要分布于江苏沿岸海域。6月，浒苔绿潮主要分布在黄海山东沿岸海域并迅速扩大，最大分布面积为29522平方千米，最大覆盖面积为281平方千米。7月上旬，漂浮浒苔分布面积明显减小，7月中下旬，浒苔绿潮消亡。

2017年，黄海沿岸海域浒苔绿潮规模是近5年来最小的一年，与近5年平均值相比，最大分布面积减少33%，最大覆盖面积减少49%。

【海水入侵和土壤盐渍化】 渤海滨海地区海水入侵和土壤盐渍化严重，海水入侵范围基本保持稳定，土壤盐渍化局部地区有加重趋势；黄海、东海和南海滨海地区海水入侵和土壤盐渍化范围较小、程度低，海水入侵局部地区呈加重趋势，土壤盐渍化范围基本稳定。

【海水入侵状况】 海水入侵严重地区主要分布于渤海滨海平原地区，辽宁盘锦、河北、山东沿岸海水入侵距离一般距岸12~25千米，辽宁沿岸其他监测区海水入侵距离相对较小；黄海和东海滨海地区海水入侵范围总体较小，除江苏盐城和浙江台州、温州监测区海水入侵距离较大，其他监测区海水入侵距离均距岸4千米以内；南海滨海地区海水入侵范围小、程度低，海水入侵距离一般距岸2千米以内。

与2016年相比，渤海滨海地区辽宁大连金州区个别站位氯离子含量明显升高，辽宁盘锦、山东烟台部分监测区海水入侵范围有所扩大；黄海滨海地区辽宁丹东、山东威海、江苏盐城和连云港部分监测区海水入侵范围有所扩大；东海滨海地区浙江台州、福建长乐监测区海水入侵范围有所扩大；南海滨海地区广东阳江、茂名、湛江，广西北海部分监测区海水入侵范围有所扩大。

【土壤盐渍化状况】 土壤盐渍化严重地区主要分布于渤海滨海平原，辽宁盘锦、河北唐山和沧州、天津、山东潍坊寒亭监测区盐渍化距离一般距岸9~25千米，主要盐渍化类型为硫酸盐型和硫酸盐-氯化物型盐土；黄海滨海地区仅山东威海初村镇监测区盐渍化距离超过3千米，盐渍化类型为硫酸盐型和氯化物-硫酸盐型轻盐渍化土，其他监测区均为非盐渍化土；东海和南海滨海地区盐渍化距离一般距岸3千米以内，主要盐渍化类型为硫酸盐型和硫酸盐-氯化物型轻盐渍化土。

与2016年相比，渤海滨海地区辽宁盘

锦、葫芦岛，河北唐山部分监测区土壤含盐量上升，盐渍化范围扩大；黄海和东海滨海地区土壤盐渍化范围保持稳定甚至有所减小；南海滨海地区广西北海监测区土壤含盐量略有上升，盐渍化范围略有扩大，其他监测区盐渍化范围基本保持稳定。

【重点岸段海岸侵蚀】　中国海岸侵蚀依然严重。由于开展海岸整治修复和人工护岸修建，砂质海岸侵蚀长度有所减少，但局部海岸侵蚀加重，粉砂淤泥质海岸侵蚀有所减弱。砂质海岸海南琼海博鳌印象和三亚亚龙湾东侧监测岸段侵蚀严重，2017 年侵蚀速度均超过 6.0 米/年。辽宁绥中、盖州和山东招远宅上村、九龙湾侵蚀海岸长度和侵蚀速度均有所下降，辽宁绥中岸段南江屯附近海岸最大侵蚀距离 13.1 米/年；粉砂淤泥质海岸江苏振东河闸至射阳河口监测岸段侵蚀严重，最大侵蚀距离 162 米/年。河流输沙减少、风暴潮和不合理海岸工程影响是造成局部海岸侵蚀的主要原因，海平面上升加剧了海岸侵蚀。

海洋二氧化碳源汇状况

2017 年，在渤海、黄海、东海和南海北部海域开展了春季和秋季海–气二氧化碳（CO_2）交换通量断面走航监测。

综合 2016 年和 2017 年的监测结果，监测海域表现为大气 CO_2 的弱汇。渤海冬、春、秋季从大气吸收 CO_2，夏季向大气释放 CO_2；黄海冬、春季从大气吸收 CO_2，夏、秋季向大气释放 CO_2；渤海和黄海全年对大气 CO_2 的吸收/释放接近平衡。东海冬、春、夏季和秋季均从大气吸收 CO_2，表现为大气 CO_2 的显著的汇。南海北部冬、春、秋季从大气吸收 CO_2，夏季向大气释放 CO_2，南海北部各个季节与大气交换 CO_2 的强度都不大。

（国家海洋环境监测中心）

海区海洋环境监测

【北海区海洋环境监测】　国家海洋局北海分局组织北海区三省一市及两个计划单列市开展海洋环境监测工作，开展北海区海水、沉积物和生物多样性监测，加强污染物入海排放管控监测，积极做好典型海洋功能区公益服务监测，完成北戴河重点海域环境监视监测。继续推进近海海—气二氧化碳交换通量的业务化监测工作，及时开展赤潮、绿潮、溢油等海洋突发环境事件应急监视监测，掌握北海区海洋环境现状及变化趋势。全年完成海洋环境监测站点 1200 多个，获得数据量 45 万余组。

海域环境质量状况　渤海近岸以外海域海水环境质量状况良好，近岸局部海域海水环境污染依然严重，严重污染海域各季平均面积为 4744 平方千米，约占渤海总面积6.2%，主要分布在辽东湾、渤海湾和莱州湾近岸海域。黄海中北部海水环境质量状况总体良好，中度污染海域和严重污染海域主要集中在辽东半岛近岸海域和山东半岛近岸海域。

近岸海域典型生态系统健康状况　近岸海域典型生态系统均处于亚健康状态。双台子河口、滦河口—北戴河、渤海湾、黄河口、莱州湾等典型生态系统处于亚健康状态，锦州湾典型生态系统处于不健康状态。渤海生态系统面临的主要环境问题包括水质污染、生物密度偏离正常水平、渔业资源衰退等。

主要江河携带入海的污染物状况　渤海和黄海中北部沿岸主要江河径流携带入海污染物总量约 72 万吨和 104 万吨，渤海监测的 96 个入海排污口（河）达标排放比率约为 48%，黄海中北部监测的 71 个入海排污口（河）达标排放比率约为 52%，渤海和黄海中北部分别有 94%和 54%的重点排污口邻近海域环境质量不能满足周边海洋功能区环境质量要求，江河和陆源入海排污口仍是影响海洋环境的主要原因。　（国家海洋局北海分局）

【东海区海洋环境监测】　2017 年，组织实施东海区海洋生态环境保护工作，共布设监测站位 4000 余个，获取监测数据 41 万余组，结果显示：

2017 年，东海区海水环境质量总体较好。近岸以外海水基本符合第一类海水水质标准，近岸局部海域污染较为严重。冬季、春季、夏季和秋季，东海区近岸海域劣于第四类海水水质标准的海域面积分别是 37130 平方千米、32267 平方千米、22760 平方千米和 36351 平方千米，占近岸海域的比例分别为 31%、27%、19%和 31%。与 2012年—2016 年夏季平均值相比，东海区全海域劣于第四类的海域面积减少 30%。

东海区海洋生物群落结构基本稳定。国家级海洋保护区保护对象和海洋环境状况基本保持稳定。部分近岸典型生态系统健康受损，监测的近岸海域浅滩、河口、海湾生态系统处于亚健康或不健康状态。

海洋倾废、海上油气勘探开发、涉海工程未对周边海洋生态环境及其他海上活动产生明显影响。监测的重点海水浴场和滨海旅游度假区环境质量总体良好。海水增养殖区环境质量基本能满足海水增养殖活动的功能要求。

陆源污染物排放对近岸局部海域海洋生态环境带来较大压力，80 条主要监测的入海河流中，监测断面综合水质类别为劣Ⅴ类的河流占比 61.3%。赤潮发现次数较去年有所增加，累计影响面积减少，共发现赤潮 41 次，累计影响面积约 2288 平方千米。绿潮最大覆盖面积比去年减少 58%。海岸侵蚀、海水入侵与土壤盐渍化等问题依然存在。

（国家海洋局东海分局）

【南海区海洋环境监测】 2017 年南海分局海洋生态环境监测全年累计外业出海 315 个航次，派出监测人员约 2352 人次，各项监测任务进展顺利，按进度完成。继续加强南海区赤潮监视监测工作，全年派出赤潮巡视人员约 4816 人次，沿岸巡视里程约 33620 千米，海上巡视里程约 6521 海里。发现赤潮 13 起，分布面积共 1048 平方千米。积极开展突发事件应急工作，应对韩国籍“阳光牡丹”轮在南海北部海域排放混合二甲苯事故。迅速组织开展二甲苯理化性质研究，开展事故海域污染物漂移路径预测，开展应急监视监测，组织编制了《韩国“阳光牡丹”轮混合二甲苯污染排放事故海洋生态损害评估报告》，为后继相关工作的开展提供了有力的技术支持。

加强监测机构的能力建设 继续拓展海区监视监测网络，提升整体监测能力，编制完成《2017 年海洋环境监测站监测能力建设方案》。通过实验室升级改造、监测仪器设备购置，本年度湛江中心站、防城港、陆丰、深圳赤湾、惠州、永暑、渚碧和美济等 8 个海洋站的监测能力建设基本按期完成。

推进年度海洋环境实时在线监测系统建设 在做好深圳东宝河、湛江南柳河、钦州国星油气有限公司排放口和海口龙昆沟 4 套在线监测系统建设的同时，继续推进榕江入海口、惠来电厂温排水入海口、中海壳牌南海石化入海排污口、虎门入海口、崖门入海口和南流江入海口等 6 套在线监测系统的建设。此外，完成了分局节点网络建设和改造，并将深圳市、广西区以及南海分局现有在线监测设备联网，监测数据实时上传全国在线监测系统。

强化信息公开和通报制度 稳妥推进海洋生态环境信息公开和通报，发布《2016 年南海区海洋环境状况公报》和珠江入海口水质监测信息。 （国家海洋局南海分局）

海洋灾害与海洋环境预报服务

综 述

2017 年，各类海洋灾害共造成直接经济损失 63.98 亿元，死亡（含失踪）17 人。其中，风暴潮灾害造成直接经济损失 55.77 亿元，死亡（含失踪）6 人；海浪灾害造成直接经济损失 0.27 亿元，死亡（含失踪）11 人；海冰灾害造成直接经济损失 0.01 亿元；马尾藻暴发造成直接经济损失 4.48 亿元；海岸侵蚀灾害造成直接经济损失 3.45 亿元。

与近 10 年（2008—2017 年）平均状况相比，2017 年海洋灾害直接经济损失和死亡（含失踪）人数均低于平均值，年度灾情总体偏轻。

2017 年各类海洋灾害中，造成直接经济损失最严重的是风暴潮灾害，占总直接经济损失的 87%；造成死亡（含失踪）人数最多的是海浪灾害，占总死亡（含失踪）人数的 65%。单次海洋灾害过程中，直接经济损失最严重的是 1713“天鸽”台风风暴潮灾害，造成直接经济损失 51.54 亿元。

2017 年，海洋灾害直接经济损失最严重的省（自治区、直辖市）是广东省，因灾直接经济损失 54.10 亿元。

2017 年沿海各省（自治区、直辖市）主要海洋灾害损失统计和分布见表 1。

表 1　2017 年沿海各省（自治区、直辖市）主要海洋灾害损失统计

省（自治区、直辖市）	致灾原因	死亡（含失踪）人口（人）	直接经济损失（亿元）
辽宁	海浪、海冰、海岸侵蚀	0	0.22
河北	海岸侵蚀	0	0.64
天津	海岸侵蚀	0	0.00
山东	风暴潮、海浪、海岸侵蚀	0	0.26
山东	风暴潮、海浪、海岸侵蚀	0	0.26
江苏	海浪、马尾藻暴发、海岸侵蚀	7	4.63
上海	无	0	0
浙江	风暴潮、海浪、海岸侵蚀	4	0.92
福建	风暴潮、海浪、海岸侵蚀	0	1.27
广东	风暴潮、海浪、海岸侵蚀	6	54.10
广西	风暴潮、海岸侵蚀	0	0.12
海南	海浪、海岸侵蚀	0	1.82
合计		17	63.98

（国家海洋局预报减灾司）

风暴潮灾害与预报

【总体情况及特点】 2017 年，中国沿海共发生风暴潮过程 16 次，直接经济损失 55.77 亿元，为近 5 年（2013—2017 年，下同）平均值（92.81 亿元）的 60%。其中，台风风暴潮过程 13 次，8 次造成灾害，直接经济损失 55.58 亿元，死亡（含失踪）6 人；温带风暴潮过程 3 次，2 次造成灾害，直接经济损失 0.19 亿元，未造成人员死亡（含失踪）。

2017 年，风暴潮灾害较严重的省（自治区、直辖市）是广东省，因灾直接经济损失分别为 53.61 亿元，占风暴潮灾害总直接经济损失的 96%。2017 年沿海各省（自治区、直辖市）风暴潮灾害损失统计见表 2。

表 2 2017 年沿海各省（自治区、直辖市）风暴潮灾害损失统计

省（自治区、直辖市）	受灾人口		受灾面积		设施损毁			直接经济损失（亿元）
	船只（艘）	受灾人口（万人）	死亡（含失踪）人口（人）	农田（千公顷）	水产养殖（千公顷）	海岸工程（千米）	房屋（间）	
山东	—	0	0	0	3.00	0	0	0.06
浙江	—	0	0.03	1.05	0.67	0	21	0.87
福建	—	0	0	2.61	2.08	0	47	1.21
广东	171.46	6	13.76	24.42	776.01	34	358	53.61
广西	—	0	0	0.01	0	0	0	0.02
合计	171.46	6	13.79	28.09	781.76	34	426	55.77

【主要风暴潮灾害过程】 **1709“纳沙”和 1710“海棠”台风风暴潮** 台风“纳沙”和“海棠”分别于 7 月 30 日 06 时 00 分前后和 31 日 02 时 50 分前后在福建省福清市沿海登陆，两个台风于 24 小时内先后登陆中国同一地点，为历史罕见。受“纳沙”“海棠”台风风暴潮和近岸浪的共同影响，浙江和福建两地因灾直接经济损失合计 1.27 亿元。

沿海观测到的最大风暴增水为 128 厘米，发生在福建省潭头站增水超过 100 厘米的还有浙江省瑞安站（103 厘米），福建省白岩潭站（123 厘米）、长门站（116 厘米）、厦门站（110 厘米）和琯头站（109 厘米）。

各潮（水）位站最高潮位均未达到当地蓝色警戒潮位。浙江省紧急转移安置人口 0.49 万人。水产养殖受灾面积 0.27 千公顷，损失 580 吨。直接经济损失 0.06 亿元。

福建省紧急转移安置人口 0.29 万人。水产养殖受灾面积 2.61 千公顷，损失 9.09 万吨，养殖设备、设施损失 4815 个。渔船毁坏 1 艘，损坏 45 艘，其他类型船只损坏 1 艘。港口、渔港受损 8 座，码头损毁 0.55 千米，防波堤损毁 0.10 千米，海堤、护岸损毁 0.17 千米，道路损毁 1.26 千米。直接经济损失 1.21 亿元。

1713“天鸽”台风风暴潮 8 月 23 日 12 时 50 分前后，强台风“天鸽”在广东省珠海市金湾区沿海登陆，登陆时中心附近最大风力 14 级，为 1965 年以来登陆珠江口的最强台风。该台风登陆前强度迅速增强，24 小时内由强热带风暴加强为强台风，并几乎在巅峰状态登陆。台风“天鸽”导致的风暴增水叠加天文潮高潮，对广东省沿海地区造成严重影响。受风暴潮和近岸浪的共同影响，广东省因灾死亡（含失踪）6 人，直接经济损失 51.54 亿元。

沿海观测到的最大风暴增水为 279 厘米，发生在广东省珠海站。增水超过 100 厘米的还有广东省三灶站（216 厘米）、横门站（215 厘米）、赤湾站（203 厘米）、黄埔站（194 厘米）、盐田站（129 厘米）、惠州站（120 厘米）和汕尾站（118 厘米）。

广东省惠州站、盐田站、赤湾站、黄埔站、横门站和珠海站最高潮位达到当地红色警戒潮位，上述各站均破历史最高潮位记录。珠海站、赤湾站、横门站和黄埔站最高潮位分别超过当地红色警戒潮位 147 厘米、72 厘米、58 厘米和 12 厘米，三灶站最高潮位达到当地橙色警戒潮位，汕尾站最高潮位达到当地黄色警戒潮位。

广东省受灾人口 112.86 万人，紧急转移安置人口 22.92 万人。房屋倒塌 25 间，损坏4 间。水产养殖受灾面积 18.24 千公顷，损失 2.28 万吨，养殖设备、设施损失 330 个。渔船毁坏 43 艘，损坏 232 艘。港口、渔港受损 1 座，码头损毁 1.22 千米，防波堤损毁 240.18

千米，海堤、护岸损毁 532.08 千米，道路损毁 0.02 千米。农田淹没面积 13.74 千公顷。

【风暴潮预警报】 按照国家海洋局《风暴潮、海浪、海啸、海冰灾害应急预案》的要求，2017 年预报中心通过中央电视台、中央人民广播电台和沿海省（自治区、直辖市）、计划单列市电视台和广播电台、手机短信平台、国家海洋环境预报中心网站、人民网、新华网、新浪网等新闻媒体，累计对 13 个影响中国沿海的热带气旋、5 次影响中国沿海的温带天气系统过程，向社会公众发布了 79 份风暴潮预警报。其中蓝色Ⅳ级警报 58 份，黄色Ⅲ级警报 8 份，橙色Ⅱ级警报 4 份和红色Ⅰ级警报 2 份，风暴潮预警报期间共发布实况速报 66 份（见表 3、表 4）。

表 3　2017 年风暴潮预警报发布统计表

过程名	影响省市	红	橙	黄	蓝	速报
1702“苗柏”	广东				3	2
1704“塔拉斯”	广东、海南				4	4
1707“洛克”	广东				2	3
1708“桑卡”	海南				5	6
1709“纳沙”	浙江、福建				4	5
1710“海棠”	浙江、福建				4	5
1713“天鸽”	广东、福建		3	1	3	7
1714“帕卡”	广东			2	1	2
1716“玛娃”	广东、福建				6	6
1717“古超”	——				1	
1718“泰利”	浙江、福建				8	9
1719“杜苏芮”	广东、海南、广西				4	3
1720“卡努”	广东	2	1		3	6
总计		2	4	3	48	58

注：——“古超”台风影响期间沿岸没有明显增水。

表 4　2017 年风暴潮预警报发布统计表

温带过程	蓝色警报	黄色警报	橙色警报	实况速报
20170228	0	2	0	3
20170602	2	0	0	2
20170812	5	0	0	2
20170930	3	0	0	4
20171008	0	3	0	0
总计	10	5	0	8

向国家海洋局和国家防总报送台风风暴潮预判 11 份，并先后 8 次代表国家海洋局参加国家防总台风应急全国视频会商会议，在会上就风暴潮预警情况做了汇报，相关工作多次得到国家防总的肯定。风暴潮预警报以传真形式呈报国务院应急办公室、国家海洋局，并发往国家防汛抗旱总指挥部办公室、国家减灾委员会、交通部总值班室、中国海事局、农业部总值班室、总参作战部、海军司令部等部委，以及中国远洋运输总公司、中国海洋石油总公司、中国石油天然气股份有限公司等多家国家级涉海企事业单位，同时还发往受影响沿海省（自治区、直辖市）政府值班室、防汛指挥部和有关海洋部门。

【风暴潮预报技术研究进展】 2017 年风暴潮组在业务改进和升级方面做出了大量的工作，在原有的基础上，不断的改进预警报产品的质量和自动化程度，完成了历史风暴潮数据库检索系统的开发工作，该系统快速、全面地获取风暴潮和台风历史资料，提高了工作效率。目前该系统已经开始试运行。开展了温带风暴潮过程史料集编写的前期准备工作。

开展全国沿海 213 县级基础预报单元 108 小时潮位预报工作，包括风暴潮、天文潮和总潮位预报。建立覆盖全国沿海的精细化风暴潮-天文潮耦合数值预报模式，利用全国 100 余个验潮站资料开展整年天文潮的模拟及验证，在没有验潮站覆盖的县级预报单元采用数值计算的天文潮，采用中心 WRF 风场，计算未来 108 小时全国沿海风暴潮。每天 08 时将预报产品上传至预报网和预报云，供公众和沿海各海洋预报台浏览和参考，该工作填补了中国县级海洋预报空白，使预报更加精细化，更具针对性。

基于“一带一路”倡议，2017 年完成了孟加拉湾区域复杂河网地形数据和沿岸潮位数据的搜集整理工作，分别基于 ADCIRC 模型和预报中心自主研发的 CTS 模型建立了覆盖孟加拉湾区域的精细化风暴潮数值预报系统，通过典型过程的检验，模型计算效果较好，具有业务化运行的能力。

海浪灾害与预报

【海浪灾害】 2017年，中国近海共出现有效波高4米以上的灾害性海浪过程34次，其中台风浪21次（其中有7次过程与冷空气配合影响），冷空气浪和气旋浪13次。因灾直接经济损失0.27亿元，死亡（含失踪）11人。2017年，海浪灾害总体灾情偏轻，直接经济损失为近5年平均值（1.42亿元）的19%；死亡（含失踪）人数为近5年平均值（47人）的23%。沿海各省（自治区、直辖市）海浪灾害损失见表5。

表5 2017年沿海各省（自治区、直辖市）海浪灾害损失统计

省(自治区、直辖市)	死亡(含失踪人数)	水产养殖受灾面积(千公顷)	海岸工程损毁(千米)	船只损毁(艘)	直接经济损失(万元)
辽宁	0	0	3.5	0	250.00
山东	0	30.00	0.1	6	433.00
江苏	7	190.00	0	1	875.00
浙江	4	0	0	3	515.00
福建	0	0	0	4	580.00
广东	0	0	0	4	14.64
海南	0	0.11	0.56	3	30.30
合计	11	220.11	4.16	21	2697.94

【台风浪灾害】 2017年中国近海海域共发生有效波高4米以上台风浪过程21次，因灾直接经济损失236.31元，无人员死亡或失踪，其余近岸海浪与风暴潮相互作用造成的灾害统计在风暴潮灾害中（见风暴潮灾害与预报部分）。

1702“苗柏”台风浪 受1702号台风“苗柏”（强热带风暴级）的影响，6月11日白天到夜间，南海中部海域出现了3到5米的大浪到巨浪区，12日白天到夜间，南海北部海域出现了4~6米的巨浪到狂浪区；广东东部近岸海域出现了2.5~4米的大浪到巨浪。国家海洋局SF301浮标实测最大有效波高5米。

1703“南玛都”台风浪 受1703号台风“南玛都”（强热带风暴级）的影响，7月3—4日，东海出现了3~4米的大浪到巨浪区。

1704“塔拉斯”台风浪 受1704号台风“塔拉斯”（强热带风暴级）的影响，7月15—16日，北部湾出现了3~5米的大浪到巨浪区，南海中西部出现了3~4米的大浪到巨浪区；海南近岸海域出现了2~3的中浪到大浪，广东西部近岸海域出现了1.5~2.5米的中浪到大浪。国家海洋局QF304浮标实测最大有效波高3.7米。造成海南省直接经济损失30.3万元，无人员死亡（含失踪）。

1707“洛克”台风浪 受1707号台风“洛克”（热带风暴级）的影响，7月22—23日，南海东北部出现了2.5~4.5米的大浪到巨浪区；广东东部近岸海域出现了2~3的中浪到大浪。国家海洋局QF308浮标实测最大有效波高4.4米，汕尾海洋站实测最大有效波高3.0米。

1708“电母”台风浪 受1708号台风“桑卡”（热带风暴级）的影响，7月22—25日，南海中西部、北部湾南部海域出现了2.5~4米的大浪到巨浪区，海南省东部、南部近岸海域出现了1.5~3米的中浪到大浪。国家海洋局西沙海洋站实测最大有效波高3.0米。

1709“纳沙”台风浪 受1709号台风“纳沙”（台风级）的影响，7月29—30日，台湾以东洋面出现了6~11米的狂浪到狂涛区，台湾海峡出现了5~8米的巨浪到狂浪区，东海南部、钓鱼岛附近海域出现了4~6米的巨浪到狂浪区，福建北部近岸海域出现了3.5~5米的大浪到巨浪，浙江南部近岸出现了3~4.6米的大浪到巨浪。龙洞浮标实测最大有效波高11.1米，马祖浮标实测最大有效波高6.4米，国家海洋局平潭、北霜海洋站实测最大有效波高5.0米，南麂海洋站实测最大有效波高4.6米。

1710“海棠”台风浪　受 1710 号台风“海棠”（热带风暴级）的影响，7 月 29—31 日，南海中东部、南海东北部、巴士海峡、台湾海峡先后出现了 4~7 米的巨浪到狂浪区，东海南部、钓鱼岛附近海域出现了 3~5 米的大浪到巨浪区；浙江南部、福建北部近岸海域出现了 3~4 米的大浪到巨浪，浙江北部、福建南部近岸海域出现了 2~3 米的中浪到大浪。小琉球浮标实测最大有效波高 6.1 米，马祖浮标实测最大有效波高 5.0 米，国家海洋局北霜海洋站实测最大有效波高 3.7 米。

1705“奥鹿”台风浪　受 1705 号台风“奥鹿”（强台风级）的影响，8 月 5 日凌晨至 6 日凌晨，东海东部出现了 4~6 米的巨浪到狂浪区。

1713“天鸽”台风浪　受 1713 号台风“天鸽”（强台风级）的影响，8 月 22—23 日，南海北部海域出现了 6~9 米的狂浪到狂涛区，广东近岸海域出现了 3.5~5.6 米的大浪到巨浪。东沙岛浮标实测最大有效波高 8.5 米，国家海洋局 QF305 浮标实测最大有效波高 8.5 米，大鹏湾浮标实测最大有效波高 5.6 米。

1714“帕卡”台风浪　受 1714 号台风“帕卡”（台风级）的影响，8 月 26—27 日，南海北部海域出现了 4~6.5 米的巨浪到狂浪区，广东近岸海域出现了 3~5 米的大浪到巨浪。国家海洋局 QF308 浮标实测最大有效波高 6.0 米，遮浪海洋站实测最大有效波高 5.0 米。

1716“玛娃”台风浪　受 1716 号台风“玛娃”（强热带风暴级）的影响，8 月 31—9 月 3 日，南海北部海域出现了 4~5.5 米的巨浪区，台湾海峡出现了 3~4 米的大浪到巨浪区；广东近岸海域出现了 2~3 米的大浪、福建近岸海域出现了 2~2.5 米的中浪到大浪。国家海洋局 QF307 浮标实测最大有效波高 3.9 米，遮浪海洋站实测最大有效波高 2.6 米。

1717“古超”台风浪　受 1717 号台风“古超”（热带风暴级）的影响，9 月 6 日，巴士海峡、南海东北部、台湾海峡南部海域出现了 1.5~2.5 米的中浪到大浪区，福建南部近岸海域出现了 2~2.5 米的中浪到大浪。小琉球浮标实测最大有效波高 2.4 米。

1718“蝎虎”台风浪　受 1718 号台风“泰利”（超强台风级）的影响，9 月 13—17 日上午，东海、台湾以东洋面出现了 8~13 米的狂浪到狂涛区；浙江近岸海域出现了 4~6 米的巨浪到狂浪，上海近岸海域出现了 2.5~3.5 米的大浪，江苏南部、福建北部近岸海域出现了 2~3 米的中浪到大浪。国家海洋局 MF6001 浮标实测最大有效波高 8.9 米，大陈海洋站实测最大有效波高 6.0 米。

1719“杜苏芮”台风浪　受 1719 号台风“杜苏芮”（强台风级）的影响，9 月 13—16 日，南海中部和北部湾海域出现了 6~9 米的狂浪到狂涛区，海南南部近岸海域出现了4~6.5 米的巨浪到狂浪。国家海洋局莺歌海海洋站实测最大有效波高 6.5 米。造成广东省直接经济损失 1.01 万元，无人员死亡（含失踪）。

1720“卡努”台风浪　受 1720 号台风“卡努”（强台风级）的影响，10 月 13—16 日下午，南海北部出现了 6~10 米的狂浪到狂涛区，东海南部、台湾海峡、巴士海峡、南海中部出现了 4~6 米的巨浪到狂浪区，北部湾出现了 3~5 米的大浪到巨浪区，广东近岸海域出现了 3~4.5 米的大浪到巨浪，海南北部近岸海域出现了 2.5~3.5 米的大浪，广西、海南南部近岸海域出现了 2~3 米的中浪到大浪。国家海洋局 SF301 浮标实测最大有效波高 10.8 米。造成福建省直接经济损失205 万元，无人员死亡（含失踪）。

1721“兰恩”台风浪　受 1721 号台风“兰恩”（超强台风级）外围和冷空气的共同影响，10 月 21—23 日上午，东海东部、台湾以东洋面出现了 5~7 米的巨浪到狂浪区、东海西部出现了 3.5~5.5 米的大浪到巨浪区；浙江、福建北部近岸海域出现了 2~3 米的中浪到大浪。台东外洋浮标实测最大有效波高 7.5 米，国家海洋局 MF06002 浮标实测最大有效波高 5.4 米，大陈海洋站实测最大有效波高 3.0 米。

1722“苏拉”台风浪 受 1722 号台风“苏拉”（台风级）和冷空气的共同影响，10 月 27—30 日上午，东海东部、台湾以东洋面出现了 5~8 米的巨浪到狂浪区，东海西部、台湾海峡、黄海出现了 3~5 米的大浪到巨浪区，渤海出现了 3~4 米的大浪到巨浪区，山东、江苏、上海、浙江、福建北部近岸海域出现了 2~3 米的中浪到大浪。国家海洋局 MF06001 浮标实测最大有效波高 5.1 米，QF109 浮标实测最大有效波高 4.6 米，大陈海洋站实测最大有效波高 3.0 米。

1723“达维”台风浪 受 1723 号台风“达维”（强台风级）和冷空气的共同影响，11 月 2 日夜间至 5 日白天，南海中部出现了 5 到 8 米的巨浪到狂浪区，台湾海峡出现了 4.5~6.5 米的巨浪到狂浪区，浙江南部、福建、广东东部、海南东部、南部沿岸海域出现了 2~3.4 米的中浪到大浪。国家海洋局 MF06004 浮标实测最大有效波高 6.6 米，SF301 浮标实测最大有效波高 5.9 米。

1724“海葵”台风浪 受 1724 号台风“海葵”（强热带风暴级）和冷空气的共同影响，11 月 10—13 日，南海中部、北部出现了 4~6 米的巨浪到狂浪区；海南东部、南部沿岸海域出现了 1.5~2.5 米的中浪到大浪。国家海洋局 SF301 浮标实测最大有效波高 3.4 米。

1726“启德”台风浪 受 172626 号台风“启德”（热带风暴级）和冷空气的共同影响，12 月 17—21 日，南海出现了 4~7 米的巨浪到狂浪区。

1727“天秤”台风浪 受 1727 号台风“天秤”（台风级）和冷空气的共同影响，12 月 24—26 日，南海中部出现了 4~6 米的巨浪到狂浪区；南海南部出现了 6~9 米的狂浪到狂涛区。

【冷空气与气旋浪灾害】 2017 年，中国近海海域共发生波高 4 米以上冷空气浪和气旋浪过程 13 次，因灾直接经济损失 2461.63 万元，死亡（含失踪）11 人。

“170301”冷空气与气旋配合浪 3 月 1—2 日，受冷空气和气旋共同影响，渤海、黄海出现了有效波高 3~4.5 米的大浪到巨浪，国家海洋局 QF104 浮标实测东北风 7—8 级，最大有效波高 4.0 米，最大波高 5.7 米。3 月1 日，1 艘江苏籍渔船在江苏外海沉没，死亡（含失踪）6 人，直接经济损失 480 万元；3 月 2 日，1 艘江苏籍渔船在江苏外海作业时，1 名船员落水死亡，直接经济损失 90 万元。

“170505”冷空气与气旋配合浪 5 月 5 日，受冷空气和气旋共同影响，渤海、黄海北部出现了有效波高 1.5~2.0 米的中浪，国家海洋局 QF104 浮标实测西北风 6~7 级，最大有效波高 1.6 米，最大波高 2.4 米，造成山东省烟台市长岛县水产养殖受灾面积 30 公顷，直接经济损失 200 万元，无人员死亡（含失踪）。

【海浪预报】 2017 年，国家海洋环境预报中心继续制作并通过中央电视台新闻频道、中国教育频道、旅游卫视频道、凤凰卫视频道、中央人民广播电台、新浪网、新华网、国家海洋局和国家海洋环境预报中心网站等全国性媒体对外发布西北太平洋及中国近海 24~72 小时公益性海浪预报、中国沿海共 26 个主要滨海旅游城市、23 个海水浴场、16 个滨海旅游度假区、7 条海上航线、10 个旅游海岛及钱塘江观潮的 24~72 小时近海海浪预报。

2017 年，与中央气象台继续开展海浪数值预报产品共享合作，为其 WMO 规定的 XI 海区及中国近海提供 120 小时海浪预报。

2017 年，国家海洋环境预报中心继续为处于渤海、东海及南海海域的海上石油平台、海上运输航线提供专项海浪服务，制作海浪预报单合计 25000 余份，为海上生产活动、人员安全等提供科学有力保障。顺利完成了中国兴建的世界最大桥隧结合工程“港珠澳大桥”项目的岛隧工程施工的海浪预报保障任务，“港珠澳大桥”顺利完工并通车。

2017年3—7月为中国石油集团海洋工程有限公司“蓝鲸平台”在中国南海神狐海域进行天然气可燃冰试开采作业提供工程海区海浪综合预报300余份，在1704号台风“塔拉斯”（强热带风暴级）影响南海期间，提供海浪蓝色警报4份。

【海浪预警报】 2017年，国家海洋环境预报中心、国家海洋局东海、北海和南海预报中心、沿海省（自治区、直辖市）、计划单列市海洋预报（中心）台，按照《风暴潮、海浪、海啸和海冰灾害应急预案》，通过中央电视台、中央人民广播电台和沿海省（自治区、直辖市）、计划单列市电视台和广播电台、手机短信平台、国家海洋局网站、国家海洋环境预报中心网站、新华网、新浪网等新闻媒体发布了1702“苗柏”、1704“塔拉斯”、1707“洛克”、1708“桑卡”、1709“纳沙”、1710“海棠”、1705“奥鹿”、1713“天鸽”、1714“帕卡”、1716“玛娃”、1717“古超”、1718“泰利”、1719“杜苏芮”、1720“卡努”、1721“兰恩”、1722“苏拉”、1723“达维”、1724“海葵”、1725“鸿雁”、1726“启德”、1727“天枰”、冷空气浪和气旋浪等30次灾害性海浪过程，国家海洋环境预报中心发布海浪警报及紧急警报168份(其中红色海浪紧急警报8份)、海浪实况速报158份；同时还向受灾害性海浪影响的沿海省（自治区、直辖市）、计划单列市人民政府、国家海洋局、国家安全生产应急救援指挥中心、国家减灾委员会办公室、国家防汛抗旱总指挥部办公室、交通部总值班室、中国海事局、中国海上搜救中心、交通部救助打捞局、农业部总值班室、农业部渔业局、中国海监总队、总参作战部、海军司令部、中国远洋运输总公司、中国海运（集团）公司、中国海洋石油总公司、中国石油天然气股份有限公司、中国石油化工集团公司、中国海洋石油天津、上海、广州分公司等几十家海洋生产指挥部门和海洋交通运输部门、海洋石油勘探与开采部门发布海浪预警报。

【海浪数值预报模式研究】 2017年海浪数值预报系统改进：①基于ecFlow建立的事件触发式海浪数值模式管理系统正式业务化运行，方便预报员管理数值预报系统。②中国近海海浪数值模式空间分辨率提升到1/30度。③通过对海浪数值模式的关键参数进行重新率定，提高模式对短风区海域海浪演化过程的模拟能力，中国近海海浪数值模式在东部海区的24小时预报保障率达到85%以上。

2017年3月，国家海洋环境预报中心海浪组自主建设的中国近海海浪客观分析系统正式上线运行。该系统在参数率定后的中国近海海浪数值预报系统的基础上，结合多要素逐步订正技术可对中国近海浮标观测——数值分析风场和浪场进行融合，并产生客观分析场产品。该产品为海浪实况分析业务提供了有力支持。

海冰灾害与预报

【冰情与灾害】 冰情概况 2016/17年冬季，渤海及黄海北部冰情为偏轻冰年（1.5级），初冰日为2016年11月22日，终冰日为2017年3月3日，冰期101天。全海域浮冰最大覆盖面积15201平方千米，出现在2017年1月24日。辽东湾海冰最大覆盖面积10515平方千米，出现在1月24日，浮冰外缘线离岸最大距离49海里，出现在1月24日；渤海湾海冰最大覆盖面积440平方千米，出现在1月27日，浮冰外缘线离岸最大距离2海里，出现在1月23日；莱州湾仅河口浅滩处少量海冰；黄海北部海冰最大覆盖面积4648平方千米，出现在1月24日，浮冰外缘线离岸最大距离16海里，出现在1月23日。2016/17年冬季渤海及黄海北部冰情统计见表6。

表 6 2016/2017 年冬季渤海及黄海北部冰情统计

影响海域	初冰日（年/月/日）	终冰日（年/月/日）	浮冰最大覆盖面积（平方千米）	浮冰离岸最大距离（海里）	一般冰厚（厘米）	最大冰厚（厘米）
辽东湾	2016/11/22	2017/3/3	10515	49	5~15	30
渤海湾	2017/1/22	2017/2/1	440	2	5	10
莱州湾	—	—	—	—	—	—
黄海北部	2016/12/15	2017/2/21	4648	16	5~15	25

冰情灾害 2016/2017 年冬季，海冰灾害影响中国渤海及黄海北部海域，造成直接经济损失 80 万元，灾害损失为近十年次低值。海冰灾害直接经济损失出现在辽宁省，由于水产养殖受损造成。由于冰情较弱，海冰未对港口航运、油气开采和海岸工程等造成较大影响。2016/2017 年冬季海冰灾害损失统计见表 7。

表 7 2016/2017 年海冰灾害损失统计

省(自治区、直辖市)	受灾人口		损毁船只（艘）	水产养殖损失		海岸工程损毁（千米）	直接经济损失（万元）
	受灾人口(万人)	死亡(含失踪)人口(人)		受灾面积（千公顷）	数量（万吨）		
辽宁	—	0	0	—	0	0	80
合计	—	0	0	—	0	0	80

【海冰监测与预报研究】 冰情监测 2016/2017 年冬季，国家海洋环境预报中心完善立体化海冰监测，包括海冰卫星遥感、沿岸海洋站、破冰船、鲅鱼圈雷达站、白沙湾雷达站、辽东湾石油平台等。海冰组按照中心部署，组织渤海及黄海北部沿岸海冰调查，参加海军破冰船海冰调查，开展辽东湾平台海冰雷达监测。

2017 年冬季接收国家卫星海洋应用中心的卫星遥感海冰监测信息 75 期；MODIS 卫星遥感图像 220 幅；高分辨率雷达卫星 RADARSAT-2 图像 6 幅。接收辽东湾海上平台海冰监测报表共 270 份；接收鲅鱼圈雷达海冰监测图 200 余幅。

2017 年 1 月 13—17 日，国家海洋环境预报中心组织开展 2016/2017 年冬季沿岸海冰调查。国家海洋环境预报中心、国家卫星海洋应用中心、辽宁海洋环境监测预报总站组成海冰调查队，调查工作历经 5 天，途经葫芦岛、锦州、盘锦、营口、鲅鱼圈、庄河、丹东等近 20 个站点，在辽东湾和黄海北部沿岸展开调查工作。调查结果显示 2016/17 年冬季沿岸冰情偏轻对沿海经济活动影响不大。

国家海洋环境预报中心组织相关单位参加 2017 年度海军破冰船海冰调查工作。本次海冰调查由中国生产的新一代破冰船“海冰 723”来执行，本次调查也是该舰首次执行破冰船调查任务。2017 年 1 月 10 日，本次调查从葫芦岛军港出发，经辽东湾西岸、渤海湾、莱州湾和黄海北部，从辽东湾东岸返回葫芦岛港，共在海上航行 8 天，航程 900 余海里，获取 27 个固定测点的冰情、水文及气象等资料。

从本次破冰船调查获取的海冰和水文数据来看，目前中国渤海和黄海北部的冰情处在一个常年偏轻的状态。在 27 个固定测点中，仅在辽东湾北部的 3 个测点中观测海冰，并且有 24 个测点的水温在 0℃以上，距海冰的冰点-1.7℃尚有一定距离。

国家海洋环境预报中心首次利用海冰压缩试验机获取渤海湾海上浮冰的压缩强度，并尝试利用振动采集系统和声波采集仪来获取海冰对破冰船的影响以及海冰的断裂长度。

预报研究 2016/2017 年冬季共发布：海冰年展望 1 期，海冰月预报 3 期，海冰旬预报 9 期，海冰周预报 13 期。数值预报自 2016 年12 月 25 日—2017 年 2 月 24 日，发布业务化海冰数值预报 62 期，精细化海冰数值预报 62 期，高分辨率海冰数值预报 62 期。

承担了科技部重点专项“全球海洋灾害监测预警信息集成平台研制”“日本海及鄂霍次克海非结构网格的海冰数值模式研制与应用”“海洋预报与防灾减灾标准研究”；国家公益项目“面向预警的海冰监测技术研究与示范”；国家自然基金“基于离散元的海冰精细化数值模型研究”；国家自然基金面上项目“海冰破碎尺寸分布的空间多尺度研究”和“广东省沿海城市海洋环境预报业务化平台建设”等科研项目，均达到预期科研目标。此外国家公益项目“渤海海冰立体监测及高精度预警报技术研究”顺利通过验收，提升了海冰监测、预警报能力。

海温与海流预报

【业务预报】 主要发布包括沿海城市单站海温预报、海水浴场海温预报、滨海旅游海洋环境预报、滨海旅游度假区海温预报、海温周预报、海温周实况分析，逐日中国海、西北太平洋、印度洋、黄东海、南海、渤海等三维海洋温度和海流预测产品，2017 年业务预报发布情况如下：

海温周预测 52 期 780 份（传真 15家），电视预测 52 期。

Internet 网络发布海温周预测 52 期，渤海 120 小时三维海温、海流预测 365 期，南海 120 小时三维海温、海流预测 365 期，西北太平洋海域 120 小时海温海流预测 365 期，渤黄东海海域 120 小时海温海流预测 365 期，印度洋海域 120 小时海温海流预测 365 期，连云港海流预测 365 期，海温周实况分析 52 期，中国近海网格化逐日海温预报共 365 期。

中央电视台新闻频道发布 24 小时沿海城市单站海温预测 365 期；教育台发布 48 小时单站海温预测 365 期；旅游卫视发布 72 小时的逐日海温预测 365 期；中央电视台发布南 13 个，北 10 个海水浴场海温预测 184 期，发布滨海旅游海洋环境预测 184 期；凤凰卫视发布全球 30 个沿海城市 24 小时海温预报，一日两次，共 730 期；凤凰卫视发布全球 20 个沿海城市 72 小时海温预报，一日两次，共 730 期；央视、旅游卫视发布十个海岛临近海域海温的海岛预报共 365 期。

提供海事局的 72 小时的逐时潮流预测 365 期，提供华北空管局的 72 小时海温预测 365 期、周海温预测 52 期，全球城市临近海域海温预报 365 期，向台站分发海温周预测 52 期，为应急组逐日提供海流预报。在绿潮预测期间，为赤潮组逐日提供海温和海流 72 小时预报。

【数值预报系统】 **西北太预报系统业务化运行及完善** 数据同化情况：持续利用 3DVAR 方法进行卫星遥感 SST 和 Argo 温盐廓线的数据同化，同化后未来 5 天的海温预报均方根误差控制在 1.0℃以内，上层垂向温盐改善在 30%以上；开展基于 3DVAR 方法的高度计数据同化研究。持续利用 EnOI 方法进行高度计观测的观测数据同化。

业务化运行情况 优化业务化运行流程，西北太数值预报系统业务化运行正常；拓展数值预报服务产品，提供未来 3 天的逐时表层温盐流数据产品，为江苏沿岸台站提供海温数值预报产品，每日并下发；优化图形预报产品，增加等值线和数字标识。

南海数值预报系统业务化运行及改善 业务化运行情况：优化业务化运行流程，南海数值预报系统业务化运行正常；拓展数值预报服务，为横渡台湾提供航线保障服务；优化图形预报产品，增加等值线和数字标识。

黄东海数值预报系统业务化运行及改善 数据同化情况：基于 EnKF 方法，开展近海大浮标观测资料的同化方法研究。并基于EnOI 方法持续进行卫星遥感海表面温度的数据同化。

业务化运行情况：黄东海业务化运行系统业务化运行正常；拓展数值预报服务产品，为帆船赛提供短期温盐流数值预报产品。

南海及北印度洋数值预报系统业务化运行及改善 数据同化情况：自今年4月份开始购买法国CLS公司的卫星高度计产品，并着手开展数据同化方法实验及业务化试运行，已经完成观测数据的前处理、同化模块的调试编译等工作。

业务化运行情况：优化业务化运行流程，南海及北印度洋预报系统业务化运行正常；优化图形预报产品，增加等值线和数字标识。

渤海数值预报系统业务化运行及改善 业务化运行情况：优化业务化运行流程，渤海预报系统业务化运行正常；优化图形预报产品，增加等值线和数字标识。

赤潮灾害与预报

【赤潮灾害】 2017年全海域共发现赤潮68次，累计面积约3679平方千米。东海发现赤潮次数最多，为40次；累计面积最大，为2189平方千米。2017年，中国沿岸海域赤潮高发期主要集中在3—7月份，共发现赤潮56次，占总发现次数的82%。其中6月份为影响最为严重的时期，赤潮次数占全年的34%，赤潮累积面积占全年的41%。10月份之后未再发现赤潮。

2017年赤潮次数与上年度持平，累计面积均较上年度大幅减少，与近10年平均值相比，2017年赤潮发现次数增加8次，累计面积减少4100平方千米。

2017年，中国沿岸海域引发赤潮的优势种共34种。米氏凯伦藻赤潮次数最多，为12次；东海原甲藻次之，为10次。2017年4—5月，在秦皇岛近岸海域的紫贻贝体内检出麻痹性贝类毒素。2017年6月，在福建南部近岸海域发生了链状裸甲藻赤潮，相关海域的翡翠贻贝和牡蛎体内检出麻痹性贝类毒素。

【赤潮预报】 2017年共发布全国《赤潮生成条件预测》18期。其中，涉及渤、黄海赤潮预测7期，东海赤潮预测12期，南海赤潮预测6期。

海啸灾害与预报

【海啸预警报业务概况】 2017年中国未发生海啸灾害。国家海洋局海啸预警中心对30次发生在中国周边海域及全球大洋其他海域的海底地震共发布了51期海啸信息。根据监测数据分析，其中4次地震引发了海啸，这些海啸事件均未对中国产生灾害性影响。

4次海底地震引发了海啸，分别是：2017年4月25日智利中部沿岸近海海域（33.02°S，71.79°W）6.9级地震、2017年9月8日墨西哥瓦哈卡州沿岸近海海域（15.21°N，93.64°W）8.1级地震、2017年10月31日洛亚蒂群岛东南［新喀里多尼亚］海域（21.66°S，169.04°E）7.0级地震、2017年11月20日洛亚蒂群岛东南［新喀里多尼亚］海域（21.33°S，168.64°E）7.0级地震。其中2017年9月8日墨西哥瓦哈卡州沿岸近海海域（15.21°N，93.64°W）8.1级地震引发海啸最大监测值为175厘米（见表8）。

【海啸预警重点工作】 （1）联合国教科文组织政府间海洋学委员会正式批准南中国海区域海啸预警中心于2018年1月26日开展业务化试运行。

在6月21—30日召开的联合国教科文组织政府间海洋学委员会第29次全体成员国会议中，会议正式批准太平洋海啸预警与减灾系统政府间协调组（ICG/PTWS）提交的南中国海区域海啸预警中心于2018年开展试验运行的决议，标志着南中国海区域海啸预警中心由建设阶段将正式转入业务化试运行阶段。

（2）建设完成海啸预警人机交互平台和南中国海区域海啸预警中心网站。

通过海啸标准业务流程自动化平台建设，国家海洋局海啸预警中心的海啸预警发布及时性从2012—2013年的地震发生后30至40分钟，提升至2017年的10.3分钟，不断接近国际区域级海啸预警中心响应水平。完成南中国海区域海啸预警中心网站建设，新的英

表8 2017年海啸发布信息统计表

序号	日期	震级	区域	信息条次	是否引发海啸	最大波幅（厘米）
1	2017-1-4	6.8	斐济群岛以南海域（19.21°S，175.97°E）	2	0	
2	2017-1-10	6.8	苏拉威西海（西里伯斯海）海域（4.37°N，122.64°E）	1	0	
3	2017-1-22	8.0	所罗门群岛海域（6.27°S，155.07°E）	1	0	
4	2017-2-10	6.5	菲律宾莱特岛海域（9.90°N，125.46°E）	2	0	
5	2017-2-11	5.5	中国台湾海域（22.88°N，120.11°E）	1	0	
6	2017-2-25	6.6	斐济群岛以南海域（23.34°S，178.75°W）	1	0	
7	2017-4-25	6.9	智利中部沿岸近海海域（33.02°S，71.79°W）	2	1	11
8	2017-4-29	6.8	菲律宾棉兰老岛海域（5.45°N，125.17°E）	2	0	
9	2017-05-09	6.9	瓦努阿图群岛海域（14.58°S，167.28°E）	1	0	
10	2017-5-29	6.9	印尼苏拉威西岛（西里伯斯岛）海域（1.42°S，120.44°E）	2	0	
11	2017-6-3	6.7	尼尔群岛[阿留申群岛]海域（54.08°N，170.88°E）	2	0	
12	2017-6-14	7.0	墨西哥-危地马拉边境地区海域（14.90°N，92.00°W）	2	0	
13	2017-6-22	6.7	危地马拉海域（13.80°N，90.94°W）	2	0	
14	2017-7-6	6.6	菲律宾萨马岛海域（11.08°N，124.74°E）	2	0	
15	2017-7-11	6.5	新西兰奥克兰群岛地区海域（49.55°S，163.82°E）	2	0	
16	2017-7-18	7.4	科曼多尔群岛地区[俄]海域（53.57°N，168.65°E）	2	0	
17	2017-7-18	6.8	秘鲁沿岸远海海域（16.55°S，73.92°W）	2	0	
18	2017-8-13	6.6	印尼苏门答腊岛南部海域（3.77°S，101.59°E）	2	0	
19	2017-8-27	6.5	阿德默勒尔蒂群岛地区[巴布]海域（1.46°S，148.05°E）	2	0	
20	2017-9-8	8.1	墨西哥瓦哈卡州沿岸近海海域（15.21°N，93.64°W）	2	1	175（墨西哥南部恰帕斯）
21	2017-9-21	6.5	瓦努阿图群岛海域（18.81°S，168.98°E）	1	0	
22	2017-9-26	6.5	斐济群岛以南海域（23.78°S，176.44°W）	1	0	
23	2017-10-9	6.6	拉特群岛[阿留申群岛]海域（52.45°N，176.81°E）	1	0	
24	2017-10-31	7.0	洛亚蒂群岛东南[新喀里多尼亚]海域（21.66°S，169.04°E）	2	1	15（新喀里多尼亚群岛）
25	2017-11-4	6.8	汤加群岛海域（15.33°S，173.21°W）	1	0	
26	2017-11-8	6.5	新几内亚[巴布]海域（4.23°S，143.48°E）	2	0	
27	2017-11-13	6.7	哥斯达黎加海域（9.55°N，84.57°W）	2	0	
28	2017-11-19	6.6	洛亚蒂群岛东南[新喀里多尼亚]海域（21.52°S，168.53°E）	2	0	
29	2017-11-20	7.0	洛亚蒂群岛东南[新喀里多尼亚]海域（21.33°S，168.64°E）	2	1	41（新喀里多尼亚群岛）
30	2017-12-16	6.7	印尼爪哇岛海域（7.70°S，108.08°E）	2	0	

注：地震发生日期为北京当地日期；是否发生海啸0没有监测到海啸、1表示监测到海啸。

文网站 www.scstac.org 已于 2017 年 12 月正式上线运行，已向南海周边国家征求意见。

（国家海洋环境预报中心）

台风灾害与预报

【2017 年西北太平洋和南海台风概况】 2017 年，西北太平洋和南海共有 27 个编号台风（包括热带风暴级、强热带风暴级、台风级、强台风级和超强台风级）生成，与多年（1949—2016 年，下同）平均值（27.0 个）持平。其中，有 8 个台风先后登陆中国沿海地区，比多年登陆平均值（7.0 个）偏多 1.0 个。

2017 年西北太平洋和南海台风活动具有以下特点：

（一） 生成阶段性集中

从台风的生成时间来看，7、8 月份台风生成数明显偏多，特别是 7 月份，有 8 个台风生成，较多年平均值（4.0 个）偏多 4 个（偏多一倍）；另外，8 个台风中有 6 个生成于 7 月下旬，特别是 7 月 21 日和 22 日，两天内有 4 个台风生成。

（二） 登陆点集中

2017 年共有 8 个台风 10 次登陆中国沿海地区，其中广东 5 次、台湾 2 次、香港 1 次（不含二次登陆），登陆地点明显偏南，8 个台风的 10 次登陆均在福建及其以南地区；2017 年有 5 个台风登陆广东，较多年平均 2.7 个偏多近一倍；没有台风在海南登陆，较多年平均 1.4 个明显偏少。

（三） 登陆强度偏弱

2017 年登陆台风强度偏弱，平均一次登陆强度为 29 米/秒，较多年平均值 32.8 米/秒弱 3.8 米/秒；本年度平均登陆强度（含多次登陆）28.3 米/秒，较多年平均值 31.8 米/秒弱 3.5 米/秒。

（四） 生成源地偏西

从生成源地来看，2017 年 150°E 以西海域生成的台风多达 23 个，占全年生成总数的 88.9%，高于多年平均值（79.9%）；南海海域（120°E 以西海域）有 8 个，占总数的 29.6%，比多年平均值（4.6 个和 16.9%）多 3.4 个（偏多 73.9%）。

2017 年共有 8 个台风和 1 个热带低压在中国登陆，8 个台风分别是：1702 号台风“苗柏”（MERBOK）、1707 号台风“洛克”（ROKE）、1709 号台风“纳沙”（NESAT）、1710 号台风“海棠”（HAITANG）、1713 号台风“天鸽”（HATO）、1714 号台风“帕卡”（PAKHAR）、1716 号台风“玛娃”（MAWAR）、1720 号台风“卡努”（KHANUN）。

【2017 年台风对中国造成的灾害】 2017 年，共有 10 个台风和 1 个热带低压影响中国，其中有 8 个台风和 1 个热带低压登陆中国。

【西北太平洋和南海台风综合预报】 中国气象局中央气象台利用卫星、雷达、地面常规观测和自动站加密观测、海洋观测、高空观测等多种资料开展台风定位、定强业务。在编号台风未进入中央气象台的警报发布区（即 48 小时警戒线内），开展每天逐 6 小时的 4 次定位、定强，并同时发布 12~120 小时预报；当台风进入中央气象台的警报发布区后，开展每天逐 3 小时的 8 次定位、定强，并同时发布 12~120 小时预报；当台风进入 24 小时警界线内，开展每天逐小时的 24 次定位、定强，同时在 00、03、06、09、12、15、18 和 21 时（世界时）发布 6、12、18、24、36、48、60、72、96、120 小时预报。

2017 年，中央气象台正式开展北印度洋热带气旋预报业务，实现业务定位、定强及预报，发布每日 2 次的公报；持续改进台风路径集合预报订正方法（TYTEC），研发逐小时滚动订正预报技术，提高业务自动化水平；稳步推进台风生成业务试验，完成台风生成潜势预报的业务规范及流程，并制作台风生成潜势预报文字产品；开展台风风圈半径预报业务试验及检验；启动风云四号卫星应用系统建设。

表 9　2017 年登陆中国的台风和热带低压概况表

序号	中央台编号	国际编号	中英文名称	强度极值	登陆情况				
					地点	时间	最大		中心气压
							风力(级)	风速(米/秒)	(百帕)
1	1702	1702	苗柏(MERBOK)	强热带风暴级	广东深圳	6 月 12 日 23 时 10 分	9	23	990
2	1707	1707	洛克(ROKE)	热带风暴级	香港	7 月 23 日 09 时 50 分	8	20	995
3	1709	1709	纳沙(NESAT)	台风级	台湾宜兰	7 月 29 日 19 时 40 分	13	40	960
					福建福清	7 月 30 日 6 时 00 分	12	33	975
4	1710	1710	海棠(HAITANG)	热带风暴级	台湾屏东	7 月 30 日 17 时 30 分	9	23	984
					福建福清	7 月 31 日 2 时 50 分	8	18	990
5	1713	1713	天鸽(HATO)	强台风级	广东珠海	8 月 23 日 12 时 50 分	14	45	950
6	1714	1714	帕卡(PAKHAR)	台风级	广东台山	8 月 27 日 09 时 00 分	12	33	978
7	1716	1716	玛娃(MAWAR)	强热带风暴级	广东汕尾	9 月 3 日 21 时 30 分	8	20	995
8				热带低压	海南万宁	9 月 24 日 21 时 20 分	7	16	995
9	1720	1720	卡努(KHANUN)	强台风级	广东湛江	10 月 16 日 3 时 25 分	10	28	988

表 10　2017 年台风影响及灾害情况

台风名称及编号	登陆地点	登陆时间(月–日)	登陆时中心附近最大风力(级)	影响地区	受灾人口(万人次)	死亡失踪人口(人)	直接经济损失(亿元)
苗柏(1702)	广东深圳	6 月 12 日	9 级(23 米/秒)	福建、江西、广东	22.4	/	6.0
塔拉斯(1704)	/	/	/	海南、云南	21.1	/	0.6
洛克(1707)	香港	7 月 23 日	8 级(20 米/秒)	香港	/	/	/
纳沙(1709)	台湾宜兰 福建福清	7 月 29 日 7 月 30 日	13 级(40 米/秒 12 级(33 米/秒)	北京、河北、福建、山东、河南、湖南、广东、云南、台湾	126.9	1	18.3
海棠(1710)	台湾屏东 福建福清	7 月 30 日 7 月 31 日	9 级(23 米/秒) 8 级(18 米/秒)				
天鸽(1713)	广东珠海	8 月 23 日	14 级(45 米/秒)	福建、湖南、广东、广西、贵州、云南	245.9	32	289.1
帕卡(1714)	广东台山	8 月 27 日	12 级(33 米/秒)	广东、广西、贵州、云南	14.6	12	7.6
玛娃(1716)	广东汕尾	9 月 3 日	8 级(20 米/秒)	福建、广东	3.6	/	0.1
杜苏芮(1719)	/	/	/	海南	18.3	/	1.0
卡努(1720)	广东湛江	10 月 16 日	10 级(28 米/秒)	浙江、福建、广东、广西、海南、台湾	136.3	/	24.6
总　计					589.1	45	347.3

【台风预报服务情况】　针对 2017 年 27 个台风的预报服务，中央气象台密切跟踪其变化趋势、及时发布台风定位定强信息和预警信息，共计发布《台风公报》266 期；《台风预警》129 期，其中蓝色预警 79 期，黄色预警 30 期，橙色预警 17 期，红色预警 3 期；提供台风服务材料 25 期，并及时通过各种媒体发布台风预警信息，极大地减少了台风灾害造成的损失。

2017 年，针对 8 个登陆台风中央气象台及时组织 19 次台风专题会商，邀请沿海省、区、市气象台共同讨论台风的路径和强度变化及风雨影响，及时发布台风最新监测预警信息。

针对2017年的27个编号台风，中央气象台24h、48h、72h、96h和120h台风路径预报误差分别为74千米、137千米、233千米、318千米和428千米，预报准确率整体优于美日，其中24小时路径优于日本（82千米）10%和美国（90千米）18%，48~96时效都明显高于美国和日本。

另外，针对全球海域（除西北太平洋和南海海域外）活动的热带气旋，中央气象台每日02和10时（世界时）两次发布《全球热带气旋监测公报》。2017年，中央气象台共发布《全球热带气旋监测公报》323期。

海洋气象预报与服务

【海事天气公报】 2017年，中央气象台共发布《海事天气公报》1460期。

责任海区范围 按国际规定，中国承担的责任海区范围从42°N，137°E开始，沿印度洋海事卫星覆盖区的东部边界到0°、141°E，10°S、127°E，12°S、95°E，5°N、95°E，10°S，97°E，再向东北方向沿海岸线回到42°N，137°E。

报文内容 报文以英语的形式发布。

(1) 必须发报的内容

≥7级大风区的范围或地理位置。说明造成大风的热带气旋或温带气旋中心强度（最低气压、风力）、位置、移向、移速；较强冷锋、暖锋和静止锋的位置；

能见度<10千米的区域；

浪高≥2米的区域，在热带风暴、温带气旋活动区中加发最大浪高。

(2) 选择发报的内容

当责任海区内无≥7级大风出现，或者海区内已经出现有代表性的天气系统和天气现象，则需要从以下内容中选择部分内容发报：

较弱冷锋、暖锋和静止锋的位置以及海区内有影响的天气现象等。

广播方式及覆盖范围 为方便船舶及时收到海上安全有关的气象预报和警报，按规定广播须采用国际海事卫星安全网（SafetyNET），通过Inmarsat印度洋海事卫星（IOR）进行广播。该卫星的广播覆盖范围包括了中国承担的全部责任区，能满足用户的接收需要。

广播时次 通过海事卫星安全网定时发布的《海事天气公报》每日4次，发布时间分别为03:30、10:15、15:30和22:15（世界时）。

另外，报文的内容以中英文双语的形式在中央气象台网站上发布。

【海洋气象智能网格预报业务】 2017年升级海洋气象智能网格预报业务，改进台风海洋一体化业务平台，实现了格点编辑平台与产品制作平台的整合，大幅提升产品制作效率，海洋气象网格预报产品空间分辨率由25千米提高到10千米，预报时效延长到144小时，24小时内时间分辨率为6小时，24~72小时内时间分辨率为12小时，72~144小时内时间分辨率为24小时，预报要素场在原有的10米风、浪高、天气现象和能见度四个要素的基础上，增加了10米阵风预报要素。除基于欧洲中心全球精细化预报产品生成背景场数据之外，增加日本、美国、TCWINDS等背景场。

【海洋天气公报】 以中文形式描述中国近海海域的天气实况和预报，具体包括《海洋天气公报》《海上大风预报》《海雾预报》和《海上大风预警》。预报范围为中国近海，每日02、10和22（世界时）发布。《海洋天气公报》分发单位为中国气象局网站、中国海上搜救中心以及山东石岛、浙江舟山海洋气象广播电台；《海上大风预报》《海雾预报》和《海上大风预警》分发单位为中国气象局网站、中国海上搜救中心、华风气象影视中心以及舟山海洋气象广播电台。

2017年共发布海事天气公报1460期，海洋天气公报1095期，其中有强对流预报的公报有32期；海上大风预报351期，针对37次8级以上大风天气过程；海上大风黄色预警42期，其中3次台风大风过程和2次强冷空气过程；海雾预报 57 期，针对 7 次中国北方海域大雾过程。

【海区预报】 对中国近海海域、远海海域分别针对天气现象、风向、风力、浪高以及能见度发布 0~12 小时、12~24 小时、24~36 小时、36~48 小时、48~60 小时、60~72 小时预报。起报时间分别为 08 时、14 时和 20 时，14 时预报时效为 24 小时，08 时和 20 时预报时效为72 小时。2017 年中央气象台分别发布《近海海区预报》《远海海区预报》 1095 期，分发单位为中国气象局网站、华风气象影视中心、中国海上搜救中心等单位。

【北太平洋分析和预报】 分析 0°—60°N、100°E—120°W 范围内，0~48 小时海平面气压场图、500hPa 高度场图的实况和预报。发布时间为每天 03∶30（世界时）。分发单位为中国气象局网站、华风气象影视中心。2017 年进一步优化天气图分析和预报图的显示效果，改进分析工具，完成分析业务向台风海洋一体化业务平台的切换，并制作成传真图通过上海海岸电台向中国近海海域试发布。

【海洋气象保障服务】 海洋气象春运保障服务 2017 年 1 月 11 日—2 月 21 日春运气象保障期间，共发布 25 期春运海上大风专报，其中 1 月 17 日—2 月 21 日有 4 次海上大风过程（受冷空气影响），在此期间发布了 62 期海上大风预报，相关产品被海上航运部门、海上搜救中心等引用到其部门的网站。

中国海警预报服务 从 2017 年 7 月 7 日开始，每日给中国海警 2506 号发送气象预报服务产品，包括未来三天巡航附近海域的天气形势分析和具体的天气、海况预报，到 8 月 11 日结束，共发送 34 份专项服务产品。

厄尔尼诺和拉尼娜灾害与预报

【海表温度演变特征】 2017 年 1—6 月，赤道中东太平洋海温持续增暖，Niño 3.4 区海表温度距平指数于 2 月由负转正，并于 6 月达到峰值；7 月，赤道中东太平洋海温开始下降，Niño 3.4 区海表温度距平指数于 8 月由正转负； 9—12 月，Niño 3.4 区海表温度距平呈拉尼娜状态（小于或等于 0.5℃）。

【暖池演变特征】 2017 年，印度洋暖池 1 月略偏弱，其后的 2—10 月持续偏强；11—12 月再度转为偏弱。赤道西太平洋暖池强度全年偏强。

【次表层海温演变特征】 2017 年 1 月，赤道东太平洋（150 °W 以东）次表层上层海温距平开始出现正值，赤道西太平洋次表层海温为正距平，中心距平超过 3℃；2—3 月，赤道东太平洋次表层上层海温正距平不断向西扩展，赤道西太平洋次表层海温正距平维持；4—7 月，赤道太平洋次表层上层均为海温正距平所控制，正距平中心位于赤道西太平洋次表层中层，中心强度维持在 2℃以上，负距平仅维持在赤道中太平洋次表层中层，中心强度逐渐减弱；8—12 月，日界线以东赤道中东太平洋次表层异常冷水迅速发展，中心强度低于-4℃，赤道西太平洋西表层异常暖水维持，中心强度逐步增强至 3℃以上。

【南方涛动演变特征】 2017 年 1-6 月，南方涛动指数（SOI）正负波动频繁；7—11 月连续 5 个月维持正指数，表明热带大气对赤道中东太平洋冷海温异常的响应显著；12 月再次出现波动，呈弱的负指数。

【850hPa 风场演变特征】 2017 年，在对流层低层 850hPa，在赤道印度洋到西太平洋（60°—140°E），1—4 月和 10—12 月主要受西风距平控制，5—9 月，西风和东风距平交替出现；赤道东太平洋地区（160°—90°W）1—9月主要受西风距平控制，10—12 月西风和东风距平交替出现；赤道中太平洋（160°—160°W）全年主要受东风距平控制。

【对流演变特征】 2017 年，赤道西太平洋暖池强度全年持续偏强，与之相伴随的赤道西太平洋地区对流持续异常显著，强对流活动中心位于 160°E 以西；由于赤道中东太平洋海温异常不显著，因此该地区上空对流活动不活跃，其中1—4月及10—11月日界线附近的赤道中太平洋地区对流活动受到明显抑制，赤道太平洋对流活动的异常分布及演变特征与海表温度的发展演变相对应。

【厄尔尼诺和拉尼娜对中国的气候影响】 2017年赤道中东太平洋海温处于由前冬的冷水向春夏季的暖水转换过程中，2016年8月赤道中东太平洋海温进入拉尼娜状态，2017年2月海温转为偏暖，春季暖海温发展迅速，且偏暖持续到7月。从冷水向暖水转换的年份中，在20世纪80年代以前，降水偏多主要分布在黄淮、内蒙古中部和西南地区西南部，长江流域降水偏少；而在80年代以后，降水主要位于长江以南地区，西南地区东部、江汉、华北等地降水偏少。2016/2017年冬季赤道中东太平洋和印度洋的海温与80年代以后的前冬海温分布类似，这样的海温演变特征导致2017年东亚夏季风偏弱，西太副高显著偏强，主要多雨带位于长江以南。

2017年3月13日，国家气候中心主持招开了2017年夏季ENSO预测全国会商会，会议邀请国家海洋局、中国科学院大气物理所和中国气象科学研究院的有关专家共同研讨，具体预测意见为：预计2017年春季至夏季赤道中东太平洋海温将处于正常—偏暖状态，能否形成一次厄尔尼诺事件尚不确定。会议成功预测了2017年春夏季赤道中东太平洋的正常略偏暖状态。2017年夏季以后，赤道中东太平洋海温快速下降，并形成了一次弱拉尼娜事件。 （中国气象局）

海平面和潮汐预报

【海平面业务化工作】 国家海洋信息中心按照《2017年全国海洋预报减灾工作方案》的工作安排，开展中国沿海海平面变化分析预测、影响调查与评估、适应策略研究等各项业务化工作，全面掌握中国沿海海平面变化和综合影响状况，为沿海社会经济发展、海洋防灾减灾和海洋领域应对气候变化提供信息支撑与决策依据。

【海平面变化规律研究】 融合1993—2017年验潮站和卫星测高海平面数据，更新和维护海平面数据库；分析全球及中国近海海平面时空变化特征规律，确定海平面变化显著周期及上升速率；追踪年度海洋气候异常事件，从海平面的长周期振荡、风生流、海温、气温、气压、降水和台风等多个方面分析海平面及相关要素的变化情况，研究年度海平面异常变化成因机制。

【海平面变化预测研究】 开展了海平面上升集合预测方法研究。系统评估了CMIP5地球系统模式（ESM）33组不同温室气体浓度增高情景下的海平面模拟结果，综合各项评估指标参数，获取优选模式，通过集合预测方法，完成了未来不同温室气体浓度增高情景下中国近海动力和比容海平面的上升预测值。结合冰川、冰盖融化以及陆地水注入等引起的海水质量增加部分和地面沉降，对中国沿海全海域、各海区以及各省（自治区、直辖市）沿海海平面未来100年的上升值进行了预测。

【沿海地区海平面变化影响调查】 完成了2016年全国海平面变化影响调查评估工作的信息汇交与验收，成果报告共16套、48册，信息总量35.8GB，完成2016年全国海平面变化影响调查评估工作总结，编制完成《2016年度全国海平面变化影响调查评估工作总结报告》。

编制完成2017年海平面变化影响调查评估《工作方案》《技术方案》《信息采集表》和《实地调查附表》，并由原国家海洋局预报减灾司下发至沿海各省（自治区、直辖市）和计划单列市海洋与渔业厅（局）。

4月在北京召开了海平面变化影响调查评估工作研讨会；5月，分别在南宁和石家庄对沿海各省（自治区、直辖市）及计划单列市海洋厅（局）、市（区）、县（区）相关人员共280人进行了技术交流与培训；6月，会同国家海洋环境监测中心，分别在绥中和琼海对沿海各省（自治区、直辖市）及计划单列市海洋厅（局）的海岸侵蚀技术人员进行现场调查技术培训。

5—11月，组织沿海各地全面开展海平面变化影响调查信息采集和实地调查工作，开展青岛和广东海平面变化影响实地调查，进行了海岸侵蚀重点岸段、海堤建设、围填海工程、红树林和珊瑚礁等现场调研和技术交流。组织沿海11省（自治区、直辖市）和5个计划单列市海洋行政主管部门开展成果汇交工作，完成全部实地调查工作和成果汇交。

开展全国沿海地区海岸侵蚀监测和灾损评估工作，编制技术规程，规范监测手段，研究并完善灾损评估方法。整编海岸侵蚀调查成果，分析海岸侵蚀状况，评估海岸侵蚀灾害损失，编制《全国沿海地区海岸侵蚀实地调查总结报告》。

开展围填海区海平面上升影响评估，建立海平面上升预测模型和影响评估模型，基于GIS技术评估了不同海平面上升情景对示范区内经济、社会和环境等的影响，提出适应策略。

完善了海平面变化影响调查评估信息上报系统模块，开展了系统功能测试，并通过了专家验收。

【海平面变化影响评估】　在中英气候变化专家委员会合作框架内开展了中国海岸带和沿海地区风险评估，完成不同温室气体浓度增高情景下中国海平面变化集合预测、中国沿海不同重现期极值水位预测以及渤海极值水位变化评估分析预测。基于海平面及极值水位预测结果，完成未来不同海平面上升与极值水位叠加情景下，中国沿海淹没直接风险及社会经济影响（人口、GDP、土地利用）评估，并得到风险分布图；开展多因素影响下的中国沿海海岸侵蚀风险评估，得到中国海岸易损性分布图，定量评估辽东湾部分沙质岸段潜在侵蚀损失和社会经济影响；编制海岸带和沿海地区风险评估报告。

【《中国近海海洋气候变化月报》编制】　分析每月海平面及相关要素的变化情况，及时跟踪海洋气候异常事件，分析本年度登陆中国沿海台风过程的增减水变化特征及其对海平面变化的贡献，为中国海平面公报的编制提供了详实、准确、丰富的素材和研究结果，相关成果在中国海洋与气候变化信息网发布。

【《2017年中国海平面公报》编制】　完成了2017年中国沿海海平面的变化特征分析、沿海海平面的分析预测、海平面异常变化研究、2018年季节高海平面期及风暴潮高发期的天文大潮预报、海平面影响评估和对策研究等内容，编制完成《2017年中国海平面公报》初稿。

【海洋领域国际合作】　积极参与海平面与气候变化国际合作与交流，10月在天津组织召开中德“区域海平面和气候变化”交流研讨会。来自中国、德国和澳大利亚的海洋气候变化领域专家就全球气候变化背景下区域海平面和气候变化特征和机理，未来区域海平面和气候变化多模式集合预测和海洋灾害影响评估等关键科学问题进行探讨和交流，并初步达成了合作意向。

参与中—东南亚、中—马、中—泰等海洋科技合作论坛，并做主题报告。首次与泰国朱拉隆功大学在泰国湾海平面变化及灾害评估影响方面建立了合作关系。完成中—印尼国际合作基金申报，并承担海平面变化对海岸带侵蚀的影响研究项目。参加在美国举办的区域海平面变化与影响会议，与英国、美国、澳大利亚、法国等国的专家就海平面变化与影响评估、GPS资料处理达成合作意向。

【防灾减灾宣传】　完成了2017年《海洋领域应对气候变化工作通讯》季刊4期的编制工作，并分发至国家发改委应对气候变化司、国家海洋局机关、各局属单位、地方海洋主管部门等相关单位和个人。完成了中国海洋与气候变化信息网（http://www.cocc.net.cn）业务化更新与维护以及英文网站的构建和设计。动态追踪国内外海洋气候变化研究进展和工作信息，编制《海平面上升与气候变化研究动态》月刊12期。

【潮汐潮流业务化预报】 2017年，国家海洋信息中心继续开展潮汐潮流预报业务工作，更新维护全球和中国近海等区域潮汐潮流预报系统，完成2018《潮汐表》和潮流《T、D值表》编制发行、重点保障目标精细化潮汐潮流预报、海上丝绸之路重点港口与航道潮汐潮流预报、潮汐潮流预报保障服务、潮汐潮流预报结果分发与网络发布等业务工作，为中国海上航运、渔业生产、滨海旅游、海洋工程建设、军事活动及防潮减灾等工作提供了可靠的信息保障服务。

《潮汐表》编制 2017年，国家海洋信息中心基于潮汐潮流观测数据及预报检验评估情况，更新预报站点调和常数，完成中国与全球主要港口与海上航线2018年潮汐潮流预报工作。编制出版“鸭绿江口至长江口”“长江口至台湾海峡”“台湾海峡至北部湾”“太平洋及其邻近海域”“印度洋沿岸（含地中海）及欧洲水域”与“大西洋沿岸及非洲东海岸”6册2018《潮汐表》，刊载全球483个主港潮汐预报和65个主要海上航线潮流预报结果。编制发行2018中国近海潮流《T、D值表》1册，包括渤海、渤海海峡、黄海、东海、舟山海区、对马海峡、南海北部、北部湾等8个海区。2017年，国家海洋信息中心发行2018年《潮汐表》近2万册，涉及行业部门200多家。

海上丝绸之路重点港口与航道潮汐潮流预报 2017年，国家海洋信息中心继续开展海上丝绸之路重要港口和海峡通道潮汐潮流预报服务，完成本年度瓜达尔港、塞拉莱港、塞得港、吉达港、亚丁港、科伦坡港、汉班托塔港、吉大港、索纳迪亚港、皎漂港、西哈努克港、关丹港、比通港、雅加达港和新加坡港共15个主港的潮汐预报和主要海峡通道上16个站点潮流预报，并将预报产品上传至全国海洋预报产品数据库与海上丝绸之路潮汐潮流预报网络发布平台。

沿海重点保障目标潮汐潮流精细化预报 2017年，国家海洋信息中心继续针对天津港、福清核电站和辽东湾石油平台作业区3个重点保障目标开展潮汐潮流精细化预报服务工作，制作发布综合预报和数值预报产品。本年度，中心对3个重点保障目标累计发布潮汐潮流预报数据10.95万条，预报图3.63万幅。

潮汐潮流预报保障服务 2017年，国家海洋信息中心对已建立的全球、印度洋、西北太平洋、南海与中国近海等区域的潮汐潮流预报系统进行了完善更新和业务化运行，为海上搜救与渔业保障等工作提供了有力的信息支撑。

2017年，国家海洋信息中心继续开展亚丁湾、钓鱼岛、黄岩岛、永兴岛、永暑礁、美济礁与曾母暗沙等重点海域潮汐潮流预报服务工作，为中国海上护航、维权和航运等活动提供了可靠的信息保障。

潮汐潮流预报分发、国际交换与网络发布 2017年，根据国家海洋局预报减灾司的要求，国家海洋信息中心向国家海洋局下辖的国家海洋环境预报中心、各海区预报中心、各海洋环境监测中心站和沿海部分省（直辖市、自治区）海洋环境预报中心提供了2018年中国沿岸验潮站点潮汐预报电子文档。国家海洋信息中心本年度共计向28家单位分发了1296个站点的2018年潮汐预报电子文档，并赠送了2018年纸质《潮汐表》200余册。

2017年，国家海洋信息中心继续与美国、英国、日本和印度等四国开展潮汐潮流预报国际交换工作。国家海洋信息中心本年度共计向四国提供了中国沿海34个潮汐站点与2个潮流站点2018年预报结果，为提高这些国家对中国主要港口与航道潮汐潮流预报精度提供基础信息支持。

2017 年，国家海洋信息中心继续在中国海洋信息网、中国海事服务网上发布了本年度中国与全球 483 个主要港口与钓鱼岛、黄岩岛等潮汐与 65 个主要海上航线潮流预报结果，为公众提供了便捷的预报服务。

（国家海洋信息中心）

海洋信息管理与服务

海洋情报服务

【综述】 2017年，面对世界及中国周边日益复杂多变的海洋政治形势，海洋情报服务工作以党中央做出的“提高海洋资源开发能力，发展海洋经济，保护海洋生态环境，坚决维护国家海洋权益，建设海洋强国”重大战略部署为服务宗旨，紧密围绕国家海洋局的各项管理职能，秉承“持续跟踪，及时报道，深度分析，为决策服务”原则，立足于中国发展需要，围绕2017年国际及地区的热点问题开展跟踪研究工作，特别是针对中国周边地区突发事件进行密切跟踪，提供国外即时信息，深度分析，为上级主管部门进行战略决策和部署提供准确、及时的国外信息支撑和建议。

2017年，中国周边海洋形势呈现出总体趋于稳定并向积极的方向发展态势。出现这种局面，一方面是由于随着中国综合实力及影响力的提升，中国在维护亚太区域和平与稳定的进程中发挥了中流砥柱的作用，另一方面也由于区域内有关海洋国家之间通过对话与磋商不断积累共识，推动海上合作。2017年，“一带一路”倡议为更多沿线国家所接受，战略的实施取得了一系列重大成果，为中国海洋事业发展拓展了重要机遇空间，赢得了相对稳定的战略环境。同时，美国、日本、澳大利亚和印度等国家则不甘心中国在周边地区影响力的上升，不断强化海上军事存在，不断抛出各种负面论调，不断挑动海洋争端。

【调整完善情报跟踪机制，扩大情报跟踪覆盖面】 2017年，为应对国际形势的复杂多变，满足决策对国外海洋信息的需求，海洋情报工作机制进行重新调整，从常态跟踪月报改为常态跟踪周报，坚持突发事件、热点问题专题跟踪即时报的工作机制，每周汇总信息，编辑整理分析并上报。调整人员安排，继续扩大跟踪国家及国际组织的范围，不仅关注沿海发达国家，更关注沿海发展中国家及“一带一路”沿线国家，甚至是不发达国家，几乎涵盖所有沿海国家和“一带一路”沿线国家，既关注中国可借鉴的领域，更关注中国可开展合作发展的领域。目前我们跟踪国家一百余个，国际组织及国际计划三十多个。在此基础上，信息跟踪、资料汇总、确立主题、分析研判、提出见解。

【国外海洋战略政策跟踪研究】 2017年，结合中国建设海洋强国和“一带一路”倡议推动发展的需要，持续关注着世界范围各相关国家、地区和国际组织推动海洋发展的重大决策部署，其中国家和地区颁布的战略政策文件是我们跟踪的重点。对有关国家和地区海洋发展的政策文件进行整理编译和解读，第一时间提供给政府相关部门，为中国海洋管理战略政策制定提供信息支撑和参考。国家或地区发布的综合性战略政策文件，如印度尼西亚《海洋政策》、日本《海洋白皮书（2017）》《第四十八届太平洋岛国论坛领导人会议公报》、法国《国家海洋与海岸战略》、日本《关于制定第三期海洋基本计划的意见书》以及台湾《海洋基本法（草案）》等。地缘政治方面，如太平洋岛国论坛《2017年太平洋区域主义框架》。海洋经济与可持续发展方面，包括《美国游艇产业发展2017年政策议程》《西地中海蓝色经济可持续发展倡议》《印度蓝色经济2025愿景——提升印度公司和国际合作伙伴的商业潜力》《印度海洋渔业政策（2017）》《美国海洋渔业工作指南（2017）》《欧盟理事会关于蓝色增长的决议》《挪威政府海洋战略——新的增长与光辉历史》《英国“蓝带计划”》《瓦努阿图国家可持续发展计划（2016—2030）》等。

资源保护与环境治理方面，有《联合国2016—2021 年海洋与气候战略行动路线图》、《法国海洋保护区国家战略》《欧盟理事会关于“国际海洋治理：我们海洋的未来议程”的决议草案》《泰国 2017 年海洋保护管理计划》《澳大利亚海洋资源管理计划（2017—2022）》等。

极地方面的《挪威北极战略》，海洋科学技术发展方面的《爱尔兰海洋科学与技术战略发展规划》，军事方面的《俄罗斯海军国家战略纲要 2030》。

对一些国际知名智库发布的有关地缘政治的分析报告进行整理编译，有美国战略与国际问题研究中心的《亚洲海洋胁迫——灰色地带威慑理论与实践》和《保卫前沿——美国极地海洋行动面临的挑战与解决方案》，美国亚洲研究局的《亚洲地区对“一带一路”倡议的态度》。

【国外海洋动态研究】　2017 年，对海上热点问题进行定点跟踪并做研究分析。先后就美国解禁海上油气能源开发限制后对其海洋环境保护和北极政策的影响，以及对南海问题的“软干涉”，特朗普上台后美国涉海的一些政策变化，分析美国解禁海上油气能源开发限制后对其海洋环境保护和北极政策的影响，以及对南海问题的“软干涉”。日本发布的《海洋白皮书（2017）》及《第三期海洋基本计划意见书》，分析其中透露出的海洋战略转型信息，分析日本海上自卫队扩权引发钓鱼岛维权行动升级的可能性，对日本创新发展新兴海洋产业、加强海洋观测的政策建议以及日本智库提出的发展“海洋与空间领域合作”建议进行解读。

【国外海洋战略形势研究】　2017 年，就特朗普上台后亚太地区海洋安全新形势、美国退出《巴黎协定》对中国海洋等相关领域的影响、中美元首会晤后中国南海维权形势、美国制定南海“航行自由行动”计划表对中国的影响、越南南海政策新态势、新形势下我南海维权的考量等问题进行研究分析，同时还对世界相关国家对中国“一带一路”倡议所持的态度做出分析，对今后的发展趋势进行预判，对特朗普政府出台的《国家安全战略》报告中涉海内容进行评析，提出了应对思考和建议。

海洋档案管理与服务

【国家海洋局和国家档案局联合成功举办“档案服务海洋强国建设”主题研讨活动】　2017 年 11 月 19 日，国家海洋局和国家档案局在天津联合成功举办“档案服务海洋强国建设”主题研讨活动。国家海洋局副局长石青峰和国家档案局副局长王绍忠出席并作主旨报告，国家海洋信息中心主任何广顺致词。国家档案局档案馆（室）业务指导司处长丁德胜、福建省档案局副局长马俊凡、原国家海洋局南海分局局长李立新、国家图书馆古籍馆副研究馆员任昳霏、原国家海洋信息中心主任林绍花和国家海洋局办公室副巡视员张连秋等特邀专家做主题报告。来自国家环境保护部、国家自然科学基金委员会、中国地震局等单位代表以及沿海省（区、市）、计划单列市档案和海洋管理部门等代表共 160 余人参加活动。

在研讨活动期间，国家海洋局局长王宏对海洋档案工作批示：“海洋档案是海洋事业发展的历史记录，海洋档案工作者担负着为党和国家积累和守护海洋历史财富的重要责任。希望广大海洋档案工作者进一步总结和发扬长期以来、特别是党的十八大以来取得的成绩，认真学习贯彻党的十九大精神，立足本职，抓住机遇，拓宽思路，创新理念，聚合多方优势，努力为建设海洋强国做出新贡献”。

【国家海洋局举办档案业务培训班】 2017年11月20日，国家海洋局在天津举办档案业务培训班来自局属单位的80余名专兼职档案员参加此次培训。本次培训邀请原国家档案局副司长王岚、青岛市档案局监督指导处一处处长邹杰、天津师范大学管理学院档案系主任桑毓域分别以《国家治理现代化视角下档案法制建设思考》《电子文件归档与电子档案管理》和《从后库到前台——档案编研内涵扩展研究》为题进行授课。培训间歇，中国海洋档案馆向各单位学员发放《海洋档案工作规范性文件汇编》(以下简称《汇编》)。该《汇编》收纳了海洋档案工作相关的档案规章规范性文件65件，近600页、30余万字。

【第一个县际间海域勘界档案向国家移交】 2017年，河北省海洋局向中国海洋档案馆移交该省形成的县际间海域勘界档案。国家海洋局办公室副巡视员张连秋、国家海洋信息中心纪委书记刘小强、河北省海洋局总工程师于中信等出席交接仪式。这是中国海洋档案馆接收到的第一份县际间海域勘界档案，填补馆藏县际间海域勘界档案的空白。

移交档案包括河北省丰南区——滦南县、昌黎县——乐亭县、昌黎县——抚宁县、北戴河区——抚宁县、滦南县——唐海县（东线）、滦南县——唐海县（西线）、滦南县——乐亭县7条县际间海域勘界任务形成的档案，其中纸质档案44卷、576件，电子档案光盘19张，照片档案3册、200张。

【908专项任务档案数字化成果交付使用】 2007年，中国海洋档案馆在完成全部进馆908专项档案数字化的基础上，按照档案移交单位开发可直接使用数字化档案的产品，并向沿海省市（区）、海洋科研院所、涉海高校、局属单位等26家交付使用，共计成果光盘158张，数据量563GB、数字化文件5.27万个。

【全球变化与海气相互作用研究专项档案管理部门分别在天津和杭州举行档案业务交流会】 2017年，“全球变化与海气相互作用研究”专项（以下简称专项）任务第一阶段(2010—2015）的验收工作已基本完成，专项档案管理部门分别于9月18—19日和21—22日，在天津和杭州举办专项档案业务培训暨专项成果技术交流培训班，来自30多个任务承担单位的130余名科研人员和档案人员参加培训和交流。

中国海洋档案馆作为专项档案业务支持单位，在会上明确专项档案验收和移交的工作安排，并就“专项任务档案档号的编制规则”“专项档案归档和移交的具体要求”“纸质文件材料的整理方法和编目要求”“特殊载体档案的整理要求”等档案业务工作环节中的要求进行细化讲解，并就专项任务承担在工作中遇到的问题进行了现场解答。这两次交流会对于提高专项档案的质量，确保专项工作成果“颗粒归仓”具有重要意义。

【沿海省、市（区）积极推进第一次全国海洋经济调查档案工作】 2017年，随着第一次全国海洋经济调查清查工作的全面启动，沿海省、市（区）积极推进调查档案工作，与调查工作同部署、同落实。在参加国家培训的同时，辽宁、河北、天津、山东、浙江、厦门、福建、广西等开展省级层面的档案业务培训工作，培训人数近2000人次。中国海洋档案馆积极支撑沿海省、市（区）调查档案工作，累计提供15人次的档案培训讲解，解答档案业务问题咨询300人次。

【中国海洋档案馆采集口述海洋历史工作实践有成效】 中国海洋档案馆以大力开展海洋文化建设为契机，拓展资源建设渠道，开展了采集口述海洋历史工作实践。通过现场访谈、录音和录像等多种途径，先后拜访于连新、徐世平夫妇和王颐祯、刘长华夫妇以及郭炳火、林锡藩和陶义忠等前辈以及文圣常院士，获取口述声像素材时长400分钟、数据量0.25TB，其内容涉及国家海洋局建局历史、1958年海洋综合调查、中日黑潮调查、漂流瓶布放以及“重庆号”起义等重大事件和早期海洋工作。同时以口述海洋历史为基础，搜集和挖掘相关信息，开发制作相关专题微视频产品，提供网络发布，取得传承海洋历史、弘扬海洋精神的传播效果。

【海洋档案文化产品开发取得显著突破】　2017年，中国海洋档案馆立足馆藏资源，通过布设档案展览、制作微视频，积极开展海洋档案文化产品开发工作。其中《中国海洋档案馆特色档案资料图片展》立足馆藏档案资料展示中国海洋事业从小到大、从弱到强的过程。《国家海洋局不能忘记的29名建局倡议者》专题展是以“铭记·传承·弘扬”为主题，展示倡议成立国家海洋局29名专家的生平和贡献。专题片《寻路漫漫 初心永恒》展现29名建局倡议者的形象和贡献以及档案征集过程，专题片《海洋档案这十年》聚焦10年来海洋档案取得的成就，突显海洋档案工作者为党建档、为国守史的决心。

【“6·9国际档案日”系列宣传活动效果明显】　2017年6月9日，中国海洋档案馆围绕“档案——我们共同的记忆”中国国际档案日宣传主题，在馆区成功开展“6·9国际档案日”系列宣传活动。活动基于馆藏档案和史料布设“扬帆起航的岁月——中国海洋档案馆馆藏档案珍品展”，展览通过档案实物、图片信息等展现新中国海洋工作起步期间难忘的人和事情，得到观展者的好评。并通过发放宣传册、大屏幕宣传、挂图挂板等方式，有效地宣传档案工作的重要性和档案意识，提高档案工作的显示度。

【“文档一体化管理信息化”座谈会在天津召开】　2017年6月29日，国家海洋信息中心在天津组织召开“文档一体化管理信息化”座谈会，来自国家海洋局机关、北海分局、东海分局、南海分局以及信息中心办公自动化系统建设职能部门的主要负责人和相关技术人员参加座谈，自原国家海洋局办公室副巡视员张连秋应邀到会指导，国家海洋信息中心纪委书记刘小强出席会议。

参会单位介绍本单位办公自动化系统建设及档案管理现状，就电子公文归档与管理问题进行分析和探讨。会议提出将档案信息化纳入海洋信息化总体工作、制定海洋档案信息化工作指导意见、组织开展相关工作实地调查和研究等建议，并以会议成果的形式上报国家海洋局档案主管部门。

【“海洋档案”微信公众号正式开通上线】　“海洋档案”微信公众号作为海洋档案专业服务平台，秉承“汇聚蓝色记忆，传播海洋文化，弘扬海洋精神，讲好海洋故事，当好海档管家，助力深蓝梦想”的运行理念，于2017年正式开通运行。该公众号以原创整编、海档动态、海档服务等为主要推送内容，为公众推送赏心悦目、通俗易懂、知识丰富的海洋档案整编产品，以及集文字、视频和课件等多形式的档案业务技术服务。

海洋文献服务

【传统图书阅览服务】　2017年海洋文献服务保障工作步入新的篇章，历时3个月时间重新完成馆藏文献资料的搬迁复原排架整理工作。新馆舍面积约980平方米，馆藏中、英、日、俄文图书以及其他海洋文献资料等累计10万余册。年度新增购置海洋类图书近900册，社科类图书910册，外文图书100多册，整理订购中文期刊66种1千多册，外文期刊32种，200多册，完成登记入库上架；整理赠阅和交换期刊50种，300余册。订购2018年外文期刊19种20份，中文期刊66种。开通海洋图书馆微信公众号，便于中心职工查询及预约馆藏图书。

【海洋数字文献服务】　2017年，海洋图书馆在原有万方数据知识服务平台、汇雅（超星）电子图书、馆藏外文期刊全文数据库等数据库基础上，引进了昆廷网络资源共享服务系统（KES）、重庆聚合外刊资源服务系统（FPD）等数字化文献资源，总记录超过1.87亿条。重新建设并开通了“海洋图书馆”网站，通过互联网和数字海洋专网为局属27家单位提供中外文期刊、学位论文、会议论文、标准、专利、科技成果、法律法规、图书等数字化文献资源的检索与下载服务。全年全局文献下载量达21.1万篇。

【国际文献合作】 2017年，国家海洋信息中心履行ASFIS中国国家中心职责义务，完成了年度ASFA文献标引任务，参加了ASFA咨询委员会年会，提交了年度报告。在基本对等原则下，与28个国家/地区的73个国际组织保持正常的交换关系，收到期刊160册，图书30册；利用ASFA文献标引索取方式免费获取中文期刊50余种，与28个国家/地区的73个国际组织保持正常的交换关系，收到期刊157册，图书25册。

【海洋科技查新服务】 为了规范科技查新技术，注重加大对新生力量的培养，先后派3人参加了科技部举办的科技查新人员资格认证培训班和查新审核员培训班，取得查新员上岗资格证书和审核员资格证。并在内部举报查新报告编写指导业务工作会议，请资深专家专业讲解查新工作要点与关键技术。2017年度完成海洋科技查新项目6项，及时提供查新报告。 （国家海洋信息中心）

海洋卫星与海洋卫星应用服务

综　述

2017 年，海洋二号 A 卫星在轨运行已超过 6 年，目前卫星运行状态基本稳定。海洋卫星地面接收站网运行稳定。利用海洋二号 A 卫星数据结合国内外卫星数据开展了海表温度、海冰、绿潮、台风、溢油监测等业务化应用工作。截止到 2017 年 12 月，生产并制作了中国近海及邻近海域和全球海域的逐日、周平均、月平均和年平均海表温度融合产品；制作海冰遥感监测专题图 181 幅，实现了冰期监测日报，发布海冰监测通报 76 期；制作绿潮遥感监测专题图 66 幅，发布监测通报 89 期；利用卫星遥感手段全年共捕获 22 次台风过程，制作西北太平洋区域台风遥感监测专题图 356 幅；发布渤海、东海、南海重点海域遥感溢油监测报告 126 期。对全国区域用海规划实施情况、新增围填海动态变化情况、海域使用疑点疑区、养殖用海开展了业务化监测工作，累计完成全国区域用海规划遥感监测报告 2 期，全国围填海动态遥感监测分析报告 2 期，全国海域使用疑点疑区监测月报 12 期。海洋卫星数据的应用深度和广度得到了进一步加强，在中国海洋减灾、海域综合管理、海洋环境保护、海洋科学研究和区域海洋应用等领域发挥了重要作用。

海洋卫星工程

【海洋卫星规划】　以国家民用空间基础设施中长期发展规划为依据，编制完成了《海洋卫星业务发展“十三五”规划》，并已由国家海洋局和国防科工局于 12 月联合印发。

【海洋卫星研制】　**海洋业务卫星立项**　2017 年，国家海洋局根据《国家发展改革委办公厅财政部办公厅关于启动国家民用空间基础设施“十三五”遥感业务卫星项目前期工作的通知》要求，完成了 2 颗 1 米 C-SAR 业务卫星可行性研究报告的编报，获国家发改委和财政部批复后，启动了初步设计报告和概算的编报工作。此外，完成了海洋二号 D 卫星可行性研究报告。

海洋科研卫星立项　2017 年，完成了新一代海洋水色卫星和海洋盐度探测卫星项目建议书的编报，“十四五”期间规划发射的新一代极轨海洋动力卫星和高轨海洋与海岸带环境监测卫星获得国防科工局先期攻关项目立项批复，启动了先期攻关论证工作。

海洋卫星研制进展　2017 年，海洋一号 C 卫星完成平台正样产品的研制和交付，计划于 2018 年 9 月发射，海洋一号 D 卫星完成初样阶段全部研制工作及正样平台产品齐套、总装、测试工作，计划 2019 年 3 月发射。海洋二号 B 卫星完成了平台产品齐套和整星转正样设计，计划于 2018 年 10 月发射。海洋二号 C 卫星已完成整星部装、推进分系统正样产品交付和管路焊装前总装工作，计划 2019 年 6 月完成整星出厂评审，待命出厂。中法海洋卫星研制工作稳步开展，完成了整星联合测试，计划于 2018 年 10 月发射。

海洋卫星地面系统建设

【海洋二号 A 卫星地面应用系统】　2017 年，完成了海洋二号 A 卫星地面应用系统一期工程软硬件设备集成并投入业务运行，完成了海南陵水卫星地面站两套接收天线的安装和调试，具备海洋卫星数据接收能力；海洋二号 A 卫星地面应用系统二期项目可行性研究报告获得了正式批复后，完成了项目初步设计报告的编报。

【“十二五”海洋观测卫星地面系统建设】 2017年，完成了海洋一号C/D卫星、海洋二号B/C卫星和中法海洋卫星地面系统初步设计报告的编报，初步设计概算已获国家发改委和财政部正式批复；完成地面系统工程51个软硬件项目的招标采购工作。

【“十三五”海洋观测卫星地面系统立项】 2017年，完成了“十三五”海洋观测卫星地面系统项目完成可研报告编报，正在进行项目评估。

【定标与真实性检验场立项进展】 2017年，完成了“十三五”海洋观测卫星定标与真实性检验场网项目可研报告编报，开展了珠海万山雷达高度计定标场外场设备安装现场踏勘试验及黄东海光学遥感海上检验场调查航次试验，为后续“十二五”规划海上定标检验场建设奠定了良好开局和建设基础。

【陆海观测卫星业务应用系统工程进展】 2017年，参与完成了《陆海观测卫星业务应用系统工程可行性研究报告》海洋分册的编写；在此基础上参与完成了《基于遥感卫星应用构建政府监管服务平台建设项目可行性研究报告》编报，已获得国家发改委的正式批复。

海洋卫星运行管理

【卫星运行】 截至2017年底，海洋二号A卫星在轨运行已超过6年，目前卫星运行状态基本稳定，全年累计观测8760小时，累计数传2979次。

【数据接收处理】 2017年，海洋卫星地面接收站网运行稳定。北京、三亚、牡丹江和杭州卫星地面站累计接收海洋二号A卫星数据2 817轨；接收EOS/ MODIS数据5270轨；牡丹江站接收高分卫星（高分一号、二号、三号）数据1728轨。海洋卫星地面应用系统全年处理和制作海洋二号A产品12.6TB，EOS/MODIS产品9.8TB。

【数据分发】 2017年，向国内外53家用户单位（国内44家，国外9家）分发海洋一号B卫星数据产品6.41 TB，海洋二号A卫星数据产品17.47 TB，EOS/MODIS数据产品16.86 TB。向国内45家用户单位分发高分卫星数据26.53万景，数据量87.23 TB。

【定标检验】 2017年，开展了海洋二号A卫星微波散射计有源定标器外场定标试验、海洋二号A卫星雷达高度计青海湖精度验证试验，为卫星载荷在轨运行后期精度评价提供了基础数据。2017年，海洋二号A卫星已经超寿命服役3年多，扫描微波辐射计数据已经停止分发数据。通过与美国国家资料浮标中心（NDBC）浮标现场观测数据比对，结果表明，海洋二号A卫星雷达高度计有效波高精度指标（0.5米或20%）与国际在轨卫星相当，微波散射计风速 精度指标（2米/秒或10%）与国际主流卫星基本一致，微波散射计风向 精度指标（20°）略低于国际主流卫星和设计指标。

海洋卫星应用服务

【海面温度监测】 2017年，利用海洋二号A卫星和EOS/MODIS等卫星数据，生产并制作了中国近海及邻近海域和全球海域的逐日、周平均、月平均和年平均海表温度融合产品，为用户提供了高精度的全球准实时海表温度监测产品。

【海洋水色监测】 2017年，利用EOS/MODIS卫星产品资料，定期制作中国近海及邻近海域的旬、月、季平均的叶绿素浓度分布等海洋水色产品，提供海洋环境监测、海洋渔业等有关部门使用，成为支持其业务工作的重要数据源。

【海洋中尺度涡监测】 2017年，利用海洋二号A卫星雷达高度计数据并结合国外Jason-2/3、Sentinel-3和SARAL/Altika等雷达高度计数据对中国南海、东印度洋和西太平洋海域的中尺度涡（海洋中的一种涡流）进行了自动识别监测，获得了中尺度涡的位置、边界、尺度、类型，并统计了涡旋空间发生频次。

【海上溢油监测】 2017 年，利用中国高分三号卫星和加拿大 Radarsat-2 等卫星数据，对中国的渤海、东海、南海重点海域开展溢油遥感监测。全年发布监测报告 126 期，为海上溢油事件快速响应、应急处理和巡航执法提供辅助决策支持。

【海洋灾害监测】 海冰灾害监测 2016 年，利用海洋一号 B 卫星、EOS/MODIS、环境一号 A/B 卫星、Radarsat-2 和高分卫星等多颗卫星资料，对渤海及黄海北部的冬季海冰冰情开展了业务化监测，海冰监测通报实现了每天一期，共发布 107 期。通过传真、电子邮件和网站等方式向国家、海区、省市三级部门和单位提供服务，并与辽宁省海洋渔业部门建立了卫星海冰冰情监测会商机制，开展了应用示范，为海冰冰情监测与灾害评估和应急响应提供了不可或缺的信息支撑。

绿潮灾害监测 2017 年，利用 EOS/MODIS、高分一号、高分四号等卫星资料对中国近海的绿潮开展业务化监测。从 5 月 15 日第一次发布绿潮灾害通报起，共向国家、海区、省市三级部门和单位发布监测通报 89 期，实现绿潮灾害早期发现和全过程跟踪监测，为绿潮漂移路径预测和防灾减灾提供了准确及时的信息服务。

赤潮灾害监测 2017 年，利用 EOS/MODIS、高分一号等卫星资料对中国近海开展赤潮监测工作；制作和发布多期赤潮卫星遥感监测报告，通过专线、电子邮件等方式向沿海省市相关单位发布。

海上台风监测 2017 年，利用海洋二号 A 卫星、高分三号卫星、MetOp-A/B 卫星等资料开展了西北太平洋区域台风监测工作，全年共捕捉到 22 次台风过程，制作台风遥感监测专题图 356 幅，及时提供至国家、海区、省市三级海洋预报部门，为汛期台风预报会商提供了近实时的台风实况信息保障。

【海域使用动态监测】 2017 年，利用高分三号、高分一号等卫星遥感数据，对全国区域用海规划实施情况、新增围填海动态变化情况、海域使用疑点疑区、养殖用海开展了业务化监测，完成全国区域用海规划遥感监测报告 2 期，全国围填海动态遥感监测分析报告 2 期，全国海域使用疑点疑区监测月报 12 期等，为海域综合管理提供信息服务。

【大陆海岸线遥感监测】 基于环境一号 A/B、Landsat8 等中低分辨率卫星影像数据，提取了 2017 年全国大陆海岸线信息，并比对 2017 年岸线信息，进行岸线类型变化统计，分析了全国大陆海岸线分布及变化特征。

【大洋渔业服务】 2017 年，以海洋二号 A 卫星资料为主，结合高分卫星数据，对全球三大洋 10 个海域的渔场进行每周一次的业务化渔情分析与预报，通过中国远洋渔业协会鱿钓技术组、金枪鱼技术组向全国远洋渔业企业发布了近实时海况分析和渔情预报信息，为中国远洋渔业科学生产提供了技术支撑，取得了显著的经济效益。

【极地科考保障】 2017 年，利用“雪龙”船船载移动接收和数据处理系统为中国第 8 次北极考察和第 34 次南极考察提供光学遥感影像 200 余幅，同时根据“雪龙”船第 34 次南极考察的科考、卸货及航行需求，制定高分三号卫星数据应急观测计划，结合雪龙船航行的最新位置信息，分别提供了中山站沿岸、罗斯海、恩克斯堡岛沿岸、戴维斯海等多个关注区域的高分三号卫星影像高分辨率海冰专题图，累计获取数据 40 余景，提供专题图 23 张，为“雪龙”船冰区卸货、科考及新站选址等工作提供了重要支撑。

【区域海洋卫星应用】 **河北省** 2017 年，利用 EOS/MODIS、高分四号、高分一号、高分二号、环境一号 A/B 等卫星数据，结合无人机观测，对河北近海海域水色、水温、海冰、赤潮、绿潮、溢油、养殖区等开展了遥感业务化监测，累计制作水色水温日监测产品 126

期、海冰监测产品 23 期、赤潮监测产品 80 期、绿潮监测产品 1 期、养殖区监测图 4 幅，为河北省海洋管理、海洋环境保护和防灾减灾，尤其是北戴河暑期海洋环境保护综合保障提供了数据支撑。

福建省 利用海洋二号 A 卫星数据并结合浮标实时观测数据，实时处理和展示海面风场、有效波高、海温等产品，开展了“海峡号”客滚船航线保障、福建省五大渔场及钓鱼岛海域海洋环境预报、日常海洋预报、省防台风会商以及公众服务等业务应用。2017 年累计提供海洋二号 A 卫星及浮标监测实况简报 900 余期，将海洋二号 A 卫星监测的风场和浪场数据应用于 2017 年 12 个影响我省海域的台风以及冷空气、温带气旋期间海上大风的防御决策会商中，为海洋防灾减灾决策支持提供了重要保障。

山东省 2017 年，利用海洋一号 B、海洋二号 A、EOS/MODIS 等卫星数据结合生产船实时观测数据，开展了山东省远洋渔业西南大西洋滑柔鱼与西北太平洋秋刀鱼渔场海域水色、水温、海流等遥感业务化监测工作，对西南大西洋滑柔鱼与西北太平洋秋刀鱼两个重要远洋渔场的海况动态变化实施了监测，并基于遥感数据与生产数据进行了渔情分析与预报，在山东省相关远洋渔业生产单位进行了业务化运行。全年累计制作西南大西洋滑柔鱼与西北太平洋秋刀鱼渔场海域水色、水温与海流 周监测产品各 48 期，渔场渔情预报概率图各 48 周次，形成专题预报图 96 幅。监测与预报产品通过电子邮件、传真等方式定期向山东省远洋渔业生产单位提供信息服务。

【“蓝碳”碳汇监测】 “蓝碳”是指储存在海洋中由光合作用固定的碳，其储量占比为 55%，“蓝碳”碳汇能力的增加对于应对全球气候变化具有重要意义。2017 年，利用高分一号卫星数据，结合现场调查数据，制作完成了黄河口湿地植被地上生长部分碳储量遥感影像专题图，胶州湾滨海湿地植被碳储量空间分布遥感专题图等产品，为黄河口湿地固碳研究和胶州湾修复整治提供基础信息支持。

【南海珊瑚礁监测】 2017 年，利用高分二号卫星影像和国外 WorldView-2 卫星影像，开展了南海西沙赵述岛珊瑚礁白化遥感监测，监测结果为中国科学院海南热带海洋生物实验站开展西沙珊瑚礁生态系统监测提供了重要参考数据。 （国家卫星海洋应用中心）

海洋标准计量和质量监督

海洋标准化

【2017NQI“海洋资源能源调查评估及海洋生态环境保护技术标准研究”项目】 2017 年，国家海洋标准计量中心组织申报的 2017“国家质量基础（NQI）的共性技术研究与应用”重点专项——“海洋资源能源调查评估及海洋生态环境保护技术标准研究”项目通过立项评审。

【完善海洋标准化规章制度】 全国海洋标准化技术委员会组织编制完成《海洋标准化管理办法工作细则》，细化《海洋标准化管理办法》，健全和完善海洋标准化工作程序，明确各阶段的工作内容，强化全国海洋标准化技术委员会和分技术委员会的职责分工和技术管理，2017 年 7 月 18 日，由国家海洋局发布实施。

【海洋标准立项】 全国海洋标准化技术委员会组织完成标准立项申报材料征集，组织制定 2017 年度海洋标准立项工作方案，开展海洋标准立项审查工作培训，召开技术审查会，完成 54 项标准立项材料的形式审查和技术审查，完成 8 个分技术委员会负责审查的147 项标准的审核工作，提出标准立项申报材料的审查意见和立项建议，将汇总、统计的标准立项申报和审查材料上报主管部门，完成 2017 年度 201 项海洋标准立项审查和上报工作。

【海洋标准化研究】 全国海洋标准化技术委员会组织开展健全海洋标准体系和编制“十三五”海洋标准制修订计划工作。制定《海洋标准体系》，包括海洋标准体系框架、业务领域框架和标准明细表。《海洋标准体系》于2017 年 12 月由国家海洋局和国家标准化管理委员会联合发布实施。

【国家标准外文版制定】 2017 年 9 月，全国海洋标准化技术委员会向国家标准化管理委员会申报的《海底管道路由勘察规范》（GB/T17502—2009）、《海上平台场址工程地质勘察规范》（GB/T17503—2009）等 3 项国家标准外文版制定通过立项。这是中国海洋标准首次申报外文版制定。

【全国海洋标准化分技术委员会秘书处工作人员标准化培训研讨会】 2017 年 10 月 19 日，全国海洋标准化技术委员会在大连组织召开全国海洋标准化分技术委员会秘书处工作人员培训研讨会，来自 7 个分委会的 20 名代表参加会议。培训会邀请专家对《全国海洋标准化“十三五”发展规划》和新版《海洋标准化管理办法细则》进行解读，就分委会实际工作中遇到的问题进行交流研讨。

【2017 年全国海洋标准化技术委员会海洋标准起草人员培训】 2017 年 12 月 5 日，由全国海洋标准化技术委员会组织的 2017 年全国海洋标准化技术委员会海洋标准起草人员培训班在天津举办，来自国家海洋局局属相关单位、沿海省市海洋行政主管部门及下属单位、大专院校和企业公司的 220 名学员参加培训。

【开展“超期海洋行业标准制修订计划项目评估”工作】 2017 年 11 月，全国海洋标准化技术委员会组织开展“超期海洋行业标准制修订计划项目评估”工作，对负责管理的 87 项超期项目组织专家逐项开展评估，并最终形成评估结论。

【开展“海洋标准化信息系统”建设工作】 2017 年 12 月，国家海洋标准计量中心组织开展的“海洋标准化信息系统”建设工作取得新突破。在经过项目调研、招投标、实施方案论证和合同签订等各工作环节，该系统正式进入项目实施阶段。

【标准宣贯】 2017年4月25—26日，全国海洋标准化技术委员会在杭州组织开展《海洋观测预报及防灾减灾标准体系》（HY/T 193-2015）、《海洋资料浮标作业规范》（HY/T 037-2017）、《声学多普勒流速剖面仪数据储存格式》（HY/T 219-2017）、《海洋预报和警报发布第1部分：风暴潮警报发布》（GB/T 19721.1）、《海洋预报和警报发布 第2部分：海浪预报和警报发布》（GB/T 19721.2）、《风暴潮漫堤预报》（HY/T 195-2015）6项标准的宣贯培训，共宣贯培训90余人次。

【开展全国海洋标准化、计量“十三五”发展规划宣贯培训】 2017年10月20日，国家海洋标准计量中心在天津组织《全国海洋标准化“十三五”发展规划》《全国海洋计量“十三五”发展规划》两项规划的宣贯培训，80多名海洋标准化计量质量一线工作人员得到宣贯培训，有效促进两项规划的深入落实。

【开展协（学）会管理工作】 2017年10月31日，国家海洋标准计量中心在青岛举办海洋标准化及团体标准制定研讨会。中国海洋学会海洋标准化分会及中国标准化协会海洋标准化分会会员单位和代表50余人参会，共同研讨海洋标准化及团体标准发展。

海洋计量检测

【计量检测公益服务】 2017年度，国家海洋标准计量中心计量检测业务量稳中有增，样品收检1630台次，高于2016年度的1599台次；2017年度标准海水发放量仍维持历史高位，发放标准海水4475瓶。

【计量检测能力建设】 国家海洋标准计量中心不断加强计量检测能力建设，配置的“压力验潮仪检定装置”和“无压力接口检定装置”，满足小量程压力式验潮仪的精确计量，有效解决部分海洋测压仪器接口特殊无法进行校准的问题。“无压力接口检定装置”可实现数据自动接收，智能化程度较高。造温盐检定恒温槽制冷系统及其配套设备，新设备采用低噪音高效压缩机和外转子风机，提高制冷效率，且系统具有远程开关机、故障报警、实时显示运行状态、智能控制压缩机启停、手/自动双模式、远程监控等功能，增强温度校准实验的可控性和稳定性。

【2010年海洋公益性行业科研专项“海洋温度、深度及风要素观测仪器检测技术研究”通过验收】 2017年5月18日，国家海洋标准计量中心承担的2010年海洋公益性行业科研专项“海洋温度、深度及风要素观测仪器检测技术研究（编号：201005026）”项目通过国家海洋局科学技术司会同财务装备司组织的验收。

该项目研制1套海水温度量值传递装置、1套海上测风仪器检定装置、1套全自动水三相点复现装置、1套汞三相点复现装置和3套海洋环境非接触式数据传输仪科研样机；集成建立了1套海洋压力量值传递装置、2套高低温湿热试验设备、1套振动试验设备和1套冲击试验设备。申请《船舶海洋水文气象辅助测报规范》《海洋仪器环境试验方法 第14部分：振动试验》等4项国家标准立项，其中2项获得批准；申请《海洋温度测量仪器检测方法》《海洋观测预报及防灾减灾标准体系》等5项行业标准立项并获得批准，其中1项已出版；获得高精度海水变温恒温槽系统发明专利1项、非接触式数据传输仪实用新型专利1项。

【2011年海洋公益性行业科研专项“中空纤维超滤膜性能检测技术平台研发”项目通过验收】 2017年7月14日，国家海洋标准计量中心承担的2011年海洋公益性行业科研专项“中空纤维超滤膜性能检测技术平台研发（编号：201105025）”项目通过国家海洋局科学技术司联合财务装备司组织的验收。

该项目的主要成果：建立国内首个超滤膜产品性能检测业务化与研究平台，编制《中空纤维超滤膜组件纯水通量检测方法》

《中空纤维超滤膜纯水透过率检测方法》《中空纤维超滤膜截留率检测方法》等 12 项检测方法，自主研制中空纤维超滤膜纯水通量/纯水透过率检测装置、截留率/切割分析量检测装置等 7 套检测装置，并设立微信公众号“ncosmmb”作为咨询与业务委托的电子窗口。编写完成《海水淡化预处理膜系统设计规范》（GB/T 31327-2014）国家标准 1 项并实施发布，完成《中空纤维膜组件细菌截留性能检测方法》《中空纤维超滤膜耐氧化性和耐酸碱性的测试评价方法》等 5 项行业标准立项，获得“一种中空纤维膜点通量的测定方法”国内发明专利 1 项，获得国家技术发明二等奖等科技奖励 2 项。

【水静压力试验新装置专利申请通过】　2017 年，国家海洋标准计量中心申请通过“水静压力试验系统准线性排箫式卸压装置及其卸压方法”发明专利 1 项。该专利可实现水静压力试验准线性排箫式自动卸压控制，卸压速率可控制为每分钟（0.1~1）兆帕，目前精确自动化检测中卸压过程不可控的问题得到解决，水静压力试验的应用效率和分析能力得以提高。

【三项海洋仪器环境国家标准送审稿通过专家审查】　2017 年，国家海洋标准计量中心编写的《海洋仪器环境试验方法 第 9 部分：长霉试验》《海洋仪器环境试验方法 第 14 部分：振动试验》和《海洋仪器环境试验方法 第 15 部分：水压试验》三项标准送审稿通过审查。

海洋计量管理

【计量技术规范制修订】　为确保海洋领域计量技术规范制修订质量，全国海洋专用计量器具计量技术委员会（以下简称“海洋计量委”）审定和报批《温盐深测量仪检定规程》，预审《海水 pH 测量仪校准规范》和《海水营养盐测量仪校准规范》，对列入 2014 年、2015 年和 2016 年制修订计划的其他技术规范进展情况进行了跟踪督促，下达 2017 年度 5 项计量技术规范制修订计划项目至起草单位，征集并上报 2018 年制修订计划项目 1 项。

【海洋计量委换届大会】　2017 年 9 月 13 日，海洋计量委在天津组织召开委员换届大会暨第二届委员第一次全体会议。会议宣读了第二届委员名单，颁发了第二届委员证书；讲解计量技术规范制修订规则、过程及注意事项。第二届委员共 31 名，涵盖海洋科技管理、海洋生态环境保护、海洋观测预报、海洋调查、深海和极地探测、海洋工程勘察、卫星遥感、海洋仪器设备生产及检测等各个领域，具有很强的代表性。

【海洋专用计量器具国家计量技术规范体系构架建立】　根据国家质量监督检验检疫总局（以下简称“国家质检总局”）计量司技术规范处要求，海洋计量委于 2017 年 9 月下发文件成立海洋专用计量器具国家计量技术规范体系构架编制组。编制组由海洋计量委秘书长牵头，其成员由海洋计量委秘书处工作人员、国家海洋计量站和海区分站有关技术人员组成。编制组人员在现有《海洋专用计量器具目录》（征求意见稿）基础上收集相关计量技术规范、标准和测量方法的内容，参考海洋标准化体系编制原则，精心设计体系框架，完成海洋专用计量器具国家计量技术规范体系构架初稿的编制。2017 年 12 月，海洋计量委秘书处组织编制组成员对初稿进行讨论修改后，提交计量司审查。

【计量技术规范宣贯】　2017 年 9 月 28 日，海洋计量委在上海组织培训会，对《电极式盐度计检定规程》《海水浊度测量仪校准规范》《浮子式验潮仪检定规程》和《海洋倾废记录仪检定规程》等 4 项计量技术规范进行了宣贯培训，来自国家海洋计量站和海区分站的 20 余人参加培训。

【加强和其他计量技术委员会的沟通交流】　海洋计量委对拟筹建的全国水运专用计量器具计量技术委员会编制的《水运工程检测仪器设备计量管理目录（2016 版）》和全国测绘

专用计量器具计量技术委员会编制的《全国测绘地理信息仪器装备及计量技术规范目录》分别向国家质检总局计量司反馈意见。2017年4月18日，与全国水运专用计量器具计量技术委员会挂靠单位国家水运工程检测设备计量站相关人员就检定校准业务、计量技术规范制修订存在交叉的内容进行了充分讨论，明确各自的分工和下一步拟开展合作的内容，为实现双方的合作共赢打下良好的基础。

【资质认定评审】 根据国家认证认可监督管理委员会（以下简称“国家认监委”）文件《国家认监委办公室关于做好2017年检验检测机构资质认定评审工作的通知》（认办实函 [2017] 45号）要求，国家计量认证海洋评审组（以下简称“海洋评审组”）于2017年1~12月先后对24家海洋监/检测机构实施了资质认定复查评审、扩项评审和地址变更现场确认评审，受理、审查并向国家认监委上报了35家次机构的人员变更备案材料、2家机构的名称变更申请材料、24家次机构的标准变更申请材料、5家机构的取消检测方法或检测能力申请材料、1家机构的地址变更备案材料，整理、审查、上报了23家机构的评审材料。经评审，24家机构均符合《检验检测机构资质认定评审准则》要求。国家认监委为复查机构颁发了《检验检测机构资质认定证书》，为扩项机构颁发了《检验检测机构资质认定证书附表》，为地址变更机构颁发了地址变更后的《检验检测机构资质认定证书》及证书附表。这些获取证书的机构具备了向社会出具具有证明作用的数据和结果的资质。

【资质认定获证机构质量管理人员座谈会暨管理体系转版宣贯会】 2017年3月29日，海洋评审组在杭州组织召开资质认定获证机构质量管理人员座谈会暨管理体系转版宣贯会，55家海洋检验检测机构的63人参会。海洋评审组资深评审专家张友篪讲解了2016版《检验检测机构资质认定评审准则》的重点内容及其与2015版、2007版的变化，使资质认定获证机构在管理体系转版工作方面的思路更加清晰，推进了各机构体系转版的进度。

【海洋行业资质认定评审员研讨会议】 2017年4月12日，海洋评审组在天津组织召开了2017年海洋行业资质认定评审员研讨会，共有24名评审员参会。与会评审员对现场评审工作中需要统一的人员上岗证等问题进行研讨，达成基本共识，为现场评审的统一尺度奠定基础。

【海洋监/检测人员培训】 国家海洋标准计量中心于2017年5月24—25日、6月6—7日、6月26—27日分别在杭州、青岛和广州各举办了一期海洋监/检测人员理论培训班，参加培训学员共计413人次。同时还对2872名证书到期的海洋监/检测人员开展书面复核工作，为复核合格的人员换发新版海洋监/检测人员培训证书。

【海洋检验检测机构资质认定内审员培训】 国家海洋标准计量中心于2017年5月15—16日在杭州举办一期海洋检验检测机构资质认定内审员培训班，共计97人参加培训。

【海洋行业检验检测统计】 根据国家质检总局和国家认监委联合下发的《质检总局 国家认监委关于开展2016年度检验检测服务业统计工作的通知》（国质检认联函 [2017] 65号）要求，2017年3月2日，海洋评审组下发《国家计量认证海洋评审组关于填报2016年度检验检测服务业务统计数据、年度报告和开展2017年资质认定监督检查自查工作的通知》（海评组函 [2017] 1号），明确2016年度海洋行业检验检测统计工作任务分工、时间进度及填报等有关要求，组织海洋行业64家检验检测机构完成2016年度检验检测服务业统计数据填报、审核和提交工作。

【2016年度报告和2017年自查表网上填报】 根据《国家认监委办公室关于上报检验检测机构年度报告并开展资质认定监督检查自查的通知》（认办实函 [2017] 19号）要求，2017年3月2日海洋评审组下发《国家计量认证

海洋评审组关于填报 2016 年度检验检测服务业务统计数据、年度报告和开展2017 年资质认定监督检查自查工作的通知》（海评组函[2017] 1 号），草拟 2017 年度海洋检验检测机构资质认定监督检查工作方案，组织海洋行业 63 家资质认定获证机构完成 2017 年自查材料和 2016 年度报告的网上填报工作。

【海洋评审组评审员培训】 根据国家认监委要求，海洋评审组办公室组织 16 名证书即将到期的评审员上报继续教育考核申请材料，先后参加认监委组织举办的五期继续教育培训。同时，海洋评审组梳理海洋行业评审员现状，提出 23 名新评审员需求建议方案，经国家海洋局科学技术司审核后，由涉海相关单位推荐上报 19 名新评审员人选，海洋评审组组织其中 15 人参加北京国实检测技术研究院组织的检验检测机构资质认定评审要求及评审技巧研讨培训班和认监委组织的资质认定评审员考试。

【《海洋计量工作管理规定》修订】 根据国家海洋局科学技术司要求，2017 年国家海洋标准计量中心针对《海洋计量工作管理规定》（以下简称《规定》）修订工作，组织召开五次正式研讨会和多次非正式讨论会，确定修订思路和框架结构，对各章节内容进行了多次讨论修改。2017 年 11 月 10 日，国家海洋局科学技术司将《规定》（征求意见稿）面向国家海洋局各业务司、局属各单位、沿海各海洋厅局、国家质检总局、国家认监委正式征求意见。11 月 18 日，国家海洋局科学技术司将修改后的《规定》（征求意见稿）上传至国家海洋局网站公开征求意见，11 月底提交国家海洋局法制与岛屿司进行合法性审查，12 月 27 日通过合法性审查。

【《海洋专用计量器具目录》制定】 2017 年 1 月 12 日，国家海洋标准计量中心在天津召开《海洋专用计量器具目录》（以下简称《目录》）研讨会，与会专家对《目录》提出具体修改意见。

【计量检定员培训考核】 根据全国计量标准、计量检定人员考核委员会（以下简称"考核委"）通知要求，2017 年 5 月，国家海洋计量站（以下简称"总站"）组织总站和分站共计 22 人报名计量检定员考试，9 月 6—8 日组织总站和分站共 20 参加了理论考试，12 月 30 日前完成对总站和分站共 16 名理论考试合格人员的实际操作考核，并将考核材料上报至考核委。

【计量标准考核】 受考核委委托，2017 年 7 月，总站组织考评员完成对海区分站共计 21 项计量标准的复核工作；组织总站计量检测中心完成重力加速度式波浪浮标检定装置计量标准复核并获批，完成总站海洋测温仪器检定装置等六项计量标准复核申请材料上报。

【计量标准考评员培训考核】 根据考核委要求，总站组织总站和广州分站共 3 名计量标准国家一级考评员上报延续考评员证书有效期的申请材料，完成证书有效期的延续。

【《计量标准考核规范》宣贯培训】 2017 年 5 月 6—7 日，组织举办 JJF1033-2016《计量标准考核规范》宣贯培训，总站和分站共计 48 人参加培训。

【世界计量日宣传】 2017 年 5 月 3 日，国家海洋标准计量中心组织 11 名骨干技术人员到国家水运工程检测设备计量站参观调研；2017 年 5 月 19 日，邀请中国计量科学研究院党委书记段宇宁到国家海洋标准计量中心做"计量支撑发展"的专题讲座；同时将系列活动素材提交国家质检总局计量司网站和中国计量网进行宣传。

【"'一带一路'沿线经济体典型产品互认评价与风险控制关键技术研究"课题研究】 2017 年 6 月 2 日，课题牵头单位中国合格评定国家认可中心来国家海洋标准计量中心对海洋领域三家单位的课题进展情况及研究过程中遇到的问题进行调研，同时征集对实验室认可工作的意见和建议。2017 年 6 月 13—15 日，国家海洋标准计量中心课题组成员刘景霞、江帆、王君组成出国团组对澳大利亚联邦科学与工业研究组织（CSIRO）海洋和大气重点研究所进行调研。完成对《中国与澳大利亚的温盐深测量仪（CTD）检验检测认证技术对比分析报告》和《中国与澳大利亚的标准海水检验检测认证技术对比分析报告》的修改完善，编写完成《中国与澳大利亚温盐深测量仪（CTD）互认指标体系技术规范》初稿。2017 年 11 月中旬，编写完成子课题 2017 年度执行情况报告。

海洋质量监督

【《贯彻落实〈加强海洋质量管理的指导意见〉的行动计划（2017—2020 年）》印发】 根据国家海洋局《关于加强海洋质量管理的指导意见》的要求，国家海洋标准计量中心负责编写的《贯彻落实〈加强海洋质量管理的指导意见〉的行动计划（2017—2020 年）》（以下简称“行动计划”）于 2017 年 10 月由国家海洋局办公室印发。2017 年 12 月 6 日，在天津组织召开的“行动计划”宣贯会议上，国家海洋标准计量中心对“行动计划”进行解读和宣贯，会议还对全面贯彻实施“行动计划”进行动员部署。

【国家海洋标准计量中心通过实验室认可与资质认定复评审】 2017 年 3 月，中国合格评定国家认可委员会组织专家评审组，对国家海洋标准计量中心进行实验室认可与资质认定复评审，同时对国家海洋仪器设备产品质量监督检验中心进行了资质认定复评审。评审组认为国家海洋标准计量中心的管理体系和技术能力满足实验室认可要求。国家海洋标准计量中心最终获得 15 类 79 项检测项目、17 项校准项目的认可，实验室认可和资质认定（授权）的证书有效期延长至 2023 年 5 月。

【“全球变化与海气相互作用”专项任务质量评估】 国家海洋标准计量中心组织各方专家共计 50 人/次，完成 2017 年度专项任务验收前的质量评估工作。质量评估工作分 7 批次进行，评估任务 101 项，任务涵盖国家海洋局和相关涉海单位共计 19 家。101 项任务评级为 17 项任务优秀、79 项任务良好、5 项任务合格。

【“全球变化与海气相互作用”专项航次航前质量监督检查】 国家海洋标准计量中心 2017 年完成海洋声学、地球物理和地形地貌调查、海底底质和底栖生物、水体综合调查等专业的 14 个综合调查航次的质量监督工作，组织开展 14 次航前备航质量监督检查，委派 14 名质量监督员进行随船质量监督，保障专项调查数据及成果的准确性和规范化。

【“全球变化与海气相互作用”专项技术规程补充培训】 2017 年国家海洋标准计量中心分别在杭州、青岛、厦门等地举办了技术规程补充培训，培训项目包括物理海洋、生物、光学、化学、地球物理、地形地貌 6 项调查技术规程，培训国家海洋局第二海洋研究所等 7 家单位的综合调查人员 300 余人/次。

【“南北极环境综合考察与评估”专项质量控制与监督管理工作】 国家海洋标准计量中心作为“南北极环境综合考察与评估”专项质量保障工作机构，分别对 2017 年北极黄河站考察、第 8 次北极考察、第 34 次南极考察等极地科考活动开展质量管理培训。对第 8 次北极考察进行航前质量检查，委派质量监督员进行随船质量监督，有效保证了考察工作过程的质量。

【国家海洋标准计量中心荣获“中国极地考察先进集体”称号】 2017 年 4 月 24 日，国家海洋标准计量中心南北极综合考察与评估专项质量监督组在中国极地考察表彰大会上荣获“中国极地考察先进集体”称号。

【国家海洋标准计量中心办公自动化系统上线运行】 2017 年国家海洋标准计量中心信息化建设取得新突破，办公自动化系统作为信息化建设一期目标已开始试运行。该系统包括公文管理、信息共享、综合行政、会议管理等 9 大模块、56 项功能。

国 际 交 流

【参加 JCOMM 第五次届会】 2017 年 10 月 25—29 日，国家海洋标准计量中心派员参加在瑞士日内瓦召开的世界气象组织和联合国教科文组织政府间海委会第五次届会。亚太区域海洋仪器检测评价中心经过几年的建设和试运行，能力水平和业务活动均有较大进步，届内工作成果得到肯定，被称为区域中心建设典范。经大会审议批准，国家海洋标准计量中心庞永超研究员当选“国际比对协调员”职位。 （国家海洋标准计量中心）

海 洋 咨 询 服 务

【重大用海项目评审评估】 2017年，国家海洋局海洋咨询中心共承担完成95个重大用海项目报告书的技术审查工作，其中海域使用论证报告24个，海岛开发利用论证报告1个，海洋环境影响报告书(表)46个，“三个一批”项目报告书24个，召开评审会93个，抽取专家890人次参与评审工作。组织专家对围填海工程、核电、码头等重大用海用岛项目现场踏勘15次，编制踏勘报告15份；全年编制完成评审情况报告和技术审查意见148份，其中项目用海审核委员会审核环评、海域海岛论证报告书技术审查意见35份。组织完成2016年度海域使用论证报告检查工作，对57家从业单位的536本报告书进行检查，组织举办2期海域使用论证和环评技术培训班。针对生态文明建设提出的新要求和面临的新情况，坚决贯彻落实生态用海、生态红线和岸线保护相关要求，为行政审批决策提供有力的技术支撑。

【海洋工程行业奖项奖励评选】 2017年全国海洋工程科学技术奖经过形式审查、网上盲评、专业组初审，共有47个项目获得奖励。组织专家对近20项科技成果进行科技项目成果鉴定，积极推动和促进海洋科技成果的转化、推广和应用。4月组织召开2016年度海洋工程科学技术奖颁奖大会和二届二次理事大会，国家领导人出席并为获奖单位和个人颁奖，进一步提升行业凝聚力和奖励影响力。

【海洋工程标准化建设】 2017年协会获得团体标准发布资格并在国家标准化管理委员会备案，成为海洋部门唯一一家拥有发布团体标准资格和试点的单位，制订出台《中国海洋工程咨询协会团体标准管理办法》，组织成立由41名委员组成的第一届海洋工程标准化技术委员会。10月，组织召开科技部重点研发计划16项国家标准研制项目启动会，进行任务部署；12月，《海洋工程勘察通用技术规范》和《海洋工程测量通用技术规范》2项强制性国家标准研制项目获住建部批准立项。2017年组织开展海洋工程标准化体系建设，设置14个课题，开展海洋工程标准化现状调查，研究设计标准体系框架、分类，研制生态用海、工程装备、深海探测等方面团体标准，编制了《海洋工程环境影响报告书评审技术导则》《海洋工程基本术语》等7项标准并已报全国海洋标准化技术委员会。

【海洋咨询信息平台建设】 2017年印发《海洋咨询信息平台总体建设方案》，设计信息平台建设框架，实施硬件设施配备工作，完成十几年来1100余个评审项目档案数字化工作，提供基础数据，初步建成评审评估系统，启动海洋专家智库系统、地理信息平台系统等信息系统建设。编制发布《2016年中国海洋工程年报》，启动《2017年中国海洋工程年报》编制，对年报的编制方案进行全面的研究，在编写格式、指标体系、工程分类等方面提出新的思路，修改完善年报编制指南，为行业发展提供了信息服务。加强对《海洋开发与管理》期刊的管理与指导，全年共发行13期，办刊质量有所提高。

【海洋咨询服务项目实施】 按照全面掌握中国海洋生态环境本底状况，促进海域资源科学配置和合理利用，落实海洋生态文明要求的基本思路，制定和上报《海洋生态环境本底调查与评价方案》，开展3处典型滨海湿地保护与管理研究试点工作。编制《澳门特别行政区海域利用与发展中长期规划》战略目标的研究工作方案，开展了与澳门的交流合作。

完成《沿海大型工程海洋灾害风险排查报告》《沿海大型工程海洋灾害风险排查技术规程》《沿海产业园区、大型工程海洋灾害风险评估技术规范》及国务院专报材料的报送工作。完成海洋工程专题调查培训教材和讲稿的编制修订、调查名录核实工作，汇总整理9000多项海洋工程基本信息。组织实施“中国海油海洋环境与生态保护公益基金项目”“江苏省建设项目填海控制指标研究项目”等8个专题海洋咨询项目，取得显著实效。

【海洋工程勘察设计资质审核】 根据《建设工程勘察设计资质管理规定》和《海洋工程勘察设计资质评审细则》等规定的要求，组织完成青岛海洋地质工程勘察院等2家单位的海洋工程勘察设计资质审核工作，组织专家对资质申请单位的办公场所、仪器设备、技术人员配备、质量管理等情况进行现场查验和审核，并报送资质审核报告。

【海洋咨询行业交流合作】 2017年3月主办第十七届中国国际石油石化技术装备展览会等一系列有行业影响力的博览会及有关活动，扩大协会对外影响；4月成功举办“第二届澳门海洋发展论坛”，增强澳门方面对海域管理的意识；9月成功举办海洋发展曹妃甸论坛，为推动京津冀协同发展建言献策；10月主办海洋工程发展论坛、海洋大数据论坛等活动，为加快建设海洋强国，建设智慧海洋提出良策善言；11月举办第六届世界海洋大会，为促进深圳蓝色经济跨越发展、加速推进深圳“全球海洋中心城市”建设提供支持；2017年累计在网站、报纸和各类简报等媒体发稿100余篇，开展优秀海洋工程及生态文明建设宣贯活动。

（国家海洋局海洋咨询中心）

海　上　救　助　打　捞

【救捞业绩成果突出】　救捞部门 2017 年共执行应急救助和抢险打捞任务 1436 起，出动专业救捞力量 2125 次，成功救助遇险人员 2657 名（其中外籍人员 407 名），救助遇险船舶 184 艘（其中外籍船舶 26 艘），打捞沉船 20 艘，打捞罹难者遗体 165 具，直接获救财产总价值约 72.6 亿元。重要任务有：一是圆满完成了“世越”号沉船打捞任务。交通运输部上海打捞局精心设计方案，严密组织实施，克服重重困难，经过 593 天的连续奋战，成功让沉没 1073 天的“世越”号重见光明，以实际行动兑现了“让世越重见，送逝者回家”的誓言。“世越”号沉船的成功打捞出水，赢得了国内外同行和媒体的广泛赞誉，展现了中国救捞不畏艰险、团结拼搏的顽强作风和综合实力。二是持续开展“碧海行动”沉船清除打捞任务。交通运输部烟台打捞局组织派遣打捞工程船 18 艘，打捞工程技术人员 500 余人，克服了气象海况恶劣、打捞任务重、沉船状况差、图纸资料缺失等困难，开创多项打捞技术工艺革命，最终完成 14 艘碍行或存在污染风险沉船的清除打捞工作，为保障渤海湾航道畅通和海洋环境清洁作出积极贡献。三是沿海空中巡航救助联动稳步推进。2017 年救捞系统与海事系统进一步加强合作，深化中国沿海空中巡航救助联动工作，扩宽沿海空中巡航救助联动范围，共执行空中巡航救助联动任务 133 起，救助直升机飞行 133 架次，巡航 18274 海里，飞行 250 余小时，达到了依法履职，主动作为，资源共享，统筹兼顾，训巡结合，以练促战的目的。

【专项保障任务贡献显著】　一是高效完成厦门金砖国家领导人会晤海上专项应急保障任务。救捞系统精心组织，部署了 9 艘专业救助船艇、1 艘专业打捞船、3 架专业救助直升机和 2 支应急救助队等精干力量参加执行海上安保任务，为会议成功举办创造了和谐稳定环境，构建了中国坚固有力的海上安全防线。二是坚持推进军民融合战略，助推国家载人航天事业发展。与中国航天院科研训练中心联合对国内仅有的 16 名航天员和 2 名欧洲航天员开展了海上救生训练，大力推动国家载人航天事业发展。按照“平时服务、急时应急、战时应战、平战结合、军民融合”的要求，全力以赴完成好了各项工作任务。

【人才综合素质大幅提升】　为大力实施“人才强救”战略，全面建设高素质、高技能、高水平的救捞人才队伍，进一步提升救捞系统应急救助抢险打捞业务的管理水平、科学决策能力和应急处置水平，救捞系统积极组织开展国防交通战备教育训练、救助飞行专项训练、深海搜寻设备海上测试、无人机培训、潜水员区域应急救助技能联合训练、工程系列专业技术人员继续教育等一系列教育培训活动；开展船舶技能比武、职工技能比武等比赛活动；并派员参加第四届中国海员技能大比武，取得优异的成绩。分别在东海第一、北海第一两个救助飞行队成立“交通运输部救助航空器维修训练中心”和“交通运输部救助飞行研究训练中心”，立足于服务救捞系统的基本功能定位，着重加强人才培养，坚持体系化运行、高标准管理、高定位发展，为推动救捞系统救助飞行队伍发展，加快建设国际一流的现代化专业救捞体系提供有力支撑。

【科技研发成效重大】　一是“深水协同应急处置技术及专用工具系统研究”成功申报

2017 年国家重点研发项目。该项目旨在为 6000 米级救捞专用 ROV 研制特种协同作业工具，将包括一套双层船壳抽油开孔机、一套 ROV 用高压水切割系统、一套多维度机械手搭载圆盘锯物理切割延展系统。二是交通运输部上海打捞局“世越”号沉船打捞工程关键技术研究与应用项目荣获中国航海学会科学技术一等奖。三是交通运输部救助打捞局“载人空间战工程海上应急保障平台平战结合的研究与应用”获中国海航学会科学技术二等奖。四是交通运输部南海救助局承担的国家科技支撑计划“深海水下目标搜寻与探测技术”项目及“深海遇险目标搜寻与应用处置关键技术开发及应用”项目完成评审验收，重点项目“海上搜救关键技术研究与示范”正式启动。五是交通运输部广州打捞局洲头咀隧道系统工程荣获 2016—2017 年度国家优质工程奖。

【救捞专业硬实力逐步提升】　一是 1.2 万千瓦多功能专业救助船“南海救 102”轮的列编，为中国南部海区的救助队伍再添新成员，再注新动力，深远海搜寻能力进一步提升。二是中国单边抬浮力最大的 12000 吨抬浮力打捞工程船“德勃 3”轮和 8000 千瓦抢险打捞拖轮“德兴”轮的正式列编，也标志着中国救捞在抢险打捞领域又前进了一步。三是 3000 米级 ROV 列编并完成海试，标志着救捞系统已初步具备 3000 米级深水救捞能力。四是 20 米级和 14 米级基地配套工作艇“北海救 321”“东海救 311”先后列编，进一步加强了对沿海小型遇险船舶的救助能力和近岸浅水区的搜救能力。

【中国救捞的国际影响力不断扩大】　救捞系统积极响应“一带一路”倡议，坚定实施“走出去”战略，强化区域交流合作。按照共商共建共享的原则，以构建人类命运共同体为目的，坚持合作共赢、优势互补，积极参与国际组织事务，加强与台湾、香港相关部门和业界横向交流合作，努力打造救捞行业利益共同体，进一步增强中国救捞在国际救捞领域的话语权和影响力。一是参加“中国—东盟海上联合搜救实船演练”，并完成了东盟地区 8 个国家 23 名海上搜救部门学员的现场教学任务。与东盟国家在互学互鉴中提高共同应对区域突发事件的应急处置能力,增进各国之间的友谊，推动中国—东盟国家海上搜救合作健康稳定发展，共同维护海上生命安全。二是与香港民航处联合举行航空器事故搜救与打捞桌面推演，并参加香港民航处举办的“2017 年空难搜救演练”，进一步提升内地与香港共同应对海上航空器事故应急救援的协同作战能力，为共同有效应对处置香港及周边水域航空器失事等特大突发事件积累宝贵经验。三是参加第四届大规模海上生命救助会议和国际海上人命救助联盟（IM-RF）亚太交流合作中心第 7 次理事会和第六届国际海上搜救大会（ISAR），围绕搭建国际海上搜救领域交流平台、知识信息共享、经验技术交流、加强各国海上搜救机构交流与合作等方面进行了深入探讨。四是与香港消防处、中国远洋海运集团有限公司、大连海事大学等单位签署一系列的战略合作框架协议，与相关单位进一步深化合作。

（交通运输部）

海洋科技、教育与文化

海洋科学研究

【概述】 2017年是党的十九大隆重召开，开启新时代中国特色社会主义建设新征程的重要一年，也是深入实施建设海洋强国和创新驱动发展战略的关键一年。中国海洋科技工作认真贯彻落实党的十九大精神和习近平总书记系列讲话精神，围绕全国海洋工作会议的部署要求，着力推动海洋科技向创新引领型转变，在深化海洋科技体制改革，提升海洋科技创新能力和综合实力，促进海洋经济和海洋事业发展等方面都取得了一定成效。

【推进海洋科技调整改革】 一是在前期海洋科技创新战略研究取得系列成果的基础上，联合有关部门积极推动编制海洋科技创新规划，为确立国家中长期海洋科技发展战略奠定基础。二是根据局党组的部署安排，围绕“一个定位、三个聚焦”，组织研究起草海洋科技工作调整改革方案，深入查摆问题，着力推动体制机制创新和措施方法落地。三是推动国家海洋局与中科院签订《国家海洋局 中国科学院战略合作框架协议》，更好发挥协同合作机制作用。四是研究起草了《重大海洋科技决策咨询制度建设方案》，推动建立海洋科技决策咨询制度。五是组织编制了规范海洋科技成果转化的政策文件，组织修订了《国家海洋局青年海洋科学基金管理办法》。六是密切跟踪并组织研究国家科技创新基地改革动向，积极谋划海洋领域国家实验室建设考虑，全面加强局重点实验室管理和创新能力提升。

【做好海洋领域重点专项组织实施】 一是组织申报“海洋环境安全保障”“深海关键技术与装备”“水资源高效开发利用”“国家质量基础的共性技术研究与应用”等6个涉海重点专项，2017年项目由局属单位牵头承担18个，落实资金超过3亿元，将为提高海洋科技创新能力打下良好基础。二是积极参与“种业自主创新工程”“蓝色粮仓”“氢能与可再生能源”等新启动专项的实施方案和2018年度指南编制工作，以及深海空间站、天地一体化信息网络等涉海科技创新2030重大项目论证，扩大涉海任务布局。三是加强海洋公益性行业科研专项、海洋能资金项目的组织管理和成果应用服务。

【推动海洋产业创新发展】 一是聚焦填补海洋产业发展短板、聚焦培育新的发展动能、聚焦提升区域发展比较优势，联合财政部继续开展海洋经济创新发展示范工作，评审批复威海市等7个“十三五”第二批海洋经济创新发展示范城市，下达中央财政启动资金4.65亿元，培育壮大海洋生物、海洋高端装备、海水淡化等海洋战略性新兴产业。二是加强对国家科技兴海产业示范基地、国家海洋高技术产业示范基地的政策指导与支持，辐射带动海洋产业集聚发展。三是建立海洋科技转化成果报送制度，组织编制海洋科技成果目录和成果转化目录，强化海洋高新技术成果转化服务。

【加强海洋调查与立法建设】 一是按计划组织开展“全球变化与海气相互作用”专项年度调查研究工作，发布了专项2017年度两批次资料共享清单和一批次样品共享清单，积极推动专项成果产出和应用。二是积极推进海洋调查立法进程，修改完善了《海洋调查管理条例（草案）》，并通过了局法制审查。三是有序推进国家海洋调查船队运行管理工作，组织召开了船队协调委员会第五次工作会议，修订印发《国家海洋调查船队管理办法》，组织开展成员船年度考核，船队规模发展至50艘。

【推进海洋高新技术发展】 一是与科工局联合印发《海洋卫星业务发展"十三五"规划》，发布《2016年海洋卫星应用报告》，印发《卫星遥感数据统一采购与分发工作方案》，编制完成《海洋卫星业务应用总体方案（2018—2020年）》。完成"十三五"海洋观测卫星地面系统项目可研报告报送。二是加快推进海水利用立法工作，编制形成了《海水利用条例（初稿）》，完成了《海水利用管理暂行办法（讨论稿）》。印发《2016年全国海水利用报告》。按照分工，积极推进国家海洋局与国家发展与改革委员会联合印发《海岛海水淡化工程实施方案》，推动海水利用示范工程建设工作，加快国家海洋局天津临港海水淡化与综合利用示范基地建设，配合推动京津冀海水淡化国家基础设施工程建设，与"一带一路"沿线国家合作并出口海水淡化装置。三是推动海洋能应用示范，完成年度任务招标，启动兆瓦级波浪能示范工程建设，在国际上率先实现兆瓦级潮流能并网发电，有效推动中国海洋能商业化进程。开展海洋测绘发展战略研究，配合开展1606工程建设。开展深海科技创新发展战略研究，开展航天科技服务于海洋发展需求研究，切实推进海洋高新技术发展。

【加强海洋质量技术监督】 一是落实国家标准化改革要求，编制印发《海洋标准体系》，对海洋标准制修订工作进行顶层设计和全盘策划。编制印发《海洋标准化管理办法实施细则》，全面系统规范海洋标准化工作。组织完成2017年度201项标准立项审查，其中已批准立项93项海洋行业标准，26项海洋国标已报国标委申请立项，34项海洋标准已审批发布。围绕"蛟龙探海""雪龙探极"等重大海洋工作，立项了《载人潜水器潜航员培训大纲》《极地科学考察术语》等一批重点急需标准，保证海洋标准有效供给，同时对超期海洋标准开展集中评估工作，加快超期标准编制进度。二是编写印发《贯彻落实〈加强海洋质量管理的指导意见（2017—2020年）〉三年行动计划》，召开宣贯会，组织48家局属单位建立质量管理体系，落实质量管理人员，实施海洋业务活动全过程质量管理。三是组织《海洋计量工作管理规定》修订工作，提升海洋计量工作能力。组织制定标准、计量、质量"走出去"工作方案，开展国家质量基础共性技术研究和军民融合通用标准化工程建设工作，拓展海洋标准、计量的工作空间。

（国家海洋局科学技术司）

涉海重大工程和专项

【全球变化与海气相互作用】 "全球变化与海气相互作用"专项在西太平洋和东印度洋等海域开展了水体综合、底质与底栖生物等5个调查航次，11个海洋环境参数遥感调查任务。继续开展了大洋资料收集整编，以及10项研究与服务保障任务、15项国际合作任务。完成了2016年度约40TB调查整编资料汇交。

（国家海洋局科学技术司）

【海水淡化分离膜检测技术及标准研究项目】 2017年，在国家科技支撑计划项目"海水淡化分离膜检测技术及标准研究"支持下，针对中国海水淡化分离膜检测技术标准滞后于行业发展的现状，对海水淡化分离膜性能检测技术进行研究，完善了现有的分离膜检测技术、建立了耐污染性、耐氧化性、耐酸碱性等分离膜新型检测方法和300吨/日膜法海水淡化运行测试平台，编制标准15项、发表论文16篇、申请专利8件，为海水淡化分离膜性能评价及质量监管提供了技术支撑。

【海水钾钠盐高效提取及高值化利用产业化示范工程】　由天津长芦汉沽盐场有限责任公司、国家海洋局天津海水淡化与综合利用研究所共同承担的天津市“十二五”海洋经济创新发展区域示范项目“浓海水钾钠盐高效提取及高值化利用产业化示范”，先后建成国内首例年产鱼籽盐50000吨的示范工程和年产氯化钾15000吨的大颗粒高品质光卤石连续结晶纯化示范工程，并于2017年10月顺利通过天津市海洋局组织的结题验收。

项目通过产学研联合攻关，通过研发蒸发、结晶过程及装备多尺度放大与优化模拟技术，搭建千吨级产业化实验装置，形成成套产业化技术装备，先后建成国内首例年产鱼籽盐50000吨的示范工程和年产氯化钾15000吨的大颗粒高品质光卤石连续结晶纯化示范工程。示范工程生产的鱼籽盐产品平均粒径≥0.6毫米，质量达到精制盐国家标准（GB 5461-2000）优级标准，市场价格较常规精制盐产品高出一倍以上，达产后年收入增5500万元；生产的大颗粒光卤石产品，粒径较传统工艺增加一倍以上，杂质含量降低2%以下，该产品用于热分解替代冷分解进行食品氯化钾和氯化镁联产，可实现工艺用水减少30%以上，钾资源单线收率15%以上，蒸发水量减少20%以上，产品售价提高1倍以上，产品销售收入增加近2500万元。

【聚四氟乙烯气态膜过程用于海水或浓海水中溴素的提取示范工程】　由天津长芦海晶集团、天津大学、国家海洋局天津海水淡化与综合利用研究所、天津市洁海瑞泉膜技术（天津）有限公司共同承担的天津市“十二五”海洋经济创新发展区域示范项目“聚四氟乙烯气态膜过程用于海水或浓海水中溴素的提取”，采用气态膜提溴技术装备，替代吹脱塔和吸收塔作为提溴核心装置，实现了海水、浓海水中溴素资源的分离与富集，并于2017年10月通过了由天津市海洋局组织的专家验收。

项目以国家海洋局天津海水淡化与综合利用研究所膜法提溴攻关成果为依托，针对气态膜海水、浓海水溴素膜材料的瓶颈问题，通过产学研联合公关，攻克了适用于提溴的聚四氟乙烯中空纤维膜制备技术，研发了成套膜组件，建成了年产30吨的提溴示范工程。示范工程运行实践表明：研发的专用聚四氟乙烯中空纤维膜材料及成套膜组，实现了传统空气吹出法海水、浓海水提溴分离富集工序气态膜法对空气吹脱-吸收工艺的有效替代；该改替代过程，在保证离富集工序过程的溴素资源收率≥90%的同时，使离富集工序能耗降低60%以上、提溴系统整体能耗降低20%以上；此外，该替代过程，实现了分离富集工艺的全封闭运行，进一步增强了海水、浓海水提溴技术及装备的环境友好性。

（国家海洋局天津海水淡化与综合利用研究所）

【西北太平洋海洋多尺度变化过程、机理及可预测性】　国家重大科学研究计划项目“西北太平洋海洋多尺度变化过程、机理及可预测性”依托单位为中国海洋大学，执行期限为2013—2017年。

项目于2017年10月通过科技部结题验收。经过项目团队的5年协作努力，围绕“西北太平洋海洋多尺度变化过程及其对大气的调节作用”这一核心主题，开展一系列系统深入的研究，取得的研究成果总体上已经达到国际前沿水平，其中部分研究成果已经达到国际领先地位，项目先后在《Science》《Nature》及其子刊等国际一流期刊上发表论文100余篇，成功实现中国在台湾以东及黑潮延伸体海区首套潜标的布放与回收，提升中国在黑潮延伸体海域的长期观测能力；完善中尺度海洋混合的参数化方案，填补现有海洋环流模式中参数化方案在风生混合方面的空白；将全球高分辨率海洋环流模式LI-COM，发展成为新一代的全球涡分辨率模式，模拟能力达到国际先进水平。

【大气物质沉降对海洋氮循环与初级生产过程的影响及其气候效应】 国家重大科学研究计划项目“大气物质沉降对海洋氮循环与初级生产过程的影响及其气候效应”依托单位为中国海洋大学。项目执行期限为2014—2018年。

2017年度工作：（1）借助历史资料和卫星资料反演海上大气气溶胶浓度及沉降通量利用Aqua卫星MODIS光谱成像仪遥感的气溶胶光学厚度（AOD）资料，结合CALIPSO卫星给出的气溶胶消光系数和相对湿度垂直剖面数据，反演了中国近海低层大气气溶胶浓度，并结合水面干沉降模型估算中国近海气溶胶干沉 降通量的时空分布，并通过与历史资料的对比，确定估算方法的合理性。

（2）数值模拟：在区域传输模型中加入非均相反应，模拟研究了中国近海长期和事件性大气氮沉降通量；基于CMAQ与POM模型的结合，模拟了大气氮沉降对近海海洋初级生产的影响；将DOP的磷溶出方案嵌入NPD箱式模型中，模拟分析南海浮游植物对沙尘沉降的响应。

（3）数据深入分析：基于搜集的历史数据以及项目执行以来多个航次的观测数据，分析中国近海和西太海域微量金属元素的沉降通量；中国近海及西太氮循环关键过程的新发现；海洋排放颗粒态有机胺和无机铵盐的浓度特征和机制

2017年度共发表文章26篇，其中SCI20篇，EI4篇，中文核心期刊2篇。培养学生21人，博士后2人，博士生7人，硕士生12人。

【北极海冰减退引起的北极放大机理与全球气候效应】 国家重大科学研究计划项目“北极海冰减退引起的北极放大机理与全球气候效应”依托单位为中国海洋大学。项目执行期限为2015—2019年。

2017年度完成参加韩国北极考察航次的任务，在北冰洋的楚科奇海、楚科奇海台区域以及门捷列夫海脊南部，完成35个站位的CTD观测，成功布放两套新一代的拖曳式海洋漂流剖面观测浮标（D-TOP），获取冰下海洋的连续剖面观测数据。

利用已经开发的海洋-海冰耦合模型系统及获得的高分辨率北极海洋、海冰再分析数据，开展北极海洋和海冰的变化特征和过程的研究。围绕热量的输入和转换机制，开展太平洋入流水相关的物质和能量输入的研究；以模型和观测相结合，对太平洋入流水的年际变化及其影响机制进行分析。利用数模结果，分析海冰减退期间的北冰洋上层环流变化。基于CMIP5模式结果，开展全球变暖情形下，北极海冰突变的机制分析。利用利用实测数据，分析加拿大海盆上

层环流与淡水含量变化之间的关系，研究盐跃层的年际变化及其对向上热通量的影响。

设计完成一种基于超声波传感器的水下测距系统。该系统通过RS485总线与水下超声波传感器传递数据，利用SD卡存储数据并通过铱星9602SBD数传终端上传数据至绑定邮箱。

（中国海洋大学）

国家自然科学基金重要项目

【概况】 2017年度国家自然科学基金批准资助海洋科学项目500项，比2016年增加33项，总经费32849.51万元。其中，面上项目205项，经费13902万元；青年科学基金项目225项，经费5417万元；其他基金项目70项，经费13530.51万元（见下表）。

2017年度国家自然科学基金海洋科学学科资助项目目录

1. 面上项目

序号	项目批准号	申请者姓名	项目名称	学科代码	单位名称	批准金额（万元）	起始年月	结题年月	备注
1	41776001	李元龙	东南印度洋海温长期变化及其对“海洋热浪”事件的影响	D0601	中国科学院海洋研究所	¥73.00	2018/01/01	2021/12/31	
2	41776002	朱秀华	气候系统内部变率的统计评估及对全球变暖信号的检测和归因	D0601	上海海洋大学	¥71.00	2018/01/01	2021/12/31	
3	41776003	庄伟	南印度洋浅层经圈环流次表层分支的年代际变异与输运特征	D0601	厦门大学	¥71.00	2018/01/01	2021/12/31	
4	41776004	王喜冬	孟加拉湾障碍层的季节内变化及其对海气相互作用的影响研究	D0601	河海大学	¥64.00	2018/01/01	2021/12/31	
5	41776005	刘军亮	南海南部内潮的季节和年际变化特征及其影响因素	D0601	中国科学院南海海洋研究所	¥61.00	2018/01/01	2021/12/31	
6	41776006	荆钊	海洋中尺度涡与近惯性内波之间能量交换的机理及其对深海大洋跨等密度面湍流混合的影响	D0601	中国海洋大学	¥71.00	2018/01/01	2021/12/31	
7	41776007	陈植武	不同海区内孤立波的传播演变特征与规律	D0601	中国科学院南海海洋研究所	¥64.00	2018/01/01	2021/12/31	
8	41776008	谢皆烁	南海北部陆架坡区涡旋及底地形联合影响下的内孤立波传播演变	D0601	中国科学院南海海洋研究所	¥68.00	2018/01/01	2021/12/31	
9	41776009	万修全	丹麦海峡环流在北大西洋高纬度海区降温现象中的作用	D0601	中国海洋大学	¥70.00	2018/01/01	2021/12/31	
10	41776010	黄小猛	高效自动并行的海洋模式计算框架研究	D0601	清华大学	¥71.00	2018/01/01	2021/12/31	
11	41776011	王晶	西边界反射过程对热带东印度洋上升流的影响	D0601	中国科学院海洋研究所	¥68.00	2018/01/01	2021/12/31	
12	41776012	李培良	北太平洋副热带西部模态水的多核结构及其生态效应研究	D0601	中国海洋大学	¥70.00	2018/01/01	2021/12/31	
13	41776013	马晓慧	黑潮延伸体区海洋中尺度涡对天气系统的影响	D0601	中国海洋大学	¥66.00	2018/01/01	2021/12/31	
14	41776014	方文东	南海西部夏季离岸流的年际及年代变异研究	D0601	中国科学院南海海洋研究所	¥69.00	2018/01/01	2021/12/31	
15	41776015	张文舟	黑潮水入侵台湾海峡方式及其季节变化研究	D0601	厦门大学	¥66.00	2018/01/01	2021/12/31	
16	41776016	冯兴如	台风条件下风应力拖曳系数的参数化方案研究	D0601	中国科学院海洋研究所	¥65.00	2018/01/01	2021/12/31	
17	41776017	程军	AMOC年代际波动的双模态及其在增暖下的演变	D0601	南京信息工程大学	¥67.00	2018/01/01	2021/12/31	
18	41776018	胡石建	海洋盐度多年代际趋势对太平洋低纬度西边界流和印尼贯穿流的影响	D0601	中国科学院海洋研究所	¥60.00	2018/01/01	2021/12/31	

续表

序号	项目批准号	申请者姓名	项目名称	学科代码	单位名称	批准金额（万元）	起始年月	结题年月	备注
19	41776019	刘海龙	障碍层与热带太平洋海气耦合主模态的相互作用研究	D0601	上海交通大学	¥73.00	2018/01/01	2021/12/31	
20	41776020	刘泽	台湾以东水体北上输送途径及变化机制研究	D0601	中国科学院海洋研究所	¥68.00	2018/01/01	2021/12/31	
21	41776021	张林林	菲律宾以东次表层潜流系统的形成机制研究	D0601	中国科学院海洋研究所	¥70.00	2018/01/01	2021/12/31	
22	41776022	汪嘉宁	西太平洋深层西边界流的结构特征和变异规律	D0601	中国科学院海洋研究所	¥70.00	2018/01/01	2021/12/31	
23	41776023	徐康	两类ENSO对东亚夏季风环流垂直耦合模态的影响机理	D0601	中国科学院南海海洋研究所	¥69.00	2018/01/01	2021/12/31	
24	41776024	吴德安	河口水道地形变化对悬浮泥沙净输运机制影响研究	D0601	河海大学	¥68.00	2018/01/01	2021/12/31	
25	41776025	曾丽丽	近60年南海盐度多尺度变化过程及其机理研究	D0601	中国科学院南海海洋研究所	¥69.00	2018/01/01	2021/12/31	
26	41776026	王强	地形在西沙海域中尺度涡耗散中的作用	D0601	中国科学院南海海洋研究所	¥64.00	2018/01/01	2021/12/31	
27	41776027	胡建宇	南海北部海区下降流及其对环流的影响研究	D0601	厦门大学	¥74.00	2018/01/01	2021/12/31	
28	41776028	李毅能	南海北部强中尺度涡中短期可预报性与适应性观测研究	D0601	中国科学院南海海洋研究所	¥68.00	2018/01/01	2021/12/31	
29	41776029	成印河	夏、冬季风背景下南海北部沿岸边界层波导研究	D0601	广东海洋大学	¥72.00	2018/01/01	2021/12/31	
30	41776030	刘海龙	海气相互作用过程对南海中尺度涡模拟的影响	D0601	中国科学院大气物理研究所	¥71.00	2018/01/01	2021/12/31	
31	41776031	王磊	大西洋“电容器”效应影响太平洋准两年周期变化的过程与机理研究	D0601	广东海洋大学	¥47.00	2018/01/01	2021/12/31	
32	41776032	陈显尧	北大西洋海表面温度多年代际变异的形成机制研究	D0601	中国海洋大学	¥69.00	2018/01/01	2021/12/31	
33	41776033	郭双喜	扩散对流台阶结构垂向热盐通量参数化的实验研究	D0601	中国科学院南海海洋研究所	¥64.00	2018/01/01	2021/12/31	
34	41776034	谢玲玲	南海西北陆架垂向环流动力诊断及其季节变化	D0601	广东海洋大学	¥64.00	2018/01/01	2021/12/31	
35	41776035	王法明	热力学海气耦合模态的物理机制及其对ENSO的影响	D0601	中国科学院海洋研究所	¥71.00	2018/01/01	2021/12/31	
36	41776036	舒业强	南海深海地形罗斯贝波时空特征及其对深海环流变异的作用	D0601	中国科学院南海海洋研究所	¥69.00	2018/01/01	2021/12/31	
37	41776037	严幼芳	南海及西北太平洋障碍层对台风诱导的海表冷却及其强度的影响	D0601	中国科学院南海海洋研究所	¥68.00	2018/01/01	2021/12/31	
38	41776038	黄传江	基于海上观测平台的海气边界层动量通量同步观测研究	D0601	国家海洋局第一海洋研究所	¥73.00	2018/01/01	2021/12/31	

续表

序号	项目批准号	申请者姓名	项目名称	学科代码	单位名称	批准金额(万元)	起始年月	结题年月	备注
39	41776039	苏京志	海温模态跨海盆联动过程对ENSO形成演变的影响	D0601	中国气象科学研究院	¥70.00	2018/01/01	2021/12/31	
40	41776040	经志友	南海北部锋面海域的次中尺度动力过程与机制研究	D0601	中国科学院南海海洋研究所	¥71.00	2018/01/01	2021/12/31	
41	41776041	闫长香	卫星遥感海表盐度在HYCOM海洋模式中的同化以及对其他观测系统的作用	D0601	中国科学院大气物理研究所	¥74.00	2018/01/01	2021/12/31	
42	41776042	王永刚	班达海水体充放过程及其对印尼贯穿流的调制机理研究	D0601	国家海洋局第一海洋研究所	¥74.00	2018/01/01	2021/12/31	
43	41776043	邹大鹏	基于原位声学特性及其影响机制的南海深远海地声模型研究	D0602	广东工业大学	¥69.00	2018/01/01	2021/12/31	
44	41776044	许占堂	渤海海冰漫射衰减系数的遥感估算	D0602	中国科学院南海海洋研究所	¥67.00	2018/01/01	2021/12/31	
45	41776045	王桂芬	基于高光谱反演的南海浮游植物剖面分布特征及其与环境要素的关联	D0602	中国科学院南海海洋研究所	¥64.00	2018/01/01	2021/12/31	
46	41776046	李前裕	南海深水海盆晚新生代有孔虫古海洋学	D0603	同济大学	¥72.00	2018/01/01	2021/12/31	
47	41776047	赵玉龙	南海东北部末次冰期以来古海流强度的重建——沉积学和地球化学方法	D0603	同济大学	¥73.00	2018/01/01	2021/12/31	
48	41776048	高建华	长江流域两千年以来入海水沙通量变化及其对河口/陆架泥质沉积体系发育和演化的影响	D0603	南京大学	¥64.00	2018/01/01	2021/12/31	
49	41776049	贺娟	长江口外藻类生物标志化合物氢同位素与海洋盐度关系的研究	D0603	同济大学	¥66.00	2018/01/01	2021/12/31	
50	41776050	曹运诚	马里亚纳弧前海底蛇纹岩泥火山无机成因甲烷形成水合物的条件及潜力分析	D0603	上海海洋大学	¥68.00	2018/01/01	2021/12/31	
51	41776051	田军	晚中新世大洋碳位移事件的成因机制及其古环境效应	D0603	同济大学	¥73.00	2018/01/01	2021/12/31	
52	41776052	范代读	人类活动影响下长江口北支动力地貌演化与沉积地层格架研究	D0603	同济大学	¥74.00	2018/01/01	2021/12/31	
53	41776053	卫小冬	南海南部陆缘深部地壳结构特征及其构造响应	D0603	国家海洋局第二海洋研究所	¥68.00	2018/01/01	2021/12/31	
54	41776054	黄恩清	晚第四纪热带表层海水氧同位素演化与水循环	D0603	同济大学	¥70.00	2018/01/01	2021/12/31	
55	41776055	Stephan Steinke	南亚中新世中/晚期季风降水的演化历史	D0603	厦门大学	¥58.00	2018/01/01	2021/12/31	
56	41776056	万志峰	南海神狐海域泥底辟/泥火山流体热效应及其对水合物赋存的制约	D0603	中山大学	¥60.00	2018/01/01	2021/12/31	
57	41776057	李春峰	太平洋岩石圈热演化研究	D0603	浙江大学	¥74.00	2018/01/01	2021/12/31	

续表

序号	项目批准号	申请者姓名	项目名称	学科代码	单位名称	批准金额(万元)	起始年月	结题年月	备注
58	41776058	张锦昌	西太平洋沙茨基海隆次生海山形态结构与时空分布特征以及残留岩浆喷发机制	D0603	中国科学院南海海洋研究所	¥68.00	2018/01/01	2021/12/31	
59	41776059	朱龙海	山东半岛海湾对泥沙的捕获机制//以威海湾为例	D0603	中国海洋大学	¥68.00	2018/01/01	2021/12/31	
60	41776060	徐建	北半球冰盖扩大期印尼穿越流古海洋学记录及其意义	D0603	西北大学	¥68.00	2018/01/01	2021/12/31	
61	41776061	郑旭峰	末次盛冰期以来南海深水底流模态演变切换机制及其气候指示意义	D0603	中国科学院南海海洋研究所	¥74.00	2018/01/01	2021/12/31	
62	41776062	苏妮	山溪性入海河流物源变异及对气候事件的响应	D0603	同济大学	¥70.00	2018/01/01	2021/12/31	
63	41776063	戴璐	基于海洋孢粉与植硅体证据的末次冰期以来南海南部的古气候演变研究	D0603	宁波大学	¥72.00	2018/01/01	2021/12/31	
64	41776064	Harunur Rashid	浮游有孔虫 δ18O 和 Mg/Ca 比值示踪过去 45 万年以来西北大西洋混合层和温跃层的温度和密度梯度在千年尺度上的变化	D0603	上海海洋大学	¥74.00	2018/01/01	2021/12/31	
65	41776065	蒋富清	第四纪以来亚洲风尘和火山物质输入西北太平洋的制约机制	D0603	中国科学院海洋研究所	¥71.00	2018/01/01	2021/12/31	
66	41776066	陈芳	基于年代学的南海东北部 50 万年来古冷泉活动演化历史的重建	D0603	广州海洋地质调查局	¥73.00	2018/01/01	2021/12/31	
67	41776067	郭鹏远	Fe 同位素在洋中脊高温地质过程中的分馏机制研究：以中大西洋洋脊 33/35°N 为例	D0603	中国科学院海洋研究所	¥69.00	2018/01/01	2021/12/31	
68	41776068	陈端新	基于三维地震资料和底边界层潜标观测的珠江迁移峡谷的沉积过程研究	D0603	中国科学院海洋研究所	¥69.00	2018/01/01	2021/12/31	
69	41776069	肖媛媛	玻安岩成因研究及其地球动力学意义——以塞浦路斯 Troodos 地区、北祁连山大岔大坂地区及 Bonin 弧前 Hahajima 海山玻安岩为例	D0603	中国科学院海洋研究所	¥71.00	2018/01/01	2021/12/31	
70	41776070	鄢全树	科科斯脊俯冲组分及邻近大陆坡沉积物的地球化学研究及其对俯冲剥蚀机制的制约	D0603	国家海洋局第一海洋研究所	¥71.00	2018/01/01	2021/12/31	
71	41776071	刘丽华	南海北部台西南盆地浅层沉积物中自生碳酸盐岩形成动力学模拟研究	D0603	中国科学院 广州能源研究所	¥69.00	2018/01/01	2021/12/31	
72	41776072	刘海龄	南海北缘琼南缝合带构造分段性变形机制多尺度研究	D0603	中国科学院南海海洋研究所	¥72.00	2018/01/01	2021/12/31	
73	41776073	李保华	南海西南部上升流区浮游有孔虫的季节性/年际变化研究及古海洋学意义	D0603	中国科学院南京地质古生物研究所	¥72.00	2018/01/01	2021/12/31	

续表

序号	项目批准号	申请者姓名	项目名称	学科代码	单位名称	批准金额（万元）	起始年月	结题年月	备注
74	41776074	姚政权	新近纪以来印度季风的形成、演化及其驱动机制：基于IODP359航次U1467和U1468孔的研究	D0603	国家海洋局第一海洋研究所	¥67.00	2018/01/01	2021/12/31	
75	41776075	李双林	南黄海崂山隆起中南部海底渗漏烃类源区示踪与运移路径重建	D0603	青岛海洋地质研究所	¥67.00	2018/01/01	2021/12/31	
76	41776076	杜德文	晚白垩纪以来麦哲伦海山表面沉积的斜坡再造制约模式	D0603	国家海洋局第一海洋研究所	¥74.00	2018/01/01	2021/12/31	
77	41776077	窦衍光	450 ka以来冲绳海槽深层水源区和氧化还原环境演化的沉积记录	D0603	青岛海洋地质研究所	¥72.00	2018/01/01	2021/12/31	
78	41776078	施小斌	南海北部陆缘异常构造沉降形成机制与破裂阶段热状态的数值模拟	D0603	中国科学院南海海洋研究所	¥70.00	2018/01/01	2021/12/31	
79	41776079	秦林江	东海陆架/冲绳海槽的壳幔电性结构及其构造意义	D0603	国家海洋局第二海洋研究所	¥68.00	2018/01/01	2021/12/31	
80	41776080	佟宏鹏	马里亚纳弧前蛇纹岩泥火山烟囱状自生沉积的成因及深源蛇纹石化流体渗漏活动记录	D0603	中国科学院南海海洋研究所	¥66.00	2018/01/01	2021/12/31	
81	41776081	郭兴伟	大陆架科学钻探CSDP/2井的大地热流和岩石圈热结构研究	D0603	青岛海洋地质研究所	¥65.00	2018/01/01	2021/12/31	
82	41776082	王旭晨	重新评估河流输入陆源有机碳对海洋碳循环的贡献和影响	D0604	中国海洋大学	¥74.00	2018/01/01	2021/12/31	
83	41776083	蔡平河	长江口缺氧区沉积物/水界面Fe的迁移	D0604	厦门大学	¥68.00	2018/01/01	2021/12/31	
84	41776084	潘依雯	人工上升流对海域生物固碳作用的机理研究	D0604	浙江大学	¥68.00	2018/01/01	2021/12/31	
85	41776085	朱茂旭	大型陆架海泥质沉积物中活性铁对有机碳的吸附性保存及组成和同位素分异	D0604	中国海洋大学	¥70.00	2018/01/01	2021/12/31	
86	41776086	姚小红	中国近海至西北太平洋大气中氨和有机胺浓度特征及其在不同粒径颗粒上竞争中和酸性成分机制的研究	D0604	中国海洋大学	¥70.00	2018/01/01	2021/12/31	
87	41776087	刘素美	黄海生物可利用磷的时空格局及其影响因素	D0604	中国海洋大学	¥70.00	2018/01/01	2021/12/31	
88	41776088	柯宏伟	CFCs/SF6示踪法研究南海北部人为碳储量变化及其影响因素	D0604	厦门大学	¥72.00	2018/01/01	2021/12/31	
89	41776089	冉祥滨	陆源生物硅在长江口硅生物地球化学循环中的作用研究	D0604	国家海洋局第一海洋研究所	¥66.00	2018/01/01	2021/12/31	
90	41776090	王毅	仿生复合纳米酶的设计、构筑与海洋防污分子机制研究	D0604	中国科学院海洋研究所	¥58.00	2018/01/01	2021/12/31	
91	41776091	门武	西北太平洋副热带模态水的铯同位素组成及其示踪的水体运移与混合	D0604	国家海洋局第三海洋研究所	¥63.00	2018/01/01	2021/12/31	

续表

序号	项目批准号	申请者姓名	项目名称	学科代码	单位名称	批准金额（万元）	起始年月	结题年月	备注
92	41776092	WU JINGFENG	印度洋开阔大洋海域水体胶体铁及亲铁有机配位体的粒径分布	D0604	深圳大学	¥72.00	2018/01/01	2021/12/31	
93	41776093	曾艳波	五株海绵共附生真菌抗橡胶炭疽病菌的化学成分研究	D0604	中国热带农业科学院热带生物技术研究所	¥66.00	2018/01/01	2021/12/31	
94	41776094	周力平	南海 184 航次第四纪深海沉积物的自生 10Be 记录	D0604	北京大学	¥72.00	2018/01/01	2021/12/31	
95	41776095	李力	重污染水环境中重金属在沉积物/海水界面扩散迁移及其平衡分配行为的研究：以锦州湾为例	D0604	国家海洋局第一海洋研究所	¥67.00	2018/01/01	2021/12/31	
96	41776096	陈一宁	快速淤积海岸盐沼植物斑块的生物地貌过程研究	D0605	国家海洋局第二海洋研究所	¥67.00	2018/01/01	2021/12/31	
97	41776097	叶勇	海平面上升对红树林生态系统有机碳过程和碳预算的影响	D0605	厦门大学	¥62.00	2018/01/01	2021/12/31	
98	41776098	匡翠萍	人工沙坝和鱼礁潜堤养护下浪控海滩地貌形态演变机制研究	D0605	同济大学	¥60.00	2018/01/01	2021/12/31	
99	41776099	王爱军	中小型山溪性河口水下三角洲沉积体系演化及其对人类活动与极端事件的响应	D0605	国家海洋局第三海洋研究所	¥72.00	2018/01/01	2021/12/31	
100	41776100	吴加学	珠江河口与陆架海过渡区潮汐应变产生的对流混合与泥沙悬浮新机制	D0605	中山大学	¥66.00	2018/01/01	2021/12/31	
101	41776101	吴辉	近岸长江冲淡水跨陆架运动的机理及生态效应	D0605	华东师范大学	¥63.00	2018/01/01	2021/12/31	
102	41776102	陈光程	养殖废水排放对红树林沉积物氧化亚氮通量的影响及机理研究	D0605	国家海洋局第三海洋研究所	¥65.00	2018/01/01	2021/12/31	
103	41776103	熊燕梅	天然红树林土壤碳积累调控机制及其空间尺度效应	D0605	中国林业科学研究院热带林业研究所	¥68.00	2018/01/01	2021/12/31	
104	41776104	葛建忠	高浊度河口近底高浓度泥沙形成机制与数值模拟研究	D0605	华东师范大学	¥74.00	2018/01/01	2021/12/31	
105	41776105	陈正寿	管内流向对深海立管涡激振动的影响与机理研究	D0606	浙江海洋大学	¥68.00	2018/01/01	2021/12/31	
106	41776106	马剑	海水基底中含 C/P 键有机磷的测定方法研究	D0607	厦门大学	¥72.00	2018/01/01	2021/12/31	
107	41776107	朱小华	沿海声层析数据同化研究	D0607	国家海洋局第二海洋研究所	¥68.00	2018/01/01	2021/12/31	
108	41776108	潘翔	基于压缩传感空时联合处理的地声参数反演方法研究	D0607	浙江大学	¥64.00	2018/01/01	2021/12/31	
109	41776109	陈永华	海水悬浮物多通道原位过滤技术研究及多点多层测量系统设计	D0607	中国科学院海洋研究所	¥64.00	2018/01/01	2021/12/31	
110	41776110	李博伟	基于微流控纸芯片分子印迹技术检测环境藻类毒素研究	D0607	中国科学院烟台海岸带研究所	¥67.00	2018/01/01	2021/12/31	

续表

序号	项目批准号	申请者姓名	项目名称	学科代码	单位名称	批准金额（万元）	起始年月	结题年月	备注
111	41776111	史久林	溢油乳化过程的受激布里渊散射特性及其在海洋溢油检测中的应用研究	D0607	南昌航空大学	¥73.00	2018/01/01	2021/12/31	
112	41776112	李涛	底栖有孔虫对广东海门湾和汕头港的环境污染监测与评价	D0607	广州海洋地质调查局	¥71.00	2018/01/01	2021/12/31	
113	41776113	郑冰	海洋中小型浮游生物原位光学观测关键技术研究	D0607	中国海洋大学	¥70.00	2018/01/01	2021/12/31	
114	41776114	葛人峰	共享航次调查资料的共享实践与探索	D0607	国家海洋局第一海洋研究所	¥69.00	2018/01/01	2021/12/31	
115	41776115	宋转玲	大数据背景下基金委共享航次科学调查数据的管理与统计分析	D0607	国家海洋局第一海洋研究所	¥66.00	2018/01/01	2021/12/31	
116	41776116	林森杰	典型真核浮游植物利用溶解态有机磷的代谢途径研究	D0608	厦门大学	¥73.00	2018/01/01	2021/12/31	
117	41776117	王悠	紫贻贝血细胞响应 PBDEs 胁迫的免疫权衡策略及免疫应答机制	D0608	中国海洋大学	¥64.00	2018/01/01	2021/12/31	
118	41776118	穆景利	环境特征的微塑料早期暴露对海水青鳉后期生长、繁殖及子代发育的影响	D0608	国家海洋环境监测中心	¥65.00	2018/01/01	2021/12/31	
119	41776119	朱根海	三门湾增温与富营养化耦合作用对浮游植物群落结构长期变动研究	D0608	国家海洋局第二海洋研究所	¥64.00	2018/01/01	2021/12/31	
120	41776120	杨维东	贝类 Nrf2/ARE 信号通路参与腹泻性贝毒代谢解毒的分子机制	D0608	暨南大学	¥69.00	2018/01/01	2021/12/31	
121	41776121	欧林坚	磷驱动下的有害米氏凯伦藻藻华发生的营养动力学机制	D0608	暨南大学	¥72.00	2018/01/01	2021/12/31	
122	41776122	张桂玲	中国陆架边缘海氧氩比值和群落净生产力的高分辨时空分布及对碳源汇格局的影响研究	D0608	中国海洋大学	¥66.00	2018/01/01	2021/12/31	
123	41776123	施华宏	环境和生物样品中小粒级微塑料的分离和鉴定方法	D0608	华东师范大学	¥72.00	2018/01/01	2021/12/31	
124	41776124	陈长平	中国华南沿海沙质环境中硅藻的多样性与生态特征研究	D0608	厦门大学	¥70.00	2018/01/01	2021/12/31	
125	41776125	唐赢中	典型藻华甲藻中与维生素 B12 依赖性营养相关基因的研究	D0608	中国科学院海洋研究所	¥72.00	2018/01/01	2021/12/31	
126	41776126	王玉珏	渤海湾及其邻近海域营养环境的百年变化特征和浮游植物的响应机制—结合氨基酸稳定同位素技术的多参数综合判定方法	D0608	中国科学院烟台海岸带研究所	¥64.00	2018/01/01	2021/12/31	
127	41776127	孔凡洲	球形棕囊藻赤潮期间细胞特征色素的转变机理及其生态学意义	D0608	中国科学院海洋研究所	¥63.00	2018/01/01	2021/12/31	
128	41776128	严宏强	全球变化背景下西沙珊瑚礁区碳循环及其对海洋酸化的响应	D0608	中国科学院南海海洋研究所	¥68.00	2018/01/01	2021/12/31	

续表

序号	项目批准号	申请者姓名	项目名称	学科代码	单位名称	批准金额（万元）	起始年月	结题年月	备注
129	41776129	罗海伟	玫瑰杆菌中参与厌氧代谢的基因在古海洋中的起源和在现代海洋中的维持机制	D0609	香港中文大学深圳研究院	¥68.00	2018/01/01	2021/12/31	
130	41776130	潘红苗	海山沉积物趋磁细菌的多样性和进化起源研究	D0609	中国科学院海洋研究所	¥70.00	2018/01/01	2021/12/31	
131	41776131	张文燕	黄海陆架区硝化螺菌门趋磁细菌的特性及进化起源研究	D0609	中国科学院海洋研究所	¥65.00	2018/01/01	2021/12/31	
132	41776132	曾庆璐	海洋蓝细菌对氨基酸的吸收和代谢机制	D0609	香港科技大学深圳研究院	¥72.00	2018/01/01	2021/12/31	
133	41776133	胡晓钟	中国黄海和东海砂壳纤毛虫的多样性及生物地理学	D0609	中国海洋大学	¥71.00	2018/01/01	2021/12/31	
134	41776134	王鹏	珠江口深古菌(Bathyarchaeota)碳源利用特征研究	D0609	同济大学	¥72.00	2018/01/01	2021/12/31	
135	41776135	董云伟	潮间带温度异质性对条纹隔贻贝种群动态的影响及其生理和进化适应机制	D0609	厦门大学	¥72.00	2018/01/01	2021/12/31	
136	41776136	李国强	两种西沙海绵共附生微生物中新颖结构功能分子多样性及与宿主的化学关联	D0609	中国海洋大学	¥70.00	2018/01/01	2021/12/31	
137	41776137	谢伟	长江口及毗邻东海区域异养古菌 MGII 对溶解有机碳利用类型的探究	D0609	同济大学	¥66.00	2018/01/01	2021/12/31	
138	41776138	李志勇	多种生境中海绵全功能体研究：宿主代谢、共生微生物活跃类群及其功能比较	D0609	上海交通大学	¥72.00	2018/01/01	2021/12/31	
139	41776139	章华伟	基于 OSMAC 方法探索滨海植物来源共生曲霉菌 D 的化学多样性研究	D0609	浙江工业大学	¥66.00	2018/01/01	2021/12/31	
140	41776140	黄才国	海洋微生物来源先导化合物 Wentilactone B 靶向 Ras 激活 P53 抗肝癌分子作用机制研究	D0609	中国人民解放军第二军医大学	¥68.00	2018/01/01	2021/12/31	
141	41776141	邵长伦	三株柳珊瑚来源真菌中氯代聚酮类海洋天然防污剂的发现与优化研究	D0609	中国海洋大学	¥67.00	2018/01/01	2021/12/31	
142	41776142	袁红春	基于海洋大数据深度学习的渔情预测模型研究	D0609	上海海洋大学	¥59.00	2018/01/01	2021/12/31	
143	41776143	丁少雄	性选择对中华乌塘鳢杂交带形成与维持的作用机制研究	D0609	厦门大学	¥70.00	2018/01/01	2021/12/31	
144	41776144	杨万喜	驱动蛋白 KIF3A/3B 与 KIFC1 通过转运与调节 Wnt 和 BMP 的信号分子促进中华绒螯蟹精原细胞的分裂	D0609	浙江大学	¥72.00	2018/01/01	2021/12/31	
145	41776145	郑强	聚球藻与其共栖异养细菌群落的相互作用研究	D0609	厦门大学	¥65.00	2018/01/01	2021/12/31	
146	41776146	柳欣	南海北部浮游植物群落初级生产关键参数间的定量关系及其影响因素	D0609	厦门大学	¥69.00	2018/01/01	2021/12/31	

续表

序号	项目批准号	申请者姓名	项目名称	学科代码	单位名称	批准金额（万元）	起始年月	结题年月	备注
147	41776147	荆红梅	南海暗光层颗粒有机物附着微生物的组成和潜在生态功能研究	D0609	中国科学院深海科学与工程研究所	¥66.00	2018/01/01	2021/12/31	
148	41776148	张颖	濒危红树植物红榄李濒危机制与回归引种实验研究	D0609	海南师范大学	¥58.00	2018/01/01	2021/12/31	
149	41776149	何林文	条斑紫菜病害微生物组成、结构及多样性分析	D0609	中国科学院海洋研究所	¥61.00	2018/01/01	2021/12/31	
150	41776150	牛建峰	脱落酸介导的条斑紫菜抗氧化胁迫响应机制解析	D0609	中国科学院海洋研究所	¥68.00	2018/01/01	2021/12/31	
151	41776151	陆新江	盐度通过应激轴影响香鱼免疫系统的调控研究	D0609	宁波大学	¥66.00	2018/01/01	2021/12/31	
152	41776152	许飞	牡蛎类胰岛素基因功能及转录调控机制研究	D0609	中国科学院海洋研究所	¥62.00	2018/01/01	2021/12/31	
153	41776153	姜鹏	黄海绿潮漂浮浒苔内共生细菌的群落组成特征与功能解析	D0609	中国科学院海洋研究所	¥66.00	2018/01/01	2021/12/31	
154	41776154	邱大俊	红色中缢虫与隐藻共生机制的研究	D0609	中国科学院南海海洋研究所	¥65.00	2018/01/01	2021/12/31	
155	41776155	张继红	虾夷扇贝运动行为生态学研究	D0609	中国水产科学研究院黄海水产研究所	¥67.00	2018/01/01	2021/12/31	
156	41776156	周晓见	组胺调控污损动物藤壶幼虫附着变态的作用研究	D0609	扬州大学	¥65.00	2018/01/01	2021/12/31	
157	41776157	郇聘	小 G 蛋白 cdc42 及下游效应基因维持贝壳发育区细胞边界的机制研究	D0609	中国科学院海洋研究所	¥68.00	2018/01/01	2021/12/31	
158	41776158	李富花	凡纳滨对虾重组激活基因 RAGs 的结构与功能研究	D0609	中国科学院海洋研究所	¥70.00	2018/01/01	2021/12/31	
159	41776159	刘媛	三疣梭子蟹补体凝集素激活途径及其介导的母源免疫机制研究	D0609	中国科学院海洋研究所	¥71.00	2018/01/01	2021/12/31	
160	41776160	吕建建	microRNA 介导三疣梭子蟹鳃渗透压调节的转录后调控机制研究	D0609	中国水产科学研究院黄海水产研究所	¥70.00	2018/01/01	2021/12/31	
161	41776161	杨红生	刺参对高温低氧胁迫的行为生理响应与分子调控特征	D0609	中国科学院海洋研究所	¥67.00	2018/01/01	2021/12/31	
162	41776162	孙丽娜	刺参再生的基因组特征解析与关键调控基因分析	D0609	中国科学院海洋研究所	¥65.00	2018/01/01	2021/12/31	
163	41776163	于华华	沙海蜇毒素金属蛋白酶对水母皮炎的生物学效应及致炎机理研究	D0609	中国科学院海洋研究所	¥67.00	2018/01/01	2021/12/31	
164	41776164	王春琳	三疣梭子蟹对可闻声波的行为和生理响应研究	D0609	宁波大学	¥74.00	2018/01/01	2021/12/31	
165	41776165	朱冬发	三疣梭子蟹胰岛素样促雄性腺激素基因功能及其调控研究	D0609	宁波大学	¥66.00	2018/01/01	2021/12/31	
166	41776166	黄椰林	红树植物木果楝属对海岸潮间带不同生境适应性进化的分子机制	D0609	中山大学	¥70.00	2018/01/01	2021/12/31	

续表

序号	项目批准号	申请者姓名	项目名称	学科代码	单位名称	批准金额（万元）	起始年月	结题年月	备注
167	41776167	汤凯	藻华中玫瑰杆菌利用转化溶解有机硫DHPS的生理生态研究	D0609	厦门大学	¥64.00	2018/01/01	2021/12/31	
168	41776168	何山	基于iChip技术的海洋“未培养”微生物资源挖掘及新天然产物发现	D0609	宁波大学	¥64.00	2018/01/01	2021/12/31	
169	41776169	王俊锋	影响PI3K/Akt通路的西南沙海绵真菌来源功能分子的发现及其机理研究	D0609	中国科学院南海海洋研究所	¥66.00	2018/01/01	2021/12/31	
170	41776170	骆祝华	太平洋不同生境深海真菌的多样性、生态分布特征及其反硝化能力研究	D0609	国家海洋局第三海洋研究所	¥72.00	2018/01/01	2021/12/31	
171	41776171	高天翔	基于环境DNA metabarcoding技术的舟山近海鱼类多样性研究	D0609	浙江海洋大学	¥71.00	2018/01/01	2021/12/31	
172	41776172	张敬怀	中国海环节动物门 多毛纲 毛鳃虫科和笔帽虫科的分类学研究	D0609	国家海洋局南海环境监测中心	¥62.00	2018/01/01	2021/12/31	
173	41776173	肖湘	深海微生物压力耐受极限的研究	D0609	上海交通大学	¥69.00	2018/01/01	2021/12/31	
174	41776174	王京真	鲸豚类诱导多能干细胞及其体外毒理学评价模型的建立和应用	D0609	钦州学院	¥70.00	2018/01/01	2021/12/31	
175	41776175	龚阳敏	三角褐指藻LACS调控油脂合成的分子功能与调控机制研究	D0609	中国农业科学院油料作物研究所	¥64.00	2018/01/01	2021/12/31	
176	41776176	郑立	海洋玫瑰杆菌群体感应及其退出机制对藻菌关系的调节	D0609	国家海洋局第一海洋研究所	¥64.00	2018/01/01	2021/12/31	
177	41776177	孙承君	贻贝粘胶中脂类化合物的特征及其对贻贝粘附的影响机制研究	D0609	国家海洋局第一海洋研究所	¥65.00	2018/01/01	2021/12/31	
178	41776178	胡江春	基因组挖掘导向的深海链霉菌NA4中新型环肽类抗生素的发现和活性研究	D0609	中国科学院沈阳应用生态研究所	¥67.00	2018/01/01	2021/12/31	
179	41776179	王海艳	中国近海牡蛎疑难属种分类与牡蛎总科系统演化关系研究	D0609	中国科学院海洋研究所	¥68.00	2018/01/01	2021/12/31	
180	41776180	杨顶田	基于紫外激光诱导荧光的海洋细菌原位检测机理研究	D0610	中国科学院南海海洋研究所	¥65.00	2018/01/01	2021/12/31	
181	41776181	谢涛	海面油膜厚度SAR遥感探测机理及反演方法研究	D0610	南京信息工程大学	¥68.00	2018/01/01	2021/12/31	
182	41776182	万剑华	海上丝路沿岸多云多雨地区实现大比例尺制图的遥感分类方法研究	D0610	中国石油大学（华东）	¥64.00	2018/01/01	2021/12/31	
183	41776183	李晓峰	基于卫星遥感资料的数值模式参数化方案改进及其在海气边界层现象模拟中的应用研究	D0610	浙江海洋大学	¥68.00	2018/01/01	2021/12/31	
184	41776184	李忠平	SBA系统自阴影效应及其校正方法研究	D0610	厦门大学	¥64.00	2018/01/01	2021/12/31	

续表

序号	项目批准号	申请者姓名	项目名称	学科代码	单位名称	批准金额（万元）	起始年月	结题年月	备注
185	41776185	朱国平	斯科舍海南极大磷虾种群结构动态及输送机制研究	D0611	上海海洋大学	¥72.00	2018/01/01	2021/12/31	
186	41776186	崔祥斌	基于航空冰雷达探测的东南极伊丽莎白公主地冰底环境诊断和研究	D0611	中国极地研究中心	¥71.00	2018/01/01	2021/12/31	
187	41776187	肖文申	重建晚第四纪冰期/间冰期西北冰洋筏冰输运和表层洋流演变历史	D0611	同济大学	¥70.00	2018/01/01	2021/12/31	
188	41776188	刘晓东	东南极维多利亚地难言岛过去3000年气候环境变化及其对企鹅古生态演化过程的影响	D0611	中国科学技术大学	¥74.00	2018/01/01	2021/12/31	
189	41776189	沈中延	西罗斯海维多利亚地盆地北部-库尔曼高地早-中中新世的冰川、构造历史研究	D0611	国家海洋局第二海洋研究所	¥62.00	2018/01/01	2021/12/31	
190	41776190	朱仁斌	南极苔原卤甲烷源汇过程及其调控机理研究	D0611	中国科学技术大学	¥72.00	2018/01/01	2021/12/31	
191	41776191	王汝建	南极罗斯海扇区晚第四纪的古海洋与古气候演变历史及其对全球气候变化的响应	D0611	同济大学	¥73.00	2018/01/01	2021/12/31	
192	41776192	李涛	北极海冰快速减退条件下上层海洋热含量变化和结冰析盐过程引起的冰洋相互作用研究	D0611	中国海洋大学	¥72.00	2018/01/01	2021/12/31	
193	41776193	沙龙滨	全新世极地海洋环境与格陵兰南部冰盖消长关系探讨	D0611	宁波大学	¥65.00	2018/01/01	2021/12/31	
194	41776194	赵欣	海面风场/海冰/海浪非线性相互作用的机理与模式研究	D0611	北京理工大学	¥50.00	2018/01/01	2021/12/31	
195	41776195	王泽民	基于SAR技术的电离层反演及其在极区的应用研究	D0611	武汉大学	¥71.00	2018/01/01	2021/12/31	
196	41776196	缪秉魁	南极陨石与微陨石的收集与研究	D0611	桂林理工大学	¥20.00	2018/01/01	2018/12/31	
197	41776197	李海艳	北冰洋边缘冰区海浪传播特征研究	D0611	中国科学院大学	¥72.00	2018/01/01	2021/12/31	
198	41776198	王能飞	新奥尔松地区冰川融水入海途径中细菌群落对环境的适应性研究	D0611	国家海洋局第一海洋研究所	¥70.00	2018/01/01	2021/12/31	
199	41776199	窦银科	基于FMCW冰雷达的中山站至昆仑站区域冰盖浅层积累率时空分布特征研究	D0611	太原理工大学	¥60.00	2018/01/01	2021/12/31	
200	41776200	周春霞	基于多源遥感数据的南极冰架动态变化监测及稳定性影响因子研究	D0611	武汉大学	¥68.00	2018/01/01	2021/12/31	
201	41776201	张衡	应用地震层析成像方法研究东南极格罗夫山及其邻区上地幔速度和各向异性结构	D0611	中国科学院青藏高原研究所	¥73.00	2018/01/01	2021/12/31	
202	41776202	蔡明红	氟调聚醇（FTOHs）在全球尺度上的迁移转化、圈层交换及其与生物泵耦合过程研究	D0611	中国极地研究中心	¥70.00	2018/01/01	2021/12/31	

续表

序号	项目批准号	申请者姓名	项目名称	学科代码	单位名称	批准金额（万元）	起始年月	结题年月	备注
203	41776203	郑洲	极端骤变海冰环境中南极冰藻水通道蛋白的分子作用机制研究	D0611	国家海洋局第一海洋研究所	¥61.00	2018/01/01	2021/12/31	
204	41776204	赵博	冰裂隙检测雷达关键技术研究	D0611	中国科学院电子学研究所	¥74.00	2018/01/01	2021/12/31	
205	41776205	金海燕	楚科奇海叶绿素极大层生物标志物特征及其与沉积记录的比较研究	D0611	国家海洋局第二海洋研究所	¥69.00	2018/01/01	2021/12/31	
2. 青年科学基金项目									
序号	项目批准号	申请者姓名	项目名称	学科代码	单位名称	批准金额（万元）	起始年月	结题年月	备注
1	41706001	陈兆云	夏季南海东北部上升流变化对珠江冲淡水动力作用及机制研究	D0601	中山大学	¥25.00	2018/01/01	2020/12/31	
2	41706002	王涛	河口交换流对径流变化的响应机制研究	D0601	河海大学	¥25.00	2018/01/01	2020/12/31	
3	41706003	梅欢	岛屿对于吕宋海峡“豁口”黑潮流态迟滞现象影响的机制研究	D0601	河海大学	¥22.00	2018/01/01	2020/12/31	
4	41706004	陈晓	苏拉威西海及其邻近海域多尺度海洋环流变化机制研究	D0601	河海大学	¥25.00	2018/01/01	2020/12/31	
5	41706005	张志伟	南海北部中尺度涡边缘次中尺度过程的生成机制及能量级联作用研究	D0601	中国海洋大学	¥25.00	2018/01/01	2020/12/31	
6	41706006	高艳秋	基于集合耦合同化的西风爆发参数估计方法研究及其在ENSO预报中的应用	D0601	国家海洋局第二海洋研究所	¥24.00	2018/01/01	2020/12/31	
7	41706007	王帅	基于耦合动力降尺度模式的台风季节性预报研究	D0601	国家海洋局第二海洋研究所	¥24.00	2018/01/01	2020/12/31	
8	41706008	李俊德	赤道印度洋盐度变化对印度洋偶极子事件的影响	D0601	国家海洋局第二海洋研究所	¥24.00	2018/01/01	2020/12/31	
9	41706009	李晓静	多模式集合MJO预报研究——实际技巧评估和基于信息论的可预报性研究	D0601	国家海洋局第二海洋研究所	¥25.00	2018/01/01	2020/12/31	
10	41706010	解翠	海洋锋精细化识别与时空演化的多角度可视化探索	D0601	中国海洋大学	¥24.00	2018/01/01	2020/12/31	
11	41706011	林磊	跨陆架水交换控制下苏北沿岸海域水体存留时间的数值研究	D0601	华东师范大学	¥22.00	2018/01/01	2020/12/31	
12	41706012	王建丰	台湾暖流向岸分支路径的变化特征和机制研究	D0601	中国科学院海洋研究所	¥24.00	2018/01/01	2020/12/31	
13	41706013	廖晓眉	热带西印度洋叶绿素季节内变化特征及动力机制研究	D0601	深圳大学	¥21.00	2018/01/01	2020/12/31	
14	41706014	钟贻森	南海中尺度涡边缘亚中尺度过程及其垂直输运研究	D0601	上海交通大学	¥25.00	2018/01/01	2020/12/31	
15	41706015	张文霞	长江口外低氧现象的成因机制研究	D0601	华东师范大学	¥24.00	2018/01/01	2020/12/31	

续表

序号	项目批准号	申请者姓名	项目名称	学科代码	单位名称	批准金额（万元）	起始年月	结题年月	备注
16	41706016	胡均亚	用复杂气候模式研究ENSO预测的春季预报障碍及其目标观测敏感区	D0601	中国科学院海洋研究所	¥24.00	2018/01/01	2020/12/31	
17	41706017	杨兵	南海中尺度涡旋对近惯性运动的调制机理研究	D0601	中国科学院海洋研究所	¥25.00	2018/01/01	2020/12/31	
18	41706018	宋丽娜	热带西北太平洋上层环流季节内变异特征与机理	D0601	中国科学院海洋研究所	¥24.00	2018/01/01	2020/12/31	
19	41706019	李德磊	全球变暖背景下渤黄海波候未来变化及其响应机理	D0601	中国科学院海洋研究所	¥25.00	2018/01/01	2020/12/31	
20	41706020	冯建龙	中国沿海风暴潮对气候变化的响应机制研究	D0601	国家海洋信息中心	¥24.00	2018/01/01	2020/12/31	
21	41706021	陈建	中太平洋型ENSO对太平洋海表盐度低频变化影响研究	D0601	北京应用气象研究所	¥20.00	2018/01/01	2020/12/31	
22	41706022	李博	多种动力过程对长江口外低氧区发生和演变过程的作用机理和影响机制	D0601	浙江海洋大学	¥24.00	2018/01/01	2020/12/31	
23	41706023	王彬	冬季西南黄海跨陆架流系特征及其对海域热含量变化的影响	D0601	河海大学	¥24.00	2018/01/01	2020/12/31	
24	41706024	应俊	全球变暖下ENSO强度变化模式预估的不确定性归因及校订	D0601	国家海洋局第二海洋研究所	¥20.00	2018/01/01	2020/12/31	
25	41706025	李君益	陆架波在南海北部传播过程中的演化研究	D0601	广东海洋大学	¥25.00	2018/01/01	2020/12/31	
26	41706026	龙上敏	热带印度洋SST对全球变暖的慢响应过程	D0601	中国科学院南海海洋研究所	¥25.00	2018/01/01	2020/12/31	
27	41706027	黄科	南海风生上升流和下降流对气候变异的响应研究	D0601	中国科学院南海海洋研究所	¥25.00	2018/01/01	2020/12/31	
28	41706028	董啸	年代际海温信号对梅雨期和盛夏期东亚夏季风年际变化的调制作用研究	D0601	中国科学院大气物理研究所	¥24.00	2018/01/01	2020/12/31	
29	41706029	岑显荣	基于微结构观测的Thorpe尺度方法的适用性研究	D0601	中国科学院南海海洋研究所	¥24.00	2018/01/01	2020/12/31	
30	41706030	武于洁	黑潮延伸区海温预测的夏季预报障碍及其目标观测敏感区研究	D0601	国家气候中心	¥23.00	2018/01/01	2020/12/31	
31	41706031	吴頔	广义Taylor模型在中国近海典型海域潮汐动力学中的应用	D0601	国家海洋局第一海洋研究所	¥18.00	2018/01/01	2020/12/31	
32	41706032	段永亮	热带印度洋Wyrtki急流的季节内变化及其海洋环境效应研究	D0601	国家海洋局第一海洋研究所	¥25.00	2018/01/01	2020/12/31	
33	41706033	杨丽娜	太平洋南赤道流的时空变异及其对印尼贯穿流的调控作用	D0601	国家海洋局第一海洋研究所	¥25.00	2018/01/01	2020/12/31	
34	41706034	孙佳	中尺度涡对台风强度的影响过程及机理研究	D0601	国家海洋局第一海洋研究所	¥25.00	2018/01/01	2020/12/31	
35	41706035	李大伟	南海北部典型海洋锋及锋区海气相互作用过程与机理	D0601	国家海洋局第一海洋研究所	¥25.00	2018/01/01	2020/12/31	

续表

序号	项目批准号	申请者姓名	项目名称	学科代码	单位名称	批准金额（万元）	起始年月	结题年月	备注
36	41706036	靳江波	不同盐度边界条件对AMOC模拟的影响及机理研究	D0601	中国科学院大气物理研究所	¥25.00	2018/01/01	2020/12/31	
37	41706037	裴玉华	台风在海洋热量输送中的作用	D0601	国家海洋局第二海洋研究所	¥24.00	2018/01/01	2020/12/31	
38	41706038	杨光兵	天气过程中底层水温变化对浅表层底质影响的观测研究	D0602	国家海洋局第一海洋研究所	¥24.00	2018/01/01	2020/12/31	
39	41706039	余凤玲	小型河口悬浮颗粒沉积模式的定量研究—以九龙江口为例	D0603	厦门大学	¥25.00	2018/01/01	2020/12/31	
40	41706040	张帅	轨道/亚轨道尺度上西太平洋热带辐合带的演化及其驱动机制	D0603	河海大学	¥25.00	2018/01/01	2020/12/31	
41	41706041	陈灵	深部地幔过程对西南印度洋中脊岩浆供应机制的影响：橄榄岩Re/Os同位素制约	D0603	国家海洋局第二海洋研究所	¥25.00	2018/01/01	2020/12/31	
42	41706042	王汉闯	西南印度洋脊海底地震仪缺失数据稀疏约束重建方法研究	D0603	国家海洋局第二海洋研究所	¥25.00	2018/01/01	2020/12/31	
43	41706043	殷绍如	南海深海盆的非均一沉积充填：基于高分辨率反射地震和IODP349资料的地震地层学分析	D0603	国家海洋局第二海洋研究所	¥25.00	2018/01/01	2020/12/31	
44	41706044	张洁	南海西南次海盆后扩张期轴部海山的三维地壳结构及其形成演化模式	D0603	国家海洋局第二海洋研究所	¥25.00	2018/01/01	2020/12/31	
45	41706045	侯正瑜	南海珊瑚礁及其灰沙岛区沉积物地声模型及频散特性研究	D0603	中国科学院南海海洋研究所	¥24.00	2018/01/01	2020/12/31	
46	41706046	宋陶然	下地壳流变结构对南海大陆岩石圈破裂形态影响的数值模拟研究	D0603	中国科学院深海科学与工程研究所	¥25.00	2018/01/01	2020/12/31	
47	41706047	龙海燕	基于有孔虫生态转换函数定量重建全新世相对海平面变化：以胶州湾为例	D0603	中国海洋大学	¥24.00	2018/01/01	2020/12/31	
48	41706048	岳伟	长江三角洲/苏北盆地上新统沉积物源判别及对水系演化的指示	D0603	同济大学	¥25.00	2018/01/01	2020/12/31	
49	41706049	连尔刚	中国边缘海海水氢氧同位素景观特征及其地质应用	D0603	国家海洋局第三海洋研究所	¥25.00	2018/01/01	2020/12/31	
50	41706050	卓海腾	南海珠江口陆架区第四纪高精度层序地层构型、时空差异及控制因素	D0603	浙江大学	¥23.00	2018/01/01	2020/12/31	
51	41706051	高金尉	南海西北部西沙隆起区地壳结构与演化及其对深部岩浆作用的启示	D0603	中国科学院深海科学与工程研究所	¥25.00	2018/01/01	2020/12/31	
52	41706052	马瑶	俯冲作用对岩浆活动的影响机制研究：以东马努斯海盆为例	D0603	中国科学院海洋研究所	¥25.00	2018/01/01	2020/12/31	
53	41706053	李牛	冷泉沉积物是海洋生物可利用铁的源—以南海东沙海域和南沙海槽冷泉区研究为例	D0603	中山大学	¥25.00	2018/01/01	2020/12/31	

续表

序号	项目批准号	申请者姓名	项目名称	学科代码	单位名称	批准金额（万元）	起始年月	结题年月	备注
54	41706054	赵芳	南海东北部新生代岩浆活动的时空分布及岩浆运移过程研究	D0603	中国科学院南海海洋研究所	¥25.00	2018/01/01	2020/12/31	
55	41706055	殷征欣	红河断裂与南海西缘断裂对接处的构造特征及演化过程	D0603	国家海洋局南海调查技术中心	¥24.00	2018/01/01	2020/12/31	
56	41706056	周志远	俯冲板块正断层形成及其地震动态触发机制研究：以汤加海沟为例	D0603	中国科学院南海海洋研究所	¥25.00	2018/01/01	2020/12/31	
57	41706057	何磊	辽河三角洲海岸带全新世沉积演化时空差异的研究	D0603	青岛海洋地质研究所	¥24.00	2018/01/01	2020/12/31	
58	41706058	姜莲婷	南海大洋红层成因机制及其记录的古海洋信息	D0603	中国科学院南海海洋研究所	¥25.00	2018/01/01	2020/12/31	
59	41706059	朱小畏	二醇化合物在南海北部陆架区的地球化学特征与环境意义	D0603	中国科学院南海海洋研究所	¥24.00	2018/01/01	2020/12/31	
60	41706060	张海桃	南大西洋中脊（13/20°S）脊玄武岩的幔源组成及其对柱/脊相互作用的指示：Sr/Nd/Pb同位素制约	D0603	国家海洋局第一海洋研究所	¥23.00	2018/01/01	2020/12/31	
61	41706061	于淼	南极底流活动对中印度洋海盆沉积物稀土元素超常富集的制约	D0603	国家海洋局第一海洋研究所	¥25.00	2018/01/01	2020/12/31	
62	41706062	王景强	海底沉积物颗粒非均匀性对声学特性的影响研究	D0603	国家海洋局第一海洋研究所	¥25.00	2018/01/01	2020/12/31	
63	41706063	单新	晚第四纪东海外陆架沉积作用判识与沉积环境演化	D0603	国家海洋局第一海洋研究所	¥24.00	2018/01/01	2020/12/31	
64	41706064	黄丽	南海北部神狐海域水合物储层特征对开采产能的影响	D0603	青岛海洋地质研究所	¥25.00	2018/01/01	2020/12/31	
65	41706065	刘杰	基于地震勘探资料的南海北部陆坡区土力学性质反演及边坡稳定性评价	D0603	国家海洋局第一海洋研究所	¥25.00	2018/01/01	2020/12/31	
66	41706066	杨志国	大洋海底富钴结壳厚度声学原位测量算法研究	D0603	国家深海基地管理中心	¥24.00	2018/01/01	2020/12/31	
67	41706067	陈广泉	基于镭同位素示踪的莱州湾南岸海水入侵区咸淡水混合机制研究	D0603	国家海洋局第一海洋研究所	¥24.00	2018/01/01	2020/12/31	
68	41706068	付腾飞	海水入侵/盐渍化灾害链的水盐运移机制及电阻率判定研究	D0603	国家海洋局第一海洋研究所	¥24.00	2018/01/01	2020/12/31	
69	41706069	陈珊珊	东海北部外陆架晚更新世以来两期古三角洲的时空展布特征及物源属性研究	D0603	青岛海洋地质研究所	¥25.00	2018/01/01	2020/12/31	
70	41706070	安佰正	15万年以来热带西太平洋颗石藻碳酸钙输出通量演变及其影响因素	D0603	青岛海洋地质研究所	¥24.00	2018/01/01	2020/12/31	
71	41706071	马小林	南海现代砗磲壳体高分辨率元素地球化学记录及其对南海表层碳酸盐系统的指示意义	D0603	中国科学院地球环境研究所	¥24.00	2018/01/01	2020/12/31	
72	41706072	刘欣欣	基于双相介质理论的天然气水合物地震反射特征及量化方法研究	D0603	青岛海洋地质研究所	¥20.00	2018/01/01	2020/12/31	

续表

序号	项目批准号	申请者姓名	项目名称	学科代码	单位名称	批准金额（万元）	起始年月	结题年月	备注
73	41706073	王双	黄河沉积物环境磁学特征及其对人类活动记录的响应	D0603	青岛海洋地质研究所	¥24.00	2018/01/01	2020/12/31	
74	41706074	刘金庆	瓯江口泥质区细粒级矿物物源示踪研究	D0603	青岛海洋地质研究所	¥24.00	2018/01/01	2020/12/31	
75	41706075	于永贵	黄河调水调沙“人造洪峰”在黄河口的沉积记录	D0603	国家海洋局第一海洋研究所	¥25.00	2018/01/01	2020/12/31	
76	41706076	张波涛	钙镁离子调控蛋白核小球藻贴附行为的分子机制研究	D0604	中国科学院宁波材料技术与工程研究所	¥25.00	2018/01/01	2020/12/31	
77	41706077	彭晓娉	卤盐胁迫盐生药用植物内生真菌的群体感应抑制活性产物研究	D0604	青岛大学	¥21.00	2018/01/01	2020/12/31	
78	41706078	鲍红艳	利用超高分辨质谱和分子标志物表征南海大气沉降溶解有机碳的组成及其在海洋中的归宿	D0604	厦门大学	¥25.00	2018/01/01	2020/12/31	
79	41706079	陈蔚芳	基于放射性同位素的珠江河口悬浮颗粒物沉降—再悬浮过程示踪	D0604	厦门大学	¥24.00	2018/01/01	2020/12/31	
80	41706080	翟晓凡	纳米复合锌基防污电沉积层对典型海洋污损微生物的作用机制研究	D0604	中国科学院海洋研究所	¥24.00	2018/01/01	2020/12/31	
81	41706081	江山	地下河口对海岸带地下水排放可溶性无机氮通量的调节作用研究	D0604	华东师范大学	¥24.00	2018/01/01	2020/12/31	
82	41706082	曹磊	黄河三角洲滨海湿地沉积物有机碳库分配格局与动态变化研究	D0604	中国科学院海洋研究所	¥25.00	2018/01/01	2020/12/31	
83	41706083	杨斌	富营养化海湾沉积物中磷循环特征及其调控机制	D0604	钦州学院	¥23.00	2018/01/01	2020/12/31	
84	41706084	赵化德	季节性层化对北黄海海气CO2交换通量的影响	D0604	国家海洋环境监测中心	¥18.00	2018/01/01	2020/12/31	
85	41706085	李瑞环	南海北部陆架区浮游植物生产力对珠江冲淡水盐度锋面的响应	D0604	中国科学院南海海洋研究所	¥25.00	2018/01/01	2020/12/31	
86	41706086	林华	长江口夏季缺氧区氧化亚氮调控机制研究	D0604	国家海洋局第二海洋研究所	¥22.00	2018/01/01	2020/12/31	
87	41706087	时健	河口盐淡水混合过程中盐跃层K/H涡演化机制研究	D0605	河海大学	¥23.00	2018/01/01	2020/12/31	
88	41706088	刘锋	珠江磨刀门河波型河口细颗粒泥沙絮凝动力机制	D0605	中山大学	¥24.00	2018/01/01	2020/12/31	
89	41706089	王锦龙	不同水环境中铅/210、钋/137和钚同位素定年的对比研究	D0605	华东师范大学	¥25.00	2018/01/01	2020/12/31	
90	41706090	冯建祥	互花米草入侵和红树林生态替代对底栖食物网关系的影响及其机制	D0605	中山大学	¥25.00	2018/01/01	2020/12/31	
91	41706091	陈斌	华南海岸典型砾石滩沉积物磨蚀与运移的动力机制	D0605	广州大学	¥24.00	2018/01/01	2020/12/31	

续表

序号	项目批准号	申请者姓名	项目名称	学科代码	单位名称	批准金额(万元)	起始年月	结题年月	备注
92	41706092	刘一霖	基于多时相InSAR技术的黄河三角洲三维地表形变监测与动力学机理分析	D0605	中国科学院海洋研究所	¥25.00	2018/01/01	2020/12/31	
93	41706093	梅雪菲	长江口南槽泥沙输移和地貌冲淤机制研究	D0605	华东师范大学	¥25.00	2018/01/01	2020/12/31	
94	41706094	田清	近60年来流域人类活动和气候变化对长江入海水沙通量影响机制剖析	D0605	南京信息工程大学	¥25.00	2018/01/01	2020/12/31	
95	41706095	杨阳	潮汐环境中千年尺度风暴强度的沉积记录解译	D0605	华东师范大学	¥25.00	2018/01/01	2020/12/31	
96	41706096	周亮	海南岛南部海岸风暴巨砾沉积揭示的风暴强度	D0605	华东师范大学	¥25.00	2018/01/01	2020/12/31	
97	41706097	宋维民	黄河三角洲滨海盐沼湿地土壤呼吸对降雨改变的响应及机制研究	D0605	中国科学院	¥25.00	2018/01/01	2020/12/31	
98	41706098	战庆	杭州湾北岸全新世早期 (10/9 cal ka BP) 高精度海平面重建及沉积环境响应	D0605	上海市地质调查研究院	¥25.00	2018/01/01	2020/12/31	
99	41706099	汪求顺	涌潮作用下泥沙再悬浮通量变化研究	D0605	浙江省水利河口研究院	¥24.00	2018/01/01	2020/12/31	
100	41706100	曹飞飞	波浪能利用的群效应研究	D0606	中国海洋大学	¥25.00	2018/01/01	2020/12/31	
101	41706101	于雨	基于MEMS惯性传感器数据融合的波浪浮标波向测量方法研究	D0607	山东省科学院	¥24.00	2018/01/01	2020/12/31	
102	41706102	周峰华	捷联惯导式测波技术研究	D0607	中国科学院南海海洋研究所	¥23.00	2018/01/01	2020/12/31	
103	41706103	周妍	基于稀疏先验和深度估计的水下彩色图像清晰重建	D0607	河海大学	¥24.00	2018/01/01	2020/12/31	
104	41706104	张麋鸣	表层海水异戊二烯船载走航连续观测方法的研究	D0607	国家海洋局第三海洋研究所	¥25.00	2018/01/01	2020/12/31	
105	41706105	初佳兰	基于多时相高分遥感影像的筏式养殖藻类分类识别方法	D0607	国家海洋环境监测中心	¥25.00	2018/01/01	2020/12/31	
106	41706106	徐剑	双基地多波束合成孔径声呐高效成像算法研究	D0607	天津大学	¥25.00	2018/01/01	2020/12/31	
107	41706107	黄勇明	海水中溶解态痕量铁氧化还原形态原位分析仪的研发及应用	D0607	厦门大学	¥25.00	2018/01/01	2020/12/31	
108	41706108	曾铮	海流环境下水下航行器自适应海洋采样的路径规划研究	D0607	上海交通大学	¥24.00	2018/01/01	2020/12/31	
109	41706109	刘凤	破碎波卷入瞬变微气泡羽流测量方法和实验研究	D0607	中国人民解放军理工大学	¥23.00	2018/01/01	2020/12/31	
110	41706110	尹坦姬	基于电流驱动离子原位可控释放的固态聚合物膜离子选择性电极检测海水中总氮和硝酸盐氮	D0607	中国科学院烟台海岸带研究所	¥25.00	2018/01/01	2020/12/31	
111	41706111	黄贤源	基于稳健海底趋势面滤波的多波束测深数据处理方法研究	D0607	中国人民解放军92859部队	¥22.00	2018/01/01	2020/12/31	
112	41706112	陈质二	基于能耗最优的混合驱动水下滑翔机航行效率问题研究	D0607	中国科学院沈阳自动化研究所	¥25.00	2018/01/01	2020/12/31	

续表

序号	项目批准号	申请者姓名	项目名称	学科代码	单位名称	批准金额(万元)	起始年月	结题年月	备注
113	41706113	刘宗伟	基于海洋声学预报的稳健水下目标定位方法研究	D0607	国家海洋局第一海洋研究所	¥24.00	2018/01/01	2020/12/31	
114	41706114	周林	国家自然科学基金共享航次成果数据汇交管理规范化与可视化关键技术研究	D0607	国家海洋局第一海洋研究所	¥25.00	2018/01/01	2020/12/31	
115	41706115	周东旭	基于GNSS、长期验潮站与卫星测高联合观测的中国沿海绝对海平面变化研究	D0607	国家海洋局第一海洋研究所	¥25.00	2018/01/01	2020/12/31	
116	41706116	林昕	浮游植物中非典型碱性磷酸酶PhoAaty表达模式和酶学特性的研究	D0608	厦门大学	¥21.00	2018/01/01	2020/12/31	
117	41706117	丛艺	碳纳米管对烷基多环芳烃吸附行为及二者对日本虎斑猛水蚤的复合毒性效应研究	D0608	国家海洋环境监测中心	¥24.00	2018/01/01	2020/12/31	
118	41706118	费姣	秋茄水通道蛋白基因KoAQP响应低温胁迫的分子生态学机制研究	D0608	中国科学院南海海洋研究所	¥25.00	2018/01/01	2020/12/31	
119	41706119	吕兑安	海水网箱养殖区有机质降解对沉积物中磷迁移转化的影响研究	D0608	国家海洋局第二海洋研究所	¥19.00	2018/01/01	2020/12/31	
120	41706120	王斌	夏季东海近岸底层水中酸化信号加强的生化机制解析	D0608	国家海洋局第二海洋研究所	¥24.00	2018/01/01	2020/12/31	
121	41706121	王影	漂浮浒苔对海水表层逆境应答中ROS的亚细胞定位及潜在调控作用研究	D0608	中国海洋大学	¥25.00	2018/01/01	2020/12/31	
122	41706122	朱玉姣	浒苔绿潮爆发对海岸大气中新粒子生成和增长的影响	D0608	中国海洋大学	¥25.00	2018/01/01	2020/12/31	
123	41706123	张鑫鑫	海洋硅藻胞外聚合物在HOCs的生物富集和毒性中的作用研究	D0608	中国海洋大学	¥24.00	2018/01/01	2020/12/31	
124	41706124	赵妍	PBDEs胁迫海洋浮游植物细胞活性氧的产生机制及其信号功能的研究	D0608	中国海洋大学	¥25.00	2018/01/01	2020/12/31	
125	41706125	廖一波	牡蛎和鱼类网箱养殖对象山港大型底栖生物群落的影响	D0608	国家海洋局第二海洋研究所	¥23.00	2018/01/01	2020/12/31	
126	41706126	黄凯旋	潮间带底栖甲藻对光环境变化的适应与保护机制研究	D0608	暨南大学	¥25.00	2018/01/01	2020/12/31	
127	41706127	冯颂	胶州湾污损生物对海月水母水螅体动态变化的控制作用	D0608	中国科学院海洋研究所	¥25.00	2018/01/01	2020/12/31	
128	41706128	崔莹	基于稳定同位素和脂肪酸技术的中华绒螯蟹溯河洄游期食物来源研究	D0608	华东师范大学	¥25.00	2018/01/01	2020/12/31	
129	41706129	侯庆华	琼东上升流区微生物群落结构及功能类群的时空分布特征及演替机制	D0608	广东海洋大学	¥25.00	2018/01/01	2020/12/31	
130	41706130	朱琳	UV/B辐射增强环境下纳米二氧化钛对海洋微藻的毒性效应及分子机制研究	D0608	中国水产科学研究院黄海水产研究所	¥20.00	2018/01/01	2020/12/31	

续表

序号	项目批准号	申请者姓名	项目名称	学科代码	单位名称	批准金额(万元)	起始年月	结题年月	备注
131	41706131	张树峰	海洋硅藻生物钟的分子调控机理研究	D0608	厦门大学	¥16.00	2018/01/01	2019/12/31	
132	41706132	张化俊	细菌抑藻物质灵菌红素抑藻过程中的微生态效应研究	D0608	宁波大学	¥24.00	2018/01/01	2020/12/31	
133	41706133	吴在兴	球形棕囊藻囊体对典型生源要素的扩散通量及影响因素定量研究	D0608	中国科学院海洋研究所	¥21.00	2018/01/01	2020/12/31	
134	41706134	王跃启	1997/2016年黄渤海浮游植物(以表层叶绿素a浓度为表征)物候变化的遥感研究	D0608	中国科学院烟台海岸带研究所	¥22.00	2018/01/01	2020/12/31	
135	41706135	蔡月凤	多氯联苯（PCBs）对文蛤甲状腺激素干扰机制研究	D0608	淮海工学院	¥22.00	2018/01/01	2020/12/31	
136	41706136	刘春香	两种大型经济海藻响应CO2升高与温度变化的光合生理机制	D0608	淮北师范大学	¥25.00	2018/01/01	2020/12/31	
137	41706137	尚琛晶	红树林对海平面上升的响应机制	D0608	中国科学院南海海洋研究所	¥24.00	2018/01/01	2020/12/31	
138	41706138	刘华雪	南海北部陆坡区中型浮游动物颗粒食物特性及其对环境变化的响应	D0608	中国水产科学研究院南海水产研究所	¥24.00	2018/01/01	2020/12/31	
139	41706139	黄晓舟	低温胁迫下血红哈卡藻的细胞程序性死亡研究	D0608	泉州师范学院	¥23.00	2018/01/01	2020/12/31	
140	41706140	屈佩	基于氮稳定同位素的黄河口海域鱼类群落营养级结构研究	D0608	国家海洋局第一海洋研究所	¥24.00	2018/01/01	2020/12/31	
141	41706141	吴海龙	低盐条件下富营养化对大型海藻营养吸收及光合作用影响研究	D0608	江苏省海洋资源开发研究院（连云港）	¥24.00	2018/01/01	2020/12/31	
142	41706142	隋延鸣	厚壳贻贝在海水酸化和微塑料复合作用下的生理应答	D0608	中国水产科学研究院东海水产研究所	¥25.00	2018/01/01	2020/12/31	
143	41706143	Amit Pratush	海洋菌株M39降解环境类固醇激素（雌二醇）的研究	D0608	汕头大学	¥24.00	2018/01/01	2020/12/31	
144	41706144	杨敏	石斑鱼抗虹彩病毒性状QTL定位与候选基因挖掘	D0609	华南农业大学	¥24.00	2018/01/01	2020/12/31	
145	41706145	李鹏飞	基于核酸适配体筛选的细胞靶蛋白在石斑鱼虹彩病毒侵染宿主细胞中的作用机制研究	D0609	广西科学院	¥25.00	2018/01/01	2020/12/31	
146	41706146	曹军伟	深海嗜压细菌Pseudodesulfovibrio indicus J2通过谷氨酸代谢适应高压环境的机制	D0609	上海海洋大学	¥24.00	2018/01/01	2020/12/31	
147	41706147	陈斌斌	海洋酸化下大型经济海藻种间竞争关系的变化及其机制的研究	D0609	温州大学	¥22.00	2018/01/01	2020/12/31	
148	41706148	陈碧双	海洋细菌Rhodococcus rhodochrous新型水合酶的挖掘及其催化性质与机制	D0609	中山大学	¥25.00	2018/01/01	2020/12/31	

续表

序号	项目批准号	申请者姓名	项目名称	学科代码	单位名称	批准金额（万元）	起始年月	结题年月	备注
149	41706149	沈程程	深海六放海绵形态分类及系统发育研究——以麦哲伦海山区为例	D0609	国家海洋局第二海洋研究所	¥21.00	2018/01/01	2020/12/31	
150	41706150	刘倩	南海北部海域多胺循环特征及对细菌生产力贡献的研究	D0609	国家海洋局第二海洋研究所	¥24.00	2018/01/01	2020/12/31	
151	41706151	律倩倩	海洋软体动物 β/1,3/葡聚糖酶水解及糖基转移机制研究	D0609	中国海洋大学	¥25.00	2018/01/01	2020/12/31	
152	41706152	李春阳	海洋 SAR11 细菌类群裂解 DMSP 的分子机制及其生态适应机制	D0609	山东大学	¥25.00	2018/01/01	2020/12/31	
153	41706153	张晓明	间充质细胞 miR/4018a 调控海鞘幼体变态的作用机制	D0609	中国海洋大学	¥25.00	2018/01/01	2020/12/31	
154	41706154	蔡兰兰	波罗的海深部生物圈病毒的基因多样性和群落结构研究	D0609	厦门大学	¥25.00	2018/01/01	2020/12/31	
155	41706155	王开玲	抗污损双吲哚生物碱类化合物的作用机制及其环境生态风险评估	D0609	深圳大学	¥22.00	2018/01/01	2020/12/31	
156	41706156	胡波	一种新的 SELEX 策略筛选海葵溶细胞素核酸适配体及功能研究	D0609	中国人民解放军第二军医大学	¥24.00	2018/01/01	2020/12/31	
157	41706157	张静	大黄鱼细胞遗传图谱的构建和初步应用	D0609	集美大学	¥24.00	2018/01/01	2020/12/31	
158	41706158	苏宏飞	基于“益生菌”假说的鹿角杯形珊瑚抗病机制研究	D0609	广西大学	¥24.00	2018/01/01	2020/12/31	
159	41706159	廖凯	高脂对银鲳脂肪酸跨膜转运蛋白 CD36 膜转位的调控作用及其机制研究	D0609	宁波大学	¥23.00	2018/01/01	2020/12/31	
160	41706160	谢聿原	南海浮游植物光适应参数的时空分布、调控因子及遥感反演	D0609	厦门大学	¥25.00	2018/01/01	2020/12/31	
161	41706161	徐永乐	长江口聚球藻/病毒相互作用的时空变化及调控机制研究	D0609	山东大学	¥25.00	2018/01/01	2020/12/31	
162	41706162	张柏东	中国渤、黄、东海日本鳀种群遗传结构及本地适应性进化的群体基因组学研究	D0609	中国科学院海洋研究所	¥24.00	2018/01/01	2020/12/31	
163	41706163	史本泽	菲律宾海盆线虫群落结构与生物多样性特征	D0609	中国科学院海洋研究所	¥25.00	2018/01/01	2020/12/31	
164	41706164	王旭雷	中国海洋红藻石花菜目分类及分子系统学研究	D0609	中国科学院海洋研究所	¥25.00	2018/01/01	2020/12/31	
165	41706165	李颖杰	硝酸盐还原酶 Nap 影响磁小体生物矿化的机制研究	D0609	中国科学院海洋研究所	¥25.00	2018/01/01	2020/12/31	
166	41706166	王珊珊	南极磷虾肽抑制氧化应激介导骨密度降低的结构表征及作用机制研究	D0609	中国水产科学研究院黄海水产研究所	¥24.00	2018/01/01	2020/12/31	
167	41706167	丁立建	南海海绵共生真菌的原位培养分离及其新活性物质发现	D0609	宁波大学	¥24.00	2018/01/01	2020/12/31	

续表

序号	项目批准号	申请者姓名	项目名称	学科代码	单位名称	批准金额(万元)	起始年月	结题年月	备注
168	41706168	黄智慧	大菱鲆 Lily/型凝集素(SmLTL)晶体结构解析及抵御盾纤毛虫侵染机制研究	D0609	中国水产科学研究院黄海水产研究所	¥22.00	2018/01/01	2020/12/31	
169	41706169	孙长利	以基因组信息为指导的深海链霉菌 SCSIO T05 中活性次级代谢产物挖掘	D0609	中国科学院南海海洋研究所	¥25.00	2018/01/01	2020/12/31	
170	41706170	陈娟娟	红藻糖苷异构体作为化学指示物在坛紫菜中的逆境响应机制研究	D0609	宁波大学	¥22.00	2018/01/01	2020/12/31	
171	41706171	罗伟	海马先天性无脾与 Tlx1 基因突变的相关性研究	D0609	中国科学院南海海洋研究所	¥25.00	2018/01/01	2020/12/31	
172	41706172	汤开浩	海洋黄杆菌科细菌中新型海洋 N/酰基高丝氨酸内酯酶的多样性及其生理学功能	D0609	中国科学院南海海洋研究所	¥25.00	2018/01/01	2020/12/31	
173	41706173	赵艳琳	海洋 SAR11 噬菌体遗传多样性及其与宿主协同进化研究	D0609	福建农林大学	¥23.00	2018/01/01	2020/12/31	
174	41706174	陈华谱	新型神经肽 Spexin 在斜带石斑鱼摄食调控中的功能研究	D0609	广东海洋大学	¥24.00	2018/01/01	2020/12/31	
175	41706175	徐冬雪	组蛋白乙酰化修饰对刺参 HSPs 转录表达和耐热性的调控机理	D0609	青岛农业大学	¥25.00	2018/01/01	2020/12/31	
176	41706176	龚理	由大尺度格局到边缘群体精密尺度格局的中国南北两种舌鳎群体遗传分化与适应性进化研究	D0609	浙江海洋大学	¥25.00	2018/01/01	2020/12/31	
177	41706177	黎睿君	黄斑蓝子鱼 L/氨基酸氧化酶对无乳链球菌的抑杀作用机制研究	D0609	大连海洋大学	¥24.00	2018/01/01	2020/12/31	
178	41706178	秦耿	海马 GPER 介导雌激素调控类胎盘发育的分子机制研究	D0609	中国科学院南海海洋研究所	¥25.00	2018/01/01	2020/12/31	
179	41706179	于子超	仿刺参吐脏后肠道菌群的重建过程及菌群/菌群、菌群/宿主相互作用的研究	D0609	大连海洋大学	¥25.00	2018/01/01	2020/12/31	
180	41706180	马得友	Caspase/8 依赖性细胞凋亡在刺参幼虫变态过程中的作用机制研究	D0609	大连海洋大学	¥25.00	2018/01/01	2020/12/31	
181	41706181	吴正超	珠江口近海原位多不饱和醛类藻毒素对细菌降解颗粒有机碳的调控机制	D0609	中国科学院南海海洋研究所	¥25.00	2018/01/01	2020/12/31	
182	41706182	李鑫	基于种间相互作用增加海藻内生真菌次级代谢化学多样性及其抗海洋弧菌活性研究	D0609	中国科学院海洋研究所	¥25.00	2018/01/01	2020/12/31	
183	41706183	KWAN KIT YUE	基于食性需求的中国鲎幼体关键生境研究	D0609	钦州学院	¥24.00	2018/01/01	2020/12/31	
184	41706184	徐文喆	东印度洋浮游生物食物网研究/结合运用稳定同位素及粒径方法	D0609	天津科技大学	¥25.00	2018/01/01	2020/12/31	

续表

序号	项目批准号	申请者姓名	项目名称	学科代码	单位名称	批准金额（万元）	起始年月	结题年月	备注
185	41706185	张新旭	拟穴青蟹血淋巴共生微生物菌群的代谢功能多样性研究	D0609	汕头大学	¥25.00	2018/01/01	2020/12/31	
186	41706186	严慕婷	对虾白斑综合症病毒 WSV152 在线粒体凋亡途径中的作用机制	D0609	华南农业大学	¥24.00	2018/01/01	2020/12/31	
187	41706187	赵林林	大尺度环境压力下中国沿海棘头梅童鱼的适应性进化研究	D0609	国家海洋局第一海洋研究所	¥25.00	2018/01/01	2020/12/31	
188	41706188	龚琳	西太平洋深海六放海绵纲分类和动物地理学研究	D0609	中国科学院海洋研究所	¥25.00	2018/01/01	2020/12/31	
189	41706189	王延清	多不饱和脂肪酸在中华哲水蚤繁殖过程中的作用机制研究	D0609	中国科学院海洋研究所	¥22.00	2018/01/01	2020/12/31	
190	41706190	范士亮	黄海冷水团蛇尾纲不同种类生存策略研究	D0609	国家海洋局第一海洋研究所	¥25.00	2018/01/01	2020/12/31	
191	41706191	王鹏斌	中国东海沿海典型生境浮游及底栖原甲藻种类组成、系统发育及地理分布特征研究	D0609	国家海洋局第二海洋研究所	¥25.00	2018/01/01	2020/12/31	
192	41706192	李海波	西太平洋和东印度洋砂壳纤毛虫暖水群落空间异质性研究	D0609	中国科学院海洋研究所	¥25.00	2018/01/01	2020/12/31	
193	41706193	张国胜	基于星载 SAR 的热带气旋内核精细结构特征分析及对强度变化影响机制研究	D0610	上海海洋大学	¥23.00	2018/01/01	2020/12/31	
194	41706194	黄珏	矿物颗粒物形状特征对水体光学特性的影响研究	D0610	山东科技大学	¥25.00	2018/01/01	2020/12/31	
195	41706195	范剑超	GF/3 极化 SAR 浮筏养殖散射机制分析及多特征集成识别方法研究	D0610	国家海洋环境监测中心	¥22.00	2018/01/01	2020/12/31	
196	41706196	王利花	SAR 反演海表流场的关键问题研究	D0610	成都信息工程大学	¥23.00	2018/01/01	2020/12/31	
197	41706197	林文明	基于扇形波束扫描微波散射计的高分辨率风场反演研究	D0610	南京信息工程大学	¥24.00	2018/01/01	2020/12/31	
198	41706198	隋毅	基于复杂网络的国产高分影像围填海类型早期识别方法研究	D0610	青岛大学	¥25.00	2018/01/01	2020/12/31	
199	41706199	李微	基于辐射传输模型滨海湿地翅碱蓬植被的花青素高光谱反演	D0610	大连海洋大学	¥25.00	2018/01/01	2020/12/31	
200	41706200	田应伟	双频便携式高频海洋雷达远程浪场反演方法研究	D0610	武汉大学	¥25.00	2018/01/01	2020/12/31	
201	41706201	李煜	紧缩极化 SAR 海面油膜特征提取和探测方法研究	D0610	北京工业大学	¥24.00	2018/01/01	2020/12/31	
202	41706202	李秀仲	星载雷达中小入射角联合风场探测方法研究	D0610	南京信息工程大学	¥25.00	2018/01/01	2020/12/31	
203	41706203	沙金	基于多源卫星观测的黄海冷水团海平面高度变化调制机理研究	D0610	中国科学院遥感与数字地球研究所	¥24.00	2018/01/01	2020/12/31	
204	41706204	卢海梁	基于数据融合的星载分布式综合孔径微波辐射测量方法研究	D0610	西安空间无线电技术研究所	¥25.00	2018/01/01	2020/12/31	

续表

序号	项目批准号	申请者姓名	项目名称	学科代码	单位名称	批准金额（万元）	起始年月	结题年月	备注
205	41706205	胡子峰	基于静止海洋水色卫星的黄海暖流海表流场变化特征研究	D0610	河海大学	¥24.00	2018/01/01	2020/12/31	
206	41706206	王炜荔	中国北海区高频地波雷达探测涌浪参数的研究	D0610	国家海洋局青岛海洋预报台	¥22.00	2018/01/01	2020/12/31	
207	41706207	刘佳	基于平行偏振等效辐射的颗粒物偏振遥感反演算法研究	D0610	中国科学院西安光学精密机械研究所	¥24.00	2018/01/01	2020/12/31	
208	41706208	张婷	基于无人机紫外与SAR的溢油遥感监测方法研究	D0610	国家海洋局第一海洋研究所	¥25.00	2018/01/01	2020/12/31	
209	41706209	陈晓英	基于大数据的二类水体叶绿素a浓度高精度遥感反演算法研究	D0610	国家海洋局第一海洋研究所	¥24.00	2018/01/01	2020/12/31	
210	41706210	张瑜	波弗特海与加拿大北极群岛区域北冰洋淡水的积聚和释放变化过程及其动力机制研究	D0611	上海海洋大学	¥24.00	2018/01/01	2020/12/31	
211	41706211	钟文理	北冰洋波弗特流涡系统海洋表面驱动力变化及海洋内部调整过程的研究	D0611	中国海洋大学	¥25.00	2018/01/01	2020/12/31	
212	41706212	李东旭	普里兹湾岩石圈及下伏地幔地球物理/岩石学三维结构及其冈瓦纳裂解的构造意义	D0611	国家海洋局第二海洋研究所	¥25.00	2018/01/01	2020/12/31	
213	41706213	王嵘	末次冰消期阿拉斯加北部快速冰融事件在边缘海的沉积响应	D0611	国家海洋局第二海洋研究所	¥25.00	2018/01/01	2020/12/31	
214	41706214	范晓鹏	冰层热熔钻进机理及传热规律研究	D0611	吉林大学	¥24.00	2018/01/01	2020/12/31	
215	41706215	张峤	南极西罗斯海新生代岩浆活动时空分布及其与构造和冰川作用的关系	D0611	国家海洋局第二海洋研究所	¥25.00	2018/01/01	2020/12/31	
216	41706216	袁乐先	基于多源测高数据的南极埃默里冰架长时间序列高程变化研究	D0611	武汉大学	¥25.00	2018/01/01	2020/12/31	
217	41706217	徐志强	北冰洋海盆区中层浮游动物差异的成因及其对有机碳沉降的影响	D0611	中国科学院海洋研究所	¥24.00	2018/01/01	2020/12/31	
218	41706218	李玉红	楚科奇海陆架区的甲烷来源及其对全球大气的贡献	D0611	国家海洋局第三海洋研究所	¥24.00	2018/01/01	2020/12/31	
219	41706219	王新良	南极磷虾声学物质特性的季节变化及其对资源评估的影响	D0611	中国水产科学研究院黄海水产研究所	¥25.00	2018/01/01	2020/12/31	
220	41706220	郭桂军	普里兹湾绕极深层水入侵长期变化对冰架、海冰的影响	D0611	国家海洋局第一海洋研究所	¥25.00	2018/01/01	2020/12/31	
221	41706221	王玉光	楚科奇海微生物多样性和氮循环时空动态变化及其驱动力	D0611	国家海洋局第三海洋研究所	¥24.00	2018/01/01	2020/12/31	
222	41706222	高亮	西南极南设得兰群岛晚白垩世/早始新世火山/沉积地层古地磁与年代学研究	D0611	中国地质大学（北京）	¥25.00	2018/01/01	2020/12/31	
223	41706223	田忠翔	融冰期北极太平洋扇区海冰分布对气旋的响应	D0611	国家海洋环境预报中心	¥25.00	2018/01/01	2020/12/31	

续表

序号	项目批准号	申请者姓名	项目名称	学科代码	单位名称	批准金额（万元）	起始年月	结题年月	备注
224	41706224	牟龙江	北极大气季节内振荡对海冰和上层海洋混合的影响	D0611	国家海洋环境预报中心	¥22.00	2018/01/01	2020/12/31	
225	41706225	李颖	南极绕极流海域湍流混合的时空变异和生成机制的研究	D0611	国家海洋局第一海洋研究所	¥25.00	2018/01/01	2020/12/31	
3. 地区基金项目									
序号	项目批准号	申请者姓名	项目名称	学科代码	单位名称	批准金额（万元）	起始年月	结题年月	备注
1	41766001	刘唐伟	多重约束下盆地深部热物性参数反演研究/以琼东南盆地为例	D0603	东华理工大学	¥38.00	2018/01/01	2021/12/31	
2	41766002	范天来	南海珊瑚礁磁学特征及磁性矿物来源探究	D0603	广西大学	¥36.00	2018/01/01	2021/12/31	
3	41766003	彭丽成	海口湾微塑料时空分布、微藻/微塑料团聚体形成机理及其环境效应研究	D0608	海南大学	¥35.00	2018/01/01	2021/12/31	
4	41766004	韩秋影	沉积物环境变化对热带泰来草的影响过程与机制	D0608	海南热带海洋学院	¥37.00	2018/01/01	2021/12/31	
5	41766005	高菲	花刺参摄食机制研究	D0609	海南大学	¥37.00	2018/01/01	2021/12/31	
6	41766006	贾爱群	基于C/H活化策略的海洋二酮哌嗪的衍生化及其细菌群体感应信号传导	D0609	海南大学	¥38.00	2018/01/01	2021/12/31	
7	41766007	黄荣永	基于生态调查与多光谱影像的珊瑚礁遥感监测方法研究	D0610	广西大学	¥37.00	2018/01/01	2021/12/31	
4. 重点项目									
序号	项目批准号	申请者姓名	项目名称	学科代码	单位名称	批准金额（万元）	起始年月	结题年月	备注
1	41730528	陈多福	南海北部冷泉和天然气水合物发育区海底浅表层沉积物碳循环数值模拟	D0603	上海海洋大学	¥316.00	2018/01/01	2022/12/31	
2	41730529	黄小平	热带海草床食物链有机碳传递过程及其对富营养化的响应机制	D0608	中国科学院南海海洋研究所	¥305.00	2018/01/01	2022/12/31	
3	41730530	张晓华	弧菌在中国边缘海的生态分布及在碳循环中的作用研究	D0609	中国海洋大学	¥315.00	2018/01/01	2022/12/31	
4	41730531	杨守业	东海周边河流沉积物源汇体系的关键过程：沉积地球化学约束	D0603	同济大学	¥313.00	2018/01/01	2022/12/31	
5	41730532	赵明辉	南海北部陆缘洋陆转换带IODP367/368钻探区的三维深部结构探测与研究	D0603	中国科学院南海海洋研究所	¥317.00	2018/01/01	2022/12/31	
6	41730533	戴民汉	中尺度气旋式涡旋作用下有机碳与生源硅输出通量的动态变化与耦合：涡旋演化与亚中尺度过程的重要性	D0604	厦门大学	¥330.00	2018/01/01	2022/12/31	

续表

序号	项目批准号	申请者姓名	项目名称	学科代码	单位名称	批准金额（万元）	起始年月	结题年月	备注
7	41730534	王凡	暖池冷舌交汇区盐度变异机制及气候效应	D0601	中国科学院海洋研究所	¥310.00	2018/01/01	2022/12/31	
8	41730535	陈大可	大洋上层环流的位涡均一化理论研究	D0601	国家海洋局第二海洋研究所	¥314.00	2018/01/01	2022/12/31	
9	41730536	柴扉	北太平洋铁的来源与传输及其对上层海洋生态系统的影响	D0604	国家海洋局第二海洋研究所	¥320.00	2018/01/01	2022/12/31	
10	41731173	王春在	大西洋海/气相互作用过程及其对太平洋气候变率的影响	D0601	中国科学院南海海洋研究所	¥322.00	2018/01/01	2022/12/31	
11	41731174	程海	气候变化的高低纬驱动问题：关键事件的全球石笋年代精确对比	D0711	西安交通大学	¥332.00	2018/01/01	2022/12/31	
12	41731175	汪诗平	气候变化及其诱导的季节性冻土冻融格局变化对高寒草甸生态系统碳循环关键过程的影响及其机制	D0712	中国科学院青藏高原研究所	¥333.00	2018/01/01	2022/12/31	
13	41731176	莫江明	中国南亚热带森林生态系统中氮沉降的去向、储存及其机理	D0708	中国科学院华南植物园	¥286.00	2018/01/01	2022/12/31	
14	41731177	胡超涌	全新世以来长江中游年际/年代际水热配置演化的石笋记录	D0711	中国地质大学（武汉）	¥305.00	2018/01/01	2022/12/31	

5. 国家杰出青年科学基金

序号	项目批准号	申请者姓名	项目名称	学科代码	单位名称	批准金额（万元）	起始年月	结题年月	备注
1	41725021	杨海军	海气相互作用与全球气候变化	D0601	北京大学	¥350.00	2018/01/01	2022/12/31	

6. 优秀青年科学基金项目

序号	项目批准号	申请者姓名	项目名称	学科代码	单位名称	批准金额（万元）	起始年月	结题年月	备注
1	41722601	吴巧燕	热带海气相互作用	D0601	国家海洋局第二海洋研究所	¥130.00	2018/01/01	2020/12/31	
2	41722602	张钰	大洋环流	D0601	中国海洋大学	¥130.00	2018/01/01	2020/12/31	
3	41722603	胡利民	海洋沉积地球化学：沉积有机质源/汇过程及其环境响应	D0603	国家海洋局第一海洋研究所	¥130.00	2018/01/01	2020/12/31	
4	41722604	高翔	俯冲带地球动力学	D0603	中国科学院海洋研究所	¥130.00	2018/01/01	2020/12/31	
5	41722605	雷瑞波	极地海冰物理学	D0611	中国极地研究中心	¥130.00	2018/01/01	2020/12/31	

7. 创新研究群体科学基金

序号	项目批准号	申请者姓名	项目名称	学科代码	单位名称	批准金额（万元）	起始年月	结题年月	备注
1	41721005	高树基	海洋氮循环与全球变化	D0604	厦门大学	¥1,050.00	2018/01/01	2023/12/31	

续表

8. 国际（地区）合作与交流项目									
序号	项目批准号	申请者姓名	项目名称	学科代码	单位名称	批准金额（万元）	起始年月	结题年月	备注
1	41761134050	陈良标	鱼类免疫在极端环境下的进化	D06	上海海洋大学	¥251.00	2017/01/01	2019/12/31	组织间合作研究
2	41761134051	李春峰	南海与西伊比利亚洋陆转换带张裂/破裂过程与岩石圈结构的对比研究	D0603	浙江大学	¥256.00	2017/01/01	2019/12/31	组织间合作研究
3	41761134052	蒋增杰	菲律宾蛤仔食用安全性评价及资源可持续利用管理	D0608	中国水产科学研究院黄海水产研究所	¥250.51	2017/01/01	2019/12/31	组织间合作研究
4	41761134084	冯东	现今文石海时期冷泉系统低镁方解石和伴生重晶石的成因机制研究	D0603	中国科学院南海海洋研究所	¥128.00	2018/01/01	2020/12/31	组织间合作研究
5	41720104001	徐景平	马尼拉海沟深海浊流模态及其控制机理研究	D0603	南方科技大学	¥244.00	2018/01/01	2022/12/31	重点国际(地区)合作研究项目
6	41720104005	高坤山	海洋酸化与升温对海洋生态系统中同化与异化作用的影响及其机制：中水量实验主导的研究	D0608	厦门大学	¥247.00	2018/01/01	2022/12/31	重点国际(地区)合作研究项目
7	41720104008	袁东亮	印尼贯穿流多尺度变异及其在全球大洋经向热输运中的作用	D0601	中国科学院海洋研究所	¥248.00	2018/01/01	2022/12/31	重点国际(地区)合作研究项目
9. 海外及港澳学者合作研究基金									
序号	项目批准号	申请者姓名	项目名称	学科代码	单位名称	批准金额（万元）	起始年月	结题年月	备注
1	41729002	张卫	海绵细胞内共生微生物组及其天然产物生物合成资源发掘	D0609	上海交通大学	¥180.00	2018/01/01	2021/12/31	
10. 海洋科学考察船共享航次项目									
序号	项目批准号	申请者姓名	项目名称	航次编号	单位名称	批准金额（万元）	起始年月	结题年月	备注
1	41749901	李岩	2018年度渤黄海科学考察实验研究	NORC2018/01	中国海洋大学	¥600.00	2018/01/01	2018/12/31	
2	41749902	魏泽勋	2018年度东海科学考察实验研究	NORC2018/02	国家海洋局第一海洋研究所	¥420.00	2018/01/01	2018/12/31	
3	41749903	于仁成	2018年度长江口科学考察实验研究	NORC2018/03	中国科学院海洋研究所	¥500.00	2018/01/01	2018/12/31	
4	41749904	刘四光	2018年度台湾海峡科学考察实验研究	NORC2018/04	福建海洋研究所	¥240.00	2018/01/01	2018/12/31	
5	41749905	王海黎	2018年度南海东北部/吕宋海峡科学考察实验研究	NORC2018/05	厦门大学	¥540.00	2018/01/01	2018/12/31	
6	41749906	王海黎	2018年度南海中部海盆科学考察实验研究	NORC2018/06	厦门大学	¥440.00	2018/01/01	2018/12/31	

续表

序号	项目批准号	申请者姓名	项目名称	学科代码	单位名称	批准金额（万元）	起始年月	结题年月	备注
7	41749907	杜岩	2018 年度南海西部科学考察实验研究	NORC2018/07	中国科学院南海海洋研究所	¥540.00	2018/01/01	2018/12/31	
8	41749908	詹文欢	2018 年度南海北部地球物理科学考察实验研究	NORC2018/08	中国科学院南海海洋研究所	¥420.00	2018/01/01	2018/12/31	
9	41749909	李超伦	2018 年度西太平洋科学考察实验研究	NORC2018/09	中国科学院海洋研究所	¥650.00	2018/01/01	2018/12/31	
10	41749910	杜岩	2018 年度印度洋科学考察实验研究	NORC2018/10	中国科学院南海海洋研究所	¥650.00	2018/01/01	2018/12/31	
11. 联合基金项目									
序号	项目批准号	申请者姓名	项目名称	学科代码	单位名称	批准金额（万元）	起始年月	结题年月	备注
1	U1706214	陈沈良	黄河三角洲地貌演变的动力机制与环境效应	D0605	华东师范大学	¥277.00	2018/01/01	2021/12/31	NSFC/山东联合基金
2	U1706212	陈西广	微藻生物矿化硅复合医用敷料研究	D0609	中国海洋大学	¥280.00	2018/01/01	2021/12/31	NSFC/山东联合基金
3	U1706206	李文利	基于隐性基因簇激活策略定向发现深海放线菌中新型抗多重耐药菌先导化合物	D0609	中国海洋大学	¥286.00	2018/01/01	2021/12/31	NSFC/山东联合基金
4	U1706210	邵长伦	海洋化学生态学指导下的药物先导化合物发现与优化	D0609	中国海洋大学	¥280.00	2018/01/01	2021/12/31	NSFC/山东联合基金
5	U1706215	鲍献文	多重人为压力下莱州湾生态环境的演变趋势和调控原理	D0601	中国海洋大学	¥282.00	2018/01/01	2021/12/31	NSFC/山东联合基金
6	U1706216	侯一筠	山东半岛灾害性海洋动力过程对近岸承灾体致灾机理及应对技术研究	D0601	中国科学院海洋研究所	¥289.00	2018/01/01	2021/12/31	NSFC/山东联合基金
7	U1706208	肖天	深海热液活动区趋磁细菌生物学特性与生态效应	D0609	中国科学院海洋研究所	¥280.00	2018/01/01	2021/12/31	NSFC/山东联合基金
8	U1706209	刘建国	基于类胡萝卜素向虾蟹传递规律的海洋微藻高值转化科学基础	D0609	中国科学院海洋研究所	¥278.00	2018/01/01	2021/12/31	NSFC/山东联合基金
9	U1706218	董军宇	山东近海浮游植物及相关海洋环境要素原位观测与分析系统研究	D0607	中国海洋大学	¥273.00	2018/01/01	2021/12/31	NSFC/山东联合基金
10	U1706213	徐涛	几类稀缺来源的海洋先导化合物的合成、优化与成药性评价	D0609	中国海洋大学	¥273.00	2018/01/01	2021/12/31	NSFC/山东联合基金
11	U1706219	赵美训	人类活动对山东半岛典型海湾生态系统环境的影响及其碳储效应	D0604	中国海洋大学	¥281.00	2018/01/01	2021/12/31	NSFC/山东联合基金
12	U1706220	王庆	最近五十年来黄河三角洲潮间滩涂动力地貌演变研究	D0605	鲁东大学	¥273.00	2018/01/01	2021/12/31	NSFC/山东联合基金
13	U1706207	张玉忠	深海细菌参与 D/氨基酸再循环利用的生命过程、机制及相关酶资源应用潜力评价	D0609	山东大学	¥282.00	2018/01/01	2021/12/31	NSFC/山东联合基金

续表

序号	项目批准号	申请者姓名	项目名称	学科代码	单位名称	批准金额（万元）	起始年月	结题年月	备注
14	U1709204	李建龙	基于移动平台的近海渔业资源智能监测技术研究	D0607	浙江大学	¥200.00	2018/01/01	2021/12/31	NSFC/浙江两化融合联合基金
15	U1709203	周天	基于 AUV 平台的海管泄漏实时监测关键技术	D0607	哈尔滨工程大学	¥203.00	2018/01/01	2021/12/31	NSFC/浙江两化融合联合基金
16	U1709205	林正得	基于石墨烯/金刚石异质结结构的均匀型核辐射探测器的构建及探测机理研究	D0607	中国科学院宁波材料技术与工程研究所	¥192.00	2018/01/01	2021/12/31	NSFC/浙江两化融合联合基金
17	U1709202	俞建成	基于水下移动平台的近海海洋环境观测技术研究	D0607	中国科学院沈阳自动化研究所	¥202.00	2018/01/01	2021/12/31	NSFC/浙江两化融合联合基金
18	U1709201	陈建芳	夏季长江口缺氧和酸化在线监测及其耦合和非耦合的成因机制研究	D0604	国家海洋局第二海洋研究所	¥203.00	2018/01/01	2021/12/31	NSFC/浙江两化融合联合基金
19	U1701242	应光国	珠江流域典型河流抗生素抗性基因污染特征及其驱动机制研究	L03	华南师范大学	¥284.00	2018/01/01	2021/12/31	NSFC/广东联合基金
20	U1701244	冉勇	水体环境中天然有机质和典型有机污染物的生物地球化学过程和控制	L03	中国科学院广州地球化学研究所	¥273.00	2018/01/01	2021/12/31	NSFC/广东联合基金
21	U1701245	吴时国	南沙海区减薄陆壳裂陷盆地构造演化及特色深水油气系统	L03	中国科学院深海科学与工程研究所	¥272.00	2018/01/01	2021/12/31	NSFC/广东联合基金
22	U1701246	简曙光	南海岛礁植被退化机制及恢复策略	L03	中国科学院华南植物园	¥269.00	2018/01/01	2021/12/31	NSFC/广东联合基金
23	U1701247	殷克东	珠江口近海富营养化与缺氧形成过程及其调控机理	L03	中山大学	¥260.00	2018/01/01	2021/12/31	NSFC/广东联合基金
24	U1701641	王岳军	华南陆壳结构与南海北部地质过程研究	L03	中山大学	¥1,210.00	2018/01/01	2021/12/31	NSFC/广东联合基金

（国家自然科学基金委）

国家重点研发计划

【深海关键技术与装备重点专项】 深海专项分解为全海深潜水器研制及深海前沿关键技术研究、深海通用配套技术及 1000~7000 米级潜水器作业及应用能力示范、深海能源和矿产资源勘探开发共性关键技术研发及应用等任务。

截至 2017 年底，深海专项共立项启动了“全海深载人潜水器总体设计、集成与海试”等 78 个项目，参研单位 178 家，立项总经费约 337179.29 万元（2016 年 235834.38 万元，2017 年 101344.91 万元）。其中，中央财政经费 214326 万元（2016 年 156937 万元，2017 年 57389 万元），配套资金 122853.29 万元（2016 年 78897.38 万元，2017 年 43955.91 万元）。深海专项 2017 年度公开指南项目立项清单见表 1。

表 1 深海专项 2017 年度公开指南项目立项清单

序号	项目编号	项目名称	项目牵头承担单位	项目负责人	中央财政经费(万元)	项目实施周期(年)
1	2017YFC0305500	深海装备耐压结构体、材料耐压特性及评估技术研究	中国船舶重工集团公司第七〇二研究所	万正权	1924	3.5
2	2017YFC0305600	全海深 ROV 非金属铠装脐带缆关键技术研究和试验	中天科技海缆有限公司	张建民	1500	3.5
3	2017YFC0305700	全海深无人潜水器 AUV 关键技术研究	哈尔滨工程大学	李晔	1476	3.5
4	2017YFC0305800	长航程智能化自治式潜水器研制	中国科学院沈阳自动化研究所	刘健	1981	3.5
5	2017YFC0305900	无人无缆潜水器组网作业技术与应用示范	清华大学深圳研究生院	徐文	6829	3.5
6	2017YFC0306000	可延展艇体新概念海底目标搜寻潜航器	哈尔滨工程大学	李海森	800	3.5
7	2017YFC0306100	水下直升机	浙江大学	陈鹰	780	3.5
8	2017YFC0306200	面向深海区域混合结构探测的多关节潜器研发	天津大学	孟庆浩	759	3.5
9	2017YFC0306300	可变翼形双功能深海无人潜航器	中国船舶重工集团公司第七〇二研究所	张华	753	3.5
10	2017YFC0306400	深海多位点着陆器与漫游者潜水器系统研究	三亚深海科学与工程研究所	张艾群	785	3.5
11	2017YFC0306500	深海仪器装备规范化海上试验	广州海洋地质调查局	张汉泉	2774	3.5
12	2017YFC0306600	蛟龙号载人潜水器科学应用与性能优化	国家深海基地管理中心	丁忠军	2896	3.5
13	2017YFC0306700	“海马”号深海遥控潜水器科学应用及其性能优化	广州海洋地质调查局	陶军	1904	3.5
14	2017YFC0306800	4500 米自主潜水器（潜龙二号）技术升级及科学应用	中国大洋矿产资源研究开发协会	朱磊	1449	3.5
15	2017YFC0306900	水下目标搜寻探测声纳设备研制及应用	哈尔滨工程大学	梁国龙	1458	3.5
16	2017YFC0307000	深水协同应急处置技术及专用工具系统研究	交通运输部上海打捞局	蒋岩	2896	3.5
17	2017YFC0307100	大直径旋转导向钻井系统研制与应用示范	中海油田服务股份有限公司	郭云	2483	3.5
18	2017YFC0307200	超深水强电复合脐带缆系统研制与示范作业	宁波东方电缆股份有限公司	叶信红	1455	3.5
19	2017YFC0307300	南海多类型天然气水合物成藏原理与开采基础研究	大连理工大学	宋永臣	1981	3.5
20	2017YFC0307400	天然气水合物高分辨率三维地震探测技术	广州海洋地质调查局	赵庆献	2000	3.5
21	2017YFC0307500	天然气水合物海底钻探及船载检测技术研究与应用	广州海洋地质调查局	万步炎	3317	3.5
22	2017YFC0307600	水合物试采、环境监测及综合评价应用示范	青岛海洋地质研究所	吴能友	1934	3.5
23	2017YFC0307700	水合物开发环境原位监测与探测技术	广州海洋地质调查局	盛 堰	1500	3.5

2017 年，深海专项各项目培育了一批青年科技人才，培养研究生 196 人，其中博士生 42 人；申请发明专利和其他专利 190 项，获授权 58 项，发表论文 259 篇，制定技术标准 3 个；获得国家、省部级科技奖励 3 项。具体统计见表 2。

表 2 深海专项主要成果产出情况表

成果类型	成果数量
申请发明专利数（个）	136
获得发明专利数（个）	25
申请其他专利数（个）	54
获得其他专利数（个）	33
获得国家、省部级科技奖励数（个）	3
发表论文数（篇）	259
论文被 SCI、EI、ISTP 收录数（篇）	179
发表专著数（部）	0
制定企业标准（个）	1
国家标准（个）	0
行业标准（个）	2
培养研究生总数（人）	196
培养博士数（人）	42
成果转让数（个）	0

注：依据各项目提交的年度执行报告进行统计，统计截至 2017 年 12 月 5 日。

【“深海勇士”号 4500 米级载人潜水器圆满完成海试任务】 “深海勇士”号 4500 米级载人潜水器是我国发展深海技术的重要引擎和集成平台。2017 年 8 月 16 日至 10 月 3 日，“深海勇士”号海试团队克服台风频发、海况恶劣等不利因素，在南海进行了海试验收。在 34 天有效作业时间内，根据海试方案依次在 50 米、300 米、1000 米、3000 米、4500 米深度试验区下潜共计 28 次（其中在超过 4500 米的最大设计深度进行了 4 次下潜作业），累计 20 多次坐底，使用机械手抓取海底生物 13 种共几十余只，潜水器水中总时间超过 100 小时（其中两个潜次时长超过 10 小时），基本完成原计划需要 4 个月的海试任务，以优异成绩通过技术验收，获得中国船级社颁发的入级证书，这标志着经过八年锻造、砥砺前行，“深海勇士”号研制工作完美收官，我国深海潜水器功能化、谱系化建设再次取得重大进展。

【全海深潜水器关键技术取得重要突破】 “海斗”号成功进行了 5 次万米级下潜，最大潜深 10767 米，成为继已丢失美国“海神”号之后，第二台万米级无人遥控自治潜水器。“海斗”号海试的成功填补了我国万米海底视频图像实时传输的空白，尽管“海斗”号最终未能收回，但其技术突破为“十三五”全海深 ARV 的研制奠定了坚实基础。

全海深海底水体气密取样装置在马里亚纳海沟挑战者深渊成功进行了多次万米试验。取样器成功进行了 13 次深渊底部海水气密保压取样，其中超过万米深度的取样达到了 10 次，获取万米气密保压水样近 3 升，在国际上首次获得马里亚纳海沟挑战者深渊万米以深的底部气密保压样品，为我国大深度海洋生物、地球科学和环境化学研究提供了重要支撑。

全海深高清摄像机与记录系统成功研制出我国首款全海深常速高清相机——“海瞳”，该相机成功解决了深海超大压力、折射率变化和光谱选择性吸收改变等严峻的客观条件下高清视觉信息获取的难题，成像分辨率达到 1920×1080，成像视场角 67°，填补了我国在深海高清成像领域的空白，为我国深海光学探测装备的国产化打下坚实的技术和实践基础。

【天然气水合物在南海完成试采】 结合我国天然气水合物精细勘探的具体需求，在琼东南海域、神狐海域水合物赋存区优选出 2 个深水海试应用示范区。2017 年 5 月 18 日，我国南海神狐海域天然气水合物试采成功，完成连续 60 天稳定产气，实现了世界首次泥质粉砂型天然气水合物安全可控开采。

针对我国南海水合物埋深浅、矿藏疏松、胶结程度低、易于碎化、泥质粉砂为主等特点，首次创新提出“海洋天然气水合物固态流化试采技术”，自主研发了全套海洋浅层非成岩水合物固态流化试采装备和工艺。2017年5月25日，依托海洋石油708，在荔湾3西、水深1310米，埋深127~196米储层实现了全球首次天然气水合物固态流化试采。

【海洋环境安全保障重点专项】 海洋环境专项分解为海洋环境立体观测/监测的新技术研究与系统集成及核心装备国产化、海洋环境变化预测预报技术、海洋环境灾害及突发环境事件预警和应急处置技术、国家海洋环境安全保障平台研发与应用示范共四大任务。

截至2017年底，海洋环境专项共立项启动“海洋声学层析成像理论、技术与应用示范”等55个项目，参研单位179家，立项总经费约113311.18万元（2016年65193万元，2017年48118.18万元）。其中，中央财政经费105138万元（2016年61760万元，占专项概算经费39.9%，2017年43378万元，占专项概算经费28.0%），配套资金8173.18万元（2016年3433万元，2017年4740.18万元）。海洋环境专项2017年度公开指南项目立项清单见表3。

表3 海洋环境专项2017年度公开指南项目立项清单

序号	项目编号	项目名称	项目牵头承担单位	项目负责人	中央财政经费（万元）	项目实施周期（年）
1	2017YFC1403300	海气界面观测浮标国产化技术研究	国家海洋技术中心	李林奇	1000	3.5
2	2017YFC1403400	准实时传输深海剖面锚系观测潜标研发	中国科学院海洋研究所	于 非	968	3.5
3	2017YFC1403500	海岛及滨海湿地鸟类在线监测传感器研制	浙江海洋大学	郑 红	588	3.5
4	2017YFC1403600	海洋浮游生物监测传感器的研制及系统优化	清华大学深圳研究生院	毕洪生	558	3.5
5	2017YFC1403700	海水总氮总磷在线监测仪器研制及产业化	中国科学院西安光学精密机械研究所	鱼卫星	422	3.5
6	2017YFC1403800	海水总有机碳光学原位传感器及在线监测仪研发	燕山大学	毕卫红	579	3.5
7	2017YFC1403900	海水总碱度在线监测仪器的研制及产业化	厦门大学	陈进顺	476	3.5
8	2017YFC1404000	“两洋一海”区域超高分辨率多圈层耦合短期数值预报系统研制	国家海洋局第一海洋研究所	戴德君	1678	3.5
9	2017YFC1404100	“两洋一海”区域超高分辨率多圈层耦合延伸期预测系统	中国海洋大学	张绍晴	1574	3.5
10	2017YFC1404200	海洋工程动力环境精细化预报与安全保障及评估技术研究	水利部交通运输部国家能源局南京水利科学研究院	董国海	2819	3.5
11	2017YFC1404300	中国近海致灾赤潮形成机理、监测预测及评估防治技术	中国科学院海洋研究所	俞志明	1498	3.5
12	2017YFC1404400	中国近海水母灾害的形成机理、监测预测及评估防治技术	中国科学院海洋研究所	李超伦	1500	3.5
13	2017YFC1404500	近海病原微生物灾害形成机制与监测预警技术研究	国家海洋环境监测中心	樊景凤	1498	3.5
14	2017YFC1404600	中国近海典型外来生物入侵灾害风险防控技术和装备研发	大连海事大学	潘新祥	1488	3.5
15	2017YFC1404700	海上搜救关键技术研究与示范	中国地质大学（武汉）	牟 林	1886	3.5
16	2017YFC1404800	区域海洋生态环境立体监测系统集成与应用示范	厦门大学	商少平	2465	3.5
17	2017YFC1404900	海上目标识别与监视系统集成与应用示范	国家海洋技术中心	夏登文	3266	3.5
18	2017YFC1405000	海上突发事件应急处置与搜救决策支持系统研发与应用	国家海洋局北海预报中心	黄 娟	1380	3.5
19	2017YFC1405100	自主海洋环境安全保障技术海上丝绸之路沿线国家适用性研究	国家海洋局第一海洋研究所	李铁刚	1930	3.5

2017 年，海洋环境专项各项目培育了一批青年科技人才，培养研究生 191 人，其中博士生 50 人；申请发明专利和其他专利 123 项，获授权 38 项，发表论文和专著 316 篇，制定技术标准 6 个；获得省部级科技奖励 3 项。具体统计表 4。

表 4　海洋环境专项主要成果产出情况表

成果类型	成果数量
申请发明专利数（个）	96
获得发明专利数（个）	22
申请其他专利数（个）	27
获得其他专利数（个）	16
获得国家级科技奖励数（个）	0
获得省部级科技奖励数（个）	3
发表科技论文数（篇）	308
论文被 SCI、EI 收录数（篇）	209
发表专著数（部）	8
制定企业标准（个）	0
国家标准（个）	0
行业标准（个）	6
培养研究生总数（人）	191
培养博士数（人）	50
成果转让数（个）	0

（科技部）

【全球变暖“停滞”现象辨识与机理研究】 国家重点研发计划项目“全球变暖‘停滞’现象辨识与机理研究”依托单位为中国海洋大学，项目执行期限为 2016—2021 年。

2017 年度重要进展：提出一种趋势转折检验方法，理论上证明其合理性，为下一步客观识别变暖停滞空间区域特征奠定了基础；揭示与全球变暖停滞相关联的若干区域变化及机理。从理论上揭示随机强迫与响应的锁频特征，为利用随机强迫动力学解释变暖停滞提供一定基础；探讨影响全球变暖停滞的东亚 2000—2013 变冷的成因；阐明南太平洋中高纬度上层海洋潜沉过程对全球变暖停滞的潜在贡献；对 5CMIP5 模式对全球变暖停滞的模拟性能进行评估。

2016—2017 年度共发表第一标注 SCI 论文 31 篇，撰写专著 2 部，培养研究生 13 人(其中博士毕业生 6 人)，做口头报告 41 次,特邀报告 12 次。

【中国东部陆架海域生源活性气体的生物地球化学过程及气候效应】 国家重点研发计划项目“中国东部陆架海域生源活性气体的生物地球化学过程及气候效应”依托单位为中国海洋大学，项目执行期限为 2016—2021 年。

总体完成情况：（1）已基本完成历史资料的整理和初步分析；确定现场调查、船基围隔实验以及实验室受控培养实验的具体实施方案、构建生源活性气体循环的物理—生物地球化学耦合三维生态系统动力学模式的关键问题和解决途径、生源活性气体源-汇路径和迁移转化过程存在的问题，并制定构建生源活性气体碳氮硫耦合的生物地球化学循环模型的细致方案。

（2）2017 年 3 月 27 日—4 月 15 日组织黄、东海春季航次的现场调查，测定海水及大气中的生源活性气体的浓度，并完成其他相应化学、生物样品的采集和测定工作。并通过微表层采样技术，研究黄东海海水微表层中活性气体、海水有机物、叶绿素 a（Chla）及营养盐的浓度分布以及富集情况。

（3）同步进行船基围隔实验，开展营养盐和沙尘物质输入对初级生产、微生物丰度和群落结构、生源活性气体释放影响的研究，初步了解营养盐和沙尘微量元素的联合输入对海洋初级生产、浮游植物及生源活性气体释放的影响。

（4）参与海洋生源活性气体循环的关键产生和消耗过程、相应功能基因及功能微生物的研究。

（5）围绕现场观测和模型建立展开一系列工作。除了参加项目组织的 2017 年春季公共航次外，在渤海秦皇岛外海自行组织典型断面航次进行补充观测，为二甲基硫（DMS）

循环与物理生物耦合模型建立、完善和验证提供基础数据支持。进一步完善建立的高分辨率物理生态耦合模型，完成1993—2016年黄、东海温、盐、流、叶绿素和营养盐的长期模拟，利用历史数据进行了物理场的验证，为开展DMS循环模拟打下模型基础。综述国内外海水DMS循环的相关研究，

提出黄、东海DMS循环概念模型。

已发表SCI论文47篇（其中第一标注19篇，第二标注10篇），中文核心论文8篇（第一标注2篇，第二标注3篇）。申请专利2项，授权专利2项，获得软件著作权1项。获批国家检测标准1项（GB/T34415-2017大气二氧化碳（CO_2）光腔衰荡光谱观测系统），立项制订海洋行业检测标准1项（201710015-T海水中二甲基硫的测定吹扫捕集-气相色谱法）。培养研究生32名。

【大型水库对河流—河口系统生物地球化学过程和物质输运的影响机制】 国家重点研发计划项目“大型水库对河流—河口系统生物地球化学过程和物质输运的影响机制”依托单位为中国海洋大学，项目执行期限为2016—2021年。

2017年首席科学家王厚杰教授团队应国际知名期刊《Global and Planetary Change》编辑邀请，聚焦调水调沙工程运行十余年来河流沉积物源-汇过程变化及其对河口生物地球化学过程的影响，发表评述文章；项目首次从微生物基因水平上揭示环境中广泛存在的纳米银对水环境氮循环的毒性效应与作用机理，在此基础上，阐述河口近岸沉9积物中氮转化过程（反硝化、厌氧氨氧化）的时空分布特征。（中国海洋大学）

【海洋光学遥感探测机理与模型研究】 国家重点研发计划项目，项目编号2016YFC1400900，由国家海洋局第二海洋研究所牵头承担。项目主要针对静止水色卫星载荷和星载海洋激光雷达等国家需求，基于光谱辐射传输模型和新型海洋光学测量系统，突破海洋水色遥感和海洋激光遥感的国际前沿技术，解决制约中国卫星海洋学发展的关键遥感机理和反演算法，研发海洋光学卫星载荷仿真与资料处理系统，摆脱照搬国外卫星指标的困境，形成“卫星载荷-资料处理-应用示范”的全链路协调发展模式，支撑中国未来5~20年的海洋水色卫星和海洋激光卫星的遥感技术发展，提升中国海洋遥感国际地位。2017年度的主要进展包括：（1）完成机载海洋激光雷达装置、船载海洋激光雷达系统的工程样机、水体偏振体散射测量系统样机、遥感仪器偏振响应测量装置、现场离水辐亮度精确测量仪器等设备研制工作，组织南海机载海洋激光雷达飞行试验和船载海水剖面参数同步验证试验，开发机载激光浅海水深测量数据处理软件系统、海洋水色卫星遥感仿真系统、海洋激光遥感仿真系统等主要功能模块，发展机载激光水体剖面反演算法、弱光照的海洋水色反演算法等；（2）在国内首次实现适合主被动海洋遥感研究的机载激光雷达和高光谱成像仪同步观测，以及船载海水剖面参数同步验证试验，获取4个架次的机载数据和6天船载验证数据；（3）发表SCI论文38篇。

【中国近海与太平洋高分辨率生态环境数值预报系统】 国家重点研发计划项目，项目编号2016YFC1401600，由国家海洋局第二海洋研究所牵头承担。项目针对中国近海与邻近太平洋，建立能融合多源观测的高分辨率物理-生态耦合模式，自主研发海洋生态环境业务化数值预报系统。瞄准中国近海生态环境特征区域性以及不同时间尺度主控机制、典型气候异常和极端天气事件对中国近海生态环境的影响等重大科学问题以及关键生态过程参数分区优化和业务化数值系统建立等关键技术问题，开展中国近海与邻近太平洋生态环境变异机理与预报系统的研究。2017年度的主要进展包括：（1）在太平洋区域建立分辨率为1/8°的ROMS-CoSiNE物理-生态耦

合模式，并在渤、黄、东海和南海区域完成了1/24°的物理–生态耦合模型的建立；（2）利用黄东海的耦合模式，初步刻画了黄东海关键生态过程的多尺度变化和合理的空间格局；（3）初步揭示强ENSO年渤黄海营养盐和叶绿素等生态环境要素响应特征，以及南海北部生态系统的年际变化规律及其对强ENSO气候事件的响应机理；（4）形成了中国近海高分辨率业务化预报系统的驱动场和边界条件。2017年度召开各课题及项目的科学研讨会，发表和已被接收文章18篇，其中SCI论文14篇。（国家海洋局第二海洋研究所）

【“海上危险化学品突发事故应急技术研发及示范”项目】 2017年新增参与科技部重点专项4项，分别是东海预报中心《海上突发事件应急处理与搜救决策支持系统研发与应用》（2017YFC1405002）；东海监测中心《近海病原微生物灾害形成机制与监测预警技术研究》（2017YFC1404505）、《中国近海至灾赤潮形成机理、监测预测及评估防治技术》（2017YFC1404305）以及《区域生态安全评估与预警技术》（2017YFC0506605）。

2017年，东海分局牵头的2016年国家重点研发计划专项“海上危险化学品突发事故应急技术研发及示范”项目正式启动，通过研究和优化海上突发事件应急监测技术等全业务化流程应急预案的制订，有效提升惠州市海上危化品泄漏事故的应急响应能力，降低危化品泄漏对惠州海域生态环境的影响，使国家重点研发计划科研项目成果能够切实为地方海洋管理部门事故应急工作提供技术支持，为东海分局的业务化工作提供保障，有效支撑海洋生态文明。

（国家海洋局东海分局）

“973”计划

【上层海洋对台风的响应和调制机理研究】 国家“973”计划项目，项目编号2013CB430300，首席科学家单位国家海洋局第二海洋研究所。该项目以台风活动最为频繁的西北太平洋和南海为重点研究海区，利用新型的海洋与大气观测手段，结合理论分析和海气耦合模式，重点解决上层海洋的多尺度环流系统对台风的响应机制以及上层海洋的动力和热力结构对台风强度的调制作用这两个关键性的问题。2017年以优异的成绩通过结题验收，取得成果如下：（1）共发表论文181篇，其中SCI收录144篇，包括高影响的Science、Nature和Nature子刊文章；编辑以海洋与台风相互作用为主题的JGR–Oceans专刊，并编写相关专著1部；（2）项目通过海上浮标/潜标观测阵的布放，以及高频采样Argo剖面浮标、火箭探测和水下滑翔机组网等新颖的观测手段，成功获得多个台风过程中海洋与大气的现场观测数据，为剖析海洋与台风的相互作用机理提供了前所未有的第一手资料，促进中国海洋与大气观测技术的发展；（3）项目取得一系列具有重要科学和应用价值的创新成果，特别是揭示海洋中尺度结构与台风强度的定量关系，阐明台风与ENSO的相互作用过程和机理，建立新一代的海气浪耦合台风预报系统；（4）项目组成员当选为中国科学院院士1人，入选国家基金委“优青”、国家“万人计划”领军人才、中科院“百人计划”学术帅才、国家中青年科技创新领军人才、国家气象局青年英才计划各1人。

（国家海洋局第二海洋研究所）

【南海关键岛屿周边多尺度海洋动力过程研究】 国家重点基础研究发展计划（973计划）项目“南海关键岛屿周边多尺度海洋动力过程研究”依托单位为中国海洋大学，项目执行期限为2014—2018年。

2017年度，项目在现场观测方面：完成中尺度涡、亚中尺度过程、内波、混合等多尺度动力过程的观测，其中包括回收潜标14套次，重新布放潜标20套次，获取常规水文观测93站次。在研究工作方面：揭示“黑潮流套”脱落涡旋的动力机制及其水体输运，探究南海中尺度涡垂向倾斜结构的机制；发展完善亚中尺度涡过程的不稳定理论和超高分辨率数值模拟；系统剖析南海内孤立波极性转化的影响因子，阐明中尺度涡对内潮传播演变的重要调制作用；深入开展南海中尺度涡的数值模拟和可预报研究，对南海水平和垂向混合方案对中尺度涡模拟影响进行探讨。

研究成果为：首次观测剖析南海中尺度涡增强海洋混合的两条新途径，一是中尺度涡边缘的亚中尺度过程通过对称不稳定产生湍流耗散，增强南海的上层混合；二是中尺度涡与海底地形的相互作用，在南海深层产生近惯性内波进而激发高频内波，增强南海的深层混合。

【养殖鱼类蛋白质高效利用的调控机制】 国家重点基础研究发展计划（“973”计划）项目“养殖鱼类蛋白质高效利用的调控机制”的依托单位为中国海洋大学，项目执行期限是2014—2018 年。

2017 年项目解析鱼类食性分化和味觉识别及其调控机制，发现不同味觉受体的功能分化以及之间的交联；研究主要抗营养因子大豆球蛋白 11S、β-伴大豆球蛋白 7S、棉酚等对草鱼肠道结构完整性和屏障功能的影响；阐明替代鱼粉蛋白源引起鱼类肠炎及其修复的免疫调节的分子细胞机理；自大菱鲆肠道分离获得 2 株益生菌，阐释 4 种功能性物质对肠炎的缓解作用；以大菱鲆为研究对象，测定摄食鱼粉、豆粕、肉骨粉等不同蛋白源后引起的鱼类游离氨基酸库、细胞信号传导、蛋白质代谢等差异；应用大菱鲆肌肉细胞为研究模型，获得蛋氨酸缺乏对大菱鲆游离氨基酸库、细胞信号转导、营养素代谢的差异图谱；采用摄食生长实验与体外细胞模型相结合的方式，研究磷脂酸对鱼类氨基酸营养感知系统及代谢的影响；构建了敲除 SLC38A9、IGF、抑肌素、p85 等的斑马鱼研究模型；研究 IGF-1 高表达鲫鱼的肌肉组织蛋白代谢特征；研究 SOCS1a 敲除的斑马鱼中敲除胰岛素的受体对斑马鱼营养代谢的影响；分析不同品系鲫鱼对不同蛋白源的利用能力；克隆并检测外周组织 HK 或/和 GK 的表达量，阐明其糖异生和糖酵解的协调机制，分析鱼类食性和营养状况对葡萄糖利用和磷酸化的影响；完成超级调控元件基因 PPAR 等分子特征与代谢调控机制研究；验证 ATGL、CPT 等超级调控元件基因下游受控基因的主要功能与调控机制；勾勒出以 PPAR 家族为核心的，以脂水解、自噬、贝特氧化相互配合的脂代谢调控网络。2017 年度项目共发表 SCI 刊源文章 58 篇。 （中国海洋大学）

“863”计划

【进展情况】 2017 年共完成“十二五”863 计划海洋技术领域 76 个课题的验收，涉及重大项目课题 4 项，主题项目 11 项。验收严格按照“863”计划管理办法、实施细则以及领域办发布的《海洋仪器设备研制质量管理规范》《规范化海上试验管理办法》进行，2017 年海洋技术领域通过技术攻关形成了一批重大技术成果，其中载人潜水器国产化技术取得重大突破，“深海勇士”号完成 4500 米海上试验，南海深海海底观测网投入业务化运行。

【中国自主研发的远程快速无人艇自主监测系统（“天行一号”USV）完成海上试验】 该课题是“863”计划海洋技术深远海海洋动力环境观测系统关键技术与集成示范项目支持的重点课题。项目组经过近 4 年研发攻关，先后完成系统集成、水池试验和海上试验等工作，于 2017 年 9 月，在辽宁省大连市旅顺新港附近海域进行了海上验收测试，完成最大航速、搭载能力、自主监测能力、航速航向控制、目标监测能力、通信距离、自主避碰航行、电力推进航行能力的测试。测试最大航速 52.16 节，航向控制精度±1°，可在四级海况下完成多波束测深和水文气象参数测量，实现了海上多障碍物的自主规避。9 月

24 日，“天行一号”因为其领先的性能指标被作为中国内地科技创新成就的代表赴香港参加“创科博览 2017”。

【中国自主研发的混合驱动波浪滑翔器海洋观测系统（“黑珍珠”Wave Glider）完成海上试验】 该项目是“863”计划海洋技术领域支持的重点项目。项目组经过近 4 年研发攻关，先后完成总装联调和海上摸底试验等工作，于 2017 年，分别在青岛和南海海域完成第三方见证的海上试验。“黑珍珠”波浪滑翔器在青岛千里岩岛海域完成环岛连续 99 天 3600 千米的航行（渔民破坏而中止），并在南海完成连续 17 天运行，经历飞鸽、帕卡两次台风并生存下来，测得可生存最大浪高 9 米。为加快推动成果的示范应用和转化，项目组按照发电功率和搭载能力将“黑珍珠”波浪滑翔器进行小、中和大三个型号的定型工作，以满足不同海洋观测应用的需求。

【作业型 ROV 产品化，完成关键部件定型】 该项目于 2015 年 3 月立项，阶段性成果一：已完成工作深度 2000 米，功率为 100hp 的作业型液压 ROV 的研制、集成和陆上调试，正在开展水池试验。液压 ROV 系统的水下液压源、推进器、压力补偿器、水下磁致传感器、配电柜、电子舱、多功能控制板卡及水下摄像照明系统等关键部件均已完成产品化定型，并实现小批量销售。阶段性成果二：已完成工作深度 1000 米，功率为 50hp 的检测作业全电动 ROV 的框架结构、电控部件、浮力材料的研发，正在进行整体集成。集成后，将转入陆上调试、水池调试。

项目组已掌握大功率作业型 ROV 的系统设计方法，形成集设计、加工、制造、试验于一体的产品化能力。

【全海深内波精细化观测自主潜标和全海深内波及混合同步观测自主潜标研制成功】 课题 1“全海深内波及混合精细化观测自主潜标研制”与课题 2“内波与混合精细化观测系统集成与示范”有机衔接，是“863”计划重大项目“南海北部内波与混合精细化观测及内波预测技术”的重要组成部分。课题组经过 4 年研发攻关，突破深海混合剖面观测往复式匀速运动平台稳定性控制、深海 38kHz 相控阵 ADCP 换能器低功耗以及卫星通信浮标定时释放等关键技术，并集成海流剖面仪和温度传感器等国产海洋仪器，研发全海深内波精细化观测自主潜标和全海深内波及混合同步观测自主潜标。这两套潜标系统运行时间 1 年，系统最大工作水深 6000 米。

【“南海及周边海域风浪流耦合同化精细化数值预报与信息服务系统”研制成功】 “南海及周边海域风浪流耦合同化精细化数值预报与信息服务系统”项目，是“十二五”“863”计划海洋技术领域重大项目“深远海海洋动力环境观测系统关键技术与集成示范”的课题之一。作为“十一五”“863”计划重大项目课题“南海海洋动力环境数据集成与应用技术系统开发”滚动支持的任务，本课题在“十一五”研发工作基础上，通过拓展预报区域、升级同化模块和耦合预报模块，实现新一代预报与信息服务系统的研发。

首先，根据军民应用需求，本课题将预报海域由南海拓展到中国近海和印尼海；其次，通过引入集合调整 Kalman 滤波同化模块，有效提高了海洋动力环境预报模式初始场精度；另外，本课题通过分析研究“内波与混合精细化观测系统集成与示范”课题提供的南海海洋垂向混合数据，改进南海中深层海洋垂向混合参数化方案；最后，本课题通过考虑大气–海浪之间海表粗糙度和海洋飞沫对海气界面通量的影响，以及海浪–海流之间浪致混合的作用，完善了风–浪–流耦合机制，并采用 MCT 耦合器实现大气–海洋耦合模块的升级。系统研制完成后，于 2015 年 11 月 1 日至 12 月 31 日和 2016 年 1 月 1 日至 12 月 31 日，分别在国家超算深圳中心和国防科技大学银河二号超算平台实现了总计 14 个月的业务化试运行，试运行期间的预报产品在水文气象保障、溢油应急服务等方面得到了切实应用。

【中国自主研发的南海深海海底观测网试验系统正常运行一年】 “海底观测网试验系统”是“十二五”“863”计划海洋技术领域重大项目，由中国科学院声学研究所牵头，联合国内15家优势涉海研究机构，历经四年、经过三次大规模海试，攻克海底观测网试验系统总体技术，制定中国首个海底观测网技术规范，突破水下高压远程供电与接驳、大深度高精度定位布放与回收、大长度深水高电压光电复合缆、深水ROV水下湿插拔、水声无线拓展等多项关键技术，在海南离岸150千米海深1800米处建成中国第一个深海海底观测网试验系统，为中国进一步开展大规模海底观测网建设提供了重要的技术支持与人才队伍。“南海深海海底观测网试验系统”作为海底观测网试验系统重大项目的标志性成果，已于2016年9月起开展南海区域实时海洋观测，系统运行正常，已获得110GB科学观测数据和3TB海底视频资料。（科技部）

海洋公益专项

【概述】 国家海洋局科学技术司加强海洋公益性科研专项的管理和成果应用服务。组织开展2011年、2012年项目的结题验收工作，围绕“六大工程”编制海洋公益专项成果分类汇编目录，编制专项年度进展报告和《海洋生态文明理论技术与实践》等成果集成专著，及时提供给各级海洋管理部门、公益服务机构和有关用户单位加以转化应用；进一步加大专项项目监督检查和管理力度，组织召开海洋公益专项管理工作会，并委托分局组织开展2015年项目中期检查和整改督促工作。（国家海洋局科学技术司）

【项目进展情况】 有序组织开展东海分局承担的7个海洋公益性项目，其中2010年“海洋维权执法目标探测识别与信息传输技术应用研究与示范”项目，2011年“疏浚物和污水污泥倾废监测、管理技术研究与应用示范”项目与2012年度“机械压缩蒸馏技术处理海上石油平台污水装备开发及应用示范”已于2017年年初组织召开的验收会议上顺利通过验收；2013年度“中国典型海域外来海洋生物入侵风险评估技术集成与辅助决策技术研究”项目已完成自验收，准备财务审计和项目总验收；2014年度“东海特定海域维权巡航安全保障技术集成及示范应用”项目与2015年度“基于海洋健康的资源环境承载能力监测预警关键技术研究与区域示范应用”“海岛植物物种多样性保护及生态优化技术研究与应用”项目稳步推进。

（国家海洋局东海分局）

海洋地质调查

中国地质调查局继续开展中国管辖海域1∶100万海洋区域地质调查成果集成、重点海域1∶25万海洋区域地质调查、重点海域油气资源调查、天然气水合物资源勘查与试采、南极科学考察及大洋科学考察等工作，服务海洋强国建设、生态文明建设和海洋经济发展等国家重要需求。

【海洋基础地质调查】 继续开展中国管辖海域1∶100万海洋区域地质调查成果集成，基本完成东部海域海洋地质调查系列图编制，建立东部海域“沟–弧–盆”动力机制，厘定扬子块体在南黄海分布范围和边界。在南黄海、三亚等重点海域开展1∶25万区域地质调查，基本完成了营口幅、锦西幅、日照幅、连云港福、霞浦县幅、厦门幅、乐东幅7个图幅的1∶25万海洋区域地质调查工作，系统获取图幅内地形、地貌、底质、沉积层结构、地质构造、重力、磁力等基础地质信息，初步建立了岛礁地质环境承载力评价体系。结合纵贯黄海和东海的地学大断面与南黄海盆地大陆架科学钻探CSDP–2井的资料，系统分析了南黄海盆地层结构，建立了迄今为止南黄海盆地最完整的地层序列，提出南黄海盆地中–古生代盖层属下扬子区。对中国海域中新生代盆地的沉积建造及变形特征进行总结，为地层研究和比对提供依据。

【海域油气资源调查】 继续在南黄海、东海、南海北部等重点海域，开展新区域、新层系油气资源调查。开展南黄海科学钻探目标区的补充调查，在分析油气地质条件和梳理重大地质问题的基础上，锁定了钻探井位，编制了钻井地质设计。开展东海西部地震资料攻关处理与综合解释，圈定东海西部中生界油气远景区，优选出台北转折带为进一步勘探的有利区带，落实重点目标6个。开展南海北部潮汕坳陷中生界有利区带油气资源评价工作，圈定南海北部东沙海域潮汕坳陷中生界新层系油气远景区，划分2个有利区带，落实5个重点目标，提出1口钻探井位。系统评价南海中南部重点海域油气资源潜力，圈定新生界油气远景区1个，提出进一步勘探的有利区带2个，落实重点目标6个。

【天然气水合物资源勘查】 作为矿种发现单位，成功申报天然气水合物为中国第173个矿种。开展南海北部神狐海域天然气水合物矿体定量评价和储层精细描述，圈定8个大型矿体，查明了矿体的空间分布、储层特征及储量潜力。在重点海域天然气水合物有利区圈定优选钻探目标，提交28口钻探井位。丰富完善了天然气水合物成藏理论，初步形成泥火山型水合物矿藏高分辨率地震、浅剖、多波束综合探测和识别技术方法体系及资源评价方法。完善可控源电磁探测技术、冷泉探测技术、海底地震数据反演技术以及钻探原位探测等技术，取得良好的应用效果。编制海域天然气水合物环境效应调查评价技术规程。在新疆甜水海盆地发现大规模泥火山群及其周缘首次发现伴生的现代冷泉及碳酸盐结壳，获得天然气水合物重要找矿线索并圈定出成矿有利区。开展音频大地电磁测深法、低频探地雷达和岩屑地球化学测井方法实验，初步集成冻土区天然气水合物物化探靶区预测技术。在青海天然气水合物长期观测基地建立井深600米的冻土监测井，获取一批重要的冻土地温观测数据。

【海域天然气水合物资源试采】 在南海北部神狐海域，以地层稳定为核心的“三相控制”开采理论为指导，利用地层流体抽取试采方法，应用钻完井、储层改造、出砂防控、环境监测及水合物二次形成监测与预防等技术工艺，成功实施中国首次海域天然气水合物试采。自5月10日点火至7月9日主动关井，连续试采60天，累计产气30.9万立方米，获得647万组试验数据，创造持续产气时间最长、产气总量最大的试采世界纪录。试采安全评估和环境监测结果显示，钻井作业安全，海底地层稳定，大气和海水甲烷含量无异常变化。此次试采是世界上泥质粉砂储层类型天然气水合物首次成功试采，攻克极复杂地质条件和深水浅层工程条件下天然气水合物试采的世界性难题，实现三项重大理论、六大技术体系和二十项关键技术自主创新，初步建立适合中国海域天然气水合物储层特点的试采技术和装备体系。

【数字海洋地质】 在世界地球日和中国国际矿业大会期间新发布两批海洋地质调查资料并提供在线服务，包括地质取样、单道地震、浅层剖面等调查数据集74个、成果图件50幅、成果报告3份。建立《海洋地质数据资源共享细则》《海洋地质数据资源分类及接口服务规范》，解决了海量海洋地质数据共享的问题，为“地质云”共享办法与标准的建立提供参考。更新《海洋地质调查综合信息图册》，为海洋地质调查工作部署提供依据。制作“海洋地质虚拟现实科普系统”和海岸带灾害科普微视频，服务于海洋地学和深海科学知识普及。

【深海地质调查】 “海洋六”号船于2016年12月31日抵达南极海域，开展南设得兰群岛地质地球物理综合调查和菲尔德斯半岛长城站附近路线地质调查，历时33天，圆满完成南极第33次科学考察任务，这是中国

1990—1991 年首次开展南极综合地质地球物理调查后，时隔 26 年第二次开展南极海域综合地质地球物理综合科学考察。首次开展大范围、立体式的高分辨率多波束海底地形探测，采获大量沉积物岩心样品，首次获得南极海底地层地热流实测数据，为开展南极地质演化与全球气候变化研究提供了宝贵的实物资料。创新了南极科学考察的模式，与“雪龙”号船实施“多船多站”极地科考，实施海陆联合极地考察，实施中国大洋第 41B 航次科学考察。（中国地质调查局）

海 洋 调 查

【组织论证实施“中国首次环球海洋综合科学考察”】 2017 年国家海洋局第一海洋研究所组织实施“中国首次环球海洋综合科学考察”，该航次 2017 年 8 月 28 日从青岛起航，于 2018 年 5 月 18 日返回青岛。航次分为五个航段。第一航段通过对中印度洋海盆区开展深海稀土加密调查，深化对中印度洋海盆远景区稀土分布范围及成矿规律的认识，使中国成为目前对印度洋深海稀土调查研究程度最高的国家。航次第二、三航段在南大西洋开展热液硫化物精细调查，获取大量热液硫化物样品，包括大型热液烟囱体及重达 3 吨的块状硫化物。使中国成为目前对南大西洋中脊热液硫化物调查研究程度最高的国家。第四航段对中国南极科考相对薄弱的大西洋扇区进行大范围调查，将中国南极科考由传统的西经 45°向东扩展到西经 37°海域；成功在南极鲍威尔海布放 2 套深水潜标，开创中国利用潜标对南极大西洋扇区海洋环境实施长期观测的历史；首次对南极大西洋扇区海底进行大范围全覆盖的海底地形测量；首次在南极大西洋扇区开展 480 道海洋高分辨率多道地震探测；首次在南极海域对海底热液和冷泉活动等特殊地质构造单元开展海底原位热流测量；首次实现在南极大西洋扇区重、磁、震多参数联合反演；首次发现调查区天然气水合物形成与海底热液活动密切相关的直接地质与地球物理证据；首次在南极大西洋扇区发现海洋微塑料的存在。航次第五、六航段在东南太平洋深海盆地初步选划出面积约 150 万平方千米的富稀土沉积区，这是国际上首次在东南太平洋海域发现大范围富稀土沉积，刷新中国和国际上深海稀土资源调查研究的新记录；开展精细化的涌浪致混合科学实验，针对波浪致湍流混合问题，取得包括湍流、波浪、风场要素在内的系统观测资料。

【首次对世界最深蓝洞“永乐龙洞”开展综合调查】 2017 年国家海洋局第一海洋研究所组织实施中国首次永乐龙洞全方位洞内综合调查，涵盖海洋地质、地貌、测绘、化学、生物、生态、物理海洋等 7 个学科，成果显著。首次界定西沙蓝洞精确深度（基于 1985 国家高程基准）；首次实现西沙蓝洞内部形态探测并编制蓝洞三维模型；首次对洞内水文状况进行观测；发现全球开放海域最古老的海水和最古老的温跃层；首次对洞底沉积物进行地层结构探测；首次对蓝洞水环境和生态环境进行整体调查；首次发现西沙海洋蓝洞群。

【完成国家自然科学基金共享航次任务】 2017 年国家海洋局第一海洋研究所组织实施国家自然科学基金共享航次任务，“向阳红 18”科考船分别于 2017 年 5 月和 9 月高效、圆满完成 2017 年度国家自然科学基金委员会东海共享航次调查任务。该航次系国家海洋局首次承担基金委共享航次任务。

【组织实施中国大洋 42 航次科学考察】 2017 年国家海洋局第一海洋研究所组织实施中国大洋 42 航次科学考察，对中印度洋海盆北部进行稀土资源调查和环境调查，本航次是“蛟龙探海”工程实施的第一个调查航次，也是“十三五”期间开展的第一个军民融合大洋科考航次。除了稀土资源调查外，本航次首次在沃顿海盆发现密集分布的多金属结核。

【组织实施“全球变化与海气相互作用专项”大型外业调查航次】 2017 年国家海洋局第一海洋研究所组织实施东印度洋海底底质与底栖生物调查、东印度洋水体冬季综合调查、东海水体夏季综合调查等 3 个“全球变化与海气相互作用专项”大型外业调查航次，均按照实施方案顺利完成或正在顺利开展调查工作。 （国家海洋局第一海洋研究所）

【东海大陆架海底地震仪（OBS）探测航次】 依托于国家重点研发计划项目“燕山期重大地质时间的深部过程与资源效应”，实施东海陆架区综合地球物理剖面探测，并与陆上地震测线相结合，获取从华南大陆至东海陆架的海陆联合剖面。2017 年 4 月 5—16 日，在东海陆架区进行海底地震仪探测航次，共计 12 天，测线长度 285 千米。采用双船作业，其中“浙台海研 7”负责 OBS 的投放和回收，“延平 2 号”进行炸测作业。作业过程中以 15 千米的间距投放 OBS 15 台，共炸测 1375 炮。工区海况恶劣，而且渔船很多，但仍克服困难，成功回收 13 台。已经获取研究区地震数据和导航、走时数据一套，在单台记录剖面上识别出清晰、连续的震相，包括直达水波 Pw，沉积层折射震相 Ps，地壳内折射层震相 Pg，上地幔折射震相 Pn，地壳内反射震相 PcP，莫霍面反射震相 Pmp，为东海陆架区深部结构正反演模拟奠定了良好的基础。

【西太平洋 PAC-CJ07 区块海底底质和底栖生物调查】 该航次在西太平洋雅浦海沟和马里亚纳海沟附近海域展开调查，历时 65 天，共完成表层底质采样 131 站，柱状沉积物采样 11 站，悬浮体调查 40 站，大型底栖生物调查 13 站，小型底栖生物调查 9 站，底栖生物拖网调查 1 站。通过调查发现区域内底质类型十分丰富，水深和地形是沉积物类型的主要控制因素。在区域中南部发现了多金属结核富集区，多金属结核丰度可达 20 千米/平方米以上。调查还发现了大规模的纹层状硅质软泥沉积和超深水环境下的钙质软泥沉积，能为推进西太平洋的第四纪环境和气候变化研究提供新的研究材料。

（国家海洋局第二海洋研究所）

【国际海域资源勘探开发工作有新突破】 国家海洋局第三海洋研究所牵头的大洋“十二五”重大项目“深海（微）生物勘探与资源潜力评价”顺利通过验收。通过组织立项 12 个课题。策划、组织申报大洋“十三五”专项项目。组织介入“蛟龙探海”工程方案编制；牵头申报 2 项大洋“十三五”生物环境项目，最终确定牵头实施深海生物资源采探与评价项目、东太平洋生态环境监测与保护项目 2 项；1 项大洋“十三五”生物项目“大洋微生物新资源获取及资源库建设”课题获优先启动。

【《北冰洋酸化水体快速增加》登上国际顶级期刊《自然·气候变化》】 2017 年 3 月 2 日，国家海洋局第三海洋研究所科研团队研究成果《北冰洋酸化水体快速增加》发表在国际顶级期刊《自然·气候变化》（影响因子 19.04）上。该成果入选“2017 年度中国海洋十大科技进展”。针对“北冰洋酸化程度、增长速率及其对气候变化响应”这些科学问题，海洋三所科研团队通过对历次中国北极科学考察航次数据的集成与精细分析，首次获取了对这些问题的答案，是全球气候变化驱动着北极酸化水体以每年 1.6%速度快速扩张，预估酸化水体将在本世纪中叶覆盖整个北冰洋。这是《自然·气候变化》首次报道的有关极地海洋酸化与气候变化密切联系的文章，也是中国学者在该杂志发表的首篇海洋化学领域文章。

【组织实施完成中国大洋 45 航次调查】 2017 年 11 月 18 日，海洋三所所属科考船“向阳红 03”号完成中国大洋第 45 航次科考任务。这是国家海洋局首次实施综合性的大洋调查，也是“向阳红 03”船首次承担中国大洋科考任务，整个航次历时 130 天，航程 1.5 万余海里，开展 3 个航段的科学考察，多项科技成果取得中国大洋科考历史性突破。

【全球变化与海气相互作用专项科研攻关稳步推进】 以“向阳红 03”等船为依托，承担完成声学春季调查航次专项综合调查任务和西太底质调查工作，2 个项目获得优秀等级评价；正在执行冬季水体调查航次印度洋海洋调查任务。完成 16 项承担任务验收，并获生物与化学成果集成专项任务。6 月，根据专项 2018—2020 年任务指南，共计 1 项综合调查任务、3 项保障研究任务、2 项资料收集与处理增补任务获准立项。

【极地专项研究更加切合国家战略需要】 牵头完成 2 个极地专项；组织完成第四次北极科学考察成果整合及鉴定工作，出版专著 3 部。在第八次北极考察中，首次开展北冰洋海洋人工放射核素与水下声学调查，开拓极地海洋科考新领域。组织人员参加第 33、34 次南极科学考察、黄河站考察及第八次北极科学考察。组织 11 人次参加第 34 次南极科学考察；1 人次参加黄河站科学考察；11 人次参加中国第八次北极科学考察，并承担其中 4 个专题任务。

【西太平洋海洋放射性监测取得新成效】 提交 2016 年航次监测报告，完成 2017 年两个航次西太平洋监测工作，首次将监测范围扩展到东经 156°，在 6 个具有特殊地域代表性的海域采集沉积物物样品。新研制的“倒吸组合式水样过滤系统”完成专利申请，并成功进行海上试验，突破了仅能在海上处理表层海水的限制，实现全深度大体积海水样品的现场预处理。作为国家核应急海洋辐射监测技术支持中心的依托单位，组织力量参加国际原子能机构三级公约演习，获得国家核事故应急办表彰。这是中国首次派员参加该级别演习。 （*国家海洋局第三海洋研究所*）

【长征五号遥二运载火箭助推器残骸海上监测】 2017 年 6 月 30 日至 7 月 5 日，国家海洋局组织中国海警 3402 船与中国海警 3901 船实施“长征五”号遥二运载火箭助推器残骸海上监测，使用常规光学、红外光学等技术手段记录火箭助推器分离、空中解体、残骸坠落时的物理现象及过程，以及该过程中的海面及高空气象数据；获取了火箭发射升空、芯级分离整个过程丰富的影像数据；成功打捞 2 个高压气瓶残骸。

【长征五号运载火箭首次飞行任务表彰】 2017 年 4 月，人力资源和社会保障部、工业和信息化部、国家国防科技工业局、国务院国有资产监督管理委员会、中央军委政治工作部等五部门联合表彰“长征五”号运载火箭首次飞行任务首出突出贡献单位和突出贡献者。国家海洋局南海分局承担“长征五”号运载火箭首次飞行助推器残骸海上监测任务，中国海警 3306 船和 3402 船编队获评突出贡献单位，国家海洋局南海分局海洋科学技术处张丞杰、中国海监南海维权支队李春亮获评突出贡献者。 （*国家海洋局南海分局*）

海洋重点实验室

【青岛海洋科学与技术国家实验室—区域海洋动力学与数值模拟功能实验室】 区域海洋动力学与数值模拟功能实验室依托于国家海洋局第一海洋研究所，由中国海洋大学共建而成。实验室主任是乔方利研究员，学术委员会主任是丁一汇院士。实验室现有固定人员 86 人，流动人员 89 人。固定人员中 49 人具有正高级专业技术职称，26 人具有副高级专业技术职称。其中，中国工程院院士 3 人、国家杰出青年科学基金获得者 4 人、国家优秀青年科学基金获得者 3 人、“百千万人才工程”入选者 4 人、“千人计划”人才 3 人、“万人计划”人才 4 人、青年“千人计划”人才 1 人、“创新人才推进计划”领军人才入选者 3 人、“长江学者”2 人、“新世纪优秀人才支持计划”人才 4 人、中科院“百人计划”人才 3 人、海洋试点国家实验室“鳌山人才”入选者 6 人。流动人员以 35 周岁以下青年学者为主，绝大多数具有博士学位。

2017 年，实验室成员主持的各类在研项目（课题）共计 139 项，经费共计约合人民币 50192.88 万元。其中，国家重点研发专项项目（课题）14 项、国家自然科学基金项目 57 项、国家海洋局组织实施的重大专项项目（课题）14 项、鳌山科技创新计划项目（课题）12 项、各类国际合作项目 13 项、其他各类项目（其他省部级及以上项目、美国国家自然基金项目、横向项目）29 项。2017 年新增项目 68 项，经费共计 10375.9 万元。

在区域过程研究方面，代表性成果包括：（1）在《Nature Climate Change》发表了南大洋次表层增暖的一种新的可能机制，解释了热量从海洋表层向深层的传递过程，有助于理解广为关注的全球增暖减缓现象的关键海洋控制过程；（2）在《Nature Climate Change》发表了全球不同海盆的复杂海表温度变化过程对于 20 世纪以来多年代际全球表层温度变化的控制作用，对于理解全球表层加速增暖和增暖停滞现象开拓了新视角；（3）在《Journal of Climate》发表了关于 2015/2016 年超强厄尔尼诺事件期间印度洋未伴发印度洋偶极子事件这一反常事实的研究，为认识热带印度洋–太平洋之间的复杂相互作用提供了新观点；（4）在《Climate Dynamics》发表了近十年来 Argo 浮标资料所带来的对海洋盐度时–空变化特征的新认识，从气候系统水循环的角度提出了未来气候变化研究需要关注的新方向；（5）在《JGR–Ocean》发表了位涡通量对南海环流的影响，对认识南海环流的三层结构提出了新的动力学框架。

在海洋与气候数值模式方面，主要进展包括：（1）在《JGR–Ocean》发表了台风模式研究的新进展，通过考虑海浪对于海–气界面热通量及对上层海洋的混合的贡献，显著改进了台风强度模拟偏差这一传统难题；（2）自主发展的全球 0.1 度分辨率海浪–潮流–环流耦合海洋数值预报系统实现了业务化运行与应用，为有关部门提供了全球多个关注区域的海洋环境 120h 预报产品；（3）完成 FIO–ESM 地球系统模式升级、海洋模式高效自动并行算子库建立、海洋模式数据同化研究、海洋矢量要素可视化研究和海洋下游模式（生态、核污染、渔模式、声模式）的建立和应用。

在遥感和现场观测方面，主要进展包括：（1）在"透明海洋"计划支持下，印度洋浮标观测实现实时数据上传 GTS，实现数据共享；（2）推进"观澜号"新技术海洋科学卫星项目的立项，举办了卫星总体设计及其遥感应用关键技术论证会；（3）在中尺度涡旋的观测与识别方面取得进展，自主研发了多功能、高感知度的海洋信息可视化平台（i4Ocean 3.0），采用 GPU 加速渲染技术生成流线，采用 Phong / Blinn 光照模型对流线进行光照处理，提高三维流线的空间感知；（4）脉冲相干多普勒激光雷达风场及海气边界层探测取得了新的突破，采用多种扫描模式实现了基于空间结构函数的小尺度风场湍流特征反演，实现了不同下垫面情况下的风机尾流与大气湍流特征分析、飞机尾涡时空演变过程可视化与近地面效应等方面的研究。

2017 年，实验室开放基金工作正式启动，对 9 个项目给予资助，资助经费总额达到 101 万元。以实验室的名义举办或参与举办的主办国内外大型学术会议 20 场，共有 110 人次参加了国内外重要学术会议并作学术报告。获得省部级及以上科技奖励 6 项、人才荣誉或奖励 12 项。发表标注实验室为完成单位的科学论文共计 93 篇。其中，SCI 收录 75 篇（一区收录 21 篇）；出版专著 2 部，授权专利 4 项。

【青岛海洋科学与技术国家实验室—海洋地质过程与环境功能实验室】　该功能实验室依托国家海洋局第一海洋研究所，由国家海洋局第一海洋研究所、中国科学院海洋研究所、中国海洋大学、青岛海洋地质研究所和国家海洋局深海基地管理中心共建而成。

2017年度实验室项目，包括国家重点研发专项、“973”计划、国家自然科学基金项目、鳌山科技创新计划项目、中科院战略性先导科技专项、行业性重大专项、其他省部级及以上项目等222项，经费总额约8.4亿元，其中新增项目共69项，经费总额约1.5亿元。

实验室在四个主要研究方向取得多项研究成果，标注海洋地质过程与环境功能实验室的论文172篇,其中SCI论文119篇（包括《Science》，《Nature》及子刊收录4篇，SCI一区收录17篇），EI论文14篇，国内核心论文39篇；出版专著/图集10部；获得授权专利33项（其中发明专利23项）；制定标准5项。

功能实验室研究人员提出热岩石学控制的分段式断层流变学新模型，揭示板块汇聚边界地震带与慢地震带分离机制，成功的解释了与慢地震相关的众多未解难题。在中国南海首次发现碳酸岩岩浆可以连续演化为碱性玄武岩的现象，该发现打开了揭秘深部碳循环的一扇新的窗户，将大大推动有关深部碳对岩浆活动、地表环境的影响等相关研究。在末次冰期古气候突变机理研究方面取得重要突破，肯定了气候突变现象的发生对边界条件明显的依赖性，为理解冰期气候突变的产生机理提供了一套全新的理论框架，并对了解冰期-间冰期旋回的动力过程有着重要的启示作用。在黄河入海演化历史研究方面取得重要突破，得出黄河至少在距今88万年前就已贯通入海的重要结论，该研究首次在黄河下游—中国东部陆架区获得黄河流入边缘海的物源变化证据及时代，为认识黄河贯通入海提供可靠的年代。在深海极端环境拉曼光谱原位探测取得突破，在国际上首次获得深海热液区域290℃的高温热液喷口流体成分的原位拉曼光谱；在南海冷泉区域，通过原位拉曼光谱首次发现裸露在海底的天然气水合物，并且在冷泉喷口附近的生物群落中发现了自然硫（S8）。乘“蛟龙”号载人深潜器对南海中部的典型海山和南海东北部的陆坡区进行考察，取得大量宝贵的样品。

功能实验室组织实施多个国际合作项目，产生较大国际影响。特别是由功能实验室依托单位—中国国家海洋局第一海洋研究所（FIO）和俄罗斯太平洋海洋研究所（POI）共同组建“海洋与气候联合研究中心”，这是首个中俄海洋科学研究领域的合作平台，为“冰上丝绸之路”建设提供重要支撑。

在人才建设方面，功能实验室固定人员1人入选国家百千万人才工程，1人入选“万人计划”青年拔尖人才，1人入选青年千人，1人获得国家自然科学基金委“杰青”称号，3人获得国家自然科学基金委“优青”称号，2人获得鳌山人才优秀青年学者称号，1人获得国家海洋局海洋领域优秀科技青年称号等。本年度实验室又吸收了5名固定人员，其中两名为长江学者特聘教授、杰青，一名为“千人计划”入选者；吸收了两名优秀青年科学家为实验室流动人员。

实验室2017年度举办10次国际、国内学术交流会，共有150多人次参加各类学术交流会，其中大会特邀报告38场。共邀请国外专家80多人次来实验室进行合作研究和学术交流。在四个主要研究方向共设置17项开放课题，根据学科研究内容不同，资助强度为5万~10万元。

（国家海洋局第一海洋研究所）

【卫星海洋环境动力学国家重点实验室】

卫星海洋环境动力学国家重点实验室是国家海洋局系统第一个也是目前唯一的国家重点实验室。作为国家部门公益性研究机构的组成部分，实验室承担着大量的国家专项任务，在注重科学研究的同时强调实际贡献。实验室的特色主要表现在三个方面：一是有机结合物理海洋学与卫星海洋学，形成了一个国际海洋界非常罕见的学科交叉研究平台；二是开发和集成海洋观测高新技术，在卫星遥感和 Argo 应用等方面处于国内领先和国际先进水平；三是自主研发军民兼用海洋环境监测和预报系统，满足国防建设和防灾减灾的国家需求。

截至 2017 年，实验室有固定人员 49 人，其中研究人员 43 人，技术支撑及管理人员 6 人。研究人员中有中国科学院院士 2 人，中国工程院院士 1 人，国家优秀青年科学基金获得者 2 人，基本形成了一支以高水平学术带头人为核心，中青年科学家为中坚力量、团结向上、充满活力的科研团队。

2017 年是卫星海洋环境动力学国家重点实验室（SOED）蓬勃发展的一年，在团队建设、人才培养、成果凝练、开放交流、科普宣传、平台建设和运行管理等方面都取得了新的进展，进一步增强了实验室的整体实力和影响力。

在争取和完成科研项目方面，SOED 依然保持了良好的势头。2017 年实验室承担项目课题任务共计 120 余项（2017 年新上项目 40 余项），其中“973”计划课题 4 项（首席 1 项，课题 3 项），“863”计划 1 项，国家重点研发计划 11 项（项目 3 项，课题 8 项），国家自然科学基金 37 项（重大 2 项（含参与 1 项），重点 1 项，创新群体 1 项），国家支撑项目课题 1 项，科技基础专项 1 项，海洋公益性专项 1 项，浙江省自然科学基金 4 项(杰青 2 项)。

在产生和凝练科研成果方面，SOED 硕果累累。2017 年共发表论文 134 篇，其中 SCI 论文 104 篇（平均影响因子 2.60，3 共 35 篇），EI 论文 24 篇，主持编写专著 4 部，并参与《全球生态环境遥感监测 2017 年度报告》的编写工作；获得国家发明专利 5 项，实用新型专利 4 项，软件著作权 7 项；获得海洋科学技术进步奖一等奖 3 项（排名第一 1 项），二等奖 1 项。

在团队建设与人才培养方面，SOED 亮点频出。潘德炉院士入选“浙江省杰出创新人才”；吴巧燕研究员获得国家自然科学基金优秀青年基金；白雁研究员获得浙江省杰出青年基金；连涛入选浙江省 151 人才第三层次；邢小罡入选所青年英才计划。此外，在国家人才计划的支持下，沈浙奇、马晓、刘婷、张翰、田娣等青年研究人员分别赴美国、德国、加拿大的相关大学和研究机构开展合作研究。

在开放、交流与合作方面，SOED 影响力大幅提升。2017 年实验室推出了海星公开课系列，主办了第四届青年科学家论坛、第二届海洋碳循环遥感多学科研讨会与培训班等多个会议，还协办了第十一届海峡两岸海洋科学研讨会、第一届中国水色遥感短期培训班、2017 第二届海洋遥感与数字海洋国际论坛、南大洋罗斯海观测系统国际研讨会，进一步提升了验室国内外影响力。实验室进一步扩大实验室访问海星学者系列，目前高级访问海星学者已达 32 名，青年访问海星学者 40 人，为增进实验室国内外合作交流注入了新的血液。

在科普宣传方面，SOED 突飞猛进。实验室通过“中国航天日”“探索深蓝—公众科学日”“世界海洋日”等公众开放活动，接待社会公众参观次数近 40 批次，总人数超 1000 多人，取得了很好的社会效果。特别值得一提的是，实验室 2017 年新引进的一大科普利器“小球大世界（Science on a sphere）”，成为 2017 年实验室科普宣传工作的一大亮点。此外，实验室还专门组织成立了一支以工作人员为主的 SOED 科普常务委员会和一支以学生志愿者为主的 SOED 团支部“玩转深蓝球幕电影组”两支队伍，共建科普工作。

（国家海洋局第二海洋研究所）

【海底科学与探测技术教育部重点实验室（中国海洋大学）】　实验室获准成立于 2002 年，主要从事海底科学与探测技术的基础与开发研究。2017 年实验室新上国家科技重大专项及子课题、国家自然科学基金、国家重点研发计划子课题等各类项目和课题 111 项（主持），合同额 6138 万元，其中，2017 年 1 月徐继尚副教授获“全球变化与海气相互作用”专项 1570 万元资助。各类科研项目 2017 年实际到账经费 8243.8 万元。承担的项目以纵向项目为主，特别是刘一鸣博士获得首届全国博士后创新人才支持计划项目 1 项。2017 年 7 月，以“863”计划深水可控源电磁勘探系统开发课题海试首席科学家、中国海洋大学李予国教授团队为主研发的大功率深海海洋电磁勘探系统，成功实现中国首次在西太平洋超 4000 米水深海域的海洋电磁观测，用该技术探究研究区域的地壳及上地幔电性结构，标志着中国电磁探测技术具备向深海挺进的能力。海试系统已实现关键部件国产化，表明该探测系统自主研制水平已位列国际前沿。

2017 年度，发表标注实验室的文章 162 篇，比 2016 年 132 篇增长约 23%，其中 SCI 源期刊论文 85 篇、EI 论文 29 篇，核心期刊论文 48 篇；在有 50 多年历史的国际知名刊物《Geological Journal》（影响因子 2.96）出版“丝绸之路”地质专辑一部。此外，在《地学前缘》（2017 年 24 卷第四期，全部 EI 收录）和《海洋地质与第四纪地质》（2017 年 37 卷第四期，中文核心期刊）围绕西太平洋洋陆过渡带的洋底动力学问题和深部构造过程各出版专辑 1 部。系列文章对于西太平洋洋陆过渡带的洋-陆相互作用、多圈层物质-能量循环、俯冲动力及其资源环境效应等前沿科学问题有重要的启发性。新获授权发明专利 3项和软件著作权 8 项。李三忠教授作为第二获奖人获得国土资源部科技进步奖二等奖 1项。

人才队伍建设和人才培养成绩显著。2 人入选 2017 年度中国高引科学家名录和 ESI 全球 TOP 1%科学家名录，在国际地学领域有重要学术影响；引进绿卡工程教授 1 人，千人学者 1 名，青年英才一层次教授 1 人，英才三层次副教授 2 人，新进科研博士后 4 人。李三忠教授入选国家级百千万人才工程。

继续与国内海洋地质调查研究院开展人才培养合作关系，并与美、德、日、澳、英、法等发达国家相关的海洋研究机构和大学建立广泛的国际合作、人才联合培养关系国际学术交流活动频繁。2017 年 10 月李予国教授成功举办《第二届中德电磁地球物理学双边研讨会》，96 人参会；10 月，王厚杰教授与美国莱斯大学 Jeffery Nittrouer 教授共同举办的“The 2nd International Science Workshop of Mor-phodynamics and Socioeconomic sustainability of Large River Deltas”在青岛召开，约 40 人参会；10 月，李三忠教授在中国地球科学联合会第三次会议组织“洋陆过渡带结构与演化”等 3 个专题，组织团队做学术报告 10 余人次。邀请 10 多位国际专家学者前来开展学术交流和报告，实验室成员先后 41 人次参加各类学术报告。

【海水养殖教育部重点实验室（中国海洋大学）】 海水养殖教育部重点实验室（中国海洋大学）于 1994 年建立，是水产养殖国家重点学科的核心组成部分。主要研究方向有：增养殖生态、水产动物营养与饲料、遗传育种和水产动物病害与免疫。实验室目前拥有逾 5000 平方米的使用面积、12 个功能实验室以及完备的研究设备。现有固定研究人员 52 人，包括教授 30 人，副教授/高级工程师 16 人，其中院士 2 名、“长江学者特聘教授”3 人、国家杰出青年基金获得者 4 人、享受国务院政府特殊津贴 4 人，博士生导师 21 人，教育部新（跨）世纪优秀人才 7 人。实验室目前涵盖水产养殖、水生生物学和动物学三个博士点和硕士点，拥有水产学科博士后流动站。

实验室 2017 年新申请课题 19 项，新增合同到校经费 1300 多万元，其中新增国家级项目 10 项，省部级项目 5 项，横向课题 4 项，包括国家重点基础研究发展项目 1 项，国家自然科学基金面上项目 5 项，青年项目 3 项。2017 年发表学术论文 210 篇，其中 SCI 收录 146 篇，出版专著 1 部。获得国际发明专利 1 项，国家发明专利授权 22 项，申请专利 18 项，获省部级一、二等奖各 1 项。

2017 年实验室主要成果包括：（1）养殖鱼类蛋白质高效利用的调控机制。围绕“养殖鱼类蛋白质高效利用”这一总体目标，麦康森院士联合中科院水生所、华东师范大学、华中农业大学等国内多家单位，申请获批中国水产动物营养领域首个“973”计划项目–“养殖鱼类蛋白质高效利用的调控机制”。项目从类摄食选择与消化道健康、蛋白质代谢信号调控、蛋白质高效利用的能量学机制三个方面开展研究。

（2）深远海绿色养殖模式研发与示范。2015 年，该项目被列为山东省“海上粮仓”建设重点工程，也得到了山东省重点研发计划项目支持。2017 年，中国海洋大学团队与日照市万泽丰渔业有限公司和日照市财金投资集团组成了山东深蓝渔业有限公司，计划 5 年（2016—2020）投资 13.5 亿元实施该项目，已申请国家发明专利 7 项。在养殖模式研究方面，调查养殖海域精细水文、水质条件，建造鲑鳟鱼类育苗场和海水驯养场，依据三种鲑科鱼类对温度、盐度的适应性确定最小入海规格；构建陆（沂蒙山区）海（冷水团海域）接力养殖模式。在养殖技术方面，研发了跃层式深水网箱（网深 35 米）和可沉降式深水网箱；2017 年 7 月在黄海冷水团海域（日照市东 130 海里）深水投饵、养殖获得成功，2017 年 8 月养殖工船利用深层凉水养殖鱼类获得成功，技术路线验证工作已完成。在养殖平台建设方面，建造中国第一艘养殖工船（鲁岚渔养 61699），40 万尾大规格鲑科鱼类已驯化入海。

（3）长牡蛎“海大 2 号”获水产新品种证书。2017 年 4 月 13 日，农业部第 2515 号公告公布第五届全国水产原种和良种审定委员会第四次会议审定通过的 14 个水产新品种，长牡蛎“海大 2 号”获得水产新品种证书（品种登记号：GS–01–007–2016）。长牡蛎“海大 2 号”是李琪教授科研团队继长牡蛎“海大 1 号”之后培育的又一国家级新品种。该品种是以 2010 年从山东沿海长牡蛎野生群体中筛选得到左壳色为金黄色个体构建基础群体，以金黄壳色和生长速度作为选育目标性状，采用家系选育和群体选育相结合的混合选育技术，经连续 4 代选育而成。在相同养殖条件下，与未经选育的长牡蛎相比，“海大 2 号”平均壳高、体重和出肉率分别提高 39.7%、37.9%和 25.0%以上，左右壳和外套膜均为色泽亮丽的金黄色（养殖户喜称“金牡蛎”）。长牡蛎“海大 2 号”已在山东、辽宁等地取得良好的养殖效果，深受育苗企业和广大养殖户的喜爱。山东电视台（2017）对“海大 2 号”的推广应用进行了专题报道。

（4）海水养殖鱼类基础免疫研究与疫苗研筛。水产动物病害与免疫学研究团队在国家十二五科技支撑计划项目“海洋水产病害防治关键技术研究”与国家“973”课题“鱼类疫病免疫防治的系统疫苗学原理与技术途径”资助下，重点围绕鱼类基础免疫与疫苗研发两个方面开展一系列工作。具体研究成果主要包括以下方面：

研制获得抗牙鲆、大菱鲆、许氏平鲉、半滑舌鳎等多种海水养殖鱼类免疫球蛋白单克隆抗体，同时制备获得牙鲆 T/B 淋巴细胞亚群表面标记分子的单克隆抗体；应用单抗分析主要海水养殖鱼类的免疫球蛋白基本特征及免疫应答特点，实现了牙鲆 T/B 淋巴细胞亚群的鉴定，并初步阐明各亚群细胞的组织分布特点及免疫响应特征。探明浸泡免疫全菌疫苗后鱼体粘膜相关组织中黏液细胞数量和特性的时序变化；解析注射和浸泡两种方式免疫鱼体后，粘液抗体在不同免疫相关组织中的应答特性；初步掌握多聚免疫球蛋白受体（pIgR）参与鱼体免疫球蛋白转运的作用过程。

高效浸泡免疫策略及其分子基础：追踪牙鲆在浸泡免疫灭活全菌疫苗后的抗原摄入动态及各免疫相关组织的抗原摄入水平，明确浸泡免疫抗原摄入的主要组织；阐明不同疫苗浓度、浸泡时间及高渗处理对鱼体抗原摄入水平的影响，并基于抗原摄入、免疫应答水平及免疫保护效果等指标优选出最佳浓度与时间的浸泡组合，并掌握高渗浸泡免疫的最优方案；同时，筛选获得多个具有免疫佐剂效应的细胞因子佐剂。

海水养殖鱼类重要病原检测技术与候选疫苗研筛：建立海水养殖鱼类常见细菌病及淋巴囊肿病毒病的快速检测技术，并研制获得可用于养殖现场的快速、便捷的免疫学诊断试纸与芯片。同时，针对迟钝爱德华氏菌、鳗弧菌、鱼肠道弧菌、链球菌、淋巴囊肿病毒及牙鲆弹状病毒 6 种海水养殖鱼类重要病原菌，研筛获得一批具有较好免疫保护效果的亚单位候选疫苗。

多环芳烃在双壳贝类体内代谢与损伤分子机制的研究。本课题针对中国海洋 PAHs 污染状况和生物监测技术薄弱的现状，开展 PAHs 在双壳贝类体内代谢与损伤分子机制的研究，查明 PAHs 在双壳贝类体内解毒代谢过程、蓄积特征和生物大分子损伤机制，揭示PAHs 对双壳贝类生殖内分泌干扰途径，建立基于双壳贝类的海洋 PAHs 污染评价技术体系。

海鲈优良种质资源构建与高产抗逆新品种（品系）选育。构建北方全同胞及半同胞家系共 10 个，总计生产北方海鲈苗种 21 万尾；构建南北方杂交全同胞家系 4 个，总计生产南北方杂交海鲈苗种近 30 万尾。储备优质北方亲鱼 123 尾，后备亲鱼 509 尾。理论研究方面，团队以培养耐盐碱海鲈为育种目标，首先对海鲈的盐度调控机制开展了理论研究。此外，团队在全基因组水平上对海鲈耐盐/盐碱相关的功能基因家族进行系统的鉴定和分析。同时，团队利用 Hi-C 测序技术，将海鲈的基因组拼接水平提高到 contig N50 182.89kb, scaffold N50 达到 15.37MB。结合 PacBio 第三代全长转录组测序及二代测序数据，对海鲈的基因组数据进行进一步优化和完善，为海鲈分子育种及品种改良工作奠定重要基础。

目前在读博士后 9 名、博士研究生 82 名、硕士研究生 193 名。通过建设高水平大学公派研究生项目公派联合培养研究生 21 名。实验室一名博士研究生的学位论文被评为山东省优秀博士论文，两位博士研究生获得山东省优秀科技创新成果奖，校级优秀论文奖硕士研究生 2 篇，博士研究生 6 篇，获得诺伟司国际研究生奖学金 1 项。

本年度实验室邀请来自美国奥本大学、美国马里兰大学、日本东京海洋大学、美国 NOAA 阿拉斯加渔业科学中心、美国密歇根大学等 50 余位顶级专家、教授和研究人员进行了学术访问； 200 人次参加了 13 个国际学术与教育研讨会。

2017 年，实验室继续加强企业合作，服务地方经济建设，与中国水产科学研究院南海所、北京大北农集团、江苏省海洋渔业指挥部、珠海港澳流动渔民管理办公室、福建东山县政府正式签署全面合作协议；与日照山海天区管委和企业，与唐山、烟台、威海市、济宁等地区的政府机构和企业进行广泛的调研并开展实质性的合作。

【海洋化学理论与工程技术教育部重点实验室（中国海洋大学）】 海洋化学理论与工程技术教育部重点实验室于 2005 年被批准立项建设，于 2009 年 5 月通过验收正式成立，实验室共有六个研究重点：活性气体的生物地球化学过程及气候效应、海洋生源要素地球化学、海洋有机地球化学、痕量金属及海洋生物地球化学过程示踪、海水综合利用技术、环境友好型海洋功能材料与防护技术。

2017 年实验室新获批项目 20 项，总合同经费 2031 万元，包括国家重点研发计划、课题 3 项，国家自然科学基金山东省联合项目 3 项，面上项目 6 项。目前实验室共承担在研项目近百项，总合同经费 12000 余万元。

2017 年度实验室成员共发表学术论文 SCI 或 EI 论文 124 篇。其中发表在 Top Journal、SCI 一区、二区的文章数量呈现稳定、明显的增长。部分科研成果发表于 2017 年度验室成员已授权发明专利、实用新型专利 5 项。

2017 年共引进"青年英才工程"人员 4 名，为实验室的发展注入了新的活力，实验室研究方向以院士、长江学者、国家杰青、泰山学者、筑峰和绿卡教授等为首席科学家，形成具有较高学术水平和凝聚力的团队。

2017 年度实验室在海洋化学基础和应用研究领域开展大量学术交流活动。举办"海洋化学前沿国际学术研讨会（International Workshop on Marine Chemistry Frontiers）"、第一届海川学术论坛、第二届海川学术论坛、第四届海川青年论坛、"中国东部陆架海域生源活性气体的生物地球化学过程及气候效应"学术研讨会；召开实验室第二届学术委员会第一次会议；实验室共设立 4 项访问学者及开放课题基金（共 16 万元），用于资助优秀的国内外学者来实验室开展合作研究；本年度邀请专家来访并做学术报告 40 余人次。

【海洋环境与生态教育部重点实验室（中国海洋大学）】 海洋环境与生态教育部重点实验室围绕国家海洋环境保护和生态安全的重大需求，兼顾科学理论与工程技术，定位于应用基础研究。2017 年实验室主持或参与在研的国家和省部级等科研项目 89 项，包括国家重大科学研究计划 1 项，国家重点研发计划 6 项，"973 计划"课题 1 项，国家重大科研仪器研制项目 1 项，国家自然科学基金项目 47 项，科技基础性工作及社会公益研究专项 1 项，公益性行业科研专项 2 项。2017 年新增国家自然科学基金 7 项，新增纵向科研经费合同额 2185 万元。围绕山东省、青岛市等海洋经济发展和半岛蓝色经济区发展，实验室积极服务地方经济建设，能力不断加强，2017 年度新增科技服务与咨询等横向项目 44 项，合同经费 1182 万元。

2017 年实验室发表学术论文 180 余篇，其中 SCI/EI 收录论文 120 篇，59 篇论文在影响因子大于 2 的 SCI 期刊发表，其中在 I、II 区 SCI 期刊发表论文 46 篇，三、四区 SCI 论文 47 篇。出版专著两部。本年度获授权国家发明专利 11 项，申请国家发明专利 2 项。制定标准两项。本年度一人次获山东省青年科技奖、一人次获日照市科学技术一等奖；"铬渣堆场污染区域铬迁移转化调查与分析"获山东省第三届环境类专业大学生科技竞赛调查报告类一等奖，"浒苔生物炭的制备及其对铬污染土壤的改良""高效秸秆纤维素分解菌的筛选、分离及特性研究"分获山东省第三届环境类专业大学生科技竞赛学术论文类一等奖与二等奖；"基于原位观测的海底界面层动态变化过程研究"获山东省研究生优秀科技成果创新奖。实验室在在科技水平和人才培养方面不断进步。

实验室通过引进国内外高端人次，接受国内外著名高校及科研院所优秀博士生等渠道，为实验室壮大科研队伍，打造合理的学术梯队。2017 年实验室"山东省万人计划"讲座教授在岗 2 人，"学校绿卡计划"讲座教授在岗 2 人，引进筑峰人才 3 人，青年英才 3 人。2017 年在实验室学习和工作的博士研究生 135 人，硕士研究生 350 人。其中 2017 年入学博士生 39 人，硕士生 150 人。

实验室继续加强国内外学术交流。2017 年，稳步推进与东英吉利大学（University of East Anglia）、伍兹霍尔海洋研究所（Woods Hole Oceanographic Institution）等海外科研机构的交流与合作。双方在共同申请研究课题、合作培养研究生等方面取得长足进步。2017 年 4 月 17 日，日本熊本县立大学张代州教授来访进行学术交流；11 月 3—8 日石金辉、祁建华、高阳、刘晓环四人访问日本熊本县立大学，研讨利用双方的观测站点进行针对长距离传输过程中东亚大气气溶胶物理、化学、光学以及生物特性等方面变化的合作研究计划。

2017 年度 48 人次在国际会议上进行广泛的学术交流，邀请国内外学者来访交流 20 余人次；派出青年访问学者 4 人、高级访问学者 3 人在欧美知名高校进行合作研究。

【海洋生物遗传学与育种教育部重点实验室（中国海洋大学）】 中国海洋大学海洋生物遗传学与育种教育部重点实验室建于 20 世纪 50 年代，是中国海洋生物遗传学与育种技术研究的发祥地。1983 年教育部设立海洋生物遗传研究室，2008 年 12 月获批建设教育部重点实验室。

实验室面向海洋生物遗传学重大科学问题和蓝色种业发展的重大需求，从分子、细胞、个体和群体等多层次开展海洋生物遗传学与种质资源开发研究。主要研究方向：海洋生物分子遗传学与分子育种、海洋生物细胞遗传学与细胞工程育种、海洋生物基因组学与进化生物学。

2017 年度实验室新申请及在研的各类科研项目共计 69 项，其中国家支撑计划项目 1 项，国家自然科学基金项目 40 项（其中新增基金 10 项），公益性科研专项 3 项，国际科技合作重点项目计划 1 项，万人计划 1 项，2017 年到校经费 3523.6 万元。

海洋生物遗传学与育种实验室基本形成了科研能力出色、年龄职称结构合理、学历层次高的高水平研究团队。团队现有固定科研人员 38 人，其中教授 19 人、副教授 13 人，具有博士学位者占 95%，90%以上有国外留学或工作经历，90%主持或主持完成过国家级课题。2017 年，本实验室有 1 人入选中国工程院院士，1 人入选万人计划科技创新领军人才。

实验室现有在读博士生 72 人，硕士生 143 人。2017 年度，实验室招收博士研究生 29 人、硕士研究生 67 人；实验室共毕业博士生 26 人、硕士生 43 人，1 名博士研究生获得国家奖学金，3 名博士研究生获得校长奖学金，1 名硕士研究生获山东省优秀硕士学位论文奖，21 名研究生参加国内会议，作会议报告 5 次。

2017 年实验室发表论文 100 余篇，其中 SCI 收录论文 73 篇，授权国家发明专利 10 项，获得省部级科技奖一等奖 2 项，二等奖 1项。

实验室高度重视国际联合实验室的建设，与挪威 SARS（EMBL）实验室已达成合作意向，2017 年获批建设“海洋生物基因组学与分子遗传育种创新引智基地”（111 计划），结合国家需求和科研长项，重点开展海洋生物无脊椎动物发育与进化的合作研究。2017 年，共有 26 人次参加国内学术会议，15 人次参加国际会议，并多次在会议上做主题报告。实验室设立专项基金，先后邀请 14 位国外专家和 3 位国内专家来实验室进行学术交流。

【海洋药物教育部重点实验室（中国海洋大学）】 海洋药物教育部重点实验室（中国海洋大学）以海洋生物资源为基础，以危害人类生命与健康的重大疾病防治药物研究为目标，定位为海洋药物的应用基础研究。主要研究方向：糖科学与海洋糖工程药物研究、海洋药用生物资源的开拓与药物先导化合物的发现、海洋活性天然产物的合成与成药性优化、海洋药物作用机制与新靶标发现。实验室目前共有固定人员 62 人，其中研究人员 50 人、实验技术人员 9 人、管理人员 3 人。研究人员中，教授 32 人、副教授 18 人，包括中国工程院院士 1 人，国家“千人计划”特聘专家 1 人、国家“青年千人”1 人，国家“优青”2 人，山东省“泰山学者”4 人，教育部“新世纪优秀人才”7 人。

2017 年度，实验室在研各级各类项目共计 83 项，立项总经费 1.13 亿元，年度到位经费 1142.87 万元，项目的研究工作均按计划稳步推进；共发表SCI/EI文章94篇，其中在其中在Nat. Commun.、Org. Lett、J. Med. Chem.、J. Nat. Prod.等国际知名学术期刊上发表影响因子3.0以上的论文57篇，影响因子5.0以上的论文9篇，获授权国家发明专利17项。队伍建设方面，引进校“英才”工程第一层次岗位人才2人，“英才”工程第三层次岗位人才3人；管华诗院士获中国药学会突出贡献奖，1人入选山东省“泰山学者”特聘专家。2017年，培养博士25人、硕士76人。

围绕海洋创新药物研发的国际前沿领域，加强与美国伦斯勒理工学院的RJ Linhardt教授实验室、英国帝国理工学院TenFeizi教授研究室、俄罗斯科学院有机化学研究所Nikolay E. Nifantiev教授实验室的合作，多层次、多渠道、多方式地深化国际科技合作；以实验室为交流平台，举办学术讲座，邀请加州大学圣地亚哥分校William Gerwick教授美国奥本大学Vishnu Suppiramaniam教授、美国德克萨斯大学M. D. Anderson肿瘤中心吕志民教授、纽约州立大学布法罗分校Blaine Pfeifer教授、美国佐治亚大学医药化学与生物化学系郑玉军教授、中国科学院生态环境研究中心杜宇国研究员等国内外知名学者21人次。

举办第十三届海洋药物学术年会暨2017国际海洋药物研讨会。本次大会以“开拓深蓝生物资源，驱动海药源头创新”为主题，就海洋药物先导化合物发现、活性功能分子的大规模制备技术、候选药物及新药研究、海洋生物功能制品等相关学科领域的新进展新成果进行广泛深入的交流和探讨。来自中国大陆、美国、澳大利亚、德国、匈牙利、韩国、荷兰、中国香港、中国澳门、中国台湾等国家和地区的28人知名学者做特邀报告。2017年，实验室有300余人次参加国内外学术会议，有近30人次做大会报告或特邀报告。

【物理海洋教育部重点实验室（中国海洋大学）】 物理海洋教育部重点实验室成立于1987年，1999年被首批确认为教育部重点实验室。实验室以物理海洋学国家重点学科和气象学山东省重点学科以及海洋学国家理科人才培养基地为依托，高度重视和加强科研团队建设和人才培养工作。实验室现有人员85人，其中中国科学院院士3人，国家杰出青年基金获得者2人，千人计划学者3人，万人计划学者1人，长江学者特聘教授3人，泰山学者特聘教授4人。实验室拥有物理海洋学、气象学、大气物理与大气环境等博士点，设有海洋科学、大气科学博士后流动站。

实验室瞄准国家战略需求和学科发展前沿，开展物理海洋学、气象学等学科领域内的科学研究工作，主要研究内容包括：海洋环流动力学（下设近海环流与物质运输，大洋环流动力学，极区海洋动力过程三个单元），海洋波动与混合（下设海浪与小尺度海气，海洋内波与混合两个单元），海洋-大气相互作用与气候（下设大洋环流动力学，海-气相互作用与气候，海洋与气候系统模式三个单元）。

实验室致力于服务国家海洋科学发展的重大战略需求，科研项目申报及执行能力稳步提升。2017年度在研项目130项，合同金额48000.68万元，其中纵向新增25项，经费总额超亿元，包括国家重点研发计划项目1项、全球变化专项1项、国家自然科学基金等各类项目资助30余项。本年度新上重大项目，国家重点研发计划项目——“两洋一海”区域超高分辨率多圈层耦合延伸期预测系统，开发进行全要素和无缝隙涵盖的延伸期预测的关键技术；“全球变化与海气相互作用”专项——西太平洋中南部水体综合调查秋季航次，全面提供海洋与大气断面与定点可靠准确观测资料，提高太平洋环流系统与南海东海等边缘海环流相互作用认知水平；海洋国家实验室鳌山科技创新计划项目——透明海洋深海观测关键技术，支撑国家实验室“透明海洋”工程建设。

2017 年，实验室以海洋动力过程的演变机理及其气候效应研究为核心，围绕海洋动力过程与气候变化的物理海洋机理研究不断取得突破和进展，共发表 SCI 源期刊论文 88 篇，其中 Nature 系列期刊 3 篇，J.Clim.，JGR，JPO，GRL 等权威期刊 40 余篇，另有 2 部外文专著问世；研究成果获得美国发明专利 2 项，另有 4 项成果获得软件著作权登记。

2017 年度实验室进一步完善南海潜标观测网、西北太平洋潜标观测网、万米海沟深渊潜标观测网、东印度洋潜/浮标观测网以及黑潮延伸体观测系统；率先进行国内最大规模的海洋智能装备立体组网观测，展示中国基于自主研发高端海洋观测装备的海洋多学科立体综合组网观测水平；深海自持式剖面浮标、智能浮标（Smart Float）、实时通讯潜标以及极区拖曳式海洋剖面浮标（D-TOP）等仪器设备的自主研发和测试取得重要进展；海洋动力过程与气候机理研究稳步推进，理清了热盐环流的基本流型及变化规律，为解决环流对气候变化的影响这一社会关注的科学难题提供新的思路。系统开展从中小尺度天气活动、海气边界层交换到大尺度气候模态的演变过程与机理多个方面揭示海气系统的不同物理过程和气候变化的动力机制，进一步奠定实验室在海气相互作用领域的国际前沿地位；成功移植构建超高精度的地球系统模式，并进行长期稳定的高分辨率模拟实验；区域模式与预测预报系统建设多见成效。

2017 年度实验室以中国海洋大学“青年英才工程”第一层次岗位引进美国德州农工大学荆钊博士，海洋中小尺度过程和数值模式湍流混合参数化研究团队得以充实。实验室成员中 1 人入选中组部“万人计划”科技创新领军人才，2 人入选山东省“泰山学者”特聘教授，1 人获得国家自然科学基金委优秀青年基金资助，1 人被国家海洋局授予 2017 年度海洋领域优秀科技青年荣誉称号。

截至 2017 年 12 月 31 日，实验室共有固定人员 75 人，其中专职科研人员 58 人、专任工程技术人员 8 人，分别在机理研究、技术支持、平台建设中发挥重要作用。

实验室通过设置访问学者计划、开放课题、召开研讨会议、专题讲座等形式开展学术交流，2017 年度邀请国内外知名涉海研究校所专家学者 23 人次来室访问交流。同时，实验室成员出席国内外学术会议、赴兄弟单位讲学交流 65 人次，其中 7 人次在高水平国际会议上做特邀报告。实验室成员组织和参与中国第 33 次南极考察、中美北极海雾观测、中挪北欧海调查以及参与韩国第八次北极考察等四次考察。

实验室致力于推动海洋科技的全球合作，2017 年度实验室成功主办 2017 CLIVAR 边界流国际研讨会（2017 CLIVAR International Symposium on Boundary Currents），耦合资料同化国际研讨会暨第十一届全国海洋资料同化会议（International Coupled Data Assimilation Symposium and The 11th National Ocean Data Assimilation Conference of China），有效促进海洋学科专业领域的对话交流及学科的交叉融合。与美国伍兹霍尔海洋研究所共建联合实验室顺利运行，依托实验室的中国海洋大学与美国德州农工大学合作项目成果显著。

作为驻青岛重要的海洋科普教育基地之一，2017 年度实验室投入全国科普日，青岛科普节，市民开放日活动等活动的组织实施，并配合青岛市科协做好科普地图项目信息点的数据征集。实验室先后接待各类参观考察 200 余人次，并有多位老师受邀参与各类海洋科普知识讲座和讲学，举办多场科学宣讲。实验室成员孙即霖教授数次受邀参与山东省青少年科普宣教活动，并荣获 2017 年度山东省青少年科普专家团先进团员称号。

【海洋能源利用与节能教育部重点实验室（大连理工大学）】 实验室于 2008 年 10 月批准立项建设，2011 年 9 月通过验收。实验室深入研究海洋资源开发、高效清洁动力系统、能源系统调控及优化中的相关基础理论与关键技术，在天然气水合物开发、海水淡化技术、极端条件热输运及转换、大水电调控、高效清洁动力系统等方向具有鲜明的特色。

2017 年，新增经费累计为 7014.87 万元，其中纵向经费 4758.16 万元。

2017 年实验室承担在研的研究课题 200 余项，含 50 万以上研究课题 78 项。包括国家科技重大专项课题及子课题 1 项；国家重点研发计划 10 项；科技支撑计划 3 项；国家自然科学基金重大计划重点支持项目 1 项；国家自然科学基金重点项目 3 项；重大/重点国际合作课题 2 项；国家杰出青年科学基金 1 项；国家优秀而青年科学基金 2 项；公益性行业科研专项 6 项；青年及面上项目 60 项等；横向课题 53 项。

2017 年，实验室共发表 SCI 论文 160 余篇，其中在国际著名期刊“Nano Energy”(IF12.343) 发表论文 1 篇，此外，在“Applied Energy” (IF7.182) 发表论文 5 篇，“Renewable & Sustainable Energy Reviews” (IF8.05) 发表论文 1 篇，“Journal of Cleaner Production”(IF5.715,“Desalination” (IF5.527)，“Energy Conversion and Management” (IF5.5897)，“Journal of Materials Chemistry C” (IF5.256)，等重要期刊发表论文 11 篇。在“Water Resources Research”，“Energy”，“Energy & Fuels”，“Scientific Reports”，“international Journal of Heat and Mass transfer”等发表 60 余篇。2017 年，实验室申请专利 66 项，授权专利 40 项。

2017 年，实验室获国家自然科学奖励 1 项，省部级奖励 1 项，其中一等奖 1 项。包括贾明教授参加的“内燃机气流快速检测与评价技术及应用”获得国家自然科学技术发明二等奖，宋永臣教授主持的“多孔介质内含相变过程多相多组分输运机理”高等学校自然科学奖一等奖。

实验室注重中青年人才的培养和引进。2017 年，新增长江学者（青年）1 名、国家“万人计划”青年拔尖人才 1 名，引进 40 岁以下具有博士学位的优秀青年人才 3 名。实验室具有一支学术水平高、知识结构和年龄结构合理的研究队伍，当前固定成员 75 人，其中 40 岁以下青年研究骨干 42 人，占 56%。

2017 年，实验室培养出 170 名硕士，38 名博士，13 名博士后，有 1 人获得辽宁省优秀博士论文奖、2 人获得辽宁省优秀硕士论文奖。7 人分别申请新加坡国立大学、广岛大学、杜伊斯堡—埃森大学、挪威科技大学等攻读博士研究生；与科廷大学、普渡大学、墨尔本大学、新加坡国立大学、亥姆霍兹德累斯顿罗森多夫研究中心、伊利诺伊大学香槟校区、密歇根大学安娜堡校区等国外大学导师联合培养博士生 21 人。隆武强教授指导大学生团队，以火焰射流控制预混合气压缩着火为技术背景的《终极发动机》项目获第三届中国“互联网+”大学生创新创业大赛全国金奖。

实验室固定人员参加国际学术会议达 30 人次：包括赴韩国、新加坡、美国、日本、英国、瑞士、日本、奥地利、匈牙利、西班牙等国等参加核能海水淡化工作组第五次技术会议、国际燃料与能源利用会议、燃烧/焚烧热解、排放和气候变化国际会议、欧洲脱盐国际会议、国际透平机械学术交流会、磨粒技术进展国际研讨会等国际会议。实验室资助 66 名研究生以口头报告或者会议论文形式参加国际/内会议。

实验室聘请德国哥廷根大学 kuhs 院士为学术大师，加拿大新不伦瑞克大学物理系 Bruce Balcom 为海天名师。邀请学术大师/海天名师来实验室进行讲座，并联合指导研究生。聘请美国科罗拉多矿业大学的 Amadeu K. Sum 副教授，德国宇航中心工程热力学研究所 André Thess 教授，美国通用电气公司的姜孝谟教授等为海天学者。开设多个相关讲座，联合培养多名博士研究生。

邀请来自比利时冯卡门研究院 RENE A. VAN DEN BRAEMBUSSCHE、比利时 CMI 公司 Borguet Sebastien、东京大学庄司正弘教授、加拿大新不伦瑞克大学物理系 Bruce Balcom、日本产业技术综合研究所薛自求教授、德国亚琛工业大学胡明教授、工程热物理研究所的青年千人姜玉雁教授等数人进行 20 余场讲学活动及学术讲座。2017 年期间，共设立了10 个开放基金，其中校外流动人员比例资助占80%，海外研究人员比例 30%，资助总额 20 万元。

【应用海洋生物技术教育部重点实验室（宁波大学）】 应用海洋生物技术教育部重点实验室于 2005 年被批准立项建设，于 2008 年 2 月正式通过教育部的验收，并向社会开放运行。实验室现有固定人员 142 人，其中正高 40 人，副高 47 人，博士 90 人；实验室面积 7700 平方米，实验条件优良、设施完备，现有仪器设备 5620 台/套，仪器总值达 16112 万元。实验室主要研究方向有：海洋生物活性物质和水产品高值化、海洋生物基因资源的研究与开发、海水养殖生物优良种苗的繁育和种质保存、海洋环境保护与生物修复。

2017 年实验室新增各类科研项目 115 项，其中国家级项目 18 项，省部级项目 33 项，科研经费达 3403 万元。实验室人员公开发表论文 399 篇，其中 SCI/EI 收录论文 188 篇；申请专利 152 件，授权专利 89 件；获浙江省科学技术奖 2 项，宁波市科技进步奖 1 项。

2017 年实验室培养博士 21 人，硕士生 148 人，留学生 4 人，授予学位 182 人；招收博士生 30 人，硕士生 200 人。实验室举办各类继续教育培训班 12 次，为地方培养海洋经济发展所需人才达 900 多人次。2017 年实验室承办“首届李达三叶耀珍伉俪李本俊国际海洋生物医药论坛”“中国甲壳动物学会第十四次学术研讨会”“中国海洋湖沼学会藻类学分会第十九次学术讨论会”等大型学术会议多场，邀请 40 多位专家学者做学术报告，实验室研究人员参加各类国内外学术会议 40 多人次。实验室还组织参加“2017 中国海洋经济博览会”等成果展示，为深层次产学研合作及成果转化打开了更多的渠道。实验室加强与地方政府和企业的合作，与地方和企业已签署共建技术合作中心 13 家。

【滨海湿地生态系统教育部重点实验室（厦门大学）】 滨海湿地生态系统教育部重点实验室（厦门大学）（英文缩写“WEL”）是以国家重点学科（水生生物学、动物学、环境科学）、福建省重点学科（生态学）为依托的部级重点实验室。

实验室拥有一支以中科院院士、长江学者和杰出青年基金获得者等为学术带头人、以中青年科学家为中坚力量的科研队伍，固定人员 46 人，其中博士生导师 24 人，教授 28 人，副教授、助理教授 18 人。固定成员中95%以上具有博士学位，其中中国科学院院士 1 人，长江学者 1 人，国家“万人计划”入选者 3 人，杰出青年基金获得者 3 人，科技部中青年科技创新领军人才 2 人，国家级教学名师 1 人，青年千人计划获得者 2 人，国家优秀青年科学基金获得者 1 人，教育部新（跨）世纪人才 7 人，闽江学者特聘教授 1 人，厦门大学特聘教授 4 人，福建省百人计划 4 人，福建省第一批特支人才“双百计划”3 人，福建省百千万人才 1 人，福建省新世纪优秀人才 6 人。

2017 年，实验室共承担各类科技项目 177 项，到位经费 4216 万元。新增各级纵向科研项目 25 项，合同经费超 3025 万元，其中新增国家级科研项目 15 项，合同经费 2829 万元，其中包括国家自然科学基金面上、青年基金项目 9 项；同时，实验室积极发挥实验室社会服务功能，承担各企事业单位委托的横向课题 40 项，合同经费 824 万元。

实验室 2017 年新增牵头国家重点研发计划“典型脆弱生态系统修复与保护研究”重点专项 1 项，作为主要合作单位新参与国家重点研发计划专项 2 项，新增国家自然科学基金重大科研仪器研制项目 1 项。实验室已主持承担的两项国家重点研发计划专项、1 项政府间国际科技创新合作重点专项已开展有序实施。

2017 年实验室的基础研究取得重要进展：实验室共发表 SCI 收录论文 96 篇，其中以实验室人员为第一/通讯作者的 75 篇（占 78.1%）；JCR 顶级期刊（Top journals）论文 29 篇，影响因子大于 2 的 42 篇，大于 3 的 82 篇；出版专著 2 部，获得授权国家发明专利 6 项。

2017 年，实验室队伍建设成绩突出，白敏冬教授入选第三批国家“万人计划”科技创新领军人才，史大林教授获“第二十四届福建运盛青年科技奖”，朱旭东副教授入选福建省引进高层次人才，曹文志教授聘任厦门大学特聘教授。

实验室依托厦门大学环境与生态学院、生命科学学院等开展人才培养工作，是中国滨海湿地和海洋环境科学领域人才培养的重要基地之一。2017 年，重点实验室在读博士生 95 人，硕士生 178 人。2017 年共有 63 名硕士生毕业，5 名博士生毕业。

2017 年，实验室成功协办“第九届海峡两岸环境与生态研讨会”，来自美国、台湾、大陆的知名高校和科研院所数十位专家学者，以及国内政府和企业代表齐聚，共同探讨环境、生态领域的前沿问题，聚焦当前环境、生态领域的热点和难点；实验室承办“海绵城市论坛——理论、技术与实践”，为推动海绵城市、海绵校园理念和相关技术研究成果交流、研究水平提升，增强城市防涝能力，加快海绵城市建设进程，以及为生态文明建设提供理论和技术支撑；举办“香山论坛”7 讲、“生态与环境讲坛”系列讲座 34 期，30 余位海内外领域知名学者到访交流。

【水声通信与海洋信息技术教育部重点实验室（厦门大学）】 水声通信与海洋信息技术教育部重点实验室于 2005 年底获教育部批准依托厦门大学筹建，2009 年 7 月通过教育部组织的验收，2017 年 9 月顺利通过教育部首次评估。

实验室现有固定研究人员 40 名，其中教授 24 名（博士生导师 20 名）、副教授 7 名、助理教授 9 名，获博士学位的研究人员占研究团队的 92.5%；另有技术人员 20 名（高级工程师 9 名），行政人员 2 名，流动人员 38 名。实验室固定研究人员中，有“千人计划” 2 名，“青年千人计划”1 名，长江学者讲座教授 1 名，国家优秀青年基金获得者 1 名，国家教委跨世纪优秀人才 1 名，“闽江学者”特聘教授 3 名、讲座教授 1 名，福建省新世纪优秀人才 3 名，福建省“双百计划”特支人才 2 名，高校百名领军人才 1 名，福建省“百人计划”1 名，厦门市“双百计划”2 名，厦门大学特聘教授 1 名。

2017 年实验室共承担各类科研项目 112 项，到账经费 5287 万元。其中，年度新增纵向项目 19 项，合同经费 4352 万元，包括国家重点研发计划项目课题 3 项，国家自然科学基金海峡联合基金重点项目 1 项，国家自然科学基金面上项目 5 项、福建省科技重大项目 1 项、福建省发改委工程实验室项目 1 项。同时，实验室积极发挥社会服务功能，承担各企事业单位委托的横向课题 60 项，合同经费 2614 万元，其中，新增横向课题 28 项，合同经费 931 万元。

2017 年度实验室成员共承担各类研究生教学工作 1263 课时，本科生教学工作 2512 课时，其中许肖梅教授被评为厦门大学“卢嘉锡优秀导师”；四个项目荣获厦门大学教学成果奖；解永军高级工程师负责的课程入选厦门大学“翻转课堂”教学改革研究项目名单；张宇教授申报的《科创、竞赛、俱乐部、课程四位一体驱动海洋水下机器人科创竞赛体系建设》项目成功入选 2017 年厦门大学教学改革研究项目（本科）立项名单。

实验室培养在读研究生 234 名（其中，毕业博士生 8 名，硕士生 52 名）。在师生共同努力下，胡建宇、王程、李军老师指导的研究生论文被评为福建省研究生优秀学位论文；肖亮老师指导的两篇会议论文分别喜获 IEEE 国际通信大会、第七届 EAI 网络游戏理论国际会议的最佳论文奖；陈华宾老师荣获全国高校电工电子基础课程实验教学案例设计竞赛（鼎阳杯）二等奖。

为促进国内学者在本学科领域的技术交流，实验室主办 2017 年 IEEE 信号处理、通信和计算国际会议第十七届中国水色遥感大会、2017 International Workshop on Wireless and Security 等大型学术会议，同时全年举办“海洋物理论坛”“海韵之声论坛”等学术讲座达 14 场，接待学术来访超过 60 人次，学术出访达 20 人次，参加学术会议多达 80 人次。

【海岸与海岛开发教育部重点实验室（南京大学）】 实验室定位于建设有鲜明海岸与海岛特色的学科点，以围绕“陆海相互作用”研究为核心发展方向。聚焦国家对海洋资源环境和海疆权益等战略需求、服务地方发展海洋经济需要开展研究工作。现有固定人员 54 人，教授 21 人，副教授 16 人，讲师和工程技术人员 17 人。其中中国科学院院士 2 人，长江学者特聘教授 4 人，国家杰出青年基金获得者 4 人 。

2017 年承担研究课题 70 余项：国家级项目 43 项，省部级项目 18 项，国际合作 2 项。其中重大项目有：（1）国家重大科学研究计划“扬子大三角洲演化与陆海交互作用过程及效应研究”（2013CB956500），承担单位为南京大学，项目负责人高抒教授；（2）国家重点研发计划“过去气候变化定量重建方法和中国区域气候重建”（2016YFA0600500）承担单位为南京大学，项目负责人鹿化煜教授；（3）2011 计划“中国南海研究协同创新中心”，承担单位为南京大学，项目负责人：王颖院士；（4）国家自然科学基金重大项目“第四纪东亚季风轨道尺度变率的低纬度记录”（41690111）承担单位为南京大学，项目负责人鹿化煜教授。出版专著 2 部，发表论文 100 余篇，其中含 53 篇 SCI 收录论文，17 篇 EI 收录论文,申请专利9 项，获专利授权 4 项。

2017 年实验室获得省部级奖励，包括：江苏省科学技术三等奖“资源环境承载力评估方法及应用”，

江苏省教育成果二等奖“地理学全学科深度融合的野外实践教学模式探索与创新”，海洋科学技术二等奖“海南国际旅游岛先行试验区潮汐汊道海湾动力地貌研究”。

【海岸灾害及防护教育部重点实验室（河海大学）】 海岸灾害及防护教育部重点实验室（河海大学），于 2005 年 12 月经教育部批准（教技函 [2005] 119 号），依托河海大学国家重点学科“港口、海岸及近海工程”和河海大学江苏省重点学科“物理海洋学”学科建设，2008 年通过建设期验收，2015 年以良好成绩通过评估。实验室现有固定人员 36 人，其中研究人员 32 人，技术支撑人员 4 人。长江学者特批教授 1 人，国家杰出青年科学基金获得者 1 人，国家“万人计划”科技创新领军人才入选者 1 人，中组部青年千人计划入选者 1 人，享受国务院政府特殊津贴专家 2 人，教育部新世纪优秀人才支持计划获得者 4 人，江苏省高校科技创新团队 1 支。具有一年以上海外学习和研究经历 20 人，占 65%。40 岁以下骨干研究人员 17 人（占 54.8%），是实验室主体研究力量，在各研究方向的基础问题探索及创新技术发展方面起着关键作用。

实验室占地 3400 平方米，依托“全球水循环与国家水安全”国家优势学科创新平台、“211 工程”三期、江苏高校优势学科建设工程“海岸带资源开发与安全”等学科建设，投入经费 2226 万元购置了 78 台/套科研设备，

主要包括野外观测系统、室内试验设备及计算模拟系统等。

实验室 2017 年度新增国家重点研发计划、国家自然科学基金、江苏省水利厅科学基金等各类科研项目 57 项，新增合同经费 3429.3 万元，到款经费 1129.23 万元，人均科研经费 31.36 万元。纵向基础科研经费 859.01 万元，占实验室总经费的 76.07%，其中负责国家重点研发计划课题 1 项（输入条件变化趋势与河口主要动力要素响应机制，陈永平），国家自然科学基金面上项目 2 项，国家自然科学基金青年科学基金项目 2 项，江苏省水利科技项目 4 项。

科学研究方面，实验室 2017 年度发表 SCI 检索论文 56 篇，EI 检索论文 40 篇，授权专利 38 项，出版专著 3 部；申请发明专利 79 项，申请获得软件著作权 12 项；获海洋工程科学技术奖二等奖 1 项，中国航海科技奖一等奖 1 项，中国水运建设行业科学技术奖三等奖 1 项，陕西省高等学校科学技术奖二等奖 1 项，获得中国腐蚀与防护学会科学技术奖优秀论文奖 1 项。

实验室毕业博士 3 人，毕业学术型硕士 53 人，全日制专业型硕士 43 人，非全日制专业型硕士 17 人，学生以第一作者身份发表 SCI 检索论文 14 篇，EI 检索论文 12 篇。共有 5 名研究生赴 3 个不同的国家和地区开展为期一年以上学术交流。2017 年度新增万人计划“科技创新领军人才” 1 人，江苏省双创英才 1 人，入选六大人才高峰 2 人，1 人获得“2017 年度海洋领域优秀科技青年”。

2017 年度资助开放基金 6 项，组织 3 次学术研讨会，包括 2016 年度开放基金负责人专题学术研讨会、首届“海岸带资源与环境”国际学术研讨会和波流—海床—结构物相互作用专题研讨会。

【大洋渔业资源可持续开发教育部重点实验室（上海海洋大学）】 实验室现有固定人员 51 人，其中研究人员 41 人，技术人员及管理人员 10 人。实验室现有国家百千万人才 1 人，农业科研杰出人才 1 人，多人任职于区域性渔业组织。在学历结构中，拥有博士学位的 36 人，硕士学位的 15 人；在职称结构中，正高 11 人，副高 20 人，中级职称 13 人。在年龄结构中，40 岁及以下人员为 34 人，占总数 66.6%，是一支年青富有活力、活跃在国际远洋渔业前沿领域的研究队伍，是承担着国家远洋渔业履约任务的重要技术力量，是实验室发展的主力军。

实验室依托学校的双一流学科建设、水产学高峰高原计划、农业部专项、中央财政专项等经费，并在上海市教委的支持下，每年平均资助经费约 1000 万元。这些经费用于重点实验室的硬件购置，新建设了年龄与生长实验室、稳定同位素实验室、繁殖生物学实验室等，完善了分子生物学实验室功能，累计购置仪器设备经费达到 5034.5 万元。

同时在农业部、上海市政府的支持下，投资 2.5 亿元建造的淞航号远洋渔业资源调查船，于 2017 年 11 月 8 日晚间驶离芦潮港码头开始首航，截至目前淞航号已经不同海区进行 4 次航行。亚洲第一的动水槽初步建成。

2017 年实验室重点开展渔场学与渔情预报技术、渔业资源评估模型、渔业管理与政策、集鱼灯水下光场、电子渔捞日志等方面的研究、技术开发和推广工作。

远洋渔业电子渔捞日志系统进入示范应用阶段，30 艘各类远洋渔业渔船安装系统终端。渔情预报服务实现业务化运行，2017 年发布各大洋鱿鱼、金枪鱼、秋刀鱼等渔情周报 300 多期。

发表论文 69 篇，其中 SCI 收录论文 29，出版《大洋性经济柔鱼类分子系统地理学》等专著或教材 15 部。“基于支持向量机的鱼类栖息地适宜性指数建模方法”等 6 项专利获得发明专利或实用新型专利授权，设计开发的“集鱼灯水下照度模拟及光场计算软件”“洋二号地面应用系统大洋渔业业务应用子系统”等19项软件获得软件著作权。获得国家海洋局科学技术二等奖、上海市科技进步二等奖等各类科研奖励7项。

2017年实验室研究人员作为中国政府代表参加中西太平洋渔业委员会、养护南极海洋生物资源公约组织等各类国际区域性渔业管理组织各类会议，提交数十份国家渔业报告、研究报告、提案等，并承办两次区域性国际渔业管理组织科学委员会会议，有效维护了中国的公海渔业权益和负责人渔业大国形象，有关工作得到国际渔业管理组织赞赏和好评。

实验室举办2017年鱼类年龄鉴定及生活史分析研修班，共33名来自全国各涉海高校及研究机构从事鱼类生物与生态、渔业资源研究的青年科学工作者和研究生参加研修。

【水产种质资源发掘与利用教育部重点实验室(上海海洋大学)】 水产种质资源发掘与利用教育部重点实验室（省部共建）于2005年8月经教育部批准立项建设，2008年7月通过教育部验收并对外开放。现任实验室主任为陈良标教授。实验室目前涵盖水产、生物学两个一级学科博士点和硕士点。在2016年教育部生命领域重点实验室评估中，被评为良好。截止2017年底，实验室共有研究组23个，科研人员63人，其中教授22人（博士生导师17人），副教授21人，讲师19人，实验室技术和管理人员5人。科研人员中入选国家“千人计划”2人次，国家杰出青年基金获得者1人次，上海市“千人计划”1人次，上海市“东方学者”5人。实验室占地面积4059平方米，其中科研用房3435平方米。实验室建立高通量测序分析、细胞学分析、模式生物、生物信息学等4个技术平台，仪器设备1800多台（套），总价值6300多万元，其中10万元以上大型设备仪器90多台（套）。

实验室以海洋生物多样性基础理论研究为主要内容，为海洋生物资源保护和利用提供支撑作为主要发展目标。主要研究方向内容有：（1）海洋鱼类多样性与基因组学：侧重南北极鱼类、青藏高原裂腹鱼等高寒、低氧的逆境水产动物基因组的分子进化研究；（2）海洋动物生态生理学：重点在鱼类化学生理、信息素通信、鱼类信息素调控，鱼类生殖及应激内分泌调控以及内分泌干扰物对鱼类和虾类生殖相关基因表达，性别决定关键酶类和性激素水平的影响方面开展研究；（3）海藻与海藻遗传学：主要进行条斑紫菜自由丝状体发育调控与无贝壳育苗新技术研究，坛紫菜良种选育技术研究。

2017年度实验室共争取主持国家部委各类7项目课题31项，主持上海市水产高峰学科建设，新增国家自然科学基金项目6项。2017年在研项目81项，在研经费2150万，新增经费1676万。发表各类论文160余篇，其中SCI论文57篇，影响因子4以上的论文8篇。实验室成员王丽卿教授领衔的“城市缓流河道生态治理技术与效果评价体系研究与应用”项目获上海市科技进步奖三等奖。成永旭教授领衔的“基于全程配合饲料和营养调控的高晶质河蟹生态养殖技术研发与应用”项目获浦东新区创新成就奖.王成辉教授领衔的“中华绒螯蟹良种选育与产业关键技术集成创新”项目获浦东科学技术奖二等奖。申请专利20项，其中发明专利13项，实用新型专利7项，出版专著/教材6本。

2017年，实验室依托上海市水产高峰学科、海洋生物学国际联合研究中心，全职引进国家自然科学基金委海外杰出青年获得者、上海“千人计划”邹钧教授，浙江省杰出青年基金获得徐田军教授，从事鱼类分子免疫学、分子进化等方向的研究，柔性引进美国科学院院士George Somero和英国Sanger中心研究员宁泽民博士。

2017年重点实验室在海洋鱼类多样性与基因组学、海洋动物生态生理学、海藻与海藻遗传学等研究方向取得新的进展。陈良标课题组在鱼类对低温和低氧适应的机制，转座子活性与温度的关系，水产复杂基因组的组装以及鱼类基因组极端 环境下的进化机制等方面有较大突破。张旭杰博士等揭示鱼类 B 细胞的多种先天性免疫功能，为脊椎动物 B 细胞和巨噬细胞的近源关系提供了新的证据。

实验室与葡萄牙阿尔加夫大学联合申报获批国家自然科学基金国际（地区）合作与交流项目“鱼类免疫在极端环境下的进化”，杨金龙教授与葡萄牙阿尔加夫大学联合申请获批了国家重点研发计划政府间国际科技合作创新合作重点专项“通过比较基因组学方法解析贻贝属免疫组库”。实验室与葡萄牙阿尔加夫大学启动首期联合培养博士生项目，已完成遴选；2017 年派多名优秀研究生赴葡萄牙阿尔加夫大学交流学习。　（教育部）

【国家海洋局海洋环境科学和数值模拟重点实验室】　国家海洋局海洋环境科学和数值模拟重点实验室以国家海洋局第一海洋研究所为依托单位。现任实验室主任为乔方利研究员，学术委员会主任为王斌研究员。

实验室以物理海洋学为主要研究范畴，涉及海洋环境科学相关的交叉性前沿领域。综合应用数学、物理学方法，发展海洋调查技术、数据分析技术、数值模拟技术和信息技术，以现场调查、实验、海洋遥感和数值模拟为主要研究手段，研究海洋环境及其演变机理。自实验室成立以来，在推动海洋科学与技术进步的同时，为近海工程、海上油气田开发和海洋安全等领域提供高水平科技支撑。目前设立“区域海洋动力学”“海洋与气候数值模式发展”“海洋调查与实验技术”和“数据分析与信息技术”等 4 个学科方向。

2017 年，实验室共获批国家自然科学基金、科技部和海洋局专项课题等 29 项，在研项目 83 项。主要在研项目包括：国家重点研发计划高性能专项：“海洋环境高性能数值模拟应用软件研制”，国家重点研发计划海洋环境安全保障重点专项：“两洋一海”重要海域海洋动力环境立体观测示范系统研发与试运行项目“热带印太交汇区观测示范分系统”课题，国家重点研发计划海洋环境安全保障重点专项：重大海洋动力灾害致灾机理、风险评估、应对技术研究及示范应用项目“海洋动力灾害风险评估模型和指标体系研究”课题，国家海洋局全球变化与海气相互作用专项及国际合作项目等。

2017 年，实验室基于自主提出的多运动形态相互作用概念，采用自主发展的浪致混合理论、潮流—环流耦合技术、大规模高效并行技术、不依赖模式的海洋全要素同化技术等系列理论与技术，在国际上首次建立全球高分辨率（0.1 度×0.1 度）海浪—潮流—环流耦合数值预报系统，显著提高了全球海洋数值预报系统的预报精度。2017 年，实验室研究发现，开发一套适用于台风科学研究与实际预报的中尺度区域海气耦合模式，对于强台风特别是强台风，通过在耦合模式中引入浪致混合、海洋飞沫和降雨等海气界面过程，均能显著提高台风强度的预报水平，揭示海浪等物理过程对台风强度预报的重要影响。相关研究成果发表在海洋国际高级期刊地球物理研究杂志《Journal of Geophysical Research: Oceans》。

2017 年，实验室人员在《Nature Climate Change》上刊文发现，在 2005—2015 年期间亚南极模态水具有显著的增厚（$3.6\pm0.3\ m\cdot yr^{-1}$）、下沉（$2.4\pm0.2\ m\cdot yr^{-1}$）和增暖（$3.9\pm0.3\ Wm^{-2}$）。分析表明风应力是最主要的驱动力，模态水增厚解释了亚南极模态水热含量增加的 84%，而浮力通量贡献了其余的 16%。基于多模式预估结果，该研究预测南大洋上的西风及其旋度在未来的继续增强将进一步引起亚南极模态水的增厚，从而将更多热量从海气界面存储到海洋内部，从而减缓全球表层温度增暖的速度。

2017 年，实验完成东印度洋夏季航次、太平洋—印度洋贯穿流调查航次、西太平洋海洋声学春季调查航次、第七次北极考察等多个调查航次。

2017 年，实验室承办国内、国际学术研讨会 4 次，组织“联合国教科文组织政府间海洋学委员会海洋动力学与气候区域培训与研究中心 ODC 第七期培训班”。参加国内外学术交流 24 余人次。接受刊用或正式发表文章 66 篇，其中正式发表文章 55 篇，接受刊用文章 11 篇；出版专著 2 部；软件著作权及发明专利 2 项。

【国家海洋局海洋沉积与环境地质重点实验室】 国家海洋局海洋沉积与环境地质重点实验室以国家海洋局第一海洋研究所为依托单位，于 2002 年经国家海洋局批准成立。现任实验室主任为石学法研究员。

重点实验室学科方向为海岸带陆海相互作用过程、海洋沉积与全球变化、海洋地球物理与岩石圈动力学、海底成矿作用与矿产资源评价等 4 个传统优势研究方向，新设立海洋地质微生物与深部生物圈交叉学科方向作为培育学科，同时设立海洋地质样品库、海洋地质综合分析测试中心、海洋地球物理数据处理中心 3 个支撑平台。

实验室现有固定科研人员 76 人，博士学位的科研人员 60 人，超过总人数的 75%，还有在站博士后人员 7 人。

2017 年度，重点实验室在前期完成实验室内部环境升级改造的基础上，针对国家海洋科学研究的前沿和重点实验室学科发展需求，投入近 1000 多万元购置了 480 道地震探测系统并完成海试，使得重点实验室的海底探测能力得到了大幅度提升。另外还购置深海摄像拖体、电视抓斗等大型海洋调查设备 4 台套，Mastersizer3000 型激光粒度仪、快速溶剂萃取仪、沉积物高分辨率照相系统、重力活塞取样器、全谱直读等离子体光谱仪（ICP-OES）等实验分析配套设备 10 余台/套。完成地球化学前处理实验室的装修和改造，实验室硬件改善投资超过 150 万元。对地球化学实验室进行了升级改造，在超净实验室优化建立海水中多种痕量金属（Cu, Pb, Zn, Cd, Ni, Co, Ag）液液萃取富集方法；优化建立应用专利树脂（Nobias PA）富集测定海水中稀土元素和多种痕量金属的方法；优化建立沉积物中酸可挥发性硫化物（AVS）的萃取测定方法。目前已经建成仪器配置合理、运行高效、管理科学的实验分析支撑平台。

2017 年度，重点实验室新增项目 27 项，主要包括国家重点研发计划课题 5 项，国家自然科学基金委优青项目 1 项、面上项目 4项和青年基金项目 4 项，国家海洋专项项目 6 项，全球变化与海洋相互作用专项课题 1 项，海洋国家实验室鳌山科技创新计划项目 4 项等。

实验室在“亚洲大陆边缘‘源—汇’过程与陆海相互作用”的统领下，继续深化与俄罗斯、德国及东南亚“一带一路”沿线国家的合作，联合开展西北太平洋边缘海联合调查和马来半岛河流采样，建立 FIO-POI 海洋与气候联合研究中心，开展北太平洋不同时空尺度的海洋环境变化研究。主要包括：

2017 年 5 月 29 日—6 月 4 日，中孟双方组织实施了首次恒河流域地质联合考察。在典型区域进行了沉积物取样工作，为下一步深入开展东北印度洋“源—汇”过程、陆海相互作用、气候与环境的沉积记录奠定了基础。

2017 年 9 月 21 日，中国国家海洋局第一海洋研究所（FIO）—俄罗斯太平洋海洋研究所（POI）海洋与气候联合研究中心（以下简称“中俄海洋与气候联合研究中心”）在俄罗斯海参崴挂牌成立，标志着中俄海洋科技领域的合作进入新的阶段，进一步推动了两国在海洋与气候、北极科考等领域的合作考察和研究，为“冰上丝绸之路”建设提供重要支撑。

2017 年，实验室在四个重点研究方向获得了一系列重要成果，以第一作者或通讯作者发表各类论文共 79 篇，其中 SCI 论文 39 篇。在国际本领域 TOP 期刊发表论文取得突破，SCI 一区以第一作者发表文章 1 篇，SCI 二区以第一作者发布文章 7 篇。在海洋出版社出版中文专著两部——《北极海域海洋地质考察图集》《南北极环境综合考察与资源潜力评估专项——南极周边海域海洋地质考察报告》。在科学出版社出版《崂山古冰川遗迹》。另外在上海交通大学出版社翻译了《ROV 技术手册中文版》。获得发明专利授权 6 项、软件授权 7 项、实用新型专利 3 项。

【国家海洋局海洋生态环境科学与工程重点实验室】　国家海洋局海洋生态环境科学与工程重点实验室以国家海洋局第一海洋研究所为依托单位。现任实验室主任为丁德文院士，实验室现有科研人员 35 名，在读博士研究生 2 人，在读硕士研究生 8 人，在站博士后 1 人。

2017 年重点实验室承担科研项目 69 项，其中新增 35 项，包括国家重点研发计划、全球变化专项等国家级项目 10 项，国家自然科学基金 5 项。购置仪器设备 10 余台套，发表学术论文 41 篇、其中 SCI 收录 25 篇，学报以及中文核心期刊论文 16 篇。资助重点实验室开放基金研究 7 项，博士后进站 1 人、出站 1 人，硕、博士研究生毕业 2 人。

“黄海大规模浒苔绿潮起源与发生机制”研究成果获得中国海洋学会 2017 年度海洋科学技术奖特等奖，承担的重点研发计划浒苔绿潮项目进展顺利，揭示青岛沿海“漂浮型”浒苔存在的季节性，建立了研究区高分辨率精细化海流预报模式，初步研发了浒苔绿潮防治链条化技术；在国际合作方面，以泰国、马来西亚为核心伙伴，发展与文莱、柬埔寨和印尼的合作，在东南亚海区开展伊海豚、儒艮和海龟的合作观测研究，牵头实施的中国—东盟海上合作基金项目暨联合国教科文组织/政府间海委会西太分会项目“海洋濒危物种合作研究”取得阶段性进展；对西沙龙洞及周边的珊瑚礁生物、水体浮游和底栖生态系统、海水化学和沉积物化学等进行了现场考察并取得阶段性成果；在东印度洋南部海域完成冬季水体生物生态调查，依托中国首次海洋环球综合科学考察，分别在中国沿海、印度洋、南大西洋和南极海区开展浮游生态、深海底栖生物和鲸类多样性研究；提出海洋类国家公园选划指标与空间布局，并纳入国家改革政策，编写的《海洋生态产品价值核算方法》被国家发改委采用，纳入即将发布的“国家重点生态功能区生态产品价值核算与实现机制试点指导意见”；对长江口外海域缺氧以及黄、渤海域脱氧和酸化研究取得重要进展。

【国家海洋局海洋生物活性物质与现代分析技术重点实验室】　国家海洋局海洋生物活性物质与现代分析技术重点实验室以国家海洋局第一海洋研究所为依托单位，现任实验室主任为王保栋研究员。实验室研究方向为：海洋特殊生境微生物及基因资源、海洋生物活性物质研发和海洋环境分析检测与监测技术。

2017 年实验室在青岛市海洋经济创新发展区域示范项目“青岛海洋生物医药分析测试与中试研发公共服务平台”的支持下，完成了 1000 平方米的海洋生物医药分析测试开放平台、1000 平方米的中试研发平台分析测试与中试研发平台的建设，在整合原有实验室设备的基础上新购置了 56 台（套）；建立公共服务平台网站，平台每周向企业开放 15 小时，向11 家青岛市生物医药相关企业提供分析测试服务，并提供分析测试报告；为 10 家青岛市生物医药相关企业提供中试开发服务或合作研发项目。2017 年度新增重点研发计划和国家自然科学基金等各类项目 20 余项，总合同经费达 1000 余万，重点实验室开放基金资助项目 7 项。

2017 年度实验室在核心以上刊物发表论文 56 篇，其中 SCI 论文 33 篇；获国家发明专利授权 2 项，申请国家发明专利 2 项。本所研究生毕业 5 人，联合培养研究生毕业 5 人；目前在读本所研究生 19 人，联合培养研究生 20 人；博士在读 1 名，在站博士后 1 人；李露露获研究生国家奖学金。1 人被评为研究员，1 人被评为副研究员。获海洋科学技术奖（一等奖），海洋工程科学技术奖（二等奖）和广西科学技术发明奖（二等奖）各 1 项。

【国家海洋局数据分析与应用重点实验室】 以国家海洋局第一海洋研究所为依托单位。现任实验室主任为美国工程院院士、中国工程院外籍院士黄锷研究员。2017 年年底，实验室完成第二届学术委员会换届工作，新任学术委员会主任为袁业立研究员。实验室现有固定科研人员 12 名，其中院士 1 名，研究员 4 人，副研究员 4 人，具有博士学位者 12 人。实验室整体纳入青岛海洋科学与技术试点国家实验室（青岛）的区域海洋动力学与数值模拟功能实验室。

2017 年，实验室利用黄锷先生创立的 EMD 及全息谱分析方法，在海洋与气候领域取得一系列成果：准确地描述了岁差与黄赤交角对 Dansgaard-Oeschger 事件的调制；刻画了海表叶绿素 a 长期非线性趋势及其与 AMOC 的联系；清晰描绘了全球海洋热量的时空演变与传输路径；定量分析了非线性周期对全球增暖的作用等。2017 年实验室共发表科学论文 10 篇，取得专利 1 项；本年度在研项目 9 项，其中新增项目 4 项，包括主持一项国家重点研发计划项目；参加会议并做口头报告 11 次，其中特邀报告 3 次；与乌克兰、韩国等专家开展短期合作 2 次；实验室与国内多家单位合作，参加了中国首次环球海洋综合科学考察。

【海洋遥测工程技术研究中心】 海洋遥测工程技术研究中心（以下简称工程中心）是由国家海洋局与中国航天科技集团公司协商共建的，以国家海洋局第一海洋研究所、中国航天科技集团公司第九研究院第七〇四研究所和中国海监总队为依托单位。

工程中心的主要研究方向有：海洋目标微波探测技术、海洋动力过程微波探测技术、天/地波雷达技术、北斗二代海洋应用、数据传输与通信装备、无人船技术等。

2017 年，工程中心资助创新青年基金 6 项，主导并力推了六项国家重点研发项目的申请，五项获批；中标了海洋卫星工程地面系统建设项目 5 项；开展了宽幅海流海浪探测、Ka 波段视频数字 SAR、天基太赫兹视频 SAR 等新技术研发；在北京航天七〇四所永丰所区建立工程中心学术交流基地。

（国家海洋局第一海洋研究所）

【国家海洋局海底科学重点实验室】 国家海洋局海底科学重点实验室成立于 1997 年，是国家海洋局首批设立的重点实验室之一。依托单位国家海洋局第二海洋研究所，现任学术委员会主任金振民院士，实验室名誉主任金翔龙院士，实验室主任方银霞研究员。

实验室围绕国家海洋权益、海底资源和深海探测技术等国家需求，面向国际竞争以应用基础研究为重点开展创新性研究，揭示海底的基本特征、变化规律与动力过程，重点突破海底演变机制及其对资源环境控制的关键科学问题，发展海底科学的学科理论体系及深海高新技术，为国家宏观决策提供科学依据，成为海底科学合作研究与交流的窗口和载体。研究区域涵盖中国边缘海、太平洋、印度洋、大西洋和南北极，主持完成了多项高水平、综合性的国家重大专项，为中国海底科学的发展做出了重要贡献。

截至 2017 年，实验室有职工 90 名，其中院士 2 名，研究员 19 名，副研究员 33 名，博士研究生导师 10 名，硕士研究生导师 22 名。目前在站博士后 8 名，博士 25 人，硕士 42 名（含联合培养）。实验室 2 人入选浙江省特级专家，1 人入选国家万人计划和创新领军人才；7 人次在国际学术组织任职，11 人在国内学术组织担任职务，形成了一支中青年为主、规模适当、年龄结构和专业结构合理的高素质科研队伍。

2017年度承担的科研项目共计8大类120余项，973（课题/子课题）、科技基础性工作专项、科技支撑计划（子课题）5项；国家重点研发计划（课题/子课题）12项，其中新增（课题/子课题）9项；国家基金项目39项，其中新增10项；其他基金项目18项；海洋公益性行业科研专项3项。主持完成了多个航次包括大洋系列航次、南北极系列航次的地球物理调查、若干个海洋专项航次、参与多个IODP航次等，同时参与若干国际合作航次，取得了很多有价值的成果。

2017年度，实验室共发表学术论文71篇，其中第一作者SCI/EI论文50篇，其中国际SCI 27篇。出版专著3部，获发明专利7项（其中国际专利1项），实用新型专利7项、软件著作权5项。

国际合作方面，大陆架中心与战略所合办了“两岸南海仲裁案学术研讨会”；澳门圣若瑟大学到访交流；英国剑桥大学Nicholas Rawlinson教授和马来西亚沙巴大学Felix Tongkul教授到实验室进行学术访问与交流；瑞士苏黎世联邦理工学院（ETH，Zurich）廖杰博士到访进行学术交流；加拿大地质调查局的资深科学家David J.W. Piper教授和加拿大圣玛丽大学（Saint Mary's University）Georgia Pe-Piper教授到实验室进行学术访问和交流；实验室组织中-俄洋中脊硫化物资源勘探学术交流会议；荷兰乌特勒支大学Gert J. de Lange教授访问实验室。

【国家海洋局海洋生态系统与生物地球化学重点实验室】 国家海洋局海洋生态系统与生物地球化学重点实验室成立于2005年8月。实验室以国家海洋局第二海洋研究所为依托单位，在深海和极地生物地球化学过程，大洋生物多样性，近海环境变化与生态效应等方面形成了观测技术研发与科学研究相结合的研究特色。

截至2017年，实验室现有固定研究人员69名，其中博士生导师5名，硕士生导师16名。在读博士、硕士研究生20余名，联合培养博士、硕士生和临时聘用人员10余名。拥有价值上亿元的内、外业调查和分析测试设备，初步形成了包括海洋实时原位观测、锚系观测、走航观测、拖曳式观测取样、剖面观测在内的生态环境外业观测体系，建成了包括海水化学分析、有机地球化学分析、微量元素分析、污染物分析、海洋生物鉴定、分子生物学、初级生产力、流式细胞、激光共聚焦电镜等室内功能实验室。

2017年实验室共承担各类课题120余项，共发表论文80余篇，其中SCI收录56篇，出版专著2部，授权专利8项，登记软件著作权1项，制定海洋行业标准1项。此外，新获批浙江省两化融合基金项目1项，国家基金面上项目3项，青年项目6项，全球变化专项1项。实验室多人次参加了大洋38航次、41B航次、45航次、47航次和49航次科考，中国第8次北极科考以及中国第34次南极科考。实验室极地海洋化学与生态考察团队获得“中国极地考察先进集体”荣誉称号，扈传昱研究员获得“中国极地考察先进个人”荣誉称号；极地海洋生物地球化学研究团队获得浙江省省部署企事业“工人先锋号”荣誉称号；陆斗定研究员当选PICES中国环境质量专家委员会副主席。

2017年实验室继续推进中德、中法、中斯、中拉、中美等国际合作。德国汉堡大学Martin Wiesner教授两次到实验室进行学术访问，对合作项目“南方涛动—季风系统对南海北部生物地球化学通量的影响(SINOFLUX)”进行阶段性总结和下一步开展计划的探讨；1月，斯里兰卡水生资源研究与发展署（NARA）主席Anil Premaratne博士受邀来杭，在国家海洋局国际合作司陈越副司长的见证下，NARA与二所共同签署了“斯里兰卡水生资源研究与发展署（NARA）与中华人民共和国国家海洋局第二海洋研究所谅解备忘录”；11 月 6—20 日，法国巴黎第六大学 Marie-Alexandrine Sicre 教授和 Diana Ruiz-Pino 博士到访，中法两个研究团队就过去一年内各自在北极海水化学、浮游植物群落和生物标志物等方面获得的研究成果、共同撰写的学术论文以及下一步的合作形式等进行详细的讨论；12 月 5—12 日，应德国汉堡大学 Martin Wiesner 教授的邀请，陈建芳研究员、陈荣华研究员、季仲强高级工程师 3 人赴德国汉堡大学开展了合作研究与交流。此外，为加强学科内以及学科间的学术交流，拓展学术视野，促进国际合作，实验室邀请 Robert C. Aller 教授到海洋二所访问。

2017 年实验室 20 余人次参加国际重要学术会议，包括在霍巴特召开的中澳南极科学研讨会，在东京召开的国际标准化组织海洋技术分委会（ISO/TC8/SC13）第四次全会暨工作组会议，在新加坡召开的 2017 年 IUMS 会议，在伦敦召开的 2017 年深海采矿峰会，在伍兹霍尔召开的第六届化能合成生态系统学术研讨会，在美国召开的 ASLO 2017 水生科学会议，在泰国召开的中泰双边合作讨论会，在俄罗斯海参崴召开的北太平洋海洋科学组织（PICES）2017 年会，在马来西亚吉隆坡举办的第五届中国—东南亚国家海洋合作论坛；在日本召开的第十届东亚赤潮研讨会，在德国召开的 IOC 气候变化与浮游植物趋势工作组会议，在西班牙萨拉戈萨召开的过去气候变化开放科学大会（PAGES OSM 2017）等。

实验室人员作为主要召集人和组织力量承办了 2 次全国性学术会议。11 月 9—11 日，由海洋二所举办的 2017 年“海洋微生物科学技术—微生物组”培训班在杭州举行，共有来自国家海洋局系统各单位、地方海洋厅局、中科院涉海研究所和共建高校等 42 家单位的 86 位海洋生态学、海洋微生物学和环境微生物学领域的青年专业技术人才参加培训。11 月 15—17 日，第一届“海洋底栖动物分类与鉴定技术培训班”在杭州举行，邀请10 位海洋无脊椎动物分类与多样性研究领域的资深专家为学员做学术报告和理论授课，围绕海洋底栖动物分类与鉴定技术，结合海洋底栖动物调查与采样方法，重点介绍节肢动物门、环节动物门和线虫动物门三个底栖动物常见门类的分类理论和物种鉴定技术，并开设实践课进行现场操作培训。

（国家海洋局第二海洋研究所）

【国家海洋局海洋灾害预报技术研究重点实验室】 实验室依托于国家海洋环境预报中心，于 2010 年 8 月正式成立，是国内唯一针对海洋灾害预警报技术研发而设立的实验室。实验室定位为研究海洋灾害机理、研究海洋灾害预警报关键技术和开发海洋灾害应急管理及决策支持技术，为海洋防灾减灾工作提供技术支撑。

重点实验室建立“海洋自然灾害预报技术研究”“海洋生态环境预报技术研究”“业务化海洋学研究”“海气相互作用研究”“海洋观测与实验技术平台研究”5 个研究方向。重点实验室现有固定成员 57 人，实验室第二届学术委员会由 20 位专家组成，吴立新院士任学术委员会主任。重点实验室在国家海洋局组织开展的局属重点实验室首次综合评估中，于 2017 年荣获优秀等级。

2017 年重点实验室围绕着各类海洋预警预报技术不断进行攻关和技术研发，推动海洋预报技术创新主体地位的形成，提升科技支撑、引领海洋预报发展的能力。2017 年，重点实验室积极组织申报国家和部级科研项目和课题，新增项目 8 项，延续在研项目 15 项，结题项目 12 项，资助开放课题 5 项，发表学术论文 35 篇，其中 SCI/EI 论文 16 篇。

2017 年国家海洋局海洋灾害预报技术研究重点实验室面向具备中级及以上技术职称或硕士学历以上科研工作者设立开放基金，资助海洋灾害中关键科学问题的基础机理及预警报关键技术问题相关研究。经过专家评审，并结合中心业务发展需求，设立 5 个课题，课题研究期限为两年。其中，重点课题 2 项，每项资助经费 5 万元；一般课题 3 项，每项资助经费 2 万元,共计资助经费 16 万元。资助课题名称分别为“渤黄海风暴潮变化机制研究”“基于高分辨率海洋—海冰耦合模式的南极普里兹湾数值模拟和预报研究”“一种基于深度学习的海啸预警方法研究”“近岸海域浪流共同作用下污染物输运规律的研究”“秋季南海北部文石饱和度的分布及影响因素”。

重点实验室 2017 年邀请国内外知名学者来实验室访问和讲学，鼓励研究人员以各种形式加强同国内外知名高校与学者的学术交流与合作。2017 年共接待国外专家、学者来访讲学 34 团/次，举办、承办大型国内、国际学术会议 13 次，极大的促进了国际间交流与合作，提高了实验室的国际影响力。

（国家海洋环境预报中心）

【国家海洋局海洋溢油鉴别与损害评估技术重点实验室】 该实验室于 2007 年 7 月挂牌成立，主要通过溢油监测与鉴别技术、溢油的生态环境影响、溢油应急处置及生态修复等研究方向与多学科的交叉研究，深入了解海洋溢油的特征和规律，准确查明各种溢油来源，并对其造成的海洋生态环境损害做出客观评估，为修复受损的海洋生态环境、发展海洋突发事件研究的理论体系、发展相应的高新技术提供技术平台，为中国海洋防灾减灾和维护国家海洋权益提供科学依据。2017 年实验室学术委员会成员及相关领域专家对所有开放基金申请项目进行了函审，确定了 2018 年度实验室开放基金资助项目，决定对 2 项专题申请项目、8 项自由申请项目给予资助，资助总金额 37 万元。

【山东省海洋生态环境与防灾减灾重点实验室】 该实验室于 2009 年 10 月经山东省科学技术厅与山东省财政厅联合批准建设，主要在海洋生态环境保护与海洋防灾减灾方面开展研究工作，主要研究方向包括：海洋生态环境监测与评价技术研发与应用、海洋灾害预测预警技术研究与应用、海洋管理与信息技术。依托国家海洋局北海分局的海洋科技力量，面向山东省海洋生态环境的发展与保护，为山东省海洋经济发展提供技术支撑，解决山东省海洋生态环境发展与保护的关键问题，促进山东省在海洋生态环境发展与保护方面的技术进步与产业发展。2017 年实验室学术委员会成员及相关领域专家对所有开放基金申请项目进行了函审，确定了 2017 年度实验室开放基金资助项目，决定对 10 个项目给予资助，资助总金额 34 万元。

（国家海洋局北海分局）

【赤潮重点实验室】 2017 年，召开赤潮重点实验室 2016 年、2017 年年会，会议听取了实验室 2016 年、2017 年度工作报告、实验室未来五年发展思路与举措以及 2017 年、2018 年度开放基金资助项目的申报与初评过程的内容汇报，确定资助 2017 年、2018 年度开放研究基金课题共 19 个，资助经费共 180 万元。

2008—2017 年，赤潮重点实验室已连续资助九届开放研究基金课题。目前，2008—2014 年基金资助课题已全部结题验收，2015 年资助 8 个课题在 2017 年 8 月召开了结题验收会议。2016 年度开放基金课题已全部提交进展报告。

2017 年 10 月下旬，为实验室改名开展青岛和大连两地 4 个重点实验室现场调研，形成调研报告和实验室改名上报文件；为策划 2018 年度实验室开放基金指南和 2018 年度科技部重点研发计划项目，在崇武和上海分别召开 2 个学术交流研讨会，在温州进行基金课题验收和基金指南策划；为适应实验室管理机制和运行机制改革，实验室对领导班子和学术委员会成员进行调整，修订管理办法，对年会和学术会议制度进行相应改革。

（国家海洋局东海分局）

【国家海洋局空间海洋遥感与应用研究重点实

验室】 国家海洋局空间海洋遥感与应用研究重点实验室为国家海洋局开放重点实验室，于2014年1月获批，2014年4月29日挂牌成立。重点实验室开展海洋遥感与应用研究，整合国家卫星海洋应用中心以及国内外其他科研力量，为中国空间海洋遥感与卫星工程建设、国家海洋局主体业务提供直接、高效的服务和技术保障。

重点实验室依托国家卫星海洋应用中心现有软、硬件和人力资源条件，利用海内外的相关人才和先进技术，坚持原始创新、集成创新和引进吸收再创新相结合的理念，突破空间海洋遥感和海洋卫星工程建设的关键技术与难点，提高中国空间海洋遥感科学和技术水平，使实验室成为空间海洋遥感与应用研究关键技术研发、交流和人才培养的重要基地，为中国海洋卫星及遥感应用工作提供科学技术支撑，并为国家海洋局主体业务、中国海洋经济的可持续发展、维护国家海洋安全与权益等提供技术支撑和服务保障。实验室重点开展空间海洋新遥感器的探测机理、空间海洋遥感工程总体和共性关键技术研究、以及空间海洋遥感产品的制作和推广应用新技术三个方向的研究工作。

2017年，实验室遵循国家海洋局重点实验室建设方针和要求，围绕中国海洋系列卫星工程建设、国家海洋局主体业务提供海洋遥感相关的服务和技术支撑，共承担科研项目21项，其中国家自然科学基金7项，海洋公益项目1项，国家国防科技工业局预研项目1项目，科技部科技支撑项目1项，高分辨率对地观测系统重大专项1项，海洋环境安全保障专项6项，国家重点研发计划1项，全球变化与海气相互作用专项3项。2017年，重点实验室面向全国各家科研单位、高校院所等发布重点实验室开放基金课题，选取与重点实验室研究方向相关的优秀课题7项，其中重点课题2项，一般课题5项，共资助经费20万元。2017年，重点实验室共发表论文38篇，其中中文期刊11篇，英文期刊17篇；出版学术专著2部；申请发明专利5项。2017年，重点实验室共组织了5次国外专家来华访问并做报告，组织了9次出国访问。重点实验室充分利用依托单位的科研项目和各种业务平台，与高校和科研院所联合培养硕士、博士研究生，依托联合实验基地和博士后科研工作站，推动人才队伍建设。2017年培养硕士4名（在读）；博士后科研流动站1名博士后完成科研工作出站，1名博士后在研工作。 （国家卫星海洋应用中心）

海　洋　技　术

海洋观测和监测技术

【海洋仪器设备规范化海上试验】　国家重点研发计划项目“海洋仪器设备规范化海上试验”依托单位为中国海洋大学，项目执行期限为 2016—2021 年。

“海洋仪器设备海上试验”项目自 2016 年立项以来，结合“深海关键技术与装备”和“海洋环境安全保障”重点专项其他 3 个涉及海洋仪器海上试验的项目，配合专项管理机构中国 21 世纪议程管理中心海洋处，在“十一五”以来“863”计划海洋技术领域《海洋仪器设备研制质量管理规范》和《规范化海上试验管理办法》实施经验基础上，协助修订和形成了《海洋仪器设备研制质量管理规范》和《海洋仪器设备海上试验管理规范》（国科议程办字 [2017] 4 号），为专项海洋仪器设备研制过程的质量控制、规范海上试验程序和结果评价、促进海洋仪器设备转化应用提供了依据。在此基础上，协助中国 21 世纪议程管理中心海洋处进行了上述两个规范的自媒体宣贯和平面媒体推广。

项目组开发完成和发布海试信息管理系统，实现海试活动从海试需求征集、海试航次申报到海试回航验收全流程的线上审核。2017 年 3 月基于海试信息管理系统完成 2016 年度已立项项目 2017—2020 年度的海上试验船时需求的在线征集和分析，制定 2017 年度的海上试验航次，开展 2017 年度海试航次申报。2017 年 11 月，完成 2016—2017 年度已立项项目 2017—2020 年度的海上试验船时需求的在线征集和分析。新增软件著作权 1 项，规范化海上试验信息管理系统(2017SR558418)。

项目组 2017 年度制定海洋行业标准 5 部，检定规程 1 部：《载人潜水器潜航学员选拔要求 医学部分（HY/T 223—2017)》，《载人潜水器潜航学员培训大纲（HY/T 222—2017)》，《声学多普勒流速剖面仪数据存储格式（HY/T219—2017)》，《载人潜水器下潜作业规程（HY/T 225—2017)》，《载人潜水器作业工具技术要求（HY/T 226—2017)》和《重力加速度式波浪浮标检定规程（JJG1144—2017)》。

【“两洋一海”重要海域海洋动力环境立体观测示范系统研发与试运行】　国家重点研发计划项目“‘两洋一海’重要海域海洋动力环境立体观测示范系统研发与试运行”依托单位为中国海洋大学，项目执行期限为 2016—2021 年。

2017 年按计划开展“两洋一海”海洋动力环境立体观测示范系统总体方案以及实时/准实时数据传输应用方案的设计工作，以此指导实时/准实时智能自主观测技术与装备、“两洋一海”重要海域海基观测、“两洋一海”重要海域天基观测、“两洋一海”观测数据应用等各方面工作的有序开展。两次参与国家海洋环境安全保障平台项目研讨会，明确本项目与国家海洋环境安全保障平台的对接方案，完善项目的总体设计。

项目组在浮标、潜标、自持式剖面 浮标、水下滑翔机、智能浮标等实时/准实时观测装备的基础上，组织各课题针对各观测装备进行优化设计，基本完成上述设备的研制工作。其中，依托项目组已有水下滑翔机相关技术基础，研制岸基操控系统；通过研制的岸基操控系统，对水下滑翔机航迹进行规划，完成水下滑翔机的优化改进、设备组装调试及海上验证试验；依托项目组已有自持式剖面浮标相关技术基础，开展浮标优化改进，完成了浮标生产加工，以及相关海上应用试验；完成智能浮标样机研制及调试测试，及湖上试验验证；研制适应于潜标实时通信的水下绞车装置，并进行相应水池试验。

开展热带西太平洋、热带印度洋、热带印太交汇区、南海、黑潮延伸体和第一岛链重点海域等六个观测示范分系统的方案设计工作，形成各观测示范分系统构建方案；针对各师范分系统海洋动力环境特征，与课题一合作对浮标、潜标等观测装备进行优化完善和系列海试工作。

【“两洋一海”区域超高分辨率多圈层耦合延伸期预测系统】 国家重点研发计划“‘两洋一海’区域超高分辨率多圈层耦合延伸期预测系统”依托单位为中国海洋大学，项目执行期限为2017—2022年。

项目拟解决中小尺度海气相互作用如何通过对大尺度大气海洋环流反馈而影响延伸期预测的关键科学问题，突破区域超高分辨率多圈层耦合模式开发、结合动力降尺度的耦合资料同化系统研发过程中的关键技术，实现区域内动力环境多时空尺度、全要素和无缝隙涵盖的延伸期预测，达到建立超高分辨率多圈层耦合延伸期数值预测系统的目标。

（中国海洋大学）

【Argo 实时海洋调查】 2017年，中国Argo实时资料中心共接收和处理由中国布放的140多个Argo剖面浮标获取的4500多条温、盐度剖面，并在24小时内提交至位于法国和美国的全球Argo资料中心即时共享，同时通过国家气象局GTS节点将所有数据上传至GTS。中国Argo实时资料中心还收集了其他Argo成员国布放的Argo浮标观测资料，进行质量再控制后通过互联网（FTP和共享服务平台）提供给国内外用户免费共享。针对上海海洋大学布放生物Argo（或BGC-Argo）浮标，在国内首次开展溶解氧、叶绿素a、黄色物质和后向散射等要素的信息解译、计算和质量控制工作，并进入业务化运行，为卫星海洋环境动力学国家重点实验室2018年在西北太平洋开展生物Argo调查奠定了重要技术基础。中国Argo实时资料中心在南大洋布放一个ARVOR型深海Argo剖面浮标，并成功传回最大观测深度为4000米的温盐度剖面。这次浮标布放是中国响应澳大利亚、美国、日本等国发起的在南大洋海域进行深海Argo联合观测的号召，也是中国首次布放纳入国际Argo计划的深海型剖面浮标，可为中国未来开展深远海立体监测提供重要观测手段。中国Argo实时资料中心改版制作的全球海洋Argo网格化数据产品（BOA_Argo）公开发布在国际Argo官方网站上，这是中国在国际上公开发布的首款全球海洋Argo网格数据集，也是继美国、日本、法国、英国和澳大利亚后第六个公开发布类似Argo数据产品的国家，提升了中国在国际Argo成员国中的显示度和影响力。 （国家海洋局第二海洋研究所）

【波浪能滑翔器】 在国家高技术研究发展计划（“863”计划）支持下，国家海洋技术中心创新研发混合驱动自主巡航波浪滑翔器观测平台。针对波浪滑翔器的波浪捕获机理和混合驱动技术进行深入研究，完成中国首台混合驱动波浪滑翔器的研制工作，并通过大量测试实验和多次海上试验对波浪滑翔器观测平台的可靠性进行验证。

该波浪能滑翔器能够实现大范围机动观测，最大航行距离>4000千米，连续工作时间>180天，可同时搭载多种气象、水文、声学等传感器，具有超长航时、自主、经济性等突出优点，已成功应用于南海中尺度涡观测和台风过程观测。

【自持式剖面浮标产业化】 自持式剖面浮标是一种可自主沉浮、随流漂移、长期连续进行温盐剖面探测的海洋仪器设备。在海洋公益性行业科研专项支持下，国家海洋技术中心完成自持式剖面浮标技术状态的固化，按照质量管理体系和ISO9000质量管理体系建立产品研制工艺流程，编制自持式剖面浮标企业标准；建设自持式剖面浮标产品化生产线；开展自持式剖面浮标的应用示范，其中在南海布放10台，西太平洋布放11台，日本海1台。

在该项目的支持下，获得6项发明专利，逐步形成最大工作深度为500米、1000米或2000米、采用Argos或"北斗"卫星定位和传输数据的系列浮标产品，具有完全自主知识产权，工作寿命2年、剖面数大于100个，主要技术指标达到目前国际同类产品水平。

国家海洋技术中心在国内率先突破该项关键技术，使中国成为世界上继美国、法国、加拿大后第四个掌握该项技术的国家。该型浮标已在亚丁湾、西太平洋等关注海域累计投放300余套，现已攻克深海4000米浮标技术，达到国际先进水平。

【海啸预警浮标】 海啸预警浮标是一种利用布设在海底的高精度压力仪监测海平面变化，能自动识别海啸波或异常波动并实时报告的仪器设备，可为海啸预报模式计算提供实测数据，提高预警预报的准确性和实时性。

国家海洋技术中心在海洋公益性行业科研专项支持下，完成两套海啸预警浮标样机的研制，并于2015—2016年在中国南海进行四次深海试验，其中最大试验水深3871米，实现数据采集、运算处理、海啸波判断、多个工作模式无缝切换以及数据实时和定时报告功能，首次完成深海绷紧型锚系的设计、自主布放作业和海上应用验证，并浮标在东沙海域开展应用示范，时间长达108天。该海啸预警浮标最大工作水深4000米，可检测识别波幅大于3厘米的海啸波，该项技术填补了国内空白，为中国海啸预警系统建设提供技术手段。

【海洋观测系统运行状态监控技术】 在海洋公益性行业科研专项支持下，国家海洋技术中心开展海洋观测系统运行状态监控技术研究和系统研发。该项目主要开展海洋观测设备、数据传输网络及数据处理系统运行状态信息提取、处理、分析、存储、故障发现、诊断、处置、恢复等技术研究，突破业务化运行状态信息获取、故障识别及修复等关键技术，建立海洋观测系统业务化运行状态监控系统，为全面提升海洋立体监测网、数据传输网、数据处理系统业务化运行保障能力提供技术支撑与服务。

经过4年研究，研发出适用于中国海洋观测系统的运行状态监控系统。先后完成集成试验环境搭建，实现对现有海洋观测系统四级节点的完全模拟和关键技术试验；完成立体监测设备运行状态监控系统、数据传输网络运行状态监控系统、数据处理系统运行状态监控系统和运行状态综合集成处理与共享服务系统等4个分系统设计与开发，以及系统集成测试、示范运行等工作任务，初步实现立体观测设备、数据传输网络以及数据处理系统的运行状态综合监控功能。其中，在监测设备监控方面主要实现对海洋站、雷达站、大浮标、小浮标、近海志愿船、远洋志愿船6类设备的监控功能；在数据传输网络监控方面主要实现地面/卫星网络设备、传输链路、机房环境、主机设备、传输软件以及辅助决策系统等6类对象运行状态的监控功能；在数据处理系统监控方面实现数据质量监控和数据库监控等主要功能。该监控系统已在3个海区、23个节点进行系统部署和示范运行。

（国家海洋技术中心）

卫星海洋应用技术

【主被动光学遥感探测水下悬浮绿潮】 2017年度主要工作进展包括以下几个方面：

（1）研发悬浮绿潮激光雷达探测系统，通过室内和海上实验，验证了其悬浮绿潮探测和种类区分能力。该系统由同轴发射与接收子系统、光电转换子系统、信号采集和存储子系统、实时监控子系统、GPS定位子系统五部分组成，室内水槽实验和两次海上船载走航实验研究发现，利用自然水体拉曼信号和荧光信号可以区分海水、浒苔和马尾藻。

（2）基于水下光场辐射传输模拟，验证了水下悬浮绿潮海面红光反射峰随深度蓝移的现象，在此基础上发展了基于红光波段峰值波长位置的水下绿潮悬浮深度高光谱探测方法。

（3）构建多角度弹性散射和激光诱导荧光偏振高光谱测量实验系统，为悬浮绿潮偏振高光谱响应特征及探测方法研究奠定了基础。系统由入射臂、样品台、出射臂三部分组成；其中，入射臂由宽带氙灯光源、单色仪、高稳定性连续激光器、消偏振分光棱镜以及相关的偏振态调制元件和退偏元件组成；样品台用于放置盛放绿潮样品的水槽，可通过高度和平衡微调装置实现宽带入射光和激光照射区域的精细调节；出射臂配备了可同时实现 0°、45°、90°和 135°四个方位角散射偏振和荧光偏振高光谱探测收集装置，并通过特制的“一分四”多通道光纤束耦合进入光栅光谱仪。

（4）发展漂浮绿潮面积遥感精细化估算模型。利用 3 米分辨率的机载 SAR 数据，量化了 250 米分辨率 MODIS 影像绿潮面积提取结果的误差，发现后者高估实测值 3 倍以上，利用发展的绿潮面积精细化提取模型，得到了 2007—2016 年黄海绿潮面积的准确结果。

（5）开展绿潮漂移速度的自动遥感提取。利用国产自主静止轨道高分辨率卫星数据（GF-4），开展了基于最大相关系数方法（MCC）的黄海绿潮漂移速度自动提取研究，发现该方法可高精度自动追踪 GF-4 影像中绿潮的分钟级（8~9 分钟）位置变化，绿潮漂移速度与海面风速的相关系数为 0.74，绿潮漂移方向为风向偏右。

（6）举办以绿潮遥感为主要议题的“中韩黄海环境遥感监测技术研讨会”，来自中国海洋大学、中科院烟台海岸带所、国家卫星海洋应用中心、国家海洋局北海预报中心，以及韩国海洋科学技术研究所（KIOST）等 20 家中韩海洋科研院所和高等院校的 40 位专家学者参加会议。

（7）发表论文 3 篇（SCI 收录 2 篇、EI 收录 1 篇），录用待刊 2 篇（1 篇为 SCI 源期刊，1 篇学报）。

（8）培养研究生 5 名，其中 2017 年毕业 1 名，在读 4 名。

【海洋气候数据集生成与分析】 在 2017 年度的主要工作进展包括以下几个方面：

（1）突破多源遥感数据海面风场生成方法，基于 QuikSCAT、ASCAT、HY-2A 散射计和 SSM/I、SSMIS、AMSR-E、AMSR2、TMI、WindSat 辐射计风场数据，生成了 2000—2015 年时空分辨率为 6 小时/25 千米的全球海洋海面风场产品，与国际同类风场产品的时空分辨率相当。

（2）改进多源遥感数据海表温度（Sea Surface Temperature，SST）融合算法，优化了融合算法的搜索半径，在此基础上研制了 2016 年 daily/10 千米的全球海洋 SST 遥感产品，空间分辨率和产品精度均优于 NOAA 的 AVHRR OISST 产品；基于研制的 SST 遥感产品在西太平洋海域探测到了 22 个海洋温度锋，分析了锋面的长度、强度和频次等变化特征。

（3）针对模式匹配法计算速度慢、海冰漂移结果分辨率低，特征跟踪法错误匹配率高的问题，发展了基于主方向约束的多尺度 SAR 海冰漂移探测方法，通过模式匹配法探测海冰漂移的主方向，并利用探测的漂移主方向约束特征追踪法的特征点搜索范围，从而提高计算速度和计算准确率，经比对验证，所提出的方法不仅能极大的提高特征点的匹配正确率，而且海冰漂移结果的分辨率和计算速度较模式匹配法提高了 10 倍。

（4）在海洋基本气候变量反演算法与产品分析方面，发表 6 篇 SCI 论文，接收了 2 篇

SCI 论文。

【核辐射无人船观测系统研制】 在 2017 年度，在完成全系统集成、联调和拷机的基础上，开展 1 次湖试和 2 次海试，通过试验进一步完善核辐射无人船观测系统“久航 490”。在青岛某湖，开展了第 1 次无人船湖试，重点开展无人船自动控制、数据采集与传输、无人船航行性能测试等内容，验证了相关功能和设计指标。实验中，无人船一次充满电航行距离达 38.8 千米，最大航速 5.4节，满足项目考核指标（续航能力 20 千米，最大航速 3~4 节）。在荣成市石岛湾核电站周边海域镆铘岛附近进行第 1 次无人船海试，实验期间获取附近海域风速、风向、气温、水温、盐度、核辐射剂量率等数据，同时测试无人船在海上的航行性能和自动控制性能。7 月，在青岛附近海域，开展了第 2 次无人船海试，总航程达到 167 千米，重点测试了风浪干扰下的无人船控制、避碰技术、目标检测跟踪技术，并根据海试结果，完善了系统及相关算法。在本年度，共计发表无人船论文 8 篇，其中发表 SCI 2 篇，录用 SCI 1 篇，投稿 3 篇，申请发明专利 2 篇。

（国家海洋局第一海洋研究所）

【静止卫星海洋成像辐射计研制与资料处理】 全球变化与海气相互作用专项任务，由国家海洋局第二海洋研究所牵头承担。该任务成功研制出了中国首台静止轨道水色卫星遥感器样机，并开展了样机的海上校验测试，该样机为中国计划于“十四五”期间发射的静止轨道海洋水色卫星研制和资料应用建立关键技术基础。建立国内唯一、国际少有的考虑地球曲率的海洋–大气耦合矢量辐射传输模型和数值计算软件（PCOART–SA）；基于 PCOART–SA，首次生成了考虑地球曲率的大气分子瑞利散射、气溶胶散射、大气漫射透过率三类核心查找表，建立了考虑地球曲率的精确大气校正算法，突破了静止轨道海洋水色卫星晨昏弱光照下的水色信息遥感提取技术。该项成果发表在国际遥感顶级期刊《Remote Sensing of Environment》等。领先发展基于静止轨道水色卫星高时间分辨率观测的遥感新产品（海表流场、潮流、余流、浊度锋面）反演技术，在国际上首次成功利用静止轨道水色卫星观测分别提取出潮流场和余流场，系列成果连续发表在地学顶级期刊《Journal of Geophysical Research: Oceans》等。在长江口、渤海组织开展覆盖四个季节的 14 个真实性检验航次，获取大量的水体光谱及水色要素浓度现场资料；同时，在杭州湾构建了基于海上塔台的水体光谱连续采集系统。基于现场观测资料，较系统评估静止卫星 GOCI 水色产品的精度；同时，塔台水体光谱资料已应用于“天宫二号”水色成像仪 MWI 的在轨测试，成果发表在光学顶级期刊《Optics Express》等。构建国内首套集静止轨道水色卫星资料自动接收、处理、产品制作、数据库入库管理、产品可视化和网络共享服务为一体的静止轨道海洋水色卫星资料应用示范系统。该系统已通过 CNAS 认可机构的第三方软件测评，并安装在海洋环境安全保障部门进行业务化运行应用；同时，系统生产的遥感产品被国家海洋局北海预报中心、中国科学院地理科学与资源研究所等单位应用，相关资料处理技术也已应用于中国 GF–4 静止卫星的水色信息提取。任务研究成果在《Remote Sensing of Environment》《IEEE–TGRS》《Optics Express》《JGR–Oceans》等发表学术论文 50 篇，其中SCI 论文 41 篇，Top 期刊论文 18 篇。任务申请专利共 6 项，其中发明专利 4 项（2 项已授权），授权实用新型专利 2 项。

【基于遥感与现场比对的陆源碳入海动态监测关键技术及应用示范研究】 海洋公益性行业科研专项项目，由国家海洋局第二海洋研究所牵头，国家海洋局东海环境监测中心、厦门大学、国家海洋环境监测中心、南京信息工程大学、浙江大学、浙江海洋学院参加。2017 年度主要进展：进一步完善和验证项目关键技术；完成遥感碳监测信息服务系统（SatCO$_2$）业务化版和专业版的研发主体工作，业务化版在国家海洋环境监测中心和国家海洋局东海环境监测中心进行了部署和示范化试运行；2017年12月2—5日，成功主办"第二届海洋碳循环遥感多学科研讨会与培训班"，吸引33个单位130余名学者和业务化工作人员参加；在SatCO$_2$业务版基础上开发的SatCO$_2$专业版软件，主要面向广大科研人员尤其是非遥感专业的科研人员和业务化工作者，由卫星海洋环境动力学国家重点实验室云数据中心提供在线数据服务。

【卫星地面站（杭州）业务化工作】 2017年接收设备运行正常，较好地完成了接收任务。接收了HY-2A、TERRA、AQUA、NOAA-15、NOAA-18、NOAA-19、FY-2、NPP、FY-3A、FY-3B、FY-3C等10多颗极轨和静止卫星的资料，合计19401轨，存贮归档一级产品卫星数据21.58TB，为国家重点研发计划、863计划、国家海洋专项、高分专项等提供数据支撑。地面站X波段卫星接收系统的后端改造工作已完成，达到接收美国NPP和中国FY-3（A、B、C）的卫星数据功能的预期，提升了地面站4颗卫星的接收和处理能力。卫星地面站（余杭）共处理卫星数据2.73T，获得10572景卫星图像；自3月份签订合同后开始对天线系统及配件进行维修和更新，历时半年，于9月23日完成项目验收，天线正常运行。（国家海洋局第二海洋研究所）

海洋生物技术

【海带渣资源高值化技术创新与产品创制及应用】 本项目以实现海带渣中重要营养及功能成分——海带纤维素的高值化综合利用为目标，开展海带渣中纤维素资源高值化利用的科学原理、应用方法及其精深加工产品的研究，研发出高端食用和药用新产品并进行应用示范。

本项目成果已研发海带纤维素系列新产品：海藻植物软胶囊、海带微晶纤维素药用辅料、海带膳食纤维素饮品、海带膳食纤维素粉、海藻硒多糖硒营养强化剂等。项目成果已获国家发明专利授权6项、发表具有代表性的SCI/EI论文10篇、核心论文4篇、完成硕士学位论文2部、制订企业标准3项。项目成果部分新产品已实现产业化，社会效益和经济效益显著。该成果获得了2017年度的海洋工程科学技术奖二等奖。

（国家海洋局第一海洋研究所）

【中国近海常见底栖动物分类鉴定与信息提取及应用研究】 海洋公益性行业科研专项项目，由国家海洋局第二海洋研究所牵头，国家海洋局第三海洋研究所、国家海洋局第一海洋研究所、中国科学院海洋研究所、中国海洋大学、厦门大学、国家海洋局东海环境监测中心、国家海洋局北海环境监测中心共同参加。2017年度主要进展：

（1）基本完成中国近海底栖动物重要门类分类体系的编写，初步完成中国近海底栖节肢动物分类体系和科级以上分类检索表的整理；编撰完成多毛纲6目，55科的分类体系和科级以上检索表；初步编撰完成软体动物6纲，120余科的分类体系和检索表；编撰完成海参纲和蛇尾纲30科的检索表；初步整理出海洋线虫2纲、8目、34科的分类体系。

（2）基本完成中国近海底栖动物重要门类物种编目，已经初步整理和规范中国近海大型底栖节肢动物名录1200余种、棘皮动物名录600余种、环节动物名录769种、软体动物名录920余种、海洋线虫293种、其他门类种名录195种。

（3）完成了中国近海常见底栖动物数据库网站的设计、开发，经过2轮测试，初步实现了网站的正常运行。

（4）成功举办第一届"海洋底栖动物分类与鉴定技术培训班"，邀请了国内海洋底栖动物分类和生态学专家来杭州授课，来自国家海洋局系统各单位、地方海洋厅局、中国科学院涉海研究所和相关高校等53 家单位的136 位海洋环境监测、海洋底栖生物生态学、底栖生物多样性保护和资源开发等领域的专业技术人才参加培训。

【超深渊底栖动物群落空间分异机制研究】 国家"973"计划课题，由国家海洋局第二海洋研究所牵头承担。2017 年主要进展为：

（1）在雅浦海沟，巨型底栖动物群落有明显的成带分布，超深渊带和深海带的生物群落有明显差别，各个类群随水深变化也呈现出不同的分布特征，节肢动物是超深渊带的主要优势类群，棘皮动物、环节动物在深海带占比较高，海绵仅在深海带有发现。雅浦海沟北段和南段巨型底栖生物门水平的群落组成相似，生物出现次数南段略高于北段，海沟东侧的高于海沟西侧，海沟东西两侧生物群落结构存在明显差别；

（2）发表海星新种1个，瓣棘总目，柱体目，瓷海星科，*Styracaster* 属，命名为 *Styracasteryapensis* sp. nov.。该属共有 13 个种，分布于全球大洋 2000~6600 米的深海中。新种的主要特征为筛状器官极其退化，仅在筛板邻近的间辐区有一个大的颗粒状筛状器官，部分间辐区有 1~3 个退化的筛状器官，表现为 1~3 列小的皮鳃状突起；反口面骨板无小柱体、无棘，有颗粒状突起，覆盖整个反口面。还对新种个体的COI、16S、18S、12S 和 28S 基因进行了扩增测序，补充了瓷海星物种的分子信息，有助于将来该科系统发育树的建立以及分子进化研究；

（3）营养级研究发现，浮游动物体（以及以其为一环的食物链）是同位素较重的氮向下输送的一个重要渠道，同时有可能也是中深层水体生物的一个重要食物来源。海绵在底栖生物中营养级较高，可能和它的生活习性有较大的关系。

【海洋生态红线区划管理技术集成研究与应用】 海洋公益性行业科研专项项目，由国家海洋局第二海洋研究所牵头承担。2017 年度主要进展：在海洋生态红线理论研究的基础上，构建系统的海洋生态敏感性/脆弱性、海洋生态重要性、海洋生态适宜性和海洋生态红线划定技术框架和指标体系，研究和提出海洋生态红线区管控制度并分别在广东省、厦门市、温州市、黄河口、盘锦市案例区和南澳县、洞头区、天津市示范区开展应用示范。利用生态红线区划方法和海洋生态红线区管控制度分别在各示范区开展应用示范。2017 年度用项目研究方法为浙江省海洋生态红线划定工作提供方法和技术支撑。

【海洋微型生物碳泵与生物泵的互作过程和储碳机制】 国家重点研发计划项目课题，由国家海洋局第二海洋研究所牵头承担。2017 年顺利回收 2016—2017 年布放于南海北部和西北部的两套时间序列沉积物捕获器锚系，获得两个海域为期一年的时间序列沉降颗粒物样品；完成 2015—2016 年南海北部不同水深的时间序列颗粒物样品成分分析；2017 年 5 月在南海北部第一次通过"蛟龙"号载人深潜器获得了陆坡海域近海底水体和悬浮颗粒物样品。 （国家海洋局第二海洋研究所）

【海洋科技成果转化取得新发展】 承担国家海洋局科学技术司"海洋战略性新兴产业培育、管理与服务"项目，完成系列重要文件的编制研究工作。继续对接和参与沿海地区海洋经济发展规划，为地方海洋经济发展搭好顶层设计。推动建设厦门海域赤潮灾害应急监测与预警管理决策平台，建立赤潮应急机制。完成 2 个海洋产业公共服务平台建设。启动海洋经济创新发展区域示范项目"海洋微生物资源获取及开发利用共享服务平台"、2017 年度厦门海洋研究开发院项目 7 项，参与"十三五"海洋经济创新发展区域示范产业链和园区聚集项目共 13 项。组织完成多个项目验收工作。2 项专利授权使用，1 项技术秘密向企业转化，新增企业合作开发项目 11 项，征集具有产业化前景的科研成果 30 项。先后与福建省内外多家公司签订协议，开展合作。

（国家海洋局第三海洋研究所）

海水淡化与综合利用技术

【海水微生物絮凝剂规模化生产关键技术研究】 微生物絮凝剂是一种微生物产生的，具有絮凝活性，来源天然，对环境无害的絮凝剂产品。研究着眼于挖掘与利用微生物产品，开发用于海水处理的微生物絮凝剂。在海洋公益性行业科研专项资助研发的微生物絮凝剂，其投加剂量低至 0.05 毫克/毫升时，对海水的絮凝率仍大于等于 85%。并研究开发了菌种诱变—中试发酵—产品获取系列工艺技术，突破了工程化技术应用的共性瓶颈，推动了微生物制剂应用技术从实验室向生产的转化，该海水微生物絮凝剂年制备能力达到十公斤级，实现前沿理论与高新技术的产业化结合。

【PTFE 中空纤维膜连续生产技术】 针对海水淡化、工业高盐废水蒸发浓缩零排放市场需求，国家海洋局天津海水淡化与综合利用研究所开展了聚四氟乙烯（PTFE）连续生产技术研究，于 2017 年 9 月成功研制出类海绵结构的 PTFE 中空纤维膜，其微孔形貌特征明显区别于传统“微纤”“节点”结构，径向抗撕裂强度显著增加，能够实现内压式高压力操作方式。裂隙孔结构的 PTFE 中空纤维膜，微孔结构分布均一，孔径大小集中在 0.24 微孔，气通量 34 $m^3 \cdot m^{-2} \cdot h^{-1} \cdot$0.01 兆帕，透水压力大于 0.15 兆帕，可连续制备外径 1.5 毫米、1.3 毫米和 1.0 毫米中空纤维膜产品，并在开展了浓盐水膜蒸馏淡化应用研究，减压膜蒸馏通量为 4.75 $L/m^2 \cdot h$。

聚四氟乙烯（PTFE）具有强疏水性、耐氧化性、耐酸碱性和耐温性，将其制备成中空纤维膜，特别适用于膜蒸馏海水淡化、膜法海水提溴以及膜法气体处理等过程。国内 PTFE 中空纤维膜产能不到 10 万平方米，市场有待开发，与聚丙烯疏水膜年均百万平方米用量相比，市场空间巨大。该项目通过自主研发，形成的 PTFE 连续生产专利装备和成套技术，对于提高中国海水淡化、工业高盐废水蒸发浓缩零排放设备的开发能力和技术水平、实现海水综合利用和浓盐水浓缩资源化利用、保护海洋环境具有重要意义。

【高效产表面活性剂的海洋芽孢杆菌突变株的筛选及其对几种赤潮藻的去除研究】 该项技术以实验室前期已分离的一株产表面活性剂的海洋芽孢杆菌为对象，通过分子生物学手段构建其高效产表面活性剂突变株，优化其培养条件。研究获得了高效产表面活性剂的海洋芽孢杆菌突变株 1 株，其产表面活性能力较原始株提高了 10.9%；并初步解析高效突变株的抑藻特性及机理。研究采用PIC333质粒构建了产生物表面活性剂菌株、海洋芽胞杆菌 dhs-330 的转座突变体库，突变库包含 500 多株突变株。运用排油圈法初筛和表面张力复筛，从 dhs-330 的转座突变库中获得了一株遗传稳定的高效突变株，确定了突变株 dhs-330-021 对四种赤潮藻的最佳抑藻条件并探究其溶藻机理。分析其对中国几种典型赤潮藻的抑制作用，为赤潮海域的水质净化与处理提供了一定的科学依据和实践基础。

【海岛多元集成供水装备研制与应用示范】 针对海岛地区供水短缺且雨水、岛水、海水等多种水资源时空分布不均的特点，通过集成 2014 年海洋公益性行业科研专项项目“海岛多元集成供水技术研究与应用示范”（201405035）开发的海岛雨水纤维过滤/后置吸附处理技术、无药剂预处理技术、短流程海水淡化技术、适应多水源切换配水技术，建立了 1 套可用于海岛雨水、岛水、海水处理需求的多元集成供水一体化装备和 1 套海岛多能源耦合供能系统，以解决海岛地区水能供需矛盾、降低综合用水成本。该装置每天可处理净化雨水 400 立方米，淡化岛水、海水的产水量均达到 100 立方米/天。

装置于 2017 年开始在珠海万山海洋开发

试验区东澳岛进行示范应用，经历了广东沿海旱季、雨季和台风季节等复杂气候考验，系统运行稳定，产水主要水质指标符合《生活饮用水卫生标准》（GB5749—2006），综合运行成本小于 2.5 元/吨（按珠海市区现行工业电价标准计）。

【海水循环冷却装备产品定型技术】　该技术依托于国家海洋局天津海水淡化与综合利用研究所承担完成的海洋公益性行业科研专项项目，研发完成了 7 种海水水处理药剂和 3种海水冷却塔塔芯构件的设计定型、生产定型及产品应用方案设计，3 种定型产品申请列入国家重点新产品计划项目。在装备产品定型的基础上，建成了 5000 吨/年海水水处理药剂生产线，形成了海水水处理药剂生产基地。开展 4 个不同海域海水水质调查工作，完成海水循环冷却动态模拟试验，形成了 4 个海域的海水循环冷却技术应用方案。实现了海水水处理药剂定型产品在浙江国华浙能发电有限公司和天津国投津能发电有限公司 20 万吨/小时海水循环冷却工程的推广应用；实现了海水冷却塔收水器 SW-145 在中海油深圳电力有限公司 2 万立方米/小时海水循环冷却系统中的推广应用。此技术将有力推进海水循环冷却技术的大规模应用，为优化中国沿海地区水资源结构、缓解沿海地区水资源短缺提供技术支持。

【海水养殖废水对环境影响研究】　通过调研确定新型典型海水养殖污染物种类和污染物浓度。分析中国海水养殖业现状和海水养殖产生的主要污染物。研究不同养殖品种和不同养殖模式对海洋环境的影响。结合现今主流的海水养殖废水处理技术和研究趋势，在完成海水养殖废水对环境影响分析的基础上，提出减少海水养殖对环境影响的对策。该项研究的实施将有助于促进海水养殖业可持续发展。

【舰船用反渗透海水淡化装置实海运行测试平台】　2017 年，国家海洋局天津海水淡化与综合利用研究所建设完成舰船用反渗透海水淡化装置实海运行测试平台，开展船用组合式反渗透海水淡化装置的实海运行性能指标试验和材料安全性试验。该平台已完成 7 家企业共 25 台装置的运行测试委托业务，累计运行时间超过 4000 小时，现场检测数据近 6000 组，对加深军民融合具有重要意义。

【膜法废气脱硫技术装备】　针对大气污染治理、废气处理零排放市场需求，国家海洋局天津海水淡化与综合利用研究所开展了膜法废气脱硫技术装备研究，于 2017 年 10 月成功研制出膜法废气脱硫系列装备主要包括膜吸收器、膜吸收塔和配套设备等。膜法废气脱硫是借助疏水性微孔膜提供的巨大气液接触界面，实现气相 SO_2 与液相吸收剂高效跨膜传质的一种新型脱硫技术。该技术可实现废气 SO_2 的高效脱除，吸收液近零排放及副产物的资源化回收，完全符合循环经济理念。

该项技术在世界最大燃煤电厂—大唐国际内蒙托克托电厂，建成 2 万 Nm^3/h 膜法烟气处理超净排放技术装备应用示范工程，并开展连续稳定运行试验。从已进行的 120 小时稳定运行试验结果看：在实际工况条件下，膜法脱硫装备能够稳定控制烟气尾气 SO_2 浓度低于 5 毫克/立方米，该值是中国也是世界上最新最严格的烟气 SO_2 深度超净排放限值的 1/7；同时，该示范工程采用互联网+技术，可用手机/电脑对装备运行进行远程监视和控制。示范工程的建成及运行，标志着新型膜吸收烟气脱硫技术装备向工业应用又迈出坚实一步。该项技术的日臻成熟与工程化应用对于提高中国大气治理技术水平和海水综合利用水平具有重要意义。

【氧化镁/生物炭复合材料制备及其对海水中重金属吸附特性研究】　以一次性废竹筷为原料，以碳酸钾为活化剂，制得高比表面积和微孔率的活性炭，并对活性炭进行了系统的表征，考察了该活性炭对亚甲基蓝的吸附行为；以一次性废竹筷和卤水为原料获得了氧化镁/生物炭复合物并对该复合物进行了表征；此外，对该复合物制备过程中所涉及的热解机理进行了分析；最后通过静态吸附实验研究了氧化物/生物炭对重金属铜、铅、锌的吸附等温线和吸附动力学。该研究以废竹筷和海盐苦卤为原料，达到了以废治废的目的；此外，利用废竹筷制备出一种比表面积高达1262平方米/克的活性炭，其亚甲基蓝最大吸附量高达336毫克/克。该项研究的成果有效地将工业/生活废物利用与海洋污染治理相结合，具有重要的科学和实用价值。

（国家海洋局天津海水淡化与综合利用研究所）

海底探测与油气勘探开发技术

【“南海高温高压钻完井关键技术及工业化应用”项目】 本项目攻克了南海莺琼盆地高压成因复杂、压力预测精度低等系列难题，创建多源多机制压力精确预测的安全钻井技术等四大核心技术体系，安全高效实施54口高温高压井作业，发现7个大中型气田，建成中国第一个海上高温高压气田——东方13-1气田，实现了中国海上高温高压天然气从勘探向开发的历史性跨越。

“海洋天然气水合物目标勘探与固态流化一体化试采工程”项目，集成创新一套海上水合物资源勘查、目标评价、储层识别与水合物检测技术，自主研发了海洋水合物保温保压水合物取芯和带压转移工具、随钻测井装置、水合物现场在线分析系统等全套国产化装备，首次创新提出“海洋天然气水合物固态流化试采技术”，自主创新攻克依托深水勘察船、深水海底表层、浅层非成岩水合物储层固态流化试采工艺和工程实施所需核心装备。

“南海深水测试关键技术及应用”项目，研发出深水气田安全高效测试技术，主要包含深水测试井筒温压场精确预测技术、深水气田多功能水基测试液技术、高产深水气田测试管柱安全控制技术、深水测试地面设备模块化技术、深水测试出砂风险实时预测与综合防治技术等5项特色核心技术，其中4项属于创新技术。（中国海洋石油集团有限公司）

【基于无人艇巡检的海底管道三维实时成像声纳检测应用系统】 中国石油化工集团胜利油田建立了基于无人艇巡检的海底管道三维实时成像声纳检测应用系统，实时声纳成像对裸露、悬空海底管道进行扫测，能够第一时间发现管道存在的问题，同时针对埋泥管道无法连续检测难题，开展了“低频声纳检测埋泥海管”试验。在悬空管道上安装原位测振设备，实现悬空管道在恶劣气象周期振动数据的获取，便于探索浪流对悬跨管道的影响规律。

【稠油高渗流完井配套工艺】 中国石油化工集团胜利油田创新形成稠油高渗流完井配套工艺，CB246-248区块13口新井投产一次成功。应用返排、泡沫暂堵、两步法防砂配套技术，破解CB6A倒伏区低压油层低产关，5口新井投产后达到地质配产水平，平均单井产能25.3吨/天。应用选择性分流深部酸压改造工艺，引进进口高温电泵机组+圆电缆+工况传感器等配套举升设备，在ZH10A-1-3井成功下井试验，试油日油分别是51吨/天，42吨/天，监测电机温度接近160℃，满足海上潜山油藏改造难题及高温油藏生产要求。首次在KD481C-2、CB248A-6井试验圆电缆，开井后电流不平衡度小于1%，有助于进一步提高电泵井寿命。在CB246A、248A等井组13口井成功应用单独信号电缆工况传感器，海上电泵井工况监测技术达到国际一流水平。长寿命细分注水工艺进一步完善，首次在CB4EA-6井成功实施中石化首口单井细分七段注水。海上注水井细分率达69.5%，继续创造油田精细注水新纪录。

（中国石油化工集团公司）

海洋能技术

【海洋能发电装置测试与评价技术获突破】 在

海洋可再生能源资金的支持下，国家海洋技术中心开展海洋能发电装置测试与评价方法研究，搭建现场测试平台，形成一套完整的测试与评价系统，具备对海洋能独立及并网发电装置进行实海况测试与评价的能力，评价指标主要包括功率特性和电能质量特性。先后对舟山“LHD”潮流能发电装置和“鹰式—万山号”波浪能发电装置开展实海况测试与评价，完成了中国第一份潮流能和波浪能发电装置现场测试分析报告。2017年4月21日至5月24日，对位于广东省珠海市大万山海域的“万山”号鹰式波浪能发电装置开展了现场测试工作，共计34天。获取了波浪参数和电气参数。这是中国首次对波浪能发电装置的功率特性和电能质量特性开展现场测试及分析评价工作，随后对数据分析评估，编写国内第一份波浪能发电装置现场测试报告；2017年11月7日—12月11日，在舟山海域，分别对林东模块化大型海洋潮流能发电机组C2和D2开展现场测试，共计35天，通过优化测试方案、搭建新的测试平台，提高测量精度和安全性、可靠性，实现全天侯连续测试。

【中国海洋能发电装备稳定运行实现新突破】 中国“3.4兆瓦LHD模块化大型海洋潮流能发电机组”项目首批1兆瓦发电模块自2016年8月26日下海发电以来，已实海况运行超过16个月。自2017年5月25日开始，首次实现全天候稳定并网发电，截至11月30日，先期投运的1兆瓦机组总发电量超过50万度，并网电量超过30万度，标志着中国潮流能实现从“能发电”到“稳定发电”的跨越。2017年10月20日，中国海洋工程咨询协会组织专家对浙江“LHD林东模块化大型潮流能发电关键技术和装备”项目进行成果鉴定。与会专家一致评价：该项目总体上达到国际领先水平。2017年6月，中国科学院广州能源研究所研制的“鹰式”波浪能发电装置在珠海市大万山岛海域完成第二次海试，累计发电量超过5万度，多项关键性指标已达国际先进水平。2017年5月至6月，“鹰式—万山号”波浪能发电装置首次实现了为海岛提供稳定电力供应，累计为大万山岛提供电力超过1万度。依据计划，“鹰式-万山号”波浪能发电装置将于2017年底至2018年初完成在西沙永兴岛地区的布放，并开展示范运行，为南海岛礁提供绿色清洁的能源及淡水供应。

【兆瓦级波浪能示范工程启动】 围绕《海洋可再生能源发展“十三五”规划》“推进海洋能工程化应用”的指导思想及“建设波浪能示范基地”的目标任务，利用前期南方电网综合能源有限公司承担的“大万山岛波浪能示范工程总体设计项目”相关研究成果，2017年中国首个兆瓦级波浪能示范工程“南海兆瓦级波浪能示范工程”建设工作启动。通过公开招标，由广州中科环能科技有限公司、中国科学院广州能源研究所、南方电网综合能源有限公司、广东电网有限责任公司、招商局重工（深圳）有限公司、中南粤水电投资有限公司、江苏欧力特能源科技有限公司6家单位组成的联合体承担示范工程项目实施工作。该项目将在珠海市大万山岛建设兆瓦级波浪能示范工程，通过依托海洋能资金支持的具有自主知识产权的“鹰式”波浪能发电装置，扩大示范规模，进一步提高装备及电站运行稳定性及可靠性，实现并网运行，为推进中国海洋能规模化应用提供技术支撑和能力保障。该项目总投资1.5亿元，其中国家拨款资金1亿元，企业配套资金5000万元。

（国家海洋技术中心）

海 洋 教 育

综 述

随着国内外对海洋的重视程度加大，围绕海洋强国建设的战略需求和创新驱动发展战略的部署，高校在海洋领域的学科建设专业设置及在线课程优化进一步完善，海洋相关专业人才的培养质量进一步提高。

【海洋相关专业及学科设置】 全国海洋相关的本科专业布点192个，形成涵盖海洋各专业领域的人才培养体系。其中，海洋科学、海洋技术、海洋资源与环境、军事海洋学等海洋科学类本科专业点78个，航海技术、救助与打捞工程、船舶电子电气工程等交通运输类本科专业点32个，船舶与海洋工程、海洋工程与技术、海洋资源开发技术等海洋工程类本科专业点57个，海洋渔业科学与技术等水产类本科专业点10个，海洋油气工程等矿业类本科专业点9个，海事管理、海警后勤管理等公共管理类本科专业点6个。

在现行《学位授予和人才培养学科目录》中，与海洋相关的一级学科有“海洋科学”“船舶与海洋工程”和“水产”，分别属于“理学”“工学”和“农学”门类，全国共有相关一级学科博士学位授权点37个，一级学科硕士学位授权点47个，在工程硕士专业学位类别中，与海洋相关的领域有“船舶与海洋工程”，全国共有相关学位授权点23个。根据有关政策，学位授予单位可根据自身发展需要和学科条件，在相关一级学科学位授权权限内，自主设置与海洋学科相关的二级学科。大连海事大学等20余个学位授予单位自主设置“海洋地质”“海洋生物学”等20余个二级学科。

2017年9月，经国务院批准，教育部、财政部、国家发展和改革委员会公布了“双一流”建设高校及建设学科名单，以“海洋科学”为建设一流学科的高校有厦门大学、中国海洋大学，以“船舶与海洋工程”为建设一流学科的高校有哈尔滨工程大学、上海交通大学，以“水产”为建设一流学科的高校有上海海洋大学、中国海洋大学。

【加强海洋领域人才培养】 2017年，全国设有海洋专业的普通本专科学校共有112所，其中普通本科96所，普通专科16所；全国设有海洋专业的成人本专科学校32所，其中成人本科5所，成人专科27所；全国具有培养海洋专业硕士研究生资格的高校（含科研院所）共143所，具有培养海洋专业博士研究生资格的高校（含科研院所）共66所。

2017年，全国普通本专科学校中，海洋专业共有毕业生67746人，其中普通本科为9835人、专科为57911人；全国成人本专科学校中，海洋专业共有毕业生14046人，其中成人本科为1979人、专科为12067人；全国海洋专业共毕业硕士研究生3102人，博士研究生733人。

2017年，全国普通本专科学校中，海洋专业共招录新生57589人，其中普通本科11470人、普通专科46119人；全国成人本专科学校中，海洋专业共招录新生7633人，其中成人本科1430人、专科6203人；全国海洋专业共招录硕士研究生3741人，博士研究生1113人。

2017年，全国普通本专科学校中，海洋专业共有在校学生245762人，其中普通本科45762人、普通专科200000人；全国成人本专科学校中，海洋专业共有在校学生20904人，其中成人本科4185人、专科16719人；

全国海洋专业共招录硕士研究生 10472 人，博士研究生 4984 人。

自 2010 年起，教育部联合 22 个部门和 7 个行业协会共同实施“卓越工程师教育培养计划”，探索高校与有关部门、科研院所、行业企业联合培养人才的有效机制。其中，中国海洋大学、哈尔滨工业大学等高校 42 个海洋相关的海洋工程类、交通运输类本科专业入选该计划，校企联合制定培养目标和培养方案、共同建设课程与开发课程、共建实验室和实训实习基地、合作培养培训师资、合作开展研究等，推动人才培养与产业需求紧密结合。

【扎实推进海洋领域新工科建设】　为主动应对新一轮科技革命和产业革命，支撑服务一系列国家战略，2017 年教育部启动新工科建设，统筹考虑“新的工科专业、工科的新要求”，更加注重产业需求导向，更加注重跨界交叉融合，更加注重支撑引领，改造升级传统工科专业，发展新型工科专业，主动布局未来战略必争领域人才培养。首批认定了 612 个新工科研究与实践项目，其中面向海洋领域人才需求，组织开展了“新工科（航运类）多方协同育人模式改革与实践”“面向‘一带一路’的港口海岸及近海工程教育国际化研究与实践”“船舶与海洋工程专业新工科建设与人才培养质量标准研制”等 10 多项新工科研究与实践项目，探索建立人才培养的新理念、新标准、新模式、新方法、新技术、新文化。

【支持建设海洋领域在线开放课程】　引导高校积极开展海洋领域在线开放课程建设，建设《航海学》《卫星海洋学》《船舶辅机》《船舶 CAD/CAM》等 20 余门相关在线开放课程、视频公开课或资源共享课，在“爱课程”“学堂在线”等开放课程平台上线使用。2017 年首批认定 490 门国家精品在线开放课程，其中《海洋与人类文明的生产》等课程入选。

【积极开展海洋领域大学生创新创业实践活动】　贯彻落实《国务院办公厅关于深化高等学校创新创业教育改革的实施意见》（国办发 [2015] 36 号）精神，深化高校创新创业教育改革，提升大学生的创新精神、创业精神和创新创业能力。支持海洋相关专业教学指导委员会主办“中国大学生船舶与海洋工程设计大赛”“全国大学生交通科技大赛”等大学生科技创新竞赛活动。在 2017 年第三届大赛中，海洋领域涌现一批优秀的获奖成果，如山东大学威海分校的“创源科技：海岛专用小型海水淡化系统”、大连海事大学的“HTA 船舶智能配载仪”、海南大学的“自主可控一体化水质监测船”、浙江海洋大学的“海水流体冰”等。

（教育部）

中国海洋大学

【概述】　中国海洋大学是一所海洋和水产学科特色显著、学科门类齐全的教育部直属重点综合性大学，是国家“985 工程”和“211 工程”重点建设的高校，2017 年 9 月入选国家“世界一流大学建设高校”（A 类）。学校有崂山校区、鱼山校区和浮山校区 3 个校区，占地 2400 余亩。设有 18 个学院和 1 个基础教学中心。现有全日制在校生 2.5 万人，其中本科生 1.5 万人、硕士研究生 8300 余人、博士研究生 1800 余人。教职工 3405 人，其中专任教师 1683 人，博士生导师 455 人、正高级专业技术人员 530 人、副高级专业技术人员 646 人，中国科学院院士 5 人、中国工程院院士 8 人。

学校拥有教学和科学考察船舶 3 艘，包括 3500 吨级的“东方红 2”号海洋综合科学考察实习船、300 吨级的“天使 1”号科考交通补给船、2600 吨级的“海大”号海洋地质地球物理调查船（与企业合作共建共管），另有一艘在建的 5000 吨级新型深远海综合科考实习船“东方红 3”号，形成了自近岸、近海至深远海并辐射到极地的海上综合流动实验室系统，具备了一流的海上现场观测能力。

学校是青岛海洋科学与技术国家实验室的主要依托单位，主持其中“海洋动力过程与气候”和“海洋药物与生物制品”2个功能实验室的工作，作为骨干力量参与其他6个功能实验室的建设。

学校地球科学、植物学与动物学、工程技术、化学、材料科学、农学、生物学与生物化学、环境学与生态学、药理学与毒理学9个学科（领域）名列美国ESI全球科研机构排名前1%。获国家技术发明一等奖1项、二等奖2项，自然科学二等奖1项，科技进步二等奖9项；“十二五”以来，主持国家级各类项目1100余项，获省部级科技奖励34项、人文社科奖励51项，被SCI、EI、ISTP等三大收录系统收录论文1.7万篇，申请发明专利1704项，授权发明专利918项，其中国际发明专利26项。

【科研项目与经费】 科技经费实现平稳发展，年度实到科研经费6.7亿元。

国家自然科学基金项目新获批项目139项，较去年增长13%，立项经费约1.28亿元，本年度获批单项经费200万以上的研究类项目17项，较去年翻了一番多，创历史最好成绩。在本年度首次启动的以重点支持项目形式资助的面向全国受理的NSFC-山东联合基金（二期）立项中，一举获批10项，立项数占全国总立项数的1/3，居全国首位。新获批国家重点研发计划项目1项，课题15项，涉及9个专项，经费总额5785.5万元，承担项目团队基本形成强势队伍领军，弱势队伍跟进的局面。海洋调查专项项目新增立项30余项，合同额1.08亿元，已到经费9400余万元。顺利完成3个综合调查项目外业调查，调查海区横跨东海、西太平洋和东印度洋，调查领域涉及水体、底质和底栖生物、海洋遥感；成功实现“材料在极地环境下的腐蚀试验”相关试验器材在极地科考站的布放，填补了国内空白。2017年主持承担省市项目100余项，累计合同额超过6100万元，同比增长30%。抓住国防科研项目相关体制和机制改革契机，积极对接国家军民融合战略，全面组织国防项目申报，获批国防科研项目27项，合同额超过2000万，创历史最好水平。学校横向项目立项364项，合同额1.04亿元，实到经费8811万元，其中100万以上的项目19项，服务地方经济建设能力持续增强。

【科研成果】 吴立新院士获全国创新争先奖状，获2017年度教育部自然科学二等奖1项、科技进步二等奖1项，获2016年度山东省技术发明一等奖1项、科技进步二等奖1项，获2016年度青岛市科技进步一等奖1项、自然科学二等奖2项。2017年度，我校教师作为第一作者或通讯作者分别在《Nature》子刊发表7篇高水平研究论文。

【一流大学建设】 高质量完成一流大学建设方案编制，顺利通过教育部组织的专家评审，学校被国家批准成为世界一流大学A类建设高校（36所），为学校新一轮重点建设奠定基础。同时加强与山东省、国家海洋局和青岛市的沟通对接，推动实施新一轮“四家共建”，为学校在“双一流”建设中争取更多支持。扎实推进2017年度引导专项的预算执行，按要求及时完成2018年引导专项的预算申报，推动一流大学建设方案的实施。

【科研成果转化】 2017年完成转让、许可项目2项，合同额120万。积极提升科技处作为国家级技术转移机构和青岛市技术转移服务机构的平台作用，向云南省委、省政府建议并策划组织云南首个海洋类国际论坛——海洋生物资源保护与利用高峰论坛。科技处有效利用各级地方政府的政策性支持，积极组织学校与地市、企业举办技术对接会，邀请相关行业、企业来校洽谈合作，进一步推进科技成果向行业、企业转化。

2017年共申请国内专利340项，其中发明专利233项，实用新型专利107项。2017年授权国内专利227项，其中发明专利133

项，实用新型专利 94 项。通过 PCT 途径申请国际专利 3 项，授权国际专利 1 项。申请登记软件著作权 93 项。

【科技创新平台建设】 深度参与海洋国家实验室 8 个功能实验室科研任务和“两洋一海”“蓝色药库”“蓝色生物资源”等重大科研计划，获得海洋国家实验室科研计划任务合同额达 5000 余万元，国家实验室项目已成为学校科研经费新的增长点，形成学校与海洋国家实验室科研力量的深度融合、协同发展的良好局面。新获批的山东省海洋食品示范工程技术研究中心和青岛市海洋大数据工程实验室，有力支撑了相应学科的建设与发展，并成为服务地方经济社会发展的重要载体。在总体优秀率不到 20%的激烈竞争下，参加评估的山东省重点实验室获优秀成绩。

【科技人才培养与队伍建设】 1 人获国家杰青资助，首次实现连续 3 年均获杰青资助，学校杰青数量达 19 人，在全国高校排 35 位；1 人获国家优青资助，实现连续 6 年均获资助，学校优青数达 11 人，并列全国高校 42 位；7 人入选现代农业产业技术体系岗位科学家，数量列全国第 8 位，在非农业部共建高校中列第 1 位；赵进平教授获评“中国极地考察先进个人”；2 人获山东省自然科学基金杰出青年基金资助；2 人获评 2017 年度海洋领域优秀科技青年；6 人分别入选鳌山人才计划卓越科学家和优秀青年学者。

【国际科技合作与交流】 新获批 1 个山东省首批品牌国际科技合作基地。中国海洋大学提出的“中国—菲律宾海洋藻类与养殖生态国际联合实验室”纳入中国—菲律宾科技合作联委会确定的优先合作领域，为推动获批国家国际联合实验室奠定坚实基础。

（中国海洋大学）

海洋意识教育

【编制完成《青少年海洋意识教育指导纲要》（初稿）】 为全面提高中国青少年海洋意识，根据教育部、原国家海洋局的有关要求，以解决中小学生海洋意识教育方面的实际问题为出发点，组织专家编制完成《青少年海洋意识教育指导纲要》（初稿）并提交教育部有关部门。

【参与国家课程标准修订工作】 2017 年国务院成立国家教材委员会，指导和统筹全国教材工作，审查国家课程设置和课程标准制定等。国家海洋局一名局领导担任国家教材委员会部门委员，人事司负责人担任国家教材委员会部门联络员。根据局人事司的安排，8 月宣教中心组织完成了“普通高中课程标准”及“教育部马工程部分重点教材”的审读意见，对语文、历史、地理、生物等课程增加具体海洋内容提出了具体建议并部分被采纳。

【举办第十届全国大中学生海洋知识竞赛】 由国家海洋局、共青团中央、海军政治工作部共同主办的第十届全国大中学生海洋知识竞赛大学生组总决赛于 2017 年 11 月 3 日在厦门成功举办，国家海洋局党组成员、副局长林山青出席并颁奖。此次竞赛通过网络直播等形式，进一步提升公众参与度和社会影响力，为普及海洋知识、传播海洋文化、引导大中学生树立现代海洋观念发挥推动作用。

【举办全国中小学海洋意识教育经验交流会】 2017 年 5 月 25 日，由国家海洋局与海南省政府共同主办的“全国中小学海洋意识教育经验交流会”在海南省海口市召开。海南省政府副省长王路，国家海洋局党组成员、副局长石青峰出席会议并讲话，地方海洋厅局、沿海省市教育厅局、全国海洋意识教育基地以及海南省教育系统的代表 300 余人参加会议。此次会议为在全国范围内推进海洋意识教育工作树立了典范。交流会期间，在海口市开展“名人讲海洋”活动，分别讲述“极地科考”“蛟龙深潜”“航海探险”以及“海洋教育”故事，社会反响热烈。

【联合共建全国海洋意识教育基地】 2017 年采取共建的模式，有重点、有布局地在北京、贵州、江西、沂蒙山区、哈尔滨等五省市设立海洋意识教育基地。其中：加强与北京教育部门的合作，4月份在北京市中小学校设立一批海洋意识教育基地；与中国海洋发展基金会共建，9月份在贵州、10月份在江西井冈山中学共建海洋意识教育基地；与北海分局、海洋一所、深海中心等单位合作，10月份在沂蒙山区平邑一中设立海洋意识教育基地；11月份联合海洋报社等在哈尔滨工程大学设立海洋意识教育基地。

【组织申报海洋主题全国研学教育实践基地】 受国家海洋局办公室的委托，宣教中心向全国海洋系统征集海洋主题单位参评全国研学教育实践基地，向教育部推荐42家单位参评“全国中小学生研学实践教育基地”。经教育部基础教育司组织研究评审，中国海洋博物馆、青岛鲁海丰海洋牧场、厦门大学附属科技中学、琼海市博鳌镇（中远海运博鳌有限公司）4家单位被确定为首批研学基地，并获得每年每家基地申请50万元专项经费的资格。2017年度，4家单位共获得159.3万元专项经费支持。

【开展2017京津冀学生海洋意识教育活动】 2017年4月27日，“2017京津冀学生海洋意识教育活动启动仪式”在河北工业大学举行，来自京津冀地区海洋意识教育基地的500多名师生参加活动。这是京津冀三地首次联合举办“海洋意识教育系列活动”，宣教中心积极响应中央提出的京津冀一体化战略部署，联合北京市教委、天津市教委、河北省教育厅等单位，共同探索建立京津冀海洋意识教育协同发展工作机制。

【指导举办第六届全国少年儿童海洋教育论坛】 2017年12月7日，2017全国少年儿童海洋教育论坛在新建生产建设兵团第二师华山中学举办。论坛以“发展特色海洋教育，培养内陆海洋意识”为主题，由国家海洋局宣传教育中心指导，中国海洋学会、兵团教育局、兵团科学技术协会、第二师教育局等相关单位给予支持，该论坛由全国少年儿童海洋教育促进会发起，新疆生产建设兵团第二师华山中学主办，各地相关专家、教育界人士出席论坛。

【举办2017年海洋意识教育培训班】 第一期海洋意识教育培训2017年于5月24日至26日在海口举办，第二、三期海洋意识教育培训于2017年10月11日至13日在南京举办，来自全国海洋意识教育基地的一线任课老师和海洋宣传教育人员200多人参加。通过此次海洋意识教育培训班，进一步推动了海洋意识教育的深入开展，对提升海洋意识教育水平有着十分重要的意义。

【举办“走向海洋”西沙冬令营】 2017年2月28日，全国大中学生海洋知识竞赛——“走向海洋”西沙冬令营教育实践活动在三沙市永兴岛举办。活动中，冬令营团队在三沙市政府广场前举行升国旗仪式和“我爱海洋”签名活动，向永兴学校捐赠海洋科普知识图书，对驻岛官兵表示慰问，并举办海洋防灾减灾知识学习讲座。活动旨在引导青少年树立正确的现代海洋观国防观。

【举办“走向海洋”博士团考察活动】 2017年6月至7月，落实国家海洋局人事司安排，组织实施“走向海洋”博士团考察活动，组织协调六所院校的百余名博士团分南北两线走进海洋部门的局属单位，对海洋部门的职能、任务等作全面、系统、深入的了解，促进海洋单位与高校人才的互动交流，为进一步吸纳人才投身海洋事业提供有利条件。

【配合开展“5·12”防灾减灾宣传活动】 2017年5月印发《关于在全国海洋意识教育基地开展防灾减灾日活动的通知》，整理和设计制作宣传素材（视频类及电子展板），为基地开展学习宣传工作提供内容支持,并协同其他部门及时通过网站发布各地防灾减灾宣传活动情况，为加强海洋防灾减灾宣传发挥重要作用。

【打造全国首家海洋图书馆】 华峰小学海洋图书馆由国家海洋局宣传教育中心、福建省海洋与渔业厅、泉州市海洋与渔业局、晋江市政府、深沪镇等共建，位于福建省晋江市深沪镇，是全国首个公益性海洋图书馆，2017 年 6 月开馆。馆内现有阅览座位 50 多个，网络节点 30 多个，藏书近 8500 册，其中海洋类图书约 1200 册、科普类图书 824 册、教师教学类图书 588 册、学科辅导类图书 566 册、艺术类图书 462 册、绘本类图书 1234 册、文学类图书 3535 册。

（国家海洋局宣传教育中心）

海 洋 文 化

海 洋 新 闻

【综述】 2017年，中国海洋报社（以下简称报社）以迎接党的十九大召开和学习贯彻十九大会议精神为主线，紧紧围绕2017年全国海洋工作会议提出的重点工作任务，发挥报社“耳目喉舌”作用，以“瞄准、做深、问效”为原则，紧密围绕国家海洋局党组提出的五大体系六项重要工程，服务海洋事业。凝心聚力、以服务求生存，以创新谋发展，努力打造“两报一网”“N微N端”的多元化、全媒体宣传矩阵，海洋新闻宣传不断取得新突破、新成绩，2017年，中国海洋报社入选国家新闻广电总局发布的全国“百强报刊”推荐名单。

【海洋新闻报道】 重大新闻报道引关注 2017年，国家海洋局首次召开党建工作会议，报社积极策划，连续刊发消息、通讯、综述、评论等稿件，并连续5天刊登评论员文章，深入阐述做好党建工作的重要性。

4月，习近平总书记视察广西壮族自治区并对海洋工作作出重要指示。报社迅速行动，当天派出记者赴广西开展专题报道，连续刊登3篇记述习总书记对海洋工作的关心要求及反响的文章。

在全国两会期间，报社集中报道“南红北柳”“雪龙探极”“蛟龙探海”“蓝色海湾”等多篇反映国家海洋局六大工程的稿件，收得较好的效果。

5月，“一带一路”高峰论坛召开前夕，按统一部署推出“一带一路看海洋”“一带一路·正观”等栏目，连续报道海洋系统在“一带一路”建设中取得的成绩。

“6·8海洋日”期间，《中国海洋报》刊登海洋日相关消息、评论、通讯、特写、专访等30余篇，全面反映海洋日活动的盛况。其中，多篇稿件被国内各大网站转载刊发。

8月，按照国务院批准同意的《海洋督察方案》，国家海洋局组建第一批国家海洋督察组分别对辽宁、海南、河北、福建、江苏、广西6省，开展以围填海专项督察为重点的海洋督察。报社高度重视，在人手缺、时间紧、任务重的情况下，共派出6名随组记者一线采访1个月，保证督察组每个小组的新闻宣传及时高效。6个督察组记者共发回稿件72篇，见报64篇。

9月，中国—小岛屿国家海洋部长级圆桌会议在福建省平潭区召开。报社提前制作中国—小岛屿国家海洋部长圆桌会议专刊8个版在会议现场发放。会议期间，报社报道组在短短的两天半时间里，4名记者共完成各类稿件26篇，近3万余字，拍摄大量图片。其中，外事活动稿件12篇，调研稿件1篇，会议消息稿件4篇，会议侧记1篇，小岛屿国家部长专访6篇，新媒体稿件2篇。

10月，党的十九大在北京胜利召开，报社在宣传报道中，严格按照要求，强化政治意识，提前策划统筹安排，采用大篇幅、多版面报道大会新闻，从7月开始，报社开始组织采写“砥砺奋进的5年”专栏稿件，10月17日起，开设“十九大时光”专栏，10月18日，《中国海洋报》一版刊登十九大开幕的预发消息和《人民日报》社论《开辟中国特色社会主义新境界》，同时重磅推出本报记者采写的《砥砺奋进铸辉煌——国家海洋局践行习近平海洋强国思想综述》。一系列报道为党的十九大召开预热。十九大开幕后，中国海洋报社严格按照十九大议程组织报道，做到不漏报不错报不早报不晚报。通过充分准备，上会记者获得两次提问机会，是报社首次参加党代会报道的喜人收获。十九大期间，《中国海洋报》、中国海洋在线网站全方位开展宣传，有效传播取得成效。

为配合“履职尽责年”活动的开展，报社利用中国海洋报社报纸和中国海洋在线网站开设了“我的岗位我尽责”“真抓实干 履职尽责”“海洋追梦人”等十余个专栏，刊登稿件150余篇近10万字，集中宣传广大海洋工作者立足岗位，奋勇争先的事迹。

报社还积极完成好全国海洋工作会、西太第10届国际科学大会、南极条约协商会议、极地三十年、中国—北欧北极合作研讨会、深海法实施一周年、海岸带保护与利用颁布实施、防灾减灾日、优秀党员、老干部回忆历史、对话海洋人等专题报道。

共创栏目加深宣传合作 围绕2017年国家海洋局党组提出的五大体系、六项重要工程，报社策划和组织一系列深度报道专栏。陆续刊登了局属各单位2016年工作回顾和2017年展望文章，从更深入、多元、延展的视角讲好海洋故事,宣传海洋工作、海洋人。

“全国海洋工作会议”“两会”“6·8海洋日”专版制作成为固定产品；年底盘点、年初工作要点成为必备产品；庆典专栏、系列报道成为主打产品。

共创栏目成为合作生力军 “走基层台站行”受到基层台站热烈欢迎，“喜迎十九大”专栏让报社与战略所合作更有信心。信息中心、监测中心、预报中心的专栏合作已基本达成共识，未来大有可期。

从8月15日起，报社以每期一篇，连续6期的力度，在头版头条集中刊发有关沿海地市生态用海管海的好经验、好做法。报道一经刊发，就在读者中引起强烈反响。

出海完成宣传报道 2017年，报社先后共有10余人次出海参加新闻采访活动，分别是南极2人次、蛟龙4人次，南海2人次，大洋2人次，北极1人次，出差天数达500天以上，任务完成率100%。

外宣报道获批示 报社组织86篇外宣稿件，上报国家局和有关部门55篇宣传方案、专项总结等，得到王宏局长、石青峰副局长多次批示肯定，得到中国记协和行业报协会的通报肯定。

【平台建设力度加大】 报社全媒体平台包括：2份报纸（《中国海洋报》和《亲海》）、1个网站（中国海洋在线）、1个手机客户端（中国海洋报）、1个微博（中国海洋报官方微博）、5个微信公众号（观沧海、亲海、主流媒体看海洋、海洋生态文明、法治海洋）。

2017年，报社新媒体传播取得较好的效果。网站完成“冰封近海 澎湃不再——海冰灾害监测预警及防灾减灾”“新春走基层”“探索南极未知的脚步永不停”“国家海洋局真抓实干 履职尽责”“蓝色印记——追溯海洋事业光辉历程”等专题；微博完成“春节，他们这样过”“2017两会看海洋”“十九大脉搏”等微话题；微信公众号完成全国海洋工作会议成绩与目标、“游海丝 涨姿势”、海洋朗读者等选题。移动端、微信、微博连续进入《全国行业新闻网站传播力月榜》40强。其中，移动端传播力最高排名全国第33位，微信传播力最高排名第23位，微博传播力最高排名30位。

“6·8海洋日”活动，报社实现报纸、新媒体协同作战、联动传播、融合发展。中国海洋在线网站开设“6·8海洋日”和“2016年度海洋人物光荣绽放”两个专题，累计发稿70篇。由报社微博主持的微话题“2017世界海洋日”自5月24日启动开始，话题讨论数量达383个，总访问量累积56.2万次。观沧海微信刊发海洋日相关报道20篇，累积阅读量19639次。

9月14日，国家互联网信息办公室为包括中国海洋报社新媒体平台在内的22家单位颁发新版互联网新闻信息服务许可证，这是国家首批发放此证书。

2017年，报社网站累计上传、更新稿件7000余篇，制作网络专题近70个。手机客户端累计发送约170期，约900条稿件。微博累计设置十余个微话题，推送稿件约1800篇。“观沧海”累计发送约180期，500余篇稿件。“亲海”累计发送30余期，约160条稿件。“主流媒体看海洋”累计发送约180期，约800篇稿件。“海洋生态文明”累计发送约80期，160余篇稿件。“法治海洋”累计发送约90期，200余篇稿件。

2017年，中国海洋报社入选国家新闻广电总局发布的全国“百强报刊”推荐名单。

【海洋文化产品拓展】 2017年，报社策划制作王府井国家级最美海洋保护区展、江苏滩涂馆、中国海洋档案馆特色档案资料图片展、南海廉政馆、南海海洋意识馆、广西红树林博物馆等具有海洋专门领域特色的展览、展馆。

配合国家发改委、中宣部组织的“砥砺奋进的五年”成就展海洋展区，获得公众广泛点赞。对接中国摄影家协会，中标中国岛屿影像志200个海岛的图文拍摄征集项目。

为国家海洋局大型会议提供影视服务，制作播发“美丽青春 书香海洋”青年朗读者微视频，被广泛转发，宣传效果明显。

在向海南琼中县中小学生赠送《亲海》特刊一万份的基础上，9月14—15日，中国海洋报社和海洋出版社共同主办的海洋知识进校园活动走进国家海洋局对口扶贫点海南琼中，在琼中民族思源实验学校举办了海洋知识进校园精准普及活动，包括赠送海洋科普书籍和《中国海洋报 亲海特刊》、开办海洋知识讲座、举办海洋绘画活动和海洋知识展览等。

《亲海特刊》是中国第一份面向中小学生的海洋科普类报纸，每月出版1期，向全国14个省（市、自治区）的中小学校赠阅30万份。亲海微信正逐步向全国中小学生及家长推广，丰富的知识、活泼的形式，受到学生的欢迎。

8—9月，报社举办“小螺号”记者团“亲海”行系列活动，分别在北京、厦门、广州开设3场活动，共有学生和家长近250名参加。活动向学生传播海洋预报减灾、海洋生物和中国海洋执法的有关知识，获得学生和家长的一致好评。

2017年，参与组建“天津青少年海洋教育联盟”，联合天津南开区科协、教委、中小学、科技馆以及国家海洋局四家驻津单位，共同开展海洋科普活动。继续开展“海洋知识进课堂”，将已开展4年的海洋意识进校园活动，由以北京地区22所近20000中小学参与，拓展到青岛所，上海等地。在“迎接雪龙”活动成为品牌后，又开展“迎接蛟龙”活动，将“极地”和“大洋”考察科普教育深入校园。通过课堂讲述，科学活动，科学实验，游学体验等丰富多彩的特色活动，打造围绕北京辐射全国的精品海洋特色科普活动。参与学生拓展到北至哈尔滨工业大学，西至新疆库尔勒，东至青岛，南至海南琼中县的广大大中小学，参与活动人数达每年百万人次。 （中国海洋报社）

海 洋 出 版

【海洋出版社】 **海洋出版工作稳步开展** 2017年，海洋出版社共出版新书339种，重印图书74种。入库码洋4369万元，发货码洋3187万元，净发货实洋1522万元，实现回款1446万元。海洋类图书品种数呈现小幅上升趋势。两个系列海洋专项成果选题入选国家“十三五”重点图书出版规划，三项海洋类丛书获得不同额度出版基金资助，两项列入2018年国家出版基金资助公示目录。此外，《海底光缆工程》等7种海洋类图书产品获得省部级海洋优秀科技图书奖。

数字出版与新媒体业务基础逐渐夯实 2017年，国家新闻出版广电总局批复海洋出版社为“第二批专业数字内容资源知识服务模式试点单位”。海洋出版社组织研发的数字产品应用系统获得了9项计算机软件著作权，这是海洋出版社首次在计算机领域获得国家级授权认证。不断推动数字化转型升级，相继推出中国海洋数字出版网、海洋科研大数据分析服务平台、海洋数字图书馆、海洋管理知识助手、海洋工具书等一系列数字内容平台和数字产品。

期刊办刊质量稳步提升 《海洋学报》英文版影响因子稳居国内海洋学科第一，中文版首次居国内海洋学中文期刊首位。《太平洋学报》影响力不断攀升，数篇文章观点或形成报告得到中央领导重要批示，或被重要政策文件采纳。《海洋开发与管理》紧密围绕国家海洋局中心工作组织办刊，不断提升刊物专业化水准，社会效益和经济效益同步提升。《海洋世界》围绕局重点工作展开宣传报道，积极探索科普市场发展路径。

发行市场空间逐步拓展 努力调整发行思路以适应市场变化，针对海洋系统读者对象尝试建立直销手段，面向社会公众读者对象积极开展线上销售。2017年图书净发货实洋稳中有升，发行回款基本保持稳定。

海洋公益宣传活动有序开展 先后组织开展海洋知识进内陆、全国海洋知识夏令营等以宣传海洋、普及海洋知识、提升国民海洋意识、海权意识为主线的公益活动，为营造良好的海洋宣传社会氛围和提升全民海洋意识奠定基础。 (海洋出版社)

【中国海洋大学出版社】 2017年度，中国海洋大学出版社共出版各类图书468种，其中新书256种，占出版总数的55%，重印书212种，占出版总数的45%。在256种新书中，海洋类34种，占13.3%；高校教材、专著类96种，占37.5%；一般图书98种，占38.4%，教辅28种，占10.8%。

2017年度出版社实现业务收入2470万元，比上年增长12.0%；实现销售码洋7300余万元，比上年增长10.6%；预计实现利润150万元，因纸张价格大幅上涨和事业编制职工成本的增加，利润总额比上年有所减少。上缴国家税款90多万元。

引进版权图书《黄河鱼类志》和《拉汉世界鱼类系统名典》出版发行 《黄河鱼类志》是中国著名鱼类学家、中国科学院动物研究所研究员李思忠先生的遗著。此书共记述黄河流域现生鱼类183种，并且对古今黄河鱼类区系的形成与发展迹象进行全面分析，是目前中国收录黄河流域鱼类种类最全的著作。《拉汉世界鱼类系统名典》是中国著名鱼类学家、上海海洋大学伍汉霖教授与台湾著名鱼类学家邵广昭教授、台湾水产出版社出版人赖春福先生、香港鱼类学会会长庄棣华先生等所著，共收录全球31707个鱼类有效学名及792个同物异名，并按照鱼类分类系统排序，是中国鱼类分类学最新、最权威的资料。这两部水产学研究领域具有重大学术意义和工具书作用的重要学术著作，原已在台湾水产出版社出版，在大陆出版界尚未出版发行。此次出版填补了大陆出版界的空白。图书出版后，出版社在青岛举行两部书的首发式暨学术研讨会。

出版社重点出版项目《骑龙鱼的水娃》出版发行 《骑龙鱼的水娃》是一部赋予中国传统式神话小说以现实意义特色的少儿神话作品，讲述的是水家族正义战胜邪恶的传奇故事，体现大爱绿色主题，是一部弘扬“以天下为己任”精神的励志题材的儿童文学作品。全书三册一套共30多万字，作者刘金霞（笔名霞子）是职业作家、国家一级作家。图书出版之后，出版社组织编辑与发行团队配合作者霞子老师，先后在青岛、宁波、海南的20余所中小学开展推广和宣讲活动。

国家出版基金项目“中国海洋符号”丛书出版发行 “中国海洋符号”丛书由出版社自主策划并组织编撰，共分《海洋部落》《古港春秋》《海盐传奇》《人文印记》《勇者乐海》《海上丝路》和《古船扬帆》7 部，旨在汇集中国海洋人文经典、弘扬中华海洋文化。该丛书由国家海洋局宣传教育中心原主任盖广生担任总主编、中国海洋大学曲金良教授任总顾问。项目于 2015 年初启动，历时两年，并获得 2017 年度国家出版基金项目 37 万元资金支持。

出版社重大出版项目“中国海洋故事”丛书编撰与出版启动　“中国海洋故事”丛书共 6 册，分别为《神话卷》《传说卷》《航海卷》《人物卷》《海战卷》和《民俗卷》，每册包含 15 个左右的海洋故事。该丛书是海洋文化类普及读物，适合青少年及普通海洋文化爱好者大众阅读。

国家海洋局委托出版项目《中国海洋保护区档案》启动　受国家海洋局宣传教育中心和环保司的委托，由出版社策划并组织编撰的《中国海洋保护区档案》是一套大型工具书。该项目以印象、资源和人文为三条主线，从保护区概况、地理坐标、保护重点、管理体制、自然景观、人文景观、神话传说、自然资源、科研价值等角度，全方位向读者介绍中国已经划定的 77 个国家级海洋保护区，具有重要的文献资料和现实应用价值。全书预计 240 万字、1000 余幅图片。

“教育部海洋科学类专业教学指导委员会规划教材”项目稳步推进　教育部海洋科学类专业教指委委托出版社组织编撰和出版“高等学校海洋科学类专业基础课程规划教材”，对于出版社突出海洋特色、强化大学出版社的学术出版功能具有重要意义。侍茂崇教授主编的《海洋调查方法》、赵进平教授主编的《海洋科学概论》、崔旺来教授主编的《海洋资源管理》、翟世奎教授编著的《海洋地质学》和张士璀教授主编的《海洋生物学》已出版，傅刚教授主编的《海洋气象学》已进入出版流程。

积极参与青岛海洋科普联盟建设　2017 年 9 月 12 日，由青岛水族馆发起、由青岛市科协领导的青岛海洋科普联盟召开成立大会。该联盟是青岛市涉海单位自愿加入的非营利的公益性团体组织，首批共有 58 个加盟单位。出版社作为团体会员加入青岛海洋科普联盟，社长杨立敏在成立大会上作主题发言，并向联盟秘书处提交“智慧海洋”科普出版计划（2018—2022），提出 5 年规划期内出版 30 部海洋科普图书的目标。

中国科普作家协会海洋科普专业委员会第二届年会举行　中国科普作家协会海洋科普专业委员会第二届年会于 2017 年 11 月 10 日在中国海洋大学（鱼山校区）学术交流中心举行。本届年会的主题是“加强海洋科普教育，增强青少年海洋意识”。中国海洋大学、国家海洋局北海分局、青岛海洋科普联盟秘书处的代表以及第一届海洋科普专业委员会理事会成员、特邀海洋科普作家代表等 30 余人参加了此次年会。积极参加向社会捐赠图书公益活动。2017 年 1 月，出版社响应青岛市“我的中国梦，书香伴您行”和“书香军营”图书捐赠活动，向驻青部队某营捐赠图书 252 册；在第二十七届全国图书交易博览会期间，出版社向河北省新闻出版局捐赠图书 280 册；出版社还向青岛格兰德小学、青岛二中共捐赠 284 册书。在新书发布、海洋科普宣讲等活动中，出版社均向参加活动的中小学师生捐赠图书。

出版社图书及教材获奖情况　《中国海洋鱼类》获中国出版协会第六届中华优秀出版物奖。《中国海洋鱼类》和《海洋物理化学》获 2016 年度国家海洋局海洋优秀科技图书奖。“中国海洋符号”丛书入选 2017 年度全国农家书屋推荐书目。

中国海洋大学出版社 2017 年度海洋、水产类图书出版情况

《海岸工程模型试验》，董胜、张华昌、宁萌、初新杰，2017 年 2 月版。

《帆船文化与运动》，常晓峰，2017 年 2 月版。

《渔业技术与健康养殖》，郭文，2017 年 4 月版。

《我们的海洋（小学版·下）》，国家海洋局宣传教育中心，2017 年 4 月版。

《人文印记》，李夕聪，2017 年 4 月版。

《海洋部落》，盖广生，2017 年 4 月版。

《古船扬帆》，何国卫，2017 年 4 月版。

《古港春秋》，曲金良，2017 年 4 月版。

《海上丝路》，修斌，2017 年 4 月版。

《海盐传奇》，纪丽真，2017 年 4 月版。

《勇者乐海》，赵成国，2017 年 4 月版。

《海洋领域先进技术评价》，王栽毅、王云飞、薛钊、管泉，2017 年 4 月版。

《海洋化学调查指导手册》，黄磊，2017 年 4 月版。

《海洋资源管理》，崔旺来、钟海玥，2017 年 5 月版。

《渔获物保鲜操作及加工技术》，王维胜，2017 年 5 月版。

《航线设计》，李良修、高亮，2017 年 5 月版。

《航海英语》，于后菊、胡爱华，2017 年 5 月版。

《驾驶台资源管理》，杨森荣、李良修，2017 年 5 月版。

《金枪鱼 鱿鱼捕捞技术》，王维胜，2017 年 6 月版。

《海参的研究（第 2 版）》，柯亚夫，2017 年 6 月版。

《海洋环境风险评价和区划方法与应用》，刘霜、宋文鹏、刘莹、曹婧、李玲玲，2017 年 7 月版。

《智慧海洋：全国大中专学生第六届海洋文化创意设计大赛优秀作品集》，葛禄青、吴牵，2017 年 8 月版。

《1995 中国北极记忆》，位梦华，2017 年 8 月版。

《北极渔业及渔业管理与中国应对》，邹磊磊，2017 年 9 月版。

《海州湾生物多样性及生态环境保护研究》，王洪斌、杨华、李士虎、刘吉堂、徐军田、徐加涛，2017 年 9 月版。

《脊尾白虾》，李健、刘萍、赵法箴，2017 年 9 月版。

《黄河鱼类志》，李思忠，2017 年 10 月版。

《拉汉世界鱼类系统名典》，伍汉霖、邵广昭、赖春福、庄棣华、林沛立，2017 年 10 月版。

《山东省渔业产业转型升级战略研究》，孙蕾蕾，2017 年 11 月版。

《青岛明清海防遗存调查研究》，青岛市文物局，2017 年 11 月版。

《大海的馈赠》，周德庆、王珊珊，2017 年 12 月版。

《海鲜食用宝典》，周德庆、刘楠，2017 年 12 月版。

《环球海味之旅》，李夕聪、邓志科，2017 年 12 月版。

《中华海洋美食》，杨立敏，2017 年 12 月版。

《国家鲆鲽类产业技术体系年度报告（2016）》，国家鲆鲽类产业技术研发中心，2017 年 12 月版。

《滨海核电外部海洋环境安全管理研究》，吴琼，2017 年 12 月版。

（中国海洋大学出版社）

海 洋 宣 传

综 述

2017 年，国家海洋局宣教中心进一步明确了聚焦主业，立足主体业务工作做好宣传教育工作的总体方针，通过做好面向公众的海洋意识和海洋精神的宣传工作，发挥好思想导向作用，对内凝心聚力，对外普及海洋知识，提高公众海洋意识。

宣 传 活 动

【成功组织“世界海洋日暨全国海洋宣传日”主场活动及系列宣传活动】 6 月 8 日，2017 世界海洋日暨全国海洋宣传日主场活动在江苏省南京市顺利举行。围绕“扬波大海 走向深蓝”主题，主场系列活动包括：2017 世界海洋日暨全国海洋宣传日开幕式、2016 年度海洋人物颁奖仪式、《郑和》大型舞剧演出活动等。沿海其他 10 个省份和北京、新疆等内陆地区也纷纷举办海洋宣教活动，聚力共推海洋日活动盛宴，在全社会形成广泛影响和热烈好评。

【开展第六届全国大中学生海洋文化创意设计大赛】 2016 年 11 月至 2017 年 5 月，组织开展第六届全国大中学生海洋文化创意设计大赛，大赛主题为“智慧海洋”，作品涵盖平面设计、产品设计、环境景观、数字媒体等类别，共有 550 所高校、84 所中学参赛，征集作品 30680 件，全国 34 个省、市（含港、澳、台）均有作品参赛。

【举办 2017 中国海洋经济博览会及中国海洋经济发展高端论坛】 2017 中国海洋经济博览会于 12 月 14—17 日在广东省湛江市举行。国家海洋局宣教中心主要负责承建海博会最重要的展馆——国家馆，集中展示我国海洋经济所取得的重要成就以及海洋科技、海洋环保、大洋极地科考所取得的重要成果，同期举办的“中国海洋经济发展高端论坛”是海博会的重要活动内容。

【开展“美丽海洋　全民净滩”公益行动】 国家海洋局宣教中心联合有关单位于 2017 年 9 月 16 日在海南省海口市举办“美丽海洋 全民净滩”爱海公益行动。在活动启动仪式上，来自国家海洋环境监测中心、中国科学院南海海洋研究所、中国国际民间组织合作促进会的代表分别进行主旨演讲，宣传海洋环保理念。仪式结束后，与会代表参观“海洋生态文明与垃圾治理”图片展，并在白沙门沙滩进行垃圾分类的公益实践。

【聚焦主业，承担“全球变化与海气相互作用”及“海洋战略性新兴产业”宣传】 受国家海洋局局科学技术司委托，国家海洋局宣教中心承担 “全球变化与海气相互作用”与“海洋战略性新兴产业”宣传任务。与“全球变化与海气相互作用”项目承担单位进行对接，先后编制完成两期《全球变化与海气相互作用》（初稿），同时利用多种平台和多个渠道，宣传我国海洋科技工作及海洋科技进展。

重大海洋文化活动

【完成《中国海洋生态文化》书稿】 国家海洋局宣教中心密切配合和协助中国生态文化协会开展《中国海洋生态文化》专著的撰写、研讨、修改和协调等工作。经过三年多时间，在各团队的共同努力下，《中国海洋生态文化》全书撰写工作已经完成，已经正式交付人民出版社，进入编辑出版流程。

**【推动纪录片《中国海》（暂定名）拍摄工

作】　宣教中心联合中央电视台纪录频道（CCTV-9）正加紧推进纪录片《中国海》（暂定名,原《中国近海探秘》）摄制项目的实施工作。该片 7 集自然片的拍摄主体工作已全部顺利完成。

【编辑出版《大海星空——2015 年度海洋人物丛书》】　2015 年度“十大海洋人物”代表的先进事迹汇编成书，由海洋出版社正式出版，并在 2017 年海洋日主场活动上发放给与会代表。

【制作各类海洋宣传品】　为 2017 海洋生物资源保护与利用高峰论坛策划制作《海洋生物》视频专题片；在全国海洋意识教育基地开展海洋防灾减灾宣传，创建海洋防灾减灾教育基地；策划编制大洋宣传册，积极组织“大洋知识进校园”活动；积极与业务部门对接，紧密围绕主体业务制定宣传方案。落实机关党委扶贫工作安排，组织完成琼中海洋教育文化展馆项目的设计任务。

海洋宣传平台建设

【共建北京节目制作基地】　在国家海洋局和海南省人民政府、三沙市人民政府领导的关注下，宣教中心与三沙卫视共建北京节目制作基地。该基地建成后，主要承担海洋事业宣传、领导采访等重要任务，以及海洋日主场活动及年度海洋人物视频制作等重要工作。

【开设“海洋中国”微信公众号】　开设“海洋中国”微信公众号，自 5 月 18 日上线以来共推送内容 85 期，单篇最多阅读人数 20900 人，关注人数 10889 人，旨在打造宣传海洋事业、讲好海洋故事、普及海洋知识、传播海洋文化的权威平台。

【做好局政府网站内容管理工作】　2017 年，国家海洋局政府网站发稿 6924 篇，图片稿件 3412 篇，视频稿件 236 篇，接收公众咨询留言 210 条，汇总答复 100 条，办理国办转来的“公众为政府网站找错事项”5 件。策划制作学习宣传贯彻党的十九大精神、2017 年海洋督察等网站专题 11 个。配合国家海洋局党建工作，开设“党建在线”专栏，采用党建系统通讯员投稿 632 篇。

【打造系列化海洋舆情报告产品】　与人民网合作，进一步提升海洋舆情监测分析质量，打造系列化舆情报告产品。2017 年以来，共编制《每日舆情专报》229 期，针对全国两会、“一带一路”高峰论坛、“世界海洋日暨全国海洋宣传日”等编制专项舆情分析报告 7 期，《海洋督察专项舆情》19 期，及时反映社会舆情变化，为领导决策提供信息参考。　　（国家海洋局宣传教育中心）

海　洋　体　育

【帆船帆板】　2017 年 3 月 17—25 日“新奇世界·半山半岛杯 2017 第八届环海南岛国际大帆船赛”成功举办。该届赛事是在海帆赛成为国家体育总局联合九部委印发的《水上运动产业发展规划》帆船类“一项一品”专业级赛事后举办的首届赛事。赛事由海南省人民政府主办，大赛历时 8 天，全程约 820 海里，分为 IRC1~6 组和 OP 帆船组共 7 个组别进行比赛。首次开设 OP 帆船组，在三亚举办青少年场地赛，旨在推动青少年帆船赛事的推广发展。该届赛事共有来自中国、美国、英国、澳大利亚等 14 个国家的 40 支船队 400 多名船员参加比赛。海口号-Sailingin 帆船学校队、深圳海狼号、亚太航海队、北京阳帆帆船队、海上轻骑队、启航号分别获得 IRC1-6 组所在组的冠军，北京阳帆帆船队和“友宝”号船队获得最快冲线奖，“小雨”号女子队获得最具挑战精神奖。“友宝”号船队用不到 30 小时完成了海口—三亚东线环岛拉力赛，创造海帆赛的最快冲线历史。

2017 年 3 月 8—14 日　全国帆船冠军赛在海南省海口市举行，共有 18 只代表队，234 名运动员参赛。比赛设男、女子 470、男子激光、女子激光雷迪尔、男子芬兰人场地赛、长距离赛共 10 个比赛项目。

2017 年 4 月 8—13 日　全国翻波板锦标赛在广西省北海市举行，共有 11 只代表队，103 名运动员参赛。设有男、女子 RS:X 级、T293 级场地赛、长距离、障碍赛共 12 个比赛项目。

2017 年 4 月 17—23 日　全国 OP 帆船锦标赛在安徽省合肥市举行，共有 16 只代表队，127 名运动员参赛。比赛设男、女子甲组、乙组、丙组及团体成绩 8 个比赛项目。上海队包揽男女团体冠军。

2017 年 4 月 22—26 日　2017（第八届）卡尔美体育城市俱乐部国际帆船赛在青岛举行。本届赛事由中国帆船帆板运动协会、国际玆伊 28R 级别协会及青岛市重大国际帆船赛事（节庆）活动委员会联合主办；国家体育总局青岛航海运动学校、青岛市帆船运动管理中心及青岛旅游集团联合承办。赛事共设 4 个龙骨船和 4 个遥控船级别，龙骨船级别分为场地赛和长距离赛，遥控船分为个人赛和 4V4 赛。厦门城市职业学院正新轮胎帆船 1 队、青岛船歌队、黄小明木雕八吉风队、中帆联—青岛科技大学—天泽航海分别获得 FE28R、FE19R、FE26、公开级 B 组冠军；黄凌海、李泊霖、龚群星、陈卢宁宁分别获得 U550 级青少年组、IOM 级青少年组、IOM 级成人组、IOM 级 4V4 冠军。

2017 年 6 月 4—11 日　2017 年世界杯总决赛在西班牙桑坦德举行，中国选手卢云秀获得女子 RS:X 亚军。

2017 年 7 月 3—9 日　全国青年帆船锦标赛在山东省荣成市举行，共有 14 个省市单位代表队，87 名男女运动员参赛。比赛共设男子 470 级，男女 420 级，男子激光级，男女激光雷迪尔级共 6 个级别的场地赛、长距离赛 12 个小项。

2017 年 7 月 3—9 日　全国青年帆板锦标赛在山东省荣成市举行，共有 14 个省市单位代表队，87 名男女运动员参赛。比赛设男、女子 RS:X 甲、乙组，男女子 T293 甲、乙组场地赛、长距离、障碍赛共 24 个比赛小项。

2017 年 7 月 7—15 日　2017 年 470 级帆船世界锦标赛在希腊举行。中国男子选手徐臧军、汪超获得第八名，女子选手王晓丽、高海燕获得第七名。

2017 年 7 月 11—21 日　2017 年 OP 世界锦标赛在泰国举办，中国队获得队赛第二名，中国选手方昊泽获得个人第五名。

2017 年 8 月 27—9 月 8 日　第十三届全运会在天津举行，帆船帆板项目共设男女 470、男女帆板、男子激光、女子激光镭迪尔、芬兰人级 OP 混合团体 8 个小项。

2017 年 9 月 16—23 日　2017 年 RS:X 级别世锦赛在日本江之岛举行，中国选手叶兵、高梦凡分获男子第一、第三名，陈佩娜、伍佳惠、卢云秀则包揽女子前三名。

2017 年 9 月 21—24 日　2017 年第十三届中国俱乐部杯在福建厦门进行第一阶段的比赛，11 月 2 日至 5 日进行决赛。该届比赛共吸引来自福建、广东、上海、北京、海南、河北、云南等地区的 37 支赛队，近 250 多名选手参与，打破中国统一级别参赛船只及队伍的记录。

2017 年 10 月 24—29 日　2017 第十一届中国杯帆船赛在深圳举行。赛事由中国帆船帆板运动协会，深圳市文体旅游局主办，世界五大洲 40 多个国家和地区的 210 支船队超 1500 名专业选手参赛。该届大赛创造性的增设世界帆船对抗巡回赛作为中国杯双体船统一设计组别，提升赛事竞技性和观赏性，并增设青少年统一设计组别。并首次引入美洲杯奖杯，让历史长达 166 年的奖杯首次来到中国，实现与“中国杯”、世界帆船对抗巡回赛奖杯三杯齐聚。2017 年 11 月 2 日至 9 日全国 OP 帆船冠军赛在四川省西昌市举行，共有 16 支代表队，104 人参赛。比赛设男、女子甲组、乙组、丙组及团体成绩 8 个比赛项目。天津、四川队分获男、女子团体冠军。

2017 年 11 月 12—19 日　全国帆板锦标赛在广东省珠海市举行，共有 18 个省市单位代表队，172 名男女运动员参赛，设有男、女子 RS:X 级、T293 级场地赛、长距离、障碍赛共 12 个比赛项目。)

2017 年 11 月 12—19 日　全国帆船锦标赛在广东省珠海市举行。共有 16 个省市单位代表队，165 名男女运动员参赛。比赛共设男、女子 470、男子激光、女子激光雷迪尔、男子芬兰人场地赛、长距离赛共 10 个比赛项目。

2017 年 12 月 4—11 日　全国帆板冠军赛在广东省深圳市举行，共有 8 只代表队，49 名运动员参赛，设有男、女子 RS:X 级、T293 级场地赛、长距离、障碍赛共 12 个比赛项目。

2017 年 12 月 9—15 日　2017 年世界青年帆船锦标赛在海南三亚湾举行，共有来自 60 多个国家的 400 多名青年选手参加本场比赛。为推广帆船运动，紧张的赛事期间，帆船世界冠军们与三亚中小学生互动，进行 OP 帆船友谊赛。

2017 年 12 月 19—24 日　2017 首届更路薄杯帆船赛在琼海潭门岗举行。赛事由琼海市人民政府、中国太平洋学会、中国航海学会联合主办。共有 12 支船队的 120 多名船员参加了本场比赛，三亚雷帕得队获得第一名，广州南沙队和青岛天泽队分获二、三名。《更路薄》是重要的展示文物，是海南民间以文字或口头相传的南海航行路线指示。更路薄杯帆船赛在规则上强调采用中华古代航海方法，以罗盘和海图等传统导航工具和方法进行导航，是对中华古代海洋文化的致敬。

【摩托艇】 **2017 年 5 月 3—6 日**　第七届中国摩托艇联赛彭水站比赛在重庆市彭水县乌江水域举行。来自全国各地的 12 支专业摩托艇参赛队伍参赛，比赛设有职业组和业余组。湖北队、四川代表队和重庆彭水队获得职业组的金牌。

2017 年 6 月 9—11 日　2017 年全国摩托艇锦标赛在山东省临沂市经济技术开发区 F1 摩托艇赛场举行。比赛设有男女子立式/坐式竞速赛、男女子拉力赛、立式/坐式花样赛等 8 个项目。来自全国各地的 14 支队伍、110

名运动员参赛。

2017 年 7 月 14—16 日 第七届中国摩托艇联赛平阴站比赛在山东省济南市平阴县玫瑰湖水上运动中心举行。比赛分为职业组和专业/挑战组两大类，共有方程式竞速赛、坐式/立式竞速赛和坐式水上飞人花样赛等 7 个项目。来自全国各地的 20 支队伍对 7 个项目的冠亚军进行角逐。

2017 年 8 月 8—11 日 2017 年中国丹江口亚洲摩托艇公开赛在湖北省丹江口市大坝下举行。设立的比赛项目有立式水摩竞速赛、坐式水摩竞速赛、水上飞人花样赛、P750S 高速橡皮艇竞速赛等。来自日本、马来西亚、芬兰、南非等国家和地区的 20 支代表队、130 余名选手参赛。

2017 年 8 月 12—13 日 世界 F1 摩托艇锦标赛哈尔滨站在黑龙江省哈尔滨市呼兰河口湿地公园举行。来自 12 个国家的 9 支 F1 赛队在哈尔滨水上运动基地展开精彩角逐。经过了 2 天的激烈角逐，瑞典队的埃里克·斯塔克夺得冠军，阿布扎比队的山尼·阿卡兹和维多利队的艾哈迈德·阿哈迷利位列第二、第三名。

2017 年 9 月 24—26 日 中国 FHM（洋沙湖）国际摩托艇邀请赛在湖南省岳阳市湘阴县洋沙湖国际旅游度假区举行。该次赛事共有来自中国、日本、马来西亚、芬兰等多个国家的 100 多名选手参赛。经过为期 3 天的角逐，职业组坐式水摩（RL1）竞速赛，浙江代表队的 NIKO Salminen 夺冠；来自武汉体育学院的刘赫获得立式水上摩托公开级（J0）竞速赛和“水上飞人”花样赛的双料冠军。

2017 年 9 月 27—10 月 3 日 中国·柳州上汽通用五菱杯世界水上极速运动大赛在广西省柳州市静兰水上基地举行。来自 20 个国家的 300 余名顶级水上选手参赛。坐式水上摩托限制三级竞速赛（RL3）的冠军由中国选手海金龙获得，水上飞人花样赛（RF）中，中国运动员汪云涛、李超凡与何晓桥包揽此项目的冠亚季军。

2017 年 10 月 6—8 日 中国重庆开州汉丰湖国际摩托艇公开赛在重庆市开州区汉丰湖举行。来自 23 个国家和地区、近 200 名国际顶尖摩托艇运动高手参赛。炫宇风暴队的汪云涛获得水上飞人花样赛冠军；前方体育队的吴丙辰获得中国方程式摩托艇竞速赛冠军；重庆彭水队的马友乐、夏一凡获得 P750s 高速橡皮艇竞速赛冠军。

2017 年 10 月 13—15 日 世界 X-CAT 摩托艇锦标赛郑州站在河南省郑州市郑东新区龙湖公园举行。来自俄罗斯、瑞典等 13 支顶级动力艇队参赛，10 号赛艇“郑州号”和来自阿联酋的 3 号赛艇“胜利号”并列冠军。

2017 年 10 月 14—16 日 第二届中国·绍兴曹娥江国际摩托艇公开赛在浙江省绍兴市曹娥江大闸风景区举行。来自浙江、安徽、山东、上海、江西、湖北等国内传统劲旅以及美国、芬兰、南非、日本、韩国、马来西亚、俄罗斯等 15 个国家和地区赛队的 123 名运动员参赛。

2017 年 10 月 20—22 日 世界 X-CAT 摩托艇锦标赛威海站在山东省威海市南海新区南海域举行。来自法国，意大利，澳大利亚，俄罗斯，瑞典，西班牙，阿联酋，科威特等世界各地的 13 个顶级职业动力艇赛队参加。

2017 年 10 月 27—29 日 世界 X-CAT 摩托艇锦标赛厦门站在福建省厦门市思明区香山游艇码头举行。来自各国的 12 支顶级摩托艇队参赛，阿联酋的阿里夫和英国的斯科特组合获得第一名。

2017 年 11 月 17—19 日 第七届中国摩托艇联赛六盘水站比赛在贵州六盘水市举行。来自全国 17 支摩托艇俱乐部的近 200 名选手参加比赛，天津体院的张茂竹夺得坐式摩托艇竞速赛的冠军，重庆彭水的夏一凡获得立式摩托艇的第一名，江西队获得中国方程式摩托艇竞速赛冠军。

【蹼泳】 **2017年2月20—7月18日** 为备战2017年7月在波兰举行的第十届世界运动会蹼泳比赛，国家蹼泳队第一阶段集训在福建将乐县进行。来自广东、广西、辽宁、武汉体院等蹼泳队的6名教练员和30多名运动员参加集训。

2017年4月15—20日 2017年全国春季蹼泳锦标赛在福建省将乐县体育中心游泳馆举行。比赛共设男、女子50米蹼泳、100米蹼泳、200米蹼泳、400米蹼泳、800米蹼泳、1500米蹼泳，50米双蹼、100米双蹼、200米双蹼、400米双蹼50屏气潜泳，100米器泳、400米器泳、2×2×50米蹼泳混合接力、2×2×100米双蹼混合接力等32个项目。广东一队、广东二队、广西队、辽宁队、武汉体院队、海军工程大学队、柳州市潜水运动队、南宁市体育运动学校队等8支代表队62名运动动员参加了比赛。经过3天6场比赛，辽宁队、广西队、广东一队分别获得男子、女子团体总分前三名。辽宁队运动员孙祎婷在女子400米器泳比赛中以2分55秒83的成绩打破世界纪录。

2017年7月21—22日 第十届世界运动会蹼泳比赛在波兰弗罗茨瓦夫游泳馆举行。该届世界运动会蹼泳比赛共设男、女子50米屏气潜泳、100米蹼泳、200米蹼泳、400米蹼泳、50米双蹼、100米双蹼、4×100米蹼泳接力等14个比赛项目。来自中国、俄罗斯、德国、意大利、法国等18国家和地区的100多名运动员参加比赛。在两天四场的比赛中，俄罗斯、匈牙利、韩国队分别获得本届蹼泳比赛奖牌榜前三名。中国队孙祎婷夺得女子400米蹼泳金牌；舒程静夺得女子100米蹼泳银牌。

2017年7月19—12月31日 为备战2018年7月在西班牙举行的第二十届世界蹼泳锦标赛，国家蹼泳队在福建将乐县进行了第二阶段集训。来自广东、广西、辽宁、武汉体院等蹼泳队的5名教练员、32名运动员参加集训。2017年8月1—7日2017年全国蹼泳锦标赛暨全国青少年蹼泳锦标赛在广西南宁市广西体育中心游泳跳水馆同时举行。全国锦标赛共设男、女子50米蹼泳、100米蹼泳、200米蹼泳、400米蹼泳、800米蹼泳、1500米蹼泳，50米双蹼、100米双蹼、200米双蹼、400米双蹼，50米屏气潜泳、100米器泳、400米器泳、2×2×50米名蹼泳混合接力，2×2×100米双蹼混合接力等32个项目。来自广东一队、广东二队、辽宁队、广西队、武汉体院队、南宁队、柳州市潜水队等七支代表队参加比赛。辽宁队、广东二队、广西队分别获得了男子团体总分前三名，辽宁队、广西队、广东一队分别获得女子团体总分前三名。

全国青少年蹼泳锦标赛青年组比赛设项与全国蹼泳锦标赛相同，全国青少年蹼泳锦标赛少年甲组比赛设项18项，乙组比赛设项14项、丙组设项10项。全国青少年蹼泳锦标赛参赛队伍有香港一队、香港二队、中华台北队、广州荔湾区队、广州黄埔队、广西队、广西体育场队、广西奥瑞国际潜水俱乐部队、南宁市队、柳州市队、桂林市队、梧州市队、玉林市队、贺州市队、百色市队、钦州市队、北海市队，参赛人数共三百三十八人。广西队、中华台北队、玉林队分别获得男子团体总分前三名，广西队、玉林队、香港一队分别获得女子团体总分前三名。

2017年9月21—25日 2017年蹼泳世界杯总决赛在土耳其安塔利亚游泳馆举行。共有俄罗斯、意大利、中国等16个代表队的100多余名运动员参加比赛，比赛共设有成年组和青年组两个组别44个比赛项目。中国队参加成年组的22个项目的比赛。中国男、女队包揽男、女子4×100米蹼泳接力两项冠军；舒程静获得女子女子50米屏气潜泳、50米蹼泳、100米蹼泳三项个人冠军；孙祎婷获得女子200米蹼泳、400米蹼泳两项个人冠军，陈思佳获得女子800米蹼泳冠军，童振博获得男子 100 米器泳冠军；刘思敏获得女子 100 米器泳冠军，林雅琦获得女子 50 米屏气潜泳冠军（与舒程静并列冠军）。中国队共获得 11 枚金牌、9 枚银牌和 5 枚铜牌。

2017 年 12 月 9—12 日 第十六届亚洲蹼泳锦标赛暨 2017 年亚洲青年蹼泳锦标赛在山东烟台市体育公园游泳跳水馆举行。来自中国、印尼、日本、韩国、菲律宾、泰国、中华台北、越南等 8 个代表队的 187 名运动员参加比赛。

第十六届亚洲蹼泳锦标赛共设 32 个比赛项目，中国队夺得女子 15 个项目中的 12 枚金牌，其中舒程静获得女子 50 米蹼泳、100 米蹼泳、50 米屏气潜泳，4×100 米蹼泳接力、4×200 米蹼泳接力五枚金牌，许艺川获得女子 100 米器泳、4×100 米蹼泳、4×200 米蹼泳接力三枚金牌；孙祎婷共获得女子 200 米蹼泳、400 米蹼泳、800 米蹼泳，4×200 米蹼泳接力四枚金牌，张铜鹤获得女子 200 米双蹼、400 米双蹼二枚金牌，陈思佳获得 400 米器泳金牌。中国队池骋获得男子 400 米器泳金牌。中国队、韩国队、越南队分别获得成年组奖牌榜前三名，本届比赛共有三项亚洲纪律被刷新。

2017 年亚洲青年蹼泳锦标赛共设 28 个比赛项目，中国队共获得 6 金 6 银 4 铜，奖牌榜前三名分别是韩国队、越南队和中国队。

（国家体育总局）

海 洋 军 事

综 述

【中国海军护航亚丁湾，生动诠释大国担当】 2008年12月26日，中国海军首批护航编队，赴亚丁湾、索马里海域执行护航任务，至2017年，中国海军累计派出编队28批奔赴海盗猖獗的亚丁湾、索马里海域执行护航任务，累计完成1110批护航任务，安全护送中外船舶约6400艘，连续保持着编队自身和被护商船“两个百分之百安全”的骄人纪录。8年多来，中国海军护航编队先后解救、接护和救助遇险中外船舶60余艘，查证驱离疑似海盗船只约3000艘，为保证国际重要贸易通道安全、维护世界和平稳定作出重要贡献。国际社会对中国海军护航编队好评如潮，国际海事组织将“航运和人类特别服务奖”授予中国海军护航编队。

【海军装备建设再创辉煌，新舰入列保持上升态势】 2017年，主战舰艇取得较大突破。第一艘国产航母下水，第一型万吨级驱逐舰055型驱逐舰下水，第5艘052D型驱逐舰“西宁”号入列北海舰队，7艘052D型进行舾装、试航工作，“杭州”号完成现代级的升级改装工程。两栖作战舰艇建造提速，第5艘071型船坞运输舰下水，第3艘野牛级大型气垫登陆艇3327艇入列。辅助舰艇的建造成绩斐然，大型综合补给舰“呼伦湖”号入列，吨位最大、现代化水平最高的大型专业训练舰“戚继光”号服役，新型电子侦察船“开阳星”号入列。

【海军远航访问走向深蓝，海外航迹不断拓展】 2017年，中国海军远航访问编队航行3.1万余海里，穿越26条国际海峡水道，跨越115个经度、49个纬度，完成中国海军历史上出访时间最长、到访国家最多的一次远航访问。海军和平方舟医院船2.87万余海里的首次环非洲之行，戚继光舰2.3万余海里的远航实习训练，体现中国海军遂行远海多样化任务的能力。中俄“海上联合”系列演习科目不断增加和创新，中国海军军事能力也不断提升。

【海军担负多样化任务，在国际舞台上扮演重要角色】 2017年，海军担负的多样化任务突出。海军黄山舰应邀赴新加坡参加第六届西太平洋海军论坛多边海上联合演习、新加坡海军成立50周年国际舰队检阅和“2017年亚洲国际海事防务展”等活动，郑州舰赴泰国参加东盟成立50周年国际舰队检阅活动，和平方舟医院船执行“和谐使命–2017”任务，为非洲国家提供人道主义医疗服务。

重大海洋军事活动

【海军编队亚丁湾护航】 **第22批护航编队接替执行护航任务** 1月1日至3日，第21批护航编队和第22批护航编队共同为巴哈马籍“伊万爱丽儿”号杂货船护航，护航航程约590海里。

海军第24批、25批护航编队进行任务交接 1月2日，中国海军第24批护航编队与第25批护航编队在亚丁湾西部海域举行任务交接仪式，第24批护航编队将相关文件、器材等移交给第25批护航编队；交接后，两批编队共同执行第1003批护航任务，护送商船由亚丁湾东部向红海方向航渡，任务结束后两批护航编队分航，第25批护航编队独立担负亚丁湾、索马里海域护航任务。

海军第24批护航编队完成亚丁湾护航任务 3月8日，由哈尔滨舰、邯郸舰和东平湖舰组成的海军第24批护航编队完成亚丁湾护航、出访和中外联演任务，返回青岛某军港。

海军第26批护航编队赴亚丁湾护航 4月1日，海军第26批护航编队从浙江舟山启航，前往亚丁湾、索马里海域接替第25批护航编队执行护航任务。4月25日，第26批护航编队和第25批护航编队第二次进行联合护航，护送船舶从亚丁湾西部海域向东航行。任务完成后，第26批护航编队与第25批护航编队正式分航，开始单独执行护航任务。

海军第27批护航编队亚丁湾海域护航 8月1日，由“海口”舰、“岳阳”舰和“青海湖”舰组成的海军第27批护航编队自海南三亚启航，经过23天、近7000海里的航程，顺利抵达亚丁湾、索马里海域。8月23日，编队和第26批护航编队在亚丁湾西部海域会合，并在黄冈舰上举行任务交接仪式，两批护航编队联合执行护航任务。随后，第26批护航编队开启出访航程，第27批护航编队开始独立执行护航任务。8月30日，第27批护航编队海口舰将沙特籍运输船“法纳提尔海湾”号护送至亚丁湾东部海域解护点，这是第27批护航编队首次独立执行的护航任务，也是中国海军执行的第1075批中外船舶护航任务。

海军第26批护航编队凯旋 12月1日，由东海舰队导弹护卫舰黄冈舰、扬州舰，综合补给舰高邮湖舰组成的第26批护航编队，在圆满完成亚丁湾护航和访问欧洲4国任务后，返回舟山某军港。第26批护航编队自4月1日从舟山起航，历时245天，累计航程145000余海里，完成42批64艘中外船舶护航任务，创下随船护卫时间最长、为世界粮食计划署船舶护航时间最长航程最远等多个首次，续写人民海军护航被护船舶和编队自身“两个百分之百”安全的纪录。完成护航任务后，编队先后对比利时、丹麦、英国、法国等国进行访问。

海军第28批护航编队亚丁湾护航 12月3日，第28批护航编队从青岛某军港启航，12月23日，第28批护航编队抵达亚丁湾东部海域，与第27批护航编队联合执行护航任务。12月26日，两批护航编队举行交接仪式。12月27日，海军第28批护航编队首次独立执行护航任务，护送巴拿马籍杂货船“海澜之旅”号、利比里亚籍集装箱货船“吉尼西丝”号从曼德海峡向目标海域航渡。编队12月29日抵达解护点，完成中国海军第1110批护航任务。

【海上联合演习】 **海军第24批护航编队参加“和平-17”多国海上联合演习** 2月10—14日，第24批护航编队哈尔滨舰、邯郸舰、东平湖舰参加由巴基斯坦海军组织的“和平—17”多国海上联合演习。演习分为港岸阶段、海上阶段和海军陆战队反恐演练三部分，35个国家共派出近20艘舰艇和多型飞机、特种部队及68名观察员参加。

海军在西太平洋海域组织舰机实兵对抗演练 3月2日，中国海军航空兵轰炸机、歼击机、警戒机等多型多架飞机，经宫古海峡赴西太平洋某海域，与航经这一海域的海军远海训练舰艇编队进行实兵对抗演练。

黄山舰赴新加坡参加西太海军论坛多边海上联合演习 5月8日，南海舰队某驱逐舰支队黄山舰从湛江某军港起航，赴新加坡参加第六届西太平洋海军论坛多边海上联合演习、新加坡海军成立50周年国际舰队检阅以及“2017亚洲国际海事防务展”等活动。此次联合演习，黄山舰参加CUES问答操演、灯光通信操演、海上编队运动等科目演练。

中缅海军首次举行海上联合演练 5月21日，中国海军远航访问编队结束对缅甸的友好访问离开仰光迪洛瓦港后，在莫塔马湾首次与缅甸海军举行海上联合演练。

海军舰艇编队参加中俄“海上联合-2017”第一阶段演习 6月18日，中国海军舰艇编队从三亚起航，赴俄罗斯圣彼得堡、加里宁格勒参加中俄“海上联合—2017”第一阶段军事演习。

海军在黄渤海海空域组织实兵实弹对抗演习　8月7日，海军在黄海、渤海相关海空域组织了实兵实弹对抗演习，最大限度检验体系作战能力、战法训法、武器装备效能。

海军和平方舟医院船与护航编队开展联合训练　8月16日，和平方舟医院船与第26批护航编队的扬州舰在亚丁湾东部海域会合，和平方舟随即以护航官兵及过航商船伤病员医疗救护与后送为背景，全流程实际组织远海立体卫勤联合训练，并为扬州舰官兵开展医疗服务。和平方舟采取分批组织、伴随保障的方式，为护航官兵提供休养诊疗、装备巡检、健康讲座、心理疏导、文化联谊等活动。

海军舰艇编队参加中俄“海上联合-2017”第二阶段演习　9月13日，海军舰艇编队从青岛某军港起航，赴俄罗斯符拉迪沃斯托克参加中俄“海上联合-2017”联演第二阶段演习。联演以联合救援和保护海上交通线为课题，中俄双方在港岸阶段开展陆战队比武、专业交流、体育比赛等活动。9月16日，海上阶段演习在日本海及鄂霍次克海海域展开，包括潜艇救援、编队防空、编队反潜、编队反舰、联合解救被劫持船舶、联合救助遇险船舶等课目。

中巴海军舰艇开展联合演练　11月22日，中国海军导弹驱逐舰郑州舰参加东盟成立50周年国际舰队检阅活动结束之后，在返航途中和巴基斯坦海军导弹护卫舰“赛义夫”舰开展海上联合演练。

海军舰艇首次参加印度洋海军论坛多边海上搜救演习　11月27日，印度洋海军论坛多边海上搜救演习开幕式在孟加拉国库克斯巴扎举行，11月25日，导弹护卫舰运城舰抵达孟加拉国，代表中国海军首次参加论坛框架下的多边海上演习。11月28日，印度洋海军论坛多边海上搜救演习进入实兵演练阶段，中国海军导弹护卫舰运城舰参加搜救失事飞机课目演练。此次演习共有来自9个国家的20艘舰艇参加。

【军事交流访问】　海军司令员沈金龙与越南海军司令会谈　3月15日，海军司令员沈金龙在北京与来访的越南海军司令范怀南举行会谈。沈金龙希望双方进一步发展务实合作的两国海军关系，用好北部湾联合巡逻机制，加强海军高层沟通，推进海军党政工作交流，加强军舰互访，拓展院校交流。同时，希望双方共同努力，按照顾全大局、谋求共赢的思路有效管控分歧，以长远的眼光和广阔的视角，共同为维护南海地区的和平与稳定发挥积极作用。范怀南表示，愿意在各层次领域加强双方的务实交流合作，推动两国海军关系不断发展，共同维护地区海上安全与稳定。

海军远航访问编队赴20余个国家友好访问　4月23日，由导弹驱逐舰长春舰、导弹护卫舰荆州舰和综合补给舰巢湖舰组成的远航访问编队，从上海启航赴亚洲、欧洲、非洲和大洋洲的20余个国家进行友好访问。编队先后航经太平洋、印度洋、红海、地中海，穿越马六甲海峡、苏伊士运河等26条国际海峡水道，历时176天，航程31000余海里，是人民海军历史上出访时间最长、访问国家最多的新纪录。

海军第二十五批护航编队完成出访任务　5月2日，第25批护航编队驶离索马里海域转入出访任务，先后对马达加斯加、澳大利亚、新西兰、瓦努阿图等国进行友好访问。6月27日，编队圆满结束对瓦努阿图的友好访问。

海军司令员沈金龙会见巴基斯坦海军参谋长　5月15日，海军司令员沈金龙中将在海军机关会见来访的巴基斯坦海军参谋长穆罕默德·扎考拉上将一行。沈金龙表示，希望双方借助舰艇互访、亚丁湾护航以及参加“和平”系列演习等时机，继续常态化举行双边海上联合演习，科目可逐渐拓展到防空、反舰、反潜、海上拦截等传统安全领域，突出实战化训练水平，最大限度提升两国海军联合行动能力、提升两国海军共同应对安全威胁的能力。

海军黄山舰参加新加坡海军成立50周年国际舰队检阅活动 5月15日，海军导弹护卫舰黄山舰应邀参加新加坡海军成立50周年国际舰队检阅活动。此次检阅活动以“海上国度，海上力量”为主题，主要由阅兵仪式、陆上检阅和海上检阅等三个阶段组成。由黄山舰16名水兵组成的中方方队与其他21个方队一起组成受阅方阵，共同参加阅兵仪式和新加坡“新加普拉—樟宜海军基地”命名仪式。陆上检阅，新加坡总统陈庆炎乘坐阅兵车检阅受阅方阵和停靠在军港的日本、泰国等国近20艘舰艇。中国、俄罗斯、澳大利亚等21个国家的26艘舰艇悬挂满旗，接受海上检阅。

海军代表团出席“2017年亚洲国际海事防务展” 5月16日，海军代表团参加在新加坡樟宜会展中心举行的“2017年亚洲国际海事防务展”开幕式。此次防务展参展商规模为历届之最，全球共有89个军用产品生产商携产品参展。来自中国、美国、俄罗斯等国的海军代表团出席开幕式。16日，21个国家的46艘舰艇分别举行防务展舰艇开放日活动，黄山舰与多国海军舰艇开展军事和文化交流活动。中国海军代表团成员参加第五届“国际海上安全会议”。

海军司令员沈金龙会见美国海军太平洋舰队司令 6月19日，海军司令员沈金龙在北京会见来访的美国海军太平洋舰队司令斯威夫特。

海军司令员沈金龙会见柬埔寨海军司令 8月30日，海军司令员沈金龙在北京会见来访的柬埔寨海军司令迪文。

海军司令员沈金龙会见印尼海军参谋长 9月6日，海军司令员沈金龙在北京会见来访的印尼海军参谋长阿德·苏潘迪。

海军戚继光舰执行远航实习任务并访问四国 9月17日，海军新型训练舰戚继光舰搭载549名海军学员和官兵，从辽宁大连某军港起航，首次执行远航实习任务并访问葡萄牙、意大利、斯里兰卡、泰国。

海军郑州舰参加东盟成立50周年国际舰队检阅活动 11月16日，海军郑州舰抵达泰国芭提雅，代表中国海军参加东盟成立50周年国际舰队检阅活动。检阅活动还有来自东盟及美国、俄罗斯、澳大利亚等国家的海军共同参加海上阅舰式、城市阅兵游行、泰国海军节和礼节性拜会等活动。

海军司令员沈金龙会见澳大利亚海军司令 12月14日，海军司令员沈金龙在北京会见了来访的澳大利亚海军司令巴雷特。

海军和平方舟医院船完成“和谐使命-2017”任务凯旋 12月28日，和平方舟医院船圆满完成“和谐使命-2017”任务返回浙江舟山某军港。和平方舟医院船于7月26日从母港舟山起航，赴非洲执行“和谐使命-2017”任务，历时155天、航程2.87万海里，这是和平方舟医院船首次环非洲访问并提供人道主义医疗服务，第六次执行“和谐使命”任务。

【海洋军事成果】 新型电子侦察船“开阳星”号加入人民海军战斗序列 1月10日，新型电子侦察船“开阳星”号正式加入人民海军战斗序列。这是中国自行研发的新一代电子侦察船，能够对一定范围内各种目标实施全天候、不间断侦察，掌握其部署动向。

海军第80次黄渤海冰情调查任务结束 1月16日，正在执行黄渤海冰情调查任务的海冰723破冰船跨过黄渤海分界线，于17日抵达辽东湾北部海域开展冰情调查任务。海冰723破冰船自1月10日从辽宁葫芦岛出发以来，历时8天，先后完成了辽东湾西岸、河北沿岸、渤海湾、莱州湾、黄海北部、辽东湾东岸及湾底共27个站点的海冰调查任务，累计航时93小时，航程1080海里，共获取水文气象数据158组，采集图样600余幅。

新型导弹护卫舰鄂州舰加入人民海军战斗序列　1月18日，新型导弹护卫舰鄂州舰正式加入人民海军战斗序列。鄂州舰是中国自行研制设计生产的新型导弹护卫舰，具有操纵性能好、适航性能好、续航力自给力大、隐身性能好、攻防性能强、自动化程度高等特点。该舰入列后，将主要担负巡逻警戒、护渔护航、反潜作战、对海作战等使命任务。

新型导弹驱逐舰西宁舰加入人民海军战斗序列　1月22日，新型导弹驱逐舰西宁舰正式加入人民海军战斗序列。“西宁”舰是中国自行研制生产的新型导弹驱逐舰，集成多种新型武器装备，信息化程度高，隐身性能好，电磁兼容性强，主要担负编队指挥、区域防空、反潜和对海作战等使命任务。

新型训练舰戚继光舰加入人民海军战斗序列　2月21日，以民族英雄戚继光命名的某新型训练舰正式加入人民海军战斗序列。该舰由中国自主设计建造，设备先进，功能齐全，性能优越，是目前海军吨位最大、现代化水平最高的专业训练舰，可保障400余名海军学员或官兵完成航海业务、舰艇航行与操纵、舰艇共同科目等近、远海实习任务，还可承担出国访问、海外撤侨、重大自然灾害救援等非战争军事行动任务。

新型护卫舰六盘水舰加入人民海军战斗序列　3月31日，海军新型护卫舰六盘水舰正式加入人民海军战斗序列。六盘水舰是中国自行研制建造的新一代导弹护卫舰，装备了多套中国自主研发的新型武器装备，信息化程度高，具有较强的防空、反潜和对海作战能力。

首艘国产航空母舰正式下水　4月26日，中国首艘国产航空母舰001A号正式下水，这是中国自主设计、自主配套、自主建造的航母。

万吨级导弹驱逐舰下水　6月28日，中国自主研发的第一型万吨级导弹驱逐舰055型舰首舰下水。055型舰拥有目前世界上最先进的武器系统配置，装有112个导弹垂发装置，其中包括防空导弹，反舰导弹，反潜导弹和对陆攻击导弹等。

新型导弹护卫舰汉中舰加入人民海军战斗序列　7月11日，海军某新型导弹护卫舰汉中舰正式加入人民海军战斗序列。汉中舰由中国自行设计，中船黄埔文冲船舶有限公司建造，舰上配备多套中国自主研发的武器装备，具有信息程度高，隐身性能好、兼容性强、先进技术应用广泛等特点。该舰入列后，将主要担负巡逻警戒、护渔护航等使命任务，可单独或协同其他兵力攻击水面舰艇、潜艇，具有较强的防空反潜和对海作战能力。

海军在国际军事比赛舰艇项目斩获分项赛冠军　8月2日，“国际军事比赛-2017·海洋之杯”舰艇比赛在符拉迪沃斯托克开赛，海军参赛队黄石舰在使用救生器材项目中取得第一，这是海军首次在国际军事比赛舰艇项目上折桂。3日，黄石舰官兵在海上项目救生拖带获得第一。10日，实弹射击科目在彼得大帝湾拉开战幕，黄石舰官兵夺得炮击浮雷和炮击海上目标两个单项的冠军。11日舰艇比赛在俄太平洋舰队海上训练中心闭幕，黄石舰完成全部6个项目，取得4项第一，勇夺“海洋之杯”总冠军。这是中国海军首次派舰艇参加该项目比赛。

“海峡勇士—2017”横渡渤海海峡舢板邀请赛开赛　8月15日，142名官兵分别驾驶10条无动力舢板，从老虎滩码头出发，拉开“海峡勇士—2017”横渡渤海海峡舢板邀请赛的战幕。该项赛事由海军参谋部主办，海军大连舰艇学院承办，主题为“拼搏、协作、交流、荣誉”，海军工程大学等7家单位组队参赛。比赛分6个赛段，采用速度赛和耐力赛方式交替展开，参赛队员携带有限的淡水和食物，进行编队、通信、求生、海上救险等科目训练。

“剑鹰—2017”军事技能竞赛在烟台举行　8月19日，由海军航空大学主办的“剑鹰—2017”军事技能竞赛在烟台拉开战幕。

“剑鹰”军事技能竞赛自2015年首次举办以来，目前已成功举办3届，是全军院校的海军特色训练品牌。

新型补给舰呼伦湖舰加入人民海军战斗序列 9月1日，中国首艘4万多吨级补给舰呼伦湖舰正式加入人民海军战斗序列，这是中国自主研制具有世界先进水平的新型综合补给舰，可为海军航母编队、远海机动编队提供海上伴随补给。

国际航海技能竞赛获奖 10月下旬，第二届巴基斯坦国际航海技能竞赛在该国城市卡拉奇落下帷幕。经过激烈角逐，由海军大连舰艇学院学员组成的中国海军代表队，获得4金2银1铜的优异成绩，并蝉联该项赛事团体总冠军。此次竞赛由巴基斯坦海军主办，巴海军学院承办，共有来自中国、巴基斯坦、阿曼等8个国家的海军院校学员参赛。

新型护卫舰广元舰加入人民海军战斗序列 11月16日，轻型导弹护卫舰广元舰正式加入人民海军战斗序列。该舰由中船黄埔文冲船舶有限公司建造，舰上配备有多套中国自主研发的武器装备，具有信息程度高，隐身性能好、兼容性强、先进技术应用广泛等特点。入列后，该舰将主要担负巡逻警戒、护渔护航、反潜作战、对海作战等使命任务。

新型护卫舰遂宁舰加入人民海军战斗序列 11月28日，中国自行研制生产的新型作战舰艇056A型护卫舰遂宁舰正式加入人民海军战斗序列，该舰信息化程度高，隐身性能好，具有较强的防空、反潜和对海作战能力。

中越北部湾第23次联合巡逻圆满结束 12月1—3日，中越双方舰艇编队完成了中越北部湾第23次联合巡逻。该次联合巡逻和演练，中越双方各派出两艘海军舰艇参加，双方编队航行近30个小时，总航程350余海里。期间，他们互通海区水文气象、海空情况、编队航向航速等信息，增强彼此间海上通信联络和资源共享交流。

（海军建设发展研究所）

极地与大洋事务

极地工作

综 述

【极地综合管理取得新进展】 2017 年南极立法研究等工作有序开展。《南极考察活动环境影响评估管理规定》《北极考察活动行政许可管理规定》相继出台，极地管理制度体系进一步完善。国家南极考察训练基地建设稳步推进。极地人才队伍建设管理不断强化。

【极地业务化建设扎实推进】 极地业务化方案有效实施，极地现场业务化观测监测任务圆满完成。极地业务化建设规划及业务化评价体系建设工作有序推进，极地业务化应用服务系统顺利运行。

【年度极地考察任务圆满完成】 中国第 33 次南极考察任务安全圆满完成。围绕“南北极环境综合考察与评估”等国家专项任务，以陆基、海基、空基为平台开展相关科学考察，采集获取了丰富的数据及样本；完成罗斯海新建考察站第 5 次选址调查任务，为罗斯海新站站址确定提供了科学依据。中国第 8 次北极考察成果丰硕，首次开展北极业务化调查和监测，首次开辟北冰洋中央航道，首次成功穿越北极西北航道，首次实现环北冰洋考察。中国第 34 次南极考察任务有序组织实施。

【极地基础科学研究成果丰硕】 国家海洋局第一海洋研究所和第三海洋研究所研究团队分别对南大洋增暖新机制和北冰洋海洋酸化开展深入前沿的研究工作，研究成果发表于国际顶尖科学期刊自然杂志气候变化子刊，成果均入选“2017 年中国十大海洋科技进展”。为推动极地科学技术进步，由徐冠华院士等 23 位院士和 18 位极地工作各领域著名专家学者组成的中国极地科学技术委员会正式成立，对极地科学和技术发展做咨询和推动工作。

【极地国际治理与合作持续深入】 第 40 届南极条约协商会议和第 20 届南极环保委员会会议首次在中国成功召开。会议期间，发布《中国的南极事业》，牵头提出 “绿色考察” 倡议获大会决议支持，与美国、俄罗斯、德国、挪威、智利和阿根廷分别签署极地领域双边合作谅解备忘录。组织参加南极条约协商会议、国家南极局局长理事会年会、北冰洋中央区公海渔业磋商会议等重要国际会议，参与并影响极地治理规则制定，维护中国极地权益。

【极地文化建设亮点纷呈】 以极地科普教育基地为平台，创新极地科普宣传方式、丰富极地科普宣传内容，开展丰富多彩的极地科普宣传教育活动，取得良好的社会反响。结合中国第 33 次南极考察、中国第 8 次北极考察和中国第 34 次南极考察等年度考察任务，组织开展大量新闻宣传报道工作，不断扩大极地考察事业的影响力。制作发行系列极地文化产品，持续提升和强化公众极地意识。

极地综合管理

【南极立法】 组织开展南极立法研究工作，编制南极立法研究材料，分别对南极立法的国际法问题、南极旅游活动管理问题、北极考察活动管理问题、中国南极活动中的环境损害责任问题、南极环境仲裁制度及中国南极立法对策等进行研究，以支撑南极立法和极地管理规范的制定。

【极地管理制度建设】 在发布《南极考察活动行政许可管理规定》的基础上，2017 年 5 月 18 日国家海洋局依照国务院第 412 号令发布《南极考察活动环境影响评估管理规定》。该规定要求在提交南极考察活动申请时，应当一并提交环境影响评估文件；环境影响评估文件的审查结果作为国家海洋行政主管部门审批该南极考察活动申请的重要依据。

2017 年 8 月 30 日，国家海洋局依据国务院第 412 号令发布《北极考察活动行政许可管理规定》。该规定体现中国加强自身北极考察活动管理，提升考察质量，避免重复无序、造成浪费行为的目的；也体现中国尊重北极周边国家主权、管辖权，保护北极生态环境的良好愿望，中国将本着“创新、协调、绿色、开放、共享”的五大理念，进一步促进中国北极考察活动健康发展，促进北极国际合作。

【国家南极训练基地建设】 2017 年 1 月，国家海洋局完成国家南极考察训练基地事业单位法人证书和组织机构代码证的报批工作，明确训练基地的章程、经费来源、办公地点等重要内容。2017 年 7 月，经财政部批准，确定训练基地为国家海洋局二级预算单位，纳入部门预算管理。训练基地已正式启动 2018 年度部门预算的编制工作，并开展对所属员工的管理。

【极地人才队伍建设管理】 2017 年国家海洋局极地考察办公室与人力资源和社会保障部有关部门合作开展“中国极地考察队伍职业化建设方案研究”和“中国南极考察队领队手册”课题研究。研究目的是结合中国极地考察特点，在广泛调研和充分吸收国内外相关经验的基础上，对现行极地人才队伍的管理制度、管理方法进行创新优化，切实推进极地考察队伍建设的科学化、专业化、规范化，进一步提高管理手段的操作性，为新时期极地考察队伍建设提供科学高效的指导方案。

极地业务化建设

【业务化体系建设】 在中国第 34 次南极考察、第 8 次北极考察期间，按照编制的业务化方案，执行极地现场业务化观测监测任务。

【极地科学数据共享平台】 截至 2017 年 12 月 31 日平台在线收集、整理并共享历史数据中英文版 1177 条元数据及 2527 个数据集（共计 97.1 GB）提供下载。增加和补充的元数据及数据集包括:新增元数据 104 条及数据集 126 个，共 725.1MB，数据下载量达 836 次，数据量为 4.44 TB，元数据库访问页面数达 500 万次。

10 月平台在“国家地球系统科学数据共享服务平台”网站完成全新部署，并对 97 条元数据进行数据清洗、校正和上线工作。11 月在总平台网站新增发布元数据 144 条。在科技部“平台运行服务与管理系统”填报工作中，提交日常服务 836 条。

【极地标本资源共享平台】 截至 2017 年 12 月底，网站累积点击数 1.94 千万余次，PV 总数 9.9 百万，总用户数达 56 万人次，下载量 2.4 TB,访问来源国家 184 个。本年度新增数字化表达 5 类标本资源信息 697 个（号）；其中图片新增 3429 张，数据量达 10.7 GB，3D 标本展示 300 份（陨石 250 份+生物 50 份）。

10 月，平台网站完成全新改版工作，首页更加简洁美观，用户访问、体验更为便捷。12 月，平台完成“多媒体视频课件南北极标本知识大讲堂”“数据的挖掘和整合应用：南极陨石光薄片全景图像数据库”“南北极常见植物名录专题库”“南北极标本资源数据挖掘与应用”“陨石鉴定服务平台”等五个专题库的开发、更新及上线工作。

在科技支撑方面，以标本平台作为主要依托，发表英文论文 10 篇，其中有 SCI 论文 3 篇。在样品方面，完成第 33 次南极考察获取的 18 根沉积物样品的申请及出库工作。

【极地之门】 优化与完善网站各项功能，持续更新中国极地考察信息知识库内容，2017 年实现 266 个词条的新增与修订。

【数据的管理与共享服务】 数据管理与共享方面，南北极数据中心派员参加第 33 次南极及第 8 次北极科学考察现场数据协调与管理共享工作，完成收集、整理两个航次包括极地专项在内的多个项目的物理海洋、海洋地质、海洋化学、海洋生物及海洋地球物理等学科现场获取的考察数据、部分样品和信息，原始数据量约 3.2TB。

年度极地考察活动

【南极考察】 **中国第 33 次南极考察** 中国第 33 次南极考察队由 328 名队员组成。以“雪龙”号船自 2016 年 11 月 2 日从上海出发为标志，以 2017 年 4 月 11 日返回上海为截止，历时 161 天。

第 33 次南极考察队重点关注全球气候变化、海洋酸化、生物多样性等科学问题，围绕海洋学、空间物理、地球物理、地质、生物、天文等领域，在东南极长城站，西南极中山站、昆仑站、泰山站开展考察作业。其中，“雪龙”号船搭载 194 名队员，开展第三次环南极航行，在罗斯海、普里兹湾和南极半岛附近海域等区域执行海洋综合考察，实施罗斯海新站选址前期工作，航行 3.1 万海里。“海洋六号”船搭载 72 名队员，首次在南极半岛附近海域开展海洋地质调查等工作。

科学考察 中国第 33 次南极考察队围绕“南北极环境综合考察与评估”等国家专项任务，以陆基、海基、空基为平台开展了相关科学考察。

南极大陆考察（陆基）。中国第 33 次南极考察队在长城站、中山站、昆仑站、泰山站及附近区域、内陆行进沿线中，采用高精度的调查方法，开展海洋、大气、地质、环境、冰川等 23 项科学考察项目，共采集 1198 个数据及样本，新增加 21 个长期监测点，昆仑站深冰芯钻探深度 146.21 米，钻进总深度突破 800 米，为认知当前地球气候及推演未来气候变化具有重要意义。

南大洋考察（海基）。“雪龙”号船考察完成 8 条海洋断面、97 个站位的海洋观测工作，采集 571 个数据及样本，完成 600 千米的地球物理测线，回收并布放 13 个长期纪录观测仪器，初步构建中国南大洋典型海域监测体系。“海洋六号”船在南极半岛海域开展地质科学考察，完成 46 个站位观测工作，完成多道地震测量 1420 千米，多波束测量5475 千米，浅剖测量 3925 千米，取得丰硕成果。

航空考察（空基）。“雪鹰 601”固定翼飞机成功在南极冰盖最高点冰穹 A 机场起降，并实现业务化飞行，在飞行沿线开展冰雷达、重力、航空摄影测量等多项航空遥感观测，共完成科研测线 18 条，总计测线航程 31880 千米，覆盖面积约 30 万平方千米，拓展中国在南极大陆的数据获取范围。无人机考察成功完成约 10 平方千米的航空遥感数据采集，获取多项关键数据。

后勤保障 中国第 33 次南极考察投入“雪龙”号船、“海洋六号”考察船两艘，“雪鹰 601”固定翼飞机 1 架、直升机 2 架、雪地车 9 辆及雪橇 33 部，运输 2100 吨物资，完成工程建设项目 9 项，勘察中国首个南极冰盖机场预选址区域约 3 平方千米。“雪鹰 601”固定翼飞机执行任务 115 天，累计飞行距离超过 11.5 万千米。直升机组共完成 291 个架次。

“雪龙”号船 4 次安全穿越西风带，冰区航行共计 2564 海里；“海洋六号”船 2 次穿越西风带。国家海洋局共制作了 53 期海冰服务信息以及 130 幅海冰遥感分析图，发布气象预报 170 份，施放探空气球 84 次；长城站、中山站每日发布短期气象预报；有效保障了“雪龙”号船和“海洋六号”船的海洋航行、大洋作业、物资运输的顺利开展。

罗斯海新站选址 中国第 33 次南极考察队在罗斯海区域进行第 5 次新建考察站选址调查，重点勘查恩克斯堡岛（难言岛）、伯德角、马布尔角、布朗半岛及新港角 5 个区域，完成了地质调查、基础测绘、动植物分布调查、海冰及气象分析、环境本底及建筑环境调查等 7 项工作，为中国确定罗斯海区域新站站址提供科学依据。

国际合作 第 33 次南极考察队积极开展国际合作与交流，累积派出和接纳人员 13 人，与新西兰、智利、泰国、葡萄牙、乌拉圭等开展罗斯海冰架联合钻探、南极半岛地质及生物联合考察、南极乔治王岛地质构造演化和鱼类研究等国际合作项目研究。与智利举办国际研讨会。深化东南极航空网络建设与协作，与澳大利亚、俄罗斯进行航空合作，完成航空遥感飞行、中外人员运送和野外科学设备运输的任务。

中国第 34 次南极考察 中国第 34 次南极考察队于 2017 年 11 月 8 日奔赴南极执行考察任务，由“雪龙”号船和“向阳红 01”号船联合组队执行，考察队执行 78 项调查任务和 22 项保障支撑任务。“雪龙”号船航次由 257 名队员组成，包括来自美、加、俄、泰、新西兰等国 13 名国际队员。“雪龙”号船航线为上海—新西兰基督城—罗斯海恩克斯堡岛—中山站—普里兹湾—罗斯海恩克斯堡岛—新西兰基督城—阿蒙森海—上海。

【北极考察】 **中国第 8 次北极考察** 中国第 8 次北极考察队由 96 名队员组成，于 2017 年 7 月 20 日乘“雪龙”号船自上海出发，10 月 10 日返回上海，历时 83 天，总航程逾 2 万海里。考察队首次穿越北极中央航道和西北航道，实现中国首次环北冰洋科学考察，开展海洋基础环境、海冰、生物多样性、海洋脱氧酸化、人工核素和海洋塑料垃圾等要素调查。

中国第 8 次北极考察队在北冰洋公海区首次沿中央航道开展全程科学调查，在白令海、楚科奇海、加拿大海盆、北欧海等海域开展业务化调查，并填补中国在拉布拉多海、巴芬湾海域的调查空白，构建由 13 套各型冰浮标/潜标组成的海冰/海洋长期观测系统、获取基础数据 2.08 BT 和各类样品逾 5000 份，圆满完成各项考察任务。

“雪龙”号船航行路线为上海—东海—日本海—鄂霍次克海—白令海—楚科奇海—北冰洋公海区（楚科奇海台、马卡洛夫海盆、阿蒙森海盆、南森海盆）—北欧海—拉布拉多海—西北航道—北冰洋公海区（加拿大海盆、楚科奇海台）—楚科奇海—白令海—西北太平洋—日本海—东海—上海。

2017 年度北极黄河站考察 2017 年度黄河站考察共计开展 7 大类 19 个项目，其中业务化观/监测项目 4 项，业务化勘查项目 5 项，科研项目 4 项，国际合作项目 1 项，社科类项目 3 项，科普宣传类项目 1 项，考察站管理类项目 1 项。考察人数为 45 人，总考察时间为 908 人·天，其中科研人员 44 人，后勤保障人员 1 人，管理人员 1 人（兼）。

2017 年黄河站业务化监测项目主要包括：冰川环境季节变化监测、海洋环境与生态系统季节变化监测、陆地环境与生态系统季节变化监测、大气及空间环境观测、污染物试监测/常规要素试观测等。

极地基础科学与政策研究

【极地基础科学研究】 **南大洋增暖机制研究** 国家海洋局第一海洋研究所青年学者率领的中—澳科学研究团队针对亚南极模态水的时空变化进行了细致分析，发现在 2005—2015 年期间亚南极模态水显著增厚、下沉和增暖的事实，并由此提出了南大洋增暖的新机制。该研究成果以“Recent wind-driven change in Subantarctic Mode Water and its impact on ocean heat storage”（风驱动的亚南极模态水变化及其对海洋热存储的影响）为题于2017年12月18日发表于《Nature Climate Change》。并配发了著名物理海洋学家Katsuro Katsumata“Cold wind warms Southern Ocean”（冷风加热海洋）的评论文章。该成果被评为“2017年中国十大海洋科技进展”之一。

北冰洋海洋酸化研究　国家海洋局第三海洋研究所率领的中—美科学研究团队通过对过去20年来5个北冰洋航次数据进行的精细分析，采用化学示踪和模型模拟，取得对全球气候变化是北冰洋酸化水体快速增长主要驱动力的重要证据。该研究成果以“Increase in acidifying water in the western Arctic Ocean”（西北冰洋酸化水体快速增长）为题于2017年2月28日以封面文章于《Nature Climate Change》发表。该刊还配发了由挪威著名海洋酸化研究学者Richard G. J. Bellerby以“Ocean acidification without borders”（海洋酸化没有边界）为题的新闻和评论稿。该成果被评为“2017年中国十大海洋科技进展”之一。

极地新型酶的挖掘及其结构与功能关系研究　中国极地研究中心团队在前期研究的基础上，进一步发现和挖掘极地微生物酶资源，分别从Marinomonas sp. BSi20414中获得一种新型耐热β-1,3半乳糖苷酶，从Bacillus sp. ZJ中获得一种新型耐热耐酸的葡萄糖脱氢酶，并针对其各自特性，进行了相应的结构和功能研究，为它们在食品、医药和环境等工业领域的开发应用奠定资源与技术的应用基础。该研究得到“国家自然科学基金”和“极地专项”支持，成果发表在《Marine Drugs》和《International Journal of Molecular Sciences》。

类星体宽发射线外流气体性质研究　中国极地研究中心研究团队对类星体宽发射线外流气体性质做相关研究。利用发射线线比，光致电离模型计算最终确定外流气体的物理参数与太阳金属丰度关系。计算出的外流气体与黑洞的距离和外流气体对中心电离光源的覆盖因子等。该研究成果发表在《Astrophysical Journal Letters》。

南北极海冰相反变化的趋势研究　中国极地研究中心团队提出南北极海冰相反变化的趋势，至少部分地与北太平洋和北大西洋海温的变化有关。该研究成果发表在《Scientific Reports》。

极地国际治理

第5轮北冰洋中央区公海渔业磋商会议　2017年3月15日至18日，“关于防止北冰洋中央区公海未管制渔业的协定”第5轮磋商会议在冰岛首都雷克雅未克召开，美、加、俄、挪、丹麦五个北冰洋沿海国和中、日、韩、欧盟、冰岛五个主要渔业国家和组织派团参与磋商。会议集中讨论了沿海国的地位和权利、协议目的及其性质和适用区域、科研支撑、未来建立区域性渔业组织的条件、决策规则等问题。中国外交部、农业部和国家海洋局组团与会，并深入参与所有重要案文讨论及后续工作。

北极科学高峰周（ASSW）会议　2017年3月31日至4月7日，北极科学高峰周会议在捷克布拉格召开。会议由国际北极科学委员会（IASC）主办，来个世界各国约500名科学研究、管理和政策制定人员及北极原住民代表参会。会议就国际北极科学委员会战略规划制定进行讨论，并立相关行动组。召开亚洲极地科学论坛（AFoPS）、新奥尔松科学管理者会议（NySMAC）、太平洋北极工作组会议（PAG）和北极气候研究多学科漂流工作站（MOSAiC）研讨会。中国科研人员参与相关分组和专门会议，并就相关主题作口头报告和墙报。

第40届南极条约协商会议和第20届南极环保委员会会议　2017年5月22日至6月

1日，第40届南极条约协商会议和第20届南极环保委员会会议在北京召开。会议由外交部和国家海洋局共同承办，这是该机制建立50多年来首次在中国召开会议。国务院副总理张高丽出席会议并作重要讲话，国务委员杨洁篪举办欢迎晚宴并致辞。会议讨论南极气候变化影响、区域保护和管理、南极科学研究及其管理、基因资源的养护与利用、成为南极条约协商国的标准、《环保议定书》责任附件、环境影响评估和无人机操作环境指南等重要议题，并审议通过8项措施、6项决议和7项决定。

会议期间，国家海洋局组织召开《中国的南极事业》新闻发布会，牵头提出“绿色考察”倡议获大会决议支持，提出南极特别管理区等多项指南的修改意见并作30余次会议发言，与6个国家签署双边合作谅解备忘录，举办“中国的南极事业”图片和视频展，开展多场多边和双边工作会谈。

第29届国家南极局局长理事会（COMNAP）会议 2017年7月31日至8月2日，第29届国家南极局局长理事会会议在捷克布拉格召开，30个成员国除厄瓜多尔外派代表与会，土耳其作为特邀国家参会。中国代表团深入参与代表大会和分组会各项议题的讨论，并与美、澳、新等代表团举行会谈。

极地科学亚洲论坛 2017年9月7日至8日，极地科学亚洲论坛（AFoPS）年度会议在上海临港召开，来自中、日、韩、印、马来西亚、泰国、土耳其以及澳大利亚等8个国家80余名代表参会。论坛围绕各成员国极地活动、亮点成果、成员国主要项目研究信息、期刊出版以及未来计划等主要问题开展讨论。

第36届南极海洋生物资源养护委员会（CCAMLR）及科委会会议 2017年10月14日至27日，第36届南极海洋生物资源养护委员会及科委会会议在澳大利亚霍巴特召开。外交部、农业部、国家海洋局、中科院海洋所、上海海洋大学、香港渔农自然护理署组团与会。会议讨论了南极海洋保护区、应对气候变化影响、CCAMLR第二次表现评估、遵约情况、重要养护措施修改和渔业管理等问题。中国代表团参与上述各项议题的讨论和规则制定。

第5轮北冰洋渔业科学家会议 2017年10月24日至26日，第5轮北冰洋渔业科学家会议在加拿大渥太华召开，根据“关于防止北冰洋中央区公海未管制渔业的协定”前5轮磋商情况，讨论制定未来联合科学研究与监测计划问题。国家海洋局、农业部和上海海洋大学派员与会。

第47届新奥尔松科学管理者委员会会议 2017年11月9日至10日，第47届新奥尔松科学管理者委员会会议在挪威首都奥斯陆召开。

第6轮北冰洋中央区公海渔业磋商会议 2017年11月28日至30日，第6轮北冰洋中央区公海渔业磋商会议在美国首都华盛顿召开，美、加、俄、挪、丹麦五个北冰洋沿海国和中、日、韩、欧盟、冰岛五个主要渔业国家和组织派团参与磋商。会议通过博弈和妥协，解决了沿岸国“特殊责任和利益”、斯匹次卑尔根群岛周边水域法律地位、决策机制、生效方式等遗留问题，通过《关于防止北冰洋中央区公海未管制渔业的协定》。

极地国际合作

挪威斯瓦尔巴地区研究与高等教育对话会议 2017年2月28日，由挪威教育科研部组织，挪威科研理事会和斯瓦尔巴大学（UNIS）共同承办的斯瓦尔巴地区研究与教育对话会议，在挪威首都奥斯陆召开。

“变化的北极与中挪合作”研讨会 2017年4月8日，中国极地研究中心与上海国际问题研究院在上海共同举办了“变化的北极与中挪合作”研讨会，并共同接待挪威首相索尔贝格一行。挪威外交大臣布兰德及相关政府人员、中挪双方相关机构代表及高校师生等约100人，进行交流研讨。

中国—智利南极气候变化研讨会 2017年5月15日，中国和智利南极气候变化研讨会在北京举行。国家海洋局党组书记、局长王宏会见智利国家科委主任、代表团团长马里奥·哈莫，双方就进一步推动中智两国南极科研合作进行交流。国家海洋局党组成员、副局长林山青出席研讨会，并与智方团长共同发表致辞，两国科学家围绕南极气候变化的现状、趋势和影响进行了深入研讨和交流。

林山青会见国际水道测量组织秘书长罗伯特·沃德和波兰科学与高等教育部副部长乌卡什 2017年5月23日，国家海洋局党组成员、副局长林山青在北京会见前来参加第40届南极条约协商会议的国际水道测量组织秘书长罗伯特·沃德，双方就海底地名命名、水文气象数据共享等方面进行交流。

林山青会见参加中国—北欧北极合作研讨会的冰岛、挪威、芬兰代表 2017年5月24日，国家海洋局党组成员、副局长林山青借第5届中国—北欧北极合作研讨会之机，在大连分别会见前来参会的北极圈论坛主席、冰岛前总统格里姆松，挪威外交部北极事务高级官员克鲁特娜斯，北极理事会主席、芬兰外交部北极事务高级顾问索德曼，就推动中国与冰岛、挪威、芬兰在海洋与北极领域合作进行交流与沟通。

第5届中国—北欧北极合作研讨会 2017年5月24日至26日，主题为"面向未来：北极发展和保护的跨区域合作"的第5届中国—北欧北极合作研讨会在中国大连召开，来自中国、北欧5国及俄罗斯等政府的高级别代表、科学家和企业家等140余名代表参会。中国国家海洋局党组成员、副局长林山青、外交部北极事务特别代表高风、大连副市长郝明，以及冰岛前总统格里姆松及芬兰、挪威、冰岛北极事务高级官员等外方政要作大会致辞。与会专家围绕欧亚互联互通、北极航运、跨北极互动与域内外国家北极政策的兼容性、北极地缘政治发展、北极可持续发展、探索北冰洋治理的发展路径6个议题进行探讨和交流。

第2轮中日韩北极事务高级别对话 2017年6月8日，第2轮中日韩北极事务高级别对话在日本东京举行，对话聚焦三国北极政策交流和北极科研合作项目。

第3届中美北极社科研讨会 2017年6月17日，由同济大学和美国战略与国际研究中心联合主办、中国国家海洋局极地考察办公室支持的"第3届中美北极社科研讨会"在同济大学举行。

《中俄关于进一步深化全面战略协作伙伴关系的联合声明》 2017年7月3日至4日，国家主席习近平应俄总统普京邀请赴俄进行国事访问。两国元首在莫斯科举行会晤，并签署《中华人民共和国和俄罗斯联邦关于进一步深化全面战略协作伙伴关系的联合声明》。《声明》同意加强中俄在北极地区合作，支持双方有关部门、科研机构和企业在北极航道开发利用、联合科学考察、能源资源勘探开发、极地旅游、生态保护等方面开展合作。

第1届中澳双边南极科学研讨会 2017年9月26日至27日，第1届中澳双边南极科学研讨会在澳大利亚霍巴特召开。会议由国家海洋局极地考察办公室与澳大利亚南极局共同举办，讨论南极普里兹湾和埃默里冰架研究、东南极冰盖研究、南极空间和大气研究、以及南极环境保护与管理等问题。

王宏会见格陵兰自治政府总理金·吉尔森 2017年10月30日，国家海洋局党组成员、局长王宏在北京会见格陵兰自治政府总理金·吉尔森，双方就推动落实谅解备忘录有关事项，围绕北极气候变化和环境保护等问题，进一步开展北极事务合作、加强科研与人才交流进行讨论。国家海洋局党组成员、副局长林山青、中国人民外交学会副会长梁建全、丹麦驻华大使戴世阁参加会见。

“北极气候多学科漂流冰站计划（MOSAiC）”执行研讨会 2017年11月13日至16日，“北极气候多学科漂流冰站计划”执行研讨会在俄罗斯南北极研究所举行。研讨会讨论大气、海冰、海洋、生物地球化学、以及海洋生态系统观测等5个主要科学研究议题。

极地文化建设

【极地科普教育平台】 中国极地研究中心以极地科普馆为基地，积极开展参与多项科普活动，组织参加2017全国科技活动周、沪台青少年科技夏令营、浦东青年健康节、浦东青少年暑期夏令营等活动。全国科技活动周暨上海科技节期间，举办“极地专题展览暨空间天气日”活动和三场极地专题讲座。“雪龙”号船在停靠码头期间继续开展流动科普场所开放活动，积极为大中小学生和社会各界推广极地科普知识。极地科普馆日常运行与接待工作，确保科普馆的正常运行，免费开放约280天，接待参观团体100余个、参观人员近1.5万人次。

黑龙江测绘地理信息局、大连老虎滩海洋公园、北京富国海底世界、天津海昌极地海洋公园、青岛海昌极地海洋公园、武汉海昌极地海洋公园、合肥汉海极地海洋世界、南京海底世界、成都海昌极地海洋世界、珠海长隆海洋王国等极地科普教育基地充分发挥各自特色优势、创新极地科普宣传方式、丰富极地科普宣传内容，结合世界海洋日暨全国海洋日、国际海豹日等组织开展极地科普图片展、极地主题知识讲座、亲子体验等形式多样、丰富多彩的极地科普宣传教育活动，全年共约50万人次参加相关活动，发放科普宣传册5万余册，取得了良好的社会反响，大大提升了公众极地海洋意识。

【极地新闻宣传活动】 中国第33次南极考察队围绕科考目标、特点和进程等方面，以“雪龙”号船、中山站和内陆站位平台，通过电视、报刊、网络及新媒体等渠道，开展多层面、多视角的宣传报道工作。新华社启动全媒体融合报道，通过多样化渠道，播发文字稿86片（含英文），约8.7万字，图片近200张，视频50余条，音频11条，稿件被人民日报、《求是》杂志、中国军网等采用。此外，新华网开设“中国第33次南极科考”专题、新华视点新媒体开设“雪龙航行笔记”系列专栏，“新华全媒头条”播发“南极爸爸”组稿，以上多篇稿件阅读量超过100万。央视随队记者共播发新闻45条，累计时长约175分钟；制作新闻特写3条，主题报道1条；春节期间播发特别节目两组，每组时长约1小时。以上新闻在央视《新闻联播》《朝闻天下》《东方时空》《新闻30分》等11档栏目播发。同时，在央视微博、微信客户端发表图文稿件25片，累计流量、转赞超过1亿。中国海洋报随船记者4次进入内陆出发基地，2次挺进内陆30千米，2次登上难言岛，对考察活动进行及时全面的跟踪报道。开辟“南极纪行”“走基层·极地行”等专栏，刊发新闻稿件80多篇，约8.5万字，新闻图片近200张。其中，以体验式采访形式撰写了海冰探路、中山站卸货、长城站环境治理、罗斯海新站选址等新闻稿件，较好地反映了此次考察取得的成果。

中国第8次北极考察队积极引导新闻宣传工作，随船新闻媒体共发回视频材料15条、新闻稿件66篇，及时报道考察队动态和工作成果。编辑出版7期《北极之光》，充分应用“雪龙门户”局域网进行网上无纸化办公和信息发布。共安排24场“北极大学”授课，组织进北极圈、首次环北冰洋航行、国庆升国旗等纪念活动，开展朗读者、摄影比赛、节日联欢等文体活动。

【极地相关文化产品】 海洋出版社出版《求索 最远的南方——中国第33次南极考察纪实》，真实生动记录中国第33次南极考察队

161 天光荣历程。

中国第 8 次北极考察队编辑出版《中国第八次北极科学考察摄影纪实》。

中国集邮总公司发行一套 5 枚的中国第 33 次南极考察纪念封，包括中国南极长城站、中山站、泰山站、昆仑站和雪龙船纪念封。北京极地集邮协会发行一套 3 枚中国第 8 次北极考察纪念封，包括中国第 8 次北极科学考察、“雪龙”号船首次穿越北冰洋中央航道、“雪龙”号船首次穿越北冰洋西北航道纪念封。　　（国家海洋局极地考察办公室）

大　洋　工　作

综　述

2017年在建设“海洋强国”的战略构想指导下，中国大洋事务管理局工作成效显著：开展《中华人民共和国深海海底区域资源勘探开发法》贯彻实施；“蛟龙探海”总体方案论证、多个航次组织实施、资源环境评价项目启动、海底命名、履行勘探合同义务、矿区申请、深海装备技术研发等工作取得良好进展。

中国国际海域事务

【印发实施《深海海底区域资源勘探与开发“十三五”规划》】　《深海海底区域资源勘探与开发“十三五”规划》于2017年5月印发实施，是“十三五”期间指导相关部门和单位开展深海工作的纲领性文件。

【召开深海战略新疆域研讨会】　7月28—29日，在国家深海基地协助下，中国大洋事务管理局在青岛顺利召开深海战略新疆域研讨会，参会单位40余家，会议规模140余人。国家海洋局孙书贤副局长出席会议并作重要讲话，同时会议还邀请了国家有关部委、科研院所及高等院校的相关专家就有关深海问题作了主题报告，从战略、立法、资源开发利用和参与国际治理等方面深刻探讨深海在国家发展和安全大战略中的定位和重要性，为深海战略实施和参与全球深海治理提供思路和指导。

【开展《中华人民共和国深海海底区域资源勘探开发法》贯彻实施一周年执法检查】　2017年4月和8月，联合全国人大环境与资源保护委员会开展《中华人民共和国深海海底区域资源勘探开发法》贯彻实施一周年检查调研活动，对中国地质调查局青岛海洋地质研究所、中国科学院海洋所、国家海洋局第一海洋研究所、国家深海基地管理中心、中国地质调查局广州海洋地质调查局、上海交通大学、中国科学院沈阳自动化研究所等单位进行了检查调研。重点就深海海底区域资源调查、勘探等活动的环境保护情况、资料和样品汇交情况、深海科学技术研究能力提升与专业人才培养等情况进行检查；并就深海公共平台建设和运行情况、国家鼓励和支持在深海海底区域资源勘探、开发和相关环境保护、资源调查、科学技术研究和教育培训等方面听取相关意见和建议。

【召开《中华人民共和国深海海底区域资源勘探开发法》贯彻实施一周年新闻通气会】　2017年5月，在北京召开《中华人民共和国深海海底区域资源勘探开发法》贯彻实施一周年新闻通气会。

【印发《深海海底区域资源勘探开发许可管理办法》】　《深海海底资源勘探开发许可管理办法》经国家海洋局局长办公会审议通过，2017年4月27日以国家海洋局规范性文件的形式印发。

【印发《深海海底区域资源勘探开发样品管理暂行办法》和《深海海底区域资源勘探开发资料管理暂行办法》】　《深海海底区域资源勘探开发样品管理暂行办法》和《深海海底区域资源勘探开发资料管理暂行办法》经国家海洋局局长办公会审议通过，于2017年12月29日以国家海洋局规范性文件的形式正式印发。

【出版发行《中华人民共和国深海海底区域资源勘探开发法解读》】　为配合对《中华人民共和国深海海底区域资源勘探开发法》的学

习和宣传，全国人大环境与资源保护委员会、国家海洋局共同编写《中华人民共和国深海海底区域资源勘探开发法解读》。该书由全国人大环境与资源保护委员会主任委员陆浩担任主编，国家海洋局副局长孙书贤、全国人大环境与资源保护委员会法案室主任翟勇、中国大洋矿产资源研究开发协会办公室主任、中国大洋矿产资源研究开发协会秘书长刘峰、中国大洋矿产资源研究开发协会原秘书长金建才担任副主编。全国人大环境与资源保护委员会和国家海洋局参与法律起草工作的同志共同参与编写，按照法律条文逐条解析，准确阐述深海海底区域资源勘探开发法法条含义，为相关工作人员、资源勘探开发人员、理论研究人员以及社会大众提供权威解读。

【积极参与全球深海治理】 在国际海底管理局第23届会议期间，组织召开了中国大洋协会首个边会，宣介中国主张，促成“西太海山区环境管理计划国际研讨会”在中国召开。积极跟踪国际海底动态，参与国际规则制定，组团参加德国柏林区域环境管理战略研讨会、新加坡缴费机制研讨会、国际海底管理局合同承包者非正式会议，提交开发规章反馈意见，阐述中方立场，发挥积极作用。

积极参加联合国BBNJ国际协定谈判预委会第三次会议，提出会议预案。参加联合国第27届缔约国大会和国际海底地名分委会第30次会议，积极表达我方立场。

【忠实履行国际义务】 成功举办中国大洋协会与国际海底管理局多金属结核勘探合同五年延期协议的签订仪式。

【公共平台工作进入新阶段】 中国大洋样品馆和大洋资料中心按照既有的运行管理机制开展样品和数据资料的管理工作，对中国五矿勘探合同航次样品和数据进行统一管理。

国际海底区域资源调查与研究

【资源环境类项目、课题立项情况】 资源环境类项目是基于《深海海底区域资源勘探与开发“十三五”规划》、履行国际海底管理局签订的勘探合同、落实“蛟龙探海”工程总体方案，按照全面履行勘探合同、对接开采规章；拓展资源矿区、开展新型资源勘查；增加深海生物基因资源储备、推动基因产品产业化进程；重点海区实现环境长期监测，推动环境参照区、保护区选划等原则。设立3个勘探合同项目、3个勘探靶区项目、2个深海新型资源项目、1个生物资源项目、5个环境监测与保护项目，落实2018年项目经费。

根据“蛟龙探海”工程总体方案，结合《深海海底区域资源勘探与开发“十三五”规划》、勘探合同具体要求，完成项目层面立项指南的编制。根据《大洋项目管理办法》，进一步明确项目总地质师、首席科学家、承担单位的申请条件及职责、项目申请文本格式等内容，发布了项目遴选办法。组织完成了项目申请、遴选评审工作，明确项目承担单位和项目总地质师、首席科学家。

完成矿产资源8个项目内课题的立项评审工作：围绕项目目标、主要内容组织开展项目内课题设置编制并完成专家审查，发布项目内课题的立项指南，完成项目课题的申请、专家评审。先后在广州、杭州和青岛组织开展课题立项评审工作，共计对8个项目的实施方案、59个课题、60份申请书进行专家审查。

基于“十二五”项目课题验收结果，重点推动生物药物、活性物质、抗污损物质、深海病毒和生物基因资源库建设的研究，第一批启动上述领域5个研究课题。同时，积极探索深海生物资源产业化开发及联盟机制，打造深海生物资源特色团队，吸纳国内优势力量和项目资源，推进深海生物资源产业化进程，撰写“深海生物资源产业初见端倪”、“加快推进深海生物资源产业发展”“深海微生物资源产品开发和市场化”等材料并上报财政部。

结合西太平洋海山环境计划，组织开展

深海环境项目内课题设置，发布立项指南，完成课题申请和评审。组织开展项目实施方案和6个课题的专家审查，开展西太海山环境管理计划国际研讨会的技术方案筹备工作。

【多金属结核勘探合同履行情况】 资源勘探工作：在调查区完成28个站位的箱式取样，以及2条测线共计约104千米的多金属结核海底摄像调查。在现场对28站箱式取样器获得的样品进行分类描述。

环境基线研究：组织“向阳红03”船在合同区及其临域、邻近的环境特别受关注区（APEI-167837）开展环境调查。

采矿技术：开展多金属结核采矿系统的集矿方面多项关键技术装备的研究工作。完成多金属结核集矿系统研制，包括水力集矿机构、履带行走机构、液压系统、供电系统、通讯控制系统，各系统进行性能检测的单体试验，包括滑板压陷和拖曳特性试验，进行整机装配、联调。完成多金属结核集矿系统500米海上试验准备工作。

在中国南海选定深海采矿系统1000米海试区域，并获得该区域环境背景数据。同时，搭载“蛟龙号”载人潜器开展土工力学原位测试仪的试验，获得测试区域的沉积物的剪切强度和贯入阻力值。

加工技术：利用氨浸渣浮选得到的锰精矿，锰精矿中锰含量为30.17%，锰铁比为6.36，磷锰比为0.0036，满足中国冶金用锰矿石AMn38质量要求。开展锰硅合金制备研究并试制合格的锰硅合金，锰硅合金主要元素锰和硅含量分别为64.88%和17.71%，锰回收率80%。试验所得锰硅合金产品满足中国牌号FeMn64Si16-I。

为了能够通过选矿分别获得含镍钴铜的精矿和锰精矿，分别冶炼，开展多金属结核选冶联合工艺探索试验。

【多金属硫化物勘探合同履行情况】 勘探工作结果：通过对大洋43航次综合拖曳探测获得的水体浊度异常资料的综合处理，开展水体异常分布研究，初步获得合同区某区块组群的浊度异常点位分布图；开展表层沉积物元素地球化学分析，获得其元素的组分和元素的组合特征，绘制沉积物地球化学数据点位图，探讨Cu、Zn、Fe、Mn等成矿元素异常的指示意义；研究玉皇矿化区的地形和构造特征，开展了矿化区内岩石、硫化物样品的结构、组份和地球化学特征分析。

环境基线研究：2017年度在合同区完成8个站位的温盐剖面调查（CTD），开展物理基线温盐剖面和海流特征及环境海水pH、溶解氧和营养盐等参数变化和叶绿素a调查研究。利用大洋39航次调查样品，共鉴定出浮游植物192种；浮游动物164种；巨型底栖生物隶属于5个门；发现和命名1新属、4新种。

采矿技术和选冶研究：采矿技术方面设计一种截齿破碎-螺旋采集方法实验室试验装置，研究一种采用竖直掘进工艺的多金属硫化物开采方法；选冶研究方面针对多金属硫化物矿的浮选尾矿，开展浮选尾矿氨浸工艺的探索试验。

【富钴结壳勘探合同履行情况】 勘探工作结果：阐述了合同区海山的沉积物分布特征和富钴结壳类型、物性（湿密度和含水率）、地球化学、厚度、丰度及空间分布特征。海底视像资料分析显示，维嘉平顶山中北部和南部均有结壳出露，这两个区域的的陡坡处，沉积物较少，是结壳的主要发育带。ROV调查所观测到的皆以连片分布的板状结壳为主，偶见砾状结壳分布其上。深海浅钻取样结果揭示维嘉平顶山的结壳类型以厚层板状结壳为主，其余为中厚层和薄层板状结壳；板状结壳结构以单层结构为主，三层结构次之，二层结构最少。ROV测站获得了样品则以砾状结壳为主，其次为板状结壳。

环境监测与评估：分析2016年和2017年采集资料与样品，进一步了解勘探区的环境基线；深入分析DY29航次采集的浮游动物和DY36航次采集的小型底栖动物样品，初步查明勘探区浮游动物和小型底栖动物的群落组成和分布特征。

采矿技术研发：研制半吨级规模取样器样机，并在实验室水池环境下开展行驶、挖掘和集料的功能联动实验。

选冶技术研究：进行富钴结壳的重选与磁选的联合工艺试验，考察联合工艺下矿石粒度对铜、钴、镍及锰回收率的影响。

【完成多金属结核勘探合同延期协议文本的准备工作】 2017 年 4 月完成多金属结核勘探合同延期协议文本的拟定工作，支撑协议的顺利签署。根据协商，中国大洋协会与国际海底管理局同意对签署于 2001 年 5 月 22 日的多金属结核勘探合同延期 5 年至 2021 年 5 月 21 日。2017 年 5 月 12 日，中国大洋协会与国际海底管理局在北京签订《多金属结核勘探合同》延期协议。

【参加海管局承包者非正式会议】 针对会议主题，组织召开准备会议。参会期间，就海管局数据库建设、开采规章原则立场、勘探合同履行等工作提出中方建议，会议期间积极参加会议讨论，较好的完成预期任务。

【参加海管局环境参照区选划研讨会】 在勘探合同区选划环境参照区的技术标准和位置等会议讨论中，明确提出中方观点。特别是在多金属结核合同区参照区选划讨论中，中方建议明确写入了会议建议稿。

【海底地名工作】 编制完成 18 个地名提案，其中《名录》中选取 11 个，新命名 7 个。经提交国际海底地名分委会审议，有 13 个海底地名获得核准。截至 2017 年底，经由大洋协会提出并经核准的海底地名提案共有 76 个。

大 洋 考 察

【大洋 38 航次】 由“向阳红 09”船搭载“蛟龙”号执行，航次总时间 138 天，其中大洋任务 90 天。

主要取得 5 项重要成果：（1）在西北印度洋卡尔斯伯格脊首次成功开展载人深潜调查为主的综合性科学考察，发现海底多处“黑烟囱”和多金属硫化物丘与黑暗生态系统，明确了海底热液活动的特征，深入开展相关科学研究；（2）充分验证了“蛟龙”号的技术能力和优势，通过 30 次下潜，充分验证了蛟龙号危险环境下的作业能力，系统技术状态稳定；充分验证了“蛟龙”号连续下潜作业的能力，作业效率极大提升；充分验证了大深度复杂环境作业能力，突显“蛟龙”号技术优势；（3）人才队伍培养成果丰硕。第二批潜航员全部顺利转为初级潜航员；第二代潜水器作业指挥员成长迅速；潜水器维护保障团队人员技术日趋成熟。

【大洋 41B 航次】 该航次由“海洋六号”执行，自 2017 年 6 月 26 日至 10 月 23 日结束，共历时 120 天，分为 3 个航段执行。先后在西太平洋多金属结核远景调查区、中国富钴结壳勘探合同区开展了多金属结核、富钴结壳资源和环境调查。

取得的主要成果有：（1）金属结核远景区调查成果取得积极进展，初步圈定了成矿富集区，初步测试分析结果显示，其钴和铜金属元素含量与其周边多金属结核相当，镍含量偏低；（2）技术应用成果，多波束回波强度勘探技术应用取得了良好效果。相关性分析结果显示，该区域丰度与回波强度相关性较强；（3）富钴结壳合同区资源调查取得新进展。初步查明了中国富钴结壳矿区 11 个区块，面积约为 220 平方千米的富钴结壳资源量，为区域放弃提供了坚实的技术支撑。

【大洋 42 航次】 该航次由“竺可桢”号执行，主要在印度洋中部开展深海稀土资源和深海环境调查。自 2016 年 12 月 20 日至 2017 年 4 月 9 日，总时间 110 天，其中大洋任务 90 天。超额完成计划任务，其中完成取样 81 站，CTD 站位 19 站，多波束测线 775 千米。

取得主要成果如下：（1）初步查清中印度洋稀土富集分别基本特征，初步掌握了稀土分布与沉积物类型、水深、纬度和磷元素的关系。(2)初步划定中印度洋90°海岭两侧多金属结核分布区，为未来在印度洋开展多金属结核调查提供了靶区。

【大洋43航次】 该航次由“向阳红10”船执行，主要在西南印度洋多金属硫化物合同区(4个航段)和西北印度洋多金属硫化物潜在矿区(1个航段)开展资源调查。自2016年11月22日起航，2017年7月9日停靠舟山，航次总时间为230天(2017年度190天)，分为5个航段执行。本航次针对《西南印度洋多金属硫化物资源勘探合同》50%区域放弃的严峻形势，重点使用“潜龙二号”AUV、中深孔岩心钻机、瞬变电磁探测系统等高技术装备集中开展了资源调查。

取得的主要成果有：(1)“潜龙二号”AUV应用取得新突破，累计开展了8个潜次，作业时间累计达到170小时，总航程456千米，充分证实了“潜龙二号”在洋中脊复杂地形环境下工作的稳定性和可靠性；(2)初步查清合同区典型硫化物矿体空间结构特征。矿体分布面积约为3000平方米，矿体厚度预计可超8米；(3)电法应用取得突破，在玉皇矿化区通过瞬变电磁测线探测，获取初步视电阻率剖面；(4)完成西南印度洋合同区12个区块的综合异常拖曳探测和地质取样调查工作。

【大洋44航次】 该航次由“大洋一号”“向阳红09”“向阳红06”船执行，在西太开展环境专项调查航次总时74天。

【大洋45航次】 该航次由“向阳红03”船执行，自2017年7月12日至11月18日，共130天，分为3个航段执行。分别在东太平洋多金属结核合同区、西太海山区开展资源、环境调查，同步执行海洋局其他业务司任务，是国家海洋局首个多任务综合业务化航次。

取得了主要成果如下：(1)完成了大洋协会多金属结核合同区2000平方千米资源加密调查，扩大了标示资源量面积；(2)在西太平洋、东太平洋首次开展了深海微生物富集培养，为定向获取深海特殊功能微生物类群提供支撑；(3)在调查区布放3套观测锚系潜标，并获取调查区生态环境和观测资料，为合同区环境基线、环境管理计划实施提供支撑。

【大洋46航次】 该航次由“向阳红01”船执行，计划2017年8月28日至2018年5月15日执行，大洋任务211天。目前已完成第一阶段3个航段125天海上调查。

取得的主要成果有：(1)在中印度洋稀土富集区开展了加密调查，扩大了富集区范围；(2)在南大西洋获取重大突破，主要利用电视抓斗、摄像等手段，初步确认了一个规模较大的硫化物资源矿化区。

【大洋47航次】 该航次由“向阳红06”船执行，由海洋二所负责组织实施，自2017年8月29日至12月1日，历时95天，分为2个航段执行。

取得的主要成果有：(1)获取五矿合同区6个区块约7000千米地形测量数据，初步查明了6个区块的地形地貌特征，获得了背散射数据资料，为了解多金属结核覆盖率和丰度分布规律奠定了基础；(2)开展了上述6个区块环境基线调查；对A5区块多金属结核分布情况初步进行了评价，初步圈定了富集区。

【大洋49航次】 该航次由“向阳红10”船执行，由海洋二所负责组织实施，计划2017年12月6日至2018年8月12日执行，共分为5个航段执行，其中4个航段开展合同区资源环境调查，1个航段在西北印度洋开展资源环境调查。目前正在执行第1航段任务(2017年执行26天)。

深海技术发展

【深海勘探技术】 在“三龙”装备的基础上，2017年，中国大洋协会办公室组织开展了大洋调查水下滑翔机的研制工作，明确滑翔机在大洋调查中的应用方向和具体应用目标。截至年底，1000米级二台水下滑翔机已经在西南印度洋航次中进行试验性应用，4500 米级水下滑翔机已完成详细设计。

2017 年，中国大洋协会办公室牵头申报国家重点研发计划“潜龙二号”技术升级与应用项目，得到科技部批准。该项目将在“潜龙二号”原有技术基础上进一步改进以提升勘探作业效率，结合“潜龙二号”应用开展相关科学研究，实现科学与应用的紧密结合。

【深海开采技术】 中国大洋协会办公室牵头的国家重点研发计划“深海多金属结核采矿试验工程”项目稳步推进。2017 年 5 月 17 日，项目实施方案顺利通过科技部评审。项目组随即开展项目的总体方案设计工作，已于年内基本完成。按照财政部批复精神，开展深海采矿试验船采购招标的前期工作，基本完成招标文件的编制。

2017 年，多金属结核采集系统研制项目目标由湖上试验具体调整为 500 米海上试验，并先后完成了详细设计评审和实验室测试大纲评审。

“十二五”期间立项的富钴结壳规模取样器研制项目，完成了实验室的测试和海试大纲框架的评审。

国家海洋技术中心受委托对多金属结核采集系统 500 米海试和富钴结壳规模取样项目进行全程监理。

【深海资源选冶技术】 “十二五”期间立项的“多金属结核吨级选冶连续试验”课题完成总结与验收，整体技术水平在合同承包者中具有明显优势。

【“大洋一号”船完成改装】 2016 年 12 月至 2017 年 9 月，中国大洋协会办公室组织北海分局、中船重工七〇一所、武昌船舶重工集团有限公司对“大洋一号”船进行了全面改装。通过对动力系统、船舶动力定位系统、后甲板布局和吊放能力等方面的改装，“大洋一号”船可以继续高质量服役 15 年，重点满足西南印度洋多金属硫化物勘探工作需要。

【“三龙”系列装备能力逐步提升】 “蛟龙”号设备管理系统基本完成研发工作并试运行，“蛟龙”号大修实施方案完成编制并通过专家评审。“潜龙一号”完成升级改造及湖试、海试，“潜龙三号”完成总装及湖试。

【“蛟龙探海”工程论证工作】 “蛟龙探海”工程论证编写工作自 2016 年 10 月开始，历时一年，来自海洋一所、二所、三所、深海中心、广海局、中国大洋样品馆、大洋资料中心、上海交通大学、浙江大学、中科院声学所、中科院沈自所等十余家单位的专家和科研人员 50 余名，分别在北京、青岛、杭州等地参与编写和方案的组织论证工作。

2017 年完成《“蛟龙探海”工程总体方案》及 8 个附件（《深海装备技术发展》、《深海多金属结核资源勘查》《深海多金属硫化物资源勘查》《深海富钴结壳资源勘查》、《深海生物资源采探与开发》《深海稀土资源勘查》《深海环境监测保护》和《支撑保障能力建设》）的编写工作，并通过国家海洋局组织的专家审查。

大洋协会办公室转入可研报告编制阶段，先后组织中国航天建设集团有限公司、上海投资咨询公司及各系统、各领域专家，编制形成《“蛟龙探海”工程可行性研究报告（初稿）》和《“蛟龙探海”工程建设方案》，其中《“蛟龙探海”工程建设方案》已报国家发展改革委审批。

【大洋两型新船建造项目】 推动详细设计和生产准备：协调设计院、船厂及设备供应商，全面推进详细设计工作，完成图纸 800 余份，加强与 CCS（中国船级社）工作沟通，图纸送审率达到 85%，基本满足船厂建造需要。完成第二批共 17 项船东自采设备的开标评标、技术谈判及合同签订等工作；采用集中订货形式，协助船厂基本完成主要物料及设备的采购任务。

第三次领导小组会议在穗召开：2017 年 8 月 30 日，中国大洋协会在广州组织召开了两型新船建设项目领导小组第三次会议，国家海洋局副局长、项目领导小组组长孙书贤主持会议，审议通过《文件资料归档管理办法》《船厂工程费用变更管理办法》和《建造阶段监造工作办法》等相关文件。

两型新船进入连续建造阶段：2017 年 8 月 30 日，“大洋二号”在中船黄埔文冲船舶有限公司开工建造；9 月 16 日，“深海一号”在中船重工武昌船舶集团有限公司开工建造，两型新船的开工建造，标志着项目建设工作已经全面铺开，船舶进入连续建造阶段。

（中国大洋矿产资源研究开发协会）

海洋国际交流与合作

海洋国际交流与合作

综　述

2017 年是“十三五”规划的第二年，国家海洋局深入贯彻落实建设“一带一路”倡议和党的十八大提出的“坚决维护国家海洋权益，建设海洋强国”的目标，从党和国家战略高度，深度参与国际海洋治理，大力推动维护海洋权益和国际合作工作，构建蓝色伙伴关系迈出坚实步伐。主要成果包括：

【及时研判形势，为海洋维权工作决策提供政策和技术支撑】　一是配合国家维权工作需要，深入开展研究工作，为海洋维权工作决策提供法理、历史、政策和技术支撑。二是开通中国南海网英文版，对外宣传中国对南海问题的立场和主张依据。三是引导国际规则制定，参与海洋全球治理，中国籍委员吕文正成功连任大陆架界限委员会委员。四是举办第二届中国—欧洲国际海洋法研讨会，打造各方专家在海洋法热点问题上相互交流、增进了解的机制性平台。

【深入参与国际规则制定进程，加强与有关国际组织的合作】　一是深度参与联大国家管辖范围外生物多样性养护和可持续利用（BBNJ）国际协定磋商。出席 BBNJ 预委会第三次和第四次会议、与外交部联合向联合国提交了《中华人民共和国关于国家管辖范围以外区域海洋生物多样性养护和可持续利用问题国际文书草案要素的书面意见》、组织专家就 BBNJ 政策与法律问题以及公海保护区选划等重点问题进行研究，为磋商提供支撑。二是出席联合国海洋可持续发展大会。在联合国成功召开了蓝色伙伴关系边会、成功进行海洋可持续发展的布展、首次就海洋议题在联合国总部接受国内主流媒体和联合国中文网站的采访。三是主办首届中国—小岛屿国家海洋部长圆桌会议，通过《平潭宣言》。四是加强 APEC 海洋与渔业工作组、北太平洋海洋科学组织、政府间海洋学委员会、国际科学联合会等国际组织在华中心建设。组织选拔人员参加国际海洋学院加拿大和马耳他培训班。五是做好中国政府海洋奖学金等项目。组织召开中国政府海洋奖学金 2017 年招生会、与同济大学共同举办了 2017 年中国政府海洋奖学金游学活动、与教育部协商增加中国政府海洋奖学金名额。

【推动“21 世纪海上丝绸之路”建设，进一步发展与周边国家务实海洋合作】　一是为“一带一路”国际合作高峰论坛提供海洋领域合作成果。王宏局长与柬埔寨外长签署《中国国家海洋局与柬埔寨环境部关于建立联合海洋观测站的议定书》。二是举办东亚海洋合作平台 2017 年黄岛论坛、中国—东盟国家水产养殖培训班系列重大海洋合作论坛。三是建立完善合作机制，打造务实合作平台。邀请非洲毛里求斯、马达加斯加、桑给巴尔、加纳和塞舌尔等五国海洋管理部门部级领导来华出席发展中国家海洋部长研修班。与马来西亚科技创新部共同举办中马海洋科技合作联委会第四次会议、第五届中马海洋科学研讨会。与泰国自然资源环境部共同举办中泰气候与海洋生态系统联合实验室第六次管委会和第九届中泰海洋科技合作研讨会会议。与韩国海洋水产部共同举办中韩海洋科技合作联委会第14次会议和第三届中韩黄海海洋论坛。与日本环境省共同举办中日海洋垃圾合作专家对话平台第一次会议、首届中日海洋垃圾合作研讨会。与巴基斯坦科技部共同举办首届中巴海洋科技合作联委会会议。四是推动与港澳台地区海洋合作与交流。与香港天文台在港成功举行了内地与香港海洋科技合作联合工作组第四次会议，就深化业务化海洋观测预报合作、支持香港参与“21世纪海上丝绸之路”建设达成共识。接待澳门特首崔世安访问国家海洋局，与澳门方商签《国家海洋局与澳门特区政府关于开展海域中长期规划基础调查和研究的协议》，加强对澳门特区政府海洋工作的支持和指导。五是积极申请中国—印尼海上合作基金和中国-东盟海上合作基金，推动开展务实合作项目。

【深化与世界海洋大国合作，亮点纷呈】 一是举办“中国-欧盟蓝色年”活动。与欧盟海洋渔业总司签署《2017“中欧蓝色年”一揽子活动计划与联合新闻声明》，出席中欧海洋综合管理高层对话并在华举办首届“中欧蓝色产业合作论坛”和蓝色年闭幕式。二是构建中葡“蓝色伙伴关系”。与厦门市政府联合举办2017年厦门国际海洋周，并与葡萄牙海洋部在“厦门海洋周”活动期间签署《关于建立“蓝色伙伴关系”概念文件及海洋合作联合行动框架计划》。三是出席葡萄牙蓝色周海洋部长会议和“我们的海洋”第四次会议，在会上宣介中方合作理念，提出中国方案和承诺。四是拓展与北极国家的合作。随国务院领导赴俄罗斯出席第四届“北极—对话区域”国际北极论坛。配合外交部，在京成功举办第40届南极条约协商会议和第20届南极环境保护委员会会议。出席“北极圈论坛”，围绕建设“冰上丝绸之路”提出合作倡议。派员参加中俄北极事务磋商、中日韩三国北极事务磋商以及防止北冰洋中部公海无管制渔业活动有关协定的磋商。在两国领导人见证下与智利签署《关于南极合作的谅解备忘录》。冰岛极光观测台建设不断推进，极地合作务实开展。五是建立中美海洋合作长效工作机制。中美海洋保护区和海洋垃圾防治合作稳步推进。推动落实第八轮中美战略与经济对话成果，推动中美姐妹海洋保护区合作在信息共享、人员交流互访和培训以及签署保护区合作备忘录等事项上取得实质进展。邀请美国代表团访华，进一步对接海洋垃圾防治合作意向，促成威海和旧金山签署《海洋垃圾防治“伙伴城市”谅解备忘录》。六是扩展与南美洲国家拓展合作。与智利商签《中华人民共和国与智利共和国政府关于南极合作的谅解备忘录》。

双边和地区交流与合作

【中国—欧盟海洋综合管理第三次高层对话成功举办】 3月2—3日，应欧盟环境、海洋事务与渔业委员卡尔梅努·韦拉的邀请，国家海洋局局长王宏率团赴布鲁塞尔出席中国—欧盟海洋综合管理第三次高层对话。双方就落实第18次中欧领导人会晤成果，办好“中国—欧盟蓝色年”，全面深化中欧海洋合作，并推动中欧建立“蓝色伙伴关系”等事宜达成良好共识。代表团在比利时期间还对欧洲海洋委员会、欧洲海洋观测与数据网络组织等机构进行了访问。

【成功举办中日海洋垃圾合作专家对话平台首次会议】 3月5日，中日海洋垃圾合作专家对话平台首次会议在大连成功召开，会议由国家海洋环境监测中心承办。来自中国国家海洋局和日本环境省以及两国相关的海洋科研机构和高校的代表出席了会议。会上，双方专家介绍了各自在微塑料对海洋环境产生的影响、海洋垃圾监测等方面开展的工作、取得的进展及面临的挑战，还就专家对话平台未来的发展及下阶段计划开展的合作活动交换了意见。

【国家海洋局局长王宏会见葡驻华大使】 3月22日，国家海洋局局长王宏在京会见葡萄牙驻华大使若热·托雷斯·佩雷拉。双方就在2016年签署的合作谅解备忘录的基础上进一步深化中葡海洋领域合作进行了交流。应葡方邀请，王宏局长同意派出高级别代表团参加葡将于6月举行的“蓝色周”和海洋部长会议等活动。

【国家海洋局局长王宏赴俄出席第四届“北极—对话区域”国际北极论坛】 3月28—29日，国家海洋局局长王宏随国务院副总理汪洋一行赴俄罗斯出席了第四届“北极—对话区域”国际北极论坛及双边副总理级对话。

【中智签署政府间南极合作谅解备忘录】 5月13日，在习近平主席与来华出席“一带一路”国际合作高峰论坛的智利共和国总统巴切莱特的共同见证下，国家海洋局局长王宏与智利外交部部长赫拉尔多·穆诺慈在人民大会堂签署了《中华人民共和国政府与智利共和国政府关于南极合作的谅解备忘录》。5月15日，王宏在京会见智利国家科委主任马里奥·哈莫，就落实上述谅解备忘录进行深入交流。

【中国柬埔寨海洋合作为两国关系发展增添新成果】 5月16日，在国务院总理李克强与柬埔寨首相洪森见证下，国家海洋局局长王宏与柬埔寨外交与国际合作部部长布拉索昆共同签署了《中国国家海洋局与柬埔寨王国环境部关于建立中柬联合海洋观测站的议定书》，并纳入《“一带一路”国际合作高峰论坛成果清单》。

【国家海洋局局长王宏出席“中国—欧盟蓝色年”标识揭牌仪式】 5月31日—6月4日，在第十九次中欧领导人会晤期间，国家海洋局局长王宏率团赴比利时布鲁塞尔参加了由李克强总理和欧盟领导人共同出席的“中国—欧盟蓝色年”标识揭牌仪式，在双方领导人见证下与欧盟海洋与渔业总司司长若昂·马沙多签署《中华人民共和国政府与欧盟委员会关于“中国—欧盟蓝色年”一揽子活动计划与联合新闻声明》，并与欧盟委员会环境、海洋事务与渔业委员卡尔梅努·韦拉共同出席了中欧海洋观测与数据交换研讨会。

【吕文正成功连任大陆架界限委员会委员】 《联合国海洋法公约》第27次缔约国会议于6月14日举行大陆架界限委员会委员选举，中国候选人、国家海洋局第二海洋研究所教授、大陆架界限委员会现任委员吕文正以157票成功获得连任，任期为2017年至2022年。大陆架界限委员会负责审议沿海国提出的关于扩展到200海里以外大陆架外部界限的资料和其他材料，并就有关划定大陆架外部界限事项向沿海国提出建议，沿海国在这些建议的基础上划定的大陆架界限应有确定性和拘束力。

【第二届中国—欧洲国际海洋法研讨会】 6月27—28日，由国家海洋局国际合作司和外交部欧洲司联合主办、厦门大学南海研究院承办的“第二届中欧国际海洋法研讨会”在厦门大学举行。来自中国、俄罗斯、英国、意大利、希腊、丹麦、奥地利、西班牙、葡萄牙的专家学者，有关部门官员共约60人出席会议。与会专家学者围绕“联合国海洋法公约和其他国际法渊源”“主权平等和强制管辖权的例外”“联合国海洋法公约与群岛制度”“南中国海的历史及历史性权利”“国际司法和司法制度的缺陷及其改进”等五个议题展开探讨和交流。

【第八轮中美海洋法和极地事务对话】 8月28—29日，第八轮中美海洋法和极地事务对话在美国波士顿的美国海岸警卫队第一区总部举行，两国外交和涉海部门的专家就国际海洋法和南北极事务问题广泛交换意见，同意将进一步加强两国在海洋法和极地领域的沟通与协调，并商定于2018年在华举行第九轮对话。

【落实《南海各方行为宣言》第22次工作组会】 8月28—30日，落实《南海各方行为宣言》第22次联合工作组会议及有关研讨会议在菲律宾马尼拉举行。中国与东盟各国围绕落实《南海各方行为宣言》、“南海行为准则”磋商和海上务实合作等议题，坦诚深入地交换意见，明确“南海行为准则”磋商的原则、路径、方式和工作机制等问题，形成共识文件。

【国家海洋局副局长林山青会见美国青年学者】 9月1日，国家海洋局副局长林山青在北京会见美国青年学者代表团，就增进美方对中国海洋事业发展的了解，发挥美智库作用，推动中美两国在海洋经济、海洋科学研究、海洋技术应用和海上执法等方面开展务实合作进行交流。

【国家海洋局副局长石青峰赴葡出席“蓝色周”海洋部长级会议】 9月6—10日，国家海洋局副局长石青峰率团赴葡萄牙里斯本出席“蓝色周”海洋部长级会议，并在会议开幕式上代表中方发表致辞。会议期间，石青峰与葡萄牙海洋部部长安娜·保拉·维托里诺举行会谈，就构建中葡“蓝色伙伴关系”，推动尽早签署联合行动计划等达成多项共识。在葡期间，代表团还出席了“一带一路”中葡海洋合作交流会，并对里斯本大学开展访问。

【2017东亚海洋合作平台黄岛论坛开幕】 9月7日，由国家海洋局、山东省政府主办的2017东亚海洋合作平台黄岛论坛，在青岛西海岸新区开幕。论坛以“东亚联通·丝路共赢”为主题。国家海洋局党组成员、副局长林山青，山东省副省长于国安，青岛市委副书记、市长孟凡利出席开幕式。来自中国、日本、韩国、东盟及欧美等36个国家和地区的500余人齐聚一堂，共话丝路共赢，推动国际海洋合作。

【吕彩霞总工程师出席“蓝色地球”海滩清洁日活动】 9月16日，国家海洋局总工程师吕彩霞与欧盟驻华大使史伟一同出席了由双方在天津东疆港共同举办的“蓝色地球”海滩清洁日活动并致辞。该活动是“中国—欧盟蓝色年”的系列活动之一，旨在提升社会公众保护海洋的意识。天津部分中小学校的学生们参加了活动。

【成功举办首届中国—小岛屿国家海洋部长圆桌会议】 9月21日，以“蓝色经济·生态海岛”为主题的中国—小岛屿国家海洋部长圆桌会议在福建平潭召开。中共中央政治局常委、国务院副总理张高丽为会议召开发来贺信。国家海洋局局长王宏宣读贺信、致辞、作主旨报告并主持会议。福建省省长于伟国、萨摩亚副总理兼自然资源与环境部部长菲娅梅·内奥米·马塔阿法分别致辞。共有来自4大洲12个岛屿国家的代表参加会议。会议通过《平潭宣言》。

【国际海底地名分委会第30次会议】 国际海底地名分委会第30次会议于10月2日至6日在意大利热那亚市召开。来自中国、德国、日本、美国、韩国等13个国家的26名委员、观察员和海底地名S-100标准工作组成员参加了会议。会议共审议通过了110个海底地名命名提案，其中中国提案32个，包括10个南海海底地名。

【国家海洋局副局长孙书贤出席“我们的海洋”第四次会议】 10月6日至7日，国家海洋局副局长孙书贤率团赴马耳出席“我们的海洋”第四次会议，并在会上就“海洋污染”议题发表演讲。期间，孙书贤还与国际海洋学院名誉主席贝楠、马耳他旅游部长康拉德·米兹以及欧盟海洋与渔业总司司长若昂·马沙多举行双边会见，分别就加强人才培养与交流、加强中国与马耳他海洋合作并签署中马海洋领域合作谅解备忘录、推进“中国-欧盟蓝色年”活动等议题交换意见。

【国家海洋局副局长林山青出席“北极圈大会”】 10月12—14日，国家海洋局副局长林山青应“北极圈大会”主席、冰岛前总统格里姆松邀请，赴冰岛出席了“北极圈大会”并做主题演讲，倡议北极域内、域外国家加强合作共同应对北极气候和环境变化，共同促进北极的可持续发展。期间，林山青与冰岛总统约翰内森、前总统格里姆松、外交部长索德尔松、北极大使斯古若森以及丹麦北极大使汉娜·艾斯克加尔分别进行了会谈，就加强北极领域双、多边合作进行了探讨。

【葡萄牙海洋部部长应邀访华】　10 月 30 日至 11 月 6 日，葡萄牙海洋部长安娜·保拉·维托里诺应国家海洋局邀请访华。10 月 31 日，国家海洋局局长王宏出席了由葡萄牙驻华大使馆在京举办的中葡蓝色伙伴关系与 21 世纪海上丝绸之路研讨会开幕式并发表致辞。11 月 3 日，维托里诺赴厦门出席“2017 厦门国际海洋周”开幕式。期间，王宏与维托里诺就深化中葡合作举行双边会谈，并共同签署了《中华人民共和国国家海洋局与葡萄牙共和国海洋部关于建立“蓝色伙伴关系”概念文件及海洋合作联合行动计划框架》。访华期间，维托里诺分别在国家海洋局副局长石青峰和林山青的陪同下，参观国家海洋环境预报中心、国家卫星海洋应用中心和国家海洋局第三海洋研究所。

【第 14 次中韩海洋科学技术合作联合委员会会议在厦门举行】　2017 年 11 月 3 日，第 14 次中韩海洋科学技术合作联合委员会会议在厦门召开。国家海洋局党组成员、副局长林山青为和韩国海洋水产部海洋产业政策局局长崔埈彧分别率团出席会议。

【第 27 届处理南海潜在冲突研讨会】　第 27 届处理南海潜在冲突研讨会于 11 月 15—17 日在印度尼西亚雅加达举行。来自南海周边 12 个国家和地区的代表团参加了会议，会议就南海潜在冲突管控等方面合作进行了交流与探讨。国家海洋局有关专家介绍了海洋治理培训等国际合作项目的落实情况与设想。

【中国马尔代夫海洋合作为两国关系发展增添新成果】　12 月 6—9 日，应国家主席习近平邀请，马尔代夫共和国总统亚明对我国进行国事访问。12 月 7 日，国家海洋局局长王宏参加了习近平主席与亚明总统举行的双边会谈。随后，在两国领导人的见证下，王宏与马尔代夫外交部部长阿西姆共同签署了《中国国家海洋局与马尔代夫环境能源部关于建立联合海洋气象观测站的议定书》。

【“中国—欧盟蓝色年”闭幕式在深圳成功举办】　12 月 8 日，“中国—欧盟蓝色年”闭幕式在深圳举行。国家海洋局局长王宏和欧盟委员会环境、海洋事务与渔业委员卡尔梅努·韦拉共同出席了闭幕式活动。闭幕式由国家海洋局副局长林山青主持。广东省副省长邓海光，深圳市市长陈如桂，欧盟驻华大使史伟也出席了闭幕式活动。期间，王宏与卡尔梅努·韦拉进行了双边会见，双方就深化中欧海洋领域合作、推动中欧建立“蓝色伙伴关系”等深入交换了意见。

【中马海洋科技合作联委会第四次会议和第五届中国—东南亚国家海洋合作论坛在马来西亚召开】　12 月 14—16 日，国家海洋局副局长林山青率团访问马来西亚，出席了中马海洋科技合作联委会第四次会议和第五届中国—东南亚国家海洋合作论坛。双方商定，将推动建设中马联合海洋研究中心，继续执行在研的 11 个合作项目，进一步拓展在海洋观测、海洋生物资源开发利用、海洋空间规划等领域的合作。论坛期间，林山青与阿布·巴卡尔共同为中马联合海洋研究中心揭牌。

【中国南海网英文版开通上线】　12 月 19 日，中国南海网英文版正式上线发布，网址：en.thesouthchinasea.org.cn。该网站由国家海洋局支持，国家海洋信息中心主办，网站分为南海介绍、新闻动态、历史资料、开发管理、政策法规、合作交流、大事记、南海纪实等八个栏目，内容丰富、形式多样、图文并茂，通过浏览网站，海内外读者能够对南海情况有更加直观和深入的了解。

多边交流与合作

【经常程序第二轮全球海洋评估专家组会议召开】 1月15—19日，经常程序第二轮全球海洋评估专家组会议在美国纽约联合国总部召开。专家审阅了五个区域研讨会报告草案，讨论了第二轮综合评估报告的范围和结构，并召开了特设工作组主席团联席会议。

【APEC海洋和渔业工作组第八次会议召开】 2月25—27日，亚太经合组织（APEC）海洋和渔业工作组（OFWG）第八次会议在越南芽庄举行。来自中国、美国、俄罗斯、日本、印度尼西亚、越南等15个APEC成员及上海彩虹鱼海洋科技股份有限公司（中国）和环太平洋大学联盟2个非成员的代表共60余人出席。

【国家海洋局局长王宏率团访问联合国教科文组织政府间海洋学委员会】 3月1日，应联合国教科文组织（UNESCO）助理总干事、政府间海洋学委员会（IOC）执秘弗拉基米尔·拉宾宁的邀请，国家海洋局局长王宏率团于赴法国巴黎访问IOC秘书处，就深化国家海洋局与IOC的合作进行交流，双方未来合作将进一步聚焦发展海洋科学、保护海洋生态环境等领域。

【中国代表团参加国家管辖范围外区域海洋生物多样性国际协定谈判预委会第三次会议】 3月27日至4月7日，在纽约联合国总部召开国家管辖范围外区域海洋生物多样性（BBNJ）国际协定谈判预委会第三次会议。来自欧盟、美国、日本、俄罗斯、挪威、新西兰、墨西哥、马尔代夫和尼泊尔等近100个成员国以及国际海底管理局（ISA）、联合国教科文组织政府间海洋学委员会（IOC）等国际组织的300余名代表参加本次会议。

【IOC太平洋海啸预警系统政府间协调组第27次会议召开】 3月28—31日，联合国教科文组织政府间海洋学委员会（IOC）太平洋海啸预警系统政府间协调组（ICG/PTWS）第27次会议在法属波利尼西亚召开。会议审议通过国家海洋局承建的南中国海区域海啸预警中心（SCSTAC）业务化运行的决议。

【联合国教科文组织政府间海洋学委员会西太平洋分委会第十届国际科学大会召开】 4月17日，联合国教科文组织政府间海洋学委员会（IOC）西太平洋分委会第十届国际科学大会在青岛召开。会议主题为“海洋知识的推广及可持续发展—从印太地区走向全球”，国家海洋局局长王宏、IOC执秘弗拉基米尔·拉宾宁、海委会副主席兼西太平洋分委会主席索姆基耶特·霍齐亚提翁、青岛市委常委王鲁明等出席开幕式，国家海洋局局长王宏发表题为《构建蓝色伙伴关系 促进全球海洋治理》的演讲。

【联合国教科文组织海委会西太分委会会议召开】 4月21日，联合国教科文组织政府间海洋学委员会（IOC）西太平洋分委会第十一届政府间会议在青岛开幕。国家海洋局副局长林山青出席开幕式。

【国家海洋局局长王宏会见第71届联合国大会主席彼得·汤姆森一行】 5月12日，国家海洋局局长王宏在京会见第71届联合国大会主席彼得·汤姆森一行，双方就联合国海洋可持续发展会议相关事宜交换意见。双方非常关注海洋领域内经济、气候、科技之间的相互关联，积极倡导协调统一、共同行动来实现海洋可持续发展的目标。

【选派人员参加国际海洋学院加拿大和马耳他中心培训项目】 国际海洋学院（IOI）主办的海洋管理交流培训项目于2017年5月至7月在加拿大、11月至12月在马耳他举行。经局属各单位、机关各部门推荐9人通过选拔，参加上述培训。

【预报中心派专家参加热带太平洋海洋观测2020研讨会】 5月16—17日，热带太平洋观测系统（TOPS）第二届资源论坛在美国檀香山举行。会议主要讨论了TOPS-2020第一版报告有关内容，通过TOPS-2020项目转型及实施活动的指导意见，商讨 2017—2020 年 TOPS-2020 项目的治理战略等内容。预报中心于卫东研究员作为 TOPS-2020 计划科学委员会成员，讨论未来对热带太平洋观测系统的布局等有关议题。

【中国政府海洋奖学金扩大招生规模】　5 月 19 日，2017 年度“中国政府海洋奖学金”评选会在厦门召开。会议评选出 2017 年度奖学金获得者。与往年相比，今年中国政府海洋奖学金的招生规模扩大了一倍，达到 40 人。5 年来，该项目已招收来自亚洲、非洲、欧洲和拉丁美洲的 28 个国家和地区的 89 名留学生。其中，“海上丝绸之路”沿线国家学生数量达到 73 人，占到学生总数的 82%。

【IOC-WMO JCOMM 船舶观测组第八次会议在青岛召开】　5 月 22—25 日，政府间海洋学委员会（IOC）-世界气象组织（WMO）框架下海洋学与海洋气象联合技术委员会（JCOMM）的观测协调组第八次工作会议（OCG-8）在青岛召开。会议就海洋观测技术标准制定、管理规范、全球气候观测系统、全球海洋观测系统以及预报和服务的观测需求等议题进行了深入讨论，审查了联合技术委员会的战略规划等工作。

【监测中心专家参加二十国集团海洋垃圾高级别会议】　5 月 30 日至 6 月 1 日，二十国集团（G20）海洋垃圾高级别会议在德国不来梅召开。会议由德国联邦环境、自然保护、建筑和核安全部主办，来自中国、阿根廷、澳大利亚、法国、德国、印度尼西亚等 12 个成员国，联合国环境署、国际海事组织、世界粮农组织等 3 个政府间组织以及非政府组织代表参会。中方代表积极参与了“G20 海洋垃圾行动计划”有关案文讨论和磋商进程。

【林山青副局长率团出席联合国海洋可持续发展会议】　6 月 5—9 日，联合国海洋可持续发展会议在纽约联合国总部召开。联合国 193 个会员国代表，其中包括 14 位国家元首与政府首脑、60 多位部级官员及各界代表出席会议。除全会外，会议还举行了伙伴关系对话会。会议一致通过成果文件《行动呼吁》。国家海洋局林山青副局长率中国政府代表团与会，在大会一般性辩论环节发言，并担任伙伴关系对话会专题二的主讲嘉宾，分享中国海洋生态环保经验并提出合作倡议。

【《联合国海洋法公约》第 27 次缔约国大会在纽约召开】　6 月 12—16 日，第 27 次《联合国海洋法公约》（以下简称《公约》）缔约国大会在联合国总部召开。《公约》各缔约国、包括美国、委内瑞拉等在内的非缔约国，以及联合国粮农组织、国际海事组织、常设仲裁法院等国际组织都参加本次会议，主要议题包括《公约》三大机构工作汇报、联合国秘书长 2016 年度工作汇报以及选举大陆架界限委员会委员和国际海洋法法庭法官等。

【亚太经合组织海洋可持续发展中心管理委员会 2017 年工作会议在京召开】　6 月 14 日，亚太经合组织（APEC）海洋可持续发展中心管理委员会 2017 年工作会议在北京召开。国家海洋局副局长林山青主持会议并作重要讲话。来自外交部、国家海洋局、沿海省市海洋部门、涉海高校及科研院所的 APEC 海洋中心管委会各成员单位的代表共 40 余人参加会议。

【中国代表团出席联合国教科文组织政府间海洋学委员会第 29 次大会】　6 月 21—29 日，联合国教科文组织（UNESCO）政府间海洋学委员会（IOC）第 29 次大会在巴黎举行，会议审议了第 28 次大会以来 IOC 框架下的工作和项目进展情况，对海洋发展、海洋研究、海洋观测和数据管理、预警报服务、政策信息和评估、可持续发展和治理、能力建设等议题进行讨论，并选举新一届大会主席、副主席和执理会成员国。中国成功当选 2017—2019 年度 IOC 执理会成员国，由中方承建的南中国海海啸预警中心业务化运行决议得到会议正式通过。

【国家海洋信息中心在天津承办 DBCP 北太平洋及边缘海第五次能力建设研讨会】　7 月 4

日，世界气象组织（WMO）—联合国教科文组织政府间海洋学委员会（IOC）资料浮标协作组（DBCP）“北太平洋及边缘海第五次能力建设研讨会”（简称 NPOMS-5）天津顺利召开。来自中国、美国、日本、泰国、印度、印度尼西亚、马来西亚、巴基斯坦、斯里兰卡和库克群岛 10 个国家的海洋研究机构负责人和代表，WMO-IOC 及 DBCP 专家等 50 余名代表齐聚津城，就北太平洋地区海洋观测、海洋预报和防灾减灾能力建设等多方面的科学与社会问题开展主旨演讲、专题报告，并进行深入讨论。

【国家管辖范围外区域海洋生物多样性国际协定谈判预委会第四次会议召开】 7 月 10—21 日，国家管辖范围以外区域海洋生物多样性（BBNJ）国际协定谈判预备委员会第四次会议在纽约联合国总部召开。来自巴西的杜尔特大使继续担任会议主席，美国、俄罗斯、欧盟和日本等 140 多个国家和地区以及联合国粮农组织、国际海底管理局、区域渔业管理组织和世界自然保护联盟等约 40 个国际组织的 400 多名代表参加会议。会议最终通过了预委会拟向联大提交的报告。

【联合国开发计划署—全球环境基金“黄海大海洋生态系项目第二期”项目启动会在韩国召开】 7 月 11—14 日，黄海大海洋生态系二期项目（YSLME-II）启动会在韩国首尔召开。来自联合国开发计划署（UNDP）、联合国项目服务办公室（UNOPS）、黄海项目办公室、保护国际（CI）、东亚海环境管理伙伴关系组织（PEMSEA）、蓝丝带环保组织以及中、韩两国政府和技术单位代表 50 余人参加会议。国家海洋局、农业部及山东、江苏海洋省厅代表共同组团出席会议。

【国家海洋局代表团应约会见联合国大会主席彼得·汤姆森】 8 月 14 日,国家海洋局国际合作司张海文司长率团赴香港应约会见了第 71 届联合国大会主席彼得·汤姆森，双方就落实联合国海洋大会成果等问题交换了意见。

【国际海洋学院（IOI）—中国西太平洋区域中心 2017 年海洋管理培训班在天津成功举行】 8 月 16 日至 9 月 12 日，IOI-中国西太平洋区域中心 2017 年海洋管理培训班在天津成功举行，共有来自柬埔寨、马来西亚、缅甸、印尼、泰国和中国的 30 余名学员参加培训。授课包括《联合国海洋法公约》相关海洋管理法律框架、国际海底开发制度、基础海洋学、数据处理和管理、蓝色经济、海岸带综合管理、海洋防灾减灾、海洋环境保护等诸多领域。

【APEC 海洋和渔业工作组第九次会议举行】 8 月 21—24 日，亚太经合组织（APEC）海洋和渔业工作组（OFWG）第九次会议及相关会议在越南芹苴举行。来自中国、美国、俄罗斯、日本、印度尼西亚、越南等15 个 APEC 成员及大自然保护协会（TNC）等国际机构的代表 60 余人出席了会议。会议对第八次会议以来各项工作进展和项目执行情况进行审议，通过了新项目，并围绕蓝色经济、海洋环境和可持续发展、防灾减灾和气候变化、粮食安全等议题进行讨论。

【PICES 中国委员会专家委员会 2017 年全体会议召开】 8 月 31 日，北太平洋海洋科学组织（PICES）中国委员会专家委员会 2017 年全体会议在大连召开，来自国家海洋局、中国科学院、中国水产科学院、涉海高校等单位专家近 60 人参加了会议。会议听取 PICES 组织框架下的 7 个委员会的发展现状和专业领域报告，通报了 2017 年 PICES 工作进展，并审议通过 PICES 中国委员会系列工作文件。

【PICES 第 26 届年会在俄罗斯举行】 北太平洋海洋科学组织（PICES）第 26 届年会于 9 月 22 日至 10 月 1 日在俄罗斯符拉迪沃斯托克（海参崴）举行。会议主题为“北太平洋环境变化及其对生物资源和生态系统服务的影响”。年会历时 10 天，共设 11 个科学专题、4 个科学委员会专题、5 场研讨会以及近

30 场科学局、科学委员会、FUTURE 科学指导委员会和工作组会议，各项活动近 70 场，会议期间各国科学家围绕大会主题和科学专题工作报告 170 余个，海报近 90 份。参会人员达 400 余人，其中中国参加人员 60 余人。

【《伦敦公约》第 39 届缔约国会议和 96 议定书第 12 届缔约国会议在伦敦召开】 10 月 9—13 日，1972 年《防止倾倒废物及其他物质污染海洋的公约》（简称《伦敦公约》）第 39 届缔约国协商会议暨《〈伦敦公约〉1996 年议定书》（简称《96 议定书》）第 12 届缔约国会议在英国伦敦国际海事组织总部举行，5 日至 6 日召开了《96 议定书》第 10 届遵约组会议。会议重点讨论了批约情况、战略规划的实施、科学组会议报告审议、海洋地球工程、遵约事项等议题。

【APEC 海洋空间规划和海洋保护区管理培训研讨班在舟山举办】 10 月 20—23 日，APEC 海洋空间规划和海洋保护区管理培训研讨班在浙江舟山举办。来自智利、中国、印度尼西亚、韩国、马来西亚、菲律宾、秘鲁、泰国和越南等 9 个 APEC 经济体以及埃及、也门、孟加拉国、喀麦隆、厄立特里亚、毛里求斯、莫桑比克、尼日利亚、巴基斯坦、斯里兰卡和坦桑尼亚等 11 个非 APEC 经济体的共 50 余名学员代表参加。各方就海洋空间规划、海洋保护区管理以及相关支撑技术等进行了广泛的交流与研讨。

【国家海洋局局长王宏会见海洋管理与蓝色经济发展国际研讨班学员代表】 11 月 2 日，国家海洋局局长王宏在福建厦门会见了前来参加 2017 年“海上丝绸之路国家海洋管理与蓝色经济发展部级研讨班”的学员代表，就共建海上丝绸之路、推动蓝色经济合作进行交流。随后，研讨班成员还前往北京、天津等地进行了访问，取得积极效果。

【海上丝绸之路国家部级研讨班在厦门开班】 11 月 2 日下午，“2017 年海上丝绸之路国家海洋管理与蓝色经济发展部级研讨班”在福建厦门开班。国家海洋局副局长林山青、商务部国际商务官员研修学院副院长刘明哲出席开班仪式并致辞。本届研讨班延续了“海上丝绸之路国家海洋管理与蓝色经济发展”的主题，旨在分享各国在海洋综合管理、发展蓝色经济和海洋可持续发展等方面的成功经验，通过推动 21 世纪海上丝绸之路沿线国家构建蓝色伙伴关系，促进全球海洋治理。

【厦门国际海洋周开幕】 11 月 3 日，以“积极参与全球海洋治理，共同推进蓝色经济发展”为主题的 2017 厦门国际海洋周在福建厦门正式拉开帷幕。国家海洋局局长王宏，葡萄牙海洋部长安娜·保拉·维托里诺致辞，国家海洋局副局长林山青，及来自 29 个国家 10 多位海洋部长、司级官员 129 名官员学者出席开幕式。

【第一届 APEC 海洋可持续发展报告国际研讨会在厦门召开】 11 月 3—4 日，第一届“亚太经合组织（APEC）海洋可持续发展报告国际研讨会”在厦门召开。会议由国家海洋战略研究所主办，来自美国国务院和海洋与大气管理局、智利外交部、中国国家海洋局有关单位、高校、非政府组织和企业的近 30 名代表参会。会议就第二部《APEC 海洋可持续发展报告》的主旨、大纲和工作机制进行磋商，并就包括篇章结构及各章要点等内容达成原则性共识。

【2017 年蓝碳国际论坛在厦门召开】 主题为“蓝碳发展：科技与责任”的 2017 年蓝碳国际论坛 11 月 3 日在厦门举办，会议由国家海洋局战略规划与经济司和保护国际基金会联合主办。会议除主旨报告外，设立了蓝碳发展现状与趋势、基础科学与技术、增汇途径与手段以及政策与国际合作等四个分议题。

【APEC 沿海城市海洋垃圾管理国际研讨会在厦门召开】 11 月 4—5 日，亚太经合组织（APEC）沿海城市海洋垃圾管理国际研讨会在厦门举行。来自澳大利亚、智利、中国、中国香港、印尼、韩国、秘鲁、泰国、美国、越南等 APEC 经济体的资深官员、权威专家以及企业代表和非政府组织代表 100 余人参会。本次研讨会是中国落实 2014 年 APEC 海洋部长会议《厦门宣言》中关于减少海洋垃圾的工作的务实举措，为政府、科研单位、企业、金融、公众就海洋垃圾议题合作和参与搭建了平台。

【第三届中国政府海洋奖学金留学生游学活动在沪举办】　11 月 13—16 日，第三届中国政府海洋奖学金留学生游学活动在上海举办。活动由国家海洋局国际合作司主办、同济大学承办。来自中国海洋大学、浙江大学、厦门大学、同济大学的 45 名留学生参加了游学活动。留学生们参观了同济大学校史馆、深海探索馆，访问了中国极地研究中心、同济大学临港基地、上海海洋大学深渊科学技术研究中心、东海大桥和洋山深水港等。

【第 72 届联大海洋和海洋法决议第二轮非正式磋商会议在纽约召开】　第 72 届联大海洋和海洋法决议第二轮非正式磋商会议于 11 月 15—21 日在纽约联合国总部召开。会议由来自南非的 Thembile Joyini 担任协调员。中国提出的“APEC 沿海城市海洋垃圾管理最佳实践分享研讨会”写入联大决议。

【国家海洋环境预报中心在福州承办第 18 次东北亚海洋观测系统会议】　11 月 20—22 日，由国家海洋环境预报中心承办、福建省海洋与渔业厅协办的东北亚区域全球海洋观测系统（NEAR-GOOS）委员会第十八次会议在福州成功举办。来自俄罗斯、韩国、日本、中国的成员和工作组成员及有关专家参会。会议讨论了 NEAR-GOOS 与其他海洋领域国际项目互动的可行性，形成 NEAR-GOOS 2018 年工作指南。

【第三届中非海洋科技论坛召开】　11 月 28—30 日，由国家海洋局国际合作司与联合国教科文组织政府间海洋学委员会（IOC）非洲分委会共同主办的第三届 IOC 中非海洋科技论坛在杭州举行，论坛由海洋二所具体承办。来自 10 个非洲国家的 23 名代表及国内 9 家涉海单位和高校的 57 名代表参会，中非双方在海洋经济、海洋可持续发展、海洋观测、酸化、海洋预报与防灾减灾、能力建设、渔业等领域形成诸多共识与合作倡议。

【国家海洋局局长王宏会见联合国教科文组织政府间海洋学委员会执秘拉宾宁】　12 月 15 日，国家海洋局局长王宏在京会见联合国教科文组织政府间海洋学委员会（IOC）执秘弗拉基米尔·拉宾宁一行。双方就进一步加强在海洋科技领域的合作进行交流。

【中国海洋研究委员会 2017 年全体会议召开】　中国海洋研究委员会 2017 年全体会议于 12 月 28—29 日在北京大学举行，会议实到委员 24 位，特邀代表 11 位。

（国家海洋局国际合作司）

附　录

附录 1　2017 年海洋科研项目获奖成果

2017 年度海洋科学技术奖获奖项目名单

一、特等奖

1. 黄海大规模浒苔绿潮起源与发生机制（共 1 项）

推荐单位：国家海洋局第一海洋研究所

主要完成单位：国家海洋局第一海洋研究所、中国海洋大学、中国科学院烟台海岸带研究所、国家海洋局第二海洋研究所

主要完成人：王宗灵、刘东艳、石晓勇、管卫兵、王江涛、范士亮、李艳、肖洁、傅明珠、鲍敏、张传松、张学雷、韩秀荣、谭丽菊、宋伟

二、一等奖（共 9 项）

1. 水母毒素及蜇伤防治研究

推荐单位：中国科学院海洋研究所

主要完成单位：中国科学院海洋研究所

主要完成人：于华华、李荣锋、冯金华、岳洋、刘松、邢荣娥、李鹏程

2. 海洋双壳贝类神经内分泌系统分子组成及其免疫调节机制

推荐单位：中国科学院海洋研究所

主要完成单位：中国科学院海洋研究所

主要完成人：王玲玲、邱丽梅、宋林生、刘兆群、周智、刘瑞、蒋秋芬、史晓委、王昊、张峘

3. 海岸带沉积物污染过程、原位修复技术和工程示范

推荐单位：中国科学院烟台海岸带研究所

主要完成单位：中国科学院烟台海岸带研究所、国家海洋局烟台海洋环境监测中心站、烟台大境生态环境科技股份有限公司

主要完成人：盛彦清、陈令新、纪灵、王传远、李兆冉、杨剑、赵国强、王巧宁、马涛、张晓东

4. 水产品中潜在危害因子的检测与控制技术开发及应用

推荐单位：浙江省海洋与渔业局

主要完成单位：浙江省海洋水产研究所、山东省海洋资源与环境研究院、浙江海洋大学、浙江工商大学、浙江新泰水产有限公司

主要完成人：张小军、徐英江、张虹、丁国芳、梅光明、陈雪昌、田秀慧、陈思、金雷、李佩佩、郭宇峰、朱敬萍、龙举、陈瑜、严忠雍

5. 重要海域致病性细菌基因芯片检测技术的研发和产业化示范

推荐单位：宁波市海洋与渔业局

主要完成单位：宁波大学、复旦大学、国家海洋局第一海洋研究所、大连海洋大学、国家海洋环境监测中心、国家海洋局北海环境监测中心、上海海洋大学、浙江万里学院

主要完成人：苏秀榕、陈刚、曲凌云、丁君、樊景凤、周君、谢利、李成华、何培民、杨季芳、孙承君、明红霞、刘霜、张春丹、张迪骏

6. 高效水平轴海流发电系列装备与“海能海用”系统

推荐单位：浙江大学

主要完成单位：浙江大学、国家海洋局第二海洋研究所、国电联合动力技术有限公司、上海电气风电集团有限公司、杭州江河水电科技有限公司

主要完成人：李伟、褚景春、王传崑、刘宏伟、林勇刚、雷勇、顾海港、周争鸣、

陈健梅、王力雨、朱挽强、贾法勇、王海洋、羊天柱、何世民

7. 略

8. 略

9. 略

三、二等奖（共24项）

1. 典型海域水母灾害监测预警防控技术研究与业务化应用示范

推荐单位：国家海洋局北海分局

主要完成单位：国家海洋局北海环境监测中心、国家海洋局北海预报中心、辽宁省海洋水产科学研究院、河北省海洋与水产科学研究院、国家海洋局第一海洋研究所、中国海监北海航空支队、秦皇岛海洋环境监测中心站

主要完成人：张洪亮、齐衍萍、崔文林、吴玲娟、张琦、尹维翰、宋 伦、郑向荣、张学雷、徐子均

2. 南通海洋预报减灾示范区建设技术及应用

推荐单位：国家海洋局东海分局

主要完成单位：国家海洋局南通海洋环境监测中心站、国家海洋局东海预报中心、国家海洋局东海信息中心、上海地听信息科技有限公司

主要完成人：杨华、邬惠明、石少华、龚茂珣、曹兵、高清清、高鑫鑫、肖文军、戴文娟、张春琳

3. 基于生态化理念的围填海平面设计与集约利用管控技术研究

推荐单位：国家海洋局南海分局

主要完成单位：国家海洋局南海规划与环境研究院、国家海洋技术中心

主要完成人：王平、徐伟、岳奇、张绍丽、赵明利、张翠萍、杨亮、谢素美、胡恒、贾后磊

4. 海洋渔业安全环境保障服务系统关键技术研究及示范应用

推荐单位：国家海洋环境预报中心

主要完成单位：国家海洋环境预报中心、首都师范大学、东海预报中心、福建省海洋预报台、浙江省海洋监测预报中心、北斗星通信息服务有限公司、福建四创软件有限公司

主要完成人：滕骏华、林志环、逄仁波、蔡文博、田杰、林波、邢闯、苏博、孟素婧、孙永华

5. 围填海管控制度研究与应用

推荐单位：国家海洋信息中心

主要完成单位：国家海洋信息中心

主要完成人：相文玺、赵立喜、王倩、王江涛、曹英志、李亚宁、李晋、张宇龙、谭论、胡恩和

6. 海洋溢油中长期生物效应及生态风险评估关键技术研究

推荐单位：国家海洋环境监测中心

主要完成单位：国家海洋环境监测中心、厦门大学

主要完成人：穆景利、王莹、王新红、王菊英、靳非、丛艺、马新东、王震、吴玉玲、林忠胜

7. 中国近海重点区域海洋能资源评估技术研究与应用

推荐单位：国家海洋技术中心

主要完成单位：国家海洋技术中心、国家海洋局第一海洋研究所、国家海洋局第三海洋研究所、中国海洋大学

主要完成人：夏登文、汪小勇、武贺、华峰、张军、姜波、张松、周庆伟、丁杰、于华明

8. 海洋温度、深度及风要素观测仪器检测技术研究

推荐单位：国家海洋标准计量中心

主要完成单位：国家海洋标准计量中心、中国计量科学研究院、国家海洋技术中心、国家海洋局东海标准计量中心

主要完成人：隋军、索利利、于建清、闫小克、孔维轩、徐春红、庞永超、高占科、

郭小勇、邓云

9. 海洋微型生物的生态特点

推荐单位：中国科学院海洋研究所

主要完成单位：中国科学院海洋研究所、国家海洋环境监测中心、中国热带农业科学院热带生物技术研究所、天津科技大学、天津渤海水产研究所

主要完成人：肖天、张武昌、赵苑、赵丽、李洪波、刘敏、张翠霞、于莹、董逸、李海波

10. 海底热液活动及其成矿机理

推荐单位：中国科学院海洋研究所

主要完成单位：中国科学院海洋研究所

主要完成人：曾志刚、王晓媛、齐海燕、马瑶

11. 海藻中砷、铝、镉形态分析技术的研发与应用

推荐单位：中国水产科学研究院黄海水产研究所

主要完成单位：中国水产科学研究院黄海水产研究所、晋江市阿一波食品有限公司、山东海之宝海洋科技有限公司

主要完成人：尚德荣、赵艳芳、翟毓秀、宁劲松、李风铃、李宁波、董永阳、盛晓风、丁海燕

12. 海洋动态缆设计技术研究与应用

推荐单位：大连市海洋与渔业局

主要完成单位：大连理工大学

主要完成人：岳前进、卢青针、阎军、陈金龙、杨志勋、汤明刚、吴尚华、尹原超、胡海涛、王立东

13. 渔业生物增殖放流及智能化标志技术

推荐单位：浙江省海洋与渔业局

主要完成单位：浙江省海洋水产研究所、浙江海洋大学、象山港湾水产苗种有限公司、舟山市普陀兴海养殖优质种苗选育研究所

主要完成人：徐开达、周永东、王伟定、朱文斌、徐汉祥、张洪亮、梁君、韩志强、李鹏飞、卢占晖

14. 多环芳烃在双壳贝类体内代谢与损伤分子机制的研究

推荐单位：中国海洋大学

主要完成单位：中国海洋大学

主要完成人：潘鲁青、苗晶晶、蔡月凤、刘栋

15. 高性能海水淡化膜的设计与开发

推荐单位：浙江大学

主要完成单位：浙江大学

主要完成人：张林、陈圣福、程丽华、林赛赛、赵海洋、秦嘉旭、周志军、陈欢林、董航、黄海

16. 海南国际旅游岛先行试验区潮汐汊道海湾动力地貌研究

推荐单位：南京大学

主要完成单位：南京大学

主要完成人：高抒、贾培宏、殷勇、葛晨东、汪亚平

17. 华贵栉孔扇贝“南澳金贝”的培育技术研究及应用

推荐单位：汕头大学

主要完成单位：汕头大学、饶平县水产养殖技术推广站、饶平县隆源发水产养殖专业合作社、南澳县水产技术推广站

主要完成人：郑怀平、刘合露、刘文华、陈兴强、王树启、孙泽伟、李远友、李升康、张倩、柯文得

18. 医学组织工程材料海洋生物胶原蛋白评价技术

推荐单位：上海海洋大学

主要完成单位：上海海洋大学、上海市水产研究所、中国人民解放军海军医学研究所、江苏省海洋资源开发研究院

主要完成人：吴文惠、王南平、沈先荣、王淑军、包斌、李柏林、何兰、陈丽、何颖、郭锐华

19. 略

20. 略

21. 略

22. 略

23. 略

24. 略

2017年度海洋工程科学技术奖获奖名单

序号	奖励等级	项目名称	项目类别	主要完成人	主要完成单位
1	特等奖	海洋立管涡激振动实验技术开发与应用	技术发明类	付世晓、贾　旭、黄　俊、李润培、宋磊建、王俊高、任　铁	上海交通大学、中海油研究总院
2	特等奖	中国海滩修复养护技术与应用	社会公益类	蔡　锋、杨燕雄、戚洪帅、雷　刚、刘建辉、杜　军、曹惠美、李广雪、朱　君、王道儒、陈沈良、郑吉祥、时连强、匡翠萍、任　军	国家海洋局第三海洋研究、河北省地矿局秦皇岛矿产水文工程地质大队、国家海洋局第一海洋研究所、国家海洋局海岛研究中心、中国海洋大学、华东师范大学、国家海洋局第二海洋研究所
3	一等奖	自主海洋动力环境卫星（HY-2A）地面数据处理关键技术及其应用	社会公益类	林明森、张有广、彭海龙、贾永君、邹巨洪、周　武、张　毅、黄　磊、王晓慧、范陈清、杨劲松	国家卫星海洋应用中心、国家海洋局第一海洋研究所、国家海洋局第二海洋研究所
4	一等奖	深海多金属硫化物瞬变电磁探测关键技术与应用	社会公益类	陶春辉、李　波、席振铢、左立标、邓显明、宋　刚、吴冬华、周　洋、周　胜、金　星、周建平、廖时理、刘敬彪、昌彦君、李　锋	北京先驱高技术开发公司、国家海洋局第二海洋研究所、湖南五维地质科技有限公司、长沙矿冶研究院有限责任公司、中南大学、杭州电子科技大学、中国地质大学（武汉）
5	一等奖	天然气水合物开采控制机理研究	基础研究类	宋永臣、赵佳飞、杨明军、李清平、刘卫国、李洋辉、刘　瑜、王大勇、张　毅、赵越超、蒋兰兰、庞维新、吕　鑫	大连理工大学、中海油研究总院
6	一等奖	大泷六线鱼人工繁育关键技术研究与应用	技术发明类	郭　文、胡发文、高天翔、菅玉霞、潘　雷、房　慧、王　雪、李　莉、刘元文、高凤祥、于道德、刘广斌、吕　芳、邹　琰、宋　娜	山东省海洋生物研究院、中国海洋大学
7	一等奖	海洋环境污染物现场快速检测电化学传感器技术	基础研究类	秦　伟、梁荣宁、丁家旺、尹坦姬、雷佳宏	中国科学院烟台海岸带研究所
8	一等奖	海草床生态修复技术研究与应用示范	社会公益类	周　毅、杨红生、张晓梅、张　涛、张立斌、林承刚、孙景春、徐少春、张明珠	中国科学院海洋研究所
9	一等奖	船舶-海工动力装置振动特性分析与故障诊治技术及应用	技术发明类	郭宜斌、王东华、李玩幽、曹云鹏、卢熙群、率志君、黄健哲、吕秉琳、肖友洪、赵宁波、姜晨醒、李铁磊、王志涛、李淑英、杜敬涛	哈尔滨工程大学、中船动力研究院有限公司

续表

序号	奖励等级	项目名称	项目类别	主要完成人	主要完成单位
10	一等奖	管式气液旋流高效分离技术研发及工业应用	技术开发类	李清平、罗小明、何利民、朱海山、秦　蕊、姚海元、王建荣、仇　晨、刘永飞、程　兵、张超明、陈绍凯、庞维新、静玉晓、余　敏	中海油研究总院、宁波威瑞泰默赛多相流仪器设备有限公司、中国石油大学(华东)
11	一等奖	深海超高压环境模拟与检测装置	技术开发类	卞如冈、万正权、沈永春、潘广善、吴世海、李玉节、王志峰、周　康、吴国庆、王永军、陈沙古、何再明、张明建、李　斌、张平平	中国船舶重工集团公司第七〇二研究所、二重集团（德阳）重型装备股份有限公司
12	一等奖	船载气象监测预报系统关键技术研究	社会公益类	王东明、齐琳琳、漆随平、于宏波、杨　慧、崔天刚、程周杰、王建晓、郭颜萍、胡　桐、邹　靖、王　平、李志乾、王中秋、孙　佳	山东省科学院海洋仪器仪表研究所、中国人民解放军空军装备研究院航空气象防化研究所
13	一等奖	海上化学剂驱油提高采收率油藏工程关键技术及应用	技术发明类	朱维耀、易　飞、黄　波、宋智勇、王成胜、王宏申、戚连庆、王京博、朱华银、朱洪庆、尹彦君、岳　明、陈士佳、刘卫东、王锦林	中海油能源发展股份有限公司工程技术分公司、北京科技大学
14	一等奖	面向海洋工程装备的过渡金属化合物新型材料研究	基础研究类	梁拥成、王世明、张丽珍、曹守启、刘　璇、郑兴伟、高　丽	上海海洋大学
15	二等奖	拉格朗日格式强非线性无网格方法及其在海洋工程中的应用	基础研究类	张桂勇、刘谋斌、宗　智、邹　丽、王　振、李海涛	大连理工大学、北京大学
16	二等奖	“海上丝绸之路”战略攸关区波浪能、风能开发预先研究	基础研究类	郑崇伟、黎　鑫、陈　雄、马　云、高　悦、王家暖、杨　艳、付　敏、王辉赞	解放军理工大学气象海洋学院
17	二等奖	海岛保护规划编制技术研究与应用	社会公益类	丰爱平、张志卫、马德毅、蔡廷禄、廖连招、张永华、吴姗姗、杨顺良、严立文	国家海洋局第一海洋研究所、国家海洋局第二海洋研究所、国家海洋局第三海洋研究所、国家海洋环境监测中心、国家海洋技术中心
18	二等奖	中国海域综合管理重点问题研究与应用	社会公益类	陈培雄、徐　伟、周　鑫、相　慧、蒋国俊、沈家法、刘淑芬、王　琪、连娉婷	国家海洋局第二海洋研究所、国家海洋技术中心、浙江师范大学、浙江省海洋监测预报中心
19	二等奖	基于移动平台的海域无人机监视监测系统集成技术与应用	技术开发类	刘　惠、王厚军、李　明、王　衍、赵　雪、宋德瑞、朱铁林、丁　宁、吕　林	国家海洋技术中心、天津航天中为数据系统科技有限公司、国家海洋环境监测中心、海南省海洋监测预报中心、江苏省海域使用动态监视监测中心
20	二等奖	全国海洋主体功能区规划技术研究与编制	社会公益类	何广顺、赵　锐、徐丛春、王江涛、孙瑞杰、朱　凌、冀渺一、赵　鹏、宋维玲	国家海洋信息中心

续表

序号	奖励等级	项目名称	项目类别	主要完成人	主要完成单位
21	二等奖	海洋预报综合信息系统及业务化应用	社会公益类	仉天宇、王　斌、夏冬冬、杜云艳、艾　波、陈庆勇、孙晓宇、王　豹、程维明	国家海洋环境预报中心、中国科学院地理科学与资源研究所、山东科技大学、福建四创软件有限公司、国家海洋局北海预报中心
22	二等奖	天然气水合物模拟实验技术研究	技术开发类	刘昌岭、陈　强、胡高伟、业渝光、孙建业、刘乐乐、孟庆国、李承峰、李彦龙	青岛海洋地质研究所
23	二等奖	沙质海岸多尺度地貌形态动力学的基础理论与精细模拟方法	基础研究类	张　弛、郑金海、张继生、隋倜倜、解鸣晓、郑东生	河海大学、交通运输部天津水运工程科学研究所、西南交通大学
24	二等奖	海洋高精度地震立体探测关键技术及其应用	基础研究类	刘怀山、邢　磊、童思友、张　进、王林飞、徐秀刚、尹燕欣、刘雪芹、尉　佳	中国海洋大学
25	二等奖	海岸带低值海藻资源的高值高质产品工程	技术发明类	秦　松、杜昱光、史大永、冯大伟、王晓梅、刘正一、李祥乾、王学江、范素琴	中国科学院烟台海岸带研究所、中国科学院过程工程研究所、青岛明月海藻集团有限公司、中国科学院海洋研究所、五洲丰农业科技有限公司
26	二等奖	龙须菜遗传育种关键技术研究创新和新品种产业化应用	技术开发类	隋正红、周　伟、黄建辉、王津果、胡依依、蒋书英、王朋云、常连鹏、付　峰	中国海洋大学、福建省莆田市水产技术推广站、福建省连江罗源湾金牌渔业科技有限公司
27	二等奖	中华仙影海葵人工繁殖技术研究及开发应用	技术发明类	吴建平、张朝晖、杨海萍、张志勇、刘海林、钟俊生、王储庆、史文军、高　波	江苏省海洋水产研究所
28	二等奖	海带渣资源高值化技术创新与产品创制及应用	技术发明类	缪锦来、郑　洲、刘芳明、王以斌、金　青、温　瑾、高　丛、朱　敏、李光友	国家海洋局第一海洋研究所、青岛恒生生物制药技术开发有限公司、青岛领丰生物化工有限公司
29	二等奖	海上溢油高效环保处理与快速回收技术与应用	社会公益类	李广茹、郭建伟、钱国栋、李志建、杨　勇、逄　蕾、罗建平、宋志国	中海石油环保服务（天津）有限公司、青岛华海环保工业有限公司、水科远大（北京）交通设计院有限公司
30	二等奖	海洋环境中硫酸盐还原菌快速检测技术研究	基础研究类	张　盾、戚　鹏、万　逸、曾　艳、郑来宝、孙　艳	中国科学院海洋研究所
31	二等奖	辽东湾河口湿地生态修复工程技术应用与示范	技术发明类	杨大佐、周一兵、李　晋、王　斌、何　洁、赵　欢、李　旭、王丽丽、袁秀堂	大连海洋大学、国家海洋环境监测中心、盘锦鸳鸯沟国家级海洋公园管理办公室
32	二等奖	液压负载敏感控制技术及波浪补偿系统研究与应用	技术开发类	谌志新、徐志强、王志勇、杨向前、林礼群、蒋卫焱、倪汉华、汤涛林、刘　平	中国水产科学研究院渔业机械仪器研究所
33	二等奖	120kW漂浮式液压海浪能发电系统海况自适应技术及示范工程	技术发明类	刘延俊、李世振、张　伟、薛　钢、刘婧文、薛海峰	山东大学
34	二等奖	海洋工程不锈钢钢筋应用关键技术研究	重大工程类	张劲文、王胜年、景　强、车德会、方　翔、闫　禹、陈　龙、孙　鹏、李建民	港珠澳大桥管理局、中交四航工程研究院有限公司、山西太钢不锈钢股份有限公司

续表

序号	奖励等级	项目名称	项目类别	主要完成人	主要完成单位
35	二等奖	海底光缆精密施工系统	技术开发类	江　伟、陈江峰、陈　亮、杨卫华、邵振宇、栗之炜	中国海底电缆建设有限公司
36	二等奖	海洋延寿平台检测评估与安全保障技术	技术开发类	杨冬平、邵永波、牛更奇、文世鹏、龙凤乐、邓少旭、支景波、曲　慧、王伟斌	中国石油化工股份有限公司胜利油田分公司技术检测中心、西南石油大学、烟台大学
37	二等奖	恩平油田群区域开发工程技术创新与应用	重大工程类	徐正海、夏　志、何骁勇、李　强、钱惠增、李　达、何启洪、高　爽、杨金丽	中海油研究总院
38	二等奖	胜利海上油田长效分注技术	技术开发类	聂文龙、张　剑、任从坤、魏新晨、王　磊、赵　霞、郭林园、安百新、刘艳霞	中国石油化工股份公司胜利油田分公司石油工程技术研究院
39	二等奖	大型自升式钻井平台悬臂梁整体安装技术研发及应用	技术开发类	孙瑞雪、窦　钧、高真所、黄天颖、张恩国、孙洪国、那荣庆、迟安峰、赵绪杰	大连船舶重工集团有限公司
40	二等奖	水下油气管汇异型结构高速冲刷模拟装置研发及应用	技术发明类	李新仲、郭　宏、常　炜、路民旭、郑利军、柳　伟、张　雷、刘太元	中海油研究总院、北京科技大学
41	二等奖	滩海油田路岛开发关键技术及应用	技术开发类	郭洪金、付　超、李广庭、孙　慧、王智晓、王顺华、廖绍华、姜则才、王　岩	胜利油田石油开发中心有限公司、中石化石油工程设计有限公司、中石化胜利建设工程有限公司
42	二等奖	“蓝潮 1001”自升式海上风电作业平台	技术开发类	孙青松、邵　敏、王　楠、陈牡丹、章雁巍、盛巧安、彭　彦、文　勇、王　爽	上海航盛船舶设计有限公司
43	二等奖	节能型 32 万吨 VLCC 研发和建造	技术开发类	靖佳超、季　东、盛利贤、甘水来、刘　刚、张　明、华向阳、赵涵丞、沈伟萍	上海外高桥造船海洋工程设计有限公司、上海外高桥造船有限公司
44	二等奖	水上作业人员搜救定位系统	技术开发类	曲加圣、杨　松、董世超、程　晶、王嘉鑫、张　琼、李笑媛、姜晓杰、田　甜	中国船舶重工集团公司第七六〇研究所
45	二等奖	OFSSV 深远海物流基地保障船自主研制	技术开发类	严　俊、王　宇、邓小兵、陈海勇、赵华荣、路泽文、刘元波、姜　焰、韩　通	武昌船舶重工集团有限公司、湖北海洋工程装备研究院有限公司

（国家海洋局海洋工程咨询学会）

2017 年中国海洋大学海洋科研获奖成果

序号	项目名称	奖励名称	奖种	获奖等级	获奖单位	完成人（限前五位）
1	海洋浅层高精度地震勘探方法与应用	中国地球物理学会科学技术奖	科技进步	二等	中国海洋大学	刘怀山、童思友、张　进、王林飞、尹燕欣
2	海洋高精度地震立体探测关键技术及其应用	海洋工程科学技术奖	科技进步	二等	中国海洋大学	刘怀山、邢　磊、童思友、张　进、王林飞
3	龙须菜遗传育种关键技术研究创新和新品种产业化应用	海洋工程科学技术奖	科技进步	二等	中国海洋大学、福建省莆田市水产技术推广站、福建省连江罗源湾金牌渔业科技有限公司	隋正红、周　伟、黄建辉、王津果、胡依依
4	“爱伦湾”海带良种培育及其全产业链应用	神农中华农业科技奖	科技进步	三等	威海长青海洋科技股份有限公司、中国海洋大学、寻山集团有限公司	刘　涛、李长青、李晓波、张　静、卞大鹏
5	多环芳烃在双壳贝类体内代谢与损伤分子机制的研究	海洋科学技术奖	自然科学	二等	中国海洋大学	潘鲁青、苗晶晶、蔡月凤、刘　栋
6	纳晶敏化太阳能电池的关键材料与器件化研究	山东高等学校优秀科研成果奖	自然科学	三等	中国海洋大学	唐群委、贺本林、段艳艳、段加龙、陈海燕
7	海洋食品过敏原控制关键技术及在过敏风险防控中的应用	青岛市科学技术奖	科技进步	二等	中国海洋大学、荣成泰祥食品股份有限公司、青岛大学附属医院	李振兴、林　洪、陈官芝、曹立民、米娜莎
8	绿藻资源的生物转化关键技术研发及产业化应用	青岛市科学技术奖	科技进步	二等	中国海洋大学、青岛海大生物集团有限公司	王　鹏、单俊伟、江晓路、牟海津、王海华
9	亚洲沙尘和人为排放影响的海岸与海洋大气化学过程及环境意义	山东省科学技术奖	自然科学	二等	中国海洋大学	高会旺、姚小红、石金辉、祁建华、郭志刚
10	基于精准快选的龙须菜良种培育与产业化推广	高等学校科学研究优秀成果奖(科学技术)	科技进步	二等	中国海洋大学、汕头大学、莆田市水产技术推广站、中国科学院海洋研究所、连江罗源湾金牌渔业科技有限公司	隋正红、张学成、周　伟、陈伟洲、黄建辉

（中国海洋大学）

附录 2　中国海洋学术团体及活动

【中国海洋学会】　中国海洋学会是全国海洋科技工作者和涉海单位自愿组成并依法登记成立的学术性、公益性法人社会团体，是党和政府联系海洋科技工作者和涉海单位的桥梁和纽带，是推动中国海洋科学技术事业发展的重要力量。中国海洋学会成立于 1979 年，挂靠单位是原国家海洋局，业务主管单位是中国科学技术协会，登记管理机关是中华人民共和国民政部。

中国海洋学会现有会员 8900 多人，团体会员 262 个。下属 32 个分支机构、10 个工作委员会和 90 个全国海洋科普教育基地。学会编辑出版《海洋学报》《海洋工程》等 12 种中英文学术刊物及科普期刊《海洋世界》。

召开第八届二次常务理事会　2 月 16 日，中国海洋学会第八届二次常务理事会在京召开。会议研究增补了曲探宙、陈锦荣、郭明克、秦为稼、李铁刚、杨惠根、陈鹰 7 位常务理事。学会重新聘任了王宗灵等 6 位专兼职副秘书长，新增内设机构咨询服务与会员部、增设中国海洋学会海洋测绘、海洋技术装备、北方海 3 个专业委员会，新增福建崇武海洋科普馆等 5 家科普教育基地。

全国科技周　根据《科技部 中央宣传部 中国科协关于举办 2017 年科技活动周的通知》要求，学会认真组织并鼓励有条件的全国海洋科普教育基地、分支机构开展科技周活动。海洋三所鲸豚馆、浙江海洋大学海洋生物博物馆、广东海洋大学的水生生物馆、极地研究中心极地科普馆等科研院所、实验室面向公众免费开放；洛阳龙门海洋馆、哈尔滨极地馆、上海海洋馆、西安曲江海洋极地公园及极地科普馆开展科普讲座、科普情景剧、科普实验等科普进校园活动，并通过网站、微信等平台开展线上科普宣传。其中，洛阳龙门海洋馆、哈尔滨极地馆、哈尔滨工程大学、浙江海洋大学海洋生物博物馆、广东海洋大学水生生物馆、极地研究中心科普馆和中国大洋样品馆等 7 家单位被全国科技周组委会授予荣誉证书。

组织开展防灾减灾日活动　根据中国科协、国家海洋局关于防灾减灾日的工作安排和部署，中国海洋学会围绕“减轻社区灾害风险，提升基层减灾能力”，专门下发通知，策划、组织海洋防灾减灾科普宣传活动，并将专业权威的展板、宣传册以及视频宣传材料及时的发送至各科普基地，依托 63 家全国海洋科普教育基地、分支机构和涉海高校学生社团具体实施。广东海洋大学水生生物博物馆举办防灾减灾知识讲座、在校园内开展防灾减灾展览活动；中国科学院海南热带海洋生物实验站（三亚）组织驻站管理、科研人员及研究生开展海洋防灾减灾学习活动；蓬莱海洋极地世界、泉城海洋世界面向中小学生开展校内校外宣传活动；青岛同安路小学、青岛姜各庄小学及华山中学通过制作展板、邀请专家做防灾减灾讲座、进行防灾减灾自救训练等校内宣传活动，增强学生的防灾减灾意识。

开展“全国科技工作者日”宣传活动　5月 30 日是中国第一个“全国科技工作者日”，学会联合《海洋世界》杂志社、中国人民大学海洋协会在中国人民大学举办海洋科普展览活动,活动展包括“大洋一号”“向阳红号”科考船、“蛟龙号”等海洋装备模型展，并设置 26 块大洋科学考察科普展板，活动吸引众多师生的关注、参观。

开展 6·8 世界海洋日宣传活动　配合6·8 世界海洋日宣传活动，学会专门向海洋科普教育基地以及分支机构下发通知，要求做好世界海洋日宣传活动，各海洋科普教育基地、分支机构积极响应，开展一系列科普宣传活动。

召开第八届三次常务理事会　10 月，中国海洋学会第八届三次常务理事会在福州召开。根据工作需要，临时召集常务理事审议通过拟召开中国海洋学会第八届二次理事会方案及提议增选副理事长人选。提议制定中国海洋学会标准管理暂行办法，中国海洋学会科技成果鉴定暂行办法、中国海洋学会科技成果评价暂行办法、中国海洋学会分支机构管理办法、中国海洋学会分支机构财务管理办法等涉及学会承接政府职能、创新发展方面的重大事宜。

召开第八届二次理事会　10 月 31 日，中国海洋学会第八届二次理事会在青岛召开。中国海洋学会理事长陈连增主持会议，中国海洋学会理事及代表约 150 人参加。会议先后审核通过《第八届理事会增补常务理事》《第八届理事会新增分支机构》《第八届理事会新增全国海洋科普教育基地》《中国海洋学会科技成果鉴定办法（暂行）》《中国海洋学会分支机构管理办法》《中国海洋学会分支机构财务管理办法实施细则（试行）》《中国海洋学会标准管理办法（试行）》，审议修订《中国海洋学会第八届理事会会费标准》，审议通过了《成立中国海洋学会党委的事宜》《选举增补学会第八届理事会荣誉副理事长候选人》《增补第八届学会领导班子候选人》。经中国海洋学会理事长提议并推荐，中国海洋学会第六届、第七届、第八届副理事长潘德炉、周守为当选中国海洋学会第八届理事会荣誉副理事长候选人，并提交理事会选举表决并通过。

学术年会　10 月 31 日，中国海洋学会 2017 年学术年会暨海洋科学技术奖颁奖仪式在青岛市黄岛新区举行。国家海洋局党组成员、副局长林山青，山东省科协副主席纪洪波出席会议并讲话，中国海洋学会理事长陈连增出席会议并致欢迎词，中国海洋学会常务副理事长兼秘书长雷波主持会议。年会以“创新驱动发展战略引领下的中国海洋科技”为主题展开大会报告。大会还为获得“2016 年度海洋科学技术奖”“2016 年度海洋优秀科技图书”、中国海洋发展愿景“2049 年的中国——海洋生态环境保护与社会愿景展望”征文特等奖的获奖代表颁奖；为新成立的 5 家分支机构举行授牌仪式；为新增的 15 家全国海洋科普教育基地授牌。国家海洋局科学技术司司长曲探宙，中国科学院自动化研究所复杂系统管理与控制国家重点实验室主任研究员王飞跃，中国国际问题研究院研究员杨希雨、国家海洋局南海调查技术中心维权技术室主任董超，分别作学术报告。中国海洋学会理事共 120 人参加会议，学会各分支机构、各科普教育基地和学会所属期刊的负责人、海洋科学技术奖获奖代表以及各有关海洋科研领域的学者专家及青年学生等约 1300 人正式注册参加会议，实际到会人数超过 1400 人。中国海洋报社对本次大会主会场进行微信视频直播，时长 3.5 小时，直播点击量突破 3.2 万。

开展科技成果鉴定工作　自 2017 年 5 月，学会开始尝试开展科技成果鉴定工作，组织专家分别在厦门、广州、天津、青岛、北京等地对申请单位进行科技成果鉴定。《中国海洋学会科技成果鉴定办法（暂行）》经过专家的修改和完善，于第八届三次常务理事会上通过。

学术期刊　学会在保持和增强现有精品学术期刊发展水平的基础上，紧密围绕中国科协提升学术期刊国际话语权和影响力的工作部署，以《海洋学报》中英文版、《海洋工程》中英文版为龙头，带动其他学刊快速发展，努力打造海洋科技学术期刊群。9 月中旬，学会专门组织海洋科技期刊专家团队研究拟与美国和加拿大有关学术团体和机构开展合作交流机制事宜，学习交流在新形势下海洋科技期刊改革发展的方法和途径。10 月

30 日，《海洋学报》英文版召开编委会，对开展期刊工作进行研讨。

人才举荐 中国海洋学会推选院士候选人工作小组依据《中国科协推荐（提名）院士候选人工作实施办法（试行）通知》的规定，经无记名投票表决，拟提名厦门大学教授白敏冬为中国工程院院士候选人。11 月 27 日上午结果公布，中国工程院选举产生了 67 位新院士和 18 位外籍院士。其中，中国海洋学会副理事长、国家卫星海洋应用中心主任蒋兴伟当选为中国工程院（环境与轻纺工程学部）院士。11 月 28 日上午，中国科学院公布了 2017 年院士增选结果，共选举产生 61 名中科院院士和 16 名中科院外籍院士。中国海洋学会副理事长、厦门大学海洋与地球学院、近海海洋环境科学国家重点实验室主任戴民汉教授当选为中国科学院院士。截止目前，中国海洋学会副理事长 10 名中共有 4 名院士成员。

海洋科学技术奖评选 2016 年度海洋科学技术奖颁奖仪式于 2017 年 10 月 31 日上午在青岛举行。43 位专家领导为 2016 年度海洋科学技术奖获奖代表颁发获奖证书。11 月 24—25 日，2017 年度海洋科学技术奖评审委员会评审会在深圳召开。评审委员会对经过初审的 85 项科技成果和 32 部海洋科技图书进行评审,最终评选出特等奖 1 项、一等奖 9 项，二等奖 24 项。

中国极地科学学术年会 10 月 26 日，2017 中国极地科学学术年会在长春开幕，这是中国举办的第 13 届极地科学学术年会，主题为“探索极地新疆域”。来自 66 家机构的 450 位代表及吉林大学学生代表，共 800 余人参会。会议由中国极地研究中心、中国海洋学会共同主办。

厦门海洋环境开放科学大会 11 月，第三届厦门海洋环境开放科学大会在厦门大学举办。大会由中国海洋学会海洋化学分会、近海海洋环境科学国家重点实验室、厦门大学共同主办，来自海内外 150 个学术机构的 620 余名学者参加了此次大会。大会共安排口头报告 211 项、展板报告 308 项。

第十四届军事海洋战略与发展论坛 12 月 22—23 日，由中国海洋学会、海军大连舰艇学院共同主办，军事海洋学专业委员会承办的第十四届军事海洋战略与发展论坛在成都举行。中国海洋学会理事长陈连增、联参战保局副局长张建川、海军大连舰艇学院院长严正明少将、海军大连舰艇学院邱大洪院士等应邀出席，来自军内外广大军事海洋专业领域的国内知名专家学者约 350 人参加论坛。

学会获奖情况 2017 年，中国海洋学会秘书处 1 人被评为中国科协全国学会优秀个人，学会被中国科协评为 2017 年度“全国学会科普工作优秀单位”和“全国科普日活动优秀组织单位”。

2017 年，中国海洋学会党委委员、专职副秘书长、原国家海洋局学会办公室综合处处长高建东被人力资源社会保障部、中国科协授予“全国科协系统先进工作者”称号。

（中国海洋学会）

【中国渔业协会】 2017 年，中国渔业协会秘书处在农业部渔业渔政管理局、人事劳动司和全国水产技术推广总站等领导机关的指导和支持下，紧紧依靠协会理事会和全体会员，求真务实，不断创新，各项工作取得较好成绩。

完成部局委托工作，做好主管部门参谋助手 继续协助农业部渔业渔政管理局做好中韩、中日、中越北部湾渔业协定相关执行工作。在涉外渔船管理方面，完成了中国渔船赴韩、日专属经济区管理水域和中越共同渔区入渔许可证的审核、变更和寄送等工作，为韩方印发和换发赴中国专属经济区管理水域入渔许可证。更新升级了涉韩入渔通报统计软件，提高了对涉韩渔船管理的集约化、信息化水平，并组织相关人员进行了培训。

同时，中国渔业协会还承担了中韩、中日、中越北部湾三个渔业联合委员会相关会议的会务组织和翻译工作，并为主管部门提供相关数据资料和意见参考。

做好涉外渔民服务工作，维护中国渔民合法权益。每日 24 小时安排专人，及时为中国 1500 余艘涉韩渔船入渔和避风向韩方进行通报，对涉外渔船的突发情况，提供紧急救助和联络协助。中国渔业协会印发了《2018 年中韩渔业协定水域作业须知》《2018 年中韩渔业协定相互入渔作业程序和规则》等资料，通过有关省市主管部门发放给所有赴韩作业渔民。协会人员赴辽宁、天津、河北、山东、江苏和浙江等多地，发展协会渔船会员，为涉韩、涉日作业渔民进行入渔培训，讲解安全作业知识，分析最新情况和规则变化，提出注意事项，开展渔民座谈和渔港实地调研工作。在涉韩入渔作业中，因韩方执法机关对中国渔民不规范执法、暴力执法造成显失公正的事件时，中国渔业协会第一时间向政府有关部门报告情况，提出建议，并积极向韩方有关部门提出交涉，协助妥善处理，维护中国渔民合法权益。

处理涉韩渔船违规事件，完善担保金缴纳工作。中国渔业协会及时向有关主管部门通报中国涉韩渔船被抓扣的详细情况，协助处理有关渔船违规事件。作为中方违规渔船担保金缴纳唯一窗口，中国渔业协会 2017 年为 100 余艘次渔船进行了担保。未按规定通过中国渔业协会缴纳担保金的渔船，中国渔业协会已向相关省市渔业主管部门发文，建议取消该渔船当年入渔资格及次年申请资格。协会还办理了涉韩渔船担保金境外汇款税务备案手续，提高了担保工作效率。

开展对外民间交往，搭建交流合作平台　密切与韩国、日本渔业机构的工作联系。6 月在合肥渔博会期间，召开了“中韩日民间渔业协议会”，会议就维护三国海上安全作业秩序、保护海洋渔业资源、促进民间渔业合作等议题进行了商讨。11 月，中国渔业协会领导受邀出席了韩国海洋水产开发院主办的“中韩国际水产品研讨会”，与两国业内人士共商促进中韩水产品贸易发展对策。

响应国家“一带一路”倡议，助推会员企业“走出去”。中国渔业协会与中国—东盟商务理事会、中国—澳大利亚商会和一些国家驻华使馆建立了合作关系，积极推动渔业“一带一路”建设。10 月，中国渔业协会组织会员企业参加了葡萄牙驻华使馆主办的“中国和葡萄牙蓝色合作伙伴和 21 世纪海上丝绸之路”活动，为两国从事港口造船、海洋科技、水产养殖等业务的企业搭建交流平台。11 月，与越南驻华使馆共同举办“2017 中国—越南渔业企业对接会”，组织越方对虾生产企业与中国水产进出口企业开展对接，促成合作。邀请獐子岛集团北美公司人员，参加在加拿大新斯科舍省召开的“第三届加拿大联邦政府与原住民关于渔业捕捞和养殖产业发展研究会”，帮助会员企业掌握加方渔业政策走向，结识渔业部门和企业负责人，加深彼此间的了解。

持续推动中国渔业品牌建设　2017 年，中国渔业协会专家工作委员会共评审通过了 8 个地区特色水产品之乡的命名申请。由协会分别授予福建南安市洪梅镇“中国水产餐饮第一镇”，浙江台州市椒江区“中国东海大黄鱼之都”，江苏淮安市盱眙县“中国生态龙虾第一县”，江苏宿迁市泗洪县“中国小龙虾种源保护第一县”、泗洪县城头乡“中国小龙虾种源保育基地”，安徽黄山市休宁县“中国山泉流水养鱼第一县”，浙江台州市三门县“中国小海鲜之乡”，安徽马鞍山市当涂中国供销·华东农产品物流园“中国华东水产品交易市场”，浙江玉环市“中国东海渔仓”“中国东海带鱼之乡”和“中国东海鳗鱼之乡”荣誉称号。11 个已到期地区的命名，全部通过复审，协会已重新公布命名决定。

中国渔业协会与地方政府、有关单位联

合主办了第十六届中国（合肥）龙虾节、首届中国（潜江）国际龙虾·虾稻产业博览会暨第八届湖北（潜江）龙虾节、中国河豚产业健康发展大会、2017 中国水产科技大会、2017 中国北京国际渔业博览会、首届中国（淄博）金鱼大赛暨金鱼产业高峰论坛、中国（安徽·当涂）水产品贸易发展大会及论坛、三门小海鲜进京城推介会、宁德大黄鱼捕捞季暨三都澳旅游文化节等各类活动,促进渔业文化及节庆发展，宣传推介优势渔业品牌。中国渔业协会领导还出席了会员企业举办的一些活动，支持企业打造渔业品牌。

举办首届中国国际现代渔业暨渔业科技博览会　为推动渔业科技成果转化，推进渔业供给侧结构性改革，促进渔业转型升级和现代化建设，展示中国现代渔业发展成就，中国渔业协会于 6 月在安徽合肥市举办首届中国国际现代渔业暨渔业科技博览会。本届博览会是创新型展会，首次集中展示了中国最新渔业科技成果、水产技术推广成就、渔文化和现代水产食品（方便快捷、休闲旅游、养生保健、护肤养颜和食药同源五类），有中国水产科学研究院系统、全国水产技术推广系统、水产大专院校和中国渔业协会会员企业，以及来自全国 18 个省（市）和日本、韩国、台湾地区的企（事）业单位参展，共 353 家，展品数量达 3000 多种，展区面积 3 万平方米，累计参观人数近 2.5 万人次，其中专业观众超过 1.4 万人次。有 16 家主流媒体和 63 家渔业专业媒体到现场采访，并对部分会员企业进行了专访。

博览会期间，举办第五届现代渔业发展论坛、中国渔业科技传播论坛、首届中国渔文化创意设计展、首届中国观赏鱼、水族造景精品秀、水科院渔业科技成果发布会等 11 场会议和活动。

其中，中国渔业协会与清华大学两岸发展研究院联合举办的第五届现代渔业发展论坛，有来自农业部所属各渔业领导机关、地方渔业行政主管部门、协会会员及博览会参展单位的近 600 名代表参加。农业部于康震副部长到会并发表重要讲话，农业部渔业渔政管理局张显良局长等 5 位嘉宾结合当前形势，围绕渔业热点，进行演讲。

开展培训活动，做好信息服务工作　中国渔业协会举办五期以渔业安全生产管理、稻渔综合种养技术、水产健康养殖技术和水产品质量安全管理为主题的专业培训。与清华大学两岸发展研究院合作推出“现代渔业人才发展工程”系列之现代企业经营管理讲座。与中国水产科学研究院合作举办“水产品质量检测技术培训班”。

中国渔业协会会刊《渔业文摘》更名为《渔协通讯》，内容调整为集中报道中国渔业协会及分支代表机构的大事小情，宣传展示会员单位的风采。中国渔业协会充分利用微信公众号，及时发布政策规定、通知文件、活动信息等内容，让会员随时都能了解相关信息。同时协会建立副会长、会员代表、分会管理等微信群，方便会员沟通交流、转载信息、发表观点。

加强调研工作，促进解决实际问题　在赵兴武会长的重视和带领下，中国渔业协会加强了调查研究工作，深入基层了解行业现状和会员需求。2 月，赵兴武会长先后在大连、烟台组织召开协会会员座谈会，与会会员就行业发展畅所欲言，为协会工作献计献策。赵会长和秘书处同志走访明凤渔业、百奥泰、中科海、富煌三珍、皖江宜牛等会员企业，通过参观、座谈等方式，听取会员经营情况介绍，发现行业新问题，寻找发展新机遇，了解他们对协会工作的实际需求。还先后赴河北保定、山东淄博、广东湛江、广西钦州、浙江象山等地，就龟鳖产业发展、渔船节能减排、渔业产融结合、渔文化产业等内容进行专题调研。7 月，中国渔业协会在安徽当涂举办全国渔业行业协会工作座谈会，各地协会负责人进行工作经验交流。

加强分支机构建设和管理工作　2017年，中国渔业协会又成立海洋观赏生物分会、魟鱼分会、小龙虾市场分会、小型观赏鱼虾分会、水生资源工艺品分会、水产商贸分会和对虾分会等7个分支机构和广东代表处、涉外渔业大连代表处等2个代表机构。协会工作领域持续拓展，会员数量持续增加，工作人员更加专业，会员服务更加精准，工作体系日益完善。

秘书处还加强分支机构管理工作，要求分会加强与协会的沟通联系，大事要主动汇报，要定期召开理事会，开展业务活动，做好会员发展和统计工作，将相关数据及时纳入中国渔业协会会员数据库。

引领渔文化向产业化发展　中国渔业协会与彩虹设计网和中国工艺艺术品交易所合作，举办“首届中国渔文化创意设计大赛”，以“渔·生活”为主题，按书画、工艺品和创意产品三类征集作品。活动得到了渔业企业、设计机构、文创企业和文化产品设计者的积极响应，参赛作品超过300件。首届现代渔业暨渔业科技博览会上设立“中国渔文化创意设计展”专区，集中展示参赛作品，通过专家评审和观众投票相结合的方式进行了评奖。

与中国农业电影电视协会合作，创办“海霞杯美丽渔村微电影艺术节”，通过微电影的形式，借助网络和新媒体平台，讲述渔家故事，宣传渔村品牌，促进渔区渔村旅游业发展。

11月，与长城展览公司合作，在上海举办“世界观赏鱼锦标赛”，打造国际一流的观赏鱼赛事，提高中国水族业的国际影响力，扩展国内国际水族市场。

与北京竖心科技公司、北京闻玲文化传播公司合作，在12月举办“‘联联有渔’全球春联创意大赛”，在全球范围征集到了3999副以“渔”为主题的春联作品，聘请楹联专家对参赛作品进行评选，聘请书法家和社会知名人士书写入选作品。最后将作品印刷成可供销售或赠送的文化产品。

（中国渔业协会）

【中国海洋学会海洋测绘专业委员会】　中国海洋学会海洋测绘专业委员会于2017年2月26日由中国海洋学会批准成立，于2017年10月31日在青岛举办成立大会。中国海洋学会海洋测绘专业委员会是根据学科发展需要设立的学术性、公益性的社会团体分支机构，是党和政府联系海洋测绘科技工作者和涉海单位的桥梁和纽带，是国家推动海洋测绘事业发展的重要社会力量，挂靠单位为原国家海洋局南海分局，专委会秘书处为常设办事机构，设在原国家海洋局南海调查技术中心。

（国家海洋局南海分局）

附录 3　2017 年新增海洋领域两院院士

新增工程院院士

蒋兴伟　男，汉族，1959 年 3 月生，籍贯山东莒南，国家卫星海洋应用中心主任，海洋卫星地面应用系统总设计师，第十三届全国政协委员，2017 年当选中国工程院院士。1982 年 7 月，毕业于山东海洋学院（中国海洋大学前身）物理海洋专业，获得物理海洋学学士学位，1997 年 7 月获得青岛海洋大学（中国海洋大学前身）物理海洋学在职硕士学位，2008 年 1 月获得中国海洋大学物理海洋学在职博士学位。1982 年 7 月至 1999 年 4 月，在国家海洋信息中心任职，历任研究实习员、副研究员、研究员，研究室副主任、室主任和中心副主任。1996 年 5 月至 1997 年 8 月，在国家海洋局卫星总体部（国家卫星海洋应用中心前身）任主任。1999 年 5 月至 2010 年 9 月，在国家海洋环境预报中心、国家卫星海洋应用中心任职，历任常务副主任、主任。2010 年 9 月至今，在国家卫星海洋应用中心任主任。

蒋兴伟长期从事海洋卫星工程技术及其相关领域的研究，带领团队提出了我国海洋卫星系列化发展规划，推动了我国海洋系列卫星的发展进程，完成了海洋卫星地面应用系统建设，解决了卫星资料处理难题和海洋应用关键技术，引领了卫星遥感进入我国海洋主体业务中。曾获国家科技进步二等奖，省部级特等奖、一等奖、二等奖等多个奖项。还获得国家有突出贡献中青年专家、国务院政府特殊津贴、全国优秀科技工作者、全国杰出专业技术人才、全国先进工作者和中国载人航天工程突出贡献者奖章等荣誉。

目前兼任中国科学技术协会委员、中国海洋学会常务副理事长、中国遥感应用协会副理事长、中法海洋卫星联合指导委员会成员。

李华军，男，汉族，1962 年 2 月生，山东广饶人，中国海洋大学教授、副校长，主要从事海岸与海洋工程研究。2017 年当选中国工程院院士。

1978 年 10 月至 1982 年 7 月，在山东工学院动力机械专业就读；1982 年 7 月至 1983 年 8 月，在山东省东营市广饶播种机厂任技术员；1983 年 8 月至 1986 年 7 月，在大连工学院造船系攻读硕士研究生；1986 年 7 月至 1992 年 8 月，在海军潜艇学院任职；1992 年 8 月至今在中国海洋大学任教。其中，1997 年 4 月至 2001 年 3 月，在日本京都大学防灾研究所攻读博士研究生。2009 年 12 月至今，任中国海洋大学党委常委、副校长。

教育部“长江学者奖励计划”特聘教授，国家杰出青年科学基金获得者。目前兼任国际涉海合作研究联盟秘书长、中国海洋工程学会第四届理事会常务理事、教育部高等学校海洋工程类专业教学指导委员会副主任委员、海岸与近海工程国家重点实验室第六届学术委员会副主任委员、海洋工程国家重点实验室第五届学术委员会委员、《China Ocean Engineering》期刊编委、《海岸工程》期刊副主编。

发表学术论文 200 余篇，授权国家发明专利 16 项，出版专著 4 部。获国家科技进步二等奖 2 项，省部级科技奖励一等奖 7 项，以及何梁何利创新奖、光华工程科技奖等。

包振民，男，汉族，1961 年 12 月生，山东烟台人，中国海洋大学教授、海洋生命学院院长，主要从事扇贝遗传学与育种研究。2017 年当选中国工程院院士。

1978 年 9 月至 1982 年 7 月，在山东海洋学院（中国海洋大学前身）海洋生物学专业就读；1982年8月留校任教至今。其中，1993年9月至1997年7月，在青岛海洋大学水产学院就读，获水产养殖学博士学位。2007年至今任中国海洋大学海洋生物遗传学与育种教育部重点实验室主任；2011年至今任中国海洋大学海洋生命学院院长。

带领研究团队，建立了贝类育种数量性状评估育种技术、分子标记育种技术、全基因组选择育种技术三大核心技术体系，育成国家审定扇贝新品种5个，产业推广效益显著。获得国家科技进步二等奖3项，省部级技术发明一等奖2项、科技进步一等奖2项。为我国水产种业科技发展居世界领跑地位做出了重要贡献，提升了我国贝类遗传学和育种学的国际声誉。

目前兼任国家基金委生命学部第七届专家咨询委员会委员、国务院学位委员会第七届生物学科评议组成员、全国水产原良种审定委员会成员、中国海洋湖沼学会常务理事、中国动物学会贝类分会副理事长、山东遗传学会副理事长、中国水产学会水产生物技术专业委员会副主任委员、中国海洋学会海洋生物工程专业委员会副主任委员等职务。

发表SCI收录论文160余篇，CSCD收录论文120余篇，主编和参编专著9部。获授权发明专利30件，国际发明专利2件，育种软件著作权8件。获山东省先进工作者称号，两次获得全国优秀科技工作者称号，享受国务院政府特殊津贴。

附录 4　部分涉海机构、单位及网站简介

【国家海洋局第一海洋研究所】　国家海洋局第一海洋研究所始建于 1958 年，前身系海军第四海洋研究所，1964 年整建制划归国家海洋局，是从事基础研究、应用基础研究和社会公益服务的综合性海洋研究所。以促进海洋科技进步，为海洋资源环境管理、海洋国家安全和海洋经济发展服务为宗旨，是国家科技创新体系的重要海洋科研实体。主要研究领域为中国近海、大洋和极地海域自然环境要素分布及变化规律，包括海洋资源与环境地质、海洋灾害发生机理及预测方法、海气相互作用与气候变化、海洋生态环境变化规律和海岛海岸带保护与综合利用等。拥有国际先进水平的远洋科考调查船、海洋调查测量设备、实验测试设备和科研辅助设施。完成了大量国家重大海洋专项、国家重大基础研究项目、国家“863”计划项目、国家科技支撑项目、国家自然科学基金项目、大型国际合作项目和海洋工程勘探开发项目等，取得一大批优秀科研成果。

科技人才队伍建设　2017 年现有职工 532 人，其中：中国工程院院士 3 人，外聘中国科学院院士 1 人，中国工程院外籍院士 1 人；专业技术人员 479 人，具有高级职称 188 人、研究生学历 397 人；博士生导师 17 人，聘请国内外客座研究员 60 余人，拥有硕士点、博士点（共建）和博士后科研工作站（独立招收）；“百千万人才”国家级人选 2 人，国家自然科学基金委优秀青年基金获得者 2 人，“泰山学者”3 人，“鳌山人才”卓越科学家 3 人。

科研项目与经费　截至 2017 年底，在研课题 374 项。积极谋划和推动科技部、基金委、国家海洋局及其他相关部委项目的策划、申报和组织协调工作。2017 年，成功申请国家重点研发计划项目 2 项，新获得国家自然科学基金委员会批准资助项目 42 项（包括 1 项优青基金和 1 项基金委共享航次项目）。

结合科研与技术优势，做好业务支撑工作。开展了全球气候模式评估优化、大气–海浪–海流耦合同化精细化数值预报系统的研制、海洋放射性快速监测仪及相关设备研制与海洋放射性监测设备研究、放射性污染物漂移扩散模式研发、海洋生化传感器研发、海洋生态修复技术研究、海洋生态补偿机制与制度研究、深化海洋生态文明理论研究和示范实践、推进海洋保护区规范化建设和管理、海洋规划体制创新研究、海洋经济全面开放指数构建与测算研究、海洋科技创新评估及预测研究、维护海洋权益方法研究、印度洋浮标业务化运行维护、海洋站 GNSS 业务化观测技术支持、溢油检验鉴定平行实验室业务化、海洋经济相关研究、开展海域使用经济贡献率研究与跟踪分析、国家和行业标准制定与修订等业务支撑工作。

科研成果及转化　2017 年度主持完成的“黄海大规模浒苔绿潮起源与发生机制”获得该年度海洋科学技术奖特等奖。此外还获得海洋工程科学技术奖一等奖 1 项、二等奖 1 项；作为第二完成单位初评获得海洋科学技术奖一等奖 1 项，二等奖 1 项。

2017 年度发表文章 440 篇，其中 SCI 检索收录 234 篇。获得软件著作权登记 6 项；专利申请 33 项，其中发明专利申请 30 项；获得专利授权 38 项，其中发明专利 26 项。

国家海洋局第一海洋研究所海洋与气候研究中心高立宝研究员率领的中—澳科学研究团队在南大洋增暖机制研究方面取得了突

破性进展，其研究成果“Recent wind-driven change in Subantarctic ModeWater and its impact on ocean heat storage”发表于国际著名学术期刊《Nature Climate Change》。

科研条件和平台建设　2017年度，新购国有资产1449台（套/件），资产原值9571万元。截至2017年底，拥有科研设备8493台（套/件），资产原值6.64亿元。在航科学考察船2艘；设有海洋环境科学和数值模拟、海洋沉积与环境地质、海洋生态环境科学、数据分析与应用、海洋生物活性物质与现代分析技术5个国家海洋局重点实验室；中国大洋样品馆、海洋遥测工程技术研究中心、青岛市海洋天然产物中试基地、青岛市现代分析与中药标准化重点实验室4家共建研究机构。

“向阳红01”远洋科学考察船于2016年顺利交付投入使用。“向阳红01”是中国目前最先进的综合海洋调查船，可满足深海海洋科学多学科交叉研究需求的现代化海洋综合科考，技术水平和考察能力达到国际海洋强国新建和在建综合考察船同等水平。该船满足无限航区要求、具有全球航行能力，集多学科、多功能、多技术手段为一体、满足深海海洋科学多学科交叉研究需求，为国家深海及洋区的海洋科学基础研究和高新技术研发提供海上移动实验室和试验平台。该船将承担各大洋区深海海洋科学综合考察，海洋动力环境、地质环境、生态环境、海底资源、能源综合探测、军事海洋学综合观测与实验等重大海上任务，为国家急需解决的海洋资源、能源、国防安全、减轻自然灾害等重大海洋科技问题提供技术支撑保障。同时为中国科学家参与国际重大海洋研究计划，增强中国海洋科技在国际海洋研究中的影响提供先进的探测研究平台，成为中国远洋科学综合考察的主力船。同时，“向阳红01”构建了船舶安全管理体系，组建了完整的船员队伍，完成了多次调查设备海试工作。

“向阳红18”是一艘1500吨级海洋综合测量船，满足无限航区要求。该船设置实验室和甲板调查作业设施，适用于物理海洋和大气科学、海气相互作用、地质和地球物理、海洋生态和环境保护、遥感和遥测、海岸带和海洋工程等方面的海洋考察。该船可承担海洋动力过程和灾害性海洋观测、大洋环流与气候变化、海洋地质与地球物理探测、海洋矿物资源和生物资源及基因资源开发、海洋生态系统和碳循环研究、海洋环境保护和海洋经济可持续发展、海洋工程勘察、海洋遥感信息现场真实性检验、海洋高技术研发装置的海试与检定等任务。“向阳红18”已于2016年完成了全部船舶证书的申办，达到适航状态。

科学考察　2017年度国家海洋局第一海洋研究所经过科学谋划，组织论证实施多个重大海洋科学考察航次。“向阳红01”“向阳红18”2艘科考船入列国家海洋调查船队以及青岛海洋国家实验室科学考察船队，并获批执行国家基金委共享航次任务。

“向阳红01”远洋科学考察船于2017年8月28日正式起航执行“中国首次环球海洋综合科学考察”，跨越印度洋、南大西洋、整个太平洋，历时263天，行程38600海里（71000余千米），于2018年5月18日返回青岛。“向阳红18”船分别于2017年5月和9月高效、圆满完成2017年度国家自然科学基金委员会东海共享航次调查任务。

国际合作与交流　切实推进国际海洋科技合作，积极参与国际事务，大力加强制度建设和外事管理，取得了丰富的工作成果。经过多年的努力，国家海洋局第一海洋研究所已与东北亚、东南亚、南亚、非洲、欧美、大洋洲等地区的诸多研究机构以及相关涉海国际组织建立了稳固的合作关系，形成了南北呼应、东西并举的国际合作局面。

已与30多个重要海洋国家和地区的50多个科研单位建立了良好的交流与合作关系，

签署并有效执行了20余份所际间合作协议，在海洋观测、海洋防灾与减灾、海气相互作用、海洋生态系统与生物多样性保护、海洋地质、极地研究、海岸带综合管理、海洋工程等领域开展了务实合作，取得了丰硕成果。

同时积极参与政府间海洋学委员会（IOC）及其西太平洋分委会（WESTPAC）、北太平洋海洋科学组织（PICES）、国际海洋研究委员会（SCOR）、全球海洋观测伙伴关系（POGO）、东南亚海洋环境管理伙伴计划（PEMSEA）等国际组织，以及全球海洋观测系统（GOOS）、上层海洋和低层大气相互作用（SOLAS）、世界气候研究计划（WCRP）、印度洋海洋观测系统（INDOOS）等重要国际计划的活动，并连续成功举办PICES年会、CLIVAR青年科学家论坛、WESTPAC科学大会、中国-东南亚国家海洋合作论坛等系列大型国际会议，极大提高了在海洋领域的国际影响力。

牵头发起和参与实施了一系列国际和地区合作项目，有效提升了在国际海洋领域的影响力。这些项目既包括由中国-印尼海上合作基金、中国-东盟海上合作基金等资助的项目，如“中印尼海洋与气候中心及联合观测站建设项目”“建立东南亚地区的海洋预报系统项目”“中国—东盟国家海洋濒危物种研究项目”等；包括在国际组织框架下实施的合作项目，如“印度洋季风爆发监测及其社会与生态影响项目（MOMSEI）”“东南亚海洋观测系统（SEAGOOS）”“第二次印度洋国际科考（IIOE-2）”等。

承办了九个国际合作机构，为进一步深化国际合作搭建了稳固平台。这些国际机构包括双边研究机构，如：“中韩海洋科学共同研究中心（青岛）”“中印尼海洋与气候中心（雅加达）”“中泰海洋气候与生态系统联合实验室（普吉）”“中澳海洋工程联合研究中心（两国科技部共同资助）”“中俄海洋与气候联合研究中心（海参崴）”“中马海洋科技术联合研究中心（马来西亚万捷）”；也包括多边合作平台，如“联合国教科文组织政府间海洋学委员会海洋动力学和气候研究与培训中心（ODC中心）”“中国-PEMSEA可持续发展中心”“CLIVAR国际项目办”等。此外，国家海洋局第一海洋研究所已与印尼、马来西亚、泰国、斯里兰卡、马尔达夫等国合作，建设一批海外观测站，并实施了一系列联合调查航次，共同投放和维护了海洋浮标和潜标等观测设施，地区性和全球性的海洋观测合作网络初具规模。

【国家海洋局第二海洋研究所】 国家海洋局第二海洋研究所创建于1966年，是一座学科齐全、科技力量雄厚、设备先进的综合型公益性海洋研究机构，隶属于国家海洋局。主要从事中国海、大洋和极地海洋科学研究；海洋环境与资源探测、勘查的高新技术研发与应用。

该所作为国内从事海洋调查与研究的主要单位之一，建有一个国家重点实验室——卫星海洋环境动力学国家重点实验室和三个国家海洋局重点实验室——国家海洋局海底科学重点实验室、海洋动力过程与卫星海洋学重点实验室、国家海洋局海洋生态系统与生物地球化学重点实验室，与浙江省共建浙江省海洋科学院。此外，还建有检测中心、海洋标准物质中心、海洋科技信息中心等技术服务机构和技术支撑体系，在浙江临安建有分析测试基地。

该所现有海底科学与深海勘测技术、海洋动力过程与数值模拟技术、卫星海洋学与海洋遥感、海洋生态系统与生物地球化学、工程海洋学5个重大研究领域和19个重点研究方向，基本形成了适应国家需求和立足海洋科技发展前沿的科技创新体系和科研群体。

该所与浙江太和航运有限公司共建一条4500吨级的海洋综合科考船——“向阳红10”，该船满足深海海洋科学多学科交叉研究需求，于2014年3月入列国家海洋调查船队，2015

年首航西南印度洋承担中国大洋矿产资源调查任务。同时，海洋二所在浙江舟山长峙岛建有具备服务深海大洋勘探开发能力的装备研发基地。

该所拥有国家级海洋工程勘察设计甲级证书、海洋工程设计甲级证书和海洋测绘甲级证书等资质，通过了国家计量认证的资质认定和国际质量管理体系 ISO9001：2008 标准认证。拥有与国际接轨的、可用于近岸到深海海洋调查研究所需的、总价值上亿元的多专业内外业仪器设备。主编出版海洋综合性国内学术核心期刊《海洋学研究》。

该所拥有专业技术人员 400 余人，其中中国科学院院士 2 人，中国工程院院士 3 人，浙江省特级专家 4 人，正高级专业技术人员 88 人，副高级专业技术人员 132 人；有 27 人享受政府特殊津贴，1 人入选国家“百千万人才工程”，4 人入选国家“万人计划”，4 人次担任 973 首席科学家，近 70 人分别进入国家海洋局“双百人才工程”和浙江省“151 人才工程”。国家海洋局第二海洋研究所是国务院学位委员会 1981 年首批批准的理学硕士学位授予单位；拥有物理海洋学、海洋地质学、海洋遥感、海洋化学、海洋生物学等 10 多个学科专业分别依托国内外著名大学、研究所招收博士研究生，具有单独招收博士后研究人员的博士后科研工作站，与国内众多涉海大学及科研院所合作开展博士联合培养工作。

2017 年，该所共发表科技论文 330 篇，其中 SCI/EI 论文 239 篇；撰写专著 6 部；完成工程类报告 140 份；荣获省部级奖励 6 项，参与国家科技进步奖一等奖 1 项；获得发明专利 32 项，软件著作权登记 16 项。韩喜球获得全国争先创优奖，吴巧燕获国家“优青”资助，刘倩获得浙江省钱江人才计划资助，连涛、李守军、吴月红获得 151 人才工程第三层次资助。该所海洋科学在教育部第四次（2016—2017）全国学科评估中获得 B+的优异成绩。

全年共接待了来自美国、德国、法国等 30 个国家或地区代表团共 58 批 120 人次；派出 109 批 217 人次赴美国、法国、俄罗斯、奥地利等 31 个国家或地区访问、参加合作航次、开展合作研究或出席国际会议。与斯里兰卡水生资源研究与发展署、俄罗斯联邦自然资源与环境部联邦国家单一制全俄地质与世界海洋矿产资源科学研究所、韩国海洋科技研究所等签订研究合作谅解备忘录。主办第三届中非海洋科技论坛，组织召开 SC13 第四次全会暨工作组会议。

【国家海洋局北海分局网站】 国家海洋局北海分局门户网站域名为 http://www.ncsb.gov.cn/，创建于 2003 年 8 月，由国家海洋局北海分局主办、国家海洋局北海信息中心提供网络支持，是国家海洋局北海分局在互联网上统一发布海洋工作动态、新闻信息、政务信息等相关内容和提供海洋公益服务的综合网络平台。目前，网站已开通了图片新闻、分局要闻、政务信息、海洋管理、权益维护、科研调查、专题回顾等版块，面向社会提供与北海区海洋业务工作相关的信息及服务，并与 16 个海洋相关政府网站形成复式链接。

该网站作为北海分局海洋工作中重要组成部分，在北海区海洋工作中发挥了至关重要的作用，它是北海分局面向社会的重要窗口，是社会公众了解北海区海洋工作的重要渠道。通过政务信息、海域使用管理、海洋环境保护、海洋执法监察、海洋预报、海洋资源利用等内容的公开发布，全面及时地展示北海分局的工作业绩，得到社会和国家海洋局好评。

【国家海洋环境预报中心网站】 国家海洋环境预报中心中文网站是预报中心对外发布各类信息的重要窗口，主要包括海浪、海温、海流、海啸等海洋预警报产品、对外交流与合作、科研工作、党建工作、人事招生等信息，同时也为海洋领域专项用户提供重要预警报信息。

【中国海洋学会官方网站】　中国海洋学会官方网站（http://www.cso.org.cn）发布最新学会动态、公告信息，海洋科学技术奖申报及相关信息查询，传播海洋新闻资讯、政策法规，介绍海洋学术动态及专家风采，同时作为中国海洋学会海洋科普宣传平台，定期发布学会科普活动信息、展示科普宣传资料等。

附录 5　2017 年国家海洋局司局级以上机构变动、干部任免情况及现职领导干部名录

（截至 2017 年 12 月 31 日）

国家海洋局

局领导

（一）局　长　王　宏

副局长　孙书贤　石青峰　林山青

（二）党组书记　王　宏

党组成员　孙书贤　石青峰　林山青

变动情况

1. 2017 年 7 月 27 日，中共中央组织部免去房建孟同志的国家海洋局党组成员职务。

2. 2017 年 8 月 10 日，国务院免去房建孟的国家海洋局副局长职务。

3. 2017 年 11 月 16 日，中共中央组织部免去孟宏伟同志的国家海洋局党组副书记职务。

4. 2017 年 12 月 2 日，国务院免去孟宏伟的国家海洋局副局长职务。

总工程师

吕彩霞

中国海警局

局领导

政　委　王　宏

副局长　孙书贤　陈毅德　王洪光

变动情况

2017 年 12 月 2 日，国务院免去孟宏伟的中国海警局局长职务。

办公室

主　　任　高忠文

副巡视员　张连秋

变动情况

1. 2017 年 2 月 7 日，根据国家海洋局国海人字 [2017] 92 号文，免去王群的国家海洋局办公室副主任职务。

2. 2017 年 3 月 20 日，根据国家海洋局国海人字 [2017] 151 号文，任命陈华明为国家海洋局办公室副主任，试用期一年。

3. 2017 年 3 月 20 日，根据国家海洋局国海人字 [2017] 151 号文，任命张连秋为国家海洋局办公室副巡视员。

4. 2017 年 9 月 29 日，根据国家海洋局国海人字 [2017] 464 号文，终止陈华明试用期，免去陈华明的国家海洋局办公室副主任职务，免职起算时间为 2017 年 5 月 17 日。

战略规划与经济司

司　长　张占海

副司长　沈　君　刘　岩

巡视员　魏国旗

变动情况

1. 2017 年 2 月 7 日，根据国家海洋局国海人字 [2017] 91 号文，任命魏国旗为国家海洋局战略规划与经济司巡视员。

2. 2017 年 2 月 7 日，根据国家海洋局国海人字 [2017] 117 号文，任命刘岩为国家海洋局战略规划与经济司副司长，试用期一年。

政策法制与岛屿权益司

司　长　古　妩

副司长　樊祥国

变动情况

2017 年 2 月 7 日，根据国家海洋局国海

人字 [2017] 91 号文，任命古妩为国家海洋局政策法制与岛屿权益司司长。

海警司（海警司令部、中国海警指挥中心）
司　长（参谋长、主任）　王洪光
副司长（副参谋长、副主任）
张春儒　肖惠武　罗汉亚
副巡视员　刘晓燕　马为军　张　冰

生态环境保护司
司　长　柯　昶
副司长　霍传林　胡松琴
变动情况

1. 2017 年 2 月 7 日，根据国家海洋局国海人字 [2017] 92 号文，免去许国栋的国家海洋局生态环境保护司副司长职务。

2. 2017 年 2 月 20 日，根据国家海洋局国海人字 [2017] 105 号文，任命霍传林为国家海洋局生态环境保护司副司长，试用期一年。

3. 2017 年 3 月 20 日，根据国家海洋局国海人字 [2017] 142 号文，免去王孝强的国家海洋局生态环境保护司副司长职务。

4. 2017 年 3 月 20 日，根据国家海洋局国海人字 [2017] 151 号文，任命胡松琴为国家海洋局生态环境保护司副司长，试用期一年。

海域综合管理司
司　长　江华安
副司长　刘立芬
变动情况

1. 2017 年 2 月 7 日，根据国家海洋局国海人字 [2017] 92 号文，免去司慧的国家海洋局海域综合管理司副司长职务。

2. 2017 年 3 月 20 日，根据国家海洋局国海人字 [2017] 151 号文，任命刘立芬为国家海洋局海域综合管理司副司长，试用期一年，免去其国家海洋局海域综合管理司副巡视员职务。

3. 2017 年 10 月 19 日，根据国家海洋局国海人字 [2017] 477 号文，免去丁磊的国家海洋局海域综合管理司副司长职务。

4. 2017 年 10 月 19 日，根据国家海洋局国海人字 [2017] 512 号文，任命江华安为国家海洋局海域综合管理司司长（保留部委正司级），试用期一年；免去潘新春的国家海洋局海域综合管理司司长（保留部委正司级）职务。

预报减灾司
司　长　王　华
副司长　陈　陟
变动情况

1. 2017 年 2 月 7 日，根据国家海洋局国海人字 [2017] 91 号文，任命王华为国家海洋局预报减灾司司长。

2. 2017 年 3 月 20 日，根据国家海洋局国海人字 [2017] 151 号文，任命陈陟为国家海洋局预报减灾司副司长，试用期一年。

科学技术司
司　长　曲探宙
副司长　辛红梅　王孝强
变动情况

2017 年 3 月 20 日，根据国家海洋局国海人字 [2017] 142 号文，任命王孝强为国家海洋局科学技术司副司长。

国际合作司（港澳台办公室）
司　长（主任）　陈　越
副巡视员　梁凤奎　孙生智
变动情况

1. 2017 年 3 月 20 日，根据国家海洋局国海人字 [2017] 151 号文，任命孙生智为国家海洋局国际合作司（港澳台办公室）副巡视员。

2. 2017 年 7 月 17 日，根据国家海洋局国海人字 [2017] 369 号文，免去张海文的国家海洋局国际合作司（港澳台办公室）司长

（主任）职务。

3. 2017年10月9日，根据国家海洋局国海人字［2017］508号文，任命陈越为国家海洋局国际合作司（港澳台办公室）司长（主任）。

人事司（海警政治部）

司　长（主任）　李东旭

副司长　郭利伟

变动情况

1. 2017年3月20日，根据国家海洋局国海人字［2017］151号文，任命郭利伟为国家海洋局人事司副司长（保留部委副司级），试用期一年；任命房鸣为国家海洋局人事司（海警政治部）副巡视员。

2. 2017年4月11日，根据国家海洋局国海人字［2017］182号文，免去房鸣的国家海洋局人事司（海警政治部）副巡视员职务。

财务装备司（海警后勤装备部）

财务装备司司长　吴　平

副司长（副部长）　陈　颖

财务装备司（海警后勤装备部）副巡视员　熊志强

变动情况

1. 2017年2月7日，根据国家海洋局国海人字［2017］91号文，任命吴平为国家海洋局财务装备司司长。

2. 2017年3月1日，根据国家海洋局国海人字［2017］115号文，免去孙春季的国家海洋局财务装备司副巡视员职务。

3. 2017年3月20日，根据国家海洋局国海人字［2017］151号文，任命熊志强为国家海洋局财务装备司（海警后勤装备部）副巡视员。

4. 2017年10月19日，根据国家海洋局国海人字［2017］477号文，免去陈力群的国家海洋局财务装备司副司长职务。

机关党委

书　记　孙书贤

专职副书记、直属机关工会主席　赵光磊

副书记兼直属机关纪委书记　司　慧

巡视员兼审计办公室主任　赵凤东

变动情况

1. 2016年12月11日，根据中共国家海洋局党组国海党发［2017］33号文，免去李永昌同志的国家海洋局直属机关党委专职副书记、常委、委员职务。

2. 2017年3月20日，根据国家海洋局国海人字［2017］151号文，免去郭利伟的国家海洋局机关党委副巡视员职务。

3. 2017年3月6日，根据中共国家海洋局党组国海党发［2017］35号文，任命赵光磊同志为国家海洋局直属机关党委委员、常委、专职副书记，试用期一年。

4. 2017年10月9日，根据中共国家海洋局党组国海党发［2017］71号文，免去潘杰同志的国家海洋局机关党委副巡视员职务。

5. 2017年10月12日，中共国土资源部直属机关委员会批复，同意孙书贤同志任国家海洋局直属机关党委书记。

6. 2017年10月26日，根据中共国家海洋局党组国海党发［2017］102号文，免去张志刚同志的国家海洋局机关党委副司级纪检员职务。

7. 2017年11月17日，根据中共国家海洋局党组国海党发［2017］113号文，任命司慧同志为中共国家海洋局直属机关委员会委员、常委、副书记兼纪律检查委员会委员、书记（保留部委副司长级），试用期一年；免去张力群同志的中共国家海洋局直属机关委员会副书记、常委、委员兼纪律检查委员会书记、委员职务。

离退休干部局

局　长　李永昌

副巡视员　周春萍

变动情况

2017年3月20日，根据国家海洋局国海人字［2017］151号文，任命周春萍为国家海洋局离退休干部局副巡视员。

国家海洋局极地考察办公室

主　任、党委副书记（兼）　秦为稼

党委书记兼纪委书记、副主任（兼）　翁立新

副主任　夏立民　陈丹红

变动情况

1. 2017年4月26日，根据中共国家海洋局党组国海党字［2017］36号文，换届后翁立新同志兼任中共国家海洋局极地考察办公室委员会纪律检查委员会委员、书记。

2. 2017年10月9日，根据中共国家海洋局党组国海党发［2017］72号文，任命陈丹红同志为中共国家海洋局极地考察办公室委员会委员。

3. 2017年10月9日，根据国家海洋局国海人字［2017］469号文，任命陈丹红为国家海洋局极地考察办公室副巡视员。

4. 2017年10月19日，根据中共国家海洋局党组国海党发［2017］82号文，免去吴军同志的中共国家海洋局极地考察办公室委员会委员职务。

5. 2017年10月19日，根据国家海洋局国海人字［2017］478号文，免去吴军的国家海洋局极地考察办公室副主任职务。

中国大洋矿产资源研究开发协会办公室

主　任、党委副书记（兼）　刘　峰

党委书记兼纪委书记、副主任（兼）　胡学东

副主任　李　波　康　健

变动情况

2017年4月14日，根据中共国家海洋局党组国海党字［2017］28号文，换届后胡学东同志兼任中共中国大洋矿产资源研究开发协会办公室纪律检查委员会委员、书记。

国家海洋局北海分局

局　长、党委副书记（兼）　郭明克

党委书记、副局长（兼）　徐　胜

副局长　吴　军　陈武军

纪委书记　杜继鹏

副局长　孙利佳　窦月明

副巡视员　朱德洲

变动情况

1. 2017年2月20日，根据国家海洋局国海人字［2017］106号文，任命窦月明为国家海洋局北海分局副局长，试用期一年。

2. 2017年2月20日，根据中共国家海洋局党组国海党发［2017］19号文，任命窦月明同志为中共国家海洋局北海分局委员会委员、常委。

3. 2017年4月14日，根据中共国家海洋局党组国海党字［2017］6号文，换届后杜继鹏同志的中共国家海洋局北海分局委员会副书记职务自然免除。

4. 2017年10月19日，根据国家海洋局国海人字［2017］479号文，任命吴军为国家海洋局北海分局副局长。

5. 2017年10月19日，根据中共国家海洋局党组国海党发［2017］83号文，任命吴军同志为中共国家海洋局北海分局委员会委员、常委。

6. 2017年8月27日，根据国家海洋局国海人字［2017］507号文，任命朱德洲为国家海洋局北海分局副巡视员，试用期一年。

7. 2017年8月27日，根据中共国家海洋局党组国海党发［2017］100号文，任命朱德洲同志为中共国家海洋局北海分局委员会委员、常委。

国家海洋局东海分局

局　长、党委副书记（兼）　吴　强

党委书记、副局长（兼）　袁绍宏

巡视员、副局长　王　锋

副局长　魏泉苗

纪委书记　袁　丁

副局长　黄海波　唐文胜

变动情况

1. 2017年2月20日，根据国家海洋局国海人字［2017］107号文，任命唐文胜为国家海洋局东海分局副局长，试用期一年。

2. 2017年2月20日，根据中共国家海洋局党组国海党发［2017］20号文，任命唐文胜同志为中共国家海洋局北海分局委员会委员、常委。

3. 2017年3月16日，根据中共国家海洋局党组国海党字［2017］16号文，换届后袁丁同志的中共国家海洋局东海分局委员会副书记职务自然免除。

国家海洋局南海分局

局　长、党委副书记（兼），中国海监南海总队政委（兼）　钱宏林

党委书记、副局长（兼）　雷　波

副局长　杨炼锋

副局长　中国海监南海总队常务副总队长　陈怀北

副局长　于　斌

纪委书记　王　群

副局长　谢　健

变动情况

1. 2017年2月7日，根据国家海洋局国海人字［2017］93号文，免去林端的国家海洋局南海分局巡视员职务。

2. 2017年2月7日，根据中共国家海洋局党组国海党发［2017］15号文，任命王群同志为中共国家海洋局南海分局委员会委员、常委，纪律检查委员会委员、书记；免去林端同志的中共国家海洋局南海分局委员会常委、委员兼纪律检查委员会书记、委员职务。

3. 2017年2月20日，根据国家海洋局国海人字［2017］108号文，任命谢健为国家海洋局南海分局副局长，试用期一年。

4. 2017年2月20日，根据中共国家海洋局党组国海党发［2017］21号文，任命谢健同志为中共国家海洋局南海分局委员会委员、常委。

国家海洋信息中心

主　任、党委副书记（兼）　何广顺

党委书记、副主任（兼）　石绥祥

纪委书记　刘小强

副主任　相文玺

变动情况

1. 2017年3月6日，根据中共国家海洋局党组国海党发［2017］34号文，免去赵光磊同志的中共国家海洋信息中心委员会常委、委员职务。

2. 2017年3月6日，根据国家海洋局国海人字［2017］169号文，免去赵光磊的国家海洋信息中心副主任职务。

国家海洋环境监测中心

主　任、党委副书记（兼）　关道明

党委书记、副主任（兼）　隋吉学

副主任　韩庚辰　王菊英　张志锋

纪委书记　徐　挺

变动情况

2017年2月20日，根据中共国家海洋局党组国海党发［2017］22号文，任命徐挺同志为中共国家海洋环境监测中心委员会委员、常委，纪律检查委员会委员、书记；免去隋吉学同志的中共国家海洋环境监测中心纪律检查委员会书记、委员职务。

国家海洋技术中心

主　任、党委副书记（兼）　韩家新

党委书记、副主任（兼）　陈力群

副主任　隋　军　彭　伟

变动情况

1. 2017 年 2 月 20 日，根据国家海洋局国海人字［2017］109 号文，免去侯纯扬的国家海洋技术中心副主任职务。

2. 2017 年 2 月 20 日，根据中共国家海洋局党组国海党发［2017］23 号文，免去侯纯扬同志的中共国家海洋技术中心委员会常委、委员职务。

3. 2017 年 10 月 9 日，根据国家海洋局国海人字［2017］470 号文，任命彭伟为国家海洋技术中心副主任，试用期一年。

4. 2017 年 10 月 9 日，根据中共国家海洋局党组国海党发［2017］74 号文，任命彭伟同志为中共国家海洋技术中心委员会委员、常委。

5. 2017 年 10 月 19 日，根据国家海洋局国海人字［2017］480 号文，任命韩家新为国家海洋技术中心主任；任命陈力群为国家海洋技术中心副主任（兼）；任命隋军为国家海洋技术中心副主任；同意罗旭业辞去领导职务申请，免去其国家海洋技术中心主任职务，保留部委正司级；免去夏登文的国家海洋技术中心副主任职务。

6. 2017 年 10 月 19 日，根据中共国家海洋局党组国海党发［2017］84 号文，任命陈力群同志为中共国家海洋技术中心委员会委员、常委、书记；任命韩家新同志为中共国家海洋技术中心委员会委员、常委、副书记（兼）；任命隋军同志为中共国家海洋技术中心委员会委员、常委；同意罗旭业同志辞去领导职务申请，免去其中共国家海洋技术中心委员会常委、委员职务；免去夏登文同志的中共国家海洋技术中心委员会常委、委员职务。

国家海洋环境预报中心

主　任、党委书记　于福江

纪委书记　王亚杰

副主任　易晓蕾　邱志高

　　　　凌铁军　刘桂梅

变动情况

1. 2017 年 10 月 9 日，根据国家海洋局国海人字［2017］471 号文，任命凌铁军、刘桂梅为国家海洋环境预报中心副主任，试用期一年。

2. 2017 年 10 月 9 日，根据中共国家海洋局党组国海党发［2017］75 号文，任命凌铁军同志为中共国家海洋环境预报中心委员会委员、常委。

3. 2017 年 10 月 19 日，根据国家海洋局国海人字［2017］481 号文，任命于福江为国家海洋环境预报中心主任；同意王辉辞去领导职务申请，免去其国家海洋环境预报中心主任职务，保留部委正司级。

4. 2017 年 10 月 19 日，根据中共国家海洋局党组国海党发［2017］85 号文，任命于福江同志为中共国家海洋环境预报中心委员会书记；同意王辉同志辞去领导职务申请，免去其中共国家海洋环境预报中心委员会副书记、常委、委员职务。

中国极地研究中心

主　任、党委副书记（兼）　杨惠根

党委书记、副主任（兼）　刘顺林

纪委书记　朱建钢

副主任　孙　波　徐　韧

变动情况

1. 2017 年 2 月 20 日，根据国家海洋局国海人字［2017］110 号文，任命徐韧为中国极地研究中心副主任，试用期一年；任命刘顺林为中国极地研究中心副主任（兼）。

2. 2017 年 2 月 20 日，根据中共国家海洋局党组国海党发［2017］24 号文，任命刘顺林同志为中共中国极地研究中心委员会书记；

任命徐韧同志为中共中国极地研究中心委员会委员；免去朱建钢同志的中共中国极地研究中心委员会副书记职务。

国家海洋标准计量中心

主　任、党委副书记（兼）　姚　勇

党委书记、副主任（兼）　夏登文

副主任　高占科

变动情况

1. 2017年2月7日，根据中共国家海洋局党组国海党发［2017］16号文，任命司慧同志为中共国家海洋标准计量中心委员会委员，纪律检查委员会委员、书记；免去边鸣秋同志的中共国家海洋标准计量中心纪律检查委员会书记、委员职务。

2. 2017年10月9日，根据国家海洋局国海人字［2017］472号文，任命高占科为国家海洋标准计量中心副主任，试用期一年。

3. 2017年10月19日，根据国家海洋局国海人字［2017］482号文，任命姚勇为国家海洋标准计量中心主任；任命夏登文为国家海洋标准计量中心副主任（兼）；免去边鸣秋、隋军的国家海洋标准计量中心副主任职务。

4. 2017年10月19日，根据中共国家海洋局党组国海党发［2017］86号文，任命夏登文同志为中共国家海洋标准计量中心委员会委员、书记；任命姚勇同志为中共国家海洋标准计量中心委员会副书记（兼）；免去边鸣秋同志的中共国家海洋标准计量中心委员会书记、委员职务；免去隋军同志的中共国家海洋标准计量中心委员会委员职务。

5. 2017年11月17日，根据中共国家海洋局党组国海党发［2017］112号文，免去司慧同志的中共国家海洋标准计量中心委员会委员，纪律检查委员会书记、委员职务。

国家卫星海洋应用中心

主　任、党委副书记（兼）　蒋兴伟

党委书记、副主任（兼）　林明森

副主任　刘建强

纪委书记　何宗玉

副主任　王其茂

国家海洋局海洋减灾中心

主　任、党委副书记（兼）　王　斌

党委书记、副主任（兼）　张义钧

纪委书记　许国栋

副主任　陶荣幸

变动情况

1. 2017年2月7日，根据中共国家海洋局党组国海党发［2017］17号文，任命许国栋同志为中共国家海洋局海洋减灾中心委员会委员，纪律检查委员会委员、书记。

2. 2017年2月20日，根据国家海洋局国海人字［2017］111号文，任命陶荣幸为国家海洋局海洋减灾中心副主任，试用期一年。

3. 2017年2月20日，根据中共国家海洋局党组国海党发［2017］26号文，任命陶荣幸同志为中共国家海洋局海洋减灾中心委员会委员。

4. 2017年10月19日，根据中共国家海洋局党组国海党发［2017］87号文，任命张义钧同志为中共国家海洋局海洋减灾中心委员会书记；任命王斌同志为中共国家海洋局海洋减灾中心委员会副书记（兼），免去其中共国家海洋局海洋减灾中心委员会书记职务。

5. 2017年10月19日，根据国家海洋局国海人字［2017］483号文，任命张义钧为国家海洋局海洋减灾中心副主任（兼）。

国家海洋局海洋咨询中心

主　任、党委副书记（兼）　屈　强

党委书记兼纪委书记、副主任（兼）
李晨阳

副主任　李　涛　向友权

变动情况

2017年3月16日，根据中共国家海洋局党组国海党字［2017］17号文，换届后李晨阳同志兼任中共国家海洋局海洋咨询中心委员会纪律检查委员会委员、书记。

国家海洋局宣传教育中心

主　任、党委副书记（兼）　高忠文

党委书记兼纪委书记、副主任（兼）

李　航

副主任　张力群　王　忠

变动情况

1. 2017 年 8 月 27 日，根据国家海洋局国海人字［2017］506 号文，免去朱德洲的国家海洋局宣传教育中心副主任职务。

2. 2017 年 8 月 27 日，根据中共国家海洋局党组国海党发［2017］99 号文，免去朱德洲同志的中共国家海洋局宣传教育中心委员会委员职务。

3. 2017 年 10 月 19 日，根据国家海洋局国海人字［2017］514 号文，任命高忠文为国家海洋局宣传教育中心主任；任命李航为国家海洋局宣传教育中心副主任（兼）；免去江华安的国家海洋局宣传教育中心副主任职务。

4. 2017 年 10 月 19 日，根据中共国家海洋局党组国海党发［2017］101 号文，任命李航同志为中共国家海洋局宣传教育中心委员会书记兼纪律检查委员会委员、书记；任命高忠文同志为中共国家海洋局宣传教育中心委员会委员、副书记（兼）；免去江华安同志的中共国家海洋局宣传教育中心委员会书记、委员兼纪律检查委员会书记、委员职务。

5. 2017 年 11 月 17 日，根据国家海洋局国海人字［2017］603 号文，任命张力群为国家海洋局宣传教育中心副主任（保留直属局正司长级）。

6. 2017 年 11 月 17 日，根据中共国家海洋局党组国海党发［2017］114 号文，任命张力群同志为中共国家海洋局宣传教育中心委员会委员。

国家深海基地管理中心

主　任、党委副书记（兼）　于洪军

党委书记、副主任（兼）　刘保华

副主任　王为群　邬长斌

纪委书记　张恒广

变动情况

2017 年 2 月 20 日，根据中共国家海洋局党组国海党发［2017］25 号文，任命张恒广同志为中共国家深海基地管理中心委员会委员，纪律检查委员会委员、书记；免去刘保华同志的中共国家深海基地管理中心纪律检查委员会书记、委员职务。

国家海洋局海岛研究中心

党委书记兼纪委书记、副主任（兼）

侯纯扬

副主任　苏　晖　李瑞山　丰爱平

变动情况

1.2017 年 2 月 20 日，根据国家海洋局国海人字［2017］112 号文，任命苏晖为国家海洋局海岛研究中心副主任，试用期一年；任命侯纯扬为国家海洋局海岛研究中心副主任（兼）。

2.2017 年 2 月 20 日，根据中共国家海洋局党组国海党发［2017］27 号文，任命侯纯扬同志为中共国家海洋局海岛研究中心临时委员会委员、书记兼临时纪律检查委员会委员、书记；任命苏晖同志为中共国家海洋局海岛研究中心临时委员会委员。

3.2017 年 5 月 18 日，根据中共国家海洋局党组国海党字［2017］38 号文，同意侯纯扬同志为中共国家海洋局海岛研究中心委员会委员、书记兼纪律检查委员会委员、书记；同意苏晖同志为中共国家海洋局海岛研究中心委员会委员。

4.2017 年 7 月 17 日，根据国家海洋局国海人字［2017］337 号文，免去蔡锋的国家海洋局海岛研究中心主任职务。

5.2017 年 10 月 9 日，根据国家海洋局国海人字［2017］473 号文，任命李瑞山、丰爱平为国家海洋局海岛研究中心副主任，试用期一年。

6. 2017 年 10 月 9 日，根据中共国家海洋局党组国海党发［2017］76 号文，任命李瑞山、丰爱平同志为中共国家海洋局海岛研究中心委员会委员。

国家海洋局第一海洋研究所

所　长、党委副书记（兼）　李铁刚

党委书记、副所长（兼）　乔方利

纪委书记　孙永福

副所长　王宗灵　魏泽勋

变动情况

2017 年 2 月 15 日，根据中共国家海洋局党组国海党字［2017］7 号文，换届后孙永福同志的中共国家海洋局第一海洋研究所委员会副书记职务自然免除。

国家海洋局第二海洋研究所

所　长、党委副书记（兼）　李家彪

党委书记、副所长（兼）　沈家法

副所长　郑玉龙　黄大吉

纪委书记　王小波

变动情况

1. 2017 年 7 月 21 日，根据国家海洋局国海人字［2017］334 号文，免去石建左的国家海洋局第二海洋研究所副所长职务。

2. 2017 年 7 月 21 日，根据中共国家海洋局国海党发［2017］56 号文，免去石建左同志的中共国家海洋局第二海洋研究所委员会常委、委员职务。

国家海洋局第三海洋研究所

所　长　蔡　锋

党委书记、副所长（兼）　吴日升

副所长　陈玉荣　张海峰　陈　彬

纪委书记　陈建宁

变动情况

2017 年 7 月 17 日，根据国家海洋局国海人字［2017］338 号文，任命蔡锋为国家海洋局第三海洋研究所所长。

国家海洋局第四海洋研究所

副所长（主持工作）　黄海波

变动情况

2017 年 7 月 21 日，根据国家海洋局国海人字［2017］328 号文，任命黄海波为国家海洋局第四海洋研究所副所长（主持工作）。

国家海洋局天津海水淡化与综合利用研究所

所　长　李琳梅

党委书记、副所长（兼）　边鸣秋

副所长　阮国岭

纪委书记　赵　楠

副所长　张雨山

变动情况

1. 2017 年 10 月 9 日，根据国家海洋局国海人字［2017］474 号文，任命张雨山为国家海洋局天津海水淡化与综合利用研究所副所长，试用期一年。

2. 2017 年 10 月 9 日，根据中共国家海洋局党组国海党发［2017］78 号文，任命张雨山同志为中共国家海洋局天津海水淡化与综合利用研究所委员会常委。

3. 2017 年 10 月 19 日，根据中共国家海洋局党组国海党发［2017］88 号文，任命边鸣秋同志为中共国家海洋局天津海水淡化与综合利用研究所委员会委员、常委、书记；免去韩家新同志的中共国家海洋局天津海水淡化与综合利用研究所委员会书记、常委、委员职务。

4. 2017 年 10 月 19 日，根据国家海洋局国海人字［2017］484 号文，任命边鸣秋为国家海洋局天津海水淡化与综合利用研究所副所长（兼）；任命阮国岭为国家海洋局天津海水淡化与综合利用研究所副所长，免去其国家海洋局天津海水淡化与综合利用研究所总工程师职务；免去韩家新的国家海洋局天津海水淡化与综合利用研究所副所长职务。

国家海洋局海洋发展战略研究所

所　长、党委副书记（兼）　张海文

党委书记兼纪委书记、副所长（兼）

贾　宇

副所长　商乃宁　于　建

变动情况

1. 2017年7月17日，根据国家海洋局国海人字［2017］370号文，任命张海文为国家海洋局海洋发展战略研究所所长。

2. 2017年7月17日，根据中共国家海洋局党组国海党发［2017］58号文，任命张海文同志为中共国家海洋局海洋发展战略研究所委员会委员、副书记（兼）。

海洋出版社

党委书记、副社长（兼）　丁　磊

副社长　李正楼　赵　萍

纪委书记　张志刚

变动情况

1. 2017年10月9日，根据国家海洋局国海人字［2017］475号文，任命赵萍为海洋出版社副社长，试用期一年。

2. 2017年10月9日，根据中共国家海洋局党组国海党发［2017］79号文，任命赵萍同志为中共海洋出版社委员会委员。

3. 2017年10月19日，根据中共国家海洋局党组国海党发［2017］89号文，任命丁磊同志为中共海洋出版社委员会委员、书记。

4. 2017年10月19日，根据国家海洋局国海人字［2017］485号文，任命丁磊为海洋出版社副社长（兼）。

5. 2017年10月26日，根据国家海洋局国海人字［2017］516号文，免去杨绥华的海洋出版社社长职务。

6. 2017年10月26日，根据中共国家海洋局党组国海党发［2017］103号文，任命张志刚同志为中共海洋出版社委员会委员，纪律检查委员会委员、书记；免去杨绥华同志的中共海洋出版社委员会副书记、委员职务。

7. 2017年12月12日，根据中共国家海洋局党组国海党发［2017］110号文，免去牛文生同志的中共海洋出版社委员会副书记、委员职务。

中国海洋报社

社长兼总编辑、党委副书记（兼）

赵晓涛

党委书记、副总编（兼）　翟亚娜

副社长　杨绥华

纪委书记　李文君

副社长　苏　涛

变动情况

1. 2017年10月26日，根据国家海洋局国海人字［2017］517号文，任命杨绥华为中国海洋报社副社长（保留部委正司级）。

2. 2017年10月26日，根据中共国家海洋局党组国海党发［2017］104号文，任命杨绥华同志为中共中国海洋报社委员会委员。

国家海洋局机关服务中心

主　任、党委副书记（兼）　王文明

党委书记兼纪委书记、副主任（兼）

潘　杰

副主任　刘新春

变动情况

1. 2017年2月23日，根据国家海洋局国海人字［2017］101号文，免去张正树的国家海洋局机关服务中心副主任职务。

2. 2017年2月23日，根据中共国家海洋局党组国海党发［2017］18号文，免去张正树同志的中共国家海洋局机关服务中心委员会委员职务。

3. 2017年8月2日，根据国家海洋局国海人字［2017］350号文，免去叶加平的国家海洋局机关服务中心副主任职务。

4. 2017 年 8 月 2 日，根据中共国家海洋局党组国海党发 [2017] 59 号文，免去叶加平同志的中共国家海洋局机关服务中心委员会委员职务。

5. 2017 年 10 月 9 日，根据中共国家海洋局党组国海党发 [2017] 80 号文，任命潘杰同志为中共国家海洋局机关服务中心委员会委员、书记兼纪律检查委员会委员、书记；任命刘新春同志为中共国家海洋局机关服务中心委员会委员。

6. 2017 年 10 月 9 日，根据国家海洋局国海人字 [2017] 476 号文，任命潘杰为国家海洋局机关服务中心副主任（兼）；任命刘新春为国家海洋局机关服务中心副主任，试用期一年。

国家南极考察训练基地

主　任（兼）　秦为稼

副主任（兼）　夏立民

图书在版编目（CIP）数据

2018中国海洋年鉴 / 《中国海洋年鉴》编纂委员会编.
-- 北京：海洋出版社，2019.8
ISBN 978-7-5210-0412-0

Ⅰ.①2… Ⅱ.①中… Ⅲ.①海洋-中国-2018-年鉴 Ⅳ.①P7-54

中国版本图书馆CIP数据核字(2019)第182636号

中国海洋年鉴

（1982年创刊）

编　　辑：《中国海洋年鉴》编辑部
地址：天津市河东区六纬路93号　　邮编：300171
电话：（022）24010853　　传真：（022）24011262
E-mail：coy@mail.nmdis.gov.cn
责任编辑：张　荣
出　　版：海洋出版社
网址：http://www.oceanpress.com.cn
地址：北京市海淀区大慧寺路8号　　邮编：100081
印　　刷：北京朝阳印刷厂有限责任公司
开本：787mm×1092mm　1/16　　字数：620千字
印张：26.25（插页：14页）　　印数：1~2000册
版次：2019年9月第1版　　2019年9月第1次印刷
定价：220.00元（精）